水稻灌区节水灌溉及水资源优化配置理论与技术

刘方平　著

黄河水利出版社

·郑州·

内 容 简 介

本书针对近年来我国南方水稻灌区频繁遭遇涝旱灾害,农田灌溉用水管理和水利工程规划设计缺乏基础研究支撑,水资源浪费严重和利用效率低下等问题,围绕水稻灌区农田节水灌溉理论与技术、农田灌溉水利用效率及影响机理、灌区水资源优化配置模型和供水调度系统等开展了系统研究。全书共6章,主要内容包括:(1)对江西省主要水稻土水分特性、不同灌溉方式土壤水分运移规律进行研究,并对江西省水稻需水规律及其影响因素及时空尺度效应进行研究;针对南方水稻灌区易遭受洪涝灾害和旱灾的气候特征,进行田间适宜蓄雨灌溉模式和受旱胁迫试验研究,探明作物蓄雨灌溉和受旱减产规律,形成农田节水灌溉理论体系,提出适宜的节水减排灌溉技术及其灌溉制度;从应用角度出发,进行江西省水稻灌溉定额等值线图和灌溉分区研究。(2)从田间灌水和渠道输水角度对田块尺度、区域尺度进行灌溉水运移机理及过程、灌溉用水有效利用系数及其影响因素研究,提出提高农田灌溉用水有效利用系数的具体措施。(3)通过设置水稻各生育期不同受旱水平进行试验,研究建立水稻水分生产函数模型,针对典型水平年不同可供水量优化水稻灌溉制度,根据不同供水条件下灌溉水量,建立农业水资源优化配置模型,提出灌区在灌溉用水总量约束和时段可供水量约束条件下的农业水资源优化配置方案。(4)结合灌区实际情况,在田间节水灌溉理论研究和水资源优化配置研究基础上,研发稻田节水灌溉信息化管理系统和灌区渠道量水控制一体化系统,从而为灌区调水、配水、输水、灌水一体化管理提供有力的技术支撑。

本书可供水行政主管部门人员、灌区管理人员、水利工程规划设计人员、农业技术人员、从事农田节水灌溉及水资源优化配置研究的科技人员,以及大专院校相关专业的师生阅读参考。

图书在版编目(CIP)数据

水稻灌区节水灌溉及水资源优化配置理论与技术/刘方平著.—郑州:黄河水利出版社,2023.4
ISBN 978-7-5509-3556-3

Ⅰ.①水… Ⅱ.①刘…Ⅲ.①水稻-节约用水-农田灌溉-水资源管理-资源配置-优化配置Ⅳ.①S511.071

中国国家版本馆 CIP 数据核字(2023)第 071324 号

策划编辑:岳晓娟 电话:0371-66020903 QQ:2250150882@qq.com

责任编辑 岳晓娟 责任校对 张彩霞
封面设计 张心怡 责任监制 常红昕
出版发行 黄河水利出版社
地址:河南省郑州市顺河路49号 邮政编码:450003
网址:www.yrcp.com E-mail:hhslcbs@126.com
发行部电话:0371-66020550
承印单位 河南匠心印刷有限公司
开 本 787 mm×1 092 mm 1/16
印 张 28
字 数 647千字 印 数 1—1 000
版次印次 2023年6月第1版 2023年6月第1次印刷

定 价 128.00元

前　言

当前我国面临的水资源形势十分严峻，水资源短缺、水污染严重、水生态环境恶化等问题较为突出，已成为制约经济社会可持续发展的主要因素。水稻灌区是指以种植水稻为主的灌区，近年来频繁遭遇洪涝灾害和季节性干旱，给水安全、粮食安全和生态安全造成严重威胁，并对当地经济造成严重损失。南方水稻灌区虽然水热资源丰富，但是时空分布不均；雨季主要集中在4—6月，约占全年平均降雨量的45%，这时极易产生洪涝灾害；不同于降水的年内分布特征，蒸散发主要集中在7—9月，蒸散发量接近全年的一半，这时又极易产生季节性干旱。

受气候变化，以及水稻种植方式改变、高产品种更替、灌区节水改造等因素的影响，南方水稻灌区水稻需水耗水规律、灌区输水效率、灌溉周期等可能已经发生变化；而目前针对以上状况的水稻需水耗水规律和输水效率等缺乏系统研究，没有形成相关基础理论，使得河塘湖库等水源工程布局、雨水径流调蓄等缺乏理论依据，容易因工程布局或调蓄管理不合理导致洪峰与农田排水高峰叠加形成洪涝灾害；同时，因缺乏适合当地气象特点的科学有效、简单实用的节水灌溉技术和灌溉用水优化配置方法等技术支撑，使得灌区前期灌溉无序而用水高峰期又无水可灌，造成农田灌溉用水浪费严重、用水总量占比较大、用水效率低，在一定程度上加剧了汛后季节性干旱的产生。因此，优化水利工程空间布局，合理利用雨水资源，科学进行水资源配置、调度和灌溉，有效防止或减少洪涝和干旱灾害损失，实现区域水资源可持续利用，保障经济社会可持续发展，是南方水稻灌区当前需着力解决的问题。

为提高我国节水灌溉水平，保障粮食安全，当前，我国正在大力推进灌区续建配套与现代化改造工程建设和高标准农田建设，并启动新建一批灌区。国务院出台了最严格的水资源管理制度，以强化水资源管理。灌区管理机构为提高供水效益，落实最严格水资源管理制度要求，也对取用水计划制订、水资源优化配置和供水调度更加地重视；随着农业规模化、集约化生产的发展，农户对节水增产灌溉技术的需求也日益迫切。因此，本书提出水稻灌区在灌水、输水、配水、调水等环节的节水理论体系，提出适宜的节水灌溉技术和灌溉制度，构建农业水资源优化配置和调度模型，研发水资源优化配置和调度技术体系，从而为水利工程建设、灌区现代化改造和高标准农田建设、农业种植结构调整、农田节水灌溉、灌区科学排涝度汛和抗旱调度及水资源的合理配置等方面提供理论依据和技术支撑，对于落实好最严格水资源管理制度，推进节水农业的发展，促进节水型社会建设和水生态文明建设，提高现代化管理水平，实现水稻灌区水资源合理配置，最大限度降低汛期洪涝灾害和旱期旱灾损失等方面具有重要意义。为此，本书作者以鄱阳湖流域水稻灌区作为研究对象，基于多年来实施的科研项目开展系统研究，总结项目主要研究成果，以期为相关研究及应用提供参考。

项目以实现农田节水减排增产高效、水资源优化配置调度和灌区防涝抗旱能力提升、水利工程科学规划设计和安全运行为目标，从水稻灌区农田灌水、输水、配水和调水等各环节进行系统研究，探明了鄱阳湖流域主要水稻土有效水含量差异和不同灌水方式水分运移规律、不同灌溉模式水稻各生育期及年际间需水变化规律、不同时空尺度水稻需水量差异及其主要受控气象因子和驱动机理、灌溉水回归利用机制和灌溉定额空间尺度效应、农田灌溉水利用效率变化规律及主要影响因子；揭示了水稻不同受旱条件下需水耗水规律、伏秋旱期土壤墒情衰减规律及受旱减产规律；提出了具有节水增产和减排防涝的水稻间歇蓄雨灌溉模式和水资源高效利用的非充分灌溉制度，绘制了江西省水稻灌溉定额等值线图，确定了全省灌溉分区及灌溉用水定额；创建了基于鄱阳湖流域水稻灌区气候特征的水稻水分生产函数(Jensen 模型)和农业水资源优化配置模型(动态规划模型 DP-DP 模型)及农业水资源优化配置模型(DP-PSO 模型)，制订了灌区多目标、不同时段用水优化配置策略，取得了高效、丰产、扩大灌溉面积和提高复种指数等综合效果；开发了具有稻田水分实时监测和灌溉预报功能的稻田节水灌溉信息化管理系统和灌区渠道量水控制一体化系统，并进行了集成应用。

本书涉及的主要科研项目包括：江西省水利重大科技项目“总量控制下节水灌溉关键技术研究”(KT201319)，“南方灌区节水减排关键技术研究与示范”(KT201427)；江西省水利科技项目“江西省水稻灌溉定额等值线图研究”(KT201014)，“鄱阳湖流域主要作物需水规律与灌溉定额研究”(KT201119)，“稻田旱期墒情变化规律研究”(KT201428)，“稻田生态系统水碳通量特征及环境响应机制研究”(KT201529)，“南方灌区灌溉水利用系数测算与分析技术研究”(KT201429)，“鄱阳湖流域水稻灌区水资源最优分配模型研究”(KT201118)。

本书涉及的有关项目在实施过程中，得到了江西省水利厅的资助，项目区所在的江西省赣抚平原水利工程管理局的领导和有关部门负责人及技术人员对项目实施给予了大力支持，许亚群、崔远来、许青松、罗玉峰、龚来红、王少华、付桃秀、柳根水、刘博懿、聂倩文、曹静静、李丹、陈梦婷等参与了有关项目的研究，许亚群、崔远来、许青松、罗玉峰等对本书撰写给予了大力支持和指导，在此一并表示衷心的感谢！

限于作者水平，书中难免有疏漏和不妥之处，敬请读者批评指正。

编　者

2023 年 3 月

目 录

第1章　绪　论

1.1　背景与意义

近年来,受极端气候影响,南方水稻灌区频繁遭遇洪涝灾害和季节性干旱,给水安全、粮食安全和生态安全造成严重威胁,并对当地经济造成严重损失,一定程度上制约着当地经济社会的可持续发展。江西为典型的南方水稻灌区所在区域,地处亚热带季风气候区,虽然降雨丰沛,但降雨时空分布不均,雨季主要集中在4—6月,约占全年平均降雨量的45%,这时极易产生洪涝灾害;不同于降雨的年内分布特征,蒸散发主要集中在7—9月,蒸散发量接近全年的一半,这时又极易产生季节性干旱。为此,汛期防洪涝和旱期抗旱一直是江西水利工作的重点。据统计,1950—1989年全省年平均旱涝成灾面积50万 hm^2。随着经济的发展,旱涝灾害的影响加剧。1990年以来,年平均成灾面积达80余万 hm^2,比前40年增加了60.9%。近年来水灾最严重的是1998年,其灾害范围之广、时间之长、损失之重为新中国成立以来罕见。全省受灾人口2 009.79万人,直接经济损失380多亿元;其中农业产值比上年下降了4.2%。旱灾最严重的是2003年,因旱成灾面积152余万 hm^2,导致二季晚稻总产比上一年减少105.3万 t,减产率为16%。

当前我国面临的水资源形势十分严峻,水资源短缺、水污染严重、水生态环境恶化等问题较为突出,已成为制约经济社会可持续发展的主要因素。据近年来我国水资源利用统计资料表明,农业用水量约占全国总用水量的62%。目前,我国农业日缺水960万 m^3,每年因缺水减产粮食约0.8亿 t,我国农用水资源的急剧减少已日益威胁到我国乃至世界的粮食安全。受水资源总量限制,随着国民经济和城市化进程的加快,农业用水只能是零增长,甚至是负增长。因此,农业水资源能否可持续利用,将对国家政治经济的可持续发展产生重大影响。为此,国务院办公厅印发了《实行最严格水资源管理制度考核办法》(国办发〔2013〕2号),明确了各省用水总量控制目标;其中,江西省2015年、2020年的用水总量控制目标分别为250亿 m^3 和260亿 m^3。据江西省水利普查数据,2011年农田灌溉用水总量占全省用水总量的74.4%,农田灌溉综合定额约为800 m^3/亩,农田灌溉用水浪费严重;其主要原因一是缺乏节水灌溉理论和相关技术及灌区配水方面的相关研究成果支持,使得灌溉方式不合理;二是没有形成完善的水量统筹调配制度和有效的调配手段,造成水量在不同时段、不同区域、不同作物间调配不均。

为提高我国节水灌溉水平,保障粮食安全,20世纪末,我国启动了大规模的灌区续建配套与节水改造工程建设、农田水利工程建设;在21世纪初,为推进农业现代化进程,我国又启动了大规模的高标准农田建设;而这些水利工程建设规划设计时都要求通过及时、准确和全面的灌溉试验基础数据和研究成果来支撑;但江西已有的灌溉试验成果大都是在20世纪90年代之前的农业生产水平和充分灌溉条件下得出的,涉及的作物种类较少、适应性较差,难以满足当前实际工作的需要。

本书通过对近年来系列科研项目成果进行梳理分析总结,提出农田灌溉在灌水、输水、配水、调水等环节的节水理论体系,以及适宜的节水灌溉技术和灌溉制度,构建农业水资源优化配置和调度模型,研发水资源优化配置和调度技术体系。农田节水灌溉理论体系的提出,一是可为科学进行蓄引提等水源工程建设,合理调配雨洪资源等提供科学依据,保证汛期江河湖库合理蓄雨安全度汛,旱期合理输水配水和科学灌溉,有效缓解汛期洪涝灾害和伏旱秋旱期间水资源供需矛盾,最大限度减少水旱灾害造成的损失。二是可用于指导各地区根据当地水资源状况科学调整农业种植结构,合理确定社会经济发展规模,促进节水农业的可持续发展。三是可用于指导农田水利工程、灌区节水改造工程科学规划设计,完善灌溉排水体系,提高灌区灌溉输水效率和蓄雨排涝能力。节水灌溉技术体系的提出,可为农田节水灌溉提供有力技术支撑,促进灌区科学用水,有效节水,减少水资源浪费,落实好"总量控制、定额管理"制度。农业水资源优化配置和调度模型的构建,可为水稻灌区汛期和季节性干旱期实行水资源的合理配置及优化调度提供科学的决策方法,确保流域水安全和水资源供水效益的最大化,为当地经济、社会发展提供水资源保障。水资源优化配置和调度技术体系的研发,一是可为实时监控灌区渠道水位流量变化,及时调控渠道水位与流量提供有效技术手段,从而避免汛期渠道水位突变引起倒堤和建筑物破坏事故发生,为灌区防洪度汛及工程安全运行提供可靠保障。二是可为实现水资源优化配置提供有力技术手段,从而进行科学排涝和抗旱调度,确保农田及时灌排。三是可用于改善灌区管理人员工作环境,减轻劳动强度,提高工作效率,提高灌区现代化管理水平。

综上所述,本书涉及的研究成果可作为水资源合理配置,最大限度地降低汛期洪涝灾害和旱期干旱灾害损失,促进节水型社会建设和水生态文明建设,落实好最严格水资源管理制度等的重要依据;同时,对于指导水稻灌区农田水利工程建设、灌区节水改造、农业种植结构调整,提高现代化管理水平,实现农业的可持续发展和水资源的可持续利用,确保区域水安全、粮食安全和生态安全等具有十分重要的意义。

1.2　研究现状

1.2.1　农田节水灌溉理论及技术研究现状

1.2.1.1　水稻土水分特性指标研究

水稻土是指发育于各种自然土壤之上、经过人为水耕熟化、淹水种稻而形成的耕作土壤,是在人类生产活动中形成的一种特殊土壤,是我国一种重要的土地资源,它以种植水稻为主。这种土壤经人为的水耕熟化和自然成土因素的双重作用,产生水耕熟化和交替的氧化还原而形成具有水耕熟化层(W)—犁底层(Ap_2)—渗育层(Be)—水耕淀积层(Bshg)—潴育层(Br)的特有剖面构型的土壤。水稻土在我国分布很广,占全国耕地面积的1/5,主要分布在秦岭—淮河一线以南的平原、河谷之中,尤以长江中下游平原最为集中。

由于长期处于水淹的缺氧状态,水稻土土壤中的氧化铁被还原成易溶于水的氧化亚铁,并随水在土壤中移动,当土壤排水后或受稻根的影响(水稻有通气组织为根部提供氧气),氧化亚铁又被氧化成氧化铁沉淀,形成锈斑、锈线,土壤下层较为黏重。

土壤水分是植物需水的主要来源,是土壤中各种生命活动和理化过程的必要条件,反映土壤水分特性的主要指标有土壤容重、孔隙度、田间持水量、凋萎系数、最大吸湿水等。土壤容重是土壤紧实度的一个重要指标。在农业上,土壤容重可作为判断土壤肥力状况的指标之一。土壤容重过大,表明土壤紧实,不利于透水、通气、扎根,并会造成氧化还原电位(*Eh*)下降而出现各种有毒物质危害植物根系。土壤容重过小,又会使有机质分解过速,并使植物根系扎不牢而易倾倒。同时,土壤容重也是影响水分运动和盐分、养分、热量运移的重要因素,在计算工程土方量(土壤质量)、估算各种土壤成分储量、评价地基基础压实度质量、保证工程质量安全等方面都有重要的应用。土壤容重作为一个非常重要的基本数据,在农田基本建设和灌溉排水等工作中,常用来进行土壤含水率和灌水定额等方面的计算。土壤中各种形状的粗细土粒集合排列成固相骨架,骨架内部有宽狭和形状不同的孔隙,构成复杂的孔隙系统,全部孔隙容积与土体容积的百分率,称为土壤孔隙度。水和空气共存并充满于土壤孔隙系统中。土壤孔隙度一般不直接测量,可根据土壤容重和比重计算而得。土壤孔隙度反映土壤孔隙状况和松紧程度;一般粗砂土孔隙度为33%~35%,大孔隙较多;黏质土孔隙度为45%~60%,小孔隙多;壤土的孔隙度为55%~65%,大、小孔隙比例基本相当。田间持水量指在地下水较深和排水良好的土地上充分灌水或降水后,允许水分充分下渗,并防止其水分蒸发,经过一定时间,土壤剖面所能维持的较稳定的土壤水含量(土水势或土壤水吸力达到一定数值),是大多数植物可利用的土壤水上限。田间持水量长期以来被认为是土壤所能稳定保持的最高土壤含水率,也是土壤中所能保持悬着水的最大量,是对作物有效的最高土壤水含量,且被认为是一个常数,常用来作为灌溉上限和计算灌水定额的指标。

土壤水分特征曲线一般也叫作土壤特征曲线或土壤 pF 曲线,它表述了土壤水势(土壤水吸力)和土壤水分含量之间的关系。通常土壤含水率 Q 以体积百分数表示,土壤吸力 S 以大气压表示。土壤水分特征曲线可反映不同土壤的持水和释水特性,也可从中了解给定土类的一些土壤水分常数和特征指标。曲线的斜率倒数称为比水容量,是用扩散理论求解水分运动时的重要参数。曲线的拐点可反映相应含水率下的土壤水分状态,如当吸力趋于0时,土壤接近饱和,水分状态以毛管重力水为主;吸力稍有增加而含水率急剧减少时,用负压水头表示的吸力值约相当于支持毛管水的上升高度;吸力增加而含水率减少微弱时,以土壤中的毛管悬着水为主,含水率接近于田间持水量;饱和含水率和田间持水量间的差值,可反映土壤给水度等。故土壤水分特征曲线是研究土壤水分运动、调节利用土壤水、进行土壤改良等方面的最重要和最基本的工具。

1.2.1.2 不同灌溉方式土壤水分运移规律研究

喷灌是目前世界上广泛采用的一项节水灌溉技术,具有省水、省工、改善田间小气候等诸多优点,因地制宜的发展喷灌技术能有效地提高我国灌溉水利用率。喷灌作为一种先进的节水灌溉技术,与地面灌溉相比,具有灌水均匀度高、灌水时间和灌水量可以高度控制、对土壤和作物扰动小、操作管理简单、减少土地平整工作量等优势。我国目前喷灌面积已经超过 200 万 hm^2,但是喷灌系统设计时,应用的一些基础参数都是在传统地面灌溉条件下通过试验得出的,由于没有考虑喷灌的特点,所以在实际应用中,灌水定额、灌溉定额及灌水时间等的确定都会不同程度地出现偏差。

滴灌以其节水、增产、节能、改善田间小气候等诸多优点,目前被世界各国所采用,近年来,我国也得到快速发展,陆续推出了地下滴灌技术、膜下滴灌技术、地面灌溉技术等节水灌溉技术。地面滴灌是滴灌的一种,是按照作物需水要求,通过低压管道系统与安装在末级管道上的滴头,将水缓慢、均匀、适量、准确地直接输送到作物根部附近的土壤表面、浸润到根系最发达区域,使根系活动区的土壤保持最佳含水状态,满足作物的需水要求的技术。滴灌条件下水分的入渗及再分配方式不同于常规的地表漫灌。国外在这一方面,已经进行了大量的研究工作,取得了一定的进展。研究发现,常规灌溉方式下,重力是影响水分在土壤中分布的主要因素,土壤水分的移动可以用一元方程来分析。对滴灌而言,滴灌条件下土壤中的水分运动为三维流动问题,渗透过程符合达西定律和质量守恒定律,通常用 Richards 方程来描述。近年来,国内虽开展了滴灌条件下土壤水分运动规律的研究,但与国外相比,尚有一定的差距;对滴灌条件下水分在土壤中运移规律的研究还少见报道。

1.2.1.3 作物需水规律及尺度效应研究

作物需水量是指生长在大面积上的无病虫害作物,土壤水分和肥力适宜时,在给定的生长环境中能获得高产潜力的条件下,为满足植株蒸腾、棵间蒸发、组成植株体的水量之和。但由于组成植株体所需水分占总需水量的比例非常小,故认为作物需水量即是植株的蒸发蒸腾量。因此,研究作物需水量在很大程度上就是研究作物的蒸发蒸腾量。作物需水量是农田灌溉用水的重要组成部分,在整个国民经济水分消耗中占有较大的比例,是确定作物灌溉制度和灌溉用水量的基础,是流域规划、地区水利规划、灌排工程规划设计和管理的基本依据。影响作物需水量的因素有内部因素和外部因素;内部因素主要是作物的生物学特性,如不同生育期对水量需求的影响,作物种类、品种等;外部因素则包括气候条件(如空气温度、湿度、风速等),土壤条件(如土壤质地、地下水位等);同时,农田耕作技术也是影响作物需水量的重要因素之一。

作物水分运移过程从根本上说就是水分由于水势差在土壤-作物-空气之间的连续传输过程,这个系统称为 SPAC 系统,其中任何环节都会对作物需水量产生影响。目前,研究方向主要包括两方面,即田间试验研究和计算方法研究。田间试验研究主要侧重于作物需水量测定研究,田间水分蒸发蒸腾是 SPAC 系统中水分迁移的关键环节,是农田灌溉管理、土壤水分动态预报和作物产量估算等研究的重要依据。近些年来,主要研究方法包括经验公式法、水量平衡法、微气象学法(空气动力学法、能量平衡法、Penman 综合法和遥感表面温度法)。土壤水量平衡法是根据水量平衡原理,在研究时段内土壤储水量的差值、降雨量、地下水补给量、灌溉水量、地面径流量、土壤渗漏量的基础上,根据水量平衡原理计算研究时段内的蒸发蒸腾量,该方法计算简单直接,但由于观测精度的影响,计算精度与实际情况会有偏差。1916年,美国 Briggs 和 Shantz 提出用水分蒸发量计算蒸腾量的单因子计算模型,20世纪50年代出现了许多测量土壤水分和蒸发蒸腾的仪器,如射线仪、张力计等。近些年来,蒸渗仪被认为是测量蒸发蒸腾量最具代表性的仪器。而称重式蒸渗仪在测量多种作物的蒸发蒸腾量中起到了关键的作用。随着小气候仪器和计算机技术的发展,微气象学法逐渐由理论变为实践,并逐步成为测量蒸发蒸腾的重要手段,其方法主要包括空气动力法和涡度相关法。空气动力法是通过分析不同水平面上空气的水汽压和流动速度,联合相关测定值,确定瞬时蒸发蒸腾速率,进而推求田间作物的蒸发蒸腾量,该方法的主要限制因素是作物冠层上方空气运动的不规则性。涡度相关法用于测量蒸发蒸腾始于20世纪中叶。1979年,Kanemasu 等的研究表明,在粗糙表面采用涡度相关技术计算的田间蒸发蒸腾量远高于依靠梯度公式计算的通量,但在比较平坦的表面,涡度相关法需要安装精度较高的测量仪器。能量平衡法包含土壤动力学方法和 Penman 综合法,它是根据植株下垫面能量平衡方程和空气动力学原理来测定田间总蒸发蒸腾量。土壤动力学法主要是通过数理建模,结合实测值来模拟土壤水运移过程的方法。而 Penman 综合法是以能量平衡原理为基础的,利用常规气象资料计算出参考作物需水量。该方法通过分析几个主要的影响因素与作物需水量之间存在的数量关系,归纳形成经验公式。首先计算整个作物的生育期需水量,然后利用阶段需水模系数分配各阶段的作物需水量。该方法的精度取决于阶段需水模系数的精确程度。由于影响需水模系数的因素很多,如作物品种、气象条件及土、水、肥和生育期的划分等,因此同一生育期不同年份同品种作物的需水模系数并不稳定,而不同品种的作物需水模系数的变化更大。计算方法的研究主要包括序列分析法和回归分析法,由于影响作物需水量的某些因素(如气象因子)是随机变化的,因此作物需水量的变化过程也有随机的一面;同时,受生理机制的控制,又具有确定性的一面。因此,作物需水过程包含有反映多年递增或递减变化趋势的趋势项,也有体现多年变化过程中的周期性发展趋势的周期项,同时还有反映作物需水随机特性的随机项,可以运用时间序列法对其进行分析。作物需水量具有相宜性,相邻一个或几个阶段之间有相互影响,同时前一个或几个时段的影响因子对本时段的需水量也有影响。因此,可以利用影响因子与作物需水量的关系,通过建立线性或非线性回归模型,预测某一时段的作物需水量。

综上所述,作物需水规律需要对作物需水量进行统计,而其需要以大量的试验数据为基础,受生产条件、技术水平的影响,实测资料十分有限,模型和方法的建立又受到区域和条件的限制,有关参数的确定有一定的经验性。以往鄱阳湖流域主要作物的种植管理研究主要侧重于品种选育、栽培技术、作物发展形势与对策等方面,而针对作物需水规律和灌溉定额的研究则较少。

由于变量的空间异质性和时空变异性广泛存在于自然界,故需借助各种尺度提升与转换途径及方法,分析该变量尺度转换过程中存在的复杂非线性问题,建立不同时空尺度间该变量的定量转换关系,调整和修正不同尺度下存在的变量或过程间的非线性关系。蒸发蒸腾量(ET)作为区域水量平衡的主要成分,是农业水土资源平衡计算、灌排工程规划设计中不可缺少的基础数据。随着区域性灌排规划和农业水管理对时空格局要求的扩展和提高,人们急需了解和明确多尺度 ET 的变异规律与特点,以及 ET 不同时空尺度间的内在联系。稻田蒸散发最常用的方法为蒸渗仪(俗称测坑)法,相关研究表明,蒸渗仪内外水、热条件存在差异,尽管趋势一致,但一般较周边区域的蒸散量高;另一方面,蒸渗仪空间代表性差,仅能代表周围一定面积的蒸发蒸腾状况,由于作物生育期、土壤含水率等因子存在空间变异性,蒸渗仪所测数据往往难以用于大尺度蒸发蒸腾的估算。涡度相关技术为中尺度观测技术,通量贡献区大,是公认的较为准确的测量方法。目前关于农田蒸散量空间尺度差异的研究多集中于旱地,刘国水等分析了蒸渗仪和涡度相关仪观测的夏玉米田蒸散量尺度效应,并对蒸散量尺度效应产生的原因进行了初探。蔡甲冰等研究了冬小麦蒸散量的尺度效应,并运用多元回归方法得到了基于小尺度数据上推大尺度蒸散量的转换关系。对于稻田生态系统,田间尺度蒸散量的变化规律及蒸散量的尺度差异性还有待于探讨。

1.2.1.4 水稻节水灌溉技术研究

世界水稻主要分布于东亚、东南亚和南亚的季风区及东南亚的热带雨林气候区。因此,在国外形成了很多水稻种植技术。我国已经开展了形式多样的水稻节水灌溉技术研究,也取得了很多成功经验。在节水管理方面,在南方有多种节水灌溉技术,如"浅、湿、晒"灌溉技术、"干干湿湿"灌溉技术、"控制灌溉"等,通过控制灌水量和灌水次数及灌水间隔天数等来进行水稻节水灌溉技术的研究。然而,由于灌水频次较多,对灌溉水源条件要求较高,这些灌溉技术的推广和应用受到了一定程度影响,其节水效果没有得到充分发挥。同时,有些高效的节水技术长期使用可能会降低土壤肥力,不能保证水稻产量。节水灌溉的目的是在不危及作物产量的前提下,通过优化作物的灌水次数、灌水定额和灌水延续时间,减少总的灌溉用水量。水稻间歇灌溉正是基于这个目的而研发的节水灌溉技术;与传统的持续淹灌方式不同,间歇式灌溉要求农户在田面无水层甚至土壤不饱和时才灌溉。Vander Hoek 等调查发现,在我国和日本已经有许多农户使用了间歇灌溉技术,这种灌溉技术能促进水稻有效分蘖,提高产量,但是需要有供水可靠的灌溉系统。Guerra、Bouman 等所做的水稻节水灌溉田间试验结果显示:即使减少 20%~70%的灌溉用水,也可能不会引起水稻产量的显著下降。茆智和时训柳等的研究结果表明:推广水稻节水灌溉模式,特别是推广间歇灌溉,由于田间无水层的时间较长,对稻田水土环境有较大改变,须注意并防止其带来的不利影响。与深水条件相比,土壤"干干湿湿"条件下养分挥发损失加大,宜用多次追肥来降低这种影响。此外,还要注意防草除草,在无水层条件下的追肥、补肥,防低温或高温危害等。邓莉等通过对节水灌溉与非节水灌溉两试验区农民各种投入与产出的问卷调查,定量分析得到:在田间尺度,施肥水平大致相同、产量不减少的情况下,采用节水灌溉技术不仅能够减少农民投入,还能增加土地的产出。另外,何顺之、茆智等通过大量的试验得出结论,节水灌溉不仅能够节水、产生巨大的社会效益和经济效益,还能够改善生态环境,对农作物产生良好的生态效益。近年来,国内外在研究各种节水灌溉技术的影响方面进行了一些研究。如 Belder 在我国和菲律宾开展的水稻交替浸泡和持续浸泡的田间试验,试验证明了节水灌溉对产量的影响很小。综上所述,以往国内外在水稻节水灌溉研究方面,主要注重节水灌溉方式的节水、稳产增产方面的研究,在灌溉效率、注重不同气候条件节水灌溉的适宜性、农民灌溉习惯和接受能力、节水减排效应方面研究的较少,这也是当前节水灌溉技术众多,推广应用面积不广,效益较低的重要原因。因此,注重提高灌水效率、方便操作,具有一定增产效应等方面来开展研究尤为重要。

1.2.1.5　水稻干旱胁迫需水规律和受旱减产规律研究

土壤墒情,又叫土壤湿度,指的是农作物主要根系活动层内的土壤水分状况,即土壤的实际含水率。稻田土壤墒情监测是计算作物需水量的主要参数之一,是推行精量灌溉技术、提高水资源利用率的基础,也是灌区灌溉系统配水关键技术之一,其准确性直接影响着作物需水预报的精度。对稻田的土壤墒情变化规律进行分析研究,实行高效的灌溉用水管理,对水土资源的持续利用和农业生产的持续发展有着重大的理论和实践意义。土壤墒情监测技术主要有烘干法、张力计法、中子仪法、射线仪法、时域反射仪法(TDR法)、遥感监测法等。

水稻干旱胁迫,即水分胁迫,指的是在非充分灌溉条件下,水稻生理需水和生态需水得不到满足而受到的胁迫。水稻在长期的栽培驯化过程中,对环境变化有了很强的适应性,各个生育阶段对水的需求不一样,对遭受一定程度的水分胁迫响应也不同,有的阶段则反应很敏感,光合作用减弱,生长发育受阻,甚至会造成产量减少;而有的阶段表现出具有较强的忍耐性,这与水分胁迫程度密切相关。因此,从节水的角度,深入探讨水稻栽培各生育阶段遭受水分胁迫可能忍受的程度和正负效应及其缓解这种影响的措施,是发展节水农业、改进农业灌溉管理技术、实现高效节水灌溉的重要途径;也是国内外研究水稻优化灌溉技术、探求水分生产函数的主攻方向,在理论上和生产上都具有重要意义。

以往的相关研究注重水稻各生育期不同水分胁迫条件下受旱减产规律及影响机理研究,少有研究者从研究区容易受旱时期角度,针对水稻受旱敏感期和受旱时间两个因子,探讨水稻在持续干旱条件下应对干旱胁迫的生理机制,以及水分胁迫条件下需水规律变化。

1.2.1.6　灌溉定额等值线图研究

等值线图可以将生产实践中的数据通过图形的方式表现出来,方便研究人员探究数字所隐含的规律。因此,等值线图被广泛应用于各个领域。例如气象研究中的降雨量、暴雨强度、雷电强度,地质学中的地震预测、矿产勘探。此外,等值线图还被用于研究人口分布、瓦斯采矿管理、城市住宅价格,指导公路建设、淤泥清除,管理海洋鱼群等许多方面。

据考证,B. Runiss 绘制了世界上第一张等值线图。随着电子计算机技术的发展,人工计算并绘制等值线图的工作已被计算机所取代,制图类软件也随之应运而生。目前已有 Surfer、Arcinfo、MapGis 等商业软件投入使用。

目前绘制等值线的方法有两种:网格序列法和网格无关法。由于网格序列法不能充分利用所有原始数据,精确度低,故在进行空间数据研究时,通常使用网格无关法。网格无关法一般有克里金法、矩形网格法和三角网格法。在利用插值法求出未知地点数值后,还需对由等值点连接起来的线进行光滑。现在常用的光滑算法有抛物线加权光滑、Bezier 光滑、张力光滑、二次 B 样条等。

尽管作物需水量的研究在世界上已有相当长的历史,但是研究作物需水量在空间上的变化规律还是一个较新的课题,美国、日本、以色列等少数国家率先进行了这方面的研究。我国于1983年成立了“我国主要农作物需水量等值线图”协作组,并于1991年首次研制提出水稻、小麦、棉花等我国主要农作物的需水量等值线图。与此同时,我国许多省份也开始研究并绘制各省的主要农作物需水量等值线图。江西省也于1991年首次绘制出了水稻需水量等值线图,但由于试验站点少、资料系列短且与现在间隔时间长,对于现在的水稻生产指导意义不大。因此,根据长系列灌溉试验资料绘制出江西省范围内的水稻需水量等值线图和水稻灌溉定额等值线图,为水利工程规划设计、水资源规划和农田灌溉用水管理提供科学依据显得尤为必要。

1.2.2 农田灌溉用水利用效率及尺度效应研究现状

1.2.2.1 农田灌溉用水利用效率研究

灌溉效率是灌溉水有效利用程度的主要评价指标之一。在Israelsen定义的基础上,1977年ICID提出了灌溉效率标准,该标准将总灌溉效率划分为输水效率、配水效率和田间灌水效率,总灌溉效率为三者之积。传统灌溉效率被定义为作物消耗的灌溉水量占有地表或地下供给渠道或取水口的总灌溉供水量的比值。这一概念与我国采用的灌溉水利用系数类似。之后Hart、Burt等又提出了储水效率和田间潜在灌水效率等灌溉效率指标。尽管此后研究者提出了不同的灌溉效率指标,其强调点各有差异,但与早期定义出发点并没有太大区别,即其适用性仍与工程目标是息息相关的,高灌溉效率意味有较高比例的引水量储存于作物根系层以增大作物蒸腾量。

我国现行的灌溉水利用系数指标体系及计算方法主要形成于20世纪五六十年代,当时主要参照苏联的灌溉水利用效率指标体系而建立,通过利用灌区渠系水利用系数和田间水利用系数的乘积而得到;是反映灌区从水源引进的灌溉水能被作物吸收利用程度的重要指标,也是反映灌区输水配水和田间灌水所采用的工程技术和管理水平高低的指标。但是,采用这种传统方法确定灌溉用水有效利用系数比较繁杂、不易操作、准确性较差,致使测定结果往往可信度不高。为此,近年来国内研究的重点在测定渠系水利用系数和田间水利用系数的方法、计算公式修正等方面。不少学者还对渠道越级输水、并联渠系输水等情况下渠系水利用系数的计算分析与修正进行了研究探讨。如高传昌等(2001)提出将渠系划分为串联、等效并联、非等效并联,分别引用不同的公式计算。汪富贵(1999)提出用3个系数分别反映渠系越级现象、回归水利用及灌溉管理水平,再用这3个系数同灌溉水利用系数的连乘积获得修正的灌溉水利用系数。沈小谊等(2003)提出用动态空间模型的方法计算灌溉水利用系数,考虑了回归水、气候、流量、管理水平和工程变化等因素的影响。沈逸轩等(2005)提出年灌溉水利用系数的定义,指1年灌溉过程中被作物消耗水量的总和与灌区内灌溉供水总和的比值,并给出相应计算方法;谢柳青(2001)等结合南方灌区的特点,在分析确定灌溉水利用系数时,根据灌溉系统水量平衡原理,建立了田间水量平衡数学模型,利用灌区骨干水利工程和塘堰等供水量统计资料,由作物的灌溉定额,反推灌区渠系水利用系数和灌溉水利用系数。浙江省水利河口研究院贾宏伟等(2010)还根据南方多越级渠道的灌区特征,提出了越级渠道的水利用系数的计算方法,为南方灌区渠道量测设施未完全配备,缺少渠道资料及其流量情况下提供了一种近似推求的方法。山西省水利科学研究所孟国霞等(2004)提出了“山西法”,即选定典型灌区,开展大规模的静水法测试渠道渗漏损失研究工作,用大量现场试验资料,提出各种类型渠道湿周上微元面积的渗漏损失与其水深关系的模式,求出模式中的参数,并按此模式进行渠道渗漏水量的损失计算。“十一五”期间,为对全国各大中小型灌区农田灌溉用水有效利用系数进行测算,水利部组织相关部门及专家进行测算方法的攻关研究,提出了“首尾测算分析法”,直接用渠首引进的水量和最终能被作物利用的水量来确定,即只测定灌区渠首当年引进的水量和最终灌到贮存在作物计划湿润层的水量,用后者与前者的比值来求得当年的灌溉用水有效利用系数。

1.2.2.2 农田灌溉用水利用效率尺度效应研究

不同尺度下农业水资源的规划、调度、管理和评价正成为一个热门研究领域。当前农业灌溉领域争论的一些问题,例如真实节水问题,真实需水量、节水潜力问题,渠道防渗标准与规划设计标准问题等,均与尺度效应有关。因此,研究灌溉水的尺度效应有助于深入理解及解决这个问题。1979 年,美国 Interagency Task Force 组织研究发现针对传统灌溉效率的理解有许多偏差和自相矛盾的地方,指出根据灌溉效率值表明大量的水资源在此过程中浪费了,事实并不尽然,并开始注意到大型水利工程及流域中存在灌溉回归水的重复利用问题。1982 年,美国加州戴维斯大学土地、大气和水资源系的 David C. Davenport 和 Robert M. Hagan 对灌溉取水节水量中的可回收水与不可回收水的概念做了比较系统的说明。此后的几十年间,灌溉水利用效率指标体系的内涵主要向两个方向发展,一方面是针对“有益消耗”与“无益消耗”及“生产性消耗”与“非生产性消耗”的界定;另一方面则是回归水的重复利用问题受到广泛关注,越来越多的研究者认为使用传统的“灌溉效率”需要充分认识研究对象的边界特点,局部的灌溉效率在更大的尺度范围内并不重要,并考虑如何将回归水要素加入指标体系中,以正确指导人们的节水行为,制定合适的节水策略。一系列新的灌溉效率类指标被提出,如 Willardson 等(1994)建议采用“比例”的概念来代替田间灌溉效率指标,如消耗性使用比例指的是作物蒸发蒸腾量占田间灌溉水量的百分数;Keller 等(1996)提出“有效效率”的指标,指的是作物蒸发蒸腾量同田间净灌溉水量之比,田间净灌溉水量为田间总灌水量减去可被重复利用的地表径流和深层渗漏,Keller 等认为有效效率指标可用于任何尺度而不会导致概念的错误;Jensen 等(1997)指出传统灌溉效率概念在用于水资源开发管理时是不适用的,因为它忽视了灌溉回归水,从水资源管理的角度,Jensen 提出了“净灌溉效率”的概念;Molden(1997)在其提出的框架中采用总消耗比例及生产性消耗比例指标;1998 年,国际灌排学院首次明确提出了关于“真实”节水问题的一些概念;Guerra 等(1998)强调要进行不同尺度水分生产率研究和了解小尺度与大尺度水分生产率之间的关系;Solomon 等(1999)认为,田间尺度上的灌溉效率同灌区和流域尺度上的灌溉效率之间的关系复杂的原因是一块农田的出水可被另一块农田利用;Tuong 等(1999)指出从农田尺度的节水研究到灌区和流域尺度的节水研究是一个巨大的挑战;Perry (2007)建议采用水的消耗量、取用量、储存变化量以及消耗与非消耗比例为评价指标,并认为可保持与水资源管理的一致性。Lankford (2006)认为当考虑到使用条件及评价目的,传统灌溉效率与目前提出的考虑回归水重复利用的有关灌溉效率都是适用的。Lankford 列出了影响传统灌溉效率的 13 个因素,包括水管理范围的尺度大小、设计、管理和评价的目的性不同,效率与时间尺度的关系,净需水量与可回收及不可回收损失的关联等,同时提出可获得效率的概念,即现有损失中有些是可以通过一定的技术措施予以减少的,比如渠道渗漏,而有些是难以减少的,比如渠道水面蒸发损失,因此效率的提高只有通过减少可控的损失量来实现。

在国内,一些学者已经开始认识到灌溉水利用系数内涵的局限,提出了一些考虑回归水利用的指标。我国水利水电科学研究院水资源研究所于 1979 年提出了灌溉工程节水对于地下水补给和地表径流都具有一定的负反馈效应的结论,认为将平原区地面灌溉方式改为喷灌方式不具有真实节水意义。沈振荣等(1986)指出灌溉取水节水量包含可回收水量和不可回收水量 2 部分,其中的可回收水量,通常在农业或其他方面可以被再利用,只有所减少的不可回收水量才属于真实意义上的节水量;首次在国内系统地提出了真实节水的概念并在理论上分析了其组成部分和计算方法。郭相平、张展羽等(2000)指出:渠道和田间渗漏所产生的回归水中的部分水量可能被重新利用,不能全部看作是可以节约的水量。蔡守华等(2004)综合分析了现有指标体系的缺陷,建议用"系数"来代替"效率",并在渠道水利用系数、渠系水利用系数、田间水利用系数之外增加了一个作物水利用系数。陈伟等(2005)认识到用现有灌溉水利用系数等指标计算节水量的局限性,指出计算灌溉节水量时应扣除区域内损失后可重复利用水量,并提出了考虑回归水重复利用的节水灌溉水资源利用系数的概念,但并没有明确计算其中涉及的参数,如渠系渗漏水转化为地下水百分比、地下水开发利用率、扣除蒸发损失的效率等如何确定。董斌等(2005)结合漳河灌区田间试验数据和灌区长系列的历史资料,定量分析了采用节水灌溉技术对不同尺度水分生产率的影响。贾绍凤(2009)也指出提高渠系水有效利用系数能否节约水资源取决于渠系渗漏的水是否都转化成了可被重新利用的地下水;朱发昇(2009)指出实施节水措施后除减少部分蒸发损失外,同时减少了回归水量,减少的回归水量实质上是截留了下游的水资源量,在节水量计算时应将地表回归减少水量从总节水量中扣除。针对空间范围的大小变化而引起的灌溉用水有效利用系数的变化规律,以及不同空间范围之间灌溉用水利用效率的相互关系研究相对较少,有待进一步深入研究。

1.2.3 灌区水资源高效利用及优化配置研究现状

1.2.3.1 水稻水分生产函数研究

20 世纪 40 年代以来,由于水资源日益紧缺,用于灌溉的水量日渐有限,导致人们对灌溉目标的要求有所提高,不再是单纯的以获得高产为目的,而是在追求高产的同时还要获得最优的经济效益。由此,衍生出了非充分灌溉研究,即水源供水不能按丰水灌溉要求供给作物时,允许农作物在非需水关键时期(缺水对作物减产影响比较小的生育阶段)承受一定程度的水分亏缺,以达到使有限的灌溉水资源灌溉在关键时期,以确保所获得的总产量和效益最佳的一种灌溉方式(陈亚新,1995)。通过非充分灌溉的研究,研究者发现农田节水的关键在于把握住作物对水分需求的关键时期不产生水分胁迫,因此弄清楚作物不同生育期对水分的要求(孙雪峰,1994)尤为重要。与此同时,作物水分生产函数概念被提出,即定量描述作物产量与灌溉供水之间的关系。该函数的因变量为作物产量,其自变量有三种不同指标,分别为灌水量、田间总供水量和蒸发蒸腾量(简称为腾发量)。目前最常用的为腾发量,因为相比于其他两者,腾发量既能反映出作物对水分的利用状况,又能反映出土壤水、地下水的调节和补给作用。研究作物水分生产函数的目的是合理利用有限水资源,优化作物灌溉制度,为实现有限水量在作物生长期及作物间的合理配置提供定量依据,以此达到能在有限供水条件下最大化作物的产量或产值(王仰仁,2003)。

有关作物水分生产函数的研究主要分为两个阶段。20世纪60年代以前,研究的主要方向为寻找产量与全生育期作物需水量之间的关系,但这类研究并未考虑作物不同生育阶段之间对水分需求的不同而导致的对产量的不同影响。60年代以后,美国等发达国家开始分阶段探询作物需水量与产量的关系,从而出现了分生育阶段水分生产函数的概念。将现有的作物水分生产函数模型总结归纳之后发现,其主要分为静态模型和动态模型两大类。

静态模型又称作物水分生产函数最终产量模型,它只从宏观上描述作物所需水分与作物最终产量之间的关系,而对干物质累积这样存在于作物发育过程中的微观过程不考虑。该模型是经验型或半经验型的。它直接将作物产量表示为作物生育期内腾发量的函数,通过对试验数据的回归分析来确定函数中的参数。水分生产函数静态模型可分为全生育期和分生育阶段模型两大类。全生育期水分生产函数模型是建立在相对产量和相对腾发量关系之上的,主要有Hiller-Clark模型(1971)、Hanks模型(1974)和DK模型(1975);而分阶段水分生产函数模型有加法模型和乘法模型两种。它们的共同点是自变量都为作物分生育阶段的相对腾发量或腾发量相对亏缺量,区别阶段效应对相对产量总影响的构成是不相同的,前者以相加数学式来表达,后者则用连乘数学式来表达。1968年Jensen在非充分灌溉条件下,利用与充分灌溉条件下的生育期指标对比,建立全生育阶段的水分生产函数乘法模型。1974年Minhas在前人的基础上,优化Jensen参数,提出了另外一种函数乘法模型。1975年Blank在非充分灌溉条件下,与充分灌溉条件下的生育期指标相除,提出全生育阶段的水分生产函数加法模型。1976年Stewart在Blank的基础上,改进并提出了另外一种全生育阶段的水分生产函数加法模型。1987年Singh在Minhas模型的基础上,提出了另外一种水分生产函数加法模型。在国内,许多专家学者对作物水分生产函数进行了探索。康绍忠等(1991)发现水分亏缺量对作物产量的影响远远小于水分亏缺的时期对其的影响。茆智等(1994)根据1988年至1993年在广西桂林地区灌溉试验中心站水稻水分生产函数试验结果,基于不同的水分生产函数模型进行研究,得到了我国南方水稻适用的模型,给出了模型中敏感指数的变化规律,并得到了参照作物需水量和敏感指数在Jensen模型中的关系。崔远来等(1995)以河北省中稻为例,在两年的水稻非充分灌溉试验资料基础上,得到了能在我国北方中稻种植中适用的水分生产函数模型,并且应用该模型对缺水灌溉情况下的灌溉制度优化提供了有效的解决方案。王仰仁等(1997)考虑到求解参数和使用Jensen水分生产函数模型过程中会出现的问题,将水分敏感指数累积曲线随时间变化的过程用生长函数的形式表达出来,并把这一方法应用于冬小麦水分敏感指数累积函数的研究中，将敏感指数累积函数用生长曲线来描述，并按给出的参数求解方法求解出了相关参数，结果表明该方法能较好地描述冬小麦产量对水分的反应（王仰仁等，1997）。刘幼成等（1988）根据5年的试验数据，提出了能用于我国北方水稻的水分生产函数模型。在此基础上根据不同水文年型、不同可供水量计算出了不同条件下的最优灌溉制度。崔远来等（1998）修正了Jensen、Stewart模型，这是基于将水文年度变化考虑入内之后提出的，且模型是以ET_0（参照作物需水量）的频率P为参数。之后根据广西桂林灌溉试验中心站晚稻水分生产函数试验多年的试验成果，在全生育期Stewart模型基础上，针对ET_0及土壤有效含水率等参数，分析了地域之间的水分生产函数敏感指数的变化规律（崔远来等，1999）。崔远来等（2002）继续利用广西桂林灌溉试验中心站双季晚稻试验成果，系统的研究了水稻水分生产函数时空变异规律及水分敏感指数累积函数。不仅如此，他们还通过研究敏感指标等值线图绘制的原理及方法提高了之前研究成果的实用性，也将已有的水稻水分生产函数的使用范围及年限极大的拓宽。从振涛等（2002）改造了Jensen模型，这是基于发现了敏感指数值的变化与生育阶段长短划分关系密切的基础之上做出的改变，并在此基础上重新定义了水分敏感指数。杨昆等（2002）在求解水分生产函数参数的过程中采用了遗传算法，与此同时为了避免敏感指数、系数出现不合理的数值，他们采用编码空间限定方法来避免这一问题。付强等（2002）针对三江平原井灌区水稻的特点，设计了符合当地井灌水稻生育期特点的不同处理，并在多年试验的基础上，提出了适合当地的水稻水分生产函数模型。周智伟等（2003）引入肥料因子构建了水肥生产函数的Jensen模型，同时构建了作物水肥生产函数的人工神经网络模型。刘增进等（2004）针对大田生产条件下的冬小麦进行了非充分灌溉试验，最终建立了适合当地冬小麦的最优灌溉制度动态模型。罗玉峰等（2004）针对现有最小二乘法求解作物水分生产函数中存在的问题，提出了使用高斯-牛顿法求解作物水分生产函数，以Jensen模型为例，经分析发现该方法可以提高拟合精度，使拟合结果逼近无偏估计。

水分生产函数动态模型描述作物生长过程中作物干物质的积累过程对不同的水分水平的响应，并根据这种响应来预测不同时期作物干物质积累及最终产量。20世纪70年代以来，国外学者基于作物生长动力学提出了水分生产函数动态模型，他们先后从不同的角度模拟了作物生长的过程，并预测了干物质产量。这类模型分为机理型和经验型两种。机理型动态模型是直接模拟作物干物质累积的微观过程（光合作用、呼吸作用等）（Childs等，1977；Feddes，1978）；其中比较著名的有Feddes（1978）提出的Crop-Model干物质模拟模型，是将Swater-Model（SPAC系统水分运移模型）与Crop-Model结合起来，通过直接模拟作物生长的过程来预测作物的干物质产量（从作物水分生理角度出发）。此模型需要输入逐日的数据（气象资料、水文及土壤资料、作物数据等），数据量大，且有些数据难以收集，因此此类模型在使用上受到限制。经验型动态模型并不考虑微观的过程，仅模拟干物质累积过程中对水分的响应；其中典型的有Morgan等（1980）提出的以玉米为例的动态模型。Morgan认为其他条件（气象、土壤养分等）相对稳定的情况下，干物质积累过程中土壤水分为影响其累积的主要因素。当作物生长的过程中出现了某一段时间需水不足,这必将对作物之后生长发育产生影响。20 世纪 80 年代之后,我国学者开始采用水分生产函数动态模型来研究作物生长规律,以期为优化灌溉提供更好的依据。罗远培、张展羽等(1992,1993)将 Morgan 模型运用于研究小麦的生长过程中干物质积累与水分的关系,目的是为小麦种植过程提供经济用水策略。沈荣开等(1995)介绍了国内外作物水分生产函数的研究现状,将模型总结归纳为两种类型(最终产量模型和动态产量模型)。李会昌(1997)分别分析了已有的 Feddes 模型、Childs 模型和 Dierckx 模型,并在原有模型的基础上建立了 Feddes-Childs、Feddes-Dierckx 两个新模型,然后以夏玉米对模型进行了验证分析。李会昌(1997)研究了 Feddes 模型的基本理论和主要参数的确定方法。沈细中等(2001)将相对腾发量作为影响水分亏缺的函数,在原有 Morgan 模型的基础上,引入肥料效应函数,对模型进行修正。该模型减少了所需参数,拓宽了原模型的应用范围。迟道才等(2004)在分析水稻干物质生长规律的基础上,构造了水分亏缺影响函数,构建了新的水稻动态产量数学模型,并且以 1999 年沈阳地区试验数据为基础对模型进行了验证和灵敏度分析。王康等(2002)建立了作物水分-氮素生产函数动态产量模型,该模型可以预测各生育阶段作物干物质产量,实用性良好。

1.2.3.2　农田灌溉水最优分配模型研究

灌溉制度优化是一个在缺水条件下能保证作物种植效益优化的十分有效的措施。它解决的是这样一个问题,即在分配给种植区域的总灌水量已定,且小于作物丰水灌溉情况灌水量的前提下,如何将有限水量合理分配给种植区域内不同作物及同一作物的不同生育阶段;换句话来说,就是解决非充分灌溉条件下农作物生长期内水分最优分配问题。这需要对灌溉制度的各个组成部分(灌水次数、灌水日期、灌水定额及土壤水分)进行优化,以达到整体效果上的最优,而非某一阶段或者某个过程的决策最优。研究人员发现,在其他条件(肥料、光照等)和管理措施相同的情况下,作物全生育期内的灌溉水量分配在不同阶段,能对作物产量大小产生不同的影响。由此可见,作物不同生育阶段缺水程度的不同与作物减产程度的大小是密切相关的。因此,在水资源不足的地区制定合理的灌溉制度对当地农业发展有着非常重要的影响。20 世纪 60 年代开始,研究者们就希望基于作物水分生产函数的研究,为缺水灌溉情况下的灌溉制度优化提供可能性。基于这类研究,研究者们提出了多种灌溉制度优化模型,最常见的包括线性规划(LP)、非线性规划(NLP)、动态规划(DP)及随机动态规划(SDP)等。

在线性规划(LP)和非线性规划模型(NLP)研究方面,郭宗楼(1994)采用非线性规划(NLP),从作物腾发和根区土壤水运动规律出发,求解出了作物最优灌溉制度;并用冬小麦对模型进行了验证,证明模型的合理性。之后 NLP 模型又被应用于求解冬小麦效益费用比不同时的缺水灌溉问题(Ghahraman 等,1997)。对比 1995 年陈亚新的研究,可以发现,线性化以上非线性规划模型中的非线性目标,就可用 LP 对模型进行求解。Tsakiris 等(1982)将非充分灌溉存储模型应用于半固定式喷灌系统下的甜菜水管理中,得到了适合半固定式喷灌系统的节水管理策略。

动态规划是当前的最优化技术中适用范围最广的基本方法之一,它可以通过分析系统的多阶段决策过程,求解整个阶段的最优决策方案。经分析可知,在非充分灌溉条件下,最优灌溉制度的设计过程较适合使用动态规划方法求解,因为它是一个将一定灌水量合理分配在作物各个生育阶段的多阶段决策过程。目前,国内外针对最优灌溉制度研究多采用 DP 或 SDP 方法。国外早在 20 世纪中期就开始了对 DP 方法进行研究,不仅证明了其在求解非充分灌溉最优灌溉制度时是可行的(Flin 和 Musgrave,1967),更将其拓展到二维 DP 模型,状态变量为阶段初可供水量与土壤含水率,决策变量为各阶段灌水量(Hall 和 Butcher,1968)。1969 年,SDP 模型开始被运用于作物最优灌溉制度的优化中,Dudley 等(1971,1972)用 SDP 模型求出了非充分灌溉条件下的灌水次数和最优灌水量;通过对作物生长的模拟分析,求得了土壤含水率的概率转移矩阵。Rhenals 等(1981)改变前人将径流和降雨视为随机变量的做法,将 SDP 模型的随机变量设为腾发量;将各阶段土壤含水率、上一阶段潜在腾发量和本阶段后可分配水量作为状态变量。Raju 等(1983)在 Morgan 模型的基础上,求出了缺水灌溉条件下的最优灌水策略。8 年后,他们将随机变量设为降雨量修正了动态规划模型。Rao 等(1988)认识到前人研究的 DP 或 SDP 模型不能满足短周期(周、旬)内有限水量最优分配,提出用生育阶段和周时段的两级水平求解优化灌溉制度。

20 世纪 80 年代,国内学者开始将 DP 模型应用于冬小麦、牧草等农作物的最优灌溉制度研究中(荣丰涛等,1986;王维平,1987;罗远培,1992;郭宗楼,1992;马文敏,1997)。袁宏源等(1990)基于 DP 方法求解出了北方多种旱作物的最优灌溉制度。该模型为二维 DP 模型,运用 DPSA 进行求解,状态变量和决策变量分别为土壤含水率和阶段初可供水量、腾发量和实际灌水量。张展羽等(1994)在缺水地区旱作物上运用模糊动态规划技术进行非充分灌溉制度的优化设计。模糊决策变量为各个生育阶段灌水量,模糊状态变量为其中某阶段及其以前灌水量之和。崔远来等(1995)基于以上模型,将稻田水量平衡理论融合进来,得到了非充分灌溉条件下稻田的最优灌溉制度;4 年之后,作者等以降雨量为随机变量,运用 SDP 模型再次求解了稻田最优灌溉制度。该模型为了求得短时段内的配水,运用水分敏感指数累积函数得到了水稻以旬为时段的敏感指数值。肖素君等(2001)针对黄河下游引黄灌区水资源不足情况,在计算出该灌区作物水分生产函数的基础上,利用动态规划模型得到了供水不足情况下作物的灌溉制度。邱林等(2001)考虑到单一目标优化模型的不足,提出多目标模糊优选动态规划理论和多维动态规划相结合的方法用于模拟优化设计作物灌溉制度。实际应用该模型后,发现该模型不仅能提高水分生产率,还能降低作物种植风险,应用前景广阔。付强等(2003)改进了 RAGA(加速遗传算法),在此基础上将其与多维 DP 方法进行结合,得到了 RAGA-DP(遗传动态规划模型)。这就解决了多维 DP 法在进行缺水灌溉情况下灌溉制度优化时难以得到最优解的问题;该模型在三江平原水稻非充分灌溉条件下的灌溉制度优化中得到验证,优化效果令人满意。尚松浩(2005)将灌溉日期作为决策变量建立了非充分灌溉条件下的最优灌溉制度模型;并以 1999 年北京冬小麦为例对以上模型进行了验证,结果表明可以很好地提高产量。

1.2.3.3　灌区水资源优化配置研究

水资源优化配置是指在一个特定流域或区域内,遵循有效、公平和可持续的原则,通过工程与非工程措施，考虑市场经济规律和资源配置准则，通过合理抑制需求、有效增加供水、积极保护生态环境等手段和措施，对有限的不同形式的水资源进行科学合理的分配，其最终目的就是整体上使有限的水资源发挥最大的经济效益和环境效益，实现水资源的可持续利用，保证社会经济、资源、生态环境的协调发展。水资源优化配置的实质就是提高水资源的配置效率，一方面是提高水的分配效率，合理解决各部门和各行业（包括环境和生态用水）之间的竞争用水问题；另一方面则是提高水的利用效率，促使各部门或各行业内部高效用水。

水资源优化配置是一个全局性问题，从宏观上讲，水资源优化配置是在水资源开发利用过程中，对洪涝灾害、干旱缺水、水环境恶化、水土流失等问题的解决，实行统筹规划、综合治理，实现除害兴利结合，防洪抗旱并举，开源节流并重；协调上下游、左右岸、干支流、城市与乡村、流域与区域、开发与保护、建设与管理、近期与远期等各方面的关系。从微观上讲，水资源优化配置包括取水方面的优化配置、用水方面的优化配置，以及取水用水综合系统的水资源优化配置。取水方面是指地表水、地下水、污水等多水源间的优化配置。用水方面是指生态用水、生活用水和生产用水间的优化配置。各种水源、水源点和各地各类用水户形成了庞大复杂的取用水系统，加上时间、空间的变化，水资源优化配置作用就更加明显。因此，水资源优化配置研究在解决我国水资源问题，实现水资源的可持续利用等方面均占有重要的地位，对促进经济社会的可持续发展具有重要理论和实际意义。

水资源优化配置中要素众多，各要素间的配置有着多种形式，如质态组合形式、量态组合形式、时间组合形式与空间组合形式等。质态组合形式是系统属性间的组合，即指水资源持续利用中生态经济诸要素在属性方面互相联系的关系。量态组合形式是指复合系统中各要素之间的数量配比，在水资源复合系统中各要素的数量间需有合适的比例关系，水资源数量的配置应与经济社会发展相适应。水资源的空间组合形式是指诸要素在地域空间上的分布和联合形态。我国水资源的空间分布极不均匀，且与经济、技术等条件不相适应，这就决定了水资源在区域内和区域间进行不同程度配置的必要性和重要性，从全社会的可持续发展出发，在区域内进行水资源的科学分配。时间组合形式是指各要素在时序变化上的相互依存、相互制约的关系，在水资源的利用上表现为经济利用的超前性和资源更新的滞后性。由于天然来水与生产用水在时程上存在矛盾，水资源开发必须结合拦蓄、存储与调节；这就需要采用合理的配置手段，优化时间组合。

合理开发利用水资源、实现水资源的优化配置，是我国实施可持续发展战略的根本保障。水资源的优化配置必须从我国国情出发，并与地区社会经济发展状况和自然条件相适应，因地制宜，不可千篇一律。应按地区发展规划，有条件地分阶段配置水资源，有利于环境、经济、社会的协调持续发展。

国外对水资源优化配置的研究比较早。以水资源系统分析为手段、水资源合理配置为目的的各类研究工作，首先源于20世纪40年代Masse提出的水库优化调度问题。由于水资源系统的复杂性及存在包括社会、决策人偏好等各种非技术性因素，所以简单使用某些优化技术并不能取得预期的效果。而模拟技术可以更加详细地描述水资源内部的复杂关系，并通过有效地分析计算获得满意的结果，从而为水资源宏观规划及实时调度运行提供充分的科学依据。20 世纪 90 年代以来,由于水资源短缺、水污染加剧及水环境恶化等一系列水危机的出现,传统的以水量和经济效益最大为目标的水资源配置模型已不能满足需要,国外开始在水资源优化分配中注重水质约束、环境效益及水资源可持续利用的研究。与此同时,水资源系统规划管理软件也有了长足的发展,为水资源配置提供了更多的工具;例如 Mikebasin、Waterware、Aquarius、ICMS 等软件,都是水资源系统规划管理模拟模型,利用这些软件可以进行水资源的优化配置研究。

在国内,水资源优化配置研究是随着系统工程理论的发展、应用和经济社会发展对水资源的需求特点而展开的。早在 1960 年,吴仓浦首次提出了年调节水库最优运用的 DP 模型,在微观层次上提出了水资源优化配置的思想。尤其是自 20 世纪 80 年代初,水资源优化配置问题在我国学术界引起足够重视,我国开展了水资源科学分配方面的研究和应用工作。特别是在水资源优化配置的基本概念、优化目标、基本平衡关系、需求管理、供水管理、水质管理、经济机制、决策机制几个主要模型的数学描述等方面,均有新的研究成果,经广泛应用取得了较大的经济效益和社会效益。20 世纪 90 年代以后,随着计算机的发展,更多的计算机模拟技术被应用到水资源配置中,尤其是长系列月时段的模拟计算得到普遍应用。近几年来,不少学者结合当前发展需求和新技术研究了水资源系统配置的一些理论和方法;其中水资源系统分析方法就是行之有效的方法之一。随着近年来智能算法的流行,越来越多的学者将智能算法应用到灌区水资源优化配置中。这些卓著的研究成果标志着我国对水资源优化配置的研究从无到有,逐渐走向成熟。总之,随着我国水资源短缺、水环境污染、水生态失衡问题日益严重,国内学者对水资源配置的理论和应用研究做了很多工作;但是由于研究范围的限制,研究一般都是以具体问题为导向,故应用范围有限。因此,仍需要我们进一步深入研究,尤其是水资源配置的模型及软件开发方面。

1.2.4　灌区供水优化调度技术研究现状

1.2.4.1　稻田节水灌溉信息化管理技术研究现状

随着物联网概念在 20 世纪末的提出,灌溉管理信息化便成了一个热门课题。近 10 年来,随着微电子设备的成本下降、功耗降低、体积缩小、可靠性增长及传感器工业的稳步发展,国内外开始把信息技术与灌溉管理结合起来,研发灌溉管理系统实现自动灌溉、智能灌溉。灌溉管理系统可通过传感器实时感知田间水情,在土壤水层深度达到水稻生长要求下限时及时供水,在保证作物灌溉用水的同时达到了节水的目标。

国外在灌溉信息化研究方面起步较早。Gutierrez 等应用了无线传感器和 GPRS 网络来传输土壤温湿数据;Vellidis 等展示了以土壤湿度和温度传感器布置及对数据的分析为主要研究成果的灌溉系统;Manzano 等建立了一个田间作物生长信息实时监测系统;由于降雨较少且经济发达,地处地中海气候地区的西欧国家针对节水灌溉系统的研究较多,对灌溉管理的分析偏重理论,近年来用数学方法构建田间水量模型的研究也与灌溉系统的实际应用结合起来,如 Navarro-Hellin 和 Giusti 等利用神经算法与模糊理论结合灌溉系统对作物用水进行预估和实时修正,并对用水周期特征进行学习。

国内从事稻田信息化的研究方兴未艾,与国外发达国家相比,我国在精细农业中的应用正处于起步阶段,无论在技术水平还是应用水平上,都还存在差距。之前的研究大多专注于收集田间数据资料,如邹金秋等所建设的无线传感网络有效的监测了农田水分变化情况,但忽略了灌水与田间水分数据的有机关系。近年来随着技术的发展和精密电子仪器的使用平民化,国内也有学者开始研发统一、高效的节水灌溉系统。如陈辉提出的基于ZigBee技术和GPRS技术的智能灌溉系统,实现了作物对水分实时需求的满足。

信息化的高速发展,为传统农业的发展提速和升级改造提供了有利条件。本书提出的稻田节水信息化管理系统,将对田间的水层深度、土壤含水率、气象数据与作物生长状况数据进行收集,同时结合未来天气情况对稻田灌溉进行控制,达到高效利用农业用水、加强灌区农业现代化水平的目标。

1.2.4.2 灌区渠道量水控制一体化系统研究现状

灌区量水是为了合理的调度灌溉水资源,正确执行用水计划、加强经济管理的重要措施。进入21世纪以来,国内外对于灌区渠道的自动化控制和量水设备研究非常重视。在新的历史时期要求下,灌区量水工作正在朝着自动化、信息化和智能化方向发展。

在国外,一些发达国家进行了相关研究,如美国、日本、加拿大、法国、澳大利亚等发达国家在灌区量水管理领域中结合水力学理论,将各种先进技术如信息技术、自动控制技术、地理信息系统、计算机技术等应用到灌区量水管理中,形成了集信息采集-传输-处理-决策为一体的灌区调度系统,从而实现了灌区水资源的高效利用。在调控类量水设施设备方面,法国尼皮尔公司研制了常水位定流量配水器,日本农业工学研究所研制了可调节定流量配水装置,澳大利亚的Rubicon公司在澳大利亚的Foodbowl灌区采用了一种全自动灌溉系统,对整个灌区渠网实现了全自动的运作控制,保证了有限水资源的合理高效利用。

我国量水设备的研究发展工作从1950年开始,但由于历史缘故和经济条件等因素制约,我国量水设备与国外还存在一定差距。20世纪90年代末,国家将“灌区量水新技术”作为“九五”攻关内容之一,经过几年的研究,相继研制了一批实用的观测仪表,大大缩短了与国外技术的差距。近年来,随着最严格水资源管理制度的落实,对水资源用量和水质等要求的提高,农田灌溉作为水资源用量的“大头”,发展高效节水减排技术的需求十分迫切。同时,随着灌区节水改造工程的实施,灌区基础设施状况得到明显改善,农业生产集约化程度大大提高,灌溉用水条件将趋于一致,田间配水渠道也将趋于标准化。对渠道量水控制一体化系统的研究符合国家水资源战略定位,对灌区水资源的高效利用、水权水价管理、面源污染的控制起到很大的作用。目前,国内在渠道控制领域已有许多成果,如李小龙等在宁夏引黄灌区展示的闸堰测控一体化系统,实现了渠道有效节水控水;张从鹏等设计的一种基于远程无线通信技术的灌区动态调水系统误差小,可满足自动调水工程应用。

当前,我国投入使用的灌溉系统仍主要由人工制订灌溉策略,部分系统所做的工作仅仅是完成了机械化,仍为人工控制,对水源的控制受主观因素影响,未达到所提出的节水、省力的功效。结合稻田节水信息化管理系统,通过对渠道的自动化控制及与稻田水分情况的联动,减少水质污染,实现高效节水、高效用水、高效配水,还有待深入研究。

1.3　研究内容和技术路线

1.3.1　研究内容

本书内容主要包括四个方面,分别为:①农田节水灌溉理论与技术;②农田灌溉用水利用效率及尺度效应;③灌区水资源高效利用及优化配置;④灌区供水优化调度技术。具体研究内容如下。

1.3.1.1　农田节水灌溉理论与技术

(1)江西省主要水稻土水分特性指标研究:选取江西省主要类型水稻土,测定分析土壤水分特征曲线,确定土壤水分特性指标,揭示不同土壤类型有效水含量差异。

(2)不同灌溉方式土壤水分运移规律研究:通过设置喷滴灌等不同灌溉方式、不同灌水强度、灌水量和灌水时间,测定分析水稻土不同横纵向土壤剖面土壤含水率时空变化规律,以及灌溉水分运移规律,从而提出适宜的灌水方式及其灌溉制度。

(3)水稻需水规律及时空尺度效应研究:通过对早、晚稻分别设置浅水灌溉和间歇灌溉两种灌溉方式,开展长系列水稻灌溉试验研究,分析早、晚稻各生育期需水量、需水强度、作物系数和灌溉定额,提出不同频率年需水量、作物系数和灌溉定额。并且,通过在水稻全生育期分别设置测桶尺度、测坑尺度、田块尺度和农田尺度(采用开路式涡度相关系统对稻田蒸散量进行观测)等四个空间尺度进行蒸散量连续观测,分析四个空间尺度水稻逐日、各生育期、各生育阶段和全生育期蒸发蒸腾量变化特征和空间尺度差异,以及其主要影响因子。

(4)鄱阳湖流域水稻节水减排灌溉技术研究:通过设置常规灌溉(即浅水灌溉)、节水灌溉(即间歇灌溉)、蓄雨灌溉(即间歇+普蓄、间歇+中蓄、间歇+深蓄)等灌溉模式,对早、中、晚稻不同灌溉模式各月需水量、作物系数、耗水量、降雨有效利用率、灌水量、产量及其构成、生理指标及节水减排效果进行综合分析,以提出适宜鄱阳湖流域的具有节水、增产、减排的灌溉技术及灌溉制度。

(5)水稻干旱胁迫需水规律和受旱减产规律研究:选取江西省主要水稻土和容易遭受季节性干旱的中、晚稻种植期,设置不同受旱历时天数,进行水稻干旱胁迫试验,分析中、晚稻受旱期不同干旱持续时间土壤墒情衰减规律和不同干旱程度下水稻腾发量的变化规律,以及不同受旱历时对水稻生理指标、产量及其构成的影响规律,探明中、晚稻受旱敏感期和适宜干田天数。

(6)江西省灌溉分区研究:通过分析江西省各地气象、地形等因素情况,选取作物需水量主要影响因子作为分区的要素;采用系统聚类法对江西省各县进行分区;并将聚类结果反映在含有县级行政边界的江西省行政区划图上,用地理信息系统 ArcView 软件制作出江西省灌溉分区图。

(7)江西省水稻灌溉定额等值线图研究:依据上述水稻灌水定额及作物系数等参数,采用农田水量平衡原理计算分析全省各县(市)水稻生育期间灌水时间、灌水次数和灌水量,从而得出各县(市)水稻灌溉定额;并利用等值线图绘制软件 Surfer 8.0,采用网格无关法和克里金法插值拟合,进行全省水稻灌溉定额等值线图绘制,分析水稻灌溉定额空间差异性。

1.3.1.2 农田灌溉用水利用效率及尺度效应

(1)田间水分运移规律研究:通过选取典型田块,进行田埂渗流试验,以探明稻田侧向渗漏机理,从机理上对稻田侧渗导致的回归水重复利用进行量化。同时,以作物需水量测坑为对照,研究稻田原位条件下田间水量平衡要素变化规律及其影响因素;分析稻田原位观测水量平衡要素与测坑的差异及其原因。

(2)农田灌溉定额空间尺度效应研究:通过选取测坑尺度、田块尺度和区域尺度,开展水量平衡要素观测,研究不同空间尺度水量平衡中主要水分消需运移过程,分析计算水稻生育期内不同空间尺度的灌溉定额;比较不同空间尺度灌溉定额的差异,探明其原因。

(3)灌区农田灌溉用水有效利用系数及影响因素研究:通过分析国内外农田灌溉用水有效利用系数测算分析方法的优缺点,选取适宜的测算分析方法,在江西省选择不同规模、不同类型、不同工程状况和管理水平的典型代表灌区作为试点灌区,测定灌区渠首取水量及排水量、主要作物田间用水量,测算样点灌区农田灌溉用水有效利用系数;在此基础上,采用点与面相结合,微观分析与宏观分析相结合的方法,测算历年江西省农田灌溉用水有效利用系数,分析其变化规律;并对不同灌区规模、水源类型、土壤类型、渠道防渗和不同管理水平等因素对其的影响进行分析,从而提出有助于提高农田灌溉用水有效利用系数的具体措施。

1.3.1.3 灌区水资源高效利用及优化配置

(1)水稻水分生产函数研究:通过在早、中、晚稻不同生育期分别设置不同受旱水平及连旱水平,测定分析水稻不同受旱水平各生育期腾发量及最后产量;选用当前国内外常用的水稻水分生产函数模型,进行模型参数的求解,建立回归方程,并进行回归参数的显著性检验,计算得出不同模型敏感指数和系数,从而提出适宜鄱阳湖流域灌区的早、中、晚稻水分生产函数模型。

(2)非充分灌溉条件下水稻灌溉制度优化研究:基于水分生产函数模型,建立早、中、晚稻非充分灌溉条件下动态规划模型;并以典型年为基础,模拟分析早、中、晚稻不同可供水量下的优化灌溉制度,探明其节水潜力。

(3)灌区农业水资源优化配置研究:根据灌区不同供水条件研究建立农业水资源优化配置模型(DP-DP 模型),提出灌区现有种植结构和优化种植结构下有限水量在不同作物之间及作物各生育期间的优化配置方案;考虑时段供水约束条件,基于粒子群算法原理,研究建立农业水资源最优分配模型(DP-PSO 模型);以典型灌区为例,进行农业水资源优化配置应用研究,提出灌区在灌溉用水总量约束和时段可供水量约束条件下的农业水资源优化配置方案。据上述研究构建的基于粒子群(PSO)算法的灌区水资源优化配置模型,基于多目标模型求解方法,采用层次分析法,确定不同目标函数的权重,选取典型灌区进行灌区水资源优化配置应用研究,以提出灌区现状年和不同规划年水资源在各用水户、各旬及水稻生育期各旬优化配置方案。

1.3.1.4 灌区供水优化调度技术

(1)灌区量水自动监测系统研究:以灌区水闸量水为基础,研究水闸量水计算分析方法,通过长期渠道流量实测,确定水闸量水计算公式及相关系数,以提高灌区水闸量水精度;同时,开发水闸量水水位流量监测软件,实现灌区量水自动化。

(2)稻田节水灌溉信息化管理系统研究:根据水稻优选灌溉模式各生育期适宜水层控制标准及天气预报数据,从稻田水分在线监测、灌溉预测等方面开展研究,建立一套稻田水分状况一体化监测系统和稻田智慧灌溉系统,从而提高灌溉决策智能化水平。

(3)灌区渠道量水控制一体化系统研究:为与上述研究的稻田节水灌溉信息化管理系统协同工作,缩短灌水周期,适时适量灌水,杜绝当前灌区渠道取水灌水长流水现象,研究构建一套包括渠道量水子系统和灌溉用水控制子系统的渠道量水控制一体化系统,达到测量精确、流量恒定、管理方便等目的,从而为灌区配水、输水、灌水一体化管理提供有力技术支撑。

1.3.2 技术路线

本书基于江西省主要水稻土壤类型,对其水分特性、不同灌溉方式土壤水分运移规律进行研究,在此基础上,对江西省水稻需水规律及其影响因素及时空尺度效应进行研究;并且针对鄱阳湖流域易遭受洪涝灾害和旱灾的气候特征,进行田间适宜蓄雨灌溉模式和受旱胁迫试验研究,探明作物蓄雨灌溉和受旱减产规律,形成农田节水灌溉理论体系,并提出适宜的节水减排灌溉技术及其灌溉制度;在以上研究的基础上,从应用角度出发,进行江西省水稻灌溉定额等值线图和灌溉分区研究。同时,从田间灌水和渠道输水角度对田块尺度、区域尺度进行灌溉水运移机理及过程、灌溉用水有效利用系数及其影响因素研究,从而提出提高农田灌溉用水有效利用系数的具体措施。在以上农田节水灌溉和渠系输水理论研究基础上,设置水稻各生育期不同受旱水平,研究建立水稻水分生产函数模型,针对典型水平年不同可供水量优化水稻灌溉制度;然后,根据不同供水条件下的灌溉水量,建立农业水资源优化配置模型,提出灌区在灌溉用水总量约束和时段可供水量约束条件下的农业水资源优化配置方案。结合江西省灌区实际情况,根据以上田间节水灌溉理论研究基础和水资源优化配置研究基础,研发稻田节水灌溉信息化管理系统和灌区渠道量水控制一体化系统,从而为灌区调水、配水、输水、灌水一体化管理提供有力技术支撑,确保灌区供水安全、粮食安全和生态安全。具体技术路线见图 1-1。

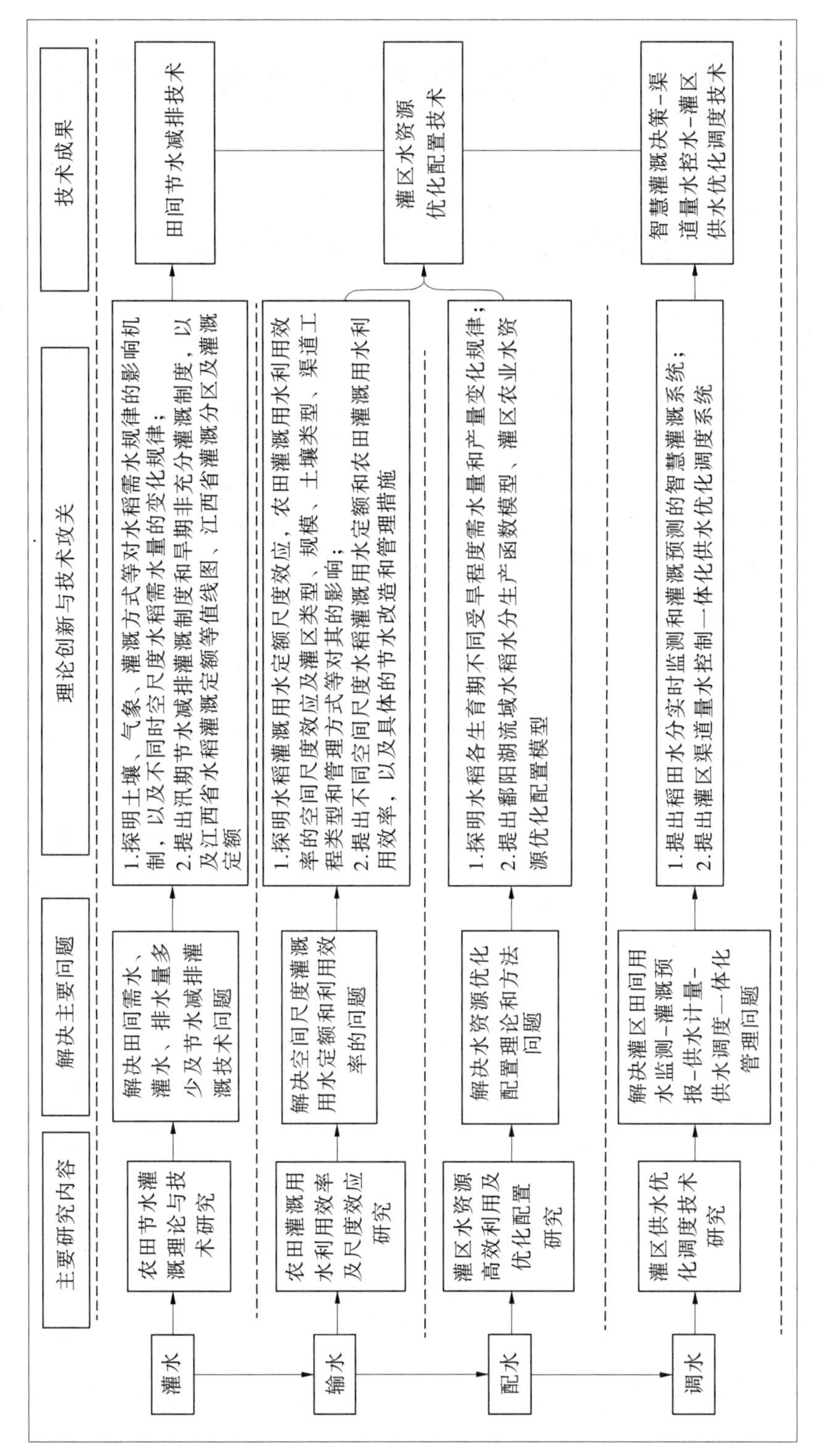
主要研究内容
解决主要问题
理论创新与技术攻关
技术成果
灌水
输水
配水
调水
农田节水灌溉理论与技术研究
解决田间需水、灌水、排水量多少及节水减排灌溉技术问题
1.探明土壤、气象、灌溉方式等对水稻需水规律的影响机制，以及不同时空尺度水稻需水量的变化规律；
2.提出汛期节水减排灌溉制度和旱期非充分灌溉制度，以及江西省水稻灌溉定额等值线图、江西省灌溉分区及灌溉定额
田间节水减排技术
农田灌溉用水利用效率及尺度效应研究
解决空间尺度灌溉用水定额和利用效率的问题
1.探明水稻灌溉用水定额尺度效应，农田灌溉用水利用效率的空间尺度效应及灌区类型、规模、土壤类型、渠道工程类型和管理方式等对其的影响；
2.提出不同空间尺度水稻灌溉用水定额和农田灌溉用水利用效率，以及具体的节水改造和管理措施
灌区水资源高效利用及优化配置研究
解决水资源优化配置理论和方法问题
1.探明水稻各生育期不同受旱程度需水量和产量变化规律；
2.提出鄱阳湖流域水稻水分生产函数模型、灌区农业水资源优化配置模型
灌区水资源优化配置技术
灌区供水优化调度技术研究
解决灌区田间用水监测-灌溉预报-供水计量-供水调度一体化管理问题
1.提出稻田水分实时监测和灌溉预测的智慧灌溉系统；
2.提出灌区渠道量水控制一体化供水优化调度系统
智慧灌溉决策-渠道量水控水-灌区供水优化调度技术

图 1-1　技术路线

第2章 农田节水灌溉理论及技术研究

2.1 江西省主要水稻土水分特性指标研究

2.1.1 江西省水稻土主要类型及分布

江西省水稻土为全省主要的耕作土壤,广泛分布于省内山地丘陵谷地及河湖平原阶地,面积约4 000万亩,占全省耕地总面积的80%以上。根据水型特征,水稻土又可分为淹育型水稻土、潴育型水稻土、潜育型水稻土等3个亚类。江西省水稻土以潴育型水稻土为主,占水稻土总面积的86.08%。而潴育型水稻土又以潮沙泥田为多,占全省水稻土的26.30%;其次是鳝泥田和黄泥田,分别占全省水稻土的21.07%和16.35%。各类水稻土在全省的分布情况见表2-1。

表2-1 江西省主要水稻土分布情况

土类	亚类	土属名称	全省总分布		典型分布
			面积/万亩	占亚类百分比/%	
水稻土	淹育型水稻土	淹育型麻沙泥田	20.5	0.51	铜鼓县古桥乡
		淹育型黄沙泥田	6.0	0.15	宁都县清塘乡
		淹育型鳝泥田	17.9	0.45	峡江县巴邱镇
		淹育型石灰泥田	0.9	0.02	袁州区柏木乡
		淹育型红砂泥田	23.7	0.59	瑞金市叶坪乡
		淹育型黄泥田	24.5	0.61	吉安县禾埠乡
		淹育型紫泥田	2.6	0.07	龙南市渡江乡
		淹育型潮沙泥田	13.8	0.35	铅山县鹅湖乡
	潴育型水稻土	潴育型麻沙泥田	455.5	11.40	黎川县洵口乡
		潴育型鳝泥田	841.5	21.07	峡江县巴邱乡
		潴育型红沙泥田	437.5	10.95	弋阳县圭峰乡
		潴育型黄泥田	653.1	16.35	樟树市店下乡
		潴育型潮沙泥田	1 050.6	26.30	新干县太阳洲乡

续表 2-1

土类	亚类	土属名称	全省总分布		典型分布
			面积/万亩	占亚类百分比/%	
水稻土	潜育型水稻土	潜育型麻沙泥田	127.7	3.20	湾里区红星乡
		潜育型紫褐泥田	0.6	0.02	广丰区下溪乡
		潜育型黄沙泥田	26.1	0.65	安远县新龙乡
		潜育型鳝泥田	128.1	3.21	德兴市花桥乡
		潜育型石灰泥田	13.2	0.33	上栗县福田乡
		潜育型红沙泥田	25.2	0.63	南丰县白舍乡
		潜育型紫泥田	16.8	0.42	南城县万坊乡
		潜育型黄泥田	27.2	0.68	临川区温泉乡
		潜育型潮沙泥田	81.1	2.03	余干县鹭鸶乡
合计			3 994.1		

江西省水稻土主要分为淹育型水稻土、潴育型水稻土、潜育型水稻土等 3 个亚类，各类土壤的水分特性差异较大，就耕作层厚度来讲，潜育型水稻土 > 潴育型水稻土 > 淹育型水稻土；就土壤容重和总孔隙度来讲，影响因子较多，难以定量比较。具体参数值见表 2-2。

表 2-2　江西省水稻土水分特性情况

土类	亚类	土属名称	耕作层厚度/cm	容重/(g/cm³)			总孔隙度/%
				A	P	C/W/G	
水稻土	淹育型水稻土	淹育型麻沙泥田	12.2±1.0	1.34±0.15	1.68±0.15	1.50±0.12	48.8
		淹育型黄沙泥田	10.3±2.5	1.22	1.25	1.49	51.8
		淹育型鳝泥田	12.6±1.5	1.05±0.02	1.26±0.18	1.54±0.13	59.9
		淹育型石灰泥田	10.0	1.34±0.29	1.68±0.11	1.50±0.11	50.6
		淹育型红砂泥田	10.8±1.7	1.44±0.11	1.65±0.10	1.54±0.13	45.5
		淹育型黄泥田	11.8±1.8	1.22±0.20	1.48±0.13	1.55±0.13	53.6
		淹育型紫泥田	12.6±2.0	1.34±0.19	1.68±0.15	1.50±0.13	50.2
		淹育型潮沙泥田	13.2±0.5	1.29±0.03	1.54±0.14	1.40	50.4
	潴育型水稻土	潴育型麻沙泥田	14.0±2.1	1.12±0.10	1.44±0.15	1.54±0.11	55.6
		潴育型鳝泥田	13.6±1.8	1.04±0.13	1.37±0.11	1.48±0.18	56.2
		潴育型红沙泥田	13.8±2.6	1.19±0.13	1.36±0.11	1.48±0.11	55.1
		潴育型黄泥田	13.8±2.0	1.17±0.16	1.45±0.21	1.58±0.12	54.1
		潴育型潮沙泥田	14.2±2.9	1.08±0.17	1.37±0.11	1.50±0.12	57.3

续表 2-2

土类	亚类	土属名称	耕作层厚度/cm	容重/(g/cm³)			总孔隙度/%
				A	P	C/W/G	
水稻土	潜育型水稻土	潜育型麻沙泥田	14.9±2.5	1.06±0.20	1.30±0.31	1.57±0.24	58.6
		潜育型紫褐泥田	14.0±3.0	1.12±0.30	1.35±0.31	1.31	52.3
		潜育型黄沙泥田	15.0±2.8	1.07±0.19	1.30±0.15	1.12	59.5
		潜育型鳝泥田	18.0±11.5	0.90	1.21±0.30	1.27	63.5
		潜育型石灰泥田	16.5±3.8	0.96±0.24	1.23±0.22	1.51±0.11	61.9
		潜育型红沙泥田	16.0±3.1	1.10±0.17	1.48±0.35	1.55±0.33	56.7
		潜育型紫泥田	15.9±2.6	0.96±0.12	1.33±0.22	1.54±0.17	63.1
		潜育型黄泥田	15.0±2.2	1.06±0.19	1.28±0.16	1.54±0.23	55.8
		潜育型潮沙泥田	14.0±1.7	1.09±0.08	1.34±0.12	1.41±0.04	55.5

注:A 为耕作层,P 为犁底层,C 为母质层,W 为潴育层,G 为潜育层;淹育型水稻土为犁底层,潴育型水稻土为潴育层,潜育型水稻土为潜育层。

2.1.2　典型水稻土土壤水分特征曲线测定分析

江西省潴育型水稻土面积占全省水稻土总面积的比例高达 86.08%,故本书将潴育型水稻土中的 5 类水稻土(潴育型麻沙泥田、潴育型鳝泥田、潴育型红沙泥田、潴育型黄泥田、潴育型潮沙泥田)作为典型水稻土进行土壤水分特征曲线测定分析。具体土壤类型及取样地点见表 2-3。

表 2-3　土壤水分特征曲线测定取样情况

土壤名称	土样数量/个		取样方法	取样地点
潴育型麻沙泥田	耕作层	3	人工环刀法	湾里区红星乡况家村
	犁底层	3	人工环刀法	
潴育型鳝泥田	耕作层	3	人工环刀法	峡江县巴邱乡泗汾村
	犁底层	3	人工环刀法	
潴育型红沙泥田	耕作层	3	人工环刀法	弋阳县圭峰乡上张村
	犁底层	3	人工环刀法	
潴育型黄泥田	耕作层	3	人工环刀法	樟树市店下乡关坊村
	犁底层	3	人工环刀法	
潴育型潮沙泥田	耕作层	3	人工环刀法	南昌县向塘镇高田村
	犁底层	3	人工环刀法	
	犁底层	3	人工环刀法	
合计		33		

2.1.2.1　测定方法

1. 测定仪器设备及其原理

土壤水分特征曲线测定试验采用压力膜仪法，使用的仪器为 1500 型 15 bar 压力膜仪。基于其简单的原理、成熟的工艺及一直以来土壤学研究领域对其的认可，在土壤水分特征曲线测定上，压力膜仪逐渐成为行业内的标准设备。设备主要组成部分如下：①加压系统，容积式空气压缩机，用于提供试验时所需要的稳压气源。②控制面板，由一个空气过滤器、压力调节器、控制阀和测试量表组成。当不同的控制面板连接到 0500 型压缩机上时，压力膜仪就可以工作了。③压力室组件，1500 型 15 bar 压力膜仪包括一个压力室和盖子、钳紧螺栓、O 形密封圈和流出管。④吸湿滞后性研究组件，包括小型压力容器、空气饱和器、加热附件及滞后附件，用于进行土样的脱湿及吸湿扫描研究。设备结构示意图见图 2-1、图 2-2。

图 2-1　15 bar 压力膜仪设备组成

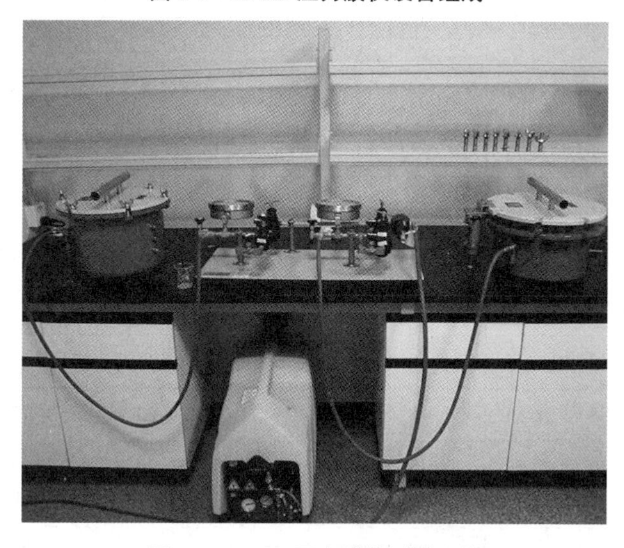

图 2-2　15 bar 压力膜仪测量系统

压力膜仪的工作原理:将湿土样放在压力膜仪中,通过外加一已知的压力,用吸力方法将水分从土壤中提取出来,此压力可以使低压下保持在土壤中的水分被压出土壤,在这个过程中,土壤基质势不断降低,直到基质势与所加压力平衡,在平衡状态下,提取器中的气压值和土壤吸力(水分含量)是完全大小相等的。通过在几个不同的压力下分析样品,则可确定土壤含水率与压力之间的关系,从而标定土壤的水分特征曲线。各种不同的压力膜仪可以分析不同大小和数量的土样,且在不同的压力范围下分析土样。

2. 试验测定步骤

试验测定的具体操作步骤如下:

(1)将土壤样品置于样品环上,浸水饱和 24 h 后,置于陶瓷板上。土样厚度以 1 cm 以下最佳,若厚度增加,测试时间呈指数增长。

(2)调试仪器,并将气压调节至所需压力,观察出水孔是否有水分产生,当一段时间内不再产生水分,即可停止加压。

(3)称取每个压力下的样品湿重,测试完成后,取出样品,用纯水将陶瓷板清洗干净,同时立即称土样湿重,烘干,称土样干重,获得含水率数据。

2.1.2.2 测定结果分析

试验共对 30 个土样分别做了压力为 0.01 bar、0.1 bar、0.2 bar、0.4 bar、1 bar、2 bar、5 bar、10 bar、15 bar 的加压脱湿处理,待出水孔不再产生水分,称取土样干重,得出不同压力值(土壤吸力及水分含量)对应的土样干重。具体试验结果见表 2-4。

表 2-4 土壤水分特性曲线试验结果

样品类别		样品名称	湿土重/g	0.01 bar	0.1 bar	0.2 bar	0.4 bar	1 bar	2 bar	5 bar	10 bar	15 bar	烘干土重/g
				土重/g	土重/g	土重/g	土重/g	土重/g	土重/g	土重/g	土重/g	土重/g	
樟树市黄泥田	耕作层	土样 1	35.41	35.25	34.68	34.20	33.77	33.35	32.96	32.50	32.30	32.13	24.04
		土样 2	32.60	32.37	31.58	31.03	30.69	30.17	29.67	29.22	28.94	28.63	22.23
		土样 3	31.49	29.14	28.74	28.37	28.06	27.82	27.67	27.24	26.99	26.97	22.53
	犁底层	土样 4	27.11	25.05	24.58	24.21	23.83	23.60	23.45	23.02	22.77	22.76	18.95
		土样 5	26.24	25.91	24.92	24.43	24.20	23.70	23.26	22.89	22.72	22.49	17.31
		土样 6	23.20	21.33	20.76	20.45	20.23	19.99	19.89	19.50	19.29	19.27	15.99
湾里区麻沙泥田	耕作层	土样 7	33.98	33.14	31.80	31.10	30.44	29.27	28.36	27.69	27.40	27.06	20.08
		土样 8	30.22	29.05	27.54	26.85	26.29	25.44	24.41	23.75	23.37	23.04	18.01
		土样 9	28.88	28.15	26.91	26.05	25.32	24.27	23.48	23.04	22.76	22.33	17.59
	犁底层	土样 10	34.72	31.58	30.95	30.50	30.08	29.63	29.31	28.65	28.28	28.03	23.22
		土样 11	24.52	22.03	21.22	20.85	20.46	20.04	19.84	19.25	18.97	18.70	15.84
		土样 12	29.13	26.89	25.91	25.44	25.01	24.47	24.21	23.61	22.98	22.74	19.76

续表 2-4

样品类别		样品名称	湿土重/g	0.01 bar	0.1 bar	0.2 bar	0.4 bar	1 bar	2 bar	5 bar	10 bar	15 bar	烘干土重/g
				土重/g	土重/g	土重/g	土重/g	土重/g	土重/g	土重/g	土重/g	土重/g	
南昌县潮沙泥田	耕作层	土样 13	29.12	28.65	27.38	26.56	25.95	25.03	24.14	23.56	23.06	22.43	17.61
		土样 14	28.66	28.53	27.13	26.51	25.83	25.09	24.35	24.09	23.52	22.91	17.80
		土样 15	30.43	29.73	28.47	28.01	27.32	26.41	25.62	25.08	24.76	24.10	18.63
	犁底层	土样 16	26.90	25.85	25.48	25.11	24.83	24.49	24.36	23.92	23.55	23.36	19.07
		土样 17	25.73	24.72	24.39	23.99	23.67	23.38	23.22	22.76	22.34	22.08	18.42
		土样 18	22.20	21.23	20.97	20.56	20.22	19.88	19.70	19.41	19.12	19.02	15.26
弋阳县红沙泥田	耕作层	土样 19	24.62	23.79	23.09	22.52	22.10	21.69	21.54	20.67	20.54	20.28	14.82
		土样 20	29.05	27.98	27.36	26.94	26.51	26.17	26.05	25.01	24.80	24.58	19.96
		土样 21	26.55	25.78	25.09	24.61	24.14	23.84	23.63	22.91	22.66	22.33	16.94
	犁底层	土样 22	31.61	30.91	30.40	29.93	29.50	29.09	28.91	28.27	28.05	27.80	22.93
		土样 23	26.70	26.13	25.64	25.32	24.96	24.60	24.50	23.92	23.80	23.64	19.53
		土样 24	28.45	27.91	27.36	27.00	26.62	26.14	25.76	25.07	24.84	24.58	20.41
峡江县鳝泥田	耕作层	土样 25	24.11	22.82	22.07	21.56	21.05	20.64	20.39	19.58	19.28	18.84	13.96
		土样 26	24.17	23.18	22.46	22.13	21.55	20.97	20.58	19.58	19.34	18.97	14.60
		土样 27	22.18	21.18	20.50	20.07	19.55	19.11	18.85	18.17	17.90	17.79	12.88
	犁底层	土样 28	35.79	35.07	33.89	33.60	33.32	33.03	32.86	32.65	32.39	32.25	27.25
		土样 29	32.50	31.85	30.84	30.57	30.31	29.89	29.67	29.39	29.14	29.06	24.00
		土样 30	19.47	18.98	18.01	17.81	17.51	17.21	17.10	17.02	16.90	16.86	13.92

根据压力膜仪原理，饱和含水率是压力为 0 时的土壤含水率；田间持水量是在压力为 0.4 bar 时的土壤含水率；萎蔫效率即是压力为 15 bar 时的土壤含水率；有效水含量为田间持水量减去萎蔫效率的差。

在试验中，存在多种误差，包括人为判断误差、量具误差和试验误差等，这些误差导致部分试验数据不合理。因此，在数据处理中，需要剔除一些不合理的数据，使试验结果更加合理。根据压力膜仪试验结果，计算出各土壤不同土层的水分特征值，结果见表 2-5。

表 2-5 各类型土壤不同土层的水分特征值

样品类别		土壤深度/cm	饱和含水量/%	田间持水量/%	萎蔫效率/%	有效水含量/%
樟树市黄泥田	耕作层	0~20	49.12	38.93	29.36	9.58
	犁底层	20~40	42.64	25.61	20.11	5.50
湾里区麻沙泥田	耕作层	0~20	66.70	47.77	30.86	16.92
	犁底层	20~40	51.11	27.87	16.57	11.30
南昌县潮沙泥田	耕作层	0~20	62.18	45.88	29.04	16.84
	犁底层	20~40	43.27	31.35	23.57	7.79
弋阳县红沙泥田	耕作层	0~20	61.43	45.81	34.33	11.48
	犁底层	20~40	37.28	28.23	21.14	7.09
峡江县鳝泥田	耕作层	0~20	70.15	50.06	34.34	15.72
	犁底层	20~40	35.54	24.79	20.18	4.60

根据烘干法计算每次加压脱湿处理后的土壤体积含水量,计算公式如下:

土壤体积含水率 θ=(不同压力下土重-烘干土重-环刀重)/(烘干土重-环刀重)×土壤干容重

式中,土壤干容重根据实测数据结果确定,具体见表 2-6,土壤体积含水量计算结果见表 2-7。

表 2-6 各类土壤干容重

土壤类别		土壤深度/cm	容重/(g/cm^3)
樟树市黄泥田	耕作层	0~20	1.33
	犁底层	20~40	1.45
湾里区麻沙泥田	耕作层	0~20	1.12
	犁底层	20~40	1.34
高田村潮沙泥田	耕作层	0~20	1.08
	犁底层	20~40	1.36
弋阳县红沙泥田	耕作层	0~20	1.19
	犁底层	20~40	1.36
峡江县鳝泥田	耕作层	0~20	1.04
	犁底层	20~40	1.37

表 2-7　土壤体积含水率计算结果

土壤类别		饱和含水率/%	0.01 bar	0.1 bar	0.2 bar	0.4 bar	1 bar	2 bar	5 bar	10 bar	15 bar
			含水率/%	含水率/%	含水率/%	含水率/%	含水率/%	含水率/%	含水率/%	含水率/%	含水率/%
樟树市黄泥田	耕作层	0.653	0.634	0.572	0.537	0.518	0.483	0.451	0.423	0.409	0.390
	犁底层	0.618	0.459	0.421	0.394	0.371	0.353	0.343	0.311	0.293	0.292
湾里区麻沙泥田	耕作层	0.739	0.679	0.593	0.544	0.504	0.444	0.387	0.352	0.331	0.307
	犁底层	0.678	0.497	0.439	0.410	0.381	0.348	0.331	0.288	0.258	0.241
高田村潮沙泥田	耕作层	0.683	0.657	0.579	0.540	0.501	0.449	0.401	0.373	0.346	0.308
	犁底层	0.572	0.494	0.469	0.438	0.413	0.388	0.376	0.345	0.318	0.304
弋阳县红沙泥田	耕作层	0.609	0.550	0.507	0.477	0.448	0.427	0.417	0.360	0.345	0.327
	犁底层	0.507	0.466	0.434	0.409	0.384	0.359	0.350	0.311	0.301	0.288
峡江县鳝泥田	耕作层	0.719	0.636	0.582	0.551	0.512	0.476	0.452	0.387	0.367	0.337
	犁底层	0.516	0.473	0.396	0.379	0.357	0.330	0.318	0.306	0.293	0.289

本次土壤水分特征曲线的拟合是运用 RETC 软件，采用 Van Genuchten 数学模型予以表达。RETC 软件由美国盐土室的 Van Genuchten 等（1999）开发，依照最小二乘法回归原理编写的软件，配合压力膜仪，操作简便，可用于分析非饱和土壤水分和水力传导特性。Van Genuchten 模型是常用的幂函数，表达式为

$$S_e = \frac{\theta - \theta_r}{\theta_s - \theta_r} = \frac{1}{[1 + (\alpha h)^n]^m} \tag{2-1}$$

式中　S_e——有效饱和度；

θ——土壤体积含水率，cm^3/cm^3；

θ_r——残余体积含水率，cm^3/cm^3；

θ_s——饱和体积含水率，cm^3/cm^3；

h——压力水头，cm H_2O；

α、m、n——经验拟合参数（或曲线形状参数）。

Van Genuchten 模型包括两个形状参数——m 和 n，其乘积 mn 常用来表示形状因素。m 值经常用式（2-2）来预测：

$$m_k = 1 - 1/n_k \quad n > k \tag{2-2}$$

为了与闭合形式分析方程一致，常把 k 值按整数形成处理。在流行的 Mualem 水力传导度模型中 k 值被设定为 1，即方程为

$$m = 1 - 1/n \begin{pmatrix} 0 < m < 1 \\ n > 1 \end{pmatrix} \tag{2-3}$$

而在 Burdine 水力传导度模型中 $k=2$。下文的计算都是基于 Van Genuchten 模型结合 Mualem 水力传导度模型进行的。

Van Genuchten 模型参数 α 经常被认为表征土壤的进气吸力。

将表 2-7 计算结果输入 RETC 软件中,得出残余容积含水率 $\theta_r=0.034$,在最终输出结果的非线性最小二乘法分析中,饱和容积含水率 $\theta_s=0.48$,进气压力值倒数 $\alpha=0.016$,经验拟合参数 $n=1.37$,拟合出土壤水分特征曲线,如图 2-3~图 2-12 所示。

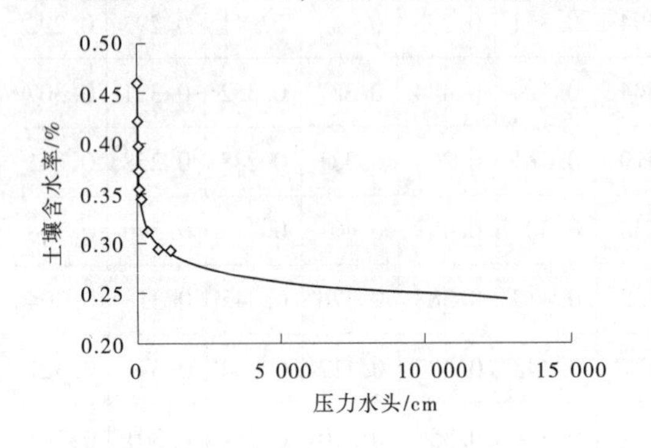

图 2-3　樟树市黄泥田耕作层

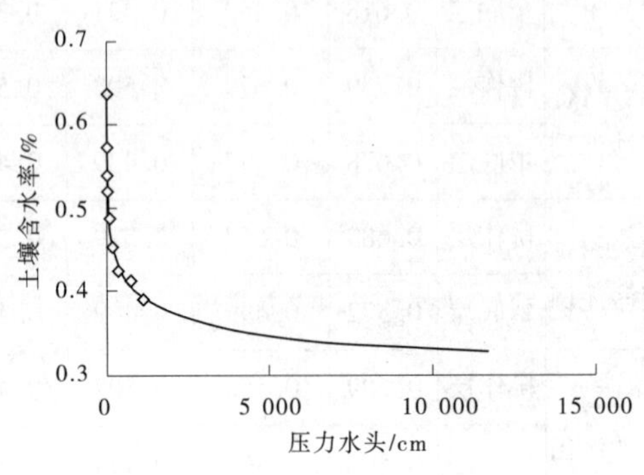

图 2-4　樟树市黄泥田犁底层

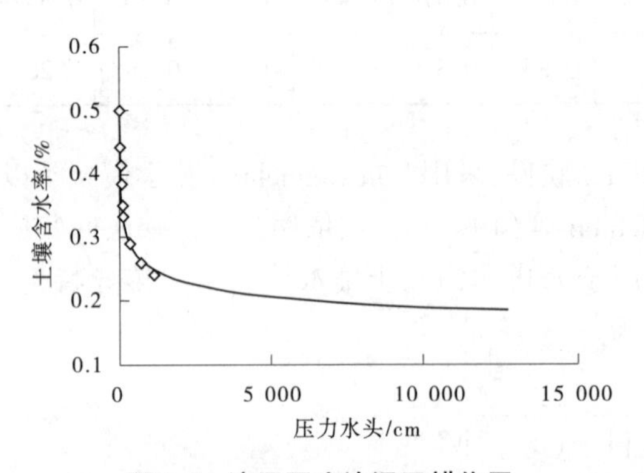

图 2-5　湾里区麻沙泥田耕作层

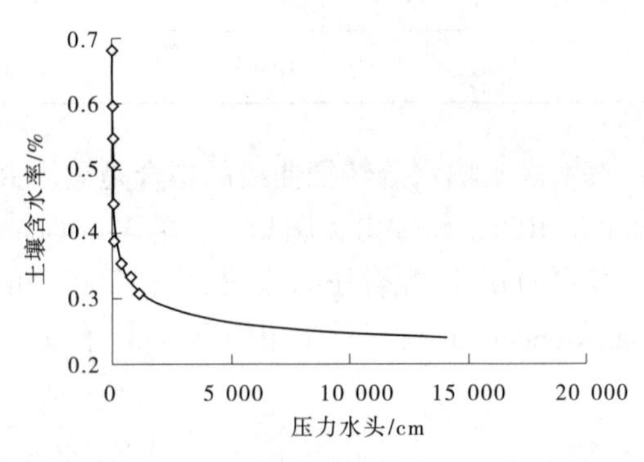

图 2-6　湾里区麻沙泥田犁底层

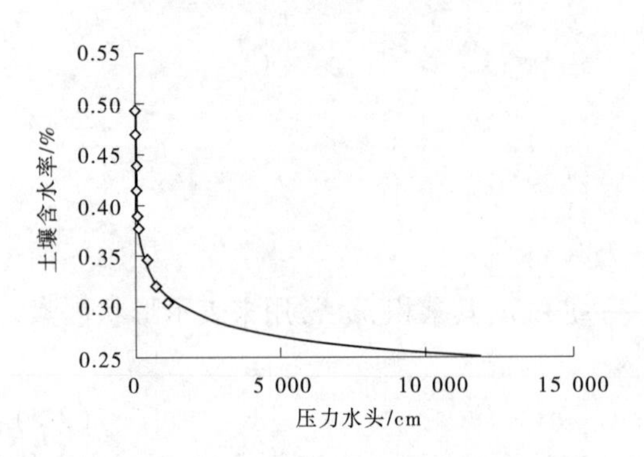

图 2-7　南昌县潮沙泥田耕作层

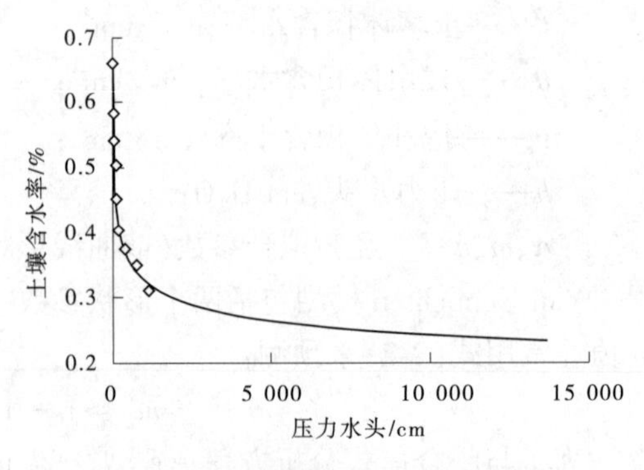

图 2-8　南昌县潮沙泥田犁底层

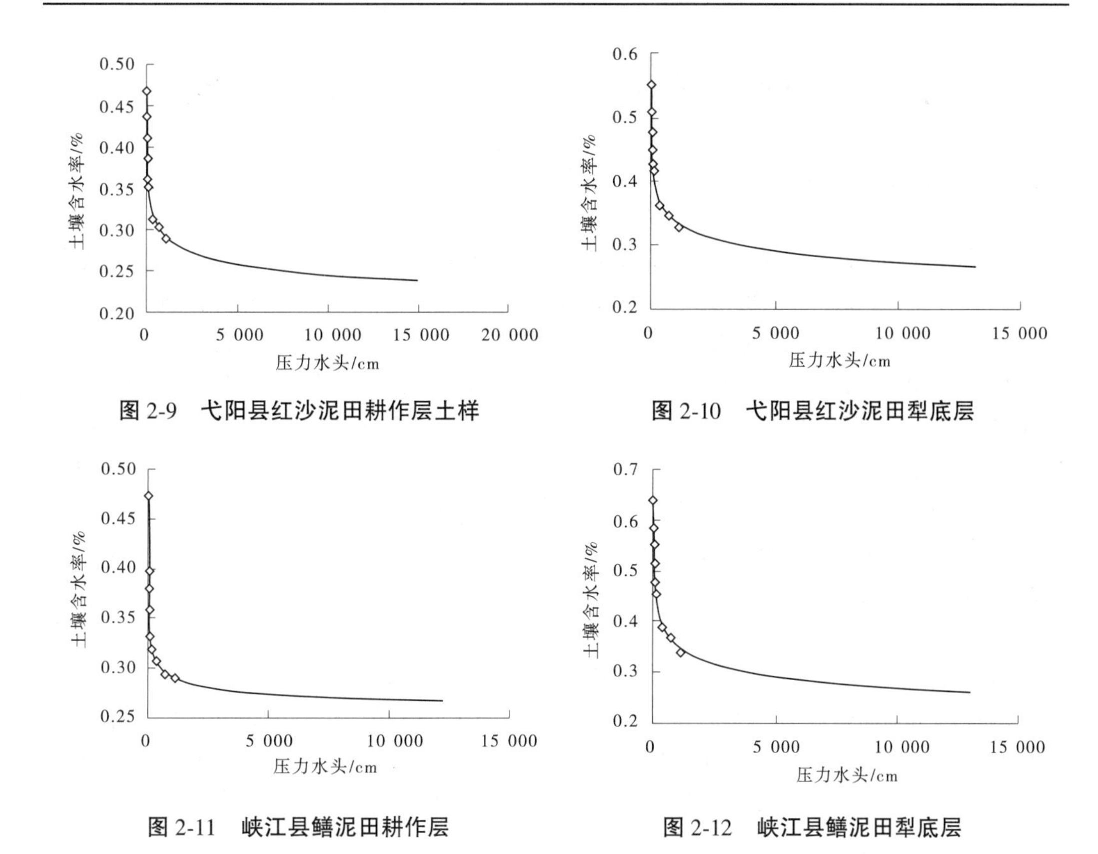

图 2-9　弋阳县红沙泥田耕作层土样

图 2-10　弋阳县红沙泥田犁底层

图 2-11　峡江县鳝泥田耕作层

图 2-12　峡江县鳝泥田犁底层

通过分析表 2-5～表 2-7 和图 2-3～图 2-12 可得出以下几点结论：①实测值与拟合曲线吻合程度高，可认为模型的选择和参数的拟合结果是合理的；②各种土壤的耕作层有效水含量均高于犁底层；③沙泥田的有效水含量高于泥田，其中麻沙泥田 > 潮沙泥田 > 鳝泥田 > 红沙泥田 > 黄泥田；④有效水含量越大，土壤水分特征曲线的斜率越大，即土壤含水率随土壤吸力的增大下降得更快；⑤容重的大小影响着土壤孔隙度的大小，容重小的土壤其大孔隙较多，毛管作用较强，因而含水率增加。

2.1.3　小结

（1）江西省水稻土以潴育型水稻土为主，占水稻土总面积的 86.08%。而潴育型水稻土又以潮沙泥田为主，占全省水稻土的 26.30%，其次是鳝泥田和黄泥田，分别占全省水稻土的 21.07%和 16.35%。

（2）淹育型水稻土、潴育型水稻土、潜育型水稻土等三类水稻土的水分特性差异较大，就耕作层厚度来讲，潜育型水稻土>潴育型水稻土>淹育型水稻土。

（3）沙泥田的有效水含量高于泥田，尤其是麻沙泥田和潮沙泥田，有效水含量明显高于黄泥田；有效水含量越大，土壤水分特征曲线的斜率越大，即土壤含水率随土壤吸力的增大下降得更快。

2.2　不同灌溉方式土壤水分运移规律研究

2.2.1　材料与方法

本试验设在江西省灌溉试验中心站灌溉试验研究基地(简称试验基地)。试验基地位于116°00′E,28°26′N,平均海拔22.0 m,地处江西省南昌县向塘镇,属鄱阳湖平原赣抚平原灌区,地貌类型为鄱阳湖水系(赣江、抚河)冲积平原。区内属亚热带湿润气候地带,气候温和,四季分明,雨水充沛,日照充足。由于受地理位置及季风的影响,形成了“春季多雨伴低温,春末初夏多洪涝,盛夏酷热又干旱,秋风气爽雨水少,冬季寒冷霜期短”的气候;年平均降雨量为1 662.5 mm,年平均气温17~18 ℃,年平均风速3.4 m/s,年平均日照1 603.4 h,无霜期260~280 d,年平均陆地蒸发量约800 mm。

试验区设在试验基地大型综合测坑,测坑试验区面积4 m^2(2 m×2 m),土壤厚度为2.2 m;土壤类型分别为第四纪红黄黏土发育成的潴育性黄泥田 (简称黄泥田)和冲积平原土中的潮沙田(简称潮沙田),土壤容重分别为1.442 g/cm^3 和1.614 g/cm^3,田间持水量分别为28.58%和22.00%(体积含水率分别为41.21%和35.51%)。

试验采用滴灌带和喷灌两种灌溉方式。每次灌水前后采用手持管式TDR土壤含水率测定仪进行土壤含水率的测定,并且每间隔一定时间对距滴头(或喷头)不同水平距离不同土壤深度含水率进行测定,各水平距离TDR地埋测管与滴灌带或喷灌管呈45°夹角。

2.2.2　试验处理设计

滴灌灌水强度为2.5 L/h,试验区面积4 m^2,直线布置7个滴头,通过定时灌溉来确定灌水量。灌溉时间分别为2 h、3 h、3.5 h、4 h、6 h、8 h,即单个滴头实际滴灌用水量分别为5 L、7.5 L、8.75 L、10 L、15 L、20 L,不同试验处理总灌水量分别为35 L、52.5 L、61.25 L、70 L、105 L、140 L。滴灌带灌水试验土壤含水率测定位置为距滴头10 cm、30 cm、50 cm处,垂直距离分别为距地表20 cm、40 cm、60 cm。

喷灌灌水强度为66 L/h,试验区面积为4 m^2,在试验区中间布置一个喷头,通过定时灌溉来确定灌水量;喷头距地面高度40 cm,喷灌半径达100 cm。黄泥田连续灌水7 h,灌水期间,在距离喷头5 cm、30 cm、60 cm处,土壤深度20 cm、40 cm、60 cm处,每间隔1 h对土壤含水率进行测定。潮沙田连续灌水8.5 h,灌水期间,在距离喷头20 cm、30 cm、50 cm处,土壤深度20 cm、40 cm、60 cm处,灌水期间每间隔一定时间对土壤含水率进行测定。

2.2.3　结果与分析

2.2.3.1　不同灌水强度下土壤含水率变化规律分析

1. 滴灌带不同灌水强度黄泥田土壤含水率变化规律

1) 灌水时间为2 h的土体含水率变化

当灌水时间为2 h,灌水量为5 L时,土壤表面渗透直径平均值为31.6 cm。距离滴灌带不同距离和不同土壤深度其含水率呈如下变化规律：

(1)距离滴灌带周围10 cm处不同土壤深度的含水率变化规律如下：①土壤深度20 cm处的含水率先增大后一直保持含水率不变；②土壤深度40 cm处的含水率先增大，在滴灌过程中土壤水分不断下渗，使得此层土壤含水率后减小，说明水分有垂向和横向流动；③土壤深度60 cm处的含水率几乎无变化。

(2)距离滴灌带30 cm处不同土壤深度的含水率变化规律如下：①土壤深度20 cm处的含水率先增大后一直保持含水率不变。②土壤深度40 cm处的含水率先增大，后减小，再增大；其土壤含水率先增大后减小的原因可能是水分持续得到上层水分的补充和垂向横向的向外流出，上层流入先大于后又小于垂向横向流出；再增大是由于其上层土壤含水率得到一定补充，土壤水势减小，这时上层垂向下渗大于垂向横向流出，使得此层土壤含水率再次增大。③土壤深度60 cm处其含水率几乎无变化。

(3)距离滴灌带50 cm处不同土壤深度的含水率变化规律如下：①土壤深度20 cm处的含水率先增大后一直保持含水率不变；②土壤深度40 cm和60 cm处的含水率几乎不变。

灌水量为5 L时距滴灌带不同距离黄泥田不同土壤深度含水率随时间变化见图2-13。

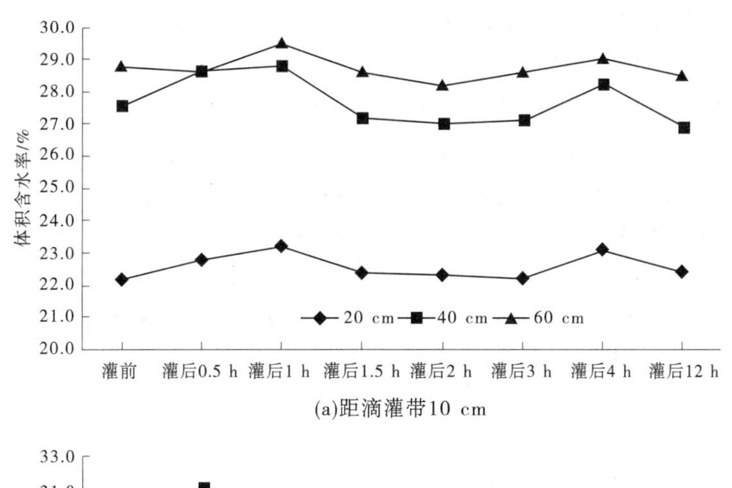

(a)距滴灌带10 cm

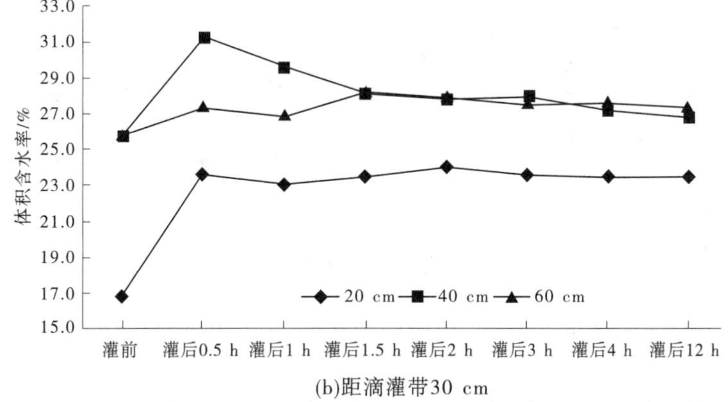

(b)距滴灌带30 cm

图2-13　灌水量为5 L时距滴灌带不同距离黄泥田不同土壤深度含水率随时间变化

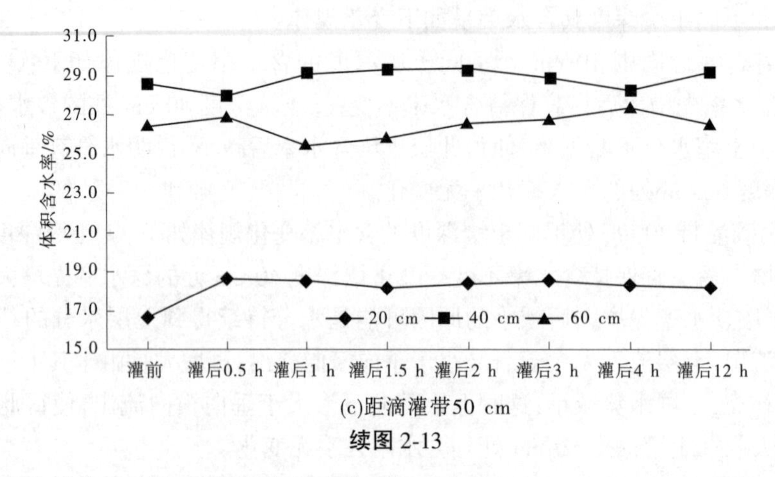

(c)距滴灌带50 cm

续图 2-13

2）灌水时间为 3 h 的土体含水率变化

当灌水时间为 3 h，灌水量为 7.5 L 时，土壤表面渗透直径平均值为 35.5 cm。距离滴灌带不同距离和不同土壤深度的含水率呈如下变化规律：

（1）距离滴灌带 10 cm 处不同土壤深度的含水率变化规律如下：①土壤深度 20 cm 处的含水率先增大后一直保持不变；②土壤深度 40 cm 处的含水率先增大，滴灌期间土壤水分不断下渗，使得此层土壤含水率后减小，说明水分有垂向和横向流动；③土壤深度 60 cm 处的含水率有小幅度增大，而后保持不变。

（2）距离滴灌带 30 cm 处不同土壤深度的含水率变化规律如下：①土壤深度 20 cm 处的含水率先增大，后减小；②土壤深度 40 cm 处的含水率也先增大，后减小，但变化时间比深度 20 cm 稍有延迟；③土壤深度 60 cm 处的含水率几乎无变化。

（3）距离滴灌带 50 cm 处不同土壤深度的含水率变化规律如下：①土壤深度 20 cm 处的含水率先增大后保持含水率不变；②土壤深度 40 cm 处的含水率几乎无变化；③土壤深度 60 cm 处土壤含水率先平缓增大后减少，再增大，随后保持基本不变。

灌水量为 7.5 L 时距滴灌带不同距离黄泥田不同土壤深度含水率随时间变化见图 2-14。

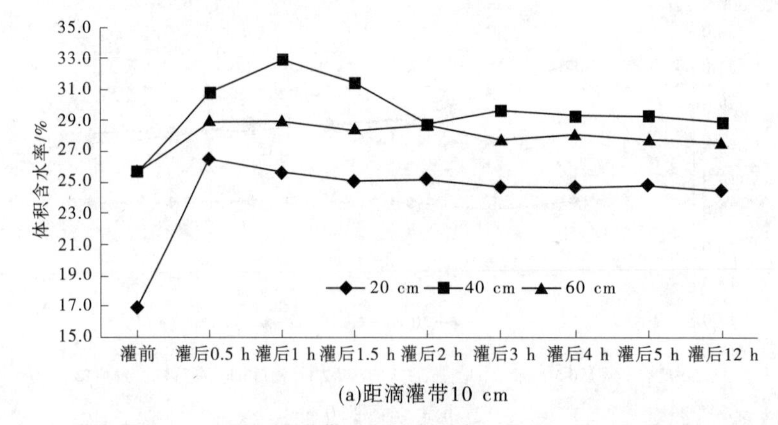

(a)距滴灌带10 cm

图 2-14　灌水量为 7.5 L 时距滴灌带不同距离黄泥田不同土壤深度含水率随时间变化

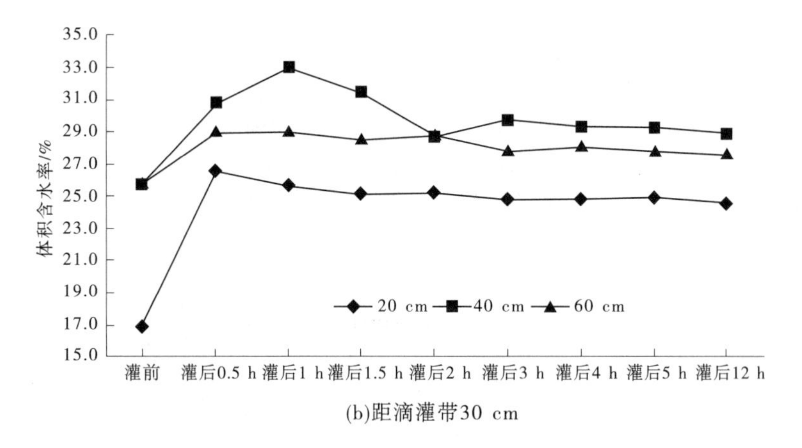

(b)距滴灌带30 cm

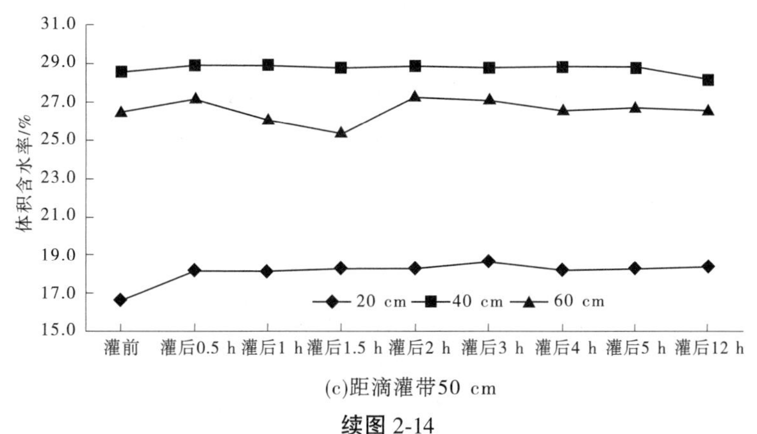

(c)距滴灌带50 cm

续图 2-14

3)灌水时间为 3.5 h 的土体含水率变化

当灌水时间为 3.5 h,灌水量为 8.75 L 时,土壤表面渗透直径平均值为 38.2 cm。距离滴灌带不同距离和不同土壤深度的含水率呈如下变化规律:

(1)距离滴灌带 10 cm 处不同土壤深度的含水率变化规律如下:①土壤深度 20 cm 处的含水率先增大后一直保持不变;②土壤深度 40 cm 处的含水率先增大,后减小;③土壤深度 60 cm 处的含水率先增大,其后有小幅下降。

(2)距离滴灌带 30 cm 处不同土壤深度的含水率变化规律如下:土壤深度 20 cm、40 cm、60 cm 处的含水率均无明显变化。

(3)距离滴灌带周围 50 cm 处不同土壤深度的含水率变化规律如下:①土壤深度 20 cm 处的含水率小幅增大,而后保持不变;②土壤深度 40 cm 处的含水率先呈小幅上升,后又小幅小降,再又小幅上升,随后保持不变;③土壤深度 60 cm 处的含水率无明显变化。

灌水量为 8.75 L 时距滴灌带不同距离黄泥田不同土壤深度含水率随时间变化见图 2-15。

4)灌水 4 h 的土体含水率变化

当灌水时间为 4 h,灌水量为 10 L 时,土壤表面渗透直径平均值为 42.1 cm。距离滴灌带不同距离和不同土壤深度的含水率呈如下变化规律:

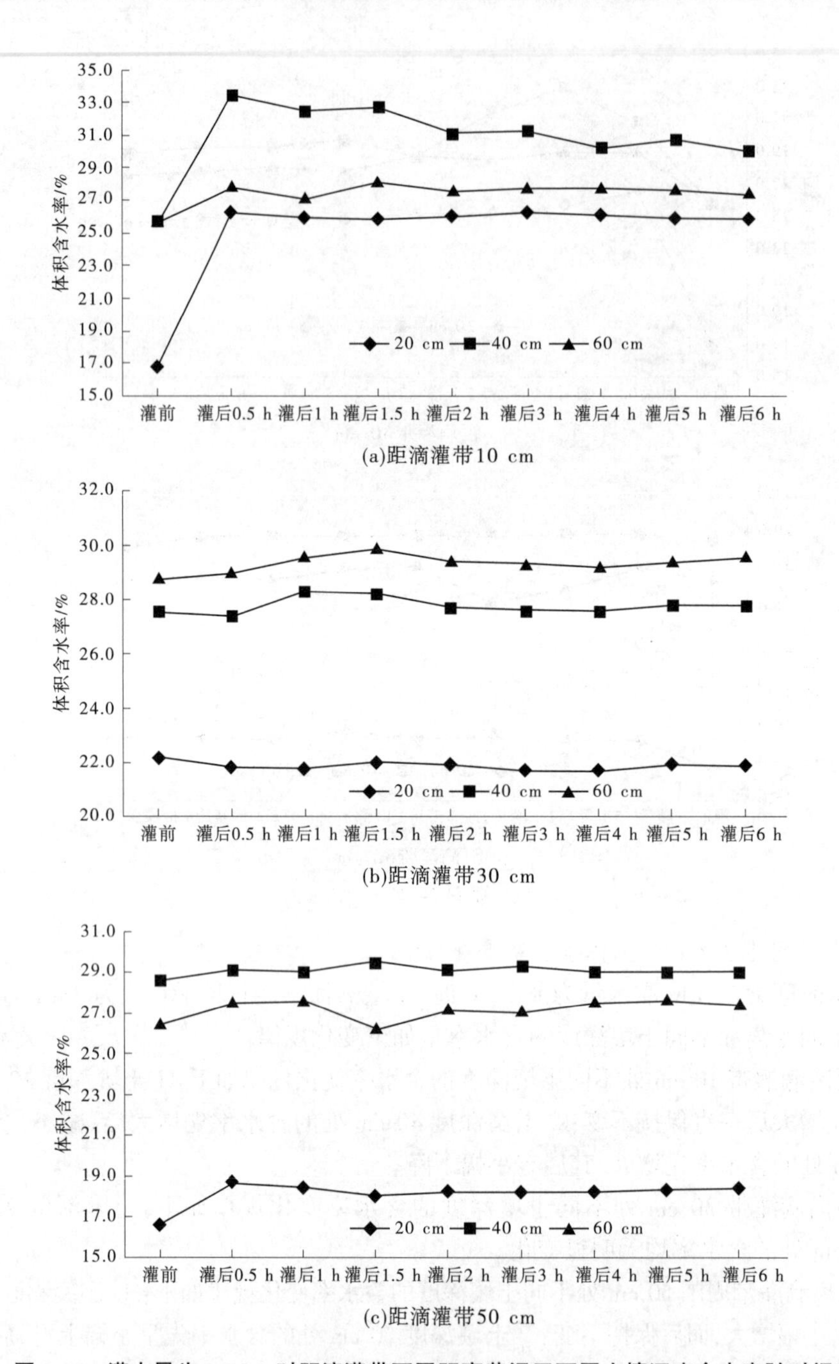

图 2-15　灌水量为 8.75 L 时距滴灌带不同距离黄泥田不同土壤深度含水率随时间变化

(1)距离滴灌带 10 cm 处不同土壤深度的含水率变化规律如下:①土壤深度 20 cm 处的含水率先增大,然后略有下降,随后一直保持不变;②土壤深度 40 cm 处的含水率呈先增大后减少,再增大再减少的波动变化;③土壤深度 60 cm 处的含水率先增大,随后略有下降,然后保持不变。

(2)距离滴灌带 30 cm 处不同土壤深度其含水率变化规律如下:①土壤深度 20 cm 和

40 cm 处的含水率先增大,其后保持不变;②土壤深度 60 cm 处的含水率在灌后 0. 5 h 开始出现变化,呈小幅上升。

(3)距离滴灌带周围 50 cm 处不同土壤深度的含水率变化规律如下:不同深度土壤含水率变化规律基本一致,但土壤深度 40 cm 处含水率增幅略比土壤深度 20 cm 和 60 cm 大。

灌水量为 10 L 时距滴灌带不同距离黄泥田不同土壤深度含水率随时间变化见图 2-16。

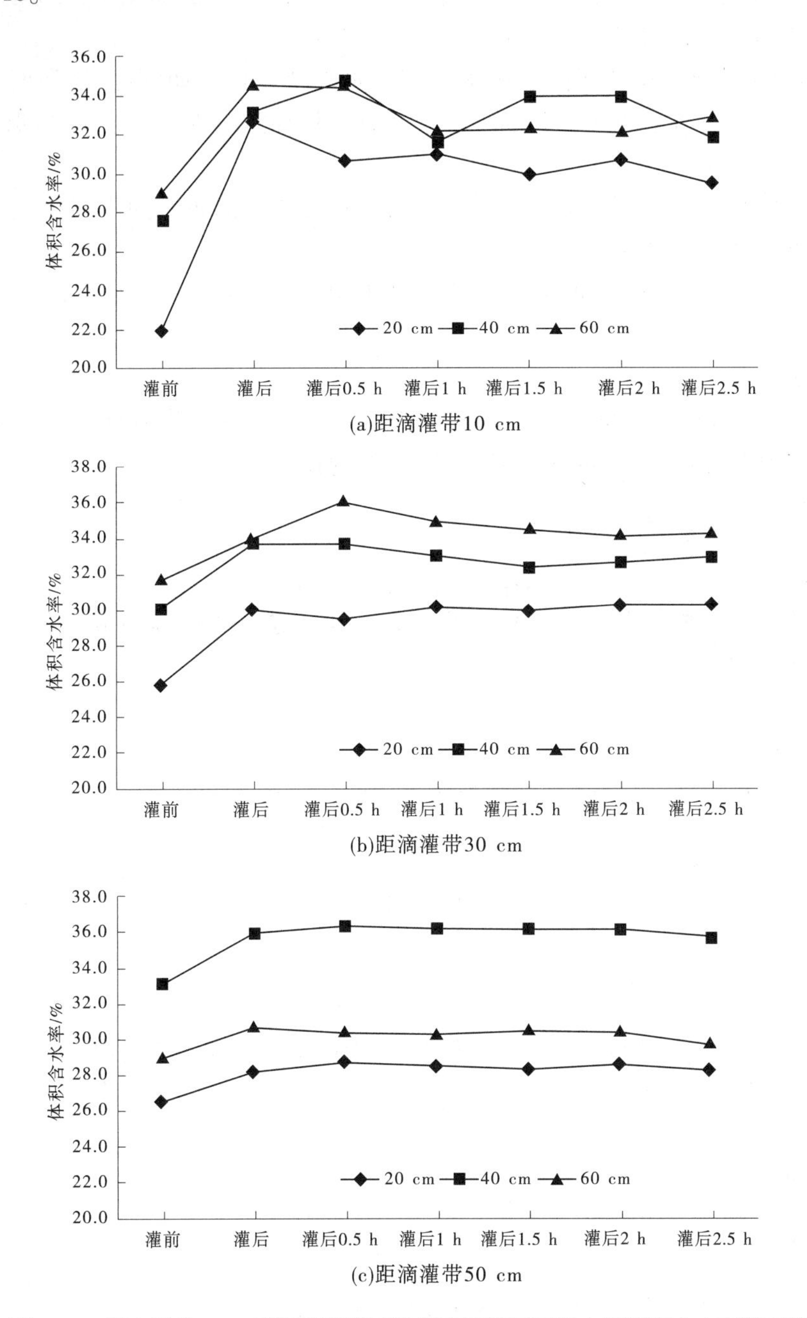

图 2-16　灌水量为 10 L 时距滴灌带不同距离黄泥田不同土壤深度含水率随时间变化

5）灌水 6 h 的土体含水率变化

当灌水时间为 6 h，灌水量为 15 L 时，土壤表面渗透直径平均值为 47.0 cm。距离滴灌带不同距离和不同土壤深度其含水率呈如下变化规律：

（1）距离滴灌带 10 cm 处不同土壤深度的含水率变化规律如下：不同土壤深度的含水率变化相同，均先增加后减少，随后保持不变。其中，土壤深度 20 cm 处含水率先急剧增加，后迅速减少到一定含水率，随后基本保持不变；土壤深度 40 cm 和 60 cm 处含水率先急速增加，后缓慢下降，最后基本保持不变。

（2）距离滴灌带 30 cm 处不同土壤深度其含水率变化规律如下：土壤深度 20 cm、40 cm、60 cm 处的含水率在灌后土壤含水率均呈现先增加后减少的趋势，随后保持相对稳定。

（3）距离滴灌带 50 cm 处不同土壤深度其含水率变化规律如下：不同土壤深度的含水率变化规律相同，但变化不大。

灌水量为 15 L 时距滴灌带不同距离黄泥田不同土壤深度含水率随时间变化见图 2-17。

6）灌水 8 h 的土体含水率变化

当灌水时间为 8 h，灌水量为 20 L 时，土壤表面渗透直径平均值为 50.0 cm。距离滴灌带不同距离和不同土壤深度的含水率呈如下变化规律：

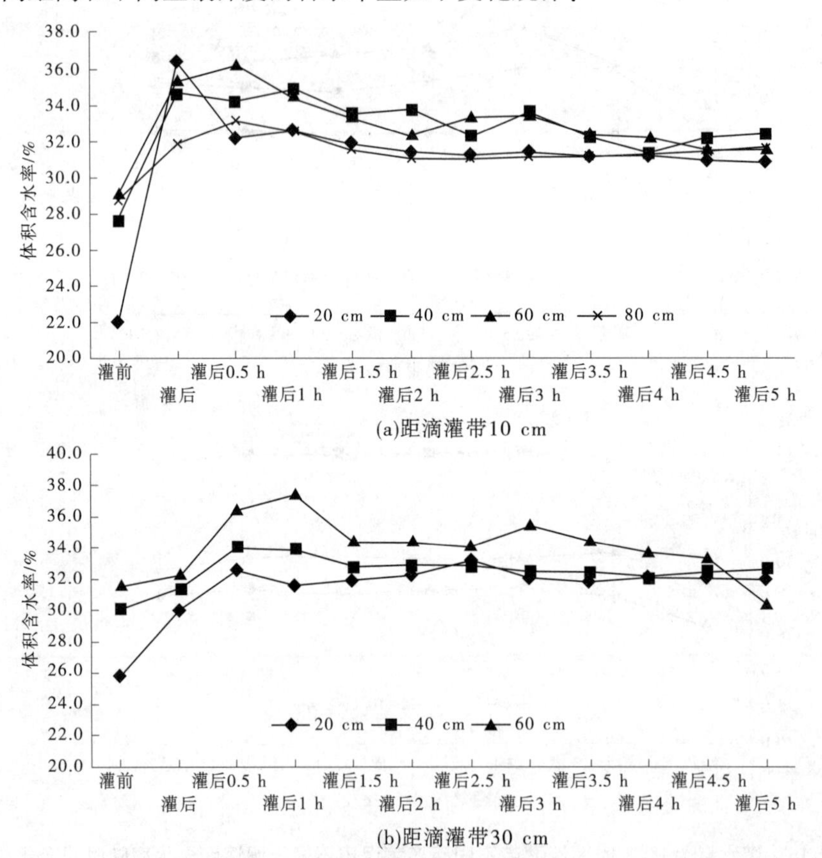

图 2-17　灌水量为 15 L 时距滴灌带不同距离黄泥田不同土壤深度含水率随时间变化

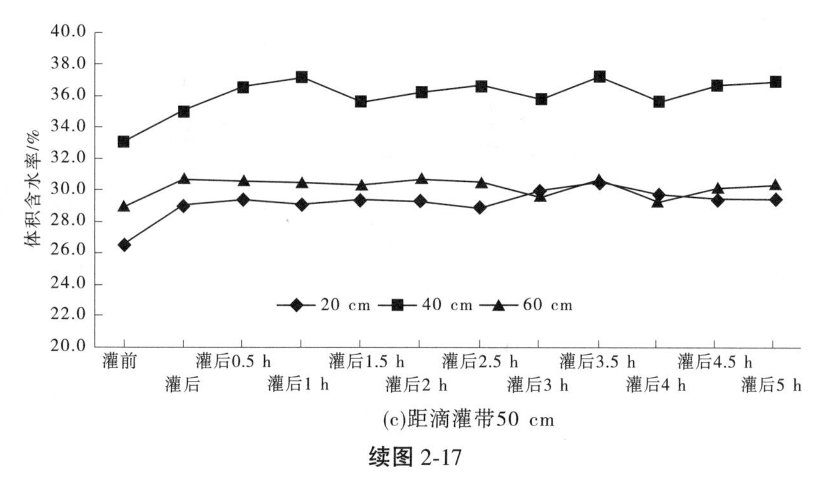

(c)距滴灌带50 cm

续图 2-17

(1)距离滴灌带 10 cm 处不同土壤深度的含水率变化规律如下:不同土壤深度的含水率变化相同,均先增加后减少,随后保持不变。其中,土壤深度 20 cm 处含水率先急剧增加,后迅速减少到一定含水率,随后基本保持不变;土壤深度 40 cm 和 60 cm 处含水率先急速增加,后缓慢下降,最后基本保持不变。

(2)距离滴灌带 30 cm 处不同土壤深度的含水率变化规律如下:①土壤深度 20 cm 处含水率先急速增加,后增速放缓,最后基本保持不变;②土壤深度 40 cm 处含水率呈缓慢增加趋势;③土壤深度 60 cm 处含水率先急速增加,后又急速下降,最后基本保持不变。

(3)距离滴灌带 50 cm 处不同土壤深度的含水率变化规律如下:不同土壤深度的含水率变化规律基本相同,并保持相对稳定。

灌水量为 20 L 时距滴灌带不同距离黄泥田不同土壤深度含水率随时间变化见图 2-18。

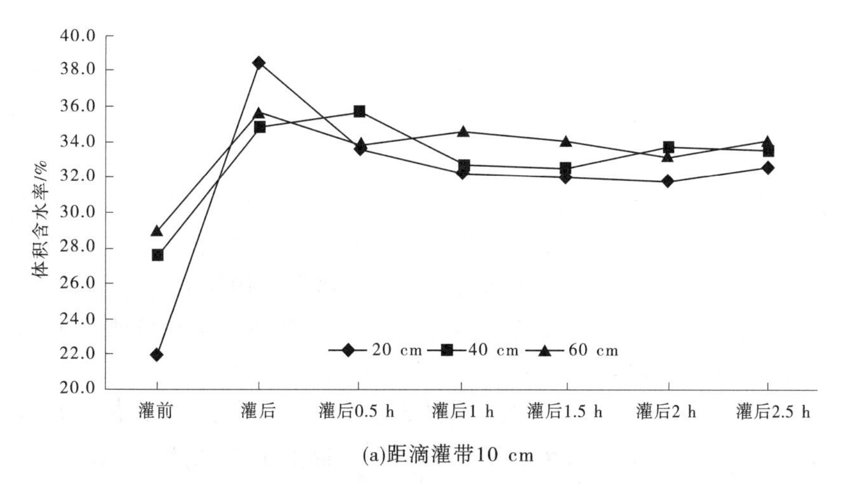

(a)距滴灌带10 cm

图 2-18　灌水量为 20 L 时距滴灌带不同距离黄泥田不同土壤深度含水率随时间变化

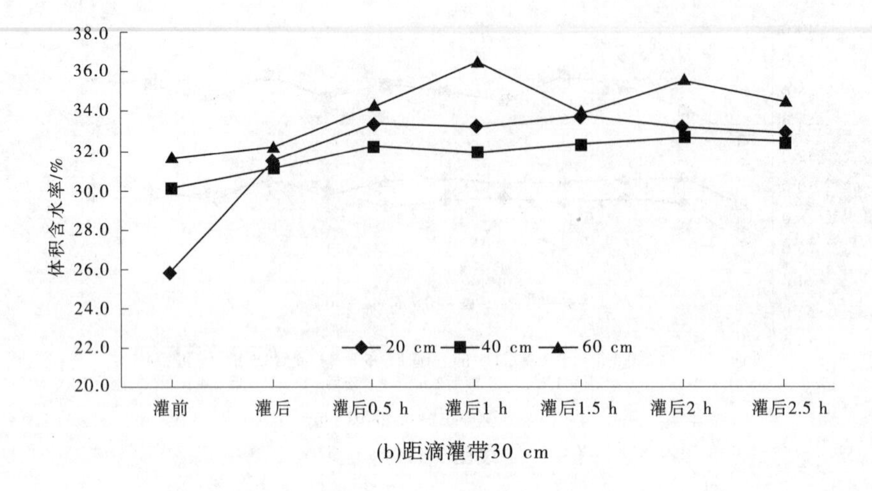

(b)距滴灌带30 cm

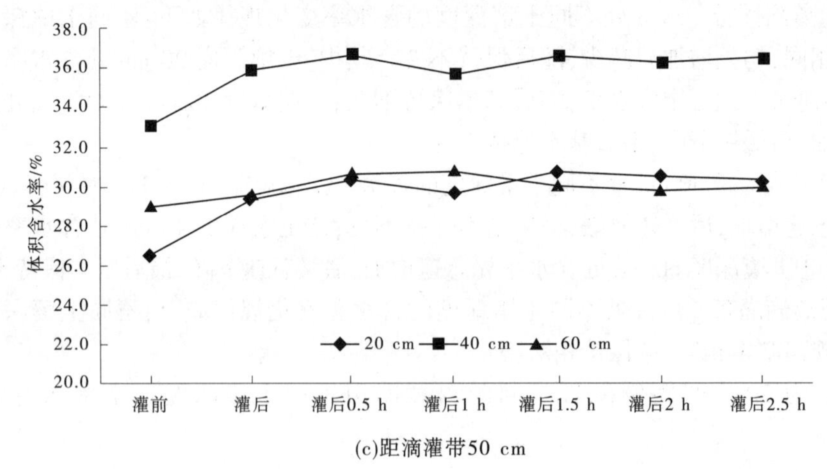

(c)距滴灌带50 cm

续图 2-18

2.滴灌带不同灌水强度下潮沙田土壤含水率变化规律

1)灌水 2 h 的土体含水率变化

当灌水时间为 2 h,灌水量为 5 L 时,土壤表面渗透直径平均值为 31.6 cm。距离滴灌带不同距离和不同土壤深度的含水率呈如下变化规律:

(1)距离滴灌带 10 cm 处不同土壤深度的含水率变化规律如下:土壤深度 20 cm 处和 40 cm 处含水率先急速增加,随后保持基本稳定;土壤深度 60 cm 处含水率变化不大;以上证明水在土壤中的流动以 40 cm 深度横向流动为主。

(2)距离滴灌带 30 cm 处不同土壤深度的含水率变化规律如下:土壤深度 20 cm 处和 40 cm 处含水率先急速增加,然后又略有下降,随后又略有上升,呈现小幅波动变化;土壤深度 60 cm 处含水率变化不大。

(3)距离滴灌带 50 cm 处不同土壤深度其含水率变化规律如下:土壤深度 20 cm、40 cm、60 cm 处的含水率基本保持不变,说明滴灌带 50 cm 处未受到灌水量的影响。

灌水量为 5 L 时距滴灌带不同距离潮沙田不同土壤深度含水率随时间变化见图 2-19。

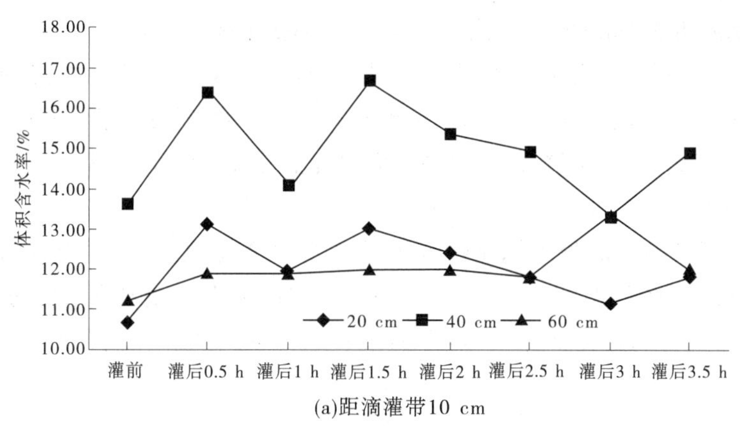

(a)距滴灌带10 cm

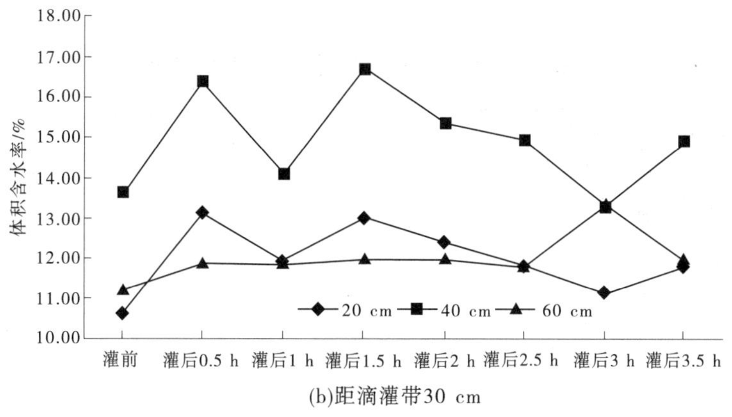

(b)距滴灌带30 cm

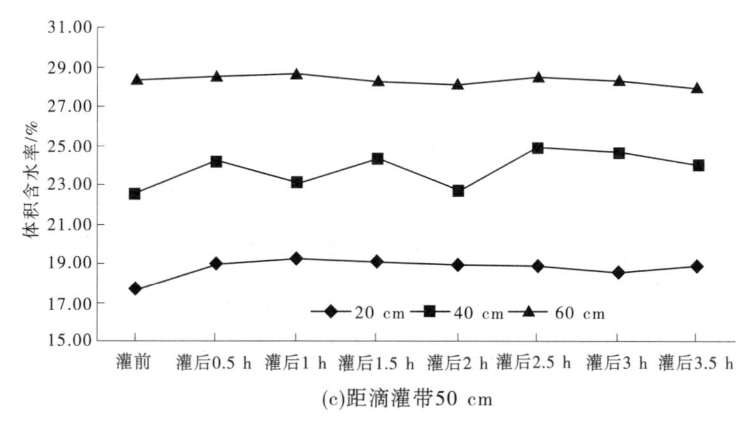

(c)距滴灌带50 cm

图 2-19　灌水量为 5 L 时距滴灌带不同距离潮沙田不同土壤深度含水率随时间变化

2) 灌水 3 h 的土体含水率变化

当灌水时间为 3 h,灌水量为 7.5 L 时,土壤表面渗透直径平均值为 42.0 cm。距离滴灌带不同距离和不同土壤深度的含水率呈如下变化规律:

(1)距离滴灌带 10 cm 处不同土壤深度的含水率变化规律如下:土壤深度 20 cm 处和 40 cm 处含水率先急速增加,随后保持基本稳定;土壤深度 60 cm 处含水率变化不大;以上证明水在土壤中的流动以 40 cm 深度横向流动为主。

(2)距离滴灌带 30 cm 处不同土壤深度的含水率变化规律如下:土壤深度 20 cm 处含水率先急速增加,然后又略有下降,随后保持基本稳定;土壤深度 40 cm 处含水率先急速增加,然后又略有下降,随后又略有上升,呈现较大幅度波动变化;土壤深度 60 cm 处含水率先略有上升,然后又略有下降,随后呈现较大幅度上升;以上说明在灌水后一段时间,土壤渗透深度有所扩大。

(3)距离滴灌带 50 cm 处不同土壤深度的含水率变化规律如下:土壤深度 20 cm、40 cm、60 cm 处的含水率基本保持不变,说明滴灌带 50 cm 处未受到灌水量的影响。

灌水量为 7.5 L 时距滴灌带不同距离潮沙田不同土壤深度含水率随时间变化见图 2-20。

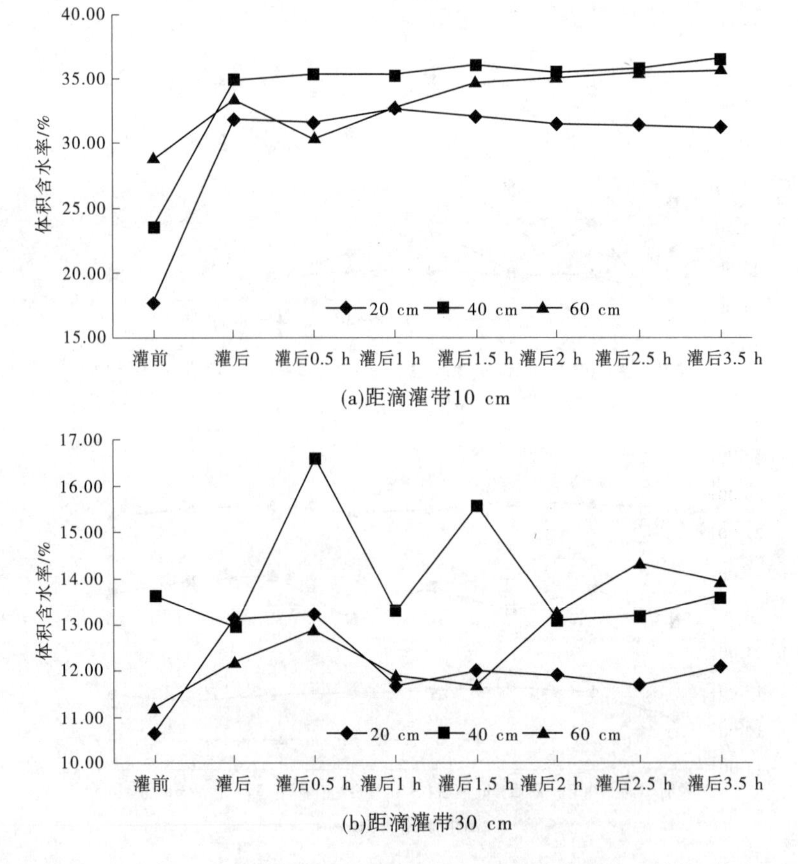

图 2-20 灌水量为 7.5 L 时距滴灌带不同距离潮沙田不同土壤深度含水率随时间变化

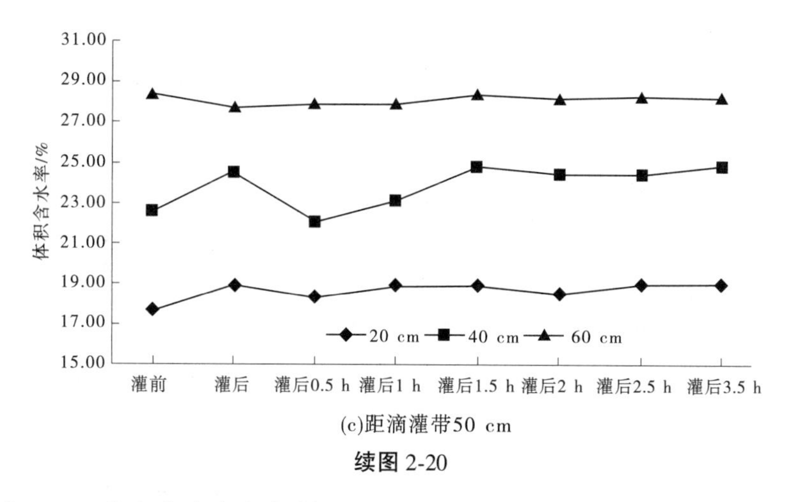

(c)距滴灌带50 cm

续图 2-20

3) 灌水 3.5 h 的土体含水率变化

当灌水时间为 3.5 h,灌水量为 8.75 L 时,土壤表面渗透直径平均值为 44.0 cm。距离滴灌带不同距离和不同土壤深度的含水率呈如下变化规律:

(1)距离滴灌带 10 cm 处不同土壤深度的含水率变化规律如下:土壤深度 20 cm 处和 40 cm 处含水率先急速增加,随后保持基本稳定;土壤深度 60 cm 处含水率呈小幅增加,随后保持基本稳定;以上证明水在土壤中的流动以 40 cm 深度横向流动为主,60 cm 深处受影响不大。

(2)距离滴灌带 30 cm 处不同土壤深度的含水率变化规律如下:土壤深度 20 cm 处含水率先迅速增加,后增速放缓,然后呈小幅下降,最后保持不变;土壤深度 40 cm 处含水率呈缓慢增加趋势,随后保持基本不变;土壤深度 60 cm 处含水率基本保持不变,说明 60 cm 深处受影响不大。

(3)距离滴灌带 50 cm 处不同土壤深度的含水率变化规律如下:土壤深度 20 cm、40 cm、60 cm 处的含水率基本保持不变,说明滴灌带 50 cm 处未受到灌水量的影响。

灌水量为 8.75 L 时距滴灌带不同距离潮沙田不同土壤深度含水率随时间变化见图 2-21。

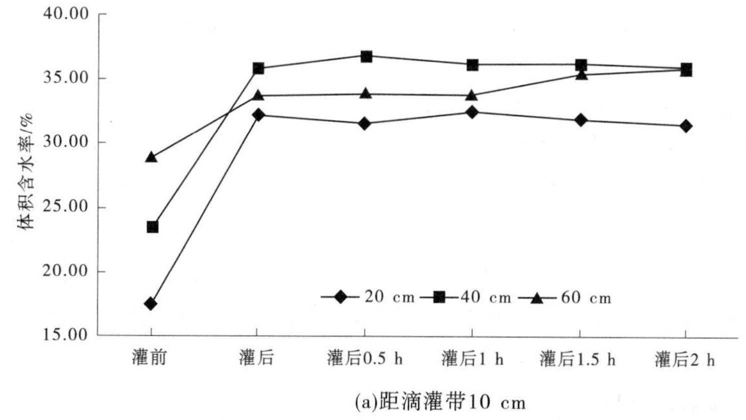

(a)距滴灌带10 cm

图 2-21　灌水量为 8.75 L 时距滴灌带不同距离潮沙田不同土壤深度含水率随时间变化

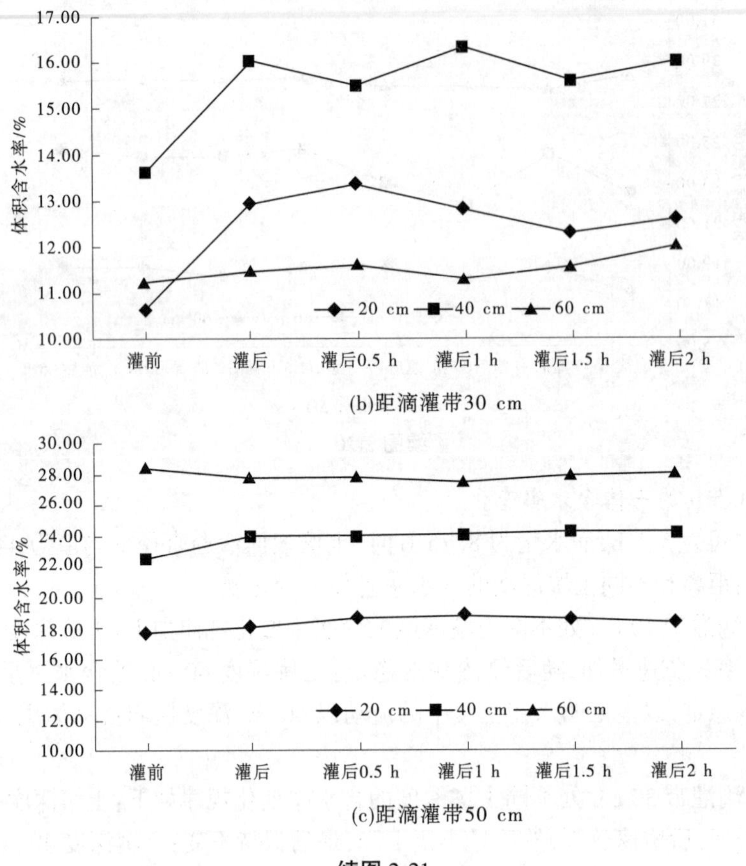

(b)距滴灌带30 cm

(c)距滴灌带50 cm

续图 2-21

4) 灌水 4 h 的土体含水率变化

当灌水时间为 4 h,灌水量为 10 L 时,土壤表面渗透直径平均值为 46. 8 cm。距离滴灌带不同距离和土壤不同深度的含水率呈如下变化规律:

(1)距离滴灌带 10 cm 处不同土壤深度的含水率变化规律如下:土壤深度 20 cm 处和 40 cm 处含水率先急速增加,随后保持基本稳定;土壤深度 60 cm 处含水率呈小幅增加,随后保持基本稳定;以上证明水在土壤中的流动以 40 cm 深度横向流动为主,60 cm 深处受影响不大。

(2)距离滴灌带 30 cm 处不同土壤深度的含水率变化规律如下:土壤深度 20 cm 处含水率呈小幅增加,随后保持基本稳定;土壤深度 40 cm 处含水率呈迅速增加趋势,随后保持基本稳定;土壤深度 60 cm 处含水率呈急速增加,随后保持基本稳定;以上证明水在土壤中的流动可快速渗透到 60 cm 深处。

(3)距离滴灌带 50 cm 处不同土壤深度的含水率变化规律如下:土壤深度 20 cm 处含水率保持基本不变;土壤深度 40 cm 处含水率先略有小幅下降,随后略有小幅上升,然后保持基本稳定;土壤深度 60 cm 处含水率快速增加,随后保持基本稳定,证明水在土壤中的流动可快速渗透到 60 cm 深处。

灌水量为 10 L 时距滴灌带不同距离潮沙田不同土壤深度含水率随时间变化见图 2-22。

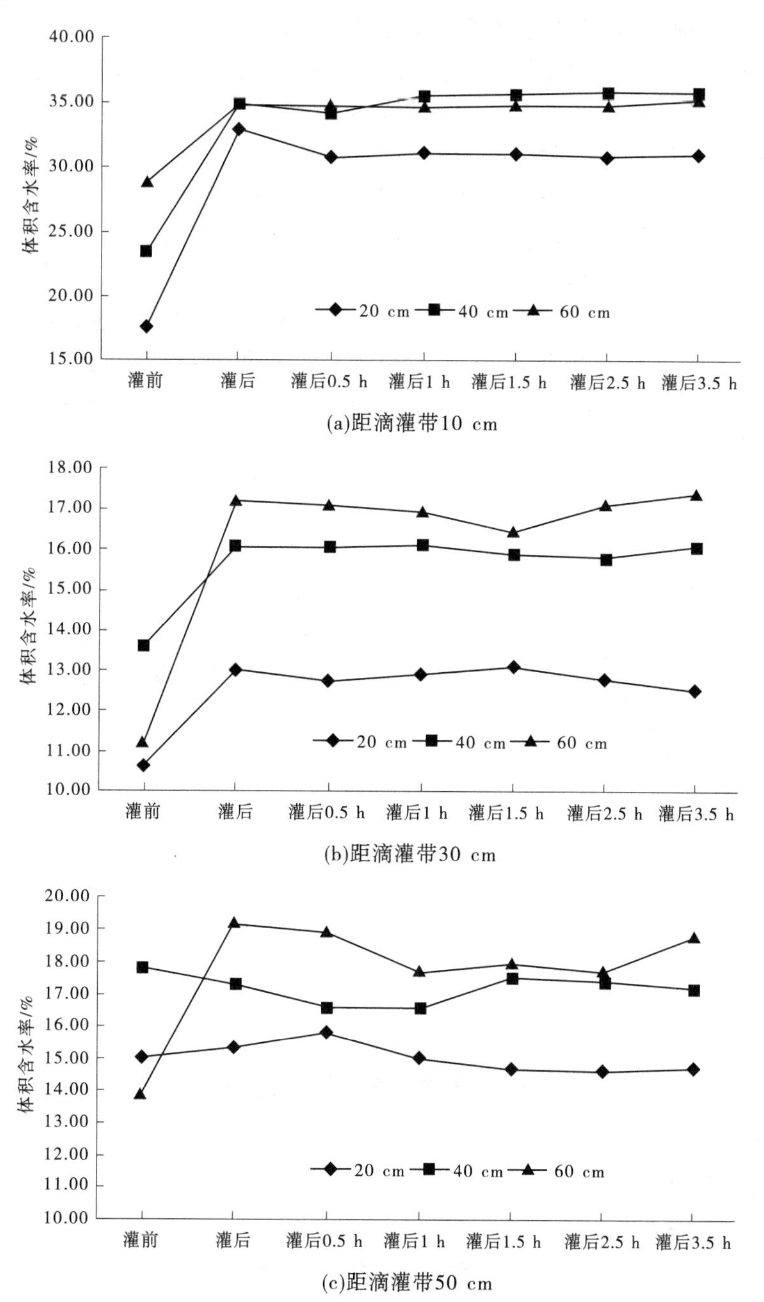

图 2-22　灌水量为 10 L 时距滴灌带不同距离潮沙田不同土壤深度含水率随时间变化

5) 灌水 6 h 的土体含水率变化

当灌水时间为 6 h,灌水量为 15 L 时,土壤表面渗透直径平均值为 56.0 cm。距离滴灌带不同距离和土壤不同深度的含水率呈如下变化规律:

(1)距离滴灌带 10 cm 处不同土壤深度的含水率变化规律如下:土壤深度 20 cm、40 cm、60 cm 处含水率均呈迅速增加趋势,随后保持基本稳定,说明水在土壤中的流动可快速渗透到 40 cm 和 60 cm 深处。

(2)距离滴灌带 30 cm 处不同土壤深度的含水率变化规律如下:土壤深度 20 cm、40 cm、60 cm 处含水率均呈迅速增加趋势,随后保持基本稳定;说明水在土壤中的流动可快速渗透到 40 cm 和 60 cm 深处。

(3)距离滴灌带 50 cm 处不同土壤深度的含水率变化规律如下:土壤深度 20 cm 处呈小幅下降、上升波动变化;土壤深度 40 cm 处含水率保持基本稳定;土壤深度 60 cm 处含水率呈小幅上升,随后略有下降,然后又快速上升,呈波动变化,说明水在 60 cm 深处土壤中的流动呈不规则运行变化。

灌水量为 15 L 时距滴灌带不同距离潮沙田不同土壤深度含水率随时间变化见图 2-23。

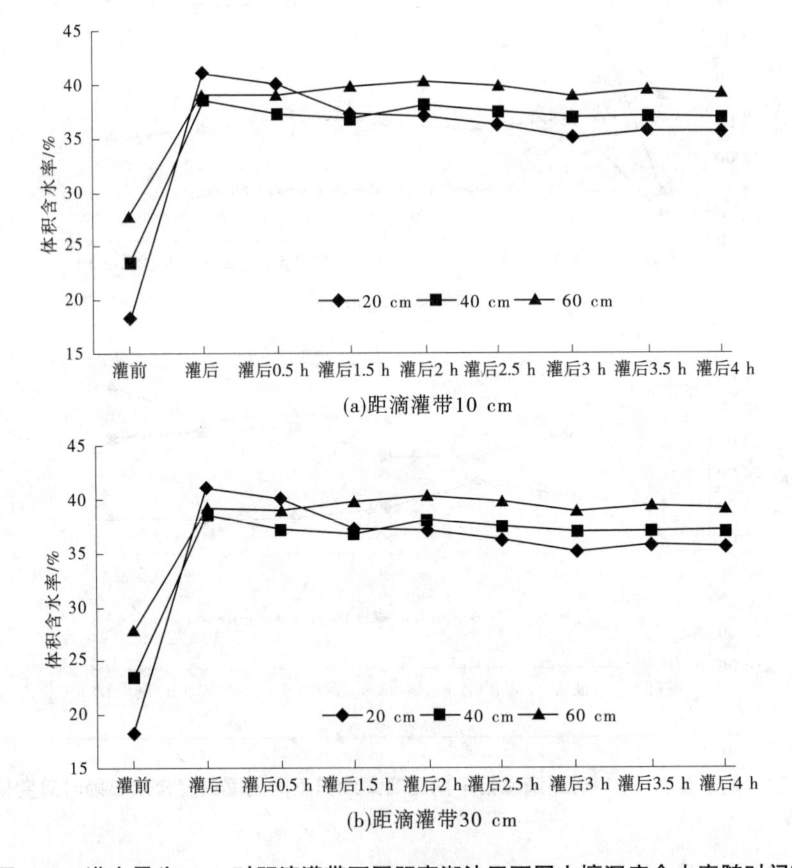

图 2-23 灌水量为 15 L 时距滴灌带不同距离潮沙田不同土壤深度含水率随时间变化

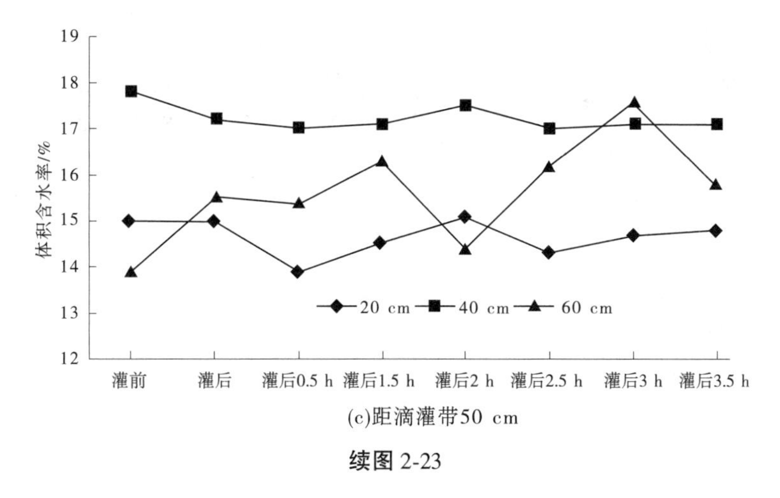

(c)距滴灌带50 cm

续图 2-23

6)灌水8 h的土体含水率变化

当灌水时间为8 h,灌水量为20 L时,土壤表面渗透直径平均值为67.0 cm。距离滴灌带不同距离和不同土壤深度的含水率呈如下变化规律:

(1)距离滴灌带10 cm处不同土壤深度的含水率变化规律如下:土壤深度20 cm、40 cm、60 cm处含水率均呈迅速增加趋势,随后保持基本稳定,说明水在土壤中的流动可快速渗透到40 cm和60 cm深处。

(2)距离滴灌带30 cm处不同土壤深度的含水率变化规律如下:土壤深度20 cm、40 cm、60 cm处含水率均呈迅速增加趋势,随后保持基本稳定,说明水在土壤中的流动可快速渗透到40 cm和60 cm深处。

(3)距离滴灌带50 cm处不同土壤深度的含水率变化规律如下:土壤深度20 cm处和40 cm处保持基本稳定状态;土壤深度60 cm处含水率呈小幅上升,然后保持基本稳定,说明水在土壤中的流动可快速渗透至60 cm深处。

灌水量为20 L时距滴灌带不同距离潮沙田不同土壤深度含水率随时间变化见图2-24。

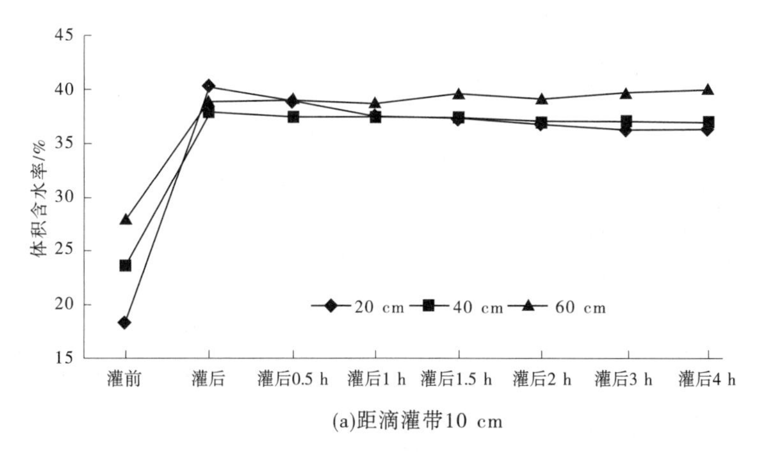

(a)距滴灌带10 cm

图 2-24　灌水量为20 L时距滴灌带不同距离潮沙田不同土壤深度含水率随时间变化

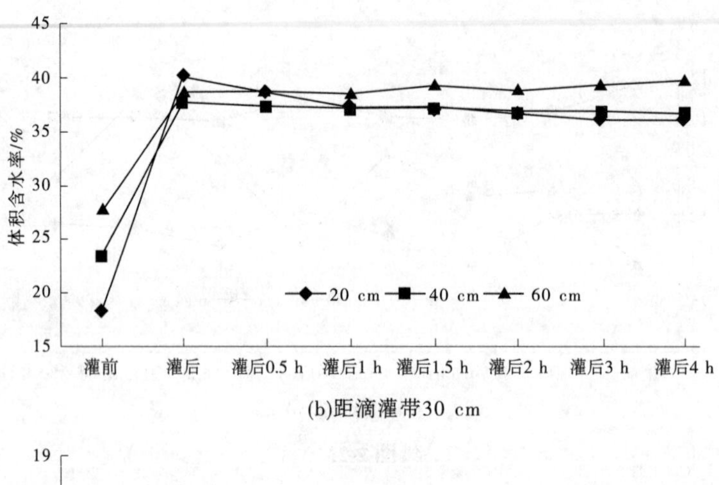

(b)距滴灌带30 cm

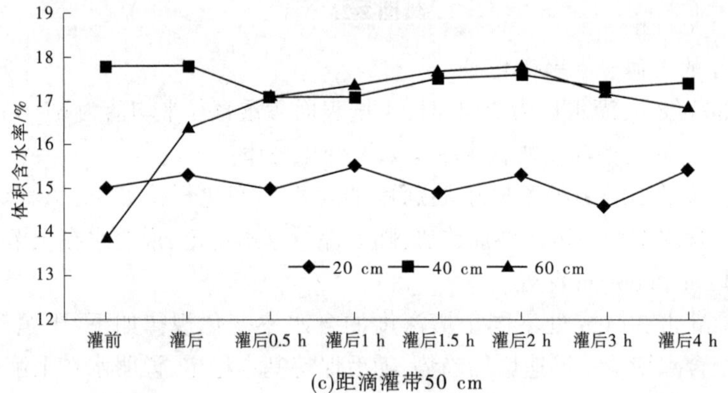

(c)距滴灌带50 cm

续图 2-24

3. 喷灌不同灌水强度下黄泥田土壤含水率变化规律

喷灌不同灌水强度下黄泥田土壤含水率变化规律见表 2-8、图 2-25。

表 2-8 喷灌条件下不同灌水量黄泥田土壤含水率变化

水平距离/cm	5			30			60		
垂直深度/cm	20	40	60	20	40	60	20	40	60
灌前	16.7	29.0	27.7	23.7	29.0	31.0	18.3	25.9	28.8
灌 1 h	18.2	28.3	28.3	30.5	29.0	29.0	23.2	28.6	27.9
灌 2 h	22.0	28.6	28.3	34.4	28.6	30.7	26.6	28.1	28.3
灌 3 h	39.0	30.7	28.4	37.5	28.9	30.6	27.9	37.5	28.9
灌 4 h	40.4	34.2	31.3	38.8	31.6	31.6	35.2	33.5	29.8
灌 5 h	43.8	35.3	33.3	39.1	32.5	33.0	37.2	34.2	29.6
灌 6 h	42.4	33.7	32.0	38.8	32.3	34.5	37.9	33.3	29.8
灌 7 h	42.7	33.8	33.2	39.3	32.5	35.9	38.9	32.4	29.1

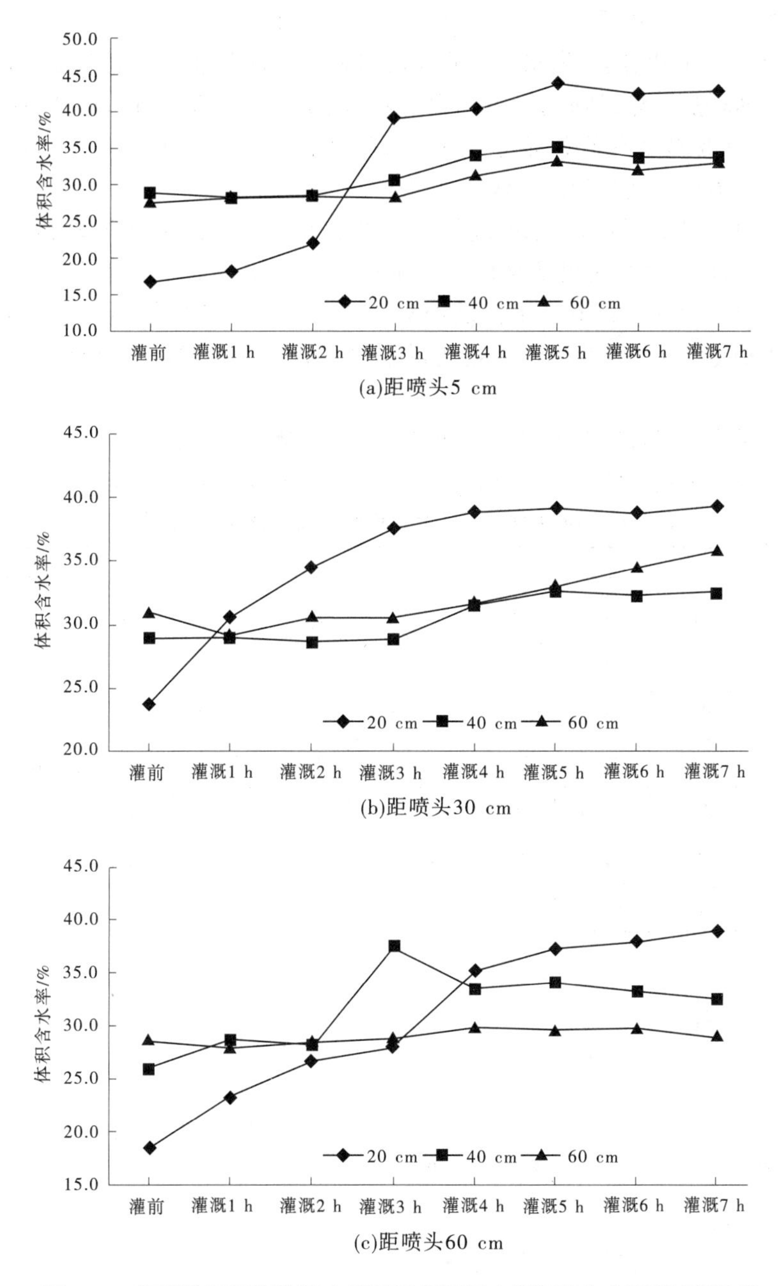

图 2-25　距喷头不同距离灌水后黄泥田不同土壤深度含水率随时间变化

1) 距离喷头 5 cm 处不同土壤深度含水率变化规律

从图 2-25 可以看出,随着灌水时间的延长和灌水量的增加,土壤深度 20 cm 处,其土壤含水率逐渐增加,0~2 h 间缓慢增加,2~3 h 间增速加快,3 h 后增速放缓,到 5 h 后保持基本稳定。土壤深度 40 cm 和 60 cm 处,随着灌水时间的延长和灌水量的增加,其土壤含水率略有增加,增加幅度不大。

2) 距离喷头 30 cm 处不同土壤深度含水率变化规律

从图 2-25 可以看出，随着灌水时间的延长和灌水量的增加，土壤深度 20 cm 处，其土壤含水率呈匀速增加趋势，到灌水 4 h 后保持基本稳定。土壤深度 40 cm 和 60 cm 处，0~4 h 间土壤含水率保持基本不变，灌水至 4 h 后略有增加，增加幅度不大。

3) 距离喷头 60 cm 处不同土壤深度含水率变化规律

从图 2-25 可以看出，随着灌水时间的延长和灌水量的增加，土壤深度 20 cm 处，其土壤含水率逐渐增加，0~3 h 间缓慢增加，3~4 h 间增速加快，4 h 后增速放缓，然后保持基本稳定。土壤深度 40 cm 处，0~2 h 间缓慢增加，2~3 h 间增速加快，3~4 h 间略有下降，然后保持基本稳定。土壤深度 60 cm 处，随着灌水时间延长和灌水量的增加，其土壤含水率基本不变。

4. 喷灌不同灌水强度下潮沙田土壤含水率变化规律

喷灌不同灌水强度下潮沙田土壤含水率变化规律见表 2-9、图 2-26。

表 2-9　喷灌条件下不同灌水量潮沙田土壤含水率变化

水平距离/cm	20			30			50		
垂直深度/cm	20	40	60	20	40	60	20	40	60
灌前	11.8	14.2	12.0	18.1	23.0	30.4	20.7	27.9	32.2
灌水 1 h	29.4	26.4	27.4	33.4	32.7	32.0	31.2	30.9	31.3
灌水 2 h	31.5	26.4	27.4	35.8	32.7	32.1	33.5	30.9	31.4
灌水 4 h	38.7	30.9	29.7	44.1	38.2	34.7	41.2	36.2	34.0
灌水 8 h	40.4	31.3	37.6	47.2	38.8	40.1	41.1	35.4	38.9
灌水 8.5 h	39.4	30.1	33.4	43.0	37.8	40.0	40.1	34.9	38.3

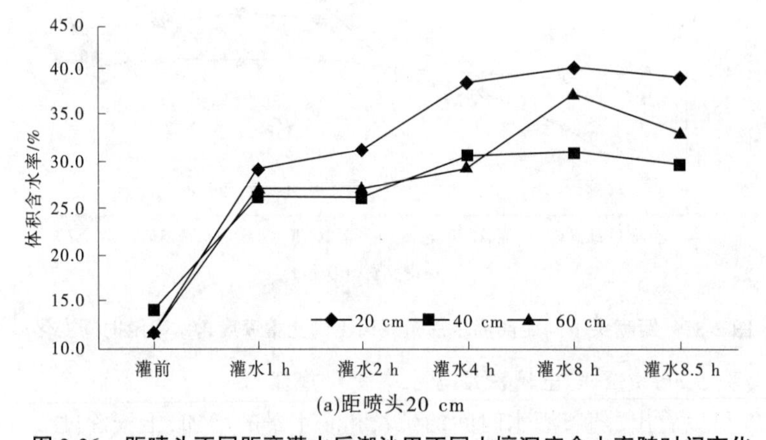

(a)距喷头20 cm

图 2-26　距喷头不同距离灌水后潮沙田不同土壤深度含水率随时间变化

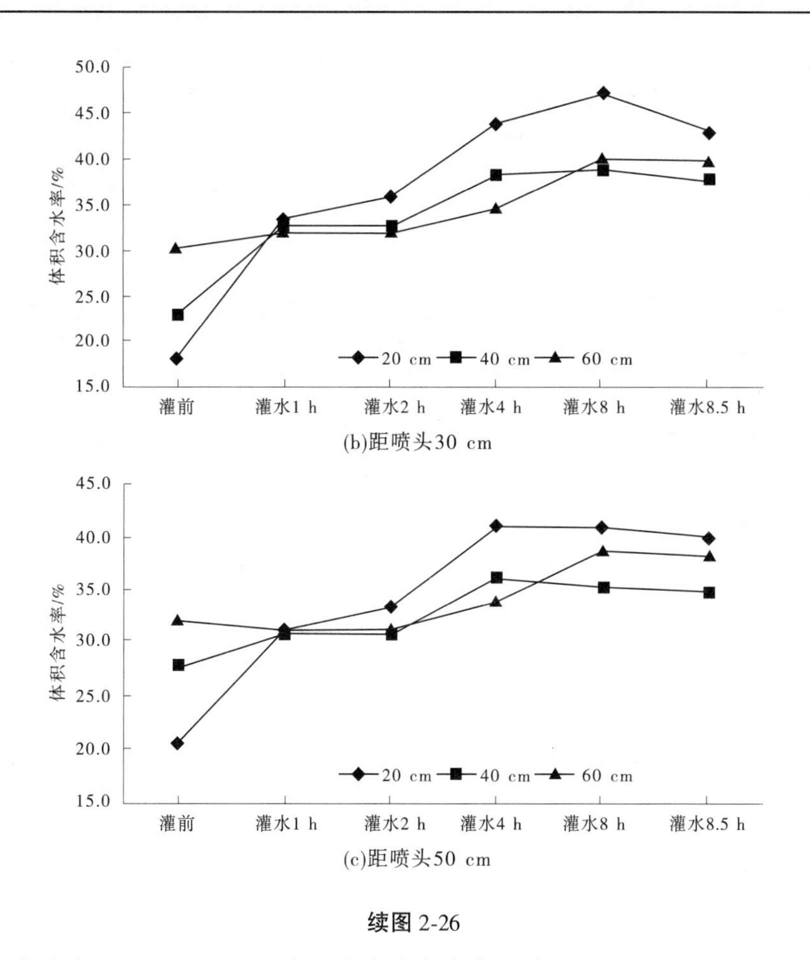

(b)距喷头30 cm

(c)距喷头50 cm

续图 2-26

1)距离喷头 20 cm 处不同土壤深度含水率变化规律

从图 2-26 可以看出,随着灌水时间的延长和灌水量的增加,土壤深度 20 cm 处,其土壤含水率逐渐增加,0~1 h 间增速较快,1~2 h 间增速放缓,2~4 h 间增速又呈增加趋势,到 4 h 后略有下降,随后保持基本稳定。土壤深度 40 cm 处,其土壤含水率逐渐增加,0~1 h 间快速增长,随后呈缓慢增长趋势,到 4 h 后保持基本稳定。土壤深度 60 cm 处,其土壤含水率在 0~1 h 间呈快速增长趋势,1~4 h 间呈缓慢增长趋势,4~8 h 间又呈较快增长趋势,8 h 后略有下降,随后保持基本稳定。

2)距离喷头 30 cm 处不同土壤深度含水率变化规律

从图 2-26 可以看出,随着灌水时间的延长和灌水量的增加,土壤深度 20 cm 处,其土壤含水率逐渐增加,0~1 h 间增速较快,1~2 h 间增速放缓,2~4 h 间增速又呈增加趋势,到 4 h 后保持基本稳定。土壤深度 40 cm 处,其土壤含水率 0~1 h 间快速增长,随后呈缓慢增长趋势,到 4 h 后保持基本稳定。土壤深度 60 cm 处,其土壤含水率在 0~2 h 间基本保持不变,2~4 h 间呈缓慢增长趋势,4~8 h 间又呈较快增长趋势,8 h 后略有下降,随后保持基本稳定。

3)距离喷头 50 cm 处不同土壤深度含水率变化规律

从图 2-26 可以看出,随着灌水时间的延长和灌水量的增加,土壤深度 20 cm 处,其土壤含水率逐渐增加,0~1 h 间增速较快,1~2 h 间增速放缓,2~4 h 间增速又呈增加趋势,到 4 h 后略有下降,随后保持基本稳定。土壤深度 40 cm 处,其土壤含水率逐渐增加,0~2 h 间增长缓慢,2~4 h 间增长加快,到 4 h 后略有下降,随后保持基本稳定。土壤深度 60 cm 处,其土壤含水率在 0~2 h 间基本无变化,2~4 h 间呈缓慢增长,4~8 h 间呈较快增长趋势,到 8 h 后略有下降,随后保持基本稳定。

2.2.3.2 不同灌水强度下土壤水分运移规律分析

本节主要分析滴灌带不同灌水强度下土壤水分迁移规律。喷灌湿润峰的变化主要受喷径大小的影响,而对于蔬菜密植作物来说,灌溉水的运移对作物根系生长范围影响较小,故在此不做分析。

1. 滴灌带不同灌水强度下黄泥田土壤水分运移规律

从图 2-27 可以看出,在不同灌水强度下,不同土壤深度土壤水分横向运移变化是不同的,表现出浅层土壤较深层土壤更快速地扩展。

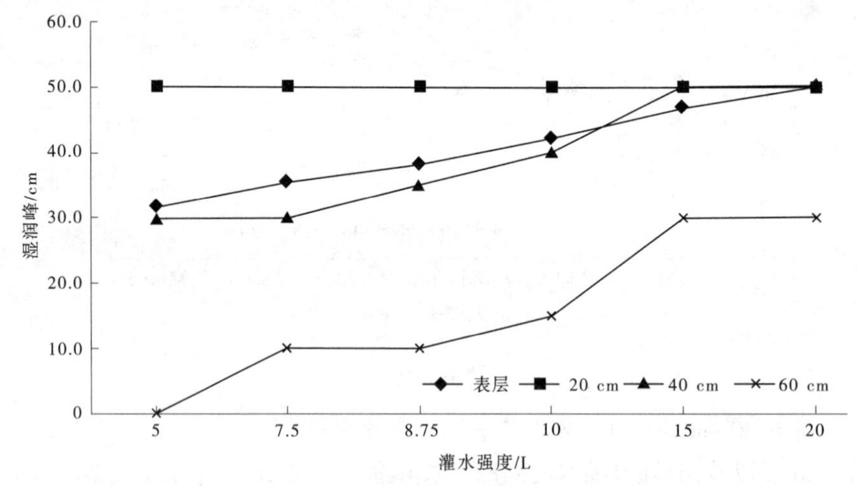

图 2-27 黄泥田不同灌水强度下土壤水分运移变化规律

在灌水 5 L 时,土壤深度 20 cm 处湿润峰迅速达到 50 cm;而在土壤表层湿润峰和 40 cm 处,湿润峰也达了 30 cm 以上,但从前文 2.2.3.1 节分析来看,仅在距滴头 10 cm 范围内深 40 cm 处土壤含水率达到饱和状态,其余均未达到饱和状况。土壤深度 60 cm 处未受灌溉水的影响。

在灌水 7.5 L 时,土壤深度 20 cm 处湿润峰迅速扩大,达到 50 cm;土壤表层湿润峰范围缓慢扩展,达 35 cm 左右;而土壤深度 40 cm 处湿润峰仍处在灌水 5 L 时达到的 30 cm,没有明显变化;土壤深度 60 cm 处湿润峰迅速扩展,但扩展范围不大,仅有 10 cm 左右。从前文 2.2.3.1 节分析来看,仅在距滴头 10 cm 范围内深 40 cm 处土壤含水率达到饱和状态,其余均未达饱和状态。

在灌水 8.75 L 时,土壤深度 20 cm 处湿润峰迅速扩大,达到 50 cm;土壤表层和土壤深度 40 cm 处湿润峰缓慢扩展;土壤深度 60 cm 处没有明显变化。从前文 2.2.3.1 节分析来看,仅在距滴头 10 cm 范围内深 40 cm 处土壤含水率达到饱和状态,其余均未达到饱和状态。

在灌水 10 L 时,土壤深度 20 cm 处湿润峰迅速扩大,达到 50 cm;土壤表层、土壤深度 40 cm 和 60 cm 处湿润峰范围缓慢扩展,其中土壤表层湿润峰范围达 40 cm 以上,土壤深度 40 cm 处湿润峰范围接近 40 cm,土壤深度 60 cm 处湿润峰范围接近 15 cm。从前文 2.2.3.1 节分析来看,在距滴头 10 cm 范围内深 20 cm、40 cm 和 60 cm 处土壤含水率均达到饱和状态;在距滴头 30 cm 范围内深 40 cm 和 60 cm 处土壤含水率均达到饱和状态,其余均未达饱和状态;在距滴头 50 cm 范围内深仅 40 cm 处土壤含水率达到饱和状态,其余均未达饱和状态。因此,在灌水量为 10 L 时,其不同土层湿润峰范围和土壤含水率状况是比较适宜密植型蔬菜生长的。

在灌水 15 L 时,土壤深度 20 cm 处湿润峰迅速扩大,达到 50 cm;土壤表层湿润峰范围缓慢扩展,接近 40 cm,土壤深度 40 cm 和 60 cm 处湿润峰范围迅速扩展,湿润峰范围分别达 50 cm 和 30 cm。从前文 2.2.3.1 节分析来看,在距滴头 10 cm 和 30 cm 范围内各土层土壤含水率均达到饱和状态;在距滴头 50 cm 范围内深仅 40 cm 处土壤含水率达到饱和状态,其余均未达饱和状态。因此,在灌水量为 15 L 时,存在一定程度的灌水量无效浪费。

在灌水 20 L 时,土壤深度 20 cm 处湿润峰迅速扩大,达到 50 cm;土壤表层湿润峰范围呈缓慢扩展,达 50 cm,土壤深度 40 cm 和 60 cm 处湿润峰范围无明显变化,分别保持 50 cm 和 30 cm。因此,在灌水量为 20 L 时,同样存在一定程度的灌水量无效浪费。

2. 滴灌带不同灌水强度下潮沙田土壤水分运移规律

从图 2-28 可以看出,在不同灌水强度下,不同土壤深度土壤水分横向运移变化是不同的,表现出浅层土壤较深层土壤更快速地扩展。

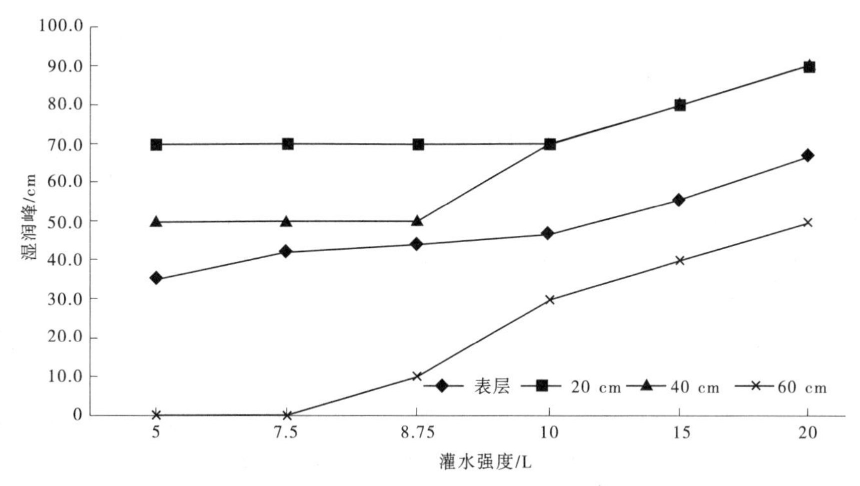

图 2-28　潮沙田不同灌水强度下土壤水分运移变化规律

在灌水 5 L 时,土壤深度 20 cm 处湿润峰迅速扩大,达到 70 cm;而在土壤表层和深 40 cm 处,湿润峰也分别达到 35 cm 和 50 cm。但从前文 2.2.3.1 节分析来看,距滴头不同距离和不同土壤深度的土壤含水率均未能达到饱和状态。土壤深度 60 cm 处未受灌溉水的影响。

在灌水 7.5 L 时,土壤深度 20 cm 处湿润峰迅速扩大,达到 70 cm;土壤表层湿润峰范围缓慢扩展,达 40 cm 左右;土壤深度 40 cm 处湿润峰未有明显变化,仍处在灌水 5 L 时达到的 50 cm;土壤深度 60 cm 处没有明显变化。从前文 2.2.3.1 节分析来看,距滴头不同距离和不同土壤深度的土壤含水率均未能达到饱和状态。

在灌水 8.75 L 时，土壤深度 20 cm 处湿润峰迅速扩大，达到 70 cm；土壤表层湿润峰范围缓慢扩展；土壤深度 40 cm 处湿润峰没有明显变化，仍处在灌水 5 L 时达到的 50 cm；土壤深度 60 cm 处湿润峰缓慢扩展，达到 10 cm。从前文 2.2.3.1 节分析来看，仅在距滴头 10 cm 范围内深 40 cm 处土层土壤含水率达到饱和状态，其余均未达饱和状态。

在灌水 10 L 时，土壤深度 20 cm 处湿润峰迅速扩大，达到 70 cm；土壤表层湿润峰缓慢扩展；土壤深度 40 cm 处湿润峰迅速扩展，达到 70 cm；土壤深度 60 cm 处湿润峰迅速扩展，达 30 cm。从前文 2.2.3.1 节分析来看，在距滴头 10 cm 范围内深 40 cm 和 60 cm 处土壤含水率均达到饱和状态，其余未达饱和状态。

在灌水 15 L 时，土壤表层湿润峰缓慢扩展，达 55 cm 左右；土壤深度 20 cm 和 40 cm 处湿润峰迅速扩展，达到 80 cm，远超过一般蔬菜 20~30 cm 的株间距；土壤深度 60 cm 处湿润峰迅速扩展，湿润峰分别达到 40 cm。从前文 2.2.3.1 节分析来看，在距滴头 10 cm 和 30 cm 范围内各土层土壤含水率均达到饱和状态，而在距滴头 50 cm 范围内不同土壤深度土壤含水率未达到饱和状态。因此，在灌水量为 15 L 时，其不同土层湿润峰范围和土壤含水率状况是比较适宜密植型蔬菜生长的。

在灌水 20 L 时，土壤表层、20 cm、40 cm、60 cm 等不同土壤深度湿润峰均迅速扩展，分别达 67 cm、90 cm、90 cm 和 50 cm。从前文 2.2.3.1 节分析来看，在距滴头 10 cm 和 30 cm 范围内各土层土壤含水率均达到饱和状态，而在距滴头 50 cm 范围内不同土壤深度土壤含水率均未达到饱和状态。因此，在灌水量为 20 L 时，存在一定程度的灌水量无效浪费。

2.2.4 小结

(1)在滴灌方式下，随着灌水量的增加，不同土壤深度含水率呈现出不同的变化规律，其中土壤深度 40 cm 处变化幅度最大，其次是 20 cm 深度，60 cm 深度随灌水量的增加波动最小。不同土壤类型下，在灌水量较小时，潮沙田不同土壤深度含水率较黄泥田波动大，随着灌水量的增加，达到 10 L 时，两者波动差异逐渐变小，都趋于稳定。

(2)在喷灌方式下，随着灌水时间的延长，不同土壤深度含水率呈现出相似变化规律，均呈稳定增长趋势，其间的波动较小。不同土壤类型下，随着灌水时间的延长，潮沙田较黄泥田土壤含水率增长较快。

(3)在滴灌方式下，灌水强度为 2.5 L/h 时，黄泥田种植密植型蔬菜适宜灌水时间为 4 h，即单个滴头灌水量为 10 L；潮沙田适宜灌水时间为 6 h，即单头滴头灌水量为 15 L。在喷灌方式下，灌水强度为 66 L/h 时，黄泥田和潮沙田灌水时间均为 4 h，即单个喷头灌水量为 264 L。

2.3 水稻需水规律及时空尺度效应研究

2.3.1 水稻需水规律研究

农田水分消耗的途径主要有叶面蒸腾、棵间蒸发和深层渗漏(或田间渗漏)，其中作物叶面蒸腾量与棵间蒸发量之和称为腾发量(Evapotranspiration),通常又把腾发量称为作物需水量(Water requirement of crops)。需水强度是指单位面积的植物群体在单位时间内的需水量,常用单位为 mm/d 或 $m^3/(d \cdot hm^2)$。作物需水量的大小及其变化规律主要决定于气象条件、作物特性、土壤性质和农业技术措施等,它是农田灌溉系统规划设计和灌区管理所需的基本资料。因此,作物需水量试验是灌溉试验的主要试验研究项目之一。水稻需水量测定一般采用蒸渗器(俗称测坑)与田测法相结合的方法测定。

2.3.1.1　材料与方法

本研究设在江西省灌溉试验中心站灌溉试验研究基地水稻需水量测坑和田间试验小区同时进行。水稻需水量测坑为有底测坑,面积为 4 m^2(2 m×2 m),土壤厚度为 2.2 m;田间试验小区面积为 75 m^2;土壤类型为黄泥田水稻土,0~20 cm 土层土壤有机质质量分数为 17.3 g/kg,全氮质量分数为 1.03 g/kg,pH 为 6.86。试验研究基地概况见 2.2.1 节。

2.3.1.2　试验处理设计

本试验在田间试验小区和有底测坑同步设置浅水灌溉(W0)和间歇灌溉(W1)两种灌溉方式,进行双季早、晚稻需水规律试验研究;具体水层控制标准见表 2-10。除灌溉模式不同外,其他管理与当地保持一致。

表 2-10　间歇灌溉与浅水灌溉水层控制标准

稻别	生育阶段		返青期	分蘖前期	分蘖后期	拔节孕穗期	抽穗开花期	乳熟期	黄熟期
早稻	间歇灌溉	灌前下限/%	100	85	晒田	90	90	85	65
		灌后上限/mm	20	20		20	20	20	落干
		雨后上限/mm	30	40		40	40	30	落干
		间歇脱水天数/d	0	4~6		1~3	1~3	3~5	落干
	浅水灌溉	灌前下限/mm	10	0	晒田	0	0	0	落干
		灌后上限/mm	40	40		50	50	40	落干
		脱水天数/d	0	0		0	0	0	落干
晚稻	间歇灌溉	灌前下限/%	100	85	晒田	90	90	85	65
		灌前后限/mm	20	20		20	20	20	落干
		雨后上限/mm	30	40		40	40	30	落干
		间歇脱水天数/d	0	3~5		1~3	1~3	3~5	落干
	浅水灌溉	灌前下限/mm	10	0	晒田	0	0	0	落干
		灌后上限/mm	40	40		50	50	40	落干
		脱水天数/d	0	0		0	0	0	落干

注:表中灌前下限为土壤含水率占饱和含水率的百分比。

2.3.1.3　测定项目与方法

试验观测项目包括逐日田面水层深度及渗漏水量、水稻各生育阶段的物候资料、逐日气象要素的观测,以及农事活动记载。

(1)灌水量:测坑和田间试验小区均采用量水表计量灌水量,并根据试区面积将其换算成水深。

(2)耗水量和蒸发蒸腾量:在每个田间小区或测坑固定基准位置,每日 8:00 采用电测针进行田间水位观测;田间试验小区水位差即为前一日耗水量,测坑水位差即为前一日蒸发蒸腾量,两者之差即为田间渗漏量。当田面无水层时,采用补水法确定其间耗水量和蒸发蒸腾量。

(3)水稻生理生态指标的测定:插秧后,在田间定点观察水稻分蘖开始发生的时间、分蘖量,分析分蘖消长过程。

(4)水稻发育进程观察:试验过程中,经常性的观察水稻生长发育过程,以确定水稻各生长发育阶段(返青期、分蘖前期、分蘖后期、拔节孕穗期、抽穗开花期、乳熟期、黄熟期)的具体起止日期。

(5)产量及产量结构测定:各田间试验小区和测坑进行单打单收,按面积换算实测产量;并选取代表性植株各 5 株进行考种,考种项目包括穗长、穗粒数、结实率和千粒重等。

2.3.1.4　结果与分析

1. 早晚稻不同灌溉方式需水量与需水强度分析

1)早晚稻各生育期需水量与需水强度分析

江西省灌溉试验中心站自 1978 年以来,一直致力于水稻需水量试验研究。为使结果更具科学性,本研究通过选取 1982—2012 年 31 年早、晚稻灌溉试验资料,进行早、晚稻需水规律研究。

a. 早稻历年各生育期需水量与需水强度分析

据表 2-11 和表 2-12 分析可知,在 1982—2012 年的 31 年间,在间歇灌溉制度下,早稻不同年份各生育期及全生育期需水量存在一定差异;各生育期需水量范围分别为:返青期 8.7~51.8mm,分蘖前期 19.6~74.3mm,分蘖后期 14.9~109.2mm,拔节孕穗期 30.7~128.7mm,抽穗开花期 19.2~61.7mm,乳熟期 24.7~81.7mm,黄熟期 17.5~62.5mm;全生育期需水量范围为 271.8~402.5mm。

表 2-11　早稻间歇灌溉各生育期需水量长系列资料统计结果　　单位:mm

年份	返青期	分蘖前期	分蘖后期	拔节孕穗期	抽穗开花期	乳熟期	黄熟期	全生育期
1982	36.0	27.7	67.0	46.8	47.9	51.1	38.5	315.0
1983	40.6	27.6	27.5	59.9	55.0	56.4	26.9	293.9
1984	51.8	35.2	43.4	88.2	61.7	42.4	25.0	347.7
1985	36.6	34.3	45.6	74.8	43.5	63.1	33.7	331.6
1986	44.9	44.2	55.7	70.9	45.0	45.4	37.5	343.6
1987	46.9	37.1	37.8	74.1	49.7	56.6	24.6	326.8
1988	20.2	32.6	14.9	128.7	54.7	81.7	17.5	350.3
1989	24.8	35.6	33.3	114.7	19.2	44.7	25.3	297.6
1990	34.0	57.2	51.6	48.7	29.7	49.9	28.7	299.8

续表 2-11

年份	返青期	分蘖前期	分蘖后期	拔节孕穗期	抽穗开花期	乳熟期	黄熟期	全生育期
1991	33.9	60.4	71.2	76.7	44.5	61.8	26.7	375.2
1992	32.3	73.6	85.0	43.5	24.7	30.9	36.1	326.1
1993	12.8	49.3	59.4	47.3	38.9	43.2	34.3	285.2
1994	24.8	33.2	54.3	30.7	36.2	67.1	34.3	280.6
1995	30.4	33.6	70.0	31.7	22.0	37.7	46.4	271.8
1996	19.2	30.0	56.9	74.6	36.7	58.1	38.5	314.0
1997	16.3	20.7	101.8	79.3	51.6	59.0	59.9	388.6
1998	22.1	55.9	40.1	75.6	28.9	52.3	57.3	332.2
1999	16.4	53.7	104.5	77.7	39.1	33.7	22.7	347.8
2000	15.1	22.6	109.2	51.8	54.1	57.0	48.4	358.2
2001	11.6	23.4	84.2	57.4	49.6	52.9	55.8	334.9
2002	8.7	35.9	98.8	99.5	45.6	65.7	48.3	402.5
2003	25.7	48.1	73.8	68.6	53.5	68.7	43.6	382.0
2004	31.6	51.6	87.2	56.7	37.4	71.4	61.5	397.4
2005	19.9	57.0	62.2	55.8	43.0	52.8	33.9	324.6
2006	18.0	60.7	53.1	52.0	42.7	79.4	59.5	365.5
2007	27.0	67.0	36.2	55.7	31.8	40.9	41.3	299.9
2008	24.8	72.3	41.2	51.3	37.6	24.7	62.5	314.4
2009	24.8	72.3	41.2	51.3	37.6	24.7	62.5	314.4
2010	15.8	60.1	26.9	55.4	28.3	48.2	40.2	274.9
2011	22.9	74.3	44.6	53.1	35.6	54.2	42.9	327.6
2012	28.0	19.6	57.4	59.7	49.8	35.8	30.6	280.8

表 2-12　早稻间歇灌溉各生育期需水强度长系列资料统计结果　　单位:mm/d

年份	返青期	分蘖前期	分蘖后期	拔节孕穗期	抽穗开花期	乳熟期	黄熟期	全生育期
1982	2.6	3.5	3.9	4.3	4.4	4.6	3.9	3.8
1983	2.3	2.8	3.1	3.5	5.0	4.7	3.4	3.5
1984	3.0	3.9	4.3	5.2	5.6	5.3	3.6	4.4
1985	2.8	3.4	4.1	4.7	4.8	5.3	3.7	4.1
1986	3.0	4.4	5.1	5.1	5.0	4.5	3.1	4.2
1987	2.6	3.4	4.7	4.9	5.5	5.7	3.1	4.1

续表 2-12

年份	返青期	分蘖前期	分蘖后期	拔节孕穗期	抽穗开花期	乳熟期	黄熟期	全生育期
1988	3.7	6.2	6.9	5.3	4.1	4.9	2.5	5.4
1989	3.1	2.5	3.0	5.0	3.2	4.5	2.5	3.6
1990	3.4	2.9	4.3	3.2	5.9	4.5	4.1	3.7
1991	3.4	4.3	5.5	4.3	7.4	6.9	3.0	4.7
1992	4.0	4.1	4.7	4.0	3.1	3.4	2.8	3.8
1993	2.1	2.7	3.7	3.9	4.9	4.8	3.1	3.6
1994	2.8	3.3	3.2	3.4	3.6	6.7	3.1	3.7
1995	3.0	3.4	3.5	3.2	2.4	4.2	5.2	3.5
1996	2.1	3.8	3.8	5.0	3.7	5.8	3.5	4.0
1997	2.3	3.0	4.1	5.3	5.2	4.9	4.0	4.3
1998	2.8	3.7	3.6	4.4	2.6	4.0	5.2	3.9
1999	2.3	4.5	4.5	4.6	3.9	3.4	2.8	4.0
2000	3.0	3.2	5.5	4.0	5.4	5.2	4.8	4.7
2001	2.3	2.3	4.2	4.1	5.0	5.3	3.5	3.9
2002	4.3	4.5	4.3	4.3	7.2	4.2	4.8	4.5
2003	3.7	3.7	4.1	4.9	4.9	6.9	4.8	4.7
2004	3.2	4.0	5.4	4.1	4.7	6.5	5.6	4.8
2005	2.8	3.4	3.9	3.7	6.1	7.5	4.8	4.3
2006	2.3	2.9	4.1	3.7	5.3	8.8	5.4	4.4
2007	3.9	4.8	4.0	4.6	4.5	5.1	3.8	4.4
2008	3.5	4.0	3.7	3.7	4.7	3.1	4.2	3.9
2009	3.5	4.0	3.7	3.7	4.7	3.1	4.2	3.9
2010	2.6	2.7	3.8	3.7	3.5	5.4	4.0	3.6
2011	3.3	4.4	4.1	3.1	4.0	5.4	3.3	3.9
2012	3.5	2.8	3.6	2.7	3.8	5.1	4.4	3.5
最小值	2.1	2.3	3.0	2.7	2.4	3.1	2.5	3.5
最大值	4.3	6.2	6.9	5.3	7.4	8.8	5.6	5.4
最大值/最小值倍数	2.0	2.7	2.3	2.0	3.1	2.8	2.2	1.5

同时,对期间的早稻需水强度进行分析,结果表明,在间歇灌溉制度下,早稻不同年份各生育期及全生育期需水强度同样存在较大差异;各生育期需水强度范围分别为:返青期 2.1~4.3 mm/d,分蘖前期 2.3~6.2 mm/d,分蘖后期 3.0~6.9 mm/d,拔节孕穗期 2.7~5.3 mm/d,抽穗开花期 2.4~7.4 mm/d,乳熟期 3.1~8.8 mm/d,黄熟期 2.5~5.6 mm/d;全生育期需水强度范围为 3.5~5.4 mm/d;其中,早稻各生育期需水强度最大值与最小值的倍数关系分别为返青期 2.0 倍、分蘖前期 2.7 倍、分蘖后期 2.3 倍、拔节孕穗期 2.0 倍、抽穗开花期 3.1 倍、乳熟期 2.8 倍、黄熟期 2.2 倍;全生育期需水强度最大值是最小值的 1.5 倍。

据表 2-13 和表 2-14 分析可知,在 1987—2012 年 26 年间,在浅水灌溉制度下,早稻不同年份各生育期及全生育期需水量存在一定差异;各生育期需水量范围分别为:返青期 8.8~46.9 mm,分蘖前期 21.0~78.8 mm,分蘖后期 14.9~117.0 mm,拔节孕穗期 32.7~133.3 mm,抽穗开花期 19.8~55.6 mm,乳熟期 26.0~84.9 mm,黄熟期 18.6~62.8 mm;全生育期需水量范围为 278.3~411.1 mm。

表 2-13　早稻浅水灌溉各生育期需水量长系列资料统计结果　单位:mm

年份	返青期	分蘖前期	分蘖后期	拔节孕穗期	抽穗开花期	乳熟期	黄熟期	全生育期
1987	46.9	38.1	38.4	79.4	49.2	58.5	24.0	334.5
1988	20.8	36.5	14.9	133.3	54.1	84.9	18.6	363.1
1989	24.1	37.5	35.3	116.5	19.8	46.3	27.7	307.2
1990	34.2	59.9	53.4	52.9	30.7	51.8	29.2	312.1
1991	33.8	62.3	73.5	81.1	43.2	64.9	27.0	385.8
1992	31.8	74.8	89.1	48.4	24.3	35.2	37.6	341.2
1993	13.5	49.8	61.2	48.4	39.0	44.1	34.2	290.2
1994	26.0	34.2	54.9	32.7	37.5	69.7	35.5	290.5
1995	30.5	33.2	72.8	33.0	21.3	41.3	46.2	278.3
1996	17.9	31.7	58.8	76.2	39.5	60.3	38.3	322.7
1997	18.7	21.0	108.0	88.4	51.1	63.4	60.5	411.1
1998	22.3	59.7	40.8	80.6	29.0	56.9	56.2	345.5
1999	16.3	52.9	110.2	78.0	40.0	35.3	23.5	356.2
2000	14.1	23.6	117.0	55.8	52.7	61.4	54.1	378.7
2001	10.6	24.0	87.5	61.7	50.3	63.4	54.6	352.1
2002	8.8	37.0	102.6	101.5	46.8	66.5	47.2	410.4
2003	25.7	49.2	75.5	71.6	55.6	71.5	44.4	393.5
2004	32.6	51.7	92.3	59.4	37.4	74.5	60.5	408.4
2005	20.4	58.0	64.7	58.1	43.4	55.1	33.6	333.4

续表 2-13

年份	返青期	分蘖前期	分蘖后期	拔节孕穗期	抽穗开花期	乳熟期	黄熟期	全生育期
2006	18.3	63.6	54.4	53.7	43.3	81.4	60.9	375.5
2007	26.7	68.4	38.8	57.2	34.5	41.6	46.8	314.0
2008	25.3	75.6	43.4	51.6	39.9	26.0	62.8	324.6
2009	25.3	75.6	43.4	51.6	39.9	26.0	62.8	324.6
2010	15.8	63.1	27.2	58.4	29.0	51.2	40.6	285.3
2011	22.9	78.8	47.0	57.1	37.3	55.8	45.3	344.2
2012	29.1	21.3	58.7	62.2	50.3	38.5	31.3	291.2

表 2-14　早稻浅水灌溉各生育期需水强度长系列资料统计结果　　单位:mm/d

年份	返青期	分蘖前期	分蘖后期	拔节孕穗期	抽穗开花期	乳熟期	黄熟期	全生育期
1987	2.6	3.5	4.8	5.3	5.5	5.9	3.0	4.2
1988	3.5	2.4	3.0	4.3	5.4	5.7	6.2	4.3
1989	2.7	6.2	5.0	3.6	5.5	3.7	5.5	4.5
1990	3.4	3.0	4.5	3.5	6.1	4.7	4.2	3.9
1991	3.4	4.5	5.7	4.5	7.2	7.2	3.0	4.9
1992	4.0	4.2	5.0	4.4	3.0	3.9	2.9	4.0
1993	2.3	2.8	3.8	4.0	4.9	4.9	3.1	3.6
1994	2.9	3.4	3.2	3.6	3.8	7.0	3.2	3.8
1995	3.1	3.3	3.6	3.3	2.4	4.6	5.1	3.6
1996	2.0	4.0	3.9	5.1	4.0	6.0	3.5	4.1
1997	2.7	3.0	4.3	5.9	5.1	5.3	4.0	4.5
1998	2.8	4.0	3.7	4.7	2.6	4.4	5.1	4.0
1999	2.3	4.4	4.8	4.6	4.0	3.5	2.9	4.1
2000	2.8	3.4	5.9	4.3	5.3	5.6	5.4	5.0
2001	2.1	2.4	4.4	4.4	5.0	6.3	3.4	4.1
2002	2.9	3.1	4.1	5.6	5.2	5.5	4.7	4.6
2003	3.7	3.8	4.2	5.1	5.1	7.2	4.9	4.8
2004	3.3	4.0	5.7	4.2	4.7	6.8	5.5	4.9
2005	2.9	3.4	4.0	3.9	6.2	7.9	4.8	4.4
2006	2.3	3.0	4.2	3.8	5.4	9.0	5.5	4.5
2007	3.8	4.9	4.3	4.8	4.9	5.2	4.3	4.6

续表 2-14

年份	返青期	分蘖前期	分蘖后期	拔节孕穗期	抽穗开花期	乳熟期	黄熟期	全生育期
2008	3.6	4.2	3.9	3.7	5.0	3.3	4.2	4.0
2009	3.6	4.2	3.9	3.7	5.0	3.3	4.2	4.0
2010	2.6	2.9	3.9	3.9	3.6	5.7	4.1	3.7
2011	3.3	4.6	4.3	3.4	4.1	5.6	3.5	4.1
2012	3.6	3.0	3.7	2.8	3.9	5.5	4.5	3.6
最小值	2.0	2.4	3.0	2.8	2.4	3.3	2.9	3.6
最大值	4.0	6.2	5.9	5.9	7.2	9.0	6.2	5.0
最大值/最小值倍数	2.0	2.6	2.0	2.1	3.0	2.7	2.1	1.4

同时,对期间的需水强度进行分析,结果表明,在浅水灌溉制度下,早稻不同年份各生育期及全生育期需水强度同样存在较大差异;各生育期需水量范围分别为:返青期 2.0~4.0 mm/d,分蘖前期 2.4~6.2 mm/d,分蘖后期 3.0~5.9 mm/d,拔节孕穗期 2.8~5.9 mm/d,抽穗开花期 2.4~7.2 mm/d,乳熟期 3.3~9.0 mm/d,黄熟期 2.9~6.2 mm/d;全生育期需水强度为 3.6~5.0 mm/d;其中,早稻各生育期需水强度最大值与最小值的倍数关系分别为返青期 2.0 倍、分蘖前期 2.6 倍、分蘖后期 2.0 倍、拔节孕穗期 2.1 倍、抽穗开花期 3.0 倍、乳熟期 2.7 倍、黄熟期 2.1 倍;全生育期需水强度最大值是最小值的 1.4 倍。

综上所述,早稻需水量及需水强度年际之间变化幅度较大。这主要是由于不同年份各生育期历时长短不一,以及每年的同一时期气象条件差异较大,表现出年际之间不同生育期需水量差距较大。同时,不管是间歇灌溉还是浅水灌溉,需水强度的最大值与最小值倍数呈现出先上升、后下降、再上升、再下降的趋势,这表明不同时期气象因素呈现出对需水强度不同程度的影响,在分蘖前期、抽穗开花期和乳熟期影响敏感,其中,抽穗开花期影响最为敏感。

b. 晚稻历年各生育期需水量与需水强度分析

据表 2-15 和表 2-16 分析可知,在 1982—2012 年的 31 年间,在间歇灌溉制度下,晚稻不同年份各生育期及全生育期需水量存在一定差异;各生育期需水量范围分别为:返青期 7.5~57.3 mm,分蘖前期 25.1~120.4 mm,分蘖后期 28.1~132.9 mm,拔节孕穗期 54.1~163.4 mm,抽穗开花期 24.5~94.1 mm,乳熟期 27.9~75.6 mm,黄熟期 7.5~62.5 mm;全生育期需水量范围为 324.0~504.2 mm。

表 2-15　晚稻间歇灌溉各生育期需水量长系列资料统计结果　　单位：mm

年份	返青期	分蘖前期	分蘖后期	拔节孕穗期	抽穗开花期	乳熟期	黄熟期	全生育期
1982	57.3	55.1	101.8	69.1	55.1	67.5	34.8	440.7
1983	54.5	62.1	59.6	109.1	51.4	58.6	53.4	448.7
1984	35.0	71.0	48.7	121.8	60.3	49.6	41.9	428.3
1985	51.1	52.3	76.5	90.9	52.4	67.1	52.4	442.7
1986	51.6	60.2	90.0	86.8	59.2	68.0	45.2	461.0
1987	53.9	51.3	77.1	74.4	48.4	51.8	13.3	370.2
1988	43.9	92.6	34.4	163.4	40.6	73.9	7.5	456.3
1989	21.2	87.0	54.5	83.3	33.2	37.3	55.0	371.5
1990	48.6	61.1	54.5	91.8	41.6	52.8	55.6	406.0
1991	42.6	53.8	63.2	159.3	61.3	51.7	32.3	464.2
1992	33.1	105.4	96.6	102.3	94.1	27.9	16.3	475.7
1993	15.9	75.2	77.3	83.6	75.2	43.3	31.3	401.8
1994	46.4	39.5	65.5	60.4	36.3	35.9	40.0	324.0
1995	39.8	87.9	76.3	74.5	48.6	60.4	37.5	425.0
1996	31.6	35.9	88.9	85.5	48.1	49.4	57.2	396.6
1997	14.6	25.1	122.5	85.9	58.5	43.5	51.1	401.2
1998	7.5	80.9	73.9	103.5	58.5	75.6	59.1	459.0
1999	27.1	58.9	68.7	106.0	66.6	63.9	49.9	441.1
2000	32.6	43.9	132.9	108.3	41.9	47.0	43.2	449.8
2001	38.9	62.1	80.2	96.0	68.0	61.2	31.9	438.3
2002	25.5	53.7	107.5	77.7	64.6	50.9	48.1	428.0
2003	55.1	82.8	63.4	110.6	66.0	63.8	62.5	504.2
2004	55.1	89.1	60.1	69.7	54.9	63.2	40.0	432.1
2005	21.0	107.2	82.0	117.6	49.4	56.1	38.7	472.0
2006	21.8	74.9	57.9	154.9	37.9	64.4	54.2	466.1
2007	27.6	103.5	98.6	118.0	42.1	41.7	31.3	462.8
2008	33.6	101.2	41.9	54.1	48.5	62.2	39.2	380.7
2009	13.9	92.7	44.8	74.5	24.5	39.9	51.5	341.8
2010	36.4	120.4	28.1	109.9	16.4	32.4	37.6	381.2
2011	52.5	85.5	57.6	131.8	33.0	50.7	30.0	441.0
2012	38.2	72.7	74.8	109.0	34.7	61.7	32.5	423.5

表 2-16　晚稻间歇灌溉各生育期需水强度长系列资料统计结果　单位:mm/d

年份	返青期	分蘖前期	分蘖后期	拔节孕穗期	抽穗开花期	乳熟期	黄熟期	全生育期
1982	5.7	5.5	5.7	5.8	5.0	4.8	2.5	5.0
1983	5.0	5.6	6.0	6.1	5.7	4.9	2.5	4.9
1984	5.0	5.1	4.9	5.3	5.0	3.3	2.3	4.3
1985	5.1	5.2	5.9	5.7	5.2	4.2	2.2	4.5
1986	5.2	5.5	5.6	5.1	5.4	4.3	2.3	4.6
1987	4.5	4.3	4.8	3.9	4.4	3.2	1.7	3.9
1988	5.5	6.6	4.3	4.8	5.8	3.7	2.5	4.9
1989	3.0	5.8	5.5	4.9	4.7	2.5	2.9	4.1
1990	4.9	5.1	6.1	5.7	5.2	5.3	2.1	4.4
1991	7.1	5.4	6.3	5.1	5.6	3.7	2.5	4.9
1992	6.6	5.5	5.4	6.0	5.2	3.5	2.7	5.2
1993	3.2	4.0	4.5	4.6	5.0	4.8	2.8	4.3
1994	4.6	4.4	4.7	4.3	3.6	3.6	1.8	3.6
1995	6.6	5.5	5.5	5.7	4.9	4.3	2.0	4.6
1996	4.0	5.1	5.2	4.8	5.3	4.9	3.0	4.5
1997	2.9	3.6	5.6	5.4	4.5	2.9	3.4	4.3
1998	2.5	5.1	6.2	6.1	5.9	5.8	3.3	5.2
1999	4.5	4.5	3.8	5.9	6.7	5.3	2.6	4.6
2000	2.5	3.2	3.9	2.4	4.9	3.8	3.2	4.3
2001	5.6	5.6	4.5	5.6	6.2	5.1	1.9	4.7
2002	3.6	6.0	5.4	6.0	5.9	4.2	2.4	4.7
2003	6.1	7.5	5.3	7.9	6.6	5.3	3.1	5.7
2004	5.5	6.0	5.5	4.6	5.5	4.9	3.1	5.0
2005	4.2	6.3	6.8	5.1	6.2	5.6	3.9	5.6
2006	3.6	5.0	5.8	5.3	5.4	4.3	3.0	4.7
2007	3.9	5.8	6.6	4.7	5.3	5.2	2.0	4.8
2008	5.6	5.3	5.2	3.2	6.1	5.2	2.8	4.5
2009	1.7	4.4	4.1	4.4	3.1	4.4	3.2	3.8

续表 2-16

年份	返青期	分蘖前期	分蘖后期	拔节孕穗期	抽穗开花期	乳熟期	黄熟期	全生育期
2010	4.6	5.7	3.5	5.0	2.1	2.7	2.0	3.9
2011	5.3	5.7	4.8	5.1	3.0	2.8	1.8	4.0
2012	5.5	6.1	5.3	4.7	3.5	4.1	2.0	4.4
最小值	1.7	3.2	3.5	2.4	2.1	2.5	1.7	3.6
最大值	7.1	7.5	6.8	7.9	6.7	5.8	3.9	5.7
最大值/最小值倍数	4.2	2.3	1.9	3.3	3.2	2.3	2.3	1.6

同时,对期间的需水强度进行分析,结果表明,在间歇灌溉制度下,晚稻不同年份各生育期及全生育期需水强度同样存在较大差异;各生育期需水量范围分别为:返青期 1.7~7.1 mm/d,分蘖前期 3.2~7.5 mm/d,分蘖后期 3.5~6.8 mm/d,拔节孕穗期 2.4~7.9 mm/d,抽穗开花期 2.1~6.7 mm/d,乳熟期 2.5~5.8 mm/d,黄熟期 1.7~3.9 mm/d;全生育期需水强度范围为 3.6~5.7 mm/d;其中,晚稻各生育期需水强度最大值与最小值的倍数关系分别为返青期 4.2 倍,分蘖前期 2.3 倍,分蘖后期 1.9 倍,拔节孕穗期 3.3 倍,抽穗开花期 3.2 倍,乳熟期 2.3 倍,黄熟期 2.3 倍;全生育期需水强度最大值是最小值的 1.6 倍。

据表 2-17 和表 2-18 分析可知,在 1987—2012 年的 26 年间,在浅水灌溉制度下,晚稻不同年份各生育期及全生育期需水量存在一定差异;各生育期需水量范围分别为:返青期 7.8~55.8 mm,分蘖前期 25.1~124.4 mm,分蘖后期 29.1~140.9 mm,拔节孕穗期 55.1~167.8 mm,抽穗开花期 17.4~93.8 mm,乳熟期 29.2~78.6 mm,黄熟期 8.2~63.8 mm;全生育期需水量范围为 338.2~519.1 mm。

表 2-17 晚稻浅水灌溉各生育期需水量长系列资料统计结果 单位:mm

年份	返青期	分蘖前期	分蘖后期	拔节孕穗期	抽穗开花期	乳熟期	黄熟期	全生育期
1987	54.4	51.6	83.6	79.1	46.8	54.9	14.8	385.2
1988	44.0	95.7	35.7	167.8	40.6	75.3	8.2	467.3
1989	22.6	88.5	55.6	86.5	34.7	44.6	56.9	389.4
1990	49.6	63.7	54.5	97.5	41.1	56.0	55.8	418.2
1991	42.5	54.7	65.1	164.3	60.7	54.3	33.7	475.3
1992	33.2	110.6	101.0	108.1	93.8	29.2	17.3	493.2
1993	16.8	75.9	77.7	86.4	74.4	44.2	33.7	409.1
1994	45.1	40.6	68.7	64.5	37.4	36.9	45.0	338.2
1995	40.3	89.3	77.9	78.5	50.6	62.1	37.8	436.5

续表 2-17

年份	返青期	分蘖前期	分蘖后期	拔节孕穗期	抽穗开花期	乳熟期	黄熟期	全生育期
1996	33.9	34.9	91.1	88.7	48.4	53.1	59.5	409.6
1997	15.0	25.1	130.9	91.2	61.4	47.8	52.5	423.9
1998	7.8	81.3	75.3	108.3	59.1	78.6	58.8	469.2
1999	27.1	59.5	71.3	109.6	67.6	65.9	51.4	452.4
2000	32.6	50.0	140.9	122.0	43.0	54.7	38.9	482.1
2001	40.3	63.8	85.7	101.6	67.4	66.1	31.9	456.8
2002	27.5	53.4	111.9	81.7	63.3	51.0	50.6	439.4
2003	55.8	83.8	65.8	114.9	67.5	67.5	63.8	519.1
2004	55.2	91.9	61.7	72.5	55.9	65.7	40.0	442.9
2005	21.3	109.3	84.1	122.9	51.3	58.5	39.9	487.3
2006	20.9	76.4	59.7	158.6	38.3	66.1	55.2	475.1
2007	27.9	106.8	96.2	120.6	45.3	46.9	33.8	477.5
2008	33.3	103.6	44.1	55.1	49.7	64.7	42.1	392.6
2009	14.5	96.9	47.5	75.9	25.5	41.7	52.6	354.6
2010	36.7	124.4	29.1	111.5	17.4	33.1	36.9	389.1
2011	52.5	90.3	58.6	137.8	35.2	57.8	31.4	463.7
2012	37.8	74.0	78.7	114.0	38.6	63.2	32.1	438.4

表 2-18　晚稻浅水灌溉各生育期需水强度长系列资料统计结果　单位:mm/d

年份	返青期	分蘖前期	分蘖后期	拔节孕穗期	抽穗开花期	乳熟期	黄熟期	全生育期
1987	4.5	4.3	5.2	4.2	4.3	3.4	1.9	4.1
1988	5.5	6.8	4.5	4.9	5.8	3.8	2.7	5.0
1989	3.2	5.9	5.6	5.1	5.0	2.3	2.3	4.3
1990	5.0	5.3	6.1	6.1	5.1	5.6	2.1	4.5
1991	7.1	5.5	6.5	5.3	5.5	3.9	2.6	5.0
1992	6.6	5.8	5.6	6.4	5.2	3.7	2.9	5.4
1993	3.4	4.0	4.6	4.8	5.0	4.9	3.1	4.4
1994	4.5	4.5	4.9	4.6	3.7	3.7	2.0	3.8
1995	6.7	5.6	5.6	6.0	5.1	4.4	2.0	4.7
1996	4.2	5.0	5.4	4.9	5.4	5.3	3.1	4.7
1997	3.0	3.6	6.0	5.7	4.7	3.2	3.5	4.6

续表 2-18

年份	返青期	分蘖前期	分蘖后期	拔节孕穗期	抽穗开花期	乳熟期	黄熟期	全生育期
1998	2.6	5.1	6.3	6.4	5.9	6.0	3.3	5.3
1999	4.5	4.6	4.0	6.1	6.8	5.5	2.7	4.7
2000	2.4	3.4	4.2	2.5	4.8	4.1	3.6	4.6
2001	5.8	5.8	4.8	6.0	6.1	5.5	1.9	4.9
2002	3.9	5.9	5.6	6.3	5.8	4.3	2.5	4.8
2003	6.2	7.6	5.5	8.2	6.8	5.6	3.2	5.9
2004	5.5	6.1	5.6	4.8	5.6	5.1	3.1	5.2
2005	4.3	6.4	7.0	5.3	6.4	5.8	4.0	5.7
2006	3.5	5.1	6.0	5.5	5.5	4.4	3.1	4.8
2007	4.0	5.9	6.4	4.8	5.7	5.9	2.1	4.9
2008	5.6	5.5	5.5	3.2	6.2	5.4	3.0	4.7
2009	1.8	4.6	4.3	4.5	3.2	4.6	3.3	3.9
2010	4.6	5.9	3.6	5.1	2.2	2.8	1.9	4.0
2011	5.2	6.0	4.9	5.3	3.2	3.2	1.8	4.3
2012	5.4	6.2	5.6	5.0	3.9	4.2	2.0	4.5
最小值	1.8	3.4	3.6	2.5	2.2	2.3	1.8	3.8
最大值	7.1	7.6	7.0	8.2	6.8	6.0	4.0	5.9
最大值/最小值倍数	3.9	2.2	1.9	3.3	3.1	2.6	2.2	1.6

同时,对期间的需水强度进行分析,结果表明,在浅水灌溉制度下,晚稻不同年份各生育期及全生育期需水强度同样存在较大差异;各生育期需水强度范围分别为:返青期1.8~7.1 mm/d,分蘖前期3.4~7.6 mm/d,分蘖后期3.6~7.0 mm/d,拔节孕穗期2.5~8.2 mm/d,抽穗开花期2.2~6.8 mm/d,乳熟期2.3~6.0 mm/d,黄熟期1.8~4.0 mm/d;全生育期需水强度范围为3.8~5.9 mm/d;其中,晚稻各生育期需水强度最大值与最小值的倍数关系分别为返青期3.9倍,分蘖前期2.2倍,分蘖后期1.9倍,拔节孕穗期3.3倍,抽穗开花期3.1倍,乳熟期2.6倍,黄熟期2.2倍;全生育期需水强度最大值是最小值的1.6倍。

综上所述,晚稻需水量及需水强度年际之间变化幅度仍较大。这主要是由于不同年份各生育期历时长短不一,以及每年的同一时期气象条件差异较大,表现出年际之间不同生育期需水量差距较大。同时,不管是间歇灌溉还是浅水灌溉,需水强度的最大值与最小值倍数呈现出先下降、后上升、再下降的趋势,这表明不同时期气象因素呈现出对需水强度不同程度的影响,在返青期、拔节孕穗期和抽穗开花期影响敏感,其中,拔节孕穗期影响最敏感,这与早稻规律不一致。

c. 早、晚稻不同频率年各生育期需水量与需水强度分析

我国《水利水电工程设计洪水计算规范》(SL 44—2006)规定,采用皮尔逊Ⅲ(P－Ⅲ)型曲线和图解适线法作为推求指定频率的设计洪水数据。因此,在选定线型和适线准则的前提下,适线法的计算精度主要取决于经验频率(也称绘点位置)公式,即如何估计每一项洪水的经验频率, 尤其是特大洪水的经验频率。然而,经验频率公式在我国并未能引起水文界应有的重视, 从 21 世纪 50 年代开始, 沿用数学期望公式至今。自 Hazen (1914 年)首次提出经验频率公式以来,统计学者和水文工作者已导出几十种经验频率公式,其中大部分可用下列通式表达:

$$P_m = \frac{m - a}{n + 1 - 2a} \tag{2-4}$$

式中　P_m——大于或等于 X_m 的经验频率;

m——样本由大到小排位的项数;

n——样本容量;

a——常数。

在水文分析计算中,要求计算在给定某个频率(或重现期)条件下的设计值;而不是已知某一设计值,反推其出现的频率(或重现期)。因此,采用经验频率公式要比数学期望公式合理, 即无偏公式要比数学期望公式合理。因此,本研究在作物需水规律、灌溉定额等排频方面,均选定水文频率分析中的经验频率适线法公式,利用 matlab 软件进行编程,进行不同频率年的作物需水量、灌溉定额等的计算。

据表 2-19 分析可知,在间歇灌溉制度下,早稻各生育期需水量在分蘖后期和拔节孕穗期最大,随后呈现出先下降、后上升、再下降的趋势;不同频率年下,变化趋势总体一致。晚稻各生育期需水量在拔节孕穗期达到最大,随后呈现出先下降、后上升、再下降的趋势;不同频率年下,变化趋势总体一致。究其原因,主要是受各生育期生理特征、生育期时间长短和各气象因素综合影响,各因素此消彼长,从而使各生育期需水量呈现出波浪曲线。

表 2-19　早、晚稻间歇灌溉各生育期需水量排频结果(1982—2012 年)　单位:mm

项目	频率/%	50	75	80	90	各生育期平均
早稻需水量	返青期	24.8	33.9	36.0	44.9	26.4
	分蘖前期	44.2	60.1	60.7	72.3	45.4
	分蘖后期	55.7	73.8	85.0	101.8	59.2
	拔节孕穗期	57.4	75.6	77.7	99.5	64.9
	抽穗开花期	42.7	49.7	51.6	54.7	41.2
	乳熟期	52.8	61.8	65.7	71.4	52.0
	黄熟期	38.5	48.4	57.3	61.5	40.2

续表 2-19

项目	频率/%	50	75	80	90	各生育期平均
晚稻需水量	返青期	36.4	51.1	52.5	55.1	37.0
	分蘖前期	72.7	89.1	101.2	105.4	72.7
	分蘖后期	73.9	88.9	96.6	107.5	72.8
	拔节孕穗期	96.0	110.6	118.0	154.9	98.8
	抽穗开花期	49.4	60.3	64.6	68.0	51.5
	乳熟期	56.1	63.8	64.4	68.0	54.7
	黄熟期	40.0	52.4	54.2	57.2	40.7

据表 2-20 分析可知，早、晚稻在浅水灌溉制度下，不同频率年下各生育期需水量呈现出与间歇灌溉制度相同的规律。同时，不同频率年之间，变化趋势总体一致。

表 2-20　早、晚稻浅水灌溉各生育期需水量排频结果(1987—2012 年)　单位:mm

项目	频率/%	50	75	80	90	各生育期平均
早稻需水量	返青期	24.1	29.1	31.8	33.8	19.8
	分蘖前期	51.7	63.1	68.4	75.6	41.3
	分蘖后期	58.8	87.5	92.3	108.0	53.7
	拔节孕穗期	59.4	79.4	81.1	101.5	56.4
	抽穗开花期	39.9	49.2	50.3	52.7	33.5
	乳熟期	56.9	64.9	69.7	74.5	46.0
	黄熟期	44.4	54.6	60.5	60.9	35.6
晚稻需水量	返青期	33.9	44.0	49.6	54.4	29.3
	分蘖前期	81.3	95.7	103.6	109.3	64.6
	分蘖后期	75.3	85.7	96.2	111.9	62.9
	拔节孕穗期	108.1	120.6	122.9	158.6	87.1
	抽穗开花期	49.7	61.4	67.4	67.6	43.2
	乳熟期	57.8	65.7	66.1	67.5	47.2
	黄熟期	40.0	52.5	55.8	58.8	34.3

据表 2-21 数据显示，早稻间歇灌溉不同频率年各生育期需水强度从返青期至乳熟期总体呈上升趋势，在分蘖后期至拔节孕穗期有一个微小起伏；自乳熟期后呈直线下降。早稻生长期间气温呈逐渐上升的一个过程；早稻需水强度随气温的逐步升高和植株体的日益增长而增大，从而使需水强度呈现以上趋势；而在乳熟期后，由于这时田面需要落干，呈无水层状态，并且土壤含水率逐步降低，从而使得需水强度日渐减小。

表 2-21　早、晚稻间歇灌溉各生育期需水强度排频结果(1982—2012 年)　单位:mm/d

项目	频率/%	50	75	80	90	各生育期平均
早稻需水强度	返青期	3.0	3.5	3.5	3.9	3.0
	分蘖前期	3.5	4.1	4.4	4.5	3.6
	分蘖后期	4.1	4.5	4.7	5.5	4.2
	拔节孕穗期	4.1	4.9	5.0	5.2	4.2
	抽穗开花期	4.7	5.3	5.5	6.1	4.6
	乳熟期	5.1	5.7	6.5	6.9	5.2
	黄熟期	3.8	4.8	4.8	5.2	3.9
晚稻需水强度	返青期	5.0	5.6	5.6	6.6	4.8
	分蘖前期	5.5	5.8	6.0	6.3	5.3
	分蘖后期	5.4	5.8	6.0	6.3	5.3
	拔节孕穗期	5.1	5.7	5.9	6.1	5.1
	抽穗开花期	5.3	5.9	6.1	6.2	5.2
	乳熟期	4.3	5.2	5.2	5.3	4.3
	黄熟期	2.5	3.0	3.1	3.3	2.6

表 2-21 数据显示,晚稻间歇灌溉不同频率年各生育期需水强度总体呈下降趋势,这主要是因为晚稻生长期间气温呈逐渐下降的一个过程,受气温逐渐下降因素的影响,需水强度逐渐降低。由于晚稻返青期和分蘖前期处于 7 月下旬至 8 月中旬,气温基本处于一年之中的最高时期,虽然此时植株体弱小,但是由于气温较高,叶面积指数小,田面覆盖度低,田面呈现较高的棵间蒸发量,使需水强度呈现较高水平。随着叶面积指数的逐渐增加,虽然在一定程度上增加了叶面蒸腾作用,但是随着气温的逐渐降低及田面覆盖度的增加,棵间蒸发会随之减小,从而使得需水强度总体变小,并表现出越来越明显的趋势。进入抽穗开花期之后,由于叶面积指数达到最大,之后逐渐变小,同时,气温也随之继续下降,从而使得需水强度急剧下降,在后期黄熟期田面落干时表现更甚。

表 2-22 数据显示,早、晚稻浅水灌溉不同频率年各生育期需水强度与间歇灌溉变化趋势一致。但是,在不同频率年各生育期浅水灌溉需水强度较间歇灌溉总体上有所增加,除返青期有个别数据呈负增长外,其余均为正增长,增长幅度在 10.5%左右,这表明间歇灌溉较浅水灌溉具有一定的节水潜力。

表 2-22　早、晚稻浅水灌溉各生育期需水强度排频结果(1987—2012 年)　单位:mm/d

项目	频率/%	50	75	80	90	各生育期平均
早稻需水强度	返青期	2.9	3.5	3.6	3.7	3.0
	分蘖前期	3.5	4.2	4.4	4.6	3.7
	分蘖后期	4.2	4.8	5.0	5.7	4.3
	拔节孕穗期	4.3	4.7	5.1	5.3	4.2
	抽穗开花期	5.0	5.4	5.5	6.1	4.7
	乳熟期	5.6	6.3	7.0	7.2	5.5
	黄熟期	4.2	5.1	5.4	5.5	4.3
晚稻需水强度	返青期	4.6	5.6	5.6	6.6	4.7
	分蘖前期	5.5	5.8	6.0	6.3	5.4
	分蘖后期	5.3	5.6	6.1	6.3	5.4
	拔节孕穗期	5.1	5.7	5.9	6.0	5.2
	抽穗开花期	5.3	5.9	6.1	6.2	5.2
	乳熟期	4.3	5.2	5.3	5.3	4.5
	黄熟期	2.7	3.0	3.1	3.3	2.7

2)早、晚稻各月需水量与需水强度分析

a. 早稻历年各月需水量与需水强度分析

据表 2-23 和表 2-24 分析可知,在 1982—2012 年的 31 年间,在间歇灌溉制度下,早稻不同年份各月存在一定差异;各月需水量范围分别为:4 月 2.0~37.1 mm,5 月 74.4~147.1 mm,6 月 88.4~172.0 mm,7 月 16.0~120.9 mm。同时,对期间的需水强度进行分析,结果表明,在间歇灌溉制度下,早稻不同年份各月需水强度同样存在较大差异;各月需水强度范围分别为:4 月 2.0~4.7 mm/d,5 月 2.6~4.7 mm/d,6 月 2.9~5.7 mm/d,7 月 2.7~6.7 mm/d;其中,早稻各月需水强度最大值与最小值的倍数关系分别为 4 月 2.4 倍,5 月 1.8 倍,6 月 2.0 倍,7 月 2.5 倍。

表 2-23　早稻间歇灌溉各月需水量长系列资料统计结果　单位:mm

年份	4 月	5 月	6 月	7 月	全生育期
1982	10.3	104.8	128.7	71.2	315.0
1983	9.2	80.3	121.1	83.3	293.9
1984	9.0	112.8	158.5	67.4	347.7
1985	8.4	108.1	144.3	70.8	331.6
1986	6.0	123.5	149.2	64.9	343.6
1987		88.7	151.4	86.7	326.8

续表 2-23

年份	4 月	5 月	6 月	7 月	全生育期
1988	8.6	88.1	133.5	120.1	350.3
1989	3.1	87.6	136.9	70.0	297.6
1990	3.0	92.9	120.3	83.6	299.8
1991		132.7	154.0	88.5	375.2
1992	4.0	130.3	121.8	70.0	326.1
1993		74.4	129.3	81.4	285.1
1994		91.1	130.1	59.6	280.8
1995		99.2	88.4	84.2	271.8
1996		91.8	127.8	94.3	313.9
1997	10.7	101.2	172.0	104.6	388.5
1998	37.1	115.9	102.8	76.4	332.2
1999	2.0	122.3	139.1	84.5	347.9
2000	15.1	144.7	150.0	48.4	358.2
2001	20.4	106.9	146.5	61.2	335.0
2002	17.9	103.1	165.4	116.1	402.5
2003	25.9	121.9	152.8	81.6	382.2
2004	13.6	147.1	140.4	96.2	397.3
2005	10.4	99.6	152.5	62.2	324.6
2006	11.2	107.0	126.3	120.9	365.5
2007	4.7	137.4	141.7	16.0	299.8
2008	15.2	123.0	113.5	62.5	314.2
2009	24.0	108.3	120.2	53.9	306.3
2010		76.0	110.6	88.5	275.1
2011	15.3	130.4	103.8	77.9	327.4
2012	31.0	100.3	101.0	48.6	280.8

表 2-24　早稻间歇灌溉各月需水强度长系列资料统计结果　　单位:mm/d

年份	4 月	5 月	6 月	7 月
1982	2.6	3.4	4.3	4.2
1983	2.3	2.6	4.0	4.2

续表 2-24

年份	4 月	5 月	6 月	7 月
1984	3.0	3.6	5.3	3.4
1985	2.8	3.5	4.8	4.4
1986	3.0	4.0	5.0	3.6
1987		3.0	5.0	4.6
1988	4.3	2.8	4.5	5.5
1989	3.1	2.8	4.6	3.5
1990	3.0	3.0	4.0	4.6
1991		4.3	5.1	4.9
1992	4.0	4.2	4.1	3.0
1993		2.7	4.3	3.7
1994		2.9	4.3	4.0
1995		3.4	2.9	4.7
1996		3.3	4.3	4.7
1997	2.1	3.3	5.7	4.2
1998	3.4	3.7	3.4	5.5
1999	2.0	3.9	4.6	3.4
2000	3.0	4.7	5.0	4.8
2001	2.9	3.4	4.9	3.6
2002	2.2	3.3	5.5	5.0
2003	3.7	3.9	5.1	5.8
2004	2.3	4.7	4.7	6.0
2005	2.6	3.2	5.1	5.7
2006	2.2	3.5	4.2	6.7
2007	4.7	4.4	4.7	2.7
2008	3.0	4.0	3.8	4.2
2009	3.4	3.5	4.0	3.6
2010		2.7	3.7	4.7
2011	3.8	4.2	3.5	4.1
2012	3.4	3.2	3.4	4.9
最小值	2.0	2.6	2.9	2.7
最大值	4.7	4.7	5.7	6.7
最大值/最小值倍数	2.4	1.8	2.0	2.5

据表 2-25 和表 2-26 分析可知，在 1987—2012 年 26 年间，在浅水灌溉制度下，早稻不同年份各月存在一定差异；各月需水量范围分别为：4 月 2.0~36.9 mm，5 月 74.6~152.3 mm，6 月 90.2~182.6 mm，7 月 17.1~124.4 mm。同时，对期间的需水强度进行分析，结果表明，在浅水灌溉制度下，早稻不同年份各月需水强度同样存在较大差异；各月需水强度范围分别为：4 月 2.0~4.5 mm/d，5 月 2.7~4.9 mm/d，6 月 3.0~6.1 mm/d，7 月 2.9~6.9 mm/d；其中，早稻各月需水强度最大值与最小值的倍数关系分别为 4 月 2.3 倍，5 月 1.8 倍，6 月 2.0 倍，7 月 2.4 倍。

表 2-25　早稻浅水灌溉各月需水量长系列资料统计结果　单位：mm

年份	4 月	5 月	6 月	7 月	全期
1987		89.8	156.8	87.9	334.5
1988	8.9	93.4	136.7	124.1	363.1
1989	3.0	90.7	139.5	74.0	307.2
1990	3.0	94.6	128.4	86.1	312.1
1991		135.7	158.2	91.9	385.8
1992	4.0	132.2	129.1	75.9	341.2
1993		74.6	133.7	81.9	290.2
1994		93.3	134.6	62.6	290.5
1995		100.6	90.2	87.5	278.3
1996		94.1	130.9	97.6	322.6
1997	12.1	107.8	182.6	108.5	411.0
1998	36.9	122.8	108.8	77.0	345.5
1999	2.0	124.9	141.3	88.4	356.6
2000	14.1	151.0	154.5	50.1	369.7
2001	19.1	110.9	157.6	64.2	351.8
2002	18.7	107.3	168.7	115.7	410.4
2003	25.7	124.7	159.2	83.9	393.5
2004	12.9	152.3	145.2	98.0	408.4
2005	10.9	102.6	157.3	63.3	334.1
2006	11.1	110.7	129.3	124.4	375.5
2007	4.0	143.4	149.4	17.1	313.9
2008	15.7	128.6	117.5	62.8	324.6
2009	23.6	112.9	123.2	57.2	316.9
2010		79.0	114.6	91.8	285.4
2011	15.7	137.0	110.5	80.9	344.1
2012	31.3	105.0	105.1	49.9	291.2

表 2-26　早稻浅水灌溉各月需水强度长系列资料统计结果　　单位:mm/d

年份	4月	5月	6月	7月
1987		3.0	5.2	4.6
1988	4.5	3.0	4.6	5.6
1989	3.0	2.9	4.7	3.7
1990	3.0	3.1	4.3	4.8
1991		4.4	5.3	5.1
1992	4.0	4.3	4.3	3.3
1993		2.7	4.5	3.7
1994		3.0	4.5	4.2
1995		3.5	3.0	4.9
1996		3.4	4.4	4.9
1997	2.4	3.5	6.1	4.3
1998	3.4	4.0	3.6	5.5
1999	2.0	4.0	4.7	3.5
2000	2.8	4.9	5.2	5.0
2001	2.7	3.6	5.3	3.8
2002	2.3	3.5	5.6	5.0
2003	3.7	4.0	5.3	6.0
2004	2.2	4.9	4.8	6.1
2005	2.7	3.3	5.2	5.8
2006	2.2	3.6	4.3	6.9
2007	4.0	4.6	5.0	2.9
2008	3.1	4.1	3.9	4.2
2009	3.4	3.6	4.1	3.8
2010		2.8	3.8	4.8
2011	3.9	4.4	3.7	4.3
2012	3.5	3.4	3.5	5.0
最小值	2.0	2.7	3.0	2.9
最大值	4.5	4.9	6.1	6.9
最大值/最小值倍数	2.3	1.8	2.0	2.4

综上所述,早稻各月需水量及需水强度表现出较大差异。同时,不管是间歇灌溉还是浅水灌溉,需水强度最大值与最小值倍数呈现先下降、再上升的趋势,在 5 月、6 月数据差距逐渐变小,这表明不同月份气象因素呈现对需水强度不同程度的影响,在 4 月和 7 月影响最大。

b. 晚稻历年各月需水量与需水强度分析

据表 2-27 和表 2-28 分析可知,在 1982—2012 年的 31 年间,在间歇灌溉制度下,晚稻不同年份各月存在一定差异;各月需水量范围分别为:7 月 3.8~104.4 mm,8 月 131.5~213.7 mm,9 月 112.4~183.9 mm,10 月 33.2~129.8 mm。同时,对期间的需水强度进行分析,结果表明,在间歇灌溉制度下,晚稻不同年份各月需水强度同样存在较大差异;各月需水强度范围分别为:7 月 1.7~6.6 mm/d,8 月 4.2~6.9 mm/d,9 月 3.7~6.1 mm/d,10 月 2.0~4.2 mm/d;其中,晚稻各月需水强度最大值与最小值的倍数关系分别为 7 月 3.9 倍,8 月 1.6 倍,9 月 1.6 倍,10 月 2.1 倍。

表 2-27　晚稻间歇灌溉各月需水量长系列资料统计结果　单位:mm

年份	7 月	8 月	9 月	10 月	11 月	全生育期
1982	57.3	174.3	155.1	54.0		440.7
1983	20.0	180.6	170.2	77.9		448.7
1984	20.0	155.9	155.9	96.5		428.3
1985	40.9	172.9	151.4	77.5		442.7
1986	30.8	171.0	154.6	104.6		461.0
1987	8.9	139.7	125.7	95.9		370.2
1988	10.9	174.4	144.2	126.8		456.3
1989	19.2	168.0	119.4	64.9		371.5
1990	34.1	170.3	156.0	45.6		406.0
1991	42.6	178.7	158.9	84.0		464.2
1992	26.4	171.2	171.2	106.9		475.7
1993	3.8	131.5	136.8	129.8		401.9
1994	27.7	144.0	112.4	45.0		329.1
1995	39.8	174.3	148.3	62.3		424.7
1996	19.9	154.6	145.6	76.7		396.8
1997	4.8	157.4	144.5	94.7		401.4
1998	48.0	202.1	164.0	44.9		459.0
1999	17.7	137.0	180.4	106.0		441.1
2000	76.5	147.1	136.0	90.2		449.8
2001	57.7	149.1	183.9	47.7		438.4

续表 2-27

年份	7月	8月	9月	10月	11月	全生育期
2002	18.8	173.3	163.0	72.8		427.9
2003	76.0	213.7	179.5	35.0		504.2
2004	55.1	177.8	144.2	55.0		432.1
2005	74.6	194.7	164.1	38.7		472.0
2006	39.4	167.5	157.1	102.1		466.1
2007	104.4	177.1	138.2	43.0		462.7
2008	63.1	144.4	139.8	33.2		380.5
2009	13.9	137.4	121.3	69.2		341.8
2010	26.4	158.5	126.3	70.0		381.2
2011	15.4	162.1	151.6	87.3	24.7	441.0
2012	69.7	167.8	120.8	65.1		423.5

表 2-28 晚稻间歇灌溉各月需水强度长系列资料统计结果 单位:mm/d

年份	7月	8月	9月	10月
1982	5.7	5.6	5.2	3.0
1983	4.0	5.8	5.7	3.0
1984	5.0	5.0	5.2	3.1
1985	5.1	5.6	5.0	2.6
1986	5.1	5.5	5.2	3.4
1987	4.5	4.5	4.2	3.1
1988	5.5	5.6	4.8	4.1
1989	3.2	5.4	4.0	2.8
1990	4.9	5.5	5.2	3.0
1991	6.1	5.8	5.3	3.1
1992	6.6	5.5	5.7	4.1
1993	1.9	4.2	4.6	4.2
1994	4.6	4.6	3.7	2.0
1995	5.7	5.6	4.9	2.6
1996	5.0	5.0	4.9	3.3
1997	2.4	5.1	4.8	3.2
1998	3.4	6.5	5.5	3.2

续表 2-28

年份	7月	8月	9月	10月
1999	3.5	4.4	6.0	3.4
2000	5.9	4.7	4.5	3.0
2001	5.8	4.8	6.1	2.2
2002	3.1	5.6	5.4	2.9
2003	6.3	6.9	6.0	2.3
2004	5.5	5.7	4.8	3.4
2005	5.3	6.3	5.5	3.9
2006	4.4	5.4	5.2	3.4
2007	5.2	5.7	4.6	2.7
2008	5.7	4.7	4.7	2.8
2009	1.7	4.4	4.0	3.5
2010	4.4	5.1	4.2	2.3
2011	5.1	5.2	5.1	2.8
2012	5.8	5.4	4.0	2.7
最小值	1.7	4.2	3.7	2.0
最大值	6.6	6.9	6.1	4.2
最大值/最小值倍数	3.9	1.6	1.6	2.1

据表 2-29 和表 2-30 分析可知，在 1987—2012 年的 26 年间，在浅水灌溉制度下，晚稻不同年份各月存在一定差异；各月需水量范围分别为：7 月 3.5~107.4 mm，8 月 134.2~220.1 mm，9 月 118.8~191.2 mm，10 月 34.1~132.3mm。同时，对期间的需水强度进行分析，结果表明，在浅水灌溉制度下，晚稻不同年份各月需水强度同样存在较大差异；各月需水强度范围分别为：7 月 1.8~6.5 mm/d，8 月 4.3~7.1 mm/d，9 月 4.0~6.4 mm/d，10 月 2.0~4.3 mm/d；其中，晚稻各月需水强度最大值与最小值的倍数关系分别为 7 月 3.6 倍，8 月 1.7 倍，9 月 1.6 倍，10 月 2.2 倍。

表 2-29　晚稻浅水灌溉各月需水量长系列资料统计结果　单位：mm

年份	7月	8月	9月	10月	11月	全生育期
1987	24.7	147.9	124.2	88.4		385.2
1988	11.0	179.1	148.2	129.0		467.3
1989	19.4	172.8	128.5	68.7		389.4
1990	34.7	175.7	162.0	45.8		418.2

续表 2-29

年份	7月	8月	9月	10月	11月	全生育期
1991	42.5	183.4	161.4	88.0		475.3
1992	26.0	179.6	178.6	109.0		493.2
1993	3.5	134.2	139.1	132.3		409.1
1994	27.2	147.3	118.8	45.0		338.3
1995	40.3	177.2	155.4	63.7		436.6
1996	20.5	158.3	151.5	79.4		409.7
1997	6.5	164.4	152.6	100.3		423.8
1998	47.9	208.7	167.7	44.9		469.2
1999	18.3	140.1	186.0	108.0		452.4
2000	77.5	150.4	140.5	94.6		463.0
2001	57.7	157.4	191.2	50.6		456.9
2002	20.8	178.7	165.6	74.3		439.4
2003	75.5	220.1	188.5	35.0		519.1
2004	55.2	181.9	150.8	55.0		442.9
2005	75.8	200.1	171.5	39.9		487.3
2006	37.7	172.6	160.4	104.5		475.1
2007	107.4	181.7	143.5	45.0		477.6
2008	63.1	148.8	146.6	34.1		392.6
2009	14.5	144.3	130.5	65.3		354.6
2010	26.4	163.8	128.9	70.0		389.1
2011	16.2	168.5	155.5	97.6	25.9	463.7
2012	70.5	172.6	126.5	68.9		438.4

表 2-30　晚稻浅水灌溉各月需水强度长系列资料统计结果　　单位:mm/d

年份	7月	8月	9月	10月
1987	4.8	4.8	4.1	2.9
1988	5.5	5.8	4.9	4.2
1989	3.2	5.6	4.3	3.0
1990	5.0	5.7	5.4	3.1
1991	6.1	5.9	5.4	3.3
1992	6.5	5.8	6.0	4.2

续表 2-30

年份	7月	8月	9月	10月
1993	1.8	4.3	4.6	4.3
1994	4.5	4.8	4.0	2.0
1995	5.8	5.7	5.2	2.7
1996	5.1	5.1	5.1	3.5
1997	3.3	5.3	5.1	3.3
1998	3.4	6.7	5.6	3.2
1999	3.7	4.5	6.2	3.5
2000	6.0	4.9	4.7	3.2
2001	5.8	5.1	6.4	2.3
2002	3.5	5.8	5.5	3.0
2003	6.3	7.1	6.3	2.3
2004	5.5	5.9	5.0	3.4
2005	5.4	6.5	5.7	4.0
2006	4.2	5.6	5.3	3.5
2007	5.4	5.9	4.8	2.8
2008	5.7	4.8	4.9	2.8
2009	1.8	4.7	4.4	3.3
2010	4.4	5.3	4.3	2.3
2011	5.4	5.4	5.2	3.1
2012	5.9	5.6	4.2	2.9
最小值	1.8	4.3	4.0	2.0
最大值	6.5	7.1	6.4	4.3
最大值/最小值倍数	3.6	1.7	1.6	2.2

综上所述,晚稻各月需水量及需水强度表现出较大差异。同时,不管是间歇灌溉还是浅水灌溉,需水强度最大值与最小值倍数呈现先下降、再上升的趋势,这表明不同月份气象因素呈现对需水强度不同程度的影响,在7月和10月影响最大。

c. 早、晚稻不同频率年各月需水量与需水强度分析

由表2-31分析可知,在间歇灌溉制度下,早稻各月需水量在6月达到最大,呈现先上升、后下降的趋势;究其原因,主要是因为6月早稻已进入拔节孕穗期和抽穗开花期,为早稻需水高峰期和缺水敏感期;同时,气温逐渐升高,达到高温期,在两因素的双重作用下,使6月早稻需水量达到最大值;随后,早稻进入乳熟期和黄熟期,黄熟期田面落干,有效减

少了田面水分的蒸发作用，随之出现需水量下降趋势。在不同频率年下，上述变化趋势总体一致。

表 2-31 早、晚稻间歇灌溉各月需水量排频结果(1982—2012 年) 单位：mm

项目	频率/%	50	75	80	90	各月平均
早稻需水量	4 月	9.0	15.2	15.3	25.9	9.9
	5 月	106.9	123.0	130.3	137.4	108.6
	6 月	133.5	150.0	152.5	158.5	133.1
	7 月	77.9	88.5	94.3	116.1	77.6
晚稻需水量	7 月	30.8	57.3	63.1	76.0	37.5
	8 月	168.0	174.4	177.8	194.7	165.4
	9 月	151.4	163.0	164.1	179.5	149.0
	10 月	72.8	95.9	102.1	106.9	74.3

在间歇灌溉制度下，晚稻各月需水量在 8 月达到最大，同早稻一样呈现先上升、后下降的趋势；究其原因，主要是因为晚稻栽插后，气温逐渐升高，在 8 月达到最高值，从而促使晚稻需水量逐日升高；期间，晚稻进入营养生长高峰期，即分蘖期，在一定程度上促进了稻田需水量的增加。而后，进入 9 月，气温逐渐降低，虽然晚稻此后进入缺水敏感期，但日耗水量不大，气温的降低成为主要影响因子，从而需水量逐渐降低。同样，晚稻在不同频率年下，上述变化趋势总体一致。

由表 2-32 分析可知，在浅水灌溉制度下，早稻各月需水量在 6 月达到最大，并呈现先上升、后下降的趋势；其原因和间歇灌溉制度相似，并且在不同频率年下，上述变化趋势总体一致。在浅水灌溉制度下，同样，晚稻各月需水量在 8 月达到最大，同早稻一样呈现出先上升、后下降的趋势；其原因和间歇灌溉制度相似，并且在不同频率年下，上述变化趋势总体一致。

表 2-32 早、晚稻浅水灌溉各月需水量排频结果(1987—2012 年) 单位：mm

项目	频率/%	50	75	80	90	各月平均
早稻需水量	4 月	10.9	15.7	18.7	25.7	10.2
	5 月	110.7	128.6	135.7	143.4	112.9
	6 月	136.7	156.8	157.6	159.2	136.8
	7 月	83.9	91.9	98.0	115.7	81.1
晚稻需水量	7 月	34.7	57.7	70.5	75.8	38.7
	8 月	172.6	179.6	181.9	200.1	169.6
	9 月	152.6	165.6	171.5	186.0	152.8
	10 月	70.0	97.6	104.5	109.0	74.5

据表 2-33 数据分析可知,早稻间歇灌溉不同频率年全生育期各月需水强度总体呈上升趋势。6 月以后,50%、75%频率年和各月均值呈略微下降趋势,其主要原因是在一般年份,早稻需水强度受气温的逐步升高和植株体的日益增长而增大,从而使需水强度呈现以上趋势;而在后期,由于这时田面需落干,呈无水层状态,并且土壤含水率逐步降低,从而使得需水强度日渐减小。而在 80%、90%频率年下,即干旱年份,全生育期各月需水强度总体上升,这与 50%、75%频率年和各月均值趋势不一致,其中主要原因是由于气温偏高,田面蒸发强度略大于植株蒸腾量衰减强度,从而使蒸发蒸腾强度持续走高。

表 2-33　早、晚稻间歇灌溉各月需水强度排频结果(1982—2012 年)　单位:mm/d

项目	频率/%	50	75	80	90	各月平均
早稻需水强度	4 月	2.8	3.4	3.7	4.3	2.4
	5 月	3.4	4.0	4.2	4.4	3.5
	6 月	4.5	5.0	5.1	5.3	4.4
	7 月	4.4	4.9	5.5	5.8	4.4
晚稻需水强度	7 月	5.0	5.7	5.8	6.1	4.6
	8 月	5.5	5.6	5.8	6.5	5.4
	9 月	5.0	5.3	5.5	6.0	4.9
	10 月	3.0	3.4	3.4	4.1	3.1

据表 2-33 数据分析可知,晚稻间歇灌溉不同频率年下各月需水强度总体呈下降趋势,其原因与各生育期需水强度变化趋势影响因素类似。从各频率年需水强度变化来看,75%和 80%频率年变化趋势一致,50%、90%频率年和各月均值变化趋势一致,主要表现在 7—8 月有一个上升的过程。

据表 2-34 数据分析可知,早稻浅水灌溉不同频率年全生育期各月需水强度总体呈上升趋势。6 月以后,75%频率年呈略微下降趋势,其中主要原因是与间歇灌溉类似。

表 2-34　早、晚稻浅水灌溉各月需水强度排频结果(1987—2012 年)　单位:mm/d

项目	频率/%	50	75	80	90	各月平均
早稻需水强度	4 月	2.7	3.5	3.9	4.0	2.3
	5 月	3.6	4.1	4.4	4.6	3.7
	6 月	4.6	5.2	5.3	5.3	4.6
	7 月	4.8	5.1	5.6	6.0	4.7
晚稻需水强度	7 月	5.1	5.8	5.9	6.1	4.6
	8 月	5.6	5.8	6.1	6.7	5.5
	9 月	5.1	5.5	5.6	6.2	5.1
	10 月	3.2	3.5	4.0	4.2	3.2

据表 2-34 数据分析可知,晚稻浅水灌溉不同频率年各月需水强度总体呈下降趋势,其原因与各生育期需水强度变化趋势影响因素类似。从各频率年需水强度变化来看,75%和 80%频率年变化趋势一致,50%、90%频率年和各月均值变化趋势一致,主要表现在 7—8 月有一个上升的过程。

2. 早、晚稻不同灌溉方式作物系数分析

作物系数 K_c 值是计算作物需水量的重要参数,其计算公式表示为实测作物腾发量 ET_c 与同一时期的参考作物腾发量 ET_0 的比率,即

$$K_c = \frac{ET_c}{ET_0} \tag{2-5}$$

其中,参考作物腾发量 ET_0 是利用气象站有关气象资料,通过 Penman-monteith 公式计算求得。即

$$ET_0 = \frac{0.408\Delta(R_n - G) + \gamma \dfrac{900}{273 + T} \cdot u_2(e_a - e_d)}{\Delta + \gamma(1 + 0.34 \cdot u_2)} \tag{2-6}$$

式中 ET_0——参考作物蒸发蒸腾量,mm/d;

Δ——温度-饱和水汽压关系曲线上 T 处的切线斜率,kPa/℃$^{-1}$。

$$\Delta = \frac{4\,098 \cdot e_a}{(T + 237.3)^2} \tag{2-7}$$

式中 T——平均气温,℃;

e_a——饱和水汽压,kPa。

$$e_a = 0.611\exp\left(\frac{17.29T}{T + 237.3}\right) \tag{2-8}$$

式中 R_n——净辐射,MJ/(m^2 · d)。

$$R_n = R_{ns} - R_{nl} \tag{2-9}$$

式中 R_{ns}——净短波辐射,MJ/(m^2 · d);

R_{nl}——净长波辐射,MJ/(m^2 · d)。

$$R_{ns} = 0.77(0.25 + 0.5n/N)R_a \tag{2-10}$$

式中 n——实际日照时数,h;

N——最大可能日照时数,h。

$$N = 7.46W_s \tag{2-11}$$

式中 W_s——日照时数角,rad。

$$W_s = \arccos(-\tan\psi \cdot \tan\delta) \tag{2-12}$$

式中 ψ——地理纬度,rad;

δ——日倾角(太阳磁偏角),rad。

$$\delta = 0.409\sin(0.017\,2J - 1.39) \tag{2-13}$$

式中 J——日序数(1 月 1 日为 1,逐日累加);

R_a——大气边缘太阳辐射,MJ/(m^2 · d)。

$$R_a = 37.6d_r(W_s\sin\psi\sin\delta + \cos\psi\cos\delta\sin W_s) \tag{2-14}$$

式中　d_r——日地相对距离的倒数。

$$d_r = 1 + 0.033\cos(0.0172J) \tag{2-15}$$

$$R_{nl} = 2.45 \times 10^{-9}(0.9n/N + 0.1)(0.34 - 0.14\sqrt{e_d})(T_{kx}^4 + T_{kn}^4) \tag{2-16}$$

式中　e_d——实际水汽压，kPa。

$$e_d = \frac{e_d(T_{min}) + e_d(T_{max})}{2} = \frac{1}{2}e_a(T_{min})\frac{\mathrm{RH}_{max}}{100} + \frac{1}{2}e_a(T_{max})\frac{RH_{min}}{100} \tag{2-17}$$

式中　RH_{max}——日最大相对湿度，%；

T_{min}——日最低气温，℃；

$e_a(T_{min})$——T_{min} 时饱和水汽压，kPa，可将 T_{min} 代入式(2-6)求得；

$e_d(T_{min})$——T_{min} 时实际水汽压，kPa；

RH_{min}——日最小相对湿度，%；

T_{max}——日最高气温，℃；

$e_a(T_{max})$——T_{max} 时饱和水汽压，kPa，可将 T_{max} 代入式(2-6)求得；

$e_d(T_{max})$——T_{max} 时实际水汽压，kPa。

若资料不符合式(2-15)要求或计算较长时段 ET_0，也可采用下式计算 e_d，即

$$e_d = \frac{RH_{mean}}{100}\left[\frac{e_a(T_{min}) + e_a(T_{max})}{2}\right] \tag{2-18}$$

式中　RH_{mean}——平均相对湿度，%。

$$RH_{mean} = \frac{RH_{max} + RH_{min}}{2} \tag{2-19}$$

在最低气温等于或十分接近露点温度时，也可采用下式计算 e_d，即

$$e_d = 0.611\exp\left(\frac{17.27T_{min}}{T_{min} + 237.3}\right) \tag{2-20}$$

值得指出的是，国内外许多学者认为，采用式(2-15)逐日计算 e_d 最佳，而采用其他方法计算 e_d 均出现较大误差。

$$T_{kx} = T_{max} + 273 \tag{2-21}$$

$$T_{kn} = T_{min} + 273 \tag{2-22}$$

式中　T_{kx}——最高绝对温度，K；

T_{kn}——最低绝对温度，K。

对于逐日估算 ET_0，则第 d 日土壤热通量为

$$G = 0.38(T_d - T_{d-1}) \tag{2-23}$$

对于分月估算 ET_0，则第 m 月土壤热通量为

$$G = 0.14(T_m - T_{m-1}) \tag{2-24}$$

式中　G——土壤热通量，MJ/(m^2·d)；

T_d、T_{d-1}——分别为第 d、$d-1$ 日气温，℃；

T_m、T_{m-1}——分别为第 m、$m-1$ 月平均气温，℃。

$$\gamma = 0.00163P/\lambda \tag{2-25}$$

$$P = 101.3\left(\frac{293 - 0.0065}{293}\right)^{5.26} \tag{2-26}$$

$$\lambda = 2.501 - (2.361 \times 10^{-3})T \tag{2-27}$$

式中 γ——湿度表常数,kPa/℃$^{-1}$;

P——气压,kPa;

Z——计算地点高程,m;

λ——潜热,MJ/kg。

$$u_2 = 4.87 \cdot u_h/\ln(67.8h - 5.42) \tag{2-28}$$

式中 u_2——2 m 高处风速,m/s;

h——风标高度,m;

u_h——实际风速,m/s。

根据式(2-4)~式(2-26)来计算参考作物需水量,其计算机程序十分简便,只需输入常规气象资料、地理纬度、海拔高程等基本资料。

根据基本气象资料不同可采用不同的计算方法,一般最基本的资料包括最高、最低及平均气温,日照时数,风速,平均相对湿度,此时采用式(2-16)计算实际水汽压。

本研究通过利用 Matlab 程序软件进行编程,在输入站点的地理纬度、海拔高程后,以及以上常规气象资料,便可自动得出参考作物蒸发蒸腾量。

1)早、晚稻各生育期作物系数分析

a. 早稻历年各生育期作物系数分析

据表 2-35 分析可知,在 1982—2012 年的 31 年间,在间歇灌溉制度下,早稻不同年份各生育期及全生育期作物系数存在一定差异;各生育期作物系数范围分别为:返青期 0.60~1.74,最大值是最小值的 2.90 倍;分蘖前期 0.76~1.42,最大值是最小值的 1.87 倍;分蘖后期 0.83~1.55,最大值是最小值的 1.87 倍;拔节孕穗期 0.65~1.69,最大值是最小值的 2.6 倍;抽穗开花期 0.77~1.99,最大值是最小值的 2.58 倍;乳熟期 0.73~1.70,最大值是最小值的 2.33 倍;黄熟期 0.4~1.33,最大值是最小值的 3.24 倍;全生育期作物系数范围为 0.89~1.29,最大值是最小值的 1.45 倍。从以上分析结果来看,在间歇灌溉制度下,早稻作物系数在返青期和黄熟期受不稳定因素(如气象因素)影响最大,其次是拔节孕穗期、抽穗开花期和乳熟期,最后是分蘖前期和分蘖后期。

表 2-35 早稻间歇灌溉各生育期作物系数统计结果

年份	返青期	分蘖前期	分蘖后期	拔节孕穗期	抽穗开花期	乳熟期	黄熟期	全生育期
1982	0.79	1.28	0.97	1.65	1.48	1.33	0.68	1.08
1983	0.73	0.76	0.92	1.14	1.33	1.39	0.81	1.02
1984	0.91	1.40	1.55	1.43	1.25	1.20	0.55	1.15
1985	0.78	0.86	1.16	1.37	1.13	1.70	0.60	1.06
1986	1.00	1.01	1.48	1.45	1.50	1.37	0.74	1.19
1987	0.88	0.84	0.93	1.37	1.99	1.19	0.63	1.08

续表 2-35

年份	返青期	分蘖前期	分蘖后期	拔节孕穗期	抽穗开花期	乳熟期	黄熟期	全生育期
1988	0.74	0.77	1.14	1.08	1.20	0.81	1.33	0.97
1989	1.00	0.84	1.08	1.08	0.96	1.09	0.41	0.91
1990	1.01	0.92	1.00	0.99	1.23	0.91	0.69	0.95
1991	1.55	1.14	1.37	1.20	1.31	1.50	0.53	1.19
1992	1.29	1.41	1.21	1.41	1.31	1.44	0.55	1.15
1993	1.14	0.94	1.42	1.56	1.35	1.53	0.62	1.15
1994	0.69	0.76	0.83	1.04	1.16	1.14	0.68	0.89
1995	0.70	1.09	1.07	1.09	0.77	1.33	0.87	0.97
1996	0.75	1.42	1.20	1.18	1.01	1.51	1.04	1.17
1997	0.63	0.83	1.10	1.40	1.65	1.38	0.87	1.13
1998	0.85	0.96	1.04	1.36	0.94	1.21	0.93	1.06
1999	0.88	1.25	1.33	1.46	1.13	1.41	0.62	1.21
2000	1.24	0.83	1.31	1.12	1.32	1.08	0.88	1.13
2001	1.22	1.00	1.44	1.69	1.56	1.40	0.79	1.26
2002	1.74	1.40	1.18	1.31	1.54	1.18	1.23	1.28
2003	1.09	1.17	1.13	1.27	1.26	1.32	0.81	1.15
2004	1.04	1.18	1.31	1.17	1.18	1.51	1.31	1.26
2005	0.94	1.11	1.00	1.05	1.72	1.50	1.05	1.16
2006	0.60	0.92	1.07	0.65	0.85	1.60	1.26	0.98
2007	1.08	1.28	1.24	1.60	1.56	1.44	0.96	1.29
2008	0.89	1.09	0.90	1.01	1.20	0.89	0.79	0.96
2009	1.20	0.94	1.29	0.93	0.95	0.73	0.82	0.94
2010	0.91	1.01	0.91	1.13	1.24	1.13	0.82	1.02
2011	0.97	1.11	1.21	1.11	0.99	1.20	0.98	1.09
2012	0.94	0.93	1.02	1.06	1.11	0.95	0.68	0.96
最小值	0.60	0.76	0.83	0.65	0.77	0.73	0.41	0.89
最大值	1.74	1.42	1.55	1.69	1.99	1.70	1.33	1.29
最大值/最小值倍数	2.90	1.87	1.87	2.60	2.58	2.33	3.24	1.45

据表 2-36 分析可知,在 1987—2012 年的 26 年间,在浅水灌溉制度下,早稻不同年份各生育期及全生育期作物系数存在一定差异;各生育期作物系数范围分别为:返青期 0.61~1.76,最大值是最小值的 2.89 倍;分蘖前期 0.79~1.50,最大值是最小值的 1.90 倍;分蘖后期 0.84~1.50,最大值是最小值的 1.79 倍;拔节孕穗期 0.67~1.81,最大值是最小值的 2.70 倍;抽穗开花期 0.75~1.97,最大值是最小值的 2.63 倍;乳熟期 0.76~1.68,最大值是最小值的 2.21 倍;黄熟期 0.45~1.42,最大值是最小值的 3.16 倍;全生育期作物系数范围为 0.92~1.35,最大值是最小值的 1.47 倍。从以上分析结果来看,在浅水灌溉制度下,早稻作物系数同样在返青期和黄熟期受不稳定因素(如气象因素)影响最大,其次是拔节孕穗期、抽穗开花期和乳熟期,最后是分蘖前期和分蘖后期。

表 2-36　早稻浅水灌溉各生育期作物系数统计结果

年份	返青期	分蘖前期	分蘖后期	拔节孕穗期	抽穗开花期	乳熟期	黄熟期	全生育期
1987	0.88	0.87	0.94	1.47	1.97	1.23	0.62	1.10
1988	0.77	0.86	1.14	1.12	1.19	0.85	1.42	1.01
1989	0.97	0.88	1.15	1.10	0.99	1.12	0.45	0.94
1990	1.02	0.97	1.03	1.07	1.28	0.95	0.70	0.98
1991	1.55	1.18	1.41	1.27	1.27	1.58	0.54	1.22
1992	1.27	1.43	1.27	1.56	1.29	1.64	0.57	1.20
1993	1.21	0.95	1.46	1.60	1.35	1.57	0.62	1.17
1994	0.73	0.79	0.84	1.11	1.21	1.19	0.71	0.92
1995	0.70	1.07	1.12	1.14	0.75	1.46	0.87	1.00
1996	0.70	1.50	1.24	1.21	1.09	1.57	1.04	1.20
1997	0.72	0.84	1.17	1.56	1.64	1.48	0.88	1.20
1998	0.86	1.02	1.06	1.45	0.94	1.32	0.91	1.10
1999	0.87	1.23	1.40	1.47	1.15	1.48	0.64	1.23
2000	1.16	0.87	1.40	1.21	1.29	1.17	0.98	1.19
2001	1.12	1.03	1.50	1.81	1.58	1.68	0.77	1.32
2002	1.76	1.44	1.23	1.34	1.58	1.19	1.21	1.30
2003	1.09	1.20	1.16	1.32	1.31	1.37	0.82	1.18
2004	1.08	1.19	1.39	1.23	1.18	1.58	1.29	1.30
2005	0.97	1.13	1.04	1.09	1.73	1.57	1.04	1.19
2006	0.61	0.96	1.09	0.67	0.86	1.64	1.29	1.01

续表 2-36

年份	返青期	分蘖前期	分蘖后期	拔节孕穗期	抽穗开花期	乳熟期	黄熟期	全生育期
2007	1.06	1.31	1.33	1.65	1.70	1.46	1.08	1.35
2008	0.91	1.14	0.95	1.02	1.27	0.94	0.79	0.99
2009	1.22	0.98	1.36	0.93	1.01	0.76	0.82	0.97
2010	0.91	1.06	0.92	1.19	1.27	1.20	0.83	1.06
2011	0.97	1.18	1.27	1.19	1.04	1.23	1.03	1.15
2012	0.98	1.01	1.04	1.10	1.13	1.03	0.69	1.00
最小值	0.61	0.79	0.84	0.67	0.75	0.76	0.45	0.92
最大值	1.76	1.50	1.50	1.81	1.97	1.68	1.42	1.35
最大值/最小值倍数	2.89	1.90	1.79	2.70	2.63	2.21	3.16	1.47

b. 晚稻历年各生育期作物系数分析

据表 2-37 分析可知，在 1982—2012 年的 31 年间，在间歇灌溉制度下，晚稻不同年份各生育期及全生育期作物系数存在一定差异；各生育期作物系数范围分别为：返青期 0.61~1.28，最大值是最小值的 2.10 倍；分蘖前期 0.90~1.71，最大值是最小值的 1.90 倍；分蘖后期 1.04~2.03，最大值是最小值的 1.95 倍；拔节孕穗期 0.74~2.06，最大值是最小值的 2.78 倍；抽穗开花期 0.91~2.59，最大值是最小值的 2.84 倍；乳熟期 0.84~2.35，最大值是最小值的 2.80 倍；黄熟期 0.61~1.82，最大值是最小值的 2.98 倍；全生育期作物系数范围为 1.05~1.62，最大值是最小值的 1.54 倍。从以上分析结果来看，在间歇灌溉制度下，晚稻作物系数在拔节孕穗期、抽穗开花期、乳熟期和黄熟期受不稳定因素（如气象因素）影响最大，其次是返青期，最后是分蘖前期和分蘖后期。

表 2-37　晚稻间歇灌溉各生育期作物系数统计结果

年份	返青期	分蘖前期	分蘖后期	拔节孕穗期	抽穗开花期	乳熟期	黄熟期	全生育期
1982	1.17	1.12	1.42	1.50	2.58	1.65	0.81	1.37
1983	0.79	1.12	1.67	1.72	1.94	1.54	1.33	1.36
1984	0.77	0.94	1.17	1.56	1.78	1.90	0.93	1.24
1985	1.20	1.19	1.34	1.33	1.65	1.50	1.09	1.31
1986	0.92	1.16	1.22	1.45	1.45	1.59	1.15	1.27
1987	1.28	1.71	1.42	1.36	1.67	2.13	0.91	1.48
1988	1.09	1.52	1.83	1.95	2.23	1.40	1.04	1.62

续表 2-37

年份	返青期	分蘖前期	分蘖后期	拔节孕穗期	抽穗开花期	乳熟期	黄熟期	全生育期
1989	1.08	1.20	1.40	1.62	1.75	0.84	1.30	1.29
1990	1.02	1.04	1.44	1.39	2.50	2.35	0.99	1.33
1991	1.17	1.12	1.41	1.28	2.00	1.38	0.97	1.31
1992	1.02	1.30	1.55	2.06	2.13	1.23	0.96	1.54
1993	0.67	1.04	1.10	1.37	1.63	2.22	1.40	1.27
1994	0.97	0.93	1.07	1.04	1.53	1.26	0.83	1.05
1995	1.17	1.24	1.40	1.12	1.67	1.61	0.85	1.26
1996	0.89	0.90	1.30	1.40	1.60	1.40	1.24	1.26
1997	0.65	0.94	1.57	1.59	1.78	1.23	1.30	1.39
1998	0.61	1.48	1.13	1.44	1.65	1.46	1.14	1.33
1999	1.02	1.14	1.26	1.54	1.69	2.05	1.31	1.42
2000	0.92	1.30	1.18	1.50	1.60	1.25	1.82	1.32
2001	1.04	1.57	1.65	1.84	1.96	2.04	0.76	1.54
2002	0.73	1.30	1.30	1.44	2.29	1.63	1.06	1.35
2003	0.94	1.21	1.56	1.51	1.49	1.62	1.26	1.35
2004	1.02	1.35	1.47	1.50	1.41	1.58	1.07	1.33
2005	0.95	1.23	1.42	1.50	1.44	1.84	1.38	1.40
2006	0.91	0.99	1.20	1.52	1.58	1.65	1.52	1.34
2007	0.83	1.06	2.03	1.57	1.42	1.57	0.61	1.28
2008	1.04	1.11	1.04	1.02	1.41	1.29	0.91	1.11
2009	1.23	1.41	1.10	0.74	1.50	1.73	0.88	1.18
2010	1.12	1.19	1.28	1.42	0.91	1.06	0.87	1.17
2011	0.98	1.14	1.47	1.51	1.39	1.17	0.94	1.25
2012	0.93	1.10	1.16	1.22	1.24	1.26	0.79	1.12
最小值	0.61	0.90	1.04	0.74	0.91	0.84	0.61	1.05
最大值	1.28	1.71	2.03	2.06	2.58	2.35	1.82	1.62
最大值/最小值倍数	2.10	1.90	1.95	2.78	2.84	2.80	2.98	1.54

据表 2-38 分析可知,在 1987—2012 年的 26 年间,在浅水灌溉制度下,晚稻不同年份各生育期及全生育期作物系数存在一定差异;各生育期作物系数范围分别为:返青期 0.63~1.29,最大值是最小值的 2.05 倍;分蘖前期 0.88~1.72,最大值是最小值的 1.95 倍;分蘖后期 1.09~1.98,最大值是最小值的 1.81 倍;拔节孕穗期 0.75~2.18,最大值是最小值的 2.91 倍;抽穗开花期 0.97~2.47,最大值是最小值的 2.55 倍;乳熟期 1.00~2.49,最大值是最小值的 2.49 倍;黄熟期 0.66~1.64,最大值是最小值的 2.48 倍;全生育期作物系数范围为 1.09~1.66,最大值是最小值的 1.52 倍。从以上分析结果来看,在浅水灌溉制度下,晚稻作物系数在拔节孕穗期受不稳定因素(如气象因素)影响最大,其次是抽穗开花期、乳熟期和黄熟期,最后是返青期、分蘖前期和分蘖后期。

表 2-38　晚稻浅水灌溉各生育期作物系数统计结果

年份	返青期	分蘖前期	分蘖后期	拔节孕穗期	抽穗开花期	乳熟期	黄熟期	全生育期
1987	1.29	1.72	1.53	1.44	1.61	2.25	1.01	1.54
1988	1.09	1.57	1.90	2.01	2.23	1.42	1.13	1.66
1989	1.15	1.22	1.43	1.68	1.83	1.00	1.34	1.35
1990	1.04	1.09	1.44	1.48	2.47	2.49	0.99	1.37
1991	1.17	1.14	1.45	1.32	1.98	1.45	1.01	1.34
1992	1.02	1.37	1.62	2.18	2.12	1.28	1.02	1.59
1993	0.71	1.05	1.11	1.41	1.61	2.26	1.51	1.30
1994	0.94	0.96	1.12	1.11	1.58	1.30	0.94	1.09
1995	1.19	1.26	1.43	1.19	1.74	1.66	0.86	1.30
1996	0.96	0.88	1.33	1.45	1.61	1.51	1.29	1.30
1997	0.67	0.94	1.68	1.69	1.87	1.36	1.34	1.47
1998	0.63	1.48	1.15	1.50	1.67	1.51	1.13	1.36
1999	1.02	1.15	1.31	1.59	1.71	2.12	1.35	1.46
2000	0.92	1.48	1.25	1.68	1.64	1.45	1.64	1.41
2001	1.08	1.61	1.76	1.95	1.95	2.20	0.76	1.61
2002	0.79	1.29	1.35	1.52	2.25	1.63	1.11	1.38
2003	0.95	1.23	1.62	1.57	1.53	1.72	1.29	1.39
2004	1.02	1.40	1.51	1.56	1.44	1.64	1.07	1.37
2005	0.96	1.25	1.46	1.57	1.49	1.92	1.42	1.44
2006	0.87	1.01	1.24	1.56	1.59	1.69	1.55	1.36
2007	0.84	1.10	1.98	1.61	1.53	1.76	0.66	1.32
2008	1.03	1.14	1.09	1.04	1.45	1.34	0.98	1.15
2009	1.21	1.44	1.16	0.75	1.53	1.80	0.94	1.21

续表 2-38

年份	返青期	分蘖前期	分蘖后期	拔节孕穗期	抽穗开花期	乳熟期	黄熟期	全生育期
2010	1.12	1.23	1.33	1.44	0.97	1.08	0.85	1.20
2011	0.98	1.21	1.50	1.58	1.49	1.33	0.98	1.31
2012	0.92	1.12	1.22	1.28	1.38	1.29	0.78	1.16
最小值	0.63	0.88	1.09	0.75	0.97	1.00	0.66	1.09
最大值	1.29	1.72	1.98	2.18	2.47	2.49	1.64	1.66
最大值/最小值倍数	2.05	1.95	1.82	2.91	2.55	2.49	2.48	1.52

c. 早、晚稻不同频率年各生育期作物系数分析

据表 2-39 数据分析可知，在间歇灌溉制度下，早稻不同频率年各生育期作物系数从返青期至乳熟期总体呈平缓上升趋势，个别频率年在一些生育期呈波动变化，如 75%频率年抽穗开花期略有下降，80%频率年乳熟期保持不变，90%频率年抽穗开花期保持不变，并在乳熟期略有下降；其后，在黄熟期，各频率年早稻作物系数呈快速下降趋势。在间歇灌溉制度下，晚稻不同频率年各生育期作物系数从返青期至拔节孕穗期总体呈平缓上升趋势；其后，在抽穗开花期有一个快速上升阶段；而后，在乳熟期有一个缓慢下降过程，黄熟期则快速下降。

表 2-39　早、晚稻间歇灌溉各生育期作物系数排频结果（1982—2012 年）

项目	频率/%	50	75	80	90	各生育期平均
早稻作物系数	返青期	0.93	1.08	1.14	1.24	0.97
	分蘖前期	1.01	1.17	1.25	1.40	1.05
	分蘖后期	1.13	1.29	1.31	1.42	1.15
	拔节孕穗期	1.18	1.40	1.43	1.56	1.24
	抽穗开花期	1.24	1.35	1.50	1.56	1.26
	乳熟期	1.32	1.44	1.50	1.51	1.27
	黄熟期	0.80	0.93	0.98	1.23	0.82
晚稻作物系数	返青期	0.97	1.08	1.12	1.17	0.97
	分蘖前期	1.15	1.30	1.30	1.48	1.19
	分蘖后期	1.37	1.47	1.55	1.65	1.37
	拔节孕穗期	1.47	1.54	1.57	1.72	1.45
	抽穗开花期	1.64	1.78	1.96	2.23	1.71
	乳熟期	1.55	1.65	1.84	2.05	1.56
	黄熟期	1.01	1.26	1.30	1.38	1.08

据表 2-40 数据分析可知，在浅水灌溉制度下，早稻不同频率年各生育期作物系数呈现出不同的变化趋势；其中，50%频率年和多年均值从返青期至乳熟期总体呈平缓上升趋势；其后，在黄熟期呈急剧下降趋势。而在 75%、80%和 90%频率年下，其变化呈现出一定的波动性；其中，在 75%频率年，从返青期至拔节孕穗期总体呈平缓上升趋势，而在抽穗开花期有一个下降过程，在乳熟期又快速上升，到黄熟期，又急剧下降；80%和 90%频率年在乳熟期有一个缓慢下降趋势，到黄熟期则急剧下降。在浅水灌溉制度下，晚稻不同频率年各生育期作物系数从返青期至抽穗开花期总体呈平缓上升趋势；其后，在乳熟期除 90%频率年略有上升外，其余各频率年呈缓慢下降趋势；到黄熟期，各频率年均快速下降。

表 2-40　早、晚稻浅水灌溉各生育期作物系数排频结果(1987—2012 年)

项目	频率/%	50	75	80	90	各生育期平均
早稻作物系数	返青期	0.97	1.10	1.16	1.25	1.00
	分蘖前期	1.03	1.18	1.20	1.37	1.08
	分蘖后期	1.16	1.34	1.39	1.41	1.19
	拔节孕穗期	1.21	1.46	1.47	1.58	1.26
	抽穗开花期	1.27	1.33	1.58	1.67	1.27
	乳熟期	1.32	1.57	1.57	1.61	1.32
	黄熟期	0.82	1.03	1.04	1.25	0.87
晚稻作物系数	返青期	0.98	1.08	1.12	1.18	0.98
	分蘖前期	1.22	1.38	1.44	1.53	1.24
	分蘖后期	1.43	1.52	1.62	1.72	1.42
	拔节孕穗期	1.52	1.60	1.68	1.82	1.51
	抽穗开花期	1.61	1.85	1.95	2.18	1.70
	乳熟期	1.51	1.78	1.92	2.23	1.63
	黄熟期	1.02	1.32	1.34	1.46	1.11

2)早、晚稻各月作物系数分析

a. 早稻历年各月作物系数分析

据表 2-41 分析可知，在 1982—2012 年的 31 年间，在间歇灌溉制度下，早稻不同年份各月作物系数存在一定差异；各月作物系数范围分别为：4 月 0.55~2.22，最大值是最小值的 4.04 倍；5 月 0.77~1.41，最大值是最小值的 1.83 倍；6 月 0.74~1.61，最大值是最小值的 2.18 倍；7 月 0.65~1.46，最大值是最小值的 2.25 倍。从以上分析结果来看，在间歇灌溉制度下，早稻作物系数在 4 月受不稳定因素(如气象因素)影响最大，其次是 7 月和 6 月，影响最小的是 5 月。

表 2-41 早稻间歇灌溉各月作物系数统计结果

年份	4月	5月	6月	7月	全生育期
1982	0.93	0.96	1.45	0.86	1.08
1983	0.81	0.82	1.20	1.13	1.04
1984	0.98	1.18	1.37	0.65	1.07
1985	0.82	0.93	1.33	0.90	1.06
1986	1.96	1.07	1.42	0.98	1.19
1987		0.87	1.34	0.98	1.08
1988	1.27	0.90	1.14	0.87	0.97
1989	2.22	0.93	1.19	0.68	0.95
1990	0.70	0.96	1.01	0.87	0.95
1991		1.28	1.27	0.97	1.19
1992	1.00	1.41	1.24	0.78	1.15
1993		0.92	1.49	0.92	1.12
1994		0.77	1.12	0.79	0.90
1995		0.96	0.94	1.03	0.97
1996		1.11	1.14	1.35	1.18
1997	0.57	0.88	1.59	1.03	1.13
1998	0.92	1.03	1.22	0.97	1.05
1999	1.02	1.16	1.47	0.96	1.20
2000	1.24	1.18	1.18	0.88	1.13
2001	1.48	1.27	1.61	0.80	1.26
2002	1.72	1.18	1.38	1.19	1.28
2003	1.09	1.15	1.32	0.94	1.15
2004	0.81	1.19	1.17	1.13	1.15
2005	0.69	1.04	1.33	1.14	1.16
2006	0.55	1.08	0.74	1.46	0.98
2007	1.19	1.00	1.41	1.06	1.18
2008	0.72	1.04	1.03	0.79	0.96
2009	1.63	0.94	0.93	0.71	0.91

续表 2-41

年份	4 月	5 月	6 月	7 月	全生育期
2010		1.03	1.09	0.97	1.03
2011	0.92	1.18	1.09	1.00	1.09
2012	1.18	0.98	1.07	0.94	1.02
最小值	0.55	0.77	0.74	0.65	0.90
最大值	2.22	1.41	1.61	1.46	1.28
最大值/最小值倍数	4.04	1.83	2.18	2.25	1.42

据表 2-42 分析可知，在 1987—2012 年的 26 年间，在浅水灌溉制度下，早稻不同年份各月作物系数存在一定差异；各月作物系数范围分别为：4 月 0.55～2.16，最大值是最小值的 3.91 倍；5 月 0.79～1.43，最大值是最小值的 1.81 倍；6 月 0.76～1.73，最大值是最小值的 2.28 倍；7 月 0.72～1.50，最大值是最小值的 2.08 倍。从以上分析结果来看，在浅水灌溉制度下，早稻作物系数同样在 4 月受不稳定因素（如气象因素）影响最大，其次是 6 月和 7 月，影响最小的是 5 月。这与间歇灌溉制度类似。

表 2-42　早稻浅水灌溉各月作物系数统计结果

年份	4 月	5 月	6 月	7 月	全生育期
1987		0.88	1.39	0.99	1.10
1988	1.32	0.95	1.17	0.90	1.01
1989	2.15	0.96	1.22	0.72	0.98
1990	0.70	0.97	1.08	0.89	0.98
1991		1.31	1.31	1.01	1.22
1992	1.00	1.43	1.31	0.85	1.20
1993		0.93	1.54	0.93	1.14
1994		0.79	1.15	0.82	0.94
1995		0.98	0.96	1.07	1.00
1996		1.14	1.16	1.39	1.22
1997	0.64	0.94	1.69	1.07	1.20
1998	0.92	1.09	1.30	0.98	1.10
1999	1.02	1.19	1.50	1.00	1.23
2000	1.16	1.23	1.21	0.91	1.17
2001	1.39	1.32	1.73	0.84	1.32

续表 2-42

年份	4月	5月	6月	7月	全生育期
2002	1.79	1.23	1.41	1.19	1.30
2003	1.09	1.17	1.38	0.96	1.18
2004	0.77	1.23	1.21	1.15	1.18
2005	0.73	1.07	1.37	1.16	1.19
2006	0.55	1.12	0.76	1.50	1.01
2007	1.01	1.04	1.49	1.13	1.23
2008	0.74	1.08	1.07	0.79	0.99
2009	1.60	0.98	0.96	0.75	0.95
2010		1.07	1.13	1.01	1.07
2011	0.94	1.24	1.16	1.04	1.15
2012	1.19	1.03	1.11	0.97	1.06
最小值	0.55	0.79	0.76	0.72	0.94
最大值	2.15	1.43	1.73	1.50	1.32
最大值/最小值倍数	3.91	1.81	2.28	2.08	1.40

b.晚稻历年各月作物系数分析

据表2-43分析可知,在1982—2012年的31年间,在间歇灌溉制度下,晚稻不同年份各月作物系数存在一定差异;各月作物系数范围分别为:7月0.34~1.36,最大值是最小值的4.00倍;8月0.98~1.69,最大值是最小值的1.72倍;9月1.14~1.98,最大值是最小值的1.74倍;10月0.94~1.93,最大值是最小值的2.05倍;11月仅有2011年数据,这说明,江西省晚稻全生育期基本处于7—10月。从以上分析结果来看,在间歇灌溉制度下,晚稻作物系数在7月受不稳定因素(如气象因素)影响最大,其次是10月,最后是8月和9月。

表2-43　晚稻间歇灌溉各月作物系数统计结果

年份	7月	8月	9月	10月	11月	全生育期
1982	1.17	1.32	1.80	1.93		1.49
1983	0.64	1.21	1.79	1.77		1.40
1984	0.92	1.02	1.72	1.42		1.29
1985	1.13	1.27	1.57	1.14		1.31
1986	0.82	1.19	1.45	1.50		1.29

续表 2-43

年份	7 月	8 月	9 月	10 月	11 月	全生育期
1987	0.84	1.55	1.29	1.74		1.46
1988	1.36	1.47	1.90	1.59		1.62
1989	1.15	1.28	1.36	1.22		1.29
1990	0.83	1.26	1.98	1.24		1.39
1991	1.06	1.22	1.64	1.19		1.31
1992	1.01	1.37	1.87	1.62		1.54
1993	0.58	1.05	1.31	1.64		1.27
1994	1.15	0.98	1.24	0.94		1.06
1995	1.03	1.33	1.35	1.11		1.26
1996	1.00	1.18	1.39	1.27		1.26
1997	0.60	1.35	1.63	1.27		1.40
1998	1.15	1.31	1.53	1.04		1.32
1999	0.80	1.24	1.57	1.49		1.39
2000	1.11	1.17	1.59	1.47		1.32
2001	1.16	1.69	1.93	0.94		1.54
2002	0.67	1.28	1.75	1.20		1.35
2003	0.97	1.42	1.57	1.12		1.35
2004	0.46	1.28	1.53	1.33		1.14
2005	1.01	1.48	1.57	1.38		1.40
2006	0.94	1.12	1.72	1.54		1.34
2007	1.10	1.38	1.44	1.33		1.39
2008	1.10	1.07	1.21	0.94		1.11
2009	0.34	1.00	1.14	1.76		1.06
2010	1.09	1.20	1.33	0.95		1.17
2011	0.88	1.18	1.48	1.25	0.91	1.25
2012	1.05	1.22	1.18	1.13		1.16
最小值	0.34	0.98	1.14	0.94		1.06
最大值	1.36	1.69	1.98	1.93		1.62
最大值/最小值倍数	4.00	1.72	1.74	2.05		1.53

据表2-44分析可知,在1987—2012年的26年间,在浅水灌溉制度下,晚稻不同年份各月作物系数存在一定差异;各月作物系数范围分别为:7月0.36~1.38,最大值是最小值的3.83倍;8月1.00~1.78,最大值是最小值的1.78倍;9月1.22~2.06,最大值是最小值的1.69倍;10月0.94~1.68,最大值是最小值的1.79倍;11月仅有2011年数据。从以上分析结果来看,在浅水灌溉制度下,晚稻作物系数在7月受不稳定因素(如气象因素)影响最大,其次是10月、8月和9月。

表2-44　晚稻浅水灌溉各月作物系数统计结果

年份	7月	8月	9月	10月	11月	全生育期
1987	0.90	1.64	1.28	1.60		1.46
1988	1.38	1.51	1.95	1.62		1.66
1989	1.16	1.32	1.47	1.29		1.35
1990	0.85	1.30	2.06	1.25		1.44
1991	1.05	1.25	1.66	1.24		1.34
1992	0.99	1.44	1.95	1.65		1.60
1993	0.53	1.07	1.34	1.68		1.30
1994	1.13	1.00	1.31	0.94		1.09
1995	1.04	1.35	1.41	1.14		1.30
1996	1.03	1.21	1.45	1.32		1.30
1997	0.81	1.41	1.72	1.35		1.47
1998	1.15	1.35	1.56	1.04		1.35
1999	0.82	1.27	1.62	1.52		1.42
2000	1.12	1.20	1.64	1.54		1.35
2001	1.16	1.78	2.00	0.99		1.61
2002	0.74	1.31	1.78	1.22		1.38
2003	0.97	1.46	1.65	1.12		1.39
2004	0.46	1.31	1.59	1.33		1.17
2005	1.03	1.52	1.64	1.42		1.44
2006	0.90	1.16	1.76	1.57		1.36
2007	1.13	1.42	1.50	1.39		1.44
2008	1.10	1.11	1.27	0.97		1.15
2009	0.36	1.05	1.22	1.67		1.10

续表 2-44

年份	7 月	8 月	9 月	10 月	11 月	全生育期
2010	1.09	1.24	1.35	0.95		1.20
2011	0.93	1.23	1.52	1.40	0.95	1.31
2012	1.06	1.26	1.23	1.19		1.20
最小值	0.36	1.00	1.22	0.94		1.09
最大值	1.38	1.78	2.06	1.68		1.66
最大值/最小值倍数	3.83	1.78	1.69	1.79		1.52

c. 早、晚稻不同频率年各月作物系数分析

据表 2-45 数据分析可知，在间歇灌溉制度下，早稻不同频率年各月作物系数呈现不同的变化规律；其中，50%频率年和多年均值在 4—6 月呈持续上升趋势，到 6 月达到最高值，随后 7 月又迅速下降；而 75%、80%和 90%频率年 4—5 月先下降，进入低值区，随后 5—6 月又上升，进行高值区，然后到了 7 月又迅速下降。以上变化规律说明，在间歇灌溉制度下，早稻不同频率年其中高频年份的作物系数变化波动较大，而低频年份变化相对平缓。在间歇灌溉制度下，晚稻不同频率年各月作物系数呈现相似的变化规律；其中，在 7—9 月呈持续上升趋势，9 月达到最高值，随后在 10 月迅速下降。以上变化规律说明，在间歇灌溉制度下，晚稻不同频率年其作物系数变化波动较一致，均呈现先上升后下降的趋势。

表 2-45　早、晚稻间歇灌溉各月作物系数排频结果(1982—2012 年)

项目	频率/%	50	75	80	90	各生育期平均
早稻作物系数	4 月	0.98	1.24	1.27	1.50	0.92
	5 月	1.03	1.16	1.18	1.19	1.04
	6 月	1.21	1.37	1.41	1.47	1.23
	7 月	0.95	1.03	1.06	1.14	0.96
晚稻作物系数	7 月	1.00	1.10	1.13	1.15	0.94
	8 月	1.25	1.33	1.37	1.47	1.26
	9 月	1.55	1.72	1.75	1.87	1.54
	10 月	1.27	1.50	1.59	1.74	1.34

据表 2-46 数据分析可知，在浅水灌溉制度下，早稻不同频率年各月作物系数呈现不同的变化规律；其中，50%、75%频率年和多年均值在 4—6 月呈持续上升趋势，6 月达到最

高值,随后7月又迅速下降;而80%和90%频率年4—5月先下降,进入低值区,随后5—6月又上升,进入高值区,然后到了7月又迅速下降。以上变化规律说明,在浅水灌溉制度下,早稻不同频率年其中高频年份的作物系数变化波动较大,而低频年份变化相对平缓,这与间歇灌溉制度规律比较一致。在浅水灌溉制度下,晚稻不同频率年各月作物系数呈现出相似的变化规律;其中,在7—9月,呈持续上升趋势,9月达到最高值,随后10月迅速下降。以上变化规律说明,在浅水灌溉制度下,晚稻不同频率年其作物系数变化波动相对较一致,均呈现出先上升后下降的趋势,这与间歇灌溉制度规律较一致。

表2-46　早、晚稻浅水灌溉各月作物系数排频结果(1987—2012年)

项目	频率/%	50	75	80	90	各生育期平均
早稻作物系数	4月	1.01	1.19	1.32	1.40	1.09
	5月	1.07	1.21	1.23	1.28	1.10
	6月	1.21	1.38	1.41	1.52	1.25
	7月	0.98	1.07	1.13	1.17	1.00
晚稻作物系数	7月	1.03	1.10	1.13	1.15	0.96
	8月	1.30	1.41	1.44	1.51	1.31
	9月	1.56	1.66	1.76	1.95	1.57
	10月	1.32	1.52	1.57	1.62	1.32

3. 早、晚稻不同灌溉方式灌溉定额分析

灌溉定额是指作物全生育期历次灌水定额之和。灌水定额是指单位面积农田某一次灌水时的灌水量。

1) 早、晚稻各生育期灌溉定额分析

a. 早稻历年各生育期灌溉定额分析

从表2-47数据分析可知,早稻采用间歇灌溉制度,全生育期平均灌水量为217.6 mm,平均灌水次数为7.7次。其中,返青期平均灌水量为40.3 mm,平均灌水次数为1.7次,灌水量最大值为70.1 mm,最小值为18.7 mm;分蘖前期平均灌水量为28.0 mm,平均灌水次数为1.0次,灌水量最大值为72.9 mm,最小值为0;分蘖后期平均灌水量为30.2 mm,平均灌水次数为1.0次,灌水量最大值为73.4 mm,最小值为0;拔节孕穗期平均灌水量为40.8 mm,平均灌水次数为1.3次,灌水量最大值为135.0 mm,最小值为0;抽穗开花期平均灌水量为29.8 mm,平均灌水次数为1.1次,灌水量最大值为66.7 mm,最小值为0;乳熟期平均灌水量为36.4 mm,平均灌水次数为1.2次,灌水量最大值为106.8 mm,最小值为0;黄熟期平均灌水量为12.1 mm,平均灌水次数为0.4次,灌水量最大值为44.1 mm,最小值为0。从以上分析结果可以看出,早稻各生育期灌水量及灌水次数比较均匀,只是在返青期和黄熟期灌水波动较大,返青期灌水次数最多,达到平均1.7次;这主要是因为前期秧苗移栽需要泡田水,维持返青需保持田面始终有水层,从而使得灌水量较大,灌水次数较多;之后,由于降雨频繁,从而减少了灌水量和灌水次数。

表 2-47 早稻间歇灌溉各生育期灌水定额及灌水次数统计结果

年份	灌水定额及次数	返青期	分蘖前期	分蘖后期	拔节孕穗期	抽穗开花期	乳熟期	黄熟期	全生育期
1978	灌水定额/mm	55.7	53.4		70.5	42.9	106.8	23.8	353.1
	灌水次数/次	2	2		2	2	3	1	12
1979	灌水定额/mm	20.7	40.5	51.4	87.4	16.9	56.0		272.9
	灌水次数/次	1	2	2	2	1	2		10
1980	灌水定额/mm	48.9	47.7	19.2	55.8	66.7	29.1	22.7	290.1
	灌水次数/次	2	2	1	2	3	1	1	12
1981	灌水定额/mm	57.6	18.0	41.4	135.0	55.5	22.0	14.6	344.1
	灌水次数/次	2	1	2	4	2	1	1	13
1982	灌水定额/mm	41.5	21.4	48.5	50.2	50.0	58.5	28.5	298.6
	灌水次数/次	2	1	1	2	2	2	1	10
1983	灌水定额/mm	61.1	30.0	29.4	34.1	40.1	52.7		247.4
	灌水次数/次	3	1	1	1	2	2		10
1984	灌水定额/mm	49.7	23.3	21.4	67.3	51.9	22.3	33.5	269.4
	灌水次数/次	2	1	1	2	2	1	1	10
1985	灌水定额/mm	43.0	52.6	21.9	26.7	46.3	23.3	20.0	233.8
	灌水次数/次	2	1	1	1	2	1	1	9
1986	灌水定额/mm	70.1	45.0	45.0	37.5		17.5	23.5	238.6
	灌水次数/次	3	2	2	1		1	1	9
1987	灌水定额/mm	21.0	27.0		82.0	49.0	65.0		244.0
	灌水次数/次	1	1		3	2	2		9
1988	灌水定额/mm	47.0			27.0	57.6	101.0		232.6
	灌水次数/次	2			1	2	3		8
1989	灌水定额/mm	40.5	24.8		76.5	22.5	36.0		200.3
	灌水次数/次	2	1		2	1	1		7
1990	灌水定额/mm	56.0	43.6	15.0	26.2	23.0	44.6		208.4
	灌水次数/次	2	1	1	1	1	2		8

续表 2-47

年份	灌水定额及次数	返青期	分蘖前期	分蘖后期	拔节孕穗期	抽穗开花期	乳熟期	黄熟期	全生育期
1991	灌水定额/mm	51.5	47.6	42.0	30.4	62.4	68.0		301.9
	灌水次数/次	2	2	1	1	2	2		10
1992	灌水定额/mm	27.3	70.0	73.4	30.0	26.3			227.0
	灌水次数/次	1	2	2	1	1			7
1993	灌水定额/mm	25.3	20.0				21.0		66.3
	灌水次数/次	1	1				1		3
1994	灌水定额/mm	47.7		62.7	30.0		84.3		224.7
	灌水次数/次	2		2	1		3		8
1995	灌水定额/mm	62.3		20.0	27.8			34.3	144.4
	灌水次数/次	3		1	1			1	6
1996	灌水定额/mm	31.6	11.0		125.4		24.3		192.3
	灌水次数/次	1	1		4		1		7
1997	灌水定额/mm	38.3		50.5	66.3	32.0	20.7		207.8
	灌水次数/次	2		2	2	1	1		8
1998	灌水定额/mm	36.0	55.3		134.7		25.3	33.8	285.1
	灌水次数/次	1	2		4		1	1	9
1999	灌水定额/mm	30.7	34.0	53.7		20.0			138.4
	灌水次数/次	1	1	2		1			5
2000	灌水定额/mm	26.0	37.7	40.3		47.0	12.5		163.5
	灌水次数/次	1	2	1		2	1		7
2001	灌水定额/mm	41.5	22.5	56.5		15.0	60.2		195.7
	灌水次数/次	1	1	2		1	2		7
2002	灌水定额/mm	30.0		40.0	55.0	35.0	38.5		198.5
	灌水次数/次	1		2	2	2	1		8
2003	灌水定额/mm	44.0		49.6	63.6	47.5	55.0		259.7
	灌水次数/次	2		2	2	2	2		10

续表 2-47

年份	灌水定额及次数	返青期	分蘖前期	分蘖后期	拔节孕穗期	抽穗开花期	乳熟期	黄熟期	全生育期
2004	灌水定额/mm	37. 5		66. 5		39. 0	34. 5		177. 5
	灌水次数/次	2		2		1	1		6
2005	灌水定额/mm	26. 0			31. 2	46. 2	32. 4	44. 1	180. 0
	灌水次数/次	1			1	1	1	1	5
2006	灌水定额/mm	37. 7	33. 3				60. 3	44. 0	175. 3
	灌水次数/次	2	1				1	1	5
2007	灌水定额/mm	21. 7	47. 4	47. 4	47. 4	55. 7	33. 0		252. 6
	灌水次数/次	1	1	1	1	1	1		6
2008	灌水定额/mm	51. 8	37. 0	43. 4				27. 6	159. 8
	灌水次数/次	3	1	1				1	6
2009	灌水定额/mm	40. 3	72. 9		10. 1	54. 2		35. 4	212. 9
	灌水次数/次	2	2		1	1		1	7
2010	灌水定额/mm	18. 7		54. 3				5. 7	78. 7
	灌水次数/次	1		1				1	2
2011	灌水定额/mm	37. 5	62. 9	64. 0		41. 7	47. 7		253. 7
	灌水次数/次	1	2	1		1	1		6
2012	灌水定额/mm	34. 5					21. 0	33. 0	88. 5
	灌水次数/次	1					1	1	3
灌水定额/mm	最小值	18. 7	0	0	0	0	0	0	66. 3
	最大值	70. 1	72. 9	73. 4	135. 0	66. 7	106. 8	44. 1	353. 1
	平均值	40. 3	28. 0	30. 2	40. 8	29. 8	36. 4	12. 1	217. 6
灌水次数/次	最小值	1	0	0	0	0	0	0	2
	最大值	3	2	2	4	3	3	1	13
	平均值	1. 7	1. 0	1. 0	1. 3	1. 1	1. 2	0. 4	7. 7

从表 2-48 数据分析可知,早稻采用浅水灌溉制度,全生育期平均灌水量为 212. 6 mm,平均灌水次数为 7. 4 次;其中,返青期平均灌水量为 39. 1 mm,平均灌水次数为 1. 5 次,灌水量最大值为 85. 0 mm,最小值为 16. 7 mm;分蘖前期平均灌水量为 26. 4 mm,平均

灌水次数为 0. 9 次,灌水量最大值为 83. 0 mm,最小值为 0;分蘖后期平均灌水量为 31. 9 mm,平均灌水次数为 1. 0 次,灌水量最大值为 98. 3 mm,最小值为 0;拔节孕穗期平均灌水量为 38. 1 mm,平均灌水次数为 1. 3 次,灌水量最大值为 147. 0 mm,最小值为 0;抽穗开花期平均灌水量为 30. 5 mm,平均灌水次数为 1. 0 次,灌水量最大值为 67. 0 mm,最小值为 0;乳熟期平均灌水量为 37. 2 mm,平均灌水次数为 1. 3 次,灌水量最大值为 92. 3 mm,最小值为 0;黄熟期平均灌水量为 9. 4 mm,平均灌水次数为 0. 3 次,灌水量最大值为 44. 1 mm,最小值为 0。从以上分析结果可以看出,早稻浅水灌溉各生育期灌水量及灌水次数波动较大,其中,各生育期灌水量呈现先上升后下降的趋势,而灌水次数呈先下降上升、再下降上升的趋势,表现出返青期、拔节孕穗期、乳熟期灌水次数较多,分别达到平均 1. 5 次、1. 3 次、1. 3 次。以上趋势表现出浅水灌溉单次灌水量多,灌水次数相对较少,但较集中,具有延长灌水周期的作用。

表 2-48　早稻浅水灌溉各生育期灌水定额及灌水次数统计结果

年份	灌水定额及次数	返青期	分蘖前期	分蘖后期	拔节孕穗期	抽穗开花期	乳熟期	黄熟期	全生育期
1978	灌水定额/mm	22. 0	25. 0		107. 0	45. 9	65. 6		265. 5
	灌水次数/次	1. 0	1. 0		4. 0	2. 0	2. 0		10. 0
1988	灌水定额/mm	54. 0			39. 0	64. 3	92. 3		249. 6
	灌水次数/次	2. 0			1. 0	2. 0	3. 0		8. 0
1989	灌水定额/mm	47. 0	28. 0		87. 0	31. 0	33. 0		226. 0
	灌水次数/次	2. 0	1. 0		3. 0	1. 0	1. 0		8. 0
1990	灌水定额/mm	59. 0	47. 6	22. 4	29. 3	20. 0	45. 2		223. 5
	灌水次数/次	2. 0	1. 0	1. 0	1. 0	1. 0	1. 0		7. 0
1991	灌水定额/mm	55. 0	43. 1	35. 0	47. 1	66. 3	72. 2		318. 7
	灌水次数/次	2. 0	2. 0	1. 0	2. 0	2. 0	2. 0		11. 0
1992	灌水定额/mm	22. 7	70. 0	98. 3	25. 0	31. 3			247. 3
	灌水次数/次	1. 0	2. 0	3. 0	1. 0	1. 0			8. 0
1993	灌水定额/mm	25. 5	22. 5				20. 0		68. 0
	灌水次数/次	1. 0	1. 0				1. 0		3. 0
1994	灌水定额/mm	56. 0		53. 5	45. 0		77. 0		231. 5
	灌水次数/次	2. 0		2. 0	2. 0		3. 0		9. 0
1995	灌水定额/mm	85. 0		20. 0	25. 8			34. 0	164. 8
	灌水次数/次	3. 0		1. 0	1. 0			1. 0	6. 0

续表 2-48

年份	灌水定额及次数	返青期	分蘖前期	分蘖后期	拔节孕穗期	抽穗开花期	乳熟期	黄熟期	全生育期
1996	灌水定额/mm	32.0	21.5	16.5	126.4		40.2		236.6
	灌水次数/次	1.0	1.0	1.0	4.0		1.0		8.0
1997	灌水定额/mm	45.5		55.5	85.5	30.5	36.5		253.5
	灌水次数/次	2.0		2.0	3.0	1.0	1.0		9.0
1998	灌水定额/mm	39.3	55.7		147.0		25.0	28.3	295.3
	灌水次数/次	1.0	2.0		4.0		1.0	1.0	9.0
1999	灌水定额/mm	37.0	26.0	56.0		25.0			144.0
	灌水次数/次	1.0	1.0	2.0		1.0			5.0
2000	灌水定额/mm	24.3	46.3	53.0		64.0			187.6
	灌水次数/次	1.0	2.0	1.0		2.0			6.0
2001	灌水定额/mm	38.5	22.0	64.5		15.0	64.5		204.5
	灌水次数/次	1.0	1.0	2.0		1.0	2.0		7.0
2002	灌水定额/mm	27.5		32.5	54.0	42.5	36.5		193.0
	灌水次数/次	1.0		1.0	2.0	2.0	1.0		7.0
2003	灌水定额/mm	47.0		49.6	72.6	55.5	40.0		264.7
	灌水次数/次	2.0		2.0	2.0	2.0	2.0		10.0
2004	灌水定额/mm	46.6		67.6		43.7	40.6		198.5
	灌水次数/次	2.0		2.0		1.0	1.0		6.0
2005	灌水定额/mm	25.7			42.7	44.3	32.5	44.1	189.3
	灌水次数/次	1.0			2.0	1.0	1.0	1.0	6.0
2006	灌水定额/mm	36.3	26.7			41.7	51.7	44.0	200.3
	灌水次数/次	2.0	1.0			1.0	2.0	1.0	7.0
2007	灌水定额/mm	26.0	48.9	48.9	48.9	67.0	32.3		272.0
	灌水次数/次	1.0	1.0	1.0	1.0	2.0	1.0		7.0
2008	灌水定额/mm	54.7	38.7	34.0			26.7	28.5	182.5
	灌水次数/次	3.0	1.0	1.0			1.0	1.0	7.0

续表 2-48

年份	灌水定额及次数	返青期	分蘖前期	分蘖后期	拔节孕穗期	抽穗开花期	乳熟期	黄熟期	全生育期
2009	灌水定额/mm	43.7	80.7		8.7	65.6	30.7	26.5	255.7
	灌水次数/次	2.0	3.0		1.0	1.0	1.0	1.0	9.0
2010	灌水定额/mm	16.7		57.7				5.3	79.7
	灌水次数/次	1.0		1.0				1.0	4.0
2011	灌水定额/mm	30.5	83.0	64.4		39.5	75.2		292.6
	灌水次数/次	1.0	2.5	1.0		1.0	3.0		8.5
2012	灌水定额/mm	19.5					30.0	32.5	82.0
	灌水次数/次	1.0					1.0	1.0	3.0
灌水定额/mm	最小值	16.7	0	0	0	0	0	0	68.0
	最大值	85.0	83.0	98.3	147.0	67.0	92.3	44.1	318.7
	平均值	39.1	26.4	31.9	38.1	30.5	37.2	9.4	212.6
灌水次数/次	最小值	1	0	0	0	0	0	0	3
	最大值	3	3	3	5	2	3	1	11
	平均值	1.5	0.9	1.0	1.3	1.0	1.3	0.3	7.4

b. 晚稻历年各生育期灌溉定额分析

从表 2-49 数据分析可知,晚稻采用间歇灌溉制度,全生育期平均灌水量为 422.6 mm,平均灌水次数为 13.8 次;其中,返青期平均灌水量为 59.1 mm,平均灌水次数为 2.3 次,灌水量最大值为 115.5 mm,最小值为 12.0 mm;分蘖前期平均灌水量为 60.0 mm,平均灌水次数为 2.0 次,灌水量最大值为 150.0 mm,最小值为 0;分蘖后期平均灌水量为 57.7 mm,平均灌水次数为 1.6 次,灌水量最大值为 127.0 mm,最小值为 0;拔节孕穗期平均灌水量为 108.7 mm,平均灌水次数为 3.3 次,灌水量最大值为 206.6 mm,最小值为 0;抽穗开花期平均灌水量为 62.4 mm,平均灌水次数为 2.2 次,灌水量最大值为 143.0 mm,最小值为 0;乳熟期平均灌水量为 57.1 mm,平均灌水次数为 1.7 次,灌水量最大值为 100.5 mm,最小值为 0;黄熟期平均灌水量为 17.5 mm,平均灌水次数为 0.7 次,灌水量最大值为 58.1 mm,最小值为 0。从以上分析结果可以看出,晚稻各生育期灌水量呈现先上升后下降的趋势,而灌水次数先下降后上升再下降,表现出拔节孕穗期灌水次数最多,达到平均 3.3 次。

表 2-49　晚稻间歇灌溉各生育期灌水定额及灌水次数统计结果

年份	灌水定额及次数	返青期	分蘖前期	分蘖后期	拔节孕穗期	抽穗开花期	乳熟期	黄熟期	全生育期
1978	灌水定额/mm	45.8	95.0	56.0	201.6	60.8	84.9	54.7	598.8
	灌水次数/次	2	4	2	5	3	2	2	20
1979	灌水定额/mm	99.3	46.1	39.9	71.1	66.8	86.4	40.0	449.6
	灌水次数/次	5	2	1	2	3	2	1	16
1980	灌水定额/mm	77.0	28.0		103.3	52.0	100.5		360.8
	灌水次数/次	2	1		3	3	3		12
1981	灌水定额/mm	40.2	67.5	41.0	124.6	85.9	59.8		419.0
	灌水次数/次	2	3	1	4	4	2		16
1982	灌水定额/mm	68.1	50.9	98.9	83.4	40.6	84.0	50.0	475.9
	灌水次数/次	3	2	3	3	1	3	2	17
1983	灌水定额/mm	99.7	66.1	56.6	126.7	58.6	71.2	20.7	499.6
	灌水次数/次	4	2	2	5	2	3	1	19
1984	灌水定额/mm	59.3	71.9	24.7	83.3	84.7	36.7	49.9	410.5
	灌水次数/次	3	3	1	3	3	1	2	16
1985	灌水定额/mm	72.5	44.0	76.0	113.8	67.0	79.3	25.0	477.6
	灌水次数/次	3	2	2	4	3	2	1	17
1986	灌水定额/mm	83.5	83.0	86.5	75.5	65.5	88.5	20.0	502.5
	灌水次数/次	4	3	3	2	3	3	1	19
1987	灌水定额/mm	80.9	53.0	56.3	87.4	48.9		15.3	341.8
	灌水次数/次	3	2	3	3	2		1	14
1988	灌水定额/mm	75.0	92.6		172.8	58.6	78.3		477.3
	灌水次数/次	3	2		6	2	4		17
1989	灌水定额/mm	30.0	103.0	73.7	70.5	46.5	50.0	20.0	393.7
	灌水次数/次	1	4	2	2	2	1	1	13
1990	灌水定额/mm	58.8	73.0	55.4	120.4	41.8	27.4	30.0	406.8
	灌水次数/次	2	3	1	3	2	1	1	13

续表 2-49

年份	灌水定额及次数	返青期	分蘖前期	分蘖后期	拔节孕穗期	抽穗开花期	乳熟期	黄熟期	全生育期
1991	灌水定额/mm	45.0	37.7	27.3	206.6	84.0	45.0		445.6
	灌水次数/次	2	1	1	7	3	2		16
1992	灌水定额/mm	52.8	150.0	95.5	143.9	135.8	38.2		616.2
	灌水次数/次	2	5	2	5	5	1		20
1993	灌水定额/mm	31.3	38.3	110.0	108.3	118.3	31.0		437.2
	灌水次数/次	1	2	3	3	4	1		14
1994	灌水定额/mm	82.0	50.3	56.7	28.3	43.0	35.3		295.6
	灌水次数/次	3	2	1	1	2	1		10
1995	灌水定额/mm	73.0	65.0	75.3	102.7	76.3			392.3
	灌水次数/次	3	2	3	4	2			14
1996	灌水定额/mm	53.0	35.3	60.3	116.4	77.7	73.0		415.7
	灌水次数/次	2	1	2	4	3	2		14
1997	灌水定额/mm	28.0		76.0	115.3	49.7	65.7		334.7
	灌水次数/次	1		2	4	2	2		11
1998	灌水定额/mm	28.3		68.0	108.7	55.7	95.3		356.0
	灌水次数/次	1		2	3	2	3		11
1999	灌水定额/mm	54.3	46.7		115.0	84.0	73.4	20.3	393.7
	灌水次数/次	2	2		4	3	2	1	14
2000	灌水定额/mm	53.7	33.3	127.0	126.6	39.0	37.0		416.6
	灌水次数/次	2	1	4	4	2	1		14
2001	灌水定额/mm	59.5	64.0	25.0	130.5	85.5	84.0		448.5
	灌水次数/次	2	2	1	4	3	3		15
2002	灌水定额/mm	21.5	30.0	74.0	52.0	32.0	54.0		263.5
	灌水次数/次	1	1	2	2	1	2		9
2003	灌水定额/mm	115.5	90.5	54.8	150.5	88.0	65.5	28.5	593.3
	灌水次数/次	4	3	2	5	3	2	1	20

续表 2-49

年份	灌水定额及次数	返青期	分蘖前期	分蘖后期	拔节孕穗期	抽穗开花期	乳熟期	黄熟期	全生育期
2004	灌水定额/mm	93.5	75.0	68.0	69.0	83.5	52.5	55.0	496.5
	灌水次数/次	3	2	2	2	3	1	1	14
2005	灌水定额/mm	32.2	75.5	94.2	114.1	96.2	51.0		463.2
	灌水次数/次	1	2	2	3	2	1		11
2006	灌水定额/mm	37.0	76.3	73.3	164.0	52.7	87.3	19.0	509.7
	灌水次数/次	1	2	1	3	1	2	1	11
2007	灌水定额/mm	44.0	44.0	35.0	70.0	143.0	42.0		378.0
	灌水次数/次	2	2	1	2	3	1		11
2008	灌水定额/mm	46.3	84.6	38.8		63.1	51.4	38.5	322.7
	灌水次数/次	2	2	1		1	1	1	8
2009	灌水定额/mm	12.0	77.7	67.3	100.6		49.0	58.1	364.7
	灌水次数/次	1	2	2	2		1	2	10
2010	灌水定额/mm	37.7	132.3		99.0		33.7	10.3	313.0
	灌水次数/次	2	3		3		1	1	10
2011	灌水定额/mm	87.6	19.5	47.0	167.1		36.6	26.1	384.0
	灌水次数/次	2	1	1	3		1	1	9.0
2012	灌水定额/mm	89.3		82.2	83.0		50.0	31.0	335.5
	灌水次数/次	3		1	1		1	1	7
灌水定额/mm	最小值	12.0	0	0	0	0	0	0	263.5
	最大值	115.5	150.0	127.0	206.6	143.0	100.5	58.1	616.2
	平均值	59.1	60.0	57.7	108.7	62.4	57.1	17.5	422.6
灌水次数/次	最小值	1	0	0	0	0	0	0	7
	最大值	5	5	4	7	5	4	2	20
	平均值	2.3	2.0	1.6	3.3	2.2	1.7	0.7	13.8

从表 2-50 数据分析可知，晚稻采用浅水灌溉制度，全生育期平均灌水量为 428.5 mm，平均灌水次数为 13.8 次；其中，返青期平均灌水量为 59.7 mm，平均灌水次数为 2.0 次，灌水量最大值为 113.4 mm，最小值为 12.0 mm；分蘖前期平均灌水量为 60.3 mm，平

均灌水次数为 2. 0 次,灌水量最大值为 160. 0 mm,最小值为 0;分蘖后期平均灌水量为 61. 8 mm,平均灌水次数为 1. 8 次,灌水量最大值为 137. 3 mm,最小值为 0;拔节孕穗期平均灌水量为 118. 6 mm,平均灌水次数为 3. 6 次,灌水量最大值为 223. 0 mm,最小值为 22. 3 mm;抽穗开花期平均灌水量为 62. 1 mm,平均灌水次数为 2. 2 次,灌水量最大值为 147. 3 mm,最小值为 0;乳熟期平均灌水量为 52. 4 mm,平均灌水次数为 1. 7 次,灌水量最大值为 96. 0 mm,最小值为 0;黄熟期平均灌水量为 13. 6 mm,平均灌水次数为 0. 5 次,灌水量最大值为 55. 0 mm,最小值为 0。从以上分析结果可以看出,晚稻浅水灌溉各生育期灌水量呈现先上升后下降的趋势,而灌水次数先下降后上升再下降,表现出拔节孕穗期灌水次数最多,达到平均 3. 6 次。

表 2-50　晚稻浅水灌溉各生育期灌水定额及灌水次数统计结果

年份	灌水定额及次数	返青期	分蘖前期	分蘖后期	拔节孕穗期	抽穗开花期	乳熟期	黄熟期	全生育期
1987	灌水定额/mm	86. 0	56. 4	57. 8	89. 5	49. 2		18. 2	357. 1
	灌水次数/次	3. 0	2. 0	3. 0	3. 0	2. 0		1. 0	14. 0
1988	灌水定额/mm	80. 0	103. 4		182. 1	60. 3	83. 0		508. 8
	灌水次数/次	3. 0	3. 0		6. 0	2. 0	3. 0		17. 0
1989	灌水定额/mm	31. 0	120. 7	57. 6	79. 4	50. 0	53. 0	22. 0	413. 7
	灌水次数/次	1. 0	4. 0	2. 0	2. 0	2. 0	2. 0	1. 0	14. 0
1990	灌水定额/mm	60. 0	79. 2	48. 3	138. 5	42. 2	24. 8	32. 3	425. 3
	灌水次数/次	2. 0	3. 0	1. 0	4. 0	2. 0	1. 0	1. 0	14. 0
1991	灌水定额/mm	50. 0	35. 0	28. 0	223. 0	76. 7	51. 0		463. 7
	灌水次数/次	2. 0	1. 0	1. 0	7. 0	3. 0	2. 0		16. 0
1992	灌水定额/mm	52. 0	160. 0	99. 6	161. 5	128. 6	37. 0		638. 7
	灌水次数/次	2. 0	5. 0	3. 0	6. 0	5. 0	1. 0		22. 0
1993	灌水定额/mm	32. 5	45. 0	118. 5	100. 0	135. 0	25. 5		456. 5
	灌水次数/次	1. 0	2. 0	4. 0	3. 0	4. 0	1. 0		15. 0
1994	灌水定额/mm	100. 0	37. 5	49. 5	42. 5	59. 5	20. 0		309. 0
	灌水次数/次	3. 0	1. 0	2. 0	1. 0	2. 0	1. 0		10. 0
1995	灌水定额/mm	77. 0	65. 0	71. 4	114. 5	71. 5			399. 4
	灌水次数/次	3. 0	2. 0	3. 0	4. 0	3. 0			15. 0
1996	灌水定额/mm	54. 5	48. 0	60. 0	116. 5	78. 0	79. 0		436. 0
	灌水次数/次	2. 0	1. 0	2. 0	4. 0	3. 0	2. 0		14. 0

续表 2-50

年份	灌水定额及次数	返青期	分蘖前期	分蘖后期	拔节孕穗期	抽穗开花期	乳熟期	黄熟期	全生育期
1997	灌水定额/mm	35.5		64.0	144.0	46.5	69.5		359.5
	灌水次数/次	1.0		2.0	5.0	2.0	2.0		12.0
1998	灌水定额/mm	26.3		61.3	134.3	57.7	91.8		371.4
	灌水次数/次	1.0		2.0	4.0	2.0	3.0		12.0
1999	灌水定额/mm	62.5	54.5		126.7	77.5	85.1	21.7	428.0
	灌水次数/次	2.0	2.0		4.0	3.0	3.0	1.0	15.0
2000	灌水定额/mm	58.3	36.7	137.3	135.0	47.6	25.4		440.3
	灌水次数/次	2.0	2.0	4.0	4.0	2.0	1.0		15.0
2001	灌水定额/mm	72.5	45.0	45.0	130.5	83.0	96.0		472.0
	灌水次数/次	2.0	2.0	1.0	4.0	3.0	3.0		15.0
2002	灌水定额/mm	33.0	33.0	88.0	67.5	20.0	57.0		298.5
	灌水次数/次	1.0	1.0	3.0	2.0	1.0	2.0		10.0
2003	灌水定额/mm	111.5	83.5	72.8	151.5	112.0	50.5	31.0	612.8
	灌水次数/次	4.0	3.0	2.0	5.0	4.0	2.0	1.0	21.0
2004	灌水定额/mm	109.0	57.5	95.5	82.0	66.5	56.0	55.0	521.5
	灌水次数/次	3.0	2.0	2.0	2.0	2.0	2.0	1.0	14.0
2005	灌水定额/mm	31.7	75.0	105.6	114.8	94.3	52.7		474.1
	灌水次数/次	1.0	2.0	2.0	4.0	3.0	2.0		14.0
2006	灌水定额/mm	38.3	80.7	70.0	163.0	43.0	94.7	27.3	517.0
	灌水次数/次	1.0	3.0	1.0	4.7	1.0	3.0	1.0	14.7
2007	灌水定额/mm	51.0	51.0	44.8	89.5	147.3	41.0		424.6
	灌水次数/次	2.0	2.0	1.0	2.0	3.0	1.0		11.0
2008	灌水定额/mm	48.3	85.3	39.7	22.3	38.0	65.3	35.1	334.1
	灌水次数/次	2.0	3.0	1.0	1.0	1.0	2.0	1.0	11.0
2009	灌水定额/mm	12.0	94.3	65.3	101.0		64.0	38.0	374.7
	灌水次数/次	1.0	3.0	2.0	2.0		2.0	2.0	12.0

续表 2-50

年份	灌水定额及次数	返青期	分蘖前期	分蘖后期	拔节孕穗期	抽穗开花期	乳熟期	黄熟期	全生育期
2010	灌水定额/mm	37.3	121.3		95.6	23.7	30.3	10.7	318.9
	灌水次数/次	2.0	3.0		2.0	1.0	1.0	1.0	10.0
2011	灌水定额/mm	113.4		50.4	165.2		57.5	30.2	416.7
	灌水次数/次	2.0		1.0	4.0		1.0	1.0	9.0
2012	灌水定额	87.7		77.5	113.5	5.5	52.0	31.5	367.6
	灌水次数/次	3		1	3	1	2	1	11
灌水定额/mm	最小值	12.0	0	0	22.3	0	0	0	298.5
	最大值	113.4	160.0	137.3	223.0	147.3	96.0	55.0	638.7
	平均值	59.7	60.3	61.8	118.6	62.1	52.4	13.6	428.5
灌水次数/次	最小值	1	0	0	1	0	0	0	9
	最大值	4	5	4	7	5	4	2	22
	平均值	2.0	2.0	1.8	3.6	2.2	1.7	0.5	13.8

c. 早、晚稻不同频率年各生育期灌溉定额分析

据表 2-51 和图 2-29 可知，早稻间歇灌溉不同频率年各生育期灌溉定额呈现类似的变化规律，即先上升、后下降、再上升、再下降的变化趋势；而多年平均值则呈现先下降、再上升的循环波动。

表 2-51　早、晚稻间歇灌溉各生育期灌溉定额排频结果（1978—2012 年）

项目	频率/%	50	75	80	90	各生育期平均
早稻灌溉定额/mm	返青期	40.3	49.7	51.8	57.6	40.3
	分蘖前期	27.0	47.4	47.7	55.3	28.0
	分蘖后期	40.0	50.5	53.7	62.7	30.2
	拔节孕穗期	30.4	66.3	70.5	87.4	40.8
	抽穗开花期	35.0	49.0	51.9	55.7	29.8
	乳熟期	32.4	56.0	60.2	68.0	36.4
	黄熟期	0	27.6	33.0	34.3	12.1

续表 2-51

项目	频率/%	50	75	80	90	各生育期平均
晚稻灌溉定额/mm	返青期	54.3	80.9	83.5	93.5	59.1
	分蘖前期	64.0	77.7	84.6	95.0	60.0
	分蘖后期	56.7	76.0	82.2	95.5	57.7
	拔节孕穗期	108.7	126.7	143.9	167.1	108.7
	抽穗开花期	60.8	84.0	85.5	96.2	62.4
	乳熟期	52.5	79.3	84.0	87.3	57.1
	黄熟期	15.3	30.0	38.5	50.0	17.5

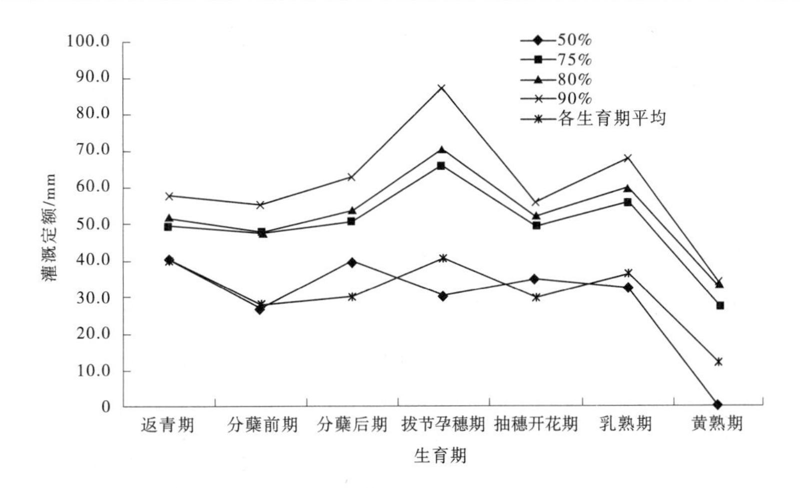

图 2-29　早稻间歇灌溉不同频率年各生育期灌溉定额变化(1978—2012 年)

据表 2-51 和图 2-30 可知,晚稻间歇灌溉不同频率年和多年平均值各生育期灌溉定额呈现类似的变化规律,即先上升、再下降的变化趋势。

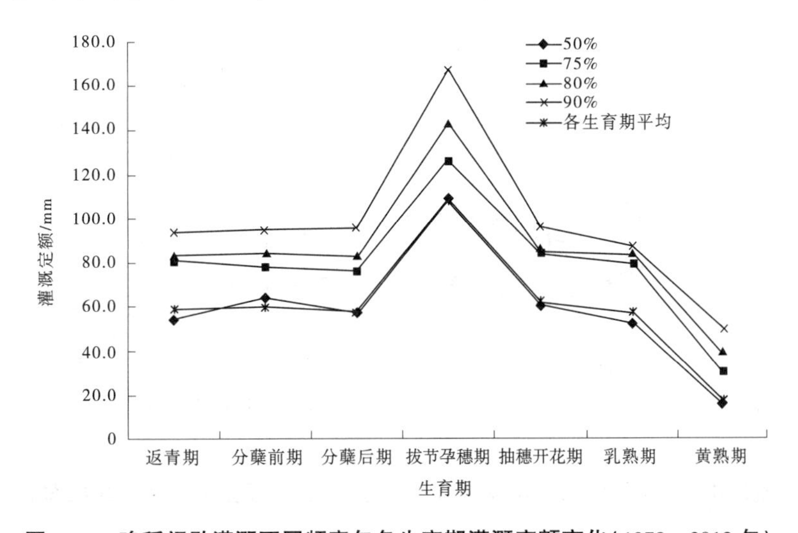

图 2-30　晚稻间歇灌溉不同频率年各生育期灌溉定额变化(1978—2012 年)

据表2-52和图2-31可知,早稻浅水灌溉不同频率年各生育期灌溉定额呈现不规则的变化规律,其中,80%和90%频率年类似,即先上升后下降;而50%、75%和多年平均值则相对变化平缓,在黄熟期后迅速下降。

表2-52　早、晚稻浅水灌溉各生育期灌溉定额排频结果(1987—2012年)

项目	频率/%	50	75	80	90	各生育期平均
早稻灌溉定额/mm	返青期	38.5	47.0	54.7	56.0	39.1
	分蘖前期	25.0	46.3	48.9	70.0	26.4
	分蘖后期	34.0	55.5	57.7	64.5	31.9
	拔节孕穗期	29.3	54.0	85.5	107.0	38.1
	抽穗开花期	31.3	45.9	64.0	65.6	30.5
	乳熟期	36.5	51.7	65.6	75.2	37.2
	黄熟期	0	26.5	28.5	34.0	9.4
晚稻灌溉定额/mm	返青期	54.5	80.0	87.7	109.0	59.7
	分蘖前期	56.4	83.5	94.3	120.7	60.3
	分蘖后期	61.3	77.5	95.5	105.6	61.8
	拔节孕穗期	116.5	144.0	161.5	165.2	118.6
	抽穗开花期	59.5	78.0	94.3	128.6	62.1
	乳熟期	53.0	69.5	83.0	91.8	52.4
	黄熟期	0	30.2	31.5	35.1	13.6

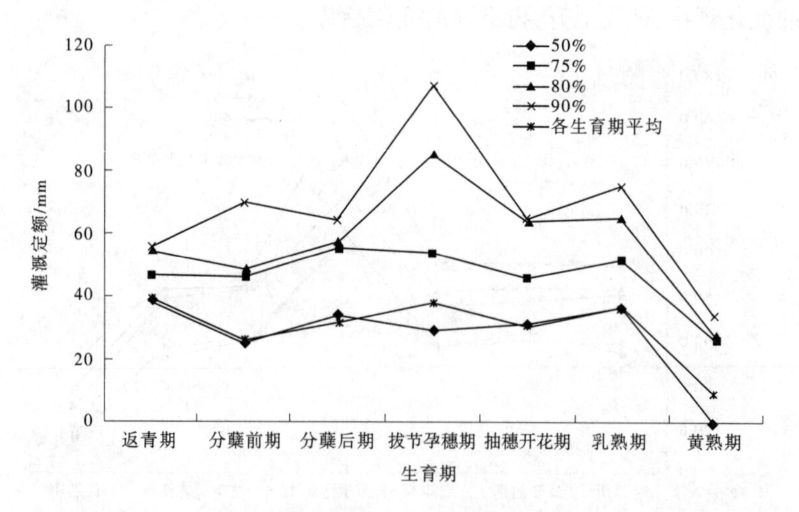

图2-31　早稻浅水灌溉不同频率年各生育期灌溉定额变化(1987—2012年)

据表2-52和图2-32可知，晚稻浅水灌溉不同频率年和多年平均值各生育期灌溉定额呈现出与间歇灌溉相类似的变化规律，即先上升、再下降的总体变化趋势。

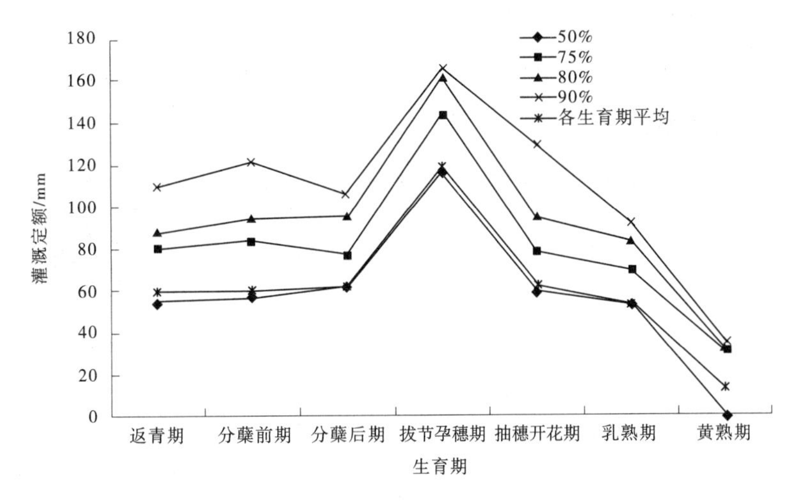

图2-32　晚稻浅水灌溉不同频率年各生育期灌溉定额变化(1987—2012年)

2)早晚稻各月灌溉定额分析

a.早稻历年各月灌溉定额分析

由表2-53数据分析可知，早稻采用间歇灌溉制度，全生育期平均灌水量为217.6 mm，平均灌水次数为7.6次；其中，4月平均灌水量为22.5 mm，平均灌水次数为0.9次，灌水量最大值为57.3 mm，最小值为0；5月平均灌水量为71.0 mm，平均灌水次数为2.5次，灌水量最大值为142.3 mm，最小值为0；6月平均灌水量为83.3 mm，平均灌水次数为2.8次，灌水量最大值为220.2 mm，最小值为0；7月平均灌水量为40.9 mm，平均灌水次数为1.4次，灌水量最大值为128.0 mm，最小值为0。从以上分析结果可以看出，早稻各月灌水量及灌水次数变化较大，其中5月和6月灌水量和灌水次数较多，其次是7月，最少的是4月。

表2-53　早稻间歇灌溉各月灌水定额及灌水次数统计结果

年份	灌水定额及次数	4月	5月	6月	7月	全生育期
1978	灌水定额/mm		109.1	220.2	23.8	353.1
	灌水次数/次		4.0	7.0	1.0	12.0
1979	灌水定额/mm		81.2	135.7	56.0	272.9
	灌水次数/次		4.0	4.0	2.0	10.0
1980	灌水定额/mm		96.6	141.7	51.8	290.1
	灌水次数/次		4.0	6.0	2.0	12.0

续表 2-53

年份	灌水定额及次数	4月	5月	6月	7月	全生育期
1981	灌水定额/mm	28.5	88.5	190.5	36.6	344.1
	灌水次数/次	1.0	4.0	6.0	2.0	13.0
1982	灌水定额/mm	25.0	86.4	122.7	64.5	298.6
	灌水次数/次	1.0	2.0	5.0	2.0	10.0
1983	灌水定额/mm	19.7	100.8	74.2	52.7	247.4
	灌水次数/次	1.0	4.0	3.0	2.0	10.0
1984	灌水定额/mm	25.7	68.2	119.7	55.8	269.4
	灌水次数/次	1.0	3.0	4.0	2.0	10.0
1985	灌水定额/mm	27.5	90.0	73.0	43.3	233.8
	灌水次数/次	1.0	3.0	3.0	2.0	9.0
1986	灌水定额/mm	24.0	136.1	55.0	23.5	238.6
	灌水次数/次	1.0	5.0	2.0	1.0	9.0
1987	灌水定额/mm		48.0	131.0	65.0	244.0
	灌水次数/次		2.0	5.0	2.0	9.0
1988	灌水定额/mm	27.0	47.0	30.6	128.0	232.6
	灌水次数/次	1.0	2.0	1.0	4.0	8.0
1989	灌水定额/mm	20.0	45.3	99.0	36.0	200.3
	灌水次数/次	1.0	2.0	3.0	2.0	8.0
1990	灌水定额/mm	30.0	69.6	64.2	44.6	208.4
	灌水次数/次	1.0	2.0	2.0	2.0	7.0
1991	灌水定额/mm		141.1	92.8	68.0	301.9
	灌水次数/次		5.0	3.0	2.0	10.0
1992	灌水定额/mm	27.3	68.5	131.2		227.0
	灌水次数/次	1.0	1.0	5.0		7.0
1993	灌水定额/mm		45.3		21.0	66.3
	灌水次数/次		2.0		1.0	3.0

续表 2-53

年份	灌水定额及次数	4 月	5 月	6 月	7 月	全生育期
1994	灌水定额/mm		77.7	110.0	37.0	224.7
	灌水次数/次		3.0	4.0	1.0	8.0
1995	灌水定额/mm		62.3	47.8	34.3	144.4
	灌水次数/次		3.0	2.0	1.0	6.0
1996	灌水定额/mm		42.6	125.4	24.3	192.3
	灌水次数/次		2.0	4.0	1.0	7.0
1997	灌水定额/mm	38.3	25.0	123.8	20.7	207.8
	灌水次数/次	2.0	1.0	4.0	1.0	8.0
1998	灌水定额/mm	57.3	94.7	99.3	33.8	285.1
	灌水次数/次	2.0	3.0	3.0	1.0	9.0
1999	灌水定额/mm	30.7	55.0	32.7	20.0	138.4
	灌水次数/次	1.0	2.0	1.0	1.0	5.0
2000	灌水定额/mm	26.0	78.0	59.5		163.5
	灌水次数/次	1.0	3.0	2.0		6.0
2001	灌水定额/mm	41.5	79.0	75.2		195.7
	灌水次数/次	2.0	3.0	2.0		7.0
2002	灌水定额/mm	30.0	40.0	90.0	38.5	198.5
	灌水次数/次	1.0	2.0	4.0	1.0	8.0
2003	灌水定额/mm	44.0	49.6	111.1	55.0	259.7
	灌水次数/次	2.0	2.0	4.0	2.0	10.0
2004	灌水定额/mm	37.5	61.5	44.0	34.5	177.5
	灌水次数/次	2.0	2.0	1.0	1.0	6.0
2005	灌水定额/mm	26.0	0	77.5	76.5	180.0
	灌水次数/次	1.0	0	2.0	2.0	5.0
2006	灌水定额/mm	37.7	33.3		104.3	175.3
	灌水次数/次	2.0	1.0		2.0	5.0

续表 2-53

年份	灌水定额及次数	4月	5月	6月	7月	全生育期
2007	灌水定额/mm	21.7	142.3	55.7	33.0	252.7
	灌水次数/次	1.0	3.0	1.0	1.0	6.0
2008	灌水定额/mm	29.2	103.1		27.6	159.8
	灌水次数/次	2.0	3.0		1.0	6.0
2009	灌水定额/mm	40.3	72.9	64.3	35.4	212.9
	灌水次数/次	2.0	2.0	1.0	1.0	6.0
2010	灌水定额/mm		18.7	54.3	5.7	78.7
	灌水次数/次		1.0	1.0	1.0	2.0
2011	灌水定额/mm	37.5	126.8	41.7	47.7	253.7
	灌水次数/次	1.0	3.0	1.0	1.0	6.0
2012	灌水定额/mm	34.5		21.0	33.0	88.5
	灌水次数/次	1.0		1.0	1.0	3.0
灌水定额/mm	最小值	0	0	0	0	66.3
	最大值	57.3	142.3	220.2	128.0	353.1
	平均值	22.5	71.0	83.3	40.9	217.6
灌水次数/次	最小值	0	0	0	0	2
	最大值	2	5	7	4	13
	平均值	0.9	2.5	2.8	1.4	7.6

由表2-54数据分析可知，早稻采用浅水灌溉制度，全生育期平均灌水量为212.6 mm，平均灌水次数为7.2次；其中，4月平均灌水量为24.8 mm，平均灌水次数为1.0次，灌水量最大值为65.0 mm，最小值为0；5月平均灌水量为70.5 mm，平均灌水次数为2.4次，灌水量最大值为147.4 mm，最小值为0；6月平均灌水量为76.7 mm，平均灌水次数为2.5次，灌水量最大值为152.9 mm，最小值为0；7月平均灌水量为40.5 mm，平均灌水次数为1.3次，灌水量最大值为132.6 mm，最小值为0。从以上分析结果可以看出，早稻浅水灌溉各月灌水量及灌水次数变化较大，其中5月和6月灌水量和灌水次数最多，其次是7月，最少的是4月。

表 2-54　早稻浅水灌溉各月灌水定额及灌水次数统计结果

年份	灌水定额及次数	4 月	5 月	6 月	7 月	全生育期
1987	灌水定额/mm		47.0	152.9	65.6	265.5
	灌水次数/次		2.0	6.0	2.0	10.0
1988	灌水定额/mm	31.0	62.0	24.0	132.6	249.6
	灌水次数/次	1.0	2.0	1.0	4.0	8.0
1989	灌水定额/mm	25.0	50.0	118.0	33.0	226.0
	灌水次数/次	1.0	2.0	4.0	1.0	8.0
1990	灌水定额/mm	29.0	77.6	71.7	45.2	223.5
	灌水次数/次	1.0	2.0	2.0	2.0	7.0
1991	灌水定额/mm		133.1	113.2	72.4	318.7
	灌水次数/次		5.0	4.0	2.0	11.0
1992	灌水定额/mm	22.7	87.6	137.0		247.3
	灌水次数/次	1.0	3.0	4.0		8.0
1993	灌水定额/mm		48.0		20.0	68.0
	灌水次数/次		2.0		1.0	3.0
1994	灌水定额/mm		85.5	123.0	23.0	231.5
	灌水次数/次		4.0	4.0	1.0	9.0
1995	灌水定额/mm		85.0	45.8	34.0	164.8
	灌水次数/次		3.0	2.0	1.0	6.0
1996	灌水定额/mm		70.0	126.4	40.2	236.6
	灌水次数/次		2.0	4.0	2.0	8.0
1997	灌水定额/mm	45.5	55.5	116.0	36.5	253.5
	灌水次数/次	2.0	2.0	4.0	1.0	9.0
1998	灌水定额/mm	65.0	114.0	88.0	28.3	295.3
	灌水次数/次	1.0	4.0	3.0	1.0	9.0
1999	灌水定额/mm	37.0	51.0	31.0	25.0	144.0
	灌水次数/次	1.0	2.0	1.0	1.0	5.0

续表 2-54

年份	灌水定额及次数	4月	5月	6月	7月	全生育期
2000	灌水定额/mm	24.3	99.3	64.0		187.6
	灌水次数/次	1.0	3.0	2.0		6.0
2001	灌水定额/mm	38.5	86.5	79.5		204.5
	灌水次数/次	2.0	3.0	2.0		7.0
2002	灌水定额/mm	27.5	32.5	96.5	36.5	193.0
	灌水次数/次	1.0	2.0	3.0	1.0	7.0
2003	灌水定额/mm	47.0	49.6	128.1	40.0	264.7
	灌水次数/次	2.0	2.0	4.0	2.0	10.0
2004	灌水定额/mm	40.0	84.5	41.5	32.5	198.5
	灌水次数/次	2.0	2.0	1.0	1.0	6.0
2005	灌水定额/mm	25.7		87.0	76.7	189.3
	灌水次数/次	1.0		3.0	2.0	6.0
2006	灌水定额/mm	36.3	26.7	41.7	95.7	200.3
	灌水次数/次	2.0	1.0	1.0	3.0	7.0
2007	灌水定额/mm	26.0	146.7	67.0	32.3	272.0
	灌水次数/次	1.0	3.0	2.0	1.0	7.0
2008	灌水定额/mm	31.7	95.7	26.7	28.5	182.5
	灌水次数/次	2.0	3.0	1.0	1.0	7.0
2009	灌水定额/mm	43.7	80.7	74.2	57.2	255.7
	灌水次数/次	2.0	3.0	2.0	2.0	9.0
2010	灌水定额/mm		16.7	57.7	5.3	79.7
	灌水次数/次		1.0	2.0	1.0	4.0
2011	灌水定额/mm	30.5	147.4	53.8	61.0	292.6
	灌水次数/次	1.0	3.5	2.0	2.0	8.5
2012	灌水定额/mm	19.5		30.0	32.5	82.0
	灌水次数/次	1.0		1.0	1.0	3.0

续表 2-54

年份	灌水定额及次数	4 月	5 月	6 月	7 月	全生育期
灌水定额/mm	最小值	0	0	0	0	68.0
	最大值	65.0	147.4	152.9	132.6	318.7
	平均值	24.8	70.5	76.7	40.5	212.6
灌水次数/次	最小值	0	0	0	0	2.0
	最大值	2.0	5.0	6.0	4.0	11.0
	平均值	1.0	2.4	2.5	1.3	7.2

b. 晚稻历年各月灌溉定额分析

由表 2-55 数据分析可知,晚稻采用间歇灌溉制度,全生育期平均灌水量为 422.6 mm,平均灌水次数为 13.5 次;其中,7 月平均灌水量为 55.0 mm,平均灌水次数为 2.1 次,灌水量最大值为 115.5 mm,最小值为 12.0 mm;8 月平均灌水量为 146.2 mm,平均灌水次数为 4.5 次,灌水量最大值为 258.3 mm,最小值为 28.0 mm;9 月平均灌水量为 168.5 mm,平均灌水次数为 5.2 次,灌水量最大值为 257.3 mm,最小值为 0;10 月平均灌水量为 52.8 mm,平均灌水次数为 1.7 次,灌水量最大值为 136.9 mm,最小值为 0。从以上分析结果可以看出,晚稻各月灌水量及灌水次数变化较大,其中 8 月和 9 月灌水量和灌水次数最多,其次是 7 月,最少的是 10 月。

表 2-55　晚稻间歇灌溉各月灌水定额及灌水次数统计结果

年份	灌水定额及次数	7 月	8 月	9 月	10 月	全生育期
1978	灌水定额/mm	45.8	211.0	257.3	84.7	598.8
	灌水次数/次	2.0	8.0	7.0	3.0	20.0
1979	灌水定额/mm	50.0	135.3	137.9	126.4	449.6
	灌水次数/次	2.0	5.0	6.0	3.0	16.0
1980	灌水定额/mm	77.0	28.0	180.3	75.5	360.8
	灌水次数/次	3.0	1.0	6.0	2.0	12.0
1981	灌水定额/mm	40.2	138.5	215.3	25.0	419.0
	灌水次数/次	4.0	5.0	6.0	1.0	16.0
1982	灌水定额/mm	68.1	149.8	208.0	50.0	475.9
	灌水次数/次	3.0	5.0	7.0	2.0	17.0

续表 2-55

年份	灌水定额及次数	7月	8月	9月	10月	全生育期
1983	灌水定额/mm	47.0	195.4	204.5	52.7	499.6
	灌水次数/次	2.0	7.0	8.0	2.0	19.0
1984	灌水定额/mm	43.3	112.6	168.0	86.6	410.5
	灌水次数/次	2.0	5.0	6.0	3.0	16.0
1985	灌水定额/mm	54.0	202.3	166.3	55.0	477.6
	灌水次数/次	2.0	7.0	6.0	2.0	17.0
1986	灌水定额/mm	58.0	195.0	166.0	83.5	502.5
	灌水次数/次	2.0	8.0	6.0	3.0	19.0
1987	灌水定额/mm	26.0	154.3	132.9	28.6	341.8
	灌水次数/次	1.0	5.0	6.0	2.0	14.0
1988	灌水定额/mm	24.0	168.2	148.2	136.9	477.3
	灌水次数/次	1.0	5.0	4.0	4.0	14.0
1989	灌水定额/mm	30.0	211.3	115.5	36.9	393.7
	灌水次数/次	1.0	6.0	5.0	1.0	13.0
1990	灌水定额/mm	58.8	176.3	141.7	30.0	406.8
	灌水次数/次	2.0	6.0	5.0	1.0	14.0
1991	灌水定额/mm	45.0	171.0	184.6	45.0	445.6
	灌水次数/次	2.0	6.0	6.0	2.0	16.0
1992	灌水定额/mm	52.8	197.8	237.5	128.2	616.3
	灌水次数/次	2.0	5.0	6.0	4.0	17.0
1993	灌水定额/mm	26.3	86.7	203.0	121.0	437.0
	灌水次数/次	1.0	3.0	6.0	4.0	14.0
1994	灌水定额/mm	49.0	168.3	78.3	0	295.6
	灌水次数/次	2.0	6.0	2.0	0	10.0
1995	灌水定额/mm	73.0	140.3	179.0	0	392.3
	灌水次数/次	2.0	5.0	7.0	0	14.0

续表 2-55

年份	灌水定额及次数	7 月	8 月	9 月	10 月	全生育期
1996	灌水定额/mm	53.0	99.7	228.8	34.3	415.8
	灌水次数/次	2.0	3.0	8.0	1.0	14.0
1997	灌水定额/mm	28.0	76.0	165.0	65.7	334.7
	灌水次数/次	1.0	2.0	6.0	2.0	11.0
1998	灌水定额/mm	28.3	176.7	151.0	0	356.0
	灌水次数/次	1.0	5.0	5.0	0	11.0
1999	灌水定额/mm	54.3	51.7	194.0	93.7	393.7
	灌水次数/次	2.0	2.0	7.0	3.0	14.0
2000	灌水定额/mm	87.0	137.0	155.7	36.9	416.6
	灌水次数/次	3.0	4.0	5.0	1.0	13.0
2001	灌水定额/mm	88.5	86.5	248.5	25.0	448.5
	灌水次数/次	3.0	3.0	8.0	1.0	15.0
2002	灌水定额/mm	21.5	104.0	138.0	0	263.5
	灌水次数/次	1.0	3.0	5.0	0	9.0
2003	灌水定额/mm	115.5	258.3	219.5	0	593.3
	灌水次数/次	5.0	8.0	7.0	0	20.0
2004	灌水定额/mm	93.5	155.0	173.0	75.0	496.5
	灌水次数/次	3.0	5.0	4.0	2.0	14.0
2005	灌水定额/mm	60.0	231.0	172.2	0	463.2
	灌水次数/次	2.0	5.0	4.0	0	11.0
2006	灌水定额/mm	69.3	160.0	174.0	106.3	509.7
	灌水次数/次	2.0	3.0	3.0	3.0	11.0
2007	灌水定额/mm	88.0	105.0	143.0	42.0	378.0
	灌水次数/次	4.0	3.0	3.0	1.0	11.0
2008	灌水定额/mm	72.7	97.0	119.9	33.2	322.7
	灌水次数/次	3.0	2.0	2.0	1.0	8.0

续表 2-55

年份	灌水定额及次数	7月	8月	9月	10月	全生育期
2009	灌水定额/mm	12.0	145.0	143.6	64.1	364.7
	灌水次数/次	1.0	4.0	3.0	2.0	10.0
2010	灌水定额/mm	37.7	132.3	99.0	44.0	313.0
	灌水次数/次	2.0	3.0	3.0	2.0	10.0
2011	灌水定额/mm	58.7	95.4	167.1	62.8	384.0
	灌水次数/次	1.0	2.5	3.0	2.0	8.5
2012	灌水定额/mm	89.3	165.2	81.0	0	335.5
	灌水次数/次	3.0	2.0	2.0	0	7.0
灌水定额/mm	最小值	12.0	28.0	0	0	263.5
	最大值	115.5	258.3	257.3	136.9	616.3
	平均值	55.0	146.2	168.5	52.8	422.6
灌水次数/次	最小值	1.0	1.0	0	0	7.0
	最大值	5.0	8.0	8.0	4.0	20.0
	平均值	2.1	4.5	5.2	1.7	13.5

由表2-56数据分析可知,晚稻采用浅水灌溉制度,全生育期平均灌水量为428.5 mm,平均灌水次数为13.5次;其中,7月平均灌水量为61.4 mm,平均灌水次数为2.0次,灌水量最大值为145.0 mm,最小值为12.0;8月平均灌水量为148.2 mm,平均灌水次数为4.5次,灌水量最大值为274.3 mm,最小值为54.5 mm;9月平均灌水量为170.5 mm,平均灌水次数为5.3次,灌水量最大值为261.0 mm,最小值为79.5 mm;10月平均灌水量为48.4 mm,平均灌水次数为1.7次,灌水量最大值为143.3 mm,最小值为0。从以上分析结果可以看出,晚稻浅水灌溉各月灌水量及灌水次数变化较大,其中8月和9月灌水量和灌水次数最多,其次是7月,最小的是10月。

表2-56　晚稻浅水灌溉各月灌水定额及灌水次数统计结果

年份	灌水定额及次数	7月	8月	9月	10月	全生育期
1987	灌水定额/mm	28.0	157.3	135.1	36.6	357.0
	灌水次数/次	1.0	5.0	6.0	2.0	14.0

续表 2-56

年份	灌水定额及次数	7 月	8 月	9 月	10 月	全生育期
1988	灌水定额/mm	30.0	183.3	152.2	143.3	508.8
	灌水次数/次	1.0	6.0	5.0	5.0	17.0
1989	灌水定额/mm	31.0	215.7	125.2	41.8	413.7
	灌水次数/次	1.0	6.0	5.0	2.0	14.0
1990	灌水定额/mm	60.0	194.0	139.0	32.3	425.3
	灌水次数/次	2.0	6.0	5.0	1.0	14.0
1991	灌水定额/mm	50.0	188.1	174.6	51.0	463.7
	灌水次数/次	2.0	6.0	6.0	2.0	16.0
1992	灌水定额/mm	52.0	209.4	257.2	120.1	638.7
	灌水次数/次	2.0	7.0	8.0	5.0	22.0
1993	灌水定额/mm	32.5	85.0	218.5	120.5	456.5
	灌水次数/次	1.0	3.0	7.0	4.0	15.0
1994	灌水定额/mm	62.0	167.5	79.5	0	309.0
	灌水次数/次	2.0	6.0	2.0	0	10.0
1995	灌水定额/mm	77.0	136.4	186.0	0	399.4
	灌水次数/次	2.0	5.0	8.0	0	15.0
1996	灌水定额/mm	54.5	108.0	246.5	27.0	436.0
	灌水次数/次	2.0	3.0	8.0	1.0	14.0
1997	灌水定额/mm	35.5	64.0	190.5	69.5	359.5
	灌水次数/次	1.0	2.0	7.0	2.0	12.0
1998	灌水定额/mm	26.3	175.6	169.5	0	371.4
	灌水次数/次	1.0	6.0	5.0	0	12.0
1999	灌水定额/mm	62.5	54.5	204.2	106.8	428.0
	灌水次数/次	2.0	2.0	7.0	4.0	15.0
2000	灌水定额/mm	95.0	137.3	178.7	29.3	440.3
	灌水次数/次	3.0	5.0	6.0	1.0	15.0
2001	灌水定额/mm	82.5	105.0	261.0	23.5	472.0
	灌水次数/次	3.0	3.0	8.0	1.0	15.0

续表 2-56

年份	灌水定额及次数	7月	8月	9月	10月	全生育期
2002	灌水定额/mm	33.0	121.0	144.5	0	298.5
	灌水次数/次	1.0	4.0	5.0	0	10.0
2003	灌水定额/mm	145.0	274.3	193.5	0	612.8
	灌水次数/次	5.0	9.0	7.0	0	21.0
2004	灌水定额/mm	109.0	153.0	204.5	55.0	521.5
	灌水次数/次	3.0	5.0	4.0	2.0	14.0
2005	灌水定额/mm	68.9	227.4	177.7	0	474.1
	灌水次数/次	2.0	6.0	6.0	0	14.0
2006	灌水定额/mm	67.0	149.3	216.3	84.3	517.0
	灌水次数/次	2.0	4.0	5.7	3.0	14.7
2007	灌水定额/mm	102.0	134.3	147.3	41.0	424.7
	灌水次数/次	4.0	3.0	3.0	1.0	11.0
2008	灌水定额/mm	74.7	98.7	126.7	34.1	334.1
	灌水次数/次	3.0	3.0	4.0	1.0	11.0
2009	灌水定额/mm	12.0	159.7	135.0	68.0	374.7
	灌水次数/次	1.0	5.0	3.0	3.0	12.0
2010	灌水定额/mm	37.3	121.3	119.3	41.0	318.9
	灌水次数/次	2.0	4.0	3.0	1.0	10.0
2011	灌水定额/mm	79.7	84.1	165.2	87.7	416.7
	灌水次数/次	1.0	2.0	3.5	2.5	9.0
2012	灌水定额/mm	87.7	148.5	85.5	46.0	367.6
	灌水次数/次	3.0	3.0	3.0	2.0	11.0
灌水定额/mm	最小值	12.0	54.5	79.5	0	298.5
	最大值	145.0	274.3	261.0	143.3	638.7
	平均值	61.4	148.2	170.5	48.4	428.5
灌水次数/次	最小值	1	2	2	0	9
	最大值	5	9	8	5	21
	平均值	2.0	4.5	5.3	1.7	13.5

c. 早、晚稻各月不同频率年灌溉定额分析

由表2-57和图2-33可知，早稻间歇灌溉不同频率年各月灌溉定额呈现出类似的变化规律，即先上升、后下降的变化趋势；到6月灌溉定额达到最大，随后迅速下降。

表2-57　早、晚稻间歇灌溉各月灌溉定额排频结果(1978—2012年)

项目	频率/%	50	75	80	90	各生育期平均
早稻灌溉定额/mm	4月	26.0	34.5	37.5	40.3	22.5
	5月	69.6	94.7	100.8	126.8	71.0
	6月	75.2	122.7	125.4	135.7	83.3
	7月	36.0	55.0	56.0	68.0	40.9
晚稻灌溉定额/mm	7月	53.0	72.7	77.0	88.5	55.0
	8月	149.8	176.7	195.4	211.0	146.2
	9月	167.1	203.0	208.0	228.8	168.5
	10月	45.0	83.5	86.6	121.0	52.8

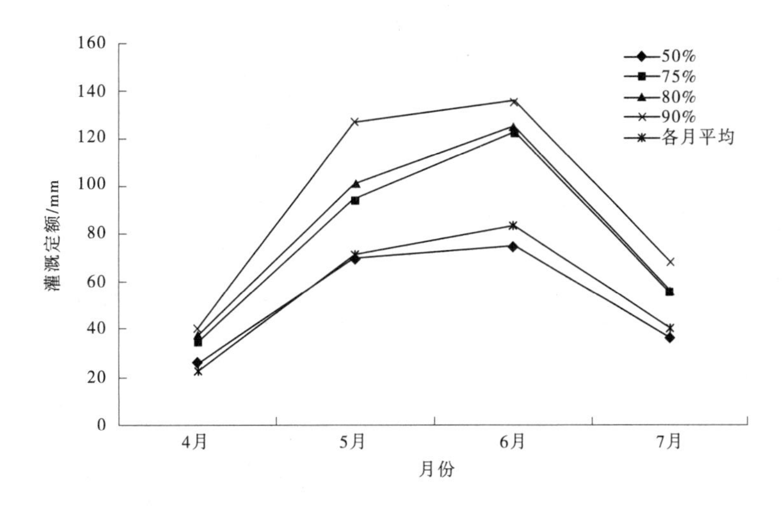

图2-33　早稻间歇灌溉不同频率年各月灌溉定额变化(1978—2012年)

由表2-57和图2-34可知，晚稻间歇灌溉不同频率年各月灌溉定额呈现与早稻相似的变化规律，即先上升、后下降的变化趋势；到9月灌溉定额达到最大，随后迅速下降。

由表2-58和图2-35可知，早稻浅水灌溉不同频率年各月灌溉定额呈现出类似的变化规律，即先上升、后下降的变化趋势。但是，不同频率年灌溉定额到达峰值不一致，其中50%和90%频率年在5月就达到峰值，随后略有下降，到了7月则迅速下降。75%、80%频率年和多年平均值在6月达到峰值，随后迅速下降。

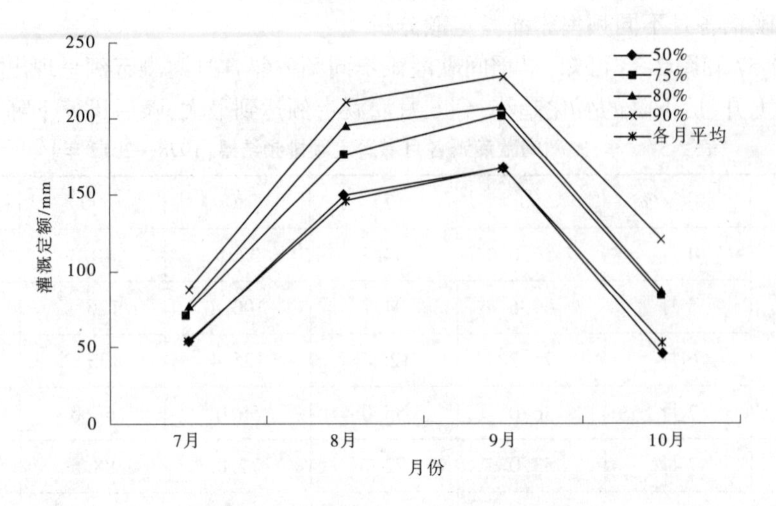

图 2-34　晚稻间歇灌溉不同频率年各月灌溉定额变化(1978—2012 年)

表 2-58　早、晚稻浅水灌溉各月灌溉定额排频结果(1987—2012 年)

项目	频率/%	50	75	80	90	各生育期平均
早稻灌溉定额/mm	4 月	27.5	37.0	40.0	45.5	24.8
	5 月	77.6	87.6	99.3	133.1	70.5
	6 月	74.2	116.0	123.0	128.1	76.7
	7 月	34.0	57.2	65.6	76.7	40.5
晚稻灌溉定额/mm	7 月	62.0	79.7	87.7	102.0	61.4
	8 月	149.3	183.3	194.0	215.7	148.2
	9 月	174.6	204.2	216.3	246.5	170.5
	10 月	41.0	69.5	87.7	120.1	48.4

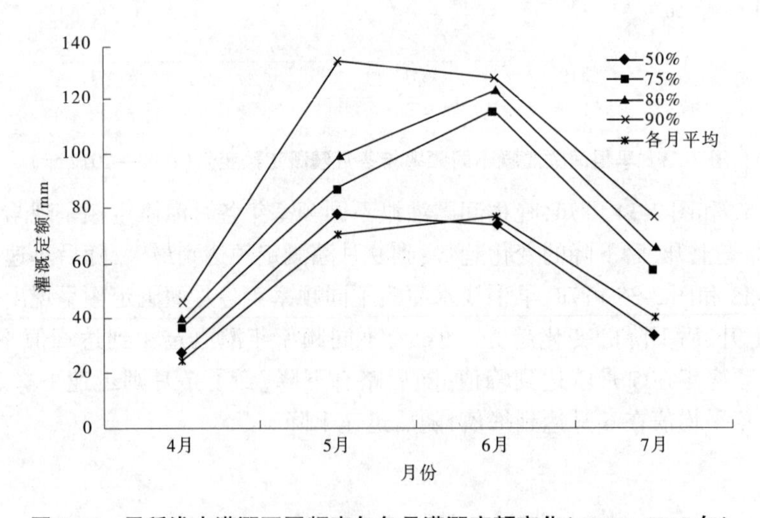

图 2-35　早稻浅水灌溉不同频率年各月灌溉定额变化(1987—2012 年)

据表 2-58 和图 2-36 可知,晚稻浅水灌溉不同频率年各月灌溉定额呈现出与间歇灌溉类似的变化规律,即先上升、后下降的变化趋势;到 9 月灌溉定额达到最大,随后迅速下降。

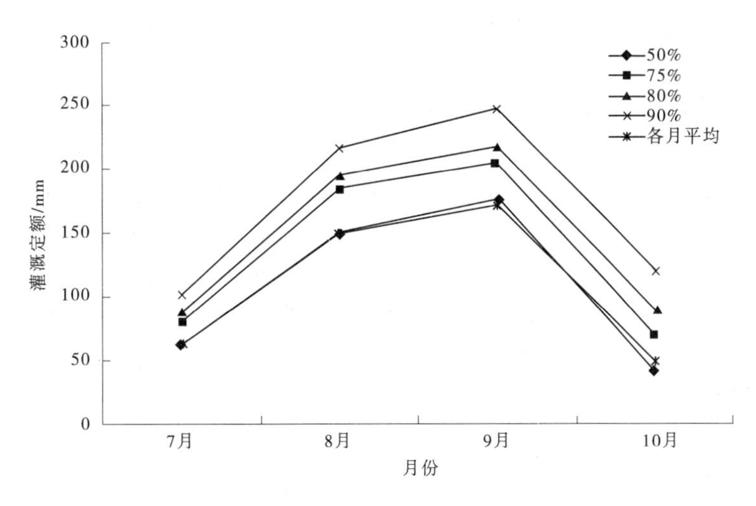

图 2-36　晚稻浅水灌溉不同频率年各月灌溉定额变化(1987—2012 年)

3)早、晚稻全生育期不同频率年灌溉定额分析

由表 2-59 数据可知,早稻间歇灌溉全生育期不同频率年灌溉定额为 224.7~298.6 mm,分别较多年平均值呈现一定的增幅(见表 2-60),其中,50%频率年增加额为 7.1 mm,增幅为 3.3%,75%频率年增加额为 42.1 mm,增幅为 19.3%,80%频率年增加额为 55.3 mm,增幅为 25.4%,90%频率年增加额为 81.0 mm,增幅为 37.2%。

表 2-59　早、晚稻全生育期灌溉定额排频结果

项目	频率/%	50	75	80	90	各生育期平均
早稻灌溉定额/mm	间歇灌溉	224.7	259.7	272.9	298.6	217.6
	浅水灌溉	226.0	255.7	265.5	292.6	212.6
晚稻灌溉定额/mm	间歇灌溉	415.7	477.3	496.5	509.7	422.6
	浅水灌溉	425.3	472.0	508.8	521.5	428.5

表 2-60　早、晚稻全生育期灌溉定额各频率年与多年平均值对比分析结果

稻别	各频率年较多年平均增量	50%		75%		80%		90%	
		增额/mm	增幅/%	增额/mm	增幅/%	增额/mm	增幅/%	增额/mm	增幅/%
早稻	间歇灌溉	7.1	3.3	42.1	19.3	55.3	25.4	81.0	37.2
	浅水灌溉	13.4	6.3	43.1	20.3	52.9	24.9	80.0	37.6
晚稻	间歇灌溉	-6.9	-1.6	54.7	12.9	73.9	17.5	87.1	20.6
	浅水灌溉	-3.2	-0.7	43.5	10.2	80.3	18.7	93.0	21.7

由表2-59可知,晚稻间歇灌溉全生育期不同频率年灌溉定额为415.7~509.7 mm,除50%频率年外,不同频率年灌溉定额分别较多年平均值呈现一定的增幅(见表2-60);其中,50%频率年减少额为6.9 mm,减幅为1.6%;75%频率年增加额为54.7 mm,增幅为12.9%;80%频率年增加额为73.9 mm,增幅为17.5%;90%频率年增加额为87.1 mm,增幅为20.6%。

晚稻浅水灌溉全生育期不同频率年灌溉定额为425.3~521.5 mm,除50%频率年外,不同频率年灌溉定额分别较多年平均值呈现一定的增幅(见表2-60);其中,50%频率年减少额为3.2 mm,减幅为0.7%;75%频率年增加额为43.5 mm,增幅为10.2%;80%频率年增加额为80.3 mm,增幅为18.7%;90%频率年增加额为93.0 mm,增幅为21.7%。

早稻浅水灌溉全生育期不同频率年灌溉定额为226.0~292.6 mm,分别较多年平均值呈现一定的增幅(见表2-60);其中,50%频率年增加额为13.4 mm,增幅为6.3%;75%频率年增加额为43.1 mm,增幅为20.3%;80%频率年增加额为52.9 mm,增幅为24.9%;90%频率年增加额为80.0 mm,增幅为37.6%。

2.3.1.5 小结

(1)系统分析了江西省灌溉试验中心站1982—2012年间的早、晚稻作物需水规律。分别对早、晚稻各生育期、各月的需水量和需水强度进行分析,揭示了各生育期、各月水稻需水量和需水强度的变化规律。同时,采用经验频率适线法公式,利用matlab软件进行编程,分析确定了50%、75%、80%、90%等4个频率年水稻需水量,并探明了影响需水量的主要因素。

(2)系统分析了江西省灌溉试验中心站1982—2012年间的早、晚稻各生育期及各月作物系数。分别对早、晚稻各生育期、各月作物系数进行了系统分析,揭示了气象因素、灌溉制度对各生育期、各月作物系数的影响规律。同时,分析确定了50%、75%、80%、90%等4个频率年各生育期、各月作物系数,探明了不同频率年各生育期、各月的作物系数变化规律。

(3)系统分析了江西省灌溉试验中心站1978—2012年早、晚稻各生育期、各月间歇灌溉制度和浅水灌溉制度的灌溉定额、灌水次数,分析确定了50%、75%、80%、90%等4个不同频率年各生育期、各月早、晚稻灌溉定额,探明了各生育期、各月灌溉定额的变化规律,对比分析了不同频率年不同灌溉制度灌溉定额的差异性。

2.3.2 水稻需水量时空尺度效应研究

2.3.2.1 材料与方法

本试验在江西省灌溉试验中心站灌溉试验研究基地进行。

在水稻全生育期分别设置4个尺度对蒸散量进行连续观测,即测桶尺度(ET_T)、测坑尺度(ET_L)、田块尺度(ET_F)和农田尺度(ET_{ec})。农田尺度为灌溉试验研究基地,水稻田面积约25亩,并且试验研究基地周边均为水稻田;田块尺度选取处于通量塔风浪区内的9个小区作为代表,小区面积75 m^2(长12.5 m,宽6 m);测坑位于自动气象站附近,测坑为边长2 m的正方形,深2.5 m,周围所种水稻与大田保持一致;测桶(盆栽)填土面积0.48 m^2(长0.8 m,宽0.6 m),高0.6 m。

水稻品种为当地主要品种,播种、移栽和收割的时间与当地水稻种植同步,田间管理参照当地习惯管理模式。在水稻生育阶段,其水层控制采用间歇灌溉模式。

2.3.2.2　观测项目与观测方法

(1)农田尺度水稻-大气间的 H_2O 和 CO_2 通量观测:采用开路式涡度相关系统(Open Eddy Covariance System, OPEC)观测水稻-大气间的 H_2O 和 CO_2 通量。通量塔位于大片均匀水稻田的中心,OPEC 系统的传感器安装于 2 m 高度的伸展臂上,在观测期内不再随水稻的生长发育调节安装高度。开路式涡度相关系统(OPEC 系统)是由英国 Gill 公司提供的 R3-50 三维超声风速仪、美国 Li-COR 公司提供的 Li-7500A 红外 CO_2/H_2O 分析仪和 Li-7550 数据采集器及供电、通信设备组合而成的(见图 2-37)。R3-50 与 Li-7500A 采集的数据构成了 OPEC 系统的原始数据,经计算后可得到 CO_2 通量、潜热通量、显热通量、动量通量等特征值。

(a)南昌站开路式涡度相关系统(OPEC)

(b)三维超声风速仪(R3-50)CO_2/H_2O分析仪(LI-7500A)

(c)通量塔安装位置

图 2-37　涡度相关系统及安装位置

涡度相关尺度稻田蒸散量计算公式为

$$ET_{ec} = 1\,800 \times LE/\lambda \tag{2-29}$$

式中　ET_{ec}——时段内稻田蒸散量,mm;

LE——时段内潜热通量,W/m^2;

λ——汽化潜热,MJ/kg。

(2)测桶、测坑和田块尺度 ET 的观测:采用水量平衡法计算,每天早上 8:00 测量田面水深,无水深时采用时域反射仪(TDR)监测根层土壤体积含水率,采用管路水表量测管道灌溉水量。

测桶、测坑和田块尺度 ET 计算公式为

有水层时：

$$ET_{F,t}(ET_{L,t}) = h_{t-1} - h_t + m - s + p \tag{2-30}$$

无水层时

$$ET_{F,t}(ET_{L,t}) = H(\theta_{t-1} - \theta_t) + m - s + p \tag{2-31}$$

式中 $ET_{t,t}(ET_{L,t}, ET_{F,t})$——时段 t 内水稻 ET,mm；

h_{t-1}——时段初田面水层深度,mm；

h_t——时段末田面水层深度,mm；

m——时段内的灌水量,mm；

s——时段内的渗漏量,mm；

p——时段内的降雨量；

θ_{t-1}——时段初土壤计划湿润层的体积含水率,cm^3/cm^3；

θ_t——时段末土壤计划湿润层的体积含水率,cm^3/cm^3；

H——计划湿润层深度,mm。

(3)气象辐射指标观测及仪器:常规气象指标观测仪器安装于灌溉试验研究基地气象园内,观测项目主要包括气温和相对湿度(采用仪器 HMP155A)、降雨(TE525MM)、辐射(总辐射 CM11、净辐射 NR-LITE、PAR 光合有效辐射 LI-190SA)、日照时数、风速/风向(03001)、气压(CS106)、土壤温度(5TE)、土壤水分(EC-5)等,存储频率设置为 30 min。常规气象观测可以与通量数据相结合进行生态学和水文学研究,同时其也是涡度相关数据进行筛选、插补的重要依据。常规气象观测仪器见图 2-28。

(4)作物生理生态指标观测及仪器。作物生理生态指标观测项目主要有叶面积指数(LAI)、株高、分蘖等;其中叶面积指数采用美国 Delta 公司生产的 SunScan 冠层分析系统测定,在每个作物生育期选择晴天 13:00—15:00,保持漫射效率传感器 BFS 水平且高度超过冠层,将 SunScan 探测杆置于冠层底部,垂直向上测量,SunScan 会直接给出 LAI 值。为消除误差,将大田分成若干小区,每个小区重复测定 10 次,取其均值作为大田 LAI 值。于测定结束后 1 d,各小区取有代表性植株 3 株,采用比叶重法测定其 LAI,并与 SunScan 测得的 LAI 进行比较进而校核 SunScan 参数(时元智等, 2014)。株高和分蘖在水稻的每个生育期内由人工观测得到。为消除误差,将大田分成若干小区,每个小区重复测定 10 次,取其均值作为大田的平均值;通过定点观测每丛苗数,调查分蘖增减动态和最高分蘖数。开始分蘖时每隔 5 d 调查一次,临近分蘖高峰至抽穗开花期每隔 2~3 d 测一次。

(5)田间管理观测,主要包括灌排水量观测和农事活动记载。灌水量采用水表计量,排水量通过测针量测大田排水时水位变化来确定。农艺活动记载包括水稻品种、种植密度、育秧、播种及移栽日期、施肥日期(量)、除草、除虫、农药喷施、常规田间管理及考种与测产。

(a)HMP155A　(b)TE525MM　(c)03001　(d)CS106

(e)CM11　(f)NR-LITE　(g)LI-190SA　(h)LI-1400

(i)EC-5　(j)5TE　(k)EM50

图 2-38　常规气象观测仪器

2.3.2.3　不同时间尺度稻田蒸发蒸腾量变化特征及影响因素分析

1. 蒸发蒸腾量的日变化特征

作物蒸发蒸腾(*ET*)表征了稻田水量支出状况与动态变化特征。从监测数据统计分析,稻田生态系统 *ET* 的日变化一般呈单峰曲线,而在作物的主要生育期内可观察到双峰曲线。通常夜间 *ET* 较小且变化不大,日出后随着太阳辐射的增强、气温的上升及饱和水汽压差的增大,*ET* 日变化曲线快速升高,通常在 12:00 前后出现峰值,此后随着太阳辐射的减弱,*ET* 不断下降,在日落前后达到日出前的水平。总体上,白天的 *ET* 呈倒“U”形曲线。

早稻生长期(5—6 月)和晚稻生长期(8—9 月)内均观察到了明显的双峰曲线。*ET* 日变化曲线在正午前后达到峰值后,由于高温、高光的原因,其叶片蒸腾受到抑制(可称为蒸腾“午休”现象),导致 *ET* 出现下降,随后 *ET* 日变化曲线又出现一个小幅增加阶段。到 13:00—14:00 后,随着太阳辐射的明显减弱和温度的降低快速降至日出前水平。

稻田生态系统 *ET* 的日变化存在明显的季节特征,不同季节的峰值与变化曲线的斜率都存在较大的差异,集中表现为峰值在作物生育期高、非生育期低;斜率在作物生育期陡,非生育期缓。水稻 ET 的月平均日变化见图 2-39。

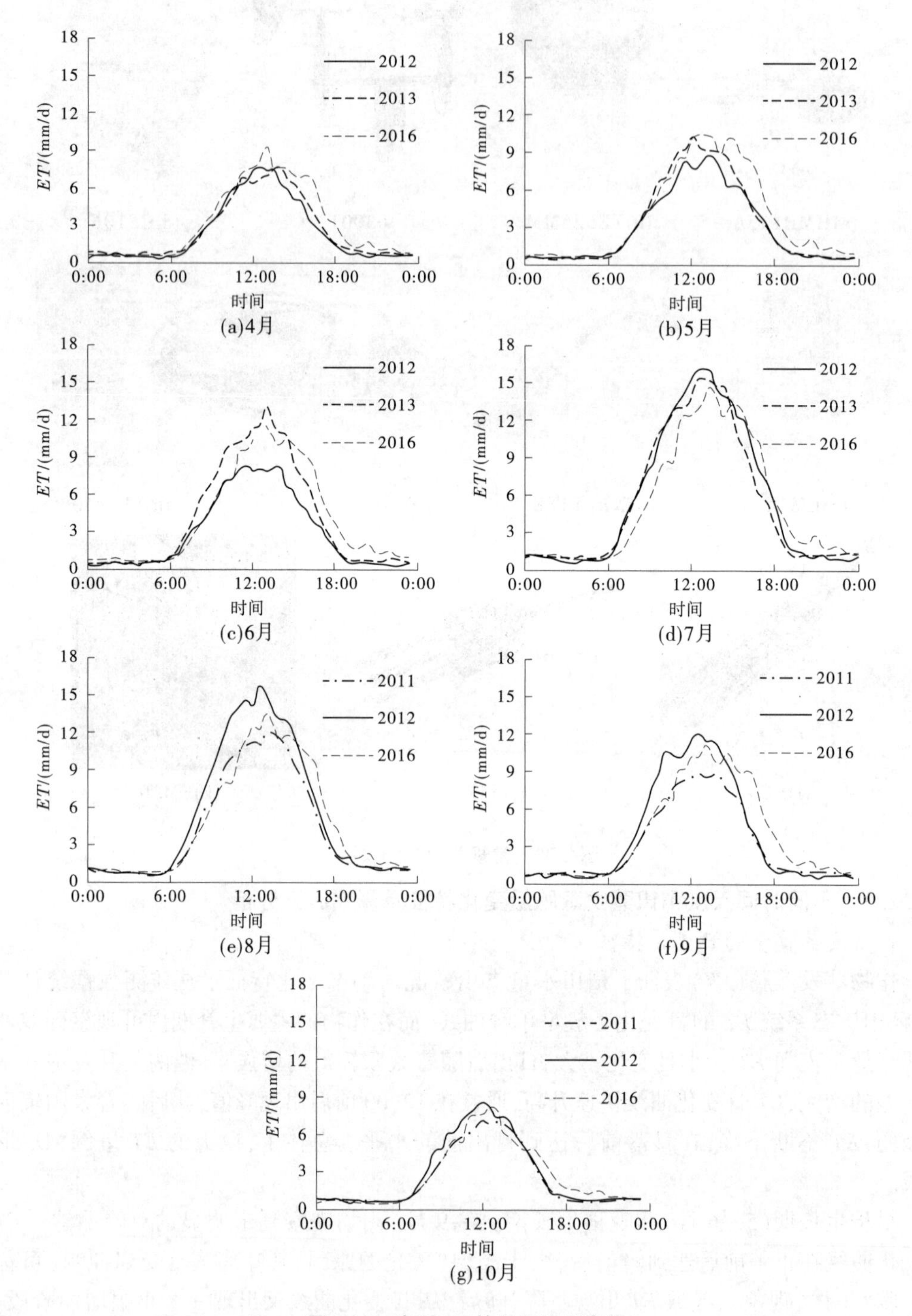

图 2-39 水稻 ET 的月平均日变化

2. 蒸发蒸腾量的季节变化特征

ET 季节变化特征的根本原因制约着稻田的环境控制因子存在着以年为尺度的周期

性变化。图 2-40 给出了稻田 *ET* 在不同年的日进程。由图 2-40 可以看出,*ET* 都存在明显的季节变化特征。稻田 *ET* 季节变化总体上呈冬季低、夏季高的变化趋势,且受中、小时间尺度天气变化的影响呈锯齿状变化特征。稻田 *ET* 受作物生长发育的影响,与气象因素不同,*ET* 日进程在一年内表现为双峰或多峰变化趋势,即随着作物的生长发育,在其生长旺盛期会分别出现一个 *ET* 波峰,而后随着作物的成熟和叶片的衰老,其 *ET* 快速跌落,其变化特征与叶面积指数相似。早稻田最大日 *ET* 均出现在 7 月初,2012 年、2013 年和 2016 年分别达到 8.04 mm/d、9.41 mm/d 和 7.07 mm/d,此时正是一年内气温最高的时期,属早稻黄熟期。在晚稻生长期内最大日 *ET* 则均出现在 8 月初,三年最大 *ET* 分别达到 6.51 mm/d、7.28 mm/d 和 8.41 mm/d。

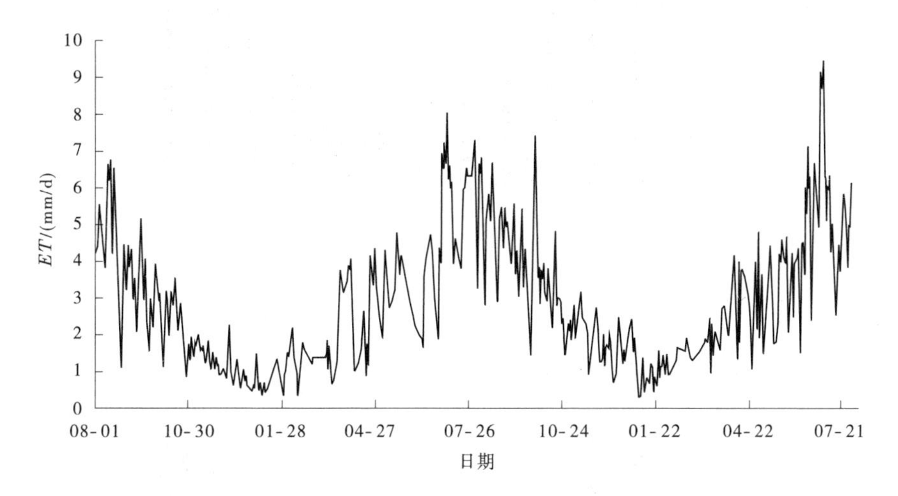

(a)2011 年 8 月至 2013 年 7 月

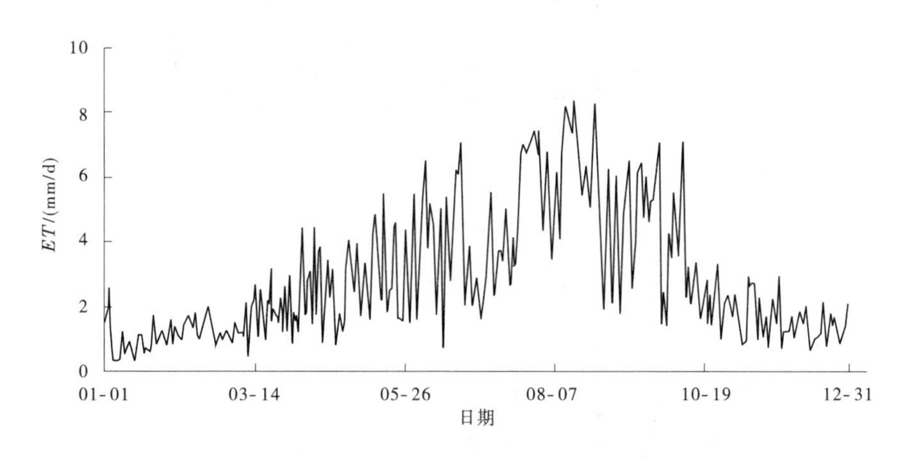

(b)2016 年 1—12 月

图 2-40　稻田 *ET* 的逐日进程图

此外,从图 2-41 月平均日 *ET* 的季节变化情况来看,白天 *ET* 与全日 *ET* 几乎有着相同的变化特征,但夜间 *ET* 锯齿状波动特别剧烈,变化特征不够明显,在作物的生长期和非生长期没有明显的变化,这充分表明,作物的蒸腾耗水主要发生在白天。

在月尺度上,*ET* 存在非常明显的变化特征,气象因子与作物生长发育共同影响着 *ET*。稻田月平均日 *ET* 主要受气象因子的驱动,表现为冬天低、夏天高。2012 年和 2013 年最大月平均日 *ET* 出现在 7 月,分别为 6.10 mm/d 和 5.56 mm/d,2016 年最大月平均日 *ET* 出现在 8 月,为 6.50 mm/d。

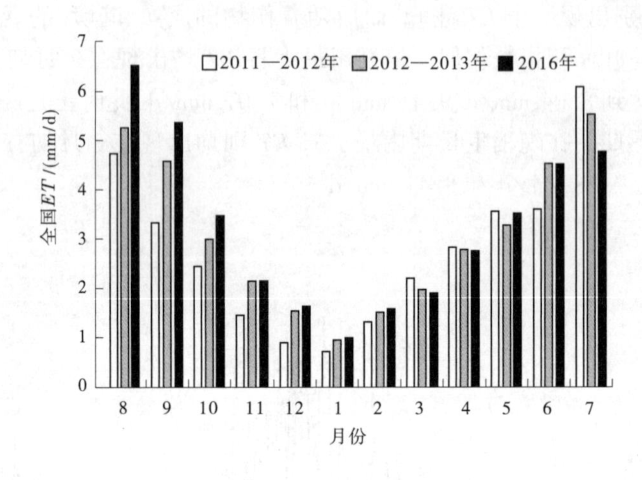

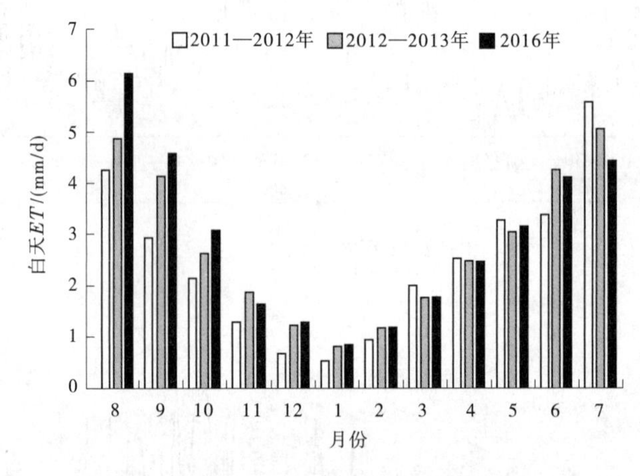

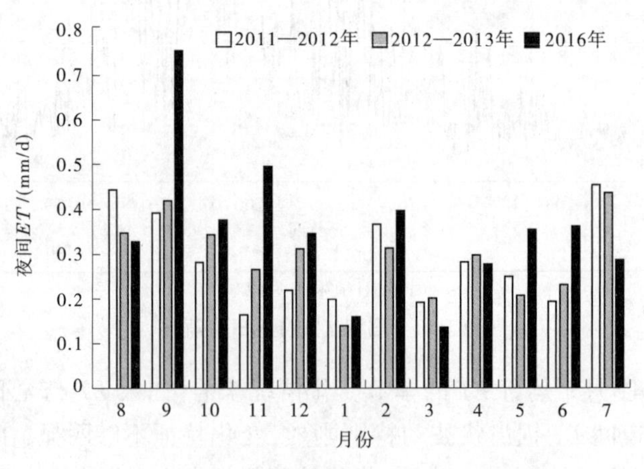

图 2-41 月平均日 ET 的季节变化

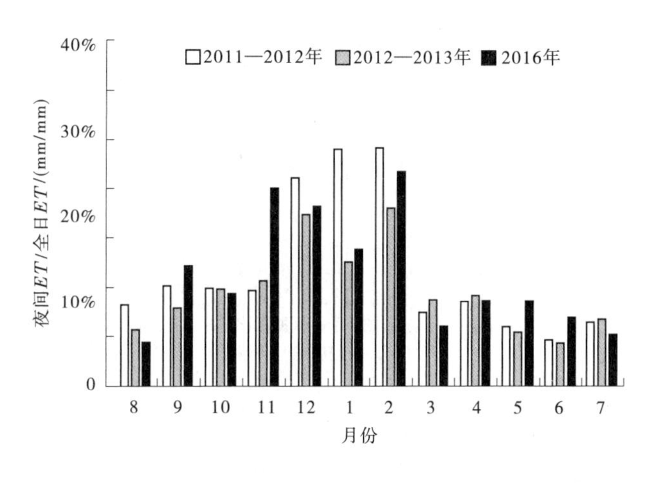

续图 2-41

稻田全年月平均夜间 ET 基本维持在 0.2~0.4 mm/d,冬季较低,夏季较高,相对波动并不明显。在作物生长期,夜间 ET 通常占全日 ET 的 10%左右,而在非作物生长期,则为 15%~30%。

3. 蒸发蒸腾量在水稻各生育期的变化特征

ET 在早稻和晚稻各生育期的日变化特征和季节变化特征见图 2-42 和图 2-43。

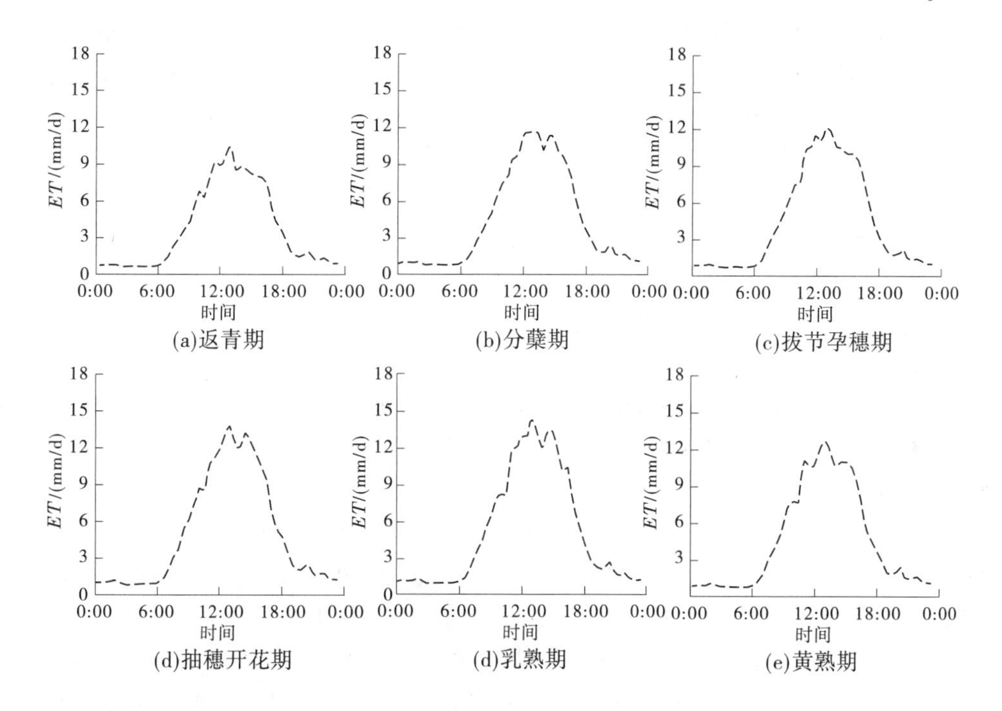

图 2-42　水稻 ET 各生育期平均日变化

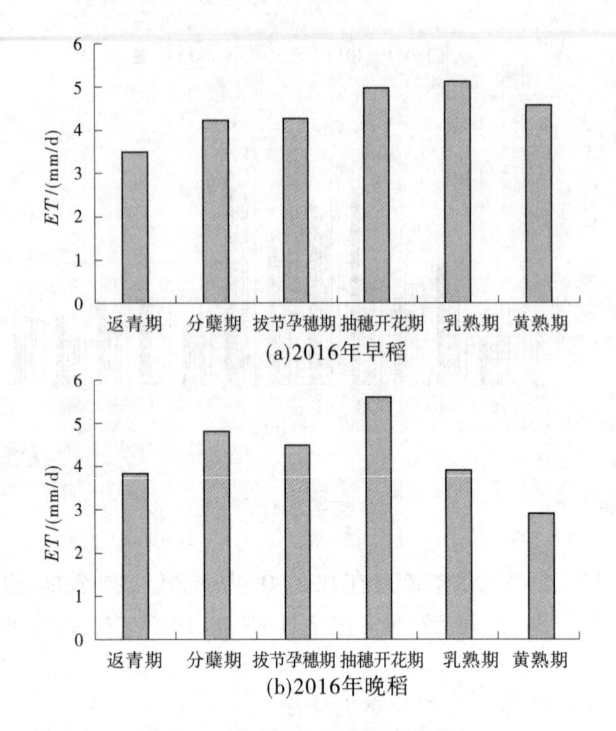

图 2-43　水稻 *ET* 生育期变化特征

早稻 *ET* 最大值出现在抽穗开花期和乳熟期，分别为 4.97 mm/d 和 5.13 mm/d，尽管乳熟期时作物生理活动开始减弱，但此时气温较高，导致 *ET* 较大；早稻 *ET* 最小值出现在返青期，为 3.48 mm/d，此时水稻叶面积指数仅为 0.5，*ET* 基本为水面蒸发。

晚稻各生育期 *ET* 基本呈现先增大后减小的趋势，与叶面积指数变化相一致，晚稻 *ET* 最大值出现在抽穗开花期，为 5.61 mm/d；由于拔节孕穗期出现了几次降雨，导致该时期 *ET* 较小；随着作物生理活动的减弱和气温辐射的降低，乳熟期和黄熟期 *ET* 相对较小，分别为 3.92 mm/d 和 2.93 mm/d。

4. 稻田耗水评估与蒸发蒸腾量的年际变化

农田生态系统与大气间的水汽交换随着太阳辐射、降雨、温度、作物叶面积指数等生物与非生物因素的季节性与年际的周期性变化产生着明显的波动。由表 2-61 可以看出，农田生态系统 *ET* 的总量在年际间存在明显的不同，在不同类型的农田生态系统间也表现出显著的差异。

三个全生育年稻田生态系统 *ET* 有着明显的差异。2011—2012 年的 *ET* 为 880 mm，而在 2012—2013 年 *ET* 则达到 1 028 mm，2016 年 *ET* 为 899 mm，均值为 935.6 mm。生育年之间 *ET* 的年际差异考虑是由 2012—2013 年降雨较多引起的。

三个全生育年早稻生长期 *ET* 总量分别为 273 mm、309 mm 和 216 mm，日均 3.4 mm/d、3.9 mm/d 和 2.6 mm/d；晚稻生长期 *ET* 总量分别为 325 mm、434 mm 和 373 mm，日均 3.0 mm/d、4.4 mm/d 和 4.4 mm/d。

表 2-61　ET 的年际差异对比

年度	2011—2012	2012—2013	2016	均值
ET/(mm/a)	880.0	1 028.0	899.0	935.6
早稻	273.0(81 d)	309.0(79 d)	216.0(82 d)	266.0
晚稻	325.0(109 d)	434.0(98 d)	373.0(84 d)	377.3

5. 稻田蒸发蒸腾的影响因素分析

1) 日尺度稻田蒸发蒸腾量与气象因素关系

a. 稻田蒸发蒸腾与辐射的关系

在日尺度上,辐射是控制 ET 的主要影响因素,ET 随着净辐射 R_n 的增强而增加,早稻、晚稻在其生长期内 ET 都随着 R_n 的增强呈指数形式增加。年际之间存在明显差异。晚稻的年际差异最小,说明其生长期内 ET 对 R_n 的响应比较稳定,这可能是由于晚稻生长期内辐射较强,年际变化不大所致。南昌站作物主要生长期内 ET 对 R_n 的响应见图 2-44。

b. 稻田蒸发蒸腾与温度的关系

在日尺度上,日平均温度能有效控制 ET 的大小,ET 随着温度 T 的升高而增大,作物生育期内 ET 与 T 都呈指数相关关系,年际稳定性较高。南昌站作物主要生育期内 ET 对日平均 T 的响应见图 2-45。

c. 稻田蒸发蒸腾与饱和水汽压差的关系

饱和水汽压差 VPD 在稻田蒸发蒸腾变化中起着更重要的作用,稻田 VPD 响应在年际间差别不大,有较高的稳定性。早稻 ET 对 VPD 的响应程度比晚稻高。南昌站作物主要生育期内 ET 对日平均 VPD 的响应见图 2-46。

d. 稻田蒸发蒸腾与风速的关系

夜间平均风速 v 是稻田夜间 ET 的主要影响因素。稻田夜间 ET 的大小强烈依赖于夜间平均风速 v 的大小,两者呈显著的线性相关关系,其回归方程的 R^2 均大于 0.6。早稻夜间 ET 对夜间平均风速 v 的响应略高于晚稻。南昌站日尺度夜间 ET 对夜间平均风速 v 的响应见图 2-47。

综上所述,在日尺度上,辐射 R_n 是 ET 最重要的影响因素。按影响程度:早稻和晚稻为 R_n>VPD>T>v,夜间平均风速 v 是稻田生态系统夜间 ET 的主要影响因素。

2) 月尺度稻田蒸发蒸腾量与气象因素关系

从图 2-48 可以看出,稻田 ET 在月尺度上的主要影响因素是温度 T,其次是 R_n 和 VPD。太阳辐射季节性变化的一个主要结果就是改变地表温度,辐射作为一个瞬时变量,对 ET 最终的体现方法在于 T,特别是在热带与亚热带,平均气温较高是导致其年 ET 较高的最主要原因。月尺度上 ET 对环境因子响应的年际差异非常低,ET 随 T 和 R_n 的增加呈指数形式增大,而随 VPD 的增加呈线性趋势增大。

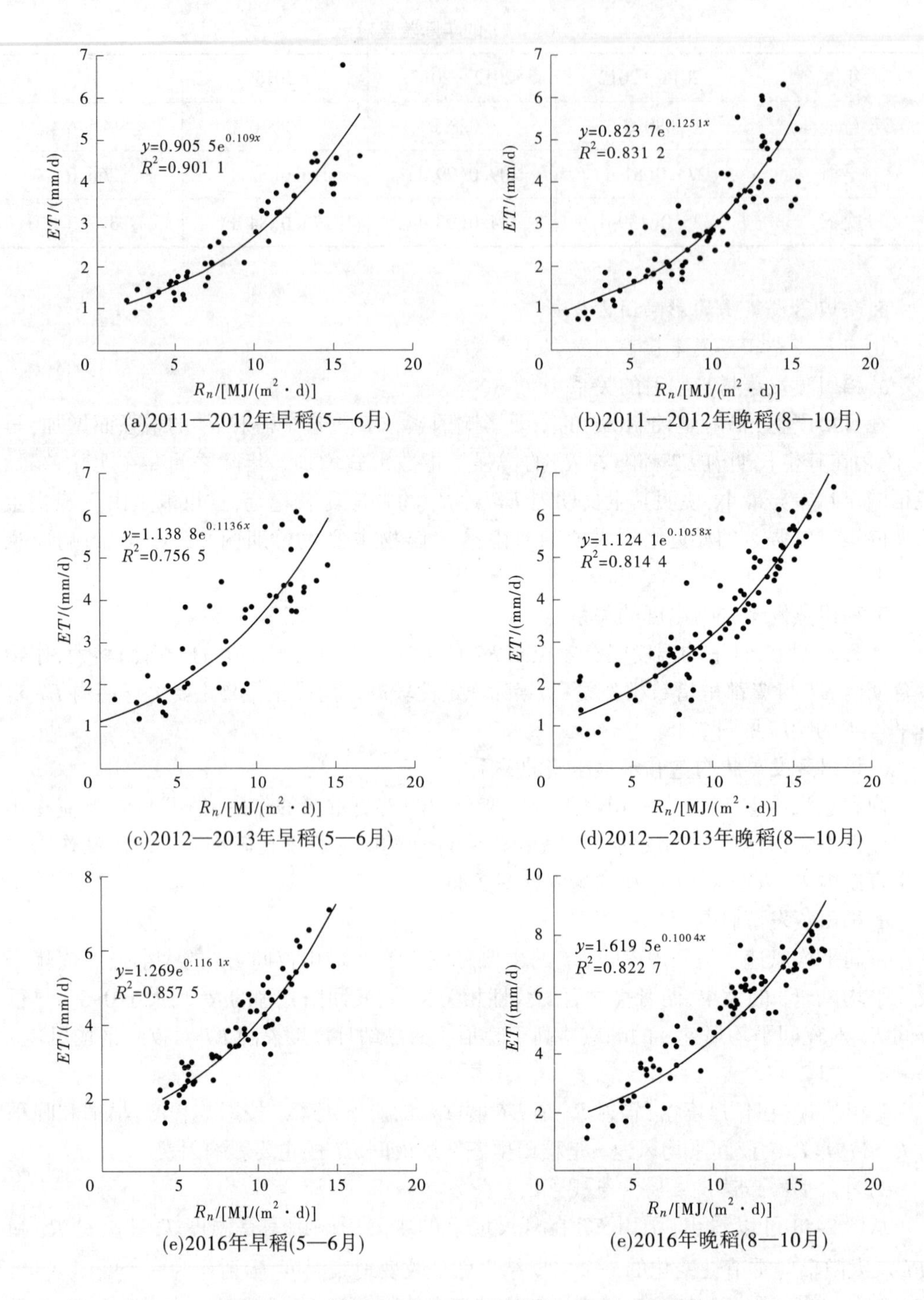

图 2-44 南昌站作物主要生长期内 ET 对 R_n 的响应

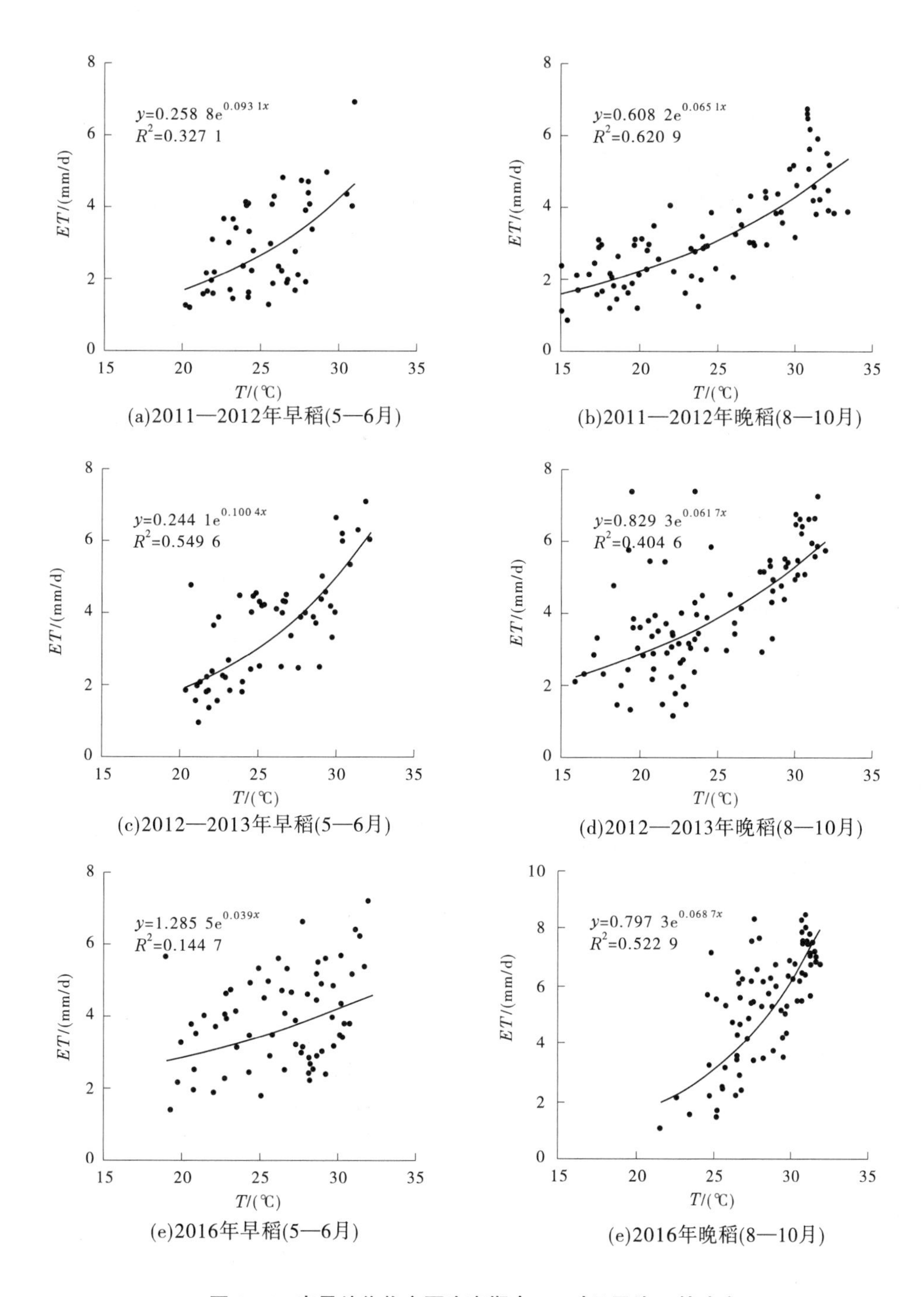

图 2-45　南昌站作物主要生育期内 ET 对日平均 T 的响应

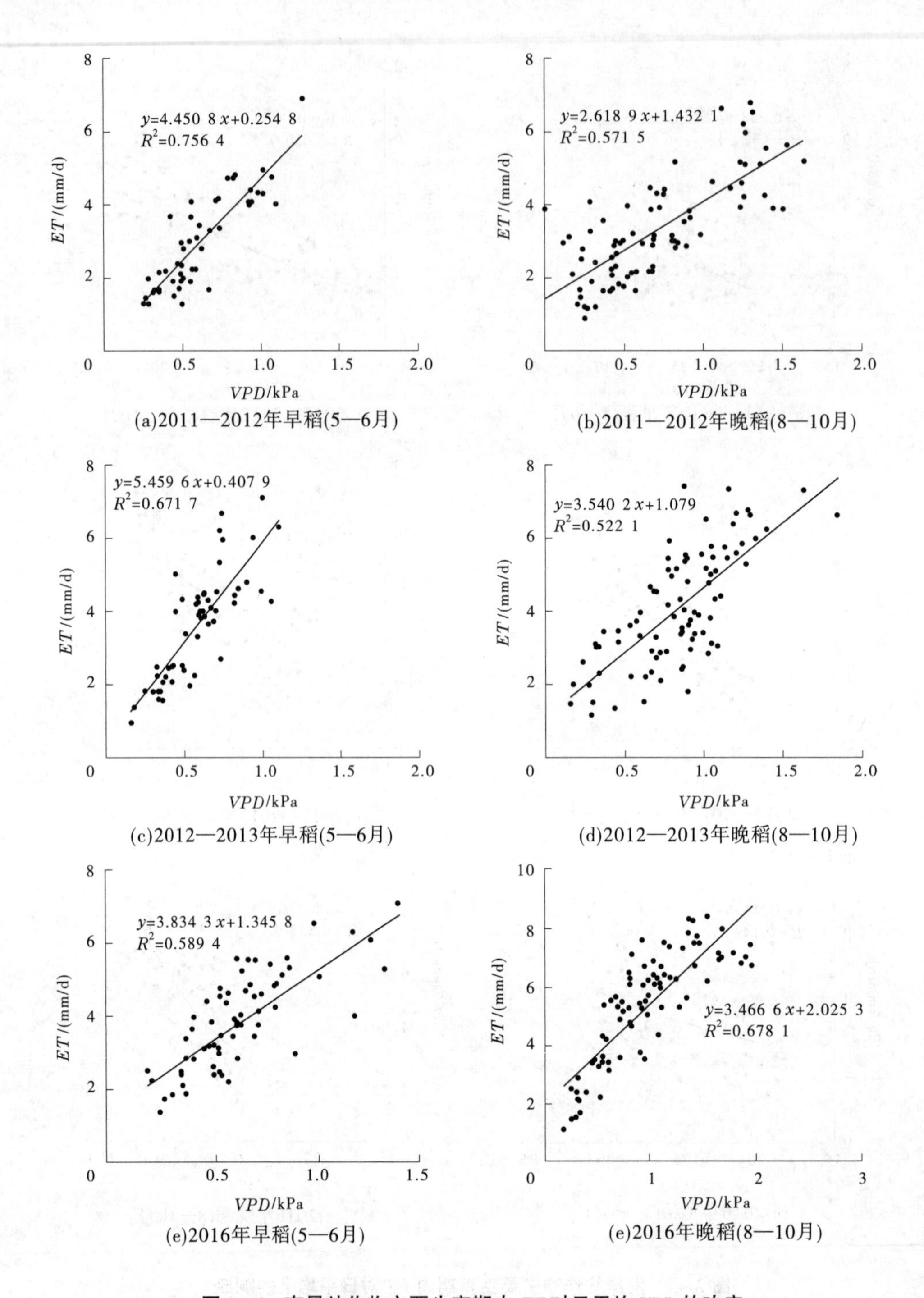

图 2-46　南昌站作物主要生育期内 *ET* 对日平均 *VPD* 的响应

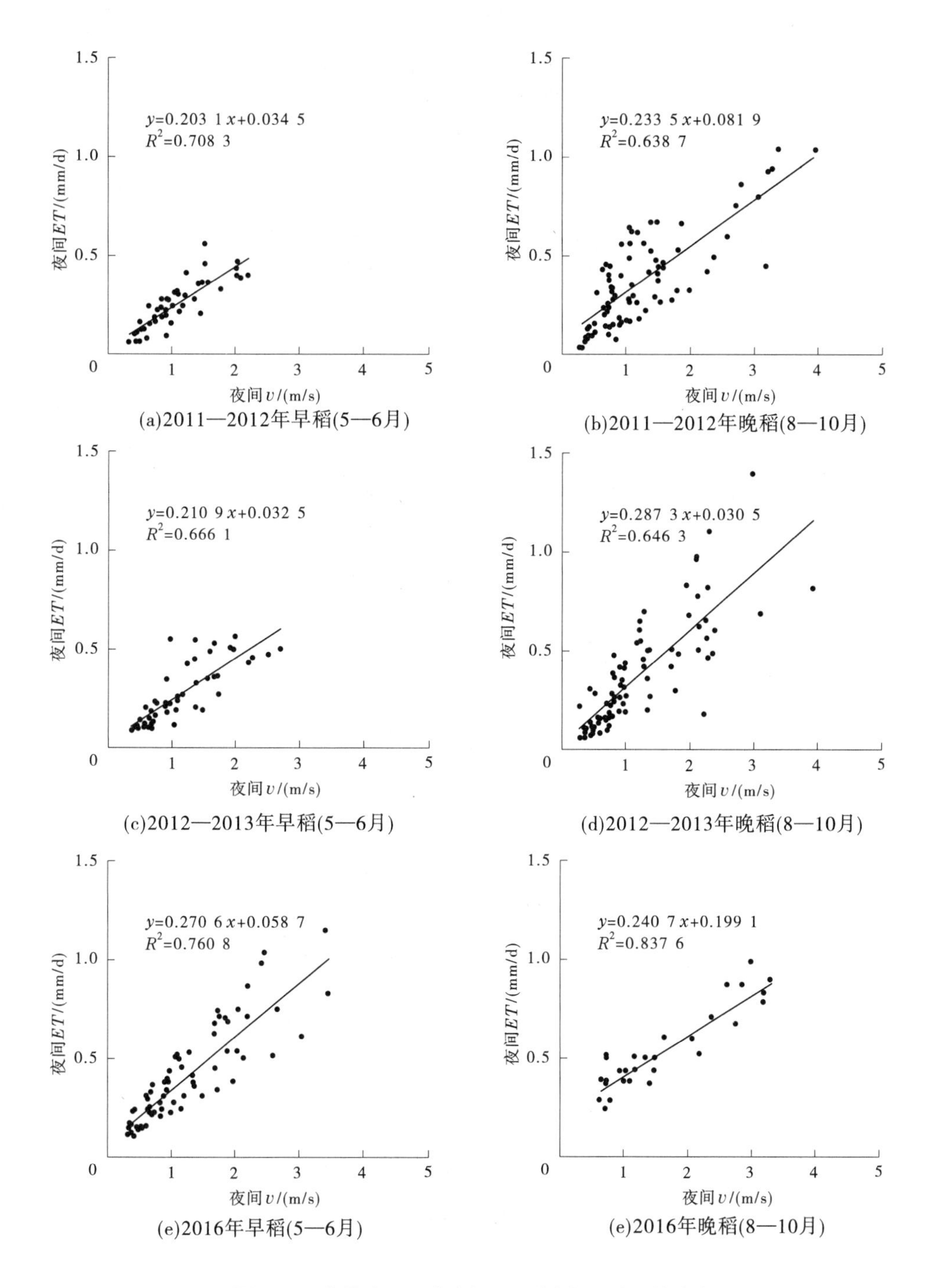

图 2-47　南昌站日尺度夜间 ET 对夜间平均 v 的响应

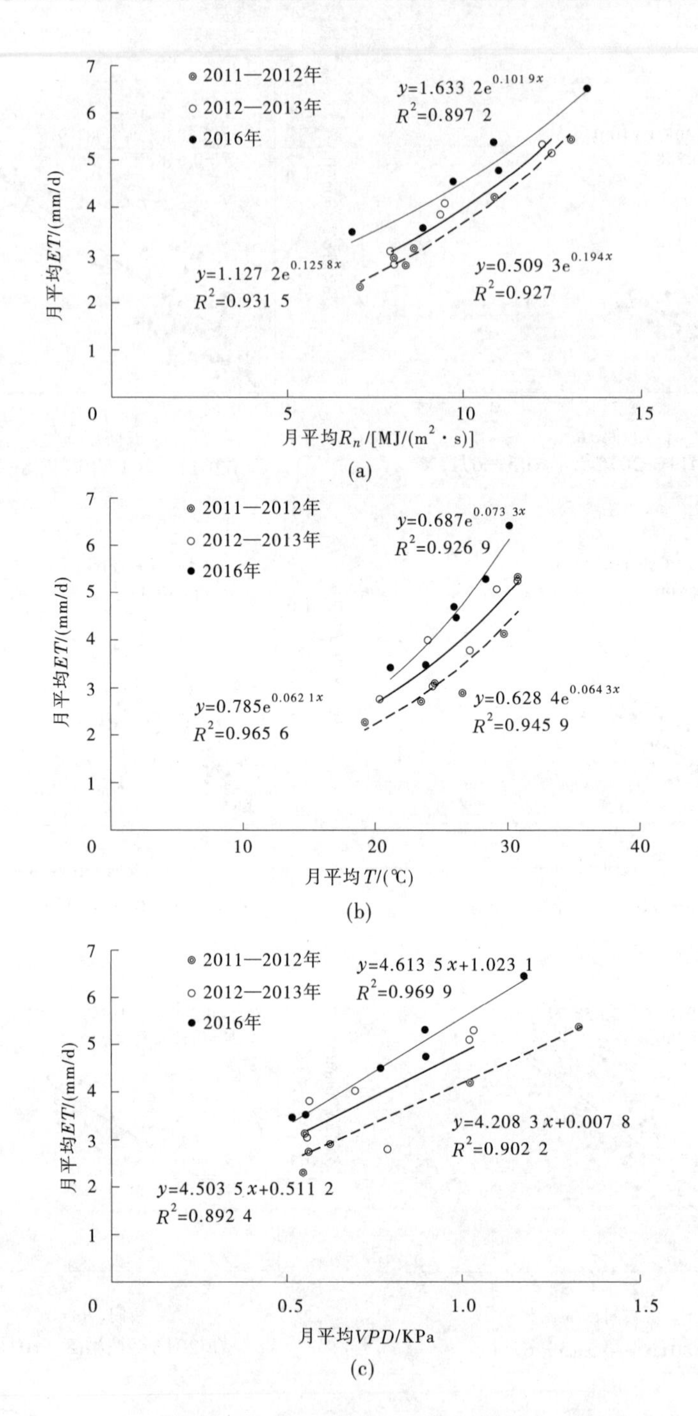

图 2-48　南昌站月尺度 ET 对环境因子的响应

2.3.2.4　不同空间尺度稻田蒸发蒸腾量变化特征及影响因素分析

1. 稻田全生育期及不同生育阶段蒸发蒸腾量空间尺度差异

对于早稻全生育期，测桶尺度 ET_T 最大，为 218.1 mm，农田尺度 ET_{ec} 最小，为 173.4

mm，测坑尺度和田块尺度 ET_L 和 ET_F 差距不大，分别为 197.0 mm 和 192.1 mm，测桶尺度、测坑尺度和田块尺度全生育期 ET 分别较农田尺度 ET_{ec} 大 20.7%、11.9%和 9.5%。总体而言，ET 随空间尺度的增大而逐渐减小。

对于晚稻，不同尺度 ET 之间大小关系与早稻类似，均随空间尺度的增大而减小，测桶、测坑、田块、农田等四个不同尺度从小到大 ET 值分别为 391.3 mm、352.3 mm、357.2 mm 和 315.9 mm。测桶尺度、测坑尺度和田块尺度全生育期 ET 分别较农田尺度 ET_{ec} 大 19.3%、10.3%和 11.6%。不同空间尺度全生育期 ET 情况见图 2-49。

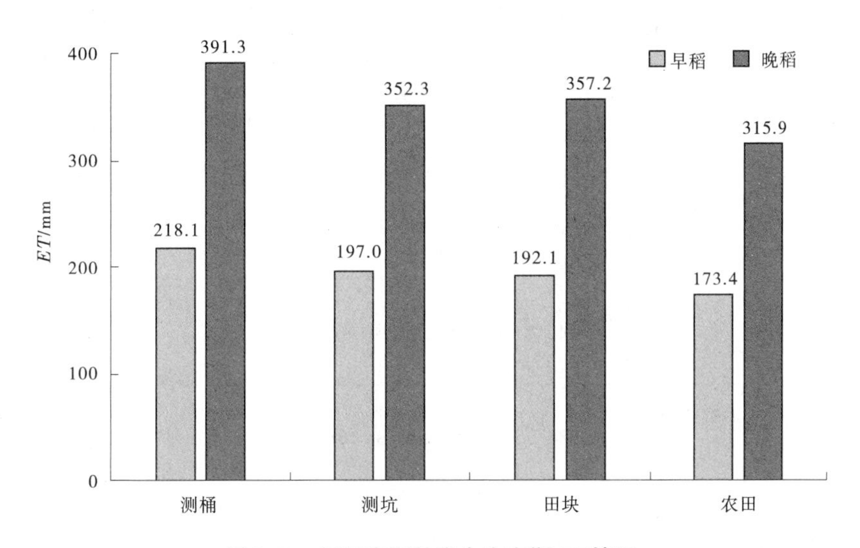

图 2-49　不同空间尺度全生育期 ET 情况

田块尺度 ET_F 和测坑尺度 ET_L 在各生长阶段之间没有显著差异，这是因为测坑设置在大田中，且与周围所种水稻保持一致，具有较好的代表性；另外，测坑与大田 ET 所用观测方法相同，因此两者结果相差不大。

测桶尺度 ET_T 与测坑 ET_L 和田块尺度 ET_F 相比，在早、晚稻生长前期和生长末期没有显著差异，相差在-4.2%~1.4%；在晚稻生育中期 ET_T 显著高于 ET_L 和 ET_F，分别大 17.4%和 16.4%，而在早稻生长中期差异较小，这是因为早稻生育中期气温及辐射较低，测桶边际效应不明显，因此三者之间差异较小；对于早、晚稻生长前期和生长末期水稻叶面积较小，植株生理活动较弱，蒸散发强度弱，导致三者之间差别较小，而生长中期作物生长旺盛，叶面积较大，且生长中期辐射气温较高，蒸散发强烈，测桶边际效应强烈，导致 ET_T 较大。测桶尺度 ET_T、测坑尺度 ET_L 和田块尺度 ET_F 均与涡度尺度 ET_{ec} 在各生长阶段存在显著差异。以测坑尺度 ET_L 为例，水稻生长前中期、后期两尺度 ET 均存在先升高后降低的趋势，随着水稻植株的增长，叶面积、辐射、温度等导致水稻生长前中期 ET 较大，而到生长后期，随着气温的降低和植株生理活动的减弱，水稻 ET 逐渐减小。水稻生长前中期、后期测坑尺度与农田两尺度 ET 也存在差异，水稻生长前期和中期 ET_{ec} 均小于 ET_L，早稻减小幅度分别为 15.5%和 16.0%，晚稻则分别为 13.4%和 13.3%。生育后期两者差异不大，差异仅为 1.2%和-4.8%，这可能是生育末期较弱的蒸散强度造成的。

水稻各生长阶段 ET 观测空间尺度间比较见表 2-62。

表 2-62　水稻各生长阶段 ET 观测空间尺度间比较

稻别	生长阶段	时间	ET/mm	ET_L/mm	ET_F/mm	ET_e/mm	相对误差/%		
							ET_T 和 ET_{ec}	ET_L 和 ET_{ec}	ET_F 和 ET_{ec}
早稻	生长前期	4 月 25 日至 5 月 12 日	44.8	41.4	38.5	35.0	22.0	15.5	9.2
	生长中期	5 月 13 日至 6 月 28 日	111.4	101.0	98.8	84.9	23.8	16.0	14.1
	生长后期	6 月 29 日至 7 月 15 日	59.8	52.1	52.0	51.4	14.0	1.2	1.2
	全生育期	4 月 25 日至 7 月 15 日	216.0	194.4	189.3	171.3	20.7	11.9	9.5
晚稻	生长前期	7 月 26 日至 8 月 14 日	99.2	100.6	103.4	87.1	12.2	13.4	15.8
	生长中期	8 月 15 日至 9 月 29 日	234.7	193.9	196.3	168.1	28.4	13.3	14.4
	生长后期	9 月 30 日至 10 月 20 日	65.1	57.8	57.5	60.6	6.9	-4.8	-5.4
	全生育期	7 月 26 日至 10 月 20 日	391.3	352.3	357.2	315.9	19.3	10.3	11.6

2. 稻田不同生育期蒸发蒸腾量空间尺度差异

各尺度随生育期变化规律一致，均呈现先增大后减小的趋势，测桶尺度 ET_T 最大，田块尺度 ET_F 和测坑尺度 ET_L 没有显著差异，绝对误差在 0.02~0.15 mm/d，相对误差均小于 5%，农田尺度 ET_{ec} 最小。

测桶尺度 ET_T 和测坑尺度 ET_L、田块尺度 ET_F 在各生育阶段存在显著差异，其中拔节孕穗期、抽穗开花期和乳熟期差异最大，返青期和黄熟期差异较小。早、晚稻各生育期 ET 空间尺度间比较见图 2-50。

测桶尺度 ET_T、测坑尺度 ET_L 和田块尺度 ET_F 均与农田尺度 ET_{ec} 存在显著差异。以测坑尺度 ET_L 为例，除黄熟期外，各生育期 ET_{ec} 均比 ET_L 小，减小幅度在 2.2%~15.6%，其中分蘖期和拔节孕穗期 ET_{ec} 减小幅度最大，该时期处于 8 月和 9 月，气温和辐射最高，由于 ET_L 和 ET_{ec} 对气温和辐射的响应程度不同，导致该时期差异最大；黄熟期 ET_{ec} 略大于 ET_L，黄熟期稻田自然落干，土壤含水率较低，同时水稻生理活动减弱，导致此阶段 ET_{ec} 和 ET_L 均较小，由于测坑不受田间侧渗影响，导致测坑土壤含水率略低于田间，从而使得

ET_{ec} 略大于 ET_L。

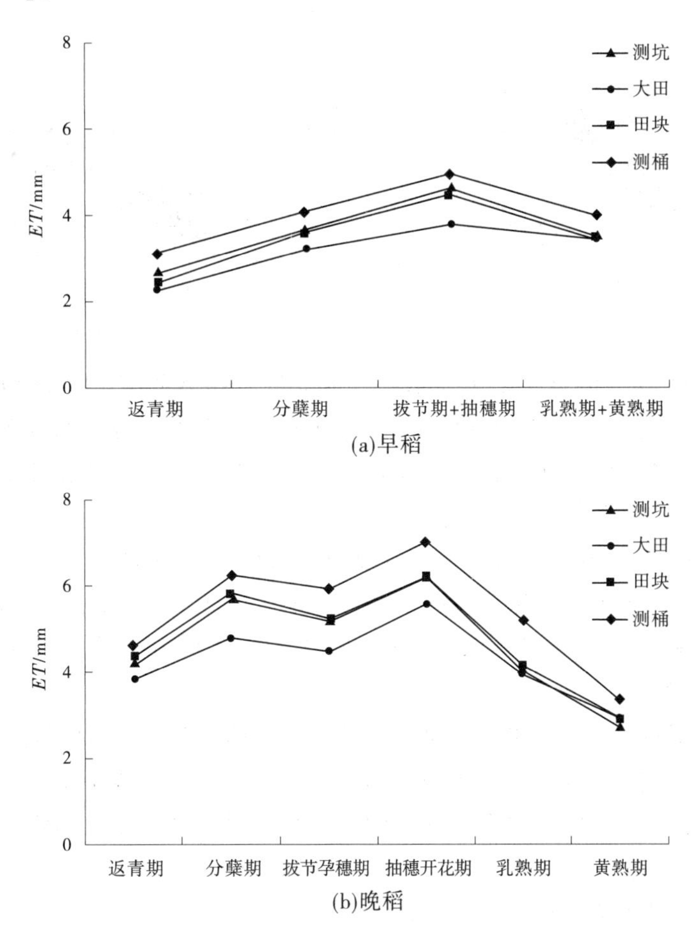

图 2-50　早、晚稻各生育期 ET 空间尺度间比较

3. 稻田逐日蒸发蒸腾量空间尺度差异

各尺度逐日 ET 比较见图 2-51～图 2-54。ET_F 和 ET_L 拟合直线的斜率为 1.008 8,说

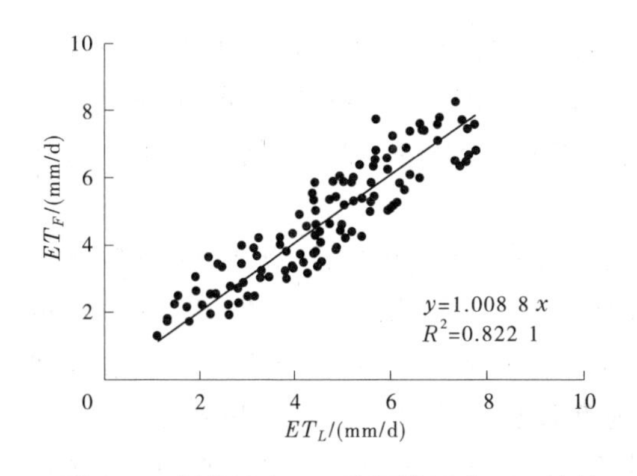

图 2-51　测坑尺度 ET_L 和田块尺度 ET_F 比较

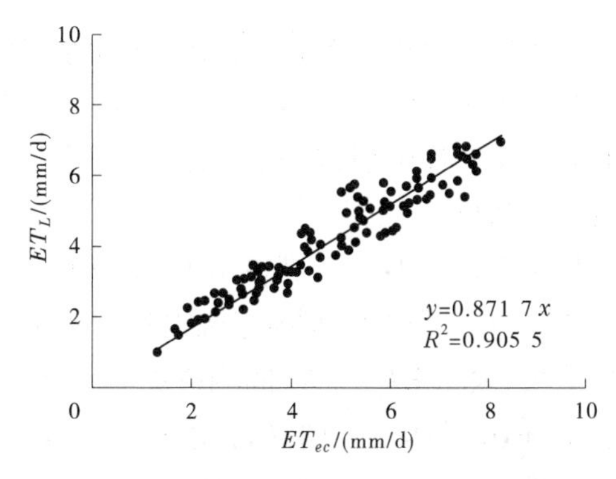

图 2-52　测坑尺度 ET_L 和农田尺度 ET_{ec} 比较

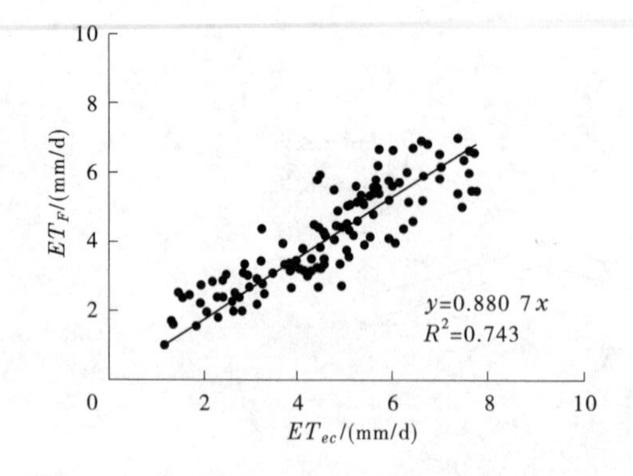

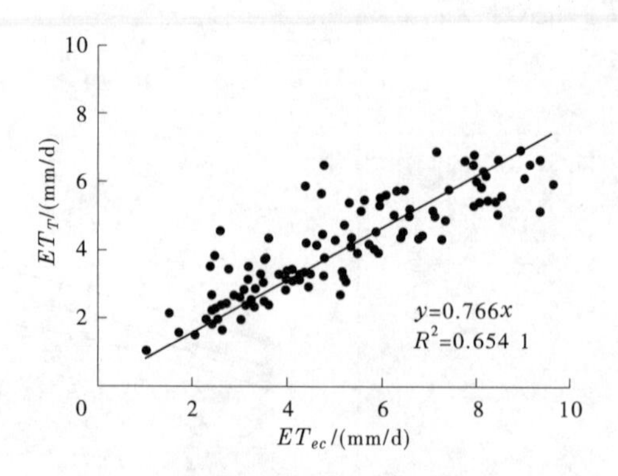

图 2-53　田块尺度 ET_F 和农田尺度 ET_{ec} 比较　　图 2-54　测桶尺度 ET_T 和农田尺度 ET_{ec} 比较

明两尺度 ET 较为一致,但决定效率较小,仅为 0. 822 1,数据点分散的分布在拟合线两侧,这是因为大田、中田面较为凹凸不平,且田块之间存在侧渗,以水量平衡法观测 ET_F 时,在日尺度上易出现观测误差。

ET_L 和 ET_{ec} 拟合直线的斜率为 0. 871 7,即 ET_{ec} 相比 ET_L 大概低估 13%,这与之前在生育阶段和生育期尺度上结论保持一致。由于测坑内田面较为平整,测坑边壁阻止了周围田块中水的侧渗,采用水量平衡法进行观测比大田观测更为精确,拟合直线决定效率 R^2 更大,为 0. 905 5。

ET_F 和 ET_{ec} 拟合直线的斜率为 0. 880 7,与 ET_L 和 ET_{ec} 拟合直线斜率较为接近,受田块尺度 ET_F 观测误差的影响,拟合直线的决定效率 R^2 较小,仅为 0. 743。

ET_T 和 ET_{ec} 拟合直线的斜率为 0. 766,即两尺度 ET 相差最大,由于测桶面积较小,日尺度 ET 观测存在一定的误差,决定效率最小,仅为 0. 651 4。

4. 不同空间尺度蒸发蒸腾量主控因子比较

1) 稻田不同空间尺度 ET 主控因子分析

由于测桶尺度 ET_T 和田块尺度 ET_F 在日尺度上受观测手段和田间情况的影响精度较低,因此在进行 ET 与气象因子分析时,仅针对测坑尺度 ET_L 和农田尺度 ET_{ec} 进行分析。

气象因子可以显著影响稻田 ET 大小,其影响程度会随尺度变化而变化,分析气象因子对各尺度 ET 的影响,可以探明不同尺度间 ET 的主控因子,为 ET 在不同尺度间转换提供依据。选择净辐射(R_n)、气温(T)、水汽压差(VPD)、风速(v)四种常见气象因子,分析其与不同尺度 ET 的关系。

图 2-55~图 2-58 分别显示了 ET_L 和 ET_{ec} 对各气象因子的响应,从图 2-55~图 2-58 中可以看出,ET_L 和 ET_{ec} 均随净辐射的增加而增加,且均呈线性增长关系,但 ET_L 拟合线的斜率更大,表明 ET_L 对 R_n 的响应更加敏感;同样的,ET_L 和 ET_{ec} 随 T 和 VPD 的变化趋势都类似,但敏感程度不同,ET_L 对 T 和 VPD 的响应都更敏感;ET_L 和 ET_{ec} 和 v 均没有显著相关关系。综上所述,ET_L 和 ET_{ec} 随各气象因子变化趋势一致,R_n 与 ET_L 和 ET_{ec} 相关性最好,v 对两尺度 ET 影响均较小,ET_L 对 R_n、T、VPD 的响应更加敏感。

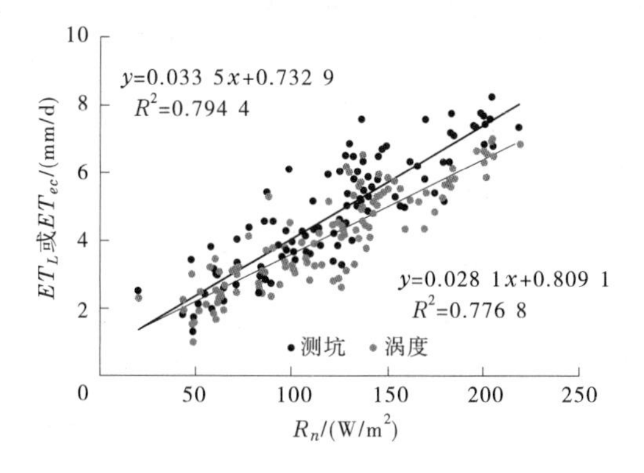

图 2-55　ET_L 和 ET_{ec} 对净辐射的响应

图 2-56　ET_L 和 ET_{ec} 对温度的响应

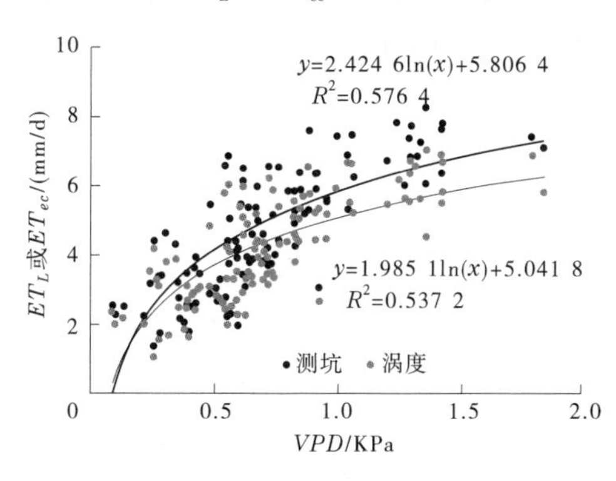

图 2-57　ET_L 和 ET_{ec} 对饱和水汽压差的响应

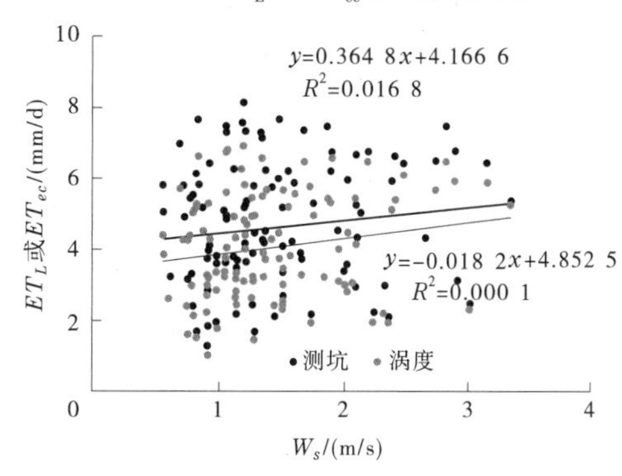

图 2-58　ET_L 和 ET_{ec} 对风速的响应

由于 ET 往往受多种气象因素的综合影响，而这些气象因素之间也同样存在相互影响，分析其中单个因素的影响规律并不能完全弄清 ET 的控制机制，因此可以通过对测坑尺度和农田尺度 ET 与气象因子的逐步线性回归，得出各气象因子对两尺度 ET 影响的差异，最终找出对两尺度 ET 影响均比较显著的气象因子，为 ET 在尺度之间转换提供依据。表 2-63 和表 2-64 给出了 ET_L 和 ET_{ec} 与各气象因子进行逐步线性回归的结果。偏相关效率可以反映在排除其他影响因子后，某一因子和因变量的关系，其大小可以用于判断因子对因变量的影响程度。由表 2-63 和表 2-64 可以看出，对于 ET_L 和 ET_{ec}，偏相关效率从大到小规律一致，均为 R_n、v、VPD 和 T，T 的偏相关效率最小，且回归方程中 T 的效率不显著，这是因为 T 往往和 R_n 关系密切，当剔除掉 R_n 对 ET 的影响后，T 对 ET 的影响显著变小。

表 2-63　测坑尺度 ET_L 与各气象因子逐步回归分析结果

自变量	因变量	效率	标准误差	T	Sig.	偏相关效率
ET_L	常量	1.538	0.826	1.845*	0.070	
	R_n	0.026	0.003	6.554***	<0.001	0.652
	VPD	1.376	0.530	2.630**	0.011	0.326
	T	-0.025	0.039	-0.775	0.442	-0.101
	v	0.460	0.129	3.591***	<0.001	0.426

注：*、** 和 *** 分别表示在 0.1、0.05 和 0.01 水平上显著。

表 2-64　涡度相关尺度 ET_{ec} 与各气象因子逐步回归分析结果

自变量	因变量	效率	标准误差	T	Sig.	偏相关效率
ET_{ec}	常量	1.245	0.582	2.078**	0.042	
	R_n	0.021	0.002	9.061***	<0.001	0.766
	VPD	1.044	0.373	2.900***	0.005	0.356
	T	−0.054	0.028	−1.475	0.146	−0.190
	v	0.534	0.091	6.960***	<0.001	0.675

注：*、**和***分别表示在0.1、0.05和0.01水平上显著。

逐步线性回归结果见式(2-30)和式(2-31)，方程整体拟合度分别达到0.898和0.856，拟合效果较好，可以采用式(2-30)和式(2-31)对 ET_L 和 ET_{ec} 进行拟合预测。

$$ET_L = 0.026R_n + 1.376VPD - 0.025T + 0.460v + 1.538 \qquad R^2 = 0.898 \tag{2-32}$$

$$ET_{ec} = 0.021R_n + 1.044VPD - 0.054T + 0.534v + 1.245 \qquad R^2 = 0.856 \tag{2-33}$$

2) 气象因子对尺度间 ET 差异的影响

考虑气象因子在日尺度可能存在较大的变化，对每7 d ET_L 和 ET_{ec} 相对误差与气象因子进行分析，结果见图2-59~图2-62。

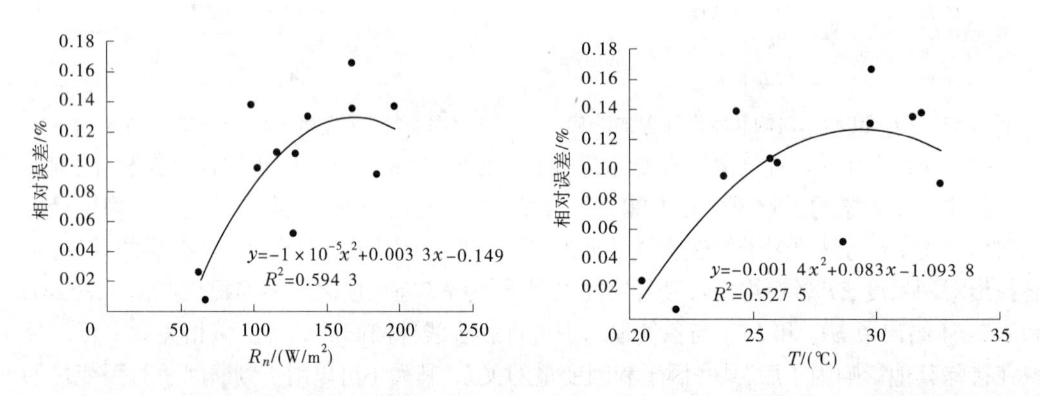

图 2-59　ET_L 和 ET_{ec} 差异与气象因子 R_n 相关关系　图 2-60　ET_L 和 ET_{ec} 差异与气象因子 T 相关关系

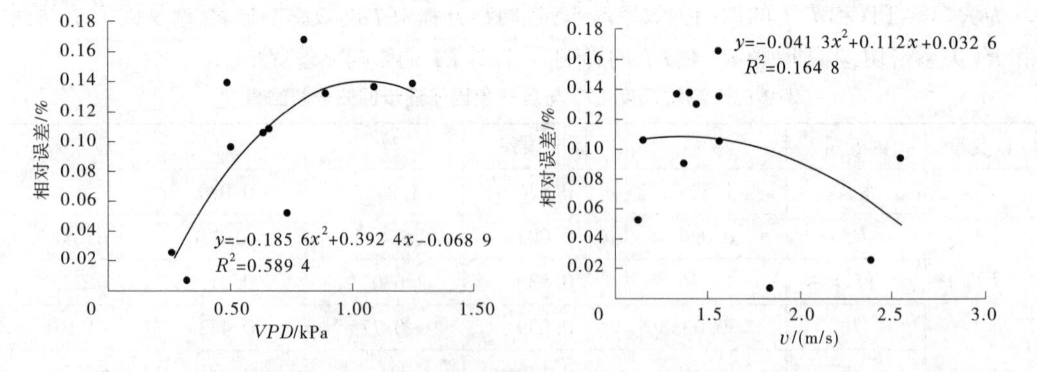

图 2-61　ET_L 和 ET_{ec} 差异与气象因子 VPD 相关关系　图 2-62　ET_L 和 ET_{ec} 差异与气象因子 v 相关关系

ET_L 和 ET_{ec} 相对误差与 R_n、T 和 VPD 相关关系较好(R^2 分别为 0.594 3、0.527 5 和 0.590 1),与 v 相关关系则不明显。由于测坑边壁存在边际效应,当 R_n 升高时,测坑边壁会吸收更多的辐射,导致 ET_L 变大,从而两尺度相对误差更大;当辐射继续增加,空气温度通过影响地表温度和冠层温度来影响土壤蒸发和水稻蒸腾,测坑尺度面积较小,由于边际效应的作用,地表温度的升高或者降低都会对 ET_L 产生显著影响。相对误差随 VPD 的增加同样呈增加趋势,这与 R_n 和 T 的规律相同。

2.3.2.5　小结

(1)作物 ET 的日变化一般呈单峰曲线(倒 U 形),但可在生长旺期观测到双峰曲线,即蒸腾“午休”现象。ET 的日变化具有明显的季节特征,集中表现为峰值在作物生育期高,非生育期低;斜率在作物生育期大(陡),非生育期小(缓)。ET 的月平均日变化在不同年际间也存在较大差异,特别是在作物生长季节。

(2)ET 存在明显的季节变化特征,呈冬季低、夏季高的变化趋势,且受短时间尺度天气变化的影响呈锯齿状变化特征。ET 日进程在一年内表现为双峰或多峰变化趋势,即随着作物的生长,在其旺盛期出现波峰,而后随着作物的成熟及叶片的衰老快速跌落,其变化特征与 LAI 相似。

(3)稻田生态系统的月平均日 ET 主要受气象因子的驱动,表现为冬天低、夏天高,最大月平均日 ET 出现在 7 月,月平均夜间 ET 在 0.2~0.4 mm/d。从年际平均看,在作物生长期,夜间 ET 占全日 ET 的比例在 10%以下,作物耗水主要发生在白天;而在非生长期,这一比例为 10%~20%。

(4)稻田 ET 存在显著的年际差异。2011—2012 年的 ET 为 880 mm,而在 2012—2013 年则达到 1 028 mm,2016 年 ET 为 899 mm,均值为 935.6 mm。

(5)在日尺度上,辐射仍然是 ET 最主要的控制因子,而其他环境气象因子的影响程度在不同稻季间是不同的。早稻和晚稻为 $R_n>VPD>T>v$;夜间平均 v 是稻田生态系统夜间 ET 的主要控制因子。在月尺度上,稻田生态系统的主控因子发生改变,T 成为主控因子,其次是 R_n 和 VPD。月尺度上 ET 对环境因子响应的年际差异非常低。

(6)早稻全生育期测桶、测坑、田块、农田等 4 个不同尺度从小到大的 ET 值分别为 218.1 mm、197.0 mm、192.1 mm 和 173.4 mm;晚稻分别为 391.3 mm、352.3 mm、357.2 mm 和 315.9 mm。总体而言,不同空间尺度蒸发蒸腾量存在尺度效应,ET 随空间尺度的增大而逐渐减小;全生育期测桶尺度 ET_T 最大,测坑尺度 ET_L 和田块尺度 ET_F 没有显著差异,均大于农田尺度 ET_{ec};全生育期早稻农田尺度 ET_{ec} 比测桶尺度 ET_T 小 20.7%,比测坑 ET_L 小 11.9%,比田块尺度 ET_F 小 9.5%;晚稻农田尺度 ET_{ec} 比测桶尺度 ET_T 小 11.6%,比测坑尺度 ET_L 小 10.3%,比田块尺度 ET_F 小 19.3%,由于涡度相关系统普遍存在能量不闭合问题,导致农田尺度 ET_{ec} 偏小。

(7)对于各生长阶段,早稻测桶尺度 ET_T 在生育中期与 ET_L 和 ET_F 差异较小,而晚稻显著大于 ET_L 和 ET_F,增大幅度分别为 17.4%和 16.4%。大田 ET_{ec} 在生育前期和生育中期显著小于测坑和田块尺度,早稻减小幅度分别为 15.5%和 16.0%,晚稻减小幅度则分别为 13.4%和 13.3%,生育末期农田尺度 ET_{ec} 略大于测坑尺度 ET_L 和田块尺度 ET_F;各生育阶段 ET_{ec} 均显著小于测桶尺度 ET_T,减小幅度为 6.9%~28.4%。各生育期测桶尺度

ET_T 均大于其余三尺度 ET，其中拔节孕穗期、抽穗开花期和乳熟期相差最大。除黄熟期外，各生育期农田尺度 ET_{ec} 显著小于其余三尺度，减小幅度在 2.2%～24.8%。乳熟期早稻几个尺度没有显著差异，而晚稻 ET_{ec} 略大于 ET_L 和 ET_F，略小于 ET_T。

(8)测坑尺度 ET_L 和农田尺度 ET_{ec} 随各气象因子变化趋势一致，净辐射与两尺度 ET 相关性最好，v 对两尺度 ET 影响均较小，ET_L 对净辐射、温度和水汽压差的响应更加敏感，这可能与测坑易受边际效应影响有关。ET_L 和 ET_{ec} 均可由以上气象要素逐步拟合得到，方程拟合效果较好。测坑和涡度两尺度相对误差均随净辐射、气温和水汽压差的增加而变大，这主要与测坑的边际效应有关。

2.4　鄱阳湖流域水稻节水减排灌溉技术研究

2.4.1　试验场地基本情况

本试验于 2014—2016 年在江西省灌溉试验中心站灌溉试验研究基地进行。试验研究基地具体情况见 2.2.1 节。

2.4.2　材料与方法

2.4.2.1　试验材料

1. 水稻品种

2014 年、2015 年早稻品种为陆两优 996 号，2016 年早稻采用株两优 101 号；2014 年中稻品种为扬两优 06 号，2015 年中稻品种为黄华占，2016 年中稻品种为扬两优 06 号，2014—2016 年晚稻品种为天尤华占。选用 561 孔的秧盘 50 片/亩。水育秧、抛秧盘育秧播种量均为 250 g/m^2。

2. 施用肥料

试验选取具有代表性的田块，其土壤的理化性质相近。

秧田期施肥标准：第一次追施在插秧后 15 d 左右，即秧苗三叶一心期时，尿素 37.5 kg/hm^2；第二次施肥，在移栽前 2～3 d，早、中稻施碳铵 262.5 kg/hm^2，晚稻施尿素 37.5 kg/hm^2。

本田期施肥标准：氮肥施肥用为 180 kg/hm^2，施用方式采用基肥∶蘖肥∶穗肥＝5∶3∶2，基肥占氮肥总量的 50%（采用 45%的复合肥）；移栽后 10～12 d 施 30%施分蘖肥，另加除草剂一起施用；移栽后 35～40 d 施 20%的拔节孕穗肥，分蘖肥和穗肥采用 46%的尿素。磷肥用钙镁磷肥，钾肥用氯化钾，其中磷肥（P_2O_5）标准为 67.5 kg/hm^2，全部作基肥；钾肥（K_2O）标准为 150 kg/hm^2，按基肥∶穗肥＝9∶11 施用。

3. 播种日期及栽插规格

2014 年早稻秧田期，3 月 24 日播种，4 月 17 日移栽；中稻秧田期，6 月 4 日播种，6 月 24 日移栽；晚稻秧田期，7 月 1 日播种，7 月 23 日移栽。

2015 年早稻秧田期，3 月 26 日播种，4 月 21 日移栽；中稻秧田期，5 月 30 日播种，6 月 26 日移栽；晚稻秧田期，7 月 1 日播种，7 月 23 日移栽。

2016 年早稻秧田期,3 月 27 日播种,4 月 23 日移栽;中稻秧田期,5 月 28 日播种,6 月 27 日移栽;晚稻秧田期,6 月 25 日播种,7 月 25 日移栽。

早稻 3 苗/穴,株行距为 13.3 cm×23.3 cm;中稻 2 苗/穴,株行距为 13.3 cm×26.6 cm;晚稻 2 苗/穴,株行距为 13.3 cm×26.6 cm。

2.4.2.2　试验方法

1. 田间试验方法

采取测坑试验小区和田间试验小区同步试验,田间试验与理论分析相结合的方法。

2. 试验测定方法

(1)灌水量:测坑试验小区和田间试验小区均采用量水表计量灌水量,并根据试区面积将其换算成水深。

(2)耗水量和蒸发蒸腾量:在每个试验小区固定基准位置,每日早上 8:00 采用电测针进行试验小区水深观测,同时通过自动气象站监测其间的降雨量,并在试验小区灌排水前后加测水深;通过当日水深和次日水深、期间灌排水量、降雨量等观测资料,利用水量平衡计算公式(日耗水量或腾发量=当日水深+降雨量+灌水量-排水量-次日水深),分别计算出田间试验小区日耗水量和测坑试验小区日腾发量,两者之差即为田间渗漏量。当田面无水层时,采用补水法确定其间耗水量和腾发量。

(3)水稻生理生态指标的测定:插秧后在田间定点观察水稻分蘖开始发生的时间、分蘖量、分蘖消长过程。

(4)水稻发育进程观察:划定水稻各生长发育阶段(返青期、分蘖前期、分蘖后期、拔节孕穗期、抽穗开花期、乳熟期、黄熟期)的起止具体日期。

(5)产量及产量结构测定:产量测定按各试验小区单收、单打、单晒验产;收割时每个小区取 6 m^2 实割测产;产量结构测定在收割前调查各小区有效穗数(调查蔸数不少于 60 蔸),根据各小区平均有效穗数取考种样,晾干后进行室内考种;考种项目包括有效穗、穗长、每穗实粒数、每穗空粒数、千粒重、谷草比、理论产量等。

(6)水样的采集与测定:分别在施基肥、分蘖肥及穗肥后第 1/24 d、1 d、3 d、5 d、7 d,在不扰动土层的情况下采用医用注射器抽取 3 处不同水深(-40~-20 cm、-20 cm~0 cm、地表水层)水样,分别注入高密度聚乙烯(HDPE)瓶中混合。水样置于 4 ℃的冰箱中保存并进行化验分析。分析指标包括总氮(TN)、总磷(TP);其中,TN 采用碱性过硫酸钾消解-紫外分光光度法进行测定;TP 采用硫酸钾消煮-钼锑抗分光光度法进行测定,具体方法参见《水和废水监测分析方法》(第四版)(国家环境保护总局《水和废水监测分析方法》编委会,2002)。

2.4.3　试验处理设计

水稻育秧早稻采用抛秧盘育秧技术,中稻和晚稻秧田采用水田育秧技术。泡田采用深水淹灌方式。

2.4.3.1　灌溉试验处理设计

本田期试验分别于大田试验小区和作物需水量测坑中开展。

2014—2016 年,早、中、晚稻节水灌溉试验设常规灌溉-浅水灌溉(C)、间歇灌溉

(K_i)、蓄雨灌溉(K_{ii})3 种灌溉模式。其中,蓄雨灌溉(K_{ii})在每年的处理中根据上年度试验情况进行适当调整,以探寻最佳蓄雨深度。2014 年采用间歇+中蓄灌溉模式,2015 年采用间歇+普蓄和间歇+深蓄两种灌溉模式,2016 年根据前两年的试验情况采用间歇+中蓄灌溉模式。各处设 3 次重复,试验小区面积 75 m^2。

2.4.3.2　各灌溉处理灌溉制度设定

1. 浅水灌溉模式(C)

田面一直保持 20~50 mm 不等水层,低于 20 mm 时灌水,灌至 50 mm;分蘖末期晒田,黄熟期落干。

2. 间歇灌溉模式(K_i)

该技术要点:在水稻返青期保持 10~30 mm 水层,分蘖末期晒田 7 d 左右,黄熟期自然落干;其余阶段灌水后水层深度达 30 mm,雨后蓄雨上限为 50 mm,如此进行反复地干(无水层,土壤水分在饱和含水率以下)淹(有水层)交替。各生育期间歇断水天数根据土壤状况、地下水位、天气条件和禾苗长势分别采用 3~5 d(重度间歇)或 1~3 d(轻度间歇)。

3. 蓄雨灌溉模式(K_{ii})

分为"间歇+中蓄"灌溉模式(K_{ii1})、"间歇+普蓄"灌溉模式(K_{ii2})、"间歇+深蓄"灌溉模式(K_{ii3})和"间歇+蓄雨"灌溉模式(K_{ii4})4 种灌溉模式。早、中、晚稻各灌溉模式不同生育期灌水上下限、落干天数、蓄雨深度等参数见表 2-65~表 2-67。

表 2-65　早稻不同灌溉处理灌溉制度设计

稻别	处理模式	生育阶段	返青期	分蘖前期	分蘖后期	拔节孕穗期	抽穗开花期	乳熟期	黄熟期
早稻	浅水灌溉(C)	水层深度/mm	20~50	20~50	晒田	20~50	20~50	20~50	落干
	间歇灌溉(K_i)	灌前下限/%	100	80	65~70	90	85	80	65
		灌后上限/mm	30	30	晒田	30	30	30	落干
		雨后上限/mm	50	50		50	50	50	
		间歇脱水天数/d	0	4~6		1~3	1~3	3~5	
	间歇+中蓄(K_{ii1})	灌前下限/%	100	80	65~70	90	85	80	65
		灌水上限/mm	30	30	晒田	30	30	30	落干
		雨后上限/mm	50	90		90	70	70	
		间歇脱水天数/d	0	4~6		1~3	1~3	3~5	

续表 2-65

稻别	处理模式	生育阶段	返青期	分蘖前期	分蘖后期	拔节孕穗期	抽穗开花期	乳熟期	黄熟期
早稻	间歇+普蓄（K_{ii2}）	灌前下限/%	100	80	65~70	90	85	80	65
		灌水上限/mm	30	30	晒田	30	30	30	落干
		雨后上限/mm	40	50		70	70	50	
		间歇脱水天数/d	0	4~6		1~3	1~3	3~5	
	间歇+深蓄（K_{ii3}）	灌前下限/%	100	80	65~70	90	85	80	65
		灌后上限/mm	30	30	晒田	30	30	30	落干
		雨后上限/mm	50	70		90	80	60	
		间歇脱水天数/d	0	4~6		1~3	1~3	3~5	
	间歇+蓄雨（K_{ii4}）	灌前下限/%	100	80	65~70	90	85	80	65
		灌后上限/mm	30	30	晒田	30	30	30	落干
		雨后上限/mm	60	150		175	175	100	
		间歇脱水天数/d	0	4~6		1~3	1~3	3~5	

注:灌前下限为土壤含水率与饱和含水率的百分比。

表 2-66　中稻不同灌溉处理灌溉制度设计

稻别	处理模式	生育阶段	返青期	分蘖前期	分蘖后期	拔节孕穗期	抽穗开花期	乳熟期	黄熟期
中稻	浅水灌溉(C)	水层深度/mm	20~40	20~50	晒田	20~50	20~50	20~50	落干
	间歇灌溉（K_i）	灌前下限/%	100	80	65~70	90	85	80	65
		灌后上限/mm	30	30	晒田	30	30	30	落干
		雨后上限/mm	50	50		50	50	50	
		间歇脱水天数/d	0	3~5		1~3	1~3	3~5	

续表 2-66

稻别	处理模式	生育阶段	返青期	分蘖前期	分蘖后期	拔节孕穗期	抽穗开花期	乳熟期	黄熟期
中稻	间歇+中蓄（K_{ii1}）	灌前下限/%	100	80	65~70	90	85	80	65
		灌水上限/mm	30	30	晒田	30	30	30	落干
		雨后上限/mm	50	90		90	70	70	
		间歇脱水天数/d	0	3~5		1~3	1~3	3~5	
	间歇+普蓄（K_{ii2}）	灌前下限/%	100	80	65~70	90	85	80	65
		灌水上限/mm	30	30	晒田	30	30	30	落干
		雨后上限/mm	40	50		70	70	50	
		间歇脱水天数/d	0	3~5		1~3	1~3	3~5	
	间歇+深蓄（K_{ii3}）	灌前下限/%	100	80	65~70	90	85	80	65
		灌后上限/mm	30	30	晒田	30	30	30	落干
		雨后上限/mm	70	70		90	70	60	
		间歇脱水天数/d	0	3~5		1~3	1~3	3~5	

注：灌前下限为土壤含水率与饱和含水率的百分比。

表 2-67　晚稻不同灌溉处理灌溉制度设计

稻别	处理模式	生育阶段	返青期	分蘖前期	分蘖后期	拔节孕穗期	抽穗开花期	乳熟期	黄熟期
晚稻	浅水灌溉（C）	水层深度/mm	20~40	20~50	晒田	20~50	20~50	20~50	落干
	间歇灌溉（K_i）	灌前下限/%	100	80	65~70	90	85	80	65
		灌后上限/mm	30	30	晒田	30	30	30	落干
		雨后上限/mm	50	50		50	50	50	
		间歇脱水天数/d	0	3~5		1~3	1~3	3~5	

续表 2-67

稻别	处理模式	生育阶段	返青期	分蘖前期	分蘖后期	拔节孕穗期	抽穗开花期	乳熟期	黄熟期
晚稻	间歇+中蓄(K_{ii1})	灌前下限/%	100	80	65~70	90	85	80	65
		灌水上限/mm	30	30	晒田	30	30	30	落干
		雨后上限/mm	50	90		120	120	70	
		间歇脱水天数/d	0	3~5		1~3	1~3	3~5	
	间歇+普蓄(K_{ii2})	灌前下限/%	100	80	65~70	90	85	80	65
		灌水上限/mm	30	30	晒田	30	30	30	落干
		雨后上限/mm	40	50		70	70	50	
		间歇脱水天数/d	0	3~5		1~3	1~3	3~5	
	间歇+深蓄(K_{ii3})	灌前下限/%	100	80	65~70	90	85	80	65
		灌后上限/mm	30	30	晒田	30	30	30	落干
		雨后上限/mm	50	70		120	100	60	
		间歇脱水天数/d	0	3~5		1~3	1~3	3~5	
	间歇+蓄雨(K_{ii4})	灌前下限/%	100	80	65~70	90	85	80	65
		灌后上限/mm	30	30	晒田	30	30	30	落干
		雨后上限/mm	60	160		120	120	90	
		间歇脱水天数/d	0	4~6		1~3	1~3	3~5	

注:灌前下限为土壤含水率与饱和含水率的百分比。

2.4.4 结果与分析

2.4.4.1 不同灌溉模式下水稻需水量分析

1. 需水量分析

据表 2-68 数据分析可知,水稻全生育期不同时期需水量总体呈先上升后下降的趋势;其中,不同灌溉模式早稻均在 6 月达最大值,中、晚稻 8 月达最大值。2014 年早、中、晚稻需水量大小呈间歇灌溉<浅水灌溉<间歇+中蓄趋势,2015 年和 2016 年早、中、晚稻需水量大小呈间歇灌溉<浅水模式趋势。但是,2014 年中稻间歇+中蓄灌溉模式需水量比浅

水灌溉模式和间歇灌溉模式大,这是因为灌溉方式的不同,导致水稻生育期延长。

表 2-68 2014—2016 年各月水稻需水量统计结果

单位:mm

作物	年份	灌溉方式	4 月	5 月	6 月	7 月	8 月	9 月	10 月	全生育期
早稻	2014	浅水灌溉	24.9	110.5	144.8	31.7				311.9
		间歇灌溉	24.1	109.1	137.5	29.2				299.9
		间歇+中蓄	24.5	113.4	149.8	32.4				320.2
	2015	浅水灌溉	16.5	108.4	131.3	49.8				306.0
		间歇灌溉	17.4	106.1	126.9	47.8				298.1
	2016	浅水灌溉	19.1	129.8	180.4	57.8				387.0
		间歇灌溉	19.0	125.9	171.1	56.2				373.2
中稻	2014	浅水灌溉			12.4	155.6	141.7	143.7	21.3	474.7
		间歇灌溉			12.0	152.1	138.3	137.5	21.3	461.2
		间歇+中蓄			21.9	43.2	233.3	197.4	106.5	602.2
	2015	浅水灌溉			20.7	151.0	168.9	126.0	43.7	510.3
		间歇灌溉			21.0	148.7	166.1	124.5	41.7	501.0
晚稻	2014	浅水灌溉				22.4	143.0	143.9	80.6	389.7
		间歇灌溉				22.0	136.2	134.0	73.3	366.5
		间歇+中蓄				57.4	85.8	219.0	29.7	391.9
	2015	浅水灌溉				50.2	159.6	132.4	78.7	420.8
		间歇灌溉				49.3	155.7	126.5	78.0	409.4
	2016	浅水灌溉				41.2	198.9	157.9	86.4	485.3
		间歇灌溉				40.4	184.7	141.8	81.5	448.3

2. 作物系数分析

据表 2-69 数据分析可知,水稻全生育期作物系数 K_c 值总体呈先上升后下降的趋势;其中,不同灌溉模式下早稻均在 6 月达最大值,中、晚稻 9 月达最大值。不同灌溉模式下,早、中、晚稻作物系数均呈现出间歇灌溉模式小于浅水灌溉模式和间歇+中蓄灌溉模式,间歇+中蓄灌溉模式与浅水灌溉模式 K_c 值大小相当,三种灌溉模式全生育 K_c 值早稻分别为 1.12、1.13 和 1.15,中稻分别为 1.08、1.11 和 1.11,晚稻分别为 1.07、1.13、1.12。早、中、晚稻之间作物系数 K_c 值呈现中稻<晚稻<早稻的趋势。

表 2-69　不同灌溉模式下水稻作物系数 K_c 值(2014 年)

作物	灌溉方式	4 月	5 月	6 月	7 月	8 月	9 月	10 月	全生育期
早稻	浅水灌溉	1.02	1.13	1.32	1.06				1.13
	间歇灌溉	1.02	1.12	1.28	1.04				1.12
	间歇+中蓄	1.01	1.16	1.37	1.05				1.15
中稻	浅水灌溉			0.96	1.16	1.20	1.33	0.90	1.11
	间歇灌溉			0.93	1.14	1.17	1.28	0.90	1.08
	间歇+中蓄			0.96	1.16	1.20	1.33	0.90	1.11
晚稻	浅水灌溉				0.86	1.21	1.34	1.12	1.13
	间歇灌溉				0.85	1.16	1.24	1.02	1.07
	间歇+中蓄				0.85	1.21	1.29	1.14	1.12

2.4.4.2　不同灌溉模式下水稻耗水规律分析

1. 早稻耗水量分析

据表 2-70 和图 2-63 分析可知,2014—2016 年,早稻各灌溉模式下耗水量大小呈现出以下趋势:间歇+深蓄>间歇+蓄雨>间歇+中蓄>间歇灌溉>浅水灌溉>间歇+普蓄,以上前 4 种灌溉模式下耗水量分别较浅水灌溉模式增加 6.25%、5.91%、0.42%和 0.11%,间歇+普蓄灌溉模式下耗水量较浅水灌溉降低 0.90%。

表 2-70　不同灌溉模式下水稻耗水量分析结果

稻别	年份	灌溉处理	耗水量/mm
早稻	2014	浅水灌溉	434.5
		间歇灌溉	441.7
		间歇+中蓄	437.3
	2015	浅水灌溉	477.9
		间歇灌溉	466.7
		间歇+普蓄	473.6
		间歇+深蓄	507.8
	2016	浅水灌溉	496.7
		间歇灌溉	501.6
		间歇+蓄雨	526.0

续表 2-70

稻别	年份	灌溉处理	耗水量/mm
中稻	2014	浅水灌溉	661.3
		间歇灌溉	657.4
		间歇+中蓄	637.4
	2015	浅水灌溉	690.0
		间歇灌溉	668.0
		间歇+深蓄	617.4
		间歇+普蓄	592.7
	2016	浅水灌溉	706.2
		间歇灌溉	651.9
晚稻	2014	浅水灌溉	609.8
		间歇灌溉	581.9
		间歇+中蓄	520.9
	2015	浅水灌溉	573.4
		间歇灌溉	556.3
		间歇+普蓄	546.8
		间歇+深蓄	520.4
	2016	浅水灌溉	635.3
		间歇灌溉	580.7
		间歇+蓄雨	574.2

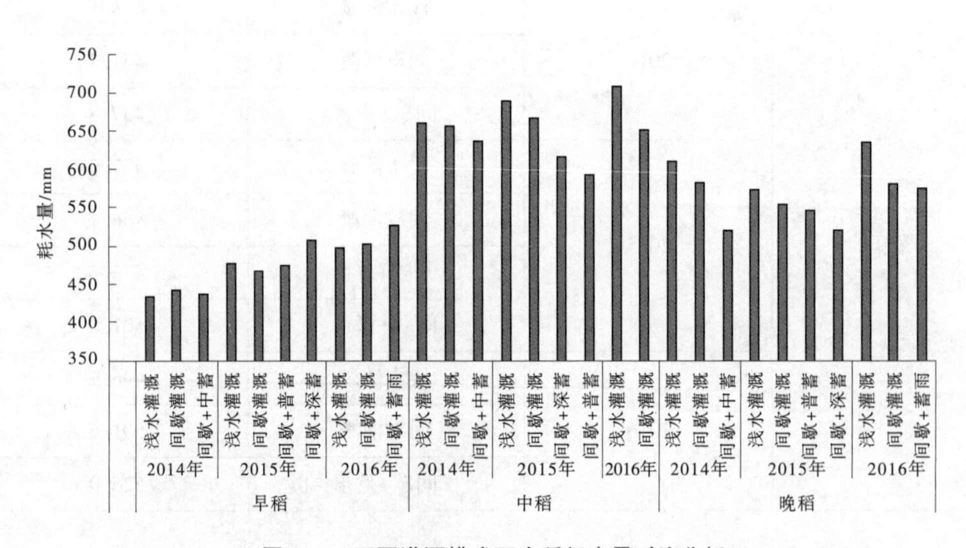

图 2-63　不同灌溉模式下水稻耗水量对比分析

2. 中稻耗水量分析

据表 2-70 和图 2-63 分析可知,2014—2016 年,中稻各灌溉模式下耗水量大小呈现以下趋势:浅水灌溉>间歇+中蓄>间歇灌溉>间歇+深蓄>间歇+普蓄,以上各灌溉模式下耗水量分别较浅水灌溉模式降低 3.76%、3.92%、10.67%和 14.10%。

3. 晚稻耗水量分析

据表 2-70 和图 2-63 分析可知,2014—2016 年,晚稻各灌溉模式下耗水量大小呈现以下趋势:浅水灌溉>间歇+普蓄>间歇灌溉>间歇+深蓄>间歇+蓄雨>间歇+中蓄,以上各灌溉模式下耗水量分别较浅水灌溉模式降低 4.65%、5.44%、9.24%、9.62%和 14.58%。

综上所述,不同灌溉模式下耗水量呈现一定差异。早稻不同灌溉模式下耗水量差异不大,以间歇+普蓄模式耗水量较小,以间歇+深蓄模式耗水量最大。中稻不同灌溉模式下耗水量差异较大,以间歇+深蓄和间歇+普蓄较小,浅水灌溉耗水量最大。晚稻不同灌溉模式下耗水量差异较大,以间歇+蓄雨和间歇+中蓄较小,浅水灌溉耗水量最大。因此,综合早、中、晚稻不同灌溉模式下耗水量分析结果,间歇+普蓄均表现出较好的节水效果,是较节水的灌溉模式。

2.4.4.3 不同灌溉模式下降雨有效利用率分析

1. 早稻期间降雨有效利用率分析

据表 2-71 和图 2-64 分析可知,2014—2016 年,早稻各灌溉模式下降雨有效利用率呈现出以下趋势:浅水灌溉<间歇灌溉<间歇+普蓄<间歇+中蓄<间歇+蓄雨<间歇+深蓄,表现出浅水灌溉降雨有效利用率最小,间歇+深蓄降雨有效利用率最大,以上各种模式降雨有效利用率分别较浅水灌溉增加 4.92%、11.50%、11.86%、17.08%和 21.57%。

表 2-71 不同灌溉模式下水稻生育期间降雨有效利用率分析结果

稻别	年份	灌溉模式	生育期降雨量/mm	降雨利用率/%	降雨利用量/mm
早稻	2014	浅水灌溉	715.4	50.6	362.0
		间歇灌溉	715.4	54.7	391.3
		间歇+中蓄	715.4	56.6	404.9
	2015	浅水灌溉	911.0	40.8	371.7
		间歇灌溉	911.0	41.9	381.7
		间歇+普蓄	911.0	45.5	414.5
		间歇+深蓄	911.0	49.6	451.9
	2016	浅水灌溉	528.5	73.2	386.9
		间歇灌溉	528.5	76.1	402.2
		间歇+蓄雨	528.5	85.7	452.9

续表 2-71

稻别	年份	灌溉模式	生育期降雨量/mm	降雨利用率/%	降雨利用量/mm
中稻	2014	浅水灌溉	356.7	72.4	258.3
		间歇灌溉	356.7	76.5	272.9
		间歇+中蓄	356.7	77.4	276.1
	2015	浅水灌溉	432.4	56.2	315.8
		间歇灌溉	432.4	57.6	318.0
		间歇+深蓄	432.4	69.4	300.1
		间歇+普蓄	432.4	64.8	280.2
	2016	浅水灌溉	297.7	53.3	158.7
		间歇灌溉	297.7	58.8	175.0
晚稻	2014	浅水灌溉	94.2	100	94.2
		间歇灌溉	94.2	100	94.2
		间歇+中蓄	94.2	100	94.2
	2015	浅水灌溉	309.1	80.3	248.2
		间歇灌溉	309.1	86.6	267.7
		间歇+普蓄	309.1	81.1	267.3
		间歇+深蓄	309.1	81.4	266.2
	2016	浅水灌溉	157.8	100	157.8
		间歇灌溉	157.8	100	157.8
		间歇+蓄雨	157.8	100	157.8

2. 中稻期间降雨有效利用率分析

据表 2-71 和图 2-64 分析可知，2014—2016 年，中稻各灌溉模式下降雨有效利用率呈现出以下趋势：浅水灌溉<间歇灌溉<间歇+中蓄<间歇+普蓄<间歇+深蓄，表现出浅水灌溉降雨有效利用率最小，间歇+深蓄降雨有效利用率最大；以上各种模式降雨有效利用率分别较浅水灌溉增加 5.56%、6.91%、13.29%和 21.33%。

3. 晚稻期间降雨有效利用率分析

据表 2-71 和图 2-64 分析可知，2014—2016 年，只有 2015 年各灌溉模式下降雨有效利用率表现出一定的差异性，呈现出以下趋势：浅水灌溉<间歇+普蓄<间歇+深蓄<间歇灌溉，但各灌溉模式间差异较小。2014 年和 2016 年降雨有效利用率均为 100%；这主要是由于晚稻降雨量小，降雨频次少，各蓄雨灌溉模式均表现出较高的降雨有效利用率。

综上所述，早、中、晚稻生育期间不同灌溉模式下降雨有效利用率呈现一定差异，但差异大小表现不一。早稻不同灌溉模式下降雨有效利用率差异最大，中稻次之，晚稻之间差异较小。早稻不同灌溉模式下降雨有效利用率以浅水灌溉最小，以间歇+深蓄最大，间歇+蓄雨和间歇+普蓄次之；中稻不同灌溉模式下降雨有效利用率以浅水灌溉最小，以间歇+深

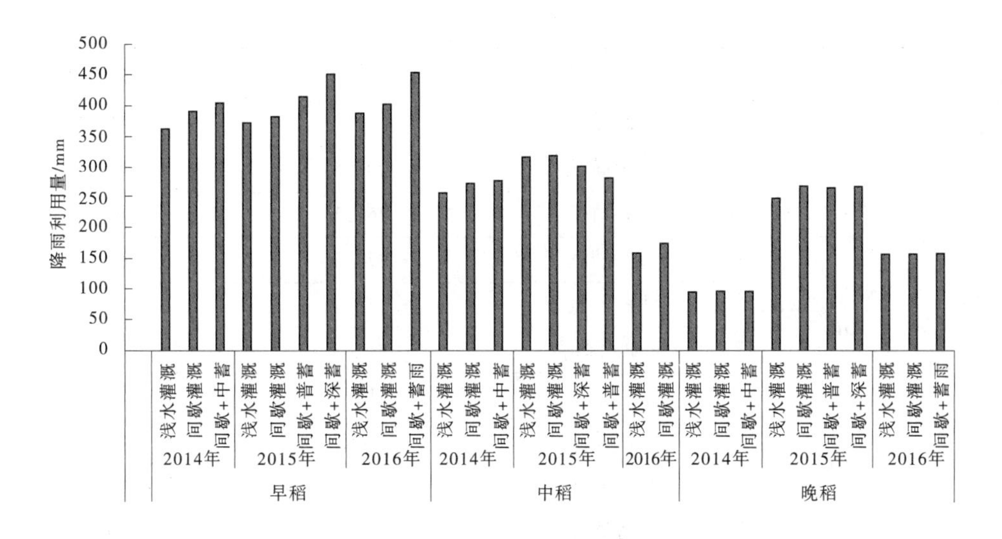

图 2-64　不同灌溉模式下降雨利用量对比分析

蓄最大，间歇+普蓄次之；晚稻之间差异不大。

因此，综合早、中、晚稻不同灌溉模式下降雨有效利用率分析结果，间歇+深蓄和间歇+普蓄均表现出较好的降雨有效利用效果，是较节水的灌溉模式。

2.4.4.4　不同灌溉模式下水稻灌水量分析

1. 早稻灌水量分析

据表 2-72 和图 2-65 分析可知，2014—2016 年，早稻各灌溉模式下灌水量呈现以下趋势：浅水灌溉>间歇灌溉>间歇+蓄雨>间歇+普蓄>间歇+深蓄>间歇+中蓄；以上各灌溉模式下灌水量分别较浅水灌溉减少 19.97%、32.42%、44.40%、47.36%和 56.69%。

表 2-72　不同灌溉模式下水稻灌水量分析结果

稻别	年份	灌溉模式	灌水量/mm	灌水次数/次
早稻	2014	浅水灌溉	72.5	3
		间歇灌溉	50.4	2
		间歇+中蓄	31.4	1
	2015	浅水灌溉	106.2	4
		间歇灌溉	85	3
		间歇+普蓄	59.1	2
		间歇+深蓄	55.9	2
	2016	浅水灌溉	109.8	4
		间歇灌溉	99.4	3
		间歇+蓄雨	73.1	2

续表 2-72

稻别	年份	灌溉模式	灌水量/mm	灌水次数/次
中稻	2014	浅水灌溉	403	13
		间歇灌溉	384.5	9
		间歇+中蓄	360.3	8
	2015	浅水灌溉	374.2	12
		间歇灌溉	350.0	9
		间歇+深蓄	317.3	7
		间歇+普蓄	312.5	6
	2016	浅水灌溉	548.5	15
		间歇灌溉	476.8	10
晚稻	2014	浅水灌溉	515.6	16
		间歇灌溉	487.7	10
		间歇+中蓄	426.7	9
	2015	浅水灌溉	326.2	12
		间歇灌溉	287.6	8
		间歇+普蓄	280.5	8
		间歇+深蓄	253.2	6
	2016	浅水灌溉	477.5	15
		间歇灌溉	422.9	9
		间歇+蓄雨	416.4	8

2. 中稻灌水量分析

据表 2-72 和图 2-65 分析可知,2014—2016 年,中稻各灌溉模式下灌水量呈现以下趋势:浅水灌溉>间歇灌溉>间歇+中蓄>间歇+深蓄>间歇+普蓄;以上各灌溉模式下灌水量分别较浅水灌溉减少 8.13%、10.60%、15.47%和 16.49%。

3. 晚稻灌水量分析

据表 2-72 和图 2-65 分析可知,2014—2016 年,晚稻各灌溉模式下灌水量呈现出以下趋势:浅水灌溉>间歇灌溉>间歇+蓄雨>间歇+普蓄>间歇+中蓄>间歇+深蓄;以上各灌溉模式下灌水量分别较浅水灌溉减少 9.47%、12.80%、13.75%、16.24%和 22.14%。

综上所述,不同灌溉模式下灌水量呈现一定差异。早稻不同灌溉模式下灌水量较浅水灌溉差异最大;中稻和晚稻次之,并且差异水平相当。早稻不同灌溉模式下灌水量以浅水灌溉最大,间歇+深蓄和间歇+普蓄次之,间歇+中蓄最小;中稻不同灌溉模式下灌水量以浅水灌溉最大,间歇+深蓄次之,间歇+普蓄最小;晚稻不同灌溉模式下灌水量以浅水灌溉最大,间歇+中蓄和间歇+普蓄次之,以间歇+深蓄最小。

因此,综合早、中、晚稻不同灌溉模式下灌水量分析结果,间歇+深蓄、间歇+中蓄和间

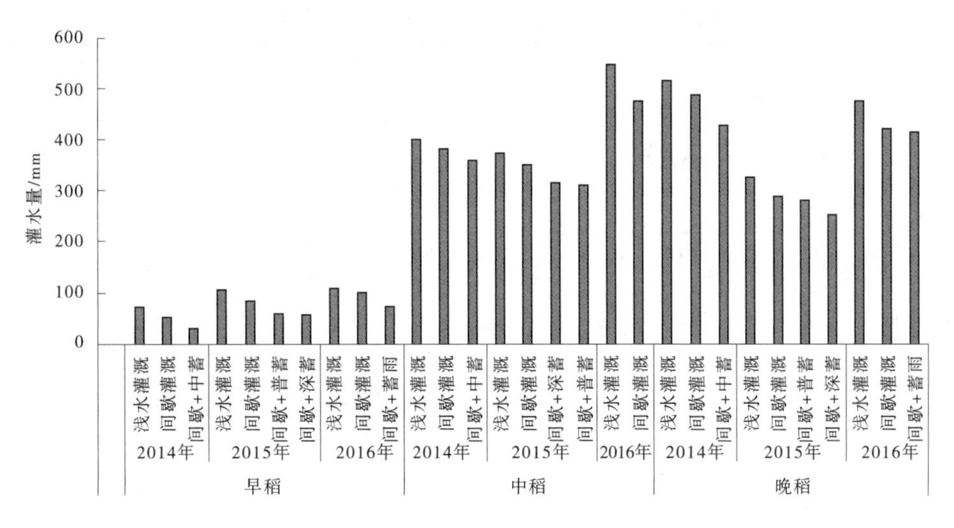

图 2-65　不同灌溉模式下水稻灌水量对比分析

歇+蓄雨均表现出较好的节水效果,是较节水的灌溉模式。

2.4.4.5　不同灌溉模式下水稻减排减污效果分析

1. 不同灌溉模式下水稻减排量分析

1)早稻减排量分析

据表 2-73 和图 2-66 分析可知,2014 年早稻各灌溉模式下排水量呈现以下趋势:浅水灌溉>间歇灌溉>间歇+中蓄;各灌溉模式下排水量分别较浅水灌溉减少 29.3 mm 和 42.9 mm,减少幅度分别达 8.29%和 12.14%。2015 年早稻各灌溉模式下排水量呈现以下趋势:浅水灌溉>间歇灌溉>间歇+普蓄>间歇+深蓄;各灌溉模式下排水量分别较浅水灌溉减少 10.0 mm、42.8 mm 和 80.2 mm,减少幅度分别达 1.85%、7.94%和 14.87%。2016 年早稻各灌溉模式下排水量呈现以下趋势:浅水灌溉>间歇灌溉>间歇+蓄雨;各灌溉模式下排水量分别较浅水灌溉减少 14.3 mm 和 66.0 mm,减少幅度分别达 10.10%和 46.61%。2014—2016 年,早稻各灌溉模式下减排率总体呈现以下趋势:浅水灌溉>间歇灌溉>间歇+普蓄>间歇+中蓄>间歇+深蓄>间歇+蓄雨;以上各灌溉模式下排水量分别较浅水灌溉平均减少 6.75%、7.94%、12.14%、14.87%和 46.61%。

2)中稻减排量分析

据表 2-73 和图 2-66 分析可知,2014 年中稻各灌溉模式下排水量呈现以下趋势:浅水灌溉>间歇灌溉>间歇+中蓄;各灌溉模式下排水量分别较浅水灌溉减少 14.5 mm 和 17.7 mm,减少幅度分别达 14.75%和 18.01%。2015 年中稻各灌溉模式下排水量呈现以下趋势:浅水灌溉>间歇灌溉>间歇+普蓄>间歇+深蓄;各灌溉模式下排水量分别较浅水灌溉减少 3.2 mm、85.1 mm 和 105.0 mm,减少幅度分别达 1.35%、35.86%和 44.25%。2016 年中稻各灌溉模式下排水量呈现以下趋势:浅水灌溉>间歇灌溉;间歇灌溉较浅水灌溉减少 16.30 mm,减少幅度达 11.73%。2014—2016 年,中稻各灌溉模式下减排率总体呈现以下趋势:浅水灌溉>间歇灌溉>间歇+中蓄>间歇+普蓄>间歇+深蓄;以上各灌溉模式下排水量分别较浅水灌溉平均减少 9.28%、18.01%、35.86%和 44.25%。

表 2-73　不同灌溉模式下水稻排水量分析结果

稻别	年份	灌溉模式	排水量/mm
早稻	2014	浅水灌溉	353. 4
		间歇灌溉	324. 1
		间歇+中蓄	310. 5
	2015	浅水灌溉	539. 3
		间歇灌溉	529. 3
		间歇+普蓄	496. 5
		间歇+深蓄	459. 1
	2016	浅水灌溉	141. 6
		间歇灌溉	127. 3
		间歇+蓄雨	75. 6
中稻	2014	浅水灌溉	98. 3
		间歇灌溉	83. 8
		间歇+中蓄	80. 6
	2015	浅水灌溉	237. 3
		间歇灌溉	234. 1
		间歇+普蓄	152. 2
		间歇+深蓄	132. 3
	2016	浅水灌溉	139. 0
		间歇灌溉	122. 7
晚稻	2014	浅水灌溉	0
		间歇灌溉	0
		间歇+中蓄	0
	2015	浅水灌溉	60. 9
		间歇灌溉	41. 4
		间歇+普蓄	62. 0
		间歇+深蓄	61. 1
	2016	浅水灌溉	0
		间歇灌溉	0
		间歇+蓄雨	0

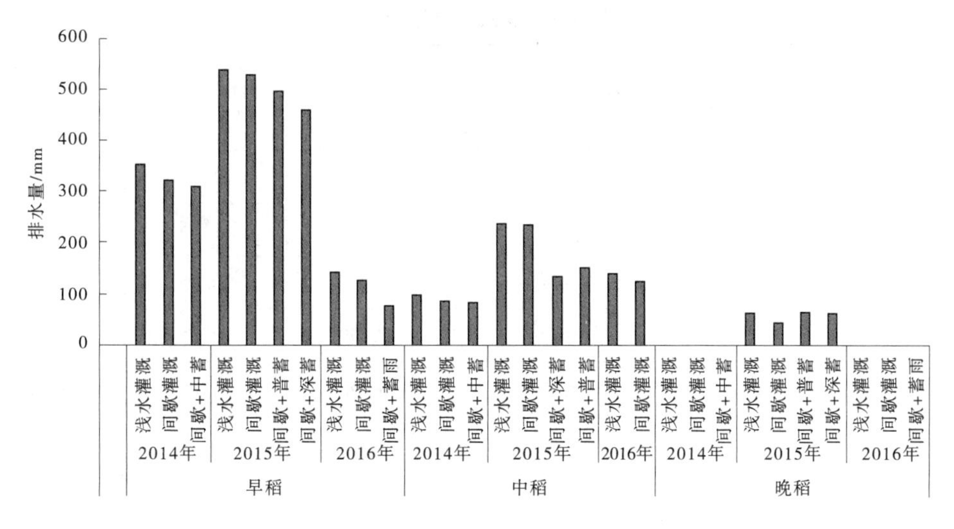

图2-66　不同灌溉模式下水稻排水量对比分析

3）晚稻减排量分析

据表2-73和图2-66分析可知，2014年晚稻因降雨量少，导致3种灌溉模式均无排水量。2015年晚稻间歇灌溉模式田间排水量比浅水灌溉、间歇+普蓄、间歇+深蓄模式均有所减少；其中，间歇灌溉比浅水灌溉减少19.5 mm，减少幅度为32.02%；间歇+普蓄、间歇+深蓄模式与浅水灌溉排水量大小相当。2016年晚稻降雨量少，3种灌溉模式均无排水量。2014—2016年，晚稻以间歇灌溉排水量最小，浅水灌溉、间歇+普蓄和间歇+深蓄模式之间差距较小。

综上所述，不同灌溉模式下水稻排水量呈现一定差异。早稻和中稻不同灌溉模式下排水量较浅水灌溉差异较大，晚稻较小。早稻不同灌溉模式下排水量以浅水灌溉最大，间歇+中蓄和间歇+深蓄次之，间歇+蓄雨模式最小；中稻不同灌溉模式下排水量以浅水灌溉最大，间歇+普蓄次之，间歇+深蓄最小；晚稻不同灌溉模式下排水量差异不大。因此，综合早、中、晚稻不同灌溉模式下排水量分析结果，间歇+深蓄、间歇+中蓄和间歇+普蓄均表现出较好的减排效果。

2. 不同灌溉模式下水稻减污量分析

1）早稻减污量分析

据表2-74分析可知，早稻期间，2014年全生育期总磷、总氮排放量均表现为间歇灌溉小于浅水灌溉，全生育期总磷、总氮减排量分别为0.16 kg/hm^{2}和1.55 kg/hm^2，减排率分别达18.18%和12.20%。2015年全生育期总磷排放量表现为间歇+普蓄小于间歇+深蓄，全生育期总磷减排量为0.04 kg/hm^2，减排率达10.53%；而总氮、氨氮排放量均表现为间歇+深蓄小于间歇+普蓄，全生育期总氮、氨氮减排量分别为9.9 kg/hm^{2}和1.89 kg/hm^2，减排率分别达32.41%和8.79%。2016年全生育期总磷、总氮、氨氮排放量均表现为浅水灌溉>间歇灌溉>间歇+蓄雨，其中，间歇灌溉较浅水灌溉全生育期总磷、总氮、氨氮减排量分别为0.07 kg/hm^2、2.16 kg/hm^{2}和1.25 kg/hm^2，减排率达38.89%、42.44%和33.6%，间歇+蓄雨灌溉模式无农田排水，故无总磷、总氮及氨氮排放。

表 2-74　不同灌溉模式下水稻减排效益分析

稻别	年份	灌溉模式	TP/(kg/hm^2)	TN/(kg/hm^2)	AN/(kg/hm^2)
早稻	2014	浅水灌溉	0.88	12.70	
		间歇灌溉	0.72	11.15	
	2015	间歇+普蓄	0.34	30.55	21.51
		间歇+深蓄	0.38	20.65	19.62
	2016	浅水灌溉	0.18	5.09	3.72
		间歇灌溉	0.11	2.93	2.47
		间歇+蓄雨	0	0	0
中稻	2015	间歇+普蓄	0.69	8.20	6.84
		间歇+深蓄	0.52	7.63	6.21
晚稻	2014	浅水灌溉	0.42	13.75	
		间歇灌溉	0.41	8.56	
	2015	间歇+普蓄	0.13	3.09	2.67
		间歇+深蓄	0.05	0.67	0.55
	2016	浅水灌溉	0	0	0
		间歇灌溉	0	0	0
		间歇+蓄雨	0	0	0

2）中稻减污量分析

据表 2-74 分析可知，中稻期间，2015 年全生育期总磷、总氮、氨氮排放量均表现为间歇+深蓄小于间歇+普蓄，间歇+深蓄灌溉模式全生育期总磷、总氮、氨氮减排量分别为 0.17 kg/hm^2、0.57 kg/hm^2 和 0.63 kg/hm^2，减排率分别达 24.64%、6.95%和 9.21%。

3）晚稻减污量分析

据表 2-74 分析可知，晚稻期间，2014 年全生育期总磷、总氮排放量均表现为间歇灌溉小于浅水灌溉，全生育期总磷、总氮减排量分别为 0.01 kg/hm^2 和 5.19 kg/hm^2，减排率分别达 2.38%和 37.75%。2015 年全生育期总磷、总氮、氨氮排放量均表现为间歇+深蓄小于间歇+普蓄，间歇+深蓄灌溉模式下全生育期总磷、总氮、氨氮减排量分别为 0.08 kg/hm^2、2.42 kg/hm^2 和 2.21 kg/hm^2，减排率分别达 61.54%、78.32%和 79.40%。2016 年浅水灌溉、间歇灌溉和间歇+蓄雨灌溉模式均无农田排水，故无总磷、总氮排放。

综上分析，2014—2016 年早稻各灌溉模式下总磷减排率大小总体呈现以下趋势：间歇+蓄雨<间歇+普蓄<间歇+深蓄<间歇灌溉<浅水灌溉；总氮和氨氮减排率大小总体呈现

以下趋势:间歇+蓄雨<间歇+深蓄<间歇+普蓄<间歇灌溉<浅水灌溉。

2.4.4.6　不同灌溉模式对水稻产量及构成指标影响分析

1. 不同灌溉模式对水稻干物质总重影响分析

分析表 2-75 可知,不同灌溉模式下水稻黄熟期干物质在各器官间的分配各有不同,但均表现出相同趋势,由大到小依次为籽粒、茎、叶;其中间歇灌溉模式下早稻干物质总量最多,比其他处理提高 11.14%~19.40%,且穗重占比最大,为 62.58%;其次为间歇+中蓄灌溉模式;早稻干物质总量最低的为浅水灌溉模式。2014 年各灌溉模式下中稻干物质总量规律与早稻基本一致,即浅水灌溉<间歇灌溉<间歇+中蓄,且间歇+中蓄模式穗重占比最高;2015 年中稻干物质积累总量则满足间歇+普蓄<间歇+深蓄。2014 年晚稻干物质总量表现出间歇+中蓄>间歇灌溉>浅水灌溉的趋势,2015 年晚稻为间歇+普蓄>间歇+深蓄,2016 年则满足间歇灌溉>浅水灌溉>间歇+蓄雨。

表 2-75　不同灌溉模式对水稻干物质总重影响分析

稻别	年份	灌溉模式	叶重/(kg/hm^2)	茎重/(kg/hm^2)	穗重/(kg/hm^2)	干物质总重/(kg/hm^2)
早稻	2014	浅水灌溉	1 139.01	2 779.42	6 419.62	10 338.05
		间歇+中蓄	1 310.01	3 047.51	7 138.38	11 495.90
		间歇灌溉	1 416.24	3 018.52	7 312.28	11 748.05
	2015	间歇+普蓄	1 504.19	3 067.79	6 496.42	11 068.31
		间歇+深蓄	1 470.86	3 086.63	6 316.73	10 874.22
		间歇灌溉	1 430.29	3 696.27	8 681.70	13 806.25
	2016	间歇+蓄雨	1 111.48	3 182.28	6 734.08	11 027.83
		浅水灌溉	1 052.06	3 154.74	6 856.25	11 064.06
中稻	2014	浅水灌溉	2 727.47	4 526.49	7 263.60	14 517.57
		间歇+中蓄	3 160.01	6 353.07	10 266.20	19 778.27
		间歇灌溉	3 018.12	6 092.72	10 215.61	19 326.45
	2015	间歇+普蓄	2 283.91	4 092.58	8 196.18	14 572.67
		间歇+深蓄	2 449.21	4 493.43	9 592.97	16 535.62
晚稻	2014	浅水灌溉	2 874.86	4 607.77	12 042.18	19 524.81
		间歇+中蓄	3 210.97	5 191.83	13 716.23	22 120.04
		间歇灌溉	2 712.32	4 505.83	12 416.87	19 635.01
	2015	间歇+普蓄	2 183.35	4 453.49	10 098.52	16 735.36
		间歇+深蓄	2 199.88	4 307.47	8 689.33	15 196.68
	2016	间歇灌溉	2 388.34	4 099.94	7 915.86	14 404.25
		间歇+蓄雨	1 630.97	2 719.13	6 136.17	10 486.27
		浅水灌溉	1 754.95	3 091.13	7 430.28	12 277.36

由上述分析可知,间歇灌溉与间歇+中蓄灌溉模式能够提高水稻干物质积累总量,且提高了成熟期籽粒占比,增加水稻收获指数,进而提高水稻产量。

2. 不同灌溉模式对水稻产量构成指标的影响分析

从水稻产量构成分析上,水稻产量构成指标主要有单位面积有效成穗率、穗数、穗粒数、结实率、千粒重、穗长、穗重等,这些可以作为高产的间接指标。

1)成穗率

据表2-76和图2-67分析可知,2014—2016年,早稻各灌溉模式下成穗率呈现以下趋势:间歇灌溉>间歇+蓄雨>间歇+中蓄>间歇+普蓄>间歇+深蓄>浅水灌溉,各灌溉模式下成穗率分别较浅水灌溉提高9.30%、5.77%、2.72%、2.38%和0.93%。中稻各灌溉模式下成穗率呈现以下趋势:间歇灌溉>间歇+普蓄>间歇+深蓄>间歇+中蓄>浅水灌溉,各灌溉模式下成穗率分别较浅水灌溉提高4.20%、3.20%、2.61%和1.80%。晚稻各灌溉模式下成穗率呈现以下趋势:间歇灌溉>间歇+中蓄>间歇+普蓄>间歇+深蓄>间歇+蓄雨>浅水灌溉,各灌溉模式下成穗率分别较浅水灌溉提高5.61%、5.01%、2.95%、1.45%和0.24%。综上所述,不同灌溉模式下成穗率呈现一定差异;早稻不同灌溉模式下成穗率较浅水灌溉差异较大;晚稻次之,中稻差异最小;早、中、晚稻不同灌溉模式下成穗率均以间歇灌溉最大,其他灌溉模式下成穗率大小不一,早稻以间歇+蓄雨次之,中稻以间歇+普蓄次之,晚稻以间歇+中蓄次之;不同灌溉模式下成穗率均以浅水灌溉最小。因此,综合早、中、晚稻不同灌溉模式下成穗率分析结果,间歇+蓄雨、间歇+普蓄和间歇+中蓄均表现较好的增产效果。

表2-76 不同灌溉模式下水稻产量结构指标分析结果

稻别	年份	灌溉模式	成穗率/%	有效穗/(万个/hm²)	穗粒数/(粒/穗)	结实率/%	千粒重/g	产量/(kg/hm²)
早稻	2014	浅水灌溉	72.73	229.5	115.50	86.19	28.83	5 843.85
		间歇灌溉	79.25	254.4	132.57	92.14	29.82	6 250.05
		间歇+中蓄	74.71	240.0	126.63	86.62	29.33	6 125.10
	2015	浅水灌溉	90.04	254.9	125.00	81.66	28.17	7 767.15
		间歇灌溉	94.55	264.6	141.78	92.31	29.38	8 788.35
		间歇+普蓄	92.18	261.0	140.97	90.74	28.92	8 414.40
		间歇+深蓄	90.88	261.3	133.47	87.51	28.79	7 837.95
	2016	浅水灌溉	78.52	312.5	97.72	89.49	26.29	6 361.20
		间歇灌溉	90.32	328.8	101.52	92.65	26.58	6 485.85
		间歇+蓄雨	83.05	312.3	100.09	89.92	27.39	6 438.90

续表 2-76

稻别	年份	灌溉模式	成穗率/%	有效穗/(万个/hm²)	穗粒数/(粒/穗)	结实率/%	千粒重/g	产量/(kg/hm²)
中稻	2014	浅水灌溉	80.00	157.5	149.08	86.20	30.39	6 829.65
		间歇灌溉	84.52	165.5	157.30	90.25	32.22	7 883.40
		间歇+中蓄	81.44	165.0	154.58	88.58	31.00	7 793.25
	2015	浅水灌溉	81.34	240.5	182.19	87.05	28.92	9 375.00
		间歇灌溉	87.41	271.4	207.32	95.02	29.52	9 637.50
		间歇+深蓄	83.46	259.7	198.67	87.78	29.37	9 489.90
		间歇+普蓄	83.94	261.0	206.81	93.97	29.59	9 608.55
	2016	浅水灌溉	79.82	169.5	201.25	71.73	20.07	7 630.95
		间歇灌溉	80.42	180.9	216.65	79.21	20.43	7 775.85
晚稻	2014	浅水灌溉	77.44	176.7	198.63	78.75	24.95	8 593.05
		间歇灌溉	82.34	217.2	233.12	89.64	26.41	9 163.35
		间歇+中蓄	81.32	208.2	216.12	81.76	25.60	8 985.60
	2015	浅水灌溉	85.37	315.3	137.35	86.03	26.05	7 859.10
		间歇灌溉	87.34	354.5	158.39	91.45	27.99	7 968.75
		间歇+普蓄	87.89	334.2	144.89	87.75	26.80	7 896.00
		间歇+深蓄	86.61	320.3	147.54	86.72	26.16	7 892.25
	2016	浅水灌溉	79.50	316.2	140.86	76.20	23.83	7 906.05
		间歇灌溉	86.02	323.6	148.09	88.30	25.33	8 160.15
		间歇+蓄雨	79.69	321.9	147.39	81.08	23.86	8 124.15

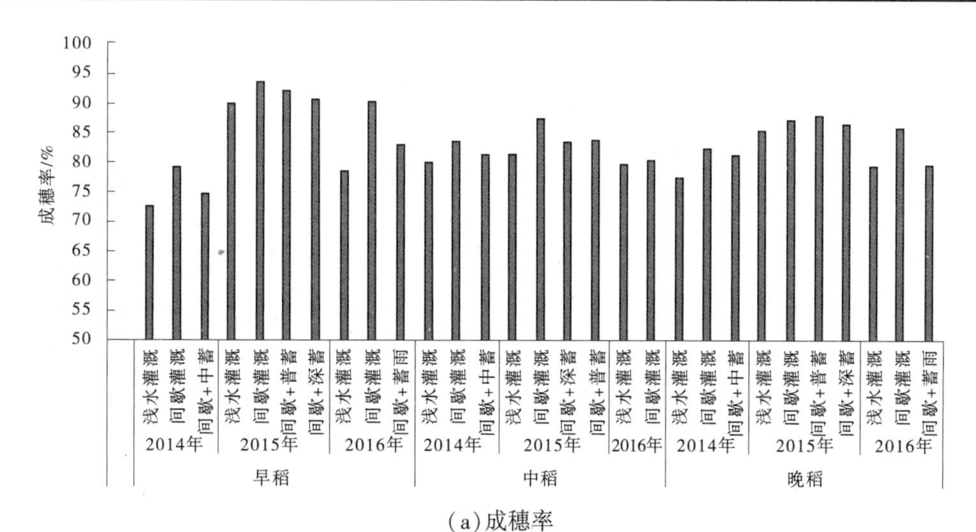

(a)成穗率

图 2-67　不同灌溉模式下水稻产量及结构指标对比分析

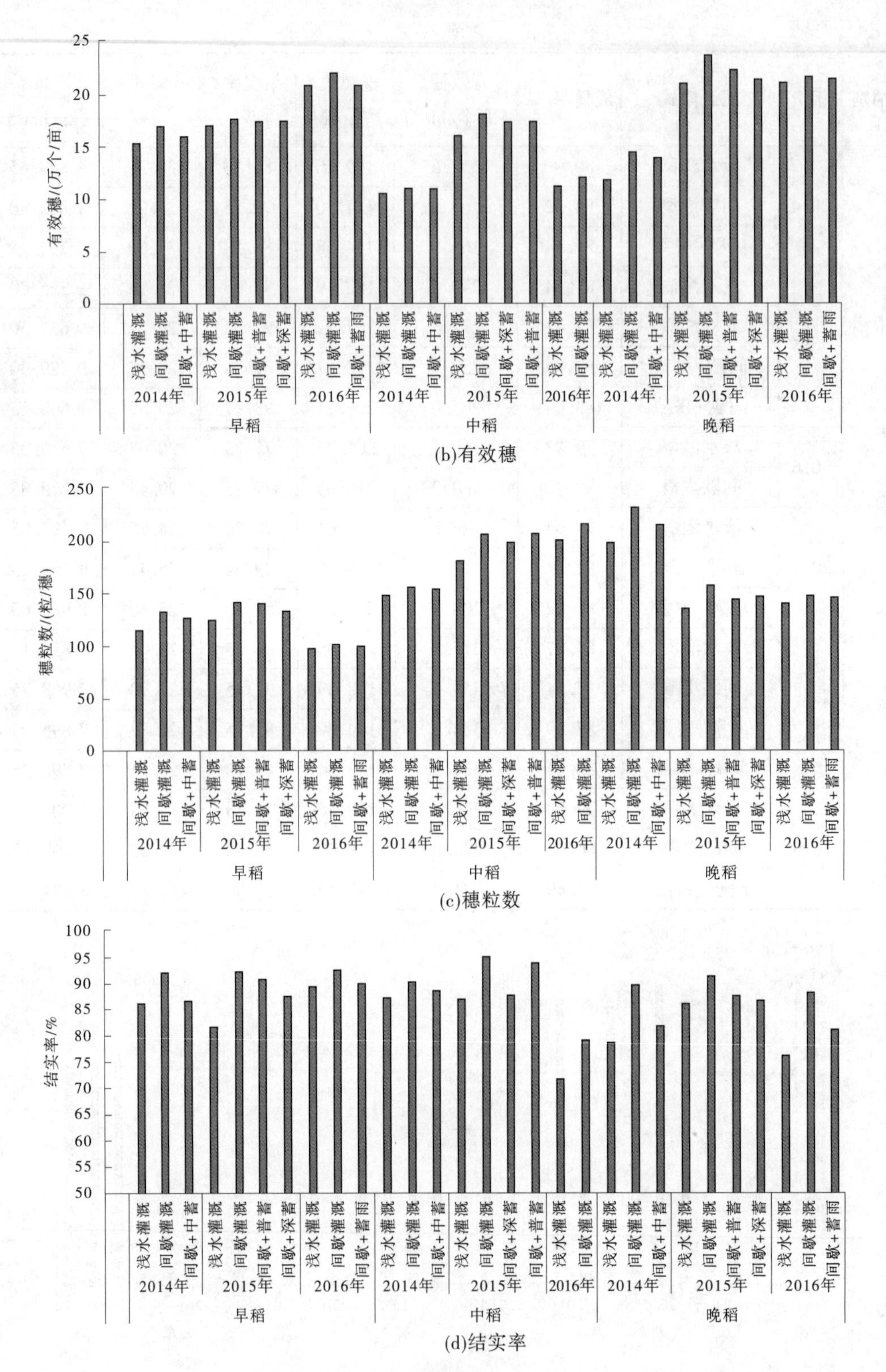

(b)有效穗

(c)穗粒数

(d)结实率

续图 2-67

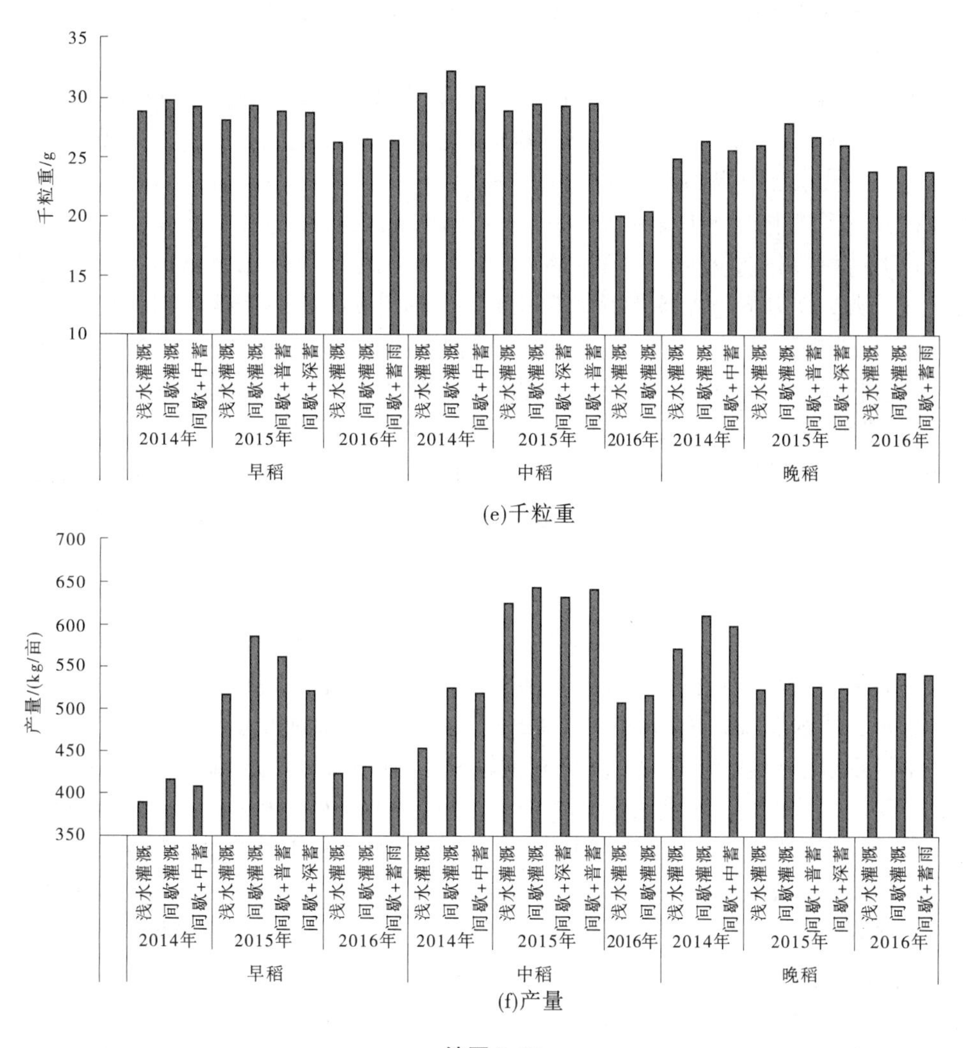

(e)千粒重

(f)产量

续图 2-67

2)有效穗数

据表2-76和图2-67统计分析,2014—2016年,早稻各灌溉模式下有效穗数呈现以下趋势:间歇灌溉>间歇+中蓄>间歇+深蓄>间歇+普蓄>间歇+蓄雨>浅水灌溉,各灌溉模式下有效穗数分别较浅水灌溉提高6.64%、4.58%、2.53%、2.41%和0.05%。中稻各灌溉模式下有效穗数呈现以下趋势:间歇+普蓄>间歇灌溉>间歇+深蓄>间歇+中蓄>浅水灌溉,各灌溉模式下有效穗数分别较浅水灌溉提高8.55%、8.21%、7.99%和4.76%。晚稻各灌溉模式下有效穗数呈现以下趋势:间歇+中蓄>间歇灌溉>间歇+普蓄>间歇+蓄雨>间歇+深蓄>浅水灌溉,各灌溉模式下有效穗数分别较浅水灌溉提高17.83%、12.55%、5.99%、1.80%和1.57%。综上所述,不同灌溉模式下有效穗数呈现一定差异;晚稻不同灌溉模式下有效穗数较浅水灌溉差异较大,中稻次之,早稻差异最小;早稻有效穗数以间歇灌溉最大,间歇+中蓄次之,中稻以间歇+普蓄最大,间歇灌溉次之,晚稻以间歇+中蓄最大,间歇灌溉次之;不同灌溉模式下有效穗数均以浅水灌溉最小。因此,综合早、中、晚稻不同灌溉模式下有效穗数分析结果,间歇+普蓄和间歇+中蓄均表现出较好的增产效果。

3)穗粒数

据表 2-76 和图 2-67 统计分析,2014—2016 年,早稻各灌溉模式下穗粒数呈现以下趋势:间歇+普蓄>间歇灌溉>间歇+中蓄>间歇+深蓄>间歇+蓄雨>浅水灌溉,各灌溉模式下穗粒数分别较浅水灌溉提高 12.78%、10.70%、9.64%、6.78%和 2.43%。中稻各灌溉模式下穗粒数呈现以下趋势:间歇+普蓄>间歇+深蓄>间歇灌溉>间歇+中蓄>浅水灌溉,各灌溉模式下穗粒数分别较浅水灌溉提高 14.51%、9.05%、8.76%和 3.69%。晚稻各灌溉模式下穗粒数呈现以下趋势:间歇灌溉>间歇+中蓄>间歇+深蓄>间歇+普蓄>间歇+蓄雨>浅水灌溉,各灌溉模式下穗粒数分别较浅水灌溉提高 12.91%、8.81%、8.21%、6.26%和 3.93%。综上所述,不同灌溉模式下穗粒数呈现一定差异,早、中、晚稻各灌溉模式差异水平相当;早稻穗粒数以间歇+普蓄最大,间歇灌溉次之,中稻以间歇+普蓄最大,间歇+深蓄次之,晚稻以间歇灌溉最大,间歇+中蓄次之;不同灌溉模式下穗粒数均以浅水灌溉最小。因此,综合早、中、晚稻不同灌溉模式下穗粒数分析结果,间歇+普蓄和间歇+中蓄均表现出较好的增产效果。

4)结实率

据表 2-76 和图 2-67 统计分析,2014—2016 年,早稻各灌溉模式下结实率呈现以下趋势:间歇+普蓄>间歇灌溉>间歇+深蓄>间歇+中蓄>间歇+蓄雨>浅水灌溉,各灌溉模式下结实率分别较浅水灌溉提高 11.12%、7.82%、6.16%、0.50%和 0.48%。中稻各灌溉模式下结实率呈现以下趋势:间歇+普蓄>间歇灌溉>间歇+中蓄>间歇+深蓄>浅水灌溉,各灌溉模式下结实率分别较浅水灌溉提高 7.95%、7.69%、1.58%和 0.84%。晚稻各灌溉模式下结实率呈现以下趋势:间歇灌溉>间歇+蓄雨>间歇+中蓄>间歇+普蓄>间歇+深蓄>浅水灌溉,各灌溉模式下结实率分别较浅水灌溉提高 12.00%、6.40%、3.82%、2.00%和 0.80%。综上所述,不同灌溉模式下结实率呈现一定差异,以晚稻各灌溉模式之间差异水平最大,早稻次之,中稻最小;早稻结实率以间歇+普蓄最大,间歇灌溉次之,中稻以间歇+普蓄最大,间歇灌溉次之,晚稻以间歇灌溉最大,间歇+蓄雨次之;不同灌溉模式下结实率均以浅水灌溉最小。因此,综合早、中、晚稻不同灌溉模式下结实率分析结果,间歇+普蓄、间歇+蓄雨和间歇+中蓄均表现出较好的增产效果。

5)千粒重

据表 2-76 和图 2-67 统计分析,2014—2016 年,早稻各灌溉模式下千粒重呈现以下趋势:间歇灌溉>间歇+普蓄>间歇+深蓄>间歇+中蓄>间歇+蓄雨>浅水灌溉,各灌溉模式下千粒重分别较浅水灌溉提高 2.94%、2.66%、2.20%、1.73%和 0.38%。中稻各灌溉模式下千粒重呈现以下趋势:间歇灌溉>间歇+普蓄>间歇+中蓄>间歇+深蓄>浅水灌溉,各灌溉模式下千粒重分别较浅水灌溉提高 3.30%、2.32%、2.01%和 1.56%。晚稻各灌溉模式下千粒重呈现以下趋势:间歇灌溉>间歇+普蓄>间歇+中蓄>间歇+深蓄>间歇+蓄雨>浅水灌溉,各灌溉模式下千粒重分别较浅水灌溉提高 6.13%、2.88%、2.61%、0.42%和 0.13%。综上所述,不同灌溉模式下千粒重呈现一定差异,但差异不大;早稻千粒重以间歇灌溉最大,间歇+普蓄次之,中稻以间歇灌溉最大,间歇+普蓄次之,晚稻以间歇灌溉最大,间歇+普蓄次之;不同灌溉模式下千粒重均以间歇灌溉最大,间歇+普蓄次之,浅水灌溉最小。因此,综合早、中、晚稻不同灌溉模式下千粒重分析结果,间歇+普蓄表现出较好的增产效果。

3. 不同灌溉模式对水稻产量的影响分析

据表 2-76 和图 2-67 统计分析,2014—2016 年,早稻各灌溉模式下产量呈现以下趋势:间歇+普蓄>间歇灌溉>间歇+中蓄>间歇+蓄雨>间歇+深蓄>浅水灌溉,各灌溉模式下产量分别较浅水灌溉提高 8.33%、7.35%、4.81%、1.22%和 0.91%。中稻各灌溉模式间产量呈现以下趋势:间歇+中蓄>间歇灌溉>间歇+普蓄>间歇+深蓄>浅水灌溉,各灌溉模式下产量分别较浅水灌溉提高 15.36%、6.79%、2.49%和 1.23%。晚稻各灌溉模式下产量呈现以下趋势:间歇+中蓄>间歇灌溉>间歇+蓄雨>间歇+普蓄>间歇+深蓄>浅水灌溉,各灌溉模式下产量分别较浅水灌溉提高 4.57%、3.75%、2.76%、0.47%和 0.23%。综上所述,不同灌溉模式下产量呈现一定差异,其中以中稻各灌溉模式差异最大,其次为早稻,晚稻最小。早稻产量以间歇+普蓄最大,间歇灌溉次之,中稻以间歇+中蓄最大,间歇灌溉次之,晚稻以间歇+中蓄最大,间歇灌溉次之;不同灌溉模式下产量均以浅水灌溉最小。因此,综合早、中、晚稻不同灌溉模式下产量分析结果,间歇+普蓄、间歇+中蓄表现出较好的增产效果。

2.4.4.7　不同灌溉模式对水稻灌溉水分生产率的影响分析

据表 2-77 和图 2-68 统计分析,2014—2016 年,早稻各灌溉模式下灌溉水分生产率呈现以下趋势:间歇+中蓄>间歇+普蓄>间歇+深蓄>间歇+蓄雨>间歇灌溉>浅水灌溉,各灌溉模式下灌溉水分产生率分别较浅水灌溉提高 142.00%、94.67%、91.71%、52.04%和 35.95%。中稻各灌溉模式下灌溉水分生产率呈现以下趋势:间歇+中蓄>间歇+普蓄>间歇+深蓄>间歇灌溉>浅水灌溉,各灌溉模式下灌溉水分生产率分别较浅水灌溉提高 27.91%、22.73%、19.76%和 16.23%。晚稻各灌溉模式下灌溉水分生产率呈现以下趋势:间歇+深蓄>间歇+中蓄>间歇+蓄雨>间歇+普蓄>间歇灌溉>浅水灌溉,各灌溉模式下灌溉水分生产率分别较浅水灌溉提高 28.73%、27.35、17.84%、16.48%和 14.64%。

表 2-77　不同灌溉模式下水稻灌溉水分生产率分析结果

稻别	年份	灌溉模式	灌溉水分生产率/(kg/m^3)
早稻	2014	浅水灌溉	8.06
		间歇灌溉	12.39
		间歇+中蓄	19.50
	2015	浅水灌溉	7.31
		间歇灌溉	10.33
		间歇+普蓄	14.23
		间歇+深蓄	14.01
	2016	浅水灌溉	5.79
		间歇灌溉	6.52
		间歇+蓄雨	8.80

续表 2-77

稻别	年份	灌溉模式	灌溉水分生产率/(kg/m³)
中稻	2014	浅水灌溉	1.69
		间歇灌溉	2.05
		间歇+中蓄	2.16
	2015	浅水灌溉	2.50
		间歇灌溉	2.75
		间歇+深蓄	3.00
		间歇+普蓄	3.07
	2016	浅水灌溉	1.39
		间歇灌溉	1.63
晚稻	2014	浅水灌溉	1.67
		间歇灌溉	1.88
		间歇+中蓄	2.10
	2015	浅水灌溉	2.42
		间歇灌溉	2.77
		间歇+普蓄	2.81
		间歇+深蓄	3.11
	2016	浅水灌溉	1.65
		间歇灌溉	1.93
		间歇+蓄雨	1.95

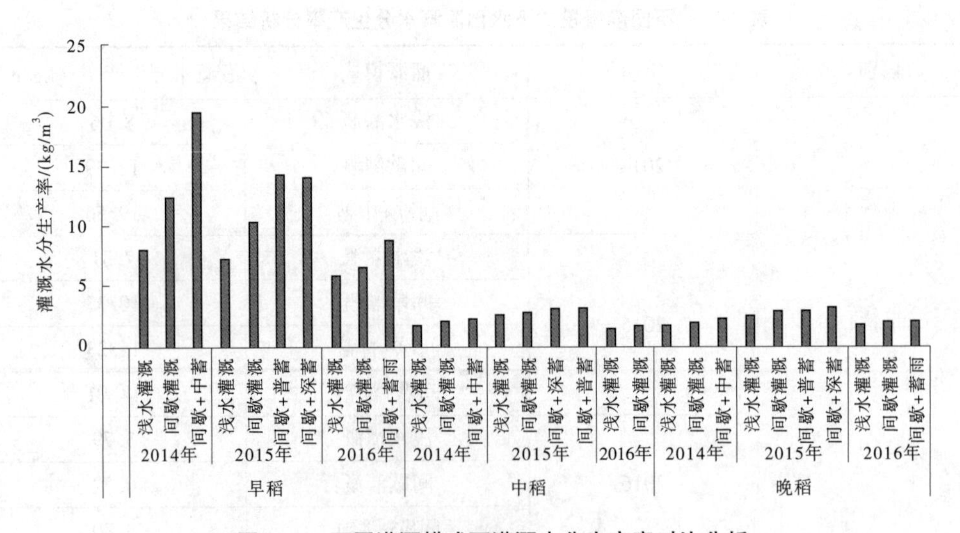

图 2-68 不同灌溉模式下灌溉水分生产率对比分析

综上所述,不同灌溉模式下灌溉水分生产率呈现一定差异,其中以早稻各灌溉模式间差异最大,中稻和晚稻各灌溉模式间差异水平相当;早稻灌溉水分生产率以间歇+中蓄最大,间歇+普蓄次之,中稻以间歇+中蓄最大,间歇+普蓄次之,晚稻以间歇+深蓄最大,间歇+中蓄次之;不同灌溉模式下灌溉水分生产率均以浅水灌溉最小。因此,综合早、中、晚稻不同灌溉模式下灌溉水分生产率分析结果,间歇+普蓄、间歇+中蓄表现出较好的节水增产效果。

2.4.5 小结

(1)在节水指标方面,水稻全生育期不同时期需水量总体呈先上升后下降的趋势,早稻在6月达最大值,中、晚稻在8月达最大值;不同灌溉模式下需水量呈间歇灌溉<浅水灌溉<间歇+中蓄灌溉的趋势。不同灌溉模式下早、中、晚稻均以间歇灌溉模式 K_c 值最小;早、中、晚稻间作物系数 K_c 值呈现中稻<晚稻<早稻的趋势。不同灌溉模式下耗水量、降雨有效利用率、灌水量、排水量均呈现一定差异。在耗水量方面,间歇+普蓄表现出较好的降耗效果;在降雨有效利用率方面,间歇+深蓄和间歇+普蓄均表现出较好的降雨有效利用效果;在灌水量方面,间歇+深蓄、间歇+中蓄和间歇+普蓄均表现出较好的节水效果;在排水量方面,间歇+深蓄、间歇+中蓄和间歇+普蓄均表现出较好的减排效果。

(2)在产量及其构成指标方面,不同灌溉模式下成穗率、有效穗、穗粒数、结实率、千粒重、产量、灌溉水分生产率呈现一定差异。在成穗率方面,间歇+蓄雨、间歇+普蓄和间歇+中蓄均表现出较好的效果;在有效穗方面,间歇+普蓄和间歇+中蓄均表现出较好的效果;在穗粒数方面,间歇+普蓄和间歇+中蓄均表现出较好的效果;在结实率方面,间歇+普蓄、间歇+蓄雨和间歇+中蓄均表现出较好的效果;在千粒重方面,间歇+普蓄表现出较好的效果;在产量方面,间歇+普蓄、间歇+中蓄表现出较好的增产效果;在灌溉水分生产率方面,间歇+普蓄、间歇+中蓄表现出较好的节水增产效果。

(3)综合分析不同灌溉模式下节水减排和增产效果,早稻以间歇+普蓄为较适宜的灌溉模式,中稻同样以间歇+普蓄为较适宜的灌溉模式,晚稻以间歇+中蓄为较适宜的灌溉模式,具有低耗水量、灌水量、排水量和高降雨有效利用率的特点,并且能有效提高成穗率、有效穗、穗粒数、结实率、千粒重、产量和灌溉水分生产率。

2.5 水稻干旱胁迫需水规律和受旱减产规律研究

2.5.1 试验场地基本情况

本试验在江西省灌溉试验中心站灌溉试验研究基地进行。试验研究基地具体情况见2.2.1节。本试验需利用防雨棚防雨对水稻进行受旱处理,且要进行水量平衡计算,故安排在灌溉试验基地盆栽区进行。盆栽区由60个盆栽小区组成,盆栽小区填土面积为0.48 m^2(长0.6 m,宽0.8 m),高0.6 m;盆栽小区内土面与盆外地面齐平。选取江西省两种主要土壤类型,即由第四纪红黄黏土发育成的潴育型黄泥田水稻土和冲积平原土中的潴育型潮沙泥田水稻土,作为水稻种植土壤。

2.5.2　材料与方法

由于早稻生育期一般分布在4—6月，在7月中旬前后收割，受干旱影响较小。所以，仅对中稻和晚稻进行试验研究。

2.5.2.1　水稻受旱处理设计

本试验分别于2015年和2016年进行，2015年进行晚稻试验，2016年进行中稻试验。

1. 2015年晚稻试验

通过分析历年8月和9月气象状况，分别在潴育型黄泥田水稻土和潮沙泥田水稻土中设置晚稻不同的受旱历时，具体包括正常灌溉（浅水灌溉），间歇灌溉，8月和9月分别断水5 d、9 d、12 d、15 d、18 d、20 d，共14个处理。

晚稻于2015年7月23日移栽，2苗/穴，每个盆栽小区8穴。考虑到水稻返青期有泡田余水，且时间较短，生产实践中不会受旱，黄熟期排水落干，此首末两个阶段均按丰产要求进行正常的水分处理。

试验布置安排见表2-78。晚稻不同受旱历时时间安排见表2-79。

表2-78　晚稻受旱处理布置

晚稻正常灌溉1(1)	晚稻9月断水9 d处理2(20)	晚稻9月断水12 d处理1(21)
晚稻正常灌溉2(2)	晚稻9月断水9 d处理1(19)	晚稻9月断水12 d处理2(22)
晚稻间歇灌溉1(3)	晚稻9月断水5 d处理2(18)	晚稻9月断水15 d处理1(23)
晚稻间歇灌溉2(4)	晚稻9月断水5 d处理1(17)	晚稻9月断水15 d处理2(24)
晚稻8月断水5 d处理1(5)	晚稻8月断水20 d处理2(16)	晚稻9月断水18 d处理1(25)
晚稻8月断水5 d处理2(6)	晚稻8月断水20 d处理1(15)	晚稻9月断水18 d处理2(26)
晚稻8月断水9 d处理1(7)	晚稻8月断水18 d处理2(14)	晚稻9月断水20 d处理1(27)
晚稻8月断水9 d处理2(8)	晚稻8月断水18 d处理1(13)	晚稻9月断水20 d处理2(28)
晚稻8月断水12 d处理1(9)	晚稻8月断水15 d处理2(12)	
晚稻8月断水12 d处理2(10)	晚稻8月断水15 d处理1(11)	

表2-79　2015年晚稻不同受旱历时安排

盆栽编号	起始时间	终止时间
正常灌溉1	—	—
正常灌溉2	—	—
间歇灌溉1	—	—
间歇灌溉2	—	—
8断5(1)	8月6日	8月10日
8断5(2)	8月6日	8月10日
8断9(1)	8月6日	8月14日
8断9(2)	8月6日	8月14日
8断12(1)	8月6日	8月17日

续表 2-79

盆栽编号	起始时间	终止时间
8 断 12(2)	8 月 6 日	8 月 17 日
8 断 15(1)	8 月 6 日	8 月 20 日
8 断 15(2)	8 月 6 日	8 月 20 日
8 断 18(1)	8 月 6 日	8 月 23 日
8 断 18(2)	8 月 6 日	8 月 23 日
8 断 20(1)	8 月 6 日	8 月 25 日
8 断 20(2)	8 月 6 日	8 月 25 日
9 断 5(1)	9 月 3 日	9 月 7 日
9 断 5(2)	9 月 3 日	9 月 7 日
9 断 9(1)	9 月 3 日	9 月 11 日
9 断 9(2)	9 月 3 日	9 月 11 日
9 断 12(1)	9 月 3 日	9 月 14 日
9 断 12(2)	9 月 3 日	9 月 14 日
9 断 15(1)	9 月 3 日	9 月 17 日
9 断 15(2)	9 月 3 日	9 月 17 日
9 断 18(1)	9 月 3 日	9 月 20 日
9 断 18(2)	9 月 3 日	9 月 20 日
9 断 20(1)	9 月 3 日	9 月 22 日
9 断 20(2)	9 月 3 日	9 月 22 日

注:以上各月断水天数采用简写,如 8 月断水 15 d,则为 8 断 15;下同。

2. 2016 年中稻试验

通过分析历年 7—9 月气象状况,分别在潴育型黄泥田水稻土和潮沙泥田水稻土中设置中稻不同的受旱历时,具体包括正常灌溉(浅水灌溉),间歇灌溉,7 月、8 月和 9 月分别断水 6 d、11 d、15 d、18 d,共 14 个处理。中稻于 2016 年 6 月 27 日移栽,2 苗/空,每个盆栽小区 8 穴。试验安排见表 2-80。中稻不同受旱历时时间安排见表 2-81。

表 2-80　中稻受旱处理布置

中稻正常灌溉 1(1)		
中稻正常灌溉 2(2)	中稻间歇灌溉 1(3)	中稻间歇灌溉 2(4)
中稻 9 月断水 6 d 处理 1(5)	中稻 8 月断水 6 d 处理 1(6)	中稻 7 月断水 6 d 处理 1(7)
中稻 9 月断水 6 d 处理 2(8)	中稻 8 月断水 6 d 处理 2(9)	中稻 7 月断水 6 d 处理 2(10)
中稻 9 月断水 11 d 处理 1(11)	中稻 8 月断水 11 d 处理 1(12)	中稻 7 月断水 11 d 处理 1(13)
中稻 9 月断水 11 d 处理 2(14)	中稻 8 月断水 11 d 处理 2(15)	中稻 7 月断水 11 d 处理 2(16)
中稻 9 月断水 15 d 处理 1(17)	中稻 8 月断水 15 d 处理 1(18)	中稻 7 月断水 15 d 处理 1(19)
中稻 9 月断水 15 d 处理 2(20)	中稻 8 月断水 15 d 处理 2(21)	中稻 7 月断水 15 d 处理 2(22)
中稻 9 月断水 18 d 处理 1(23)	中稻 8 月断水 18 d 处理 1(24)	中稻 7 月断水 18 d 处理 1(25)
中稻 9 月断水 18 d 处理 2(26)	中稻 8 月断水 18 d 处理 2(27)	中稻 7 月断水 18 d 处理 2(28)

表 2-81 2016 年中稻不同受旱历时时间安排

盆栽编号	起始时间	终止时间
正常灌溉 1	—	—
正常灌溉 2	—	—
间歇灌溉 1	—	—
间歇灌溉 2	—	—
7 断 6(1)	7 月 14 日	7 月 19 日
7 断 6(2)	7 月 14 日	7 月 19 日
7 断 11(1)	7 月 14 日	7 月 24 日
7 断 11(2)	7 月 14 日	7 月 24 日
7 断 15(1)	7 月 14 日	7 月 28 日
7 断 15(2)	7 月 14 日	7 月 28 日
7 断 18(1)	7 月 14 日	7 月 31 日
7 断 18(2)	7 月 14 日	7 月 31 日
8 断 6(1)	8 月 12 日	8 月 17 日
8 断 6(2)	8 月 12 日	8 月 17 日
8 断 11(1)	8 月 12 日	8 月 22 日
8 断 11(2)	8 月 12 日	8 月 22 日
8 断 15(1)	8 月 12 日	8 月 26 日
8 断 15(2)	8 月 12 日	8 月 26 日
8 断 18(1)	8 月 12 日	8 月 29 日
8 断 18(2)	8 月 12 日	8 月 29 日
9 断 6(1)	9 月 9 日	9 月 14 日
9 断 6(2)	9 月 9 日	9 月 14 日
9 断 11(1)	9 月 9 日	9 月 19 日
9 断 11(2)	9 月 9 日	9 月 19 日
9 断 15(1)	9 月 9 日	9 月 23 日
9 断 15(2)	9 月 9 日	9 月 23 日
9 断 18(1)	9 月 9 日	9 月 26 日
9 断 18(2)	9 月 9 日	9 月 26 日

2. 5. 2. 2 试验材料

1. 供试品种

晚稻采用天优华占(超级杂交晚稻,全生育期平均 119. 2 d,稻米品质达到国家《优质稻谷》标准 1 级);中稻采用扬两优(全生育期平均 134.1 d,稻米品质达到国家《优质稻谷》标准 1 级)。

2. 施肥品种及用量

盆栽小区面积为 0.48 m^2,中、晚稻肥料运筹相同,氮肥均以 45%的复合肥为肥源,氮肥总用量为纯氮 180 kg/hm^2,采用基肥∶蘖肥∶穗肥=5∶3∶2方式施用;磷肥(P_2O_5)用钙镁磷肥,标准为 67.5 kg/hm^2,全部作基肥;钾肥采用氯化钾(KCl),标准为 180 kg/hm^2,按基肥∶穗肥=5∶5方式施用。基肥于移栽前 1 d 施用,分蘖肥在移栽后 10 d 施用,穗肥在移栽后 35~40 d 时施用。除灌溉模式不同外,其他管理一致。

2.5.3　测定项目及方法

(1)灌水量:采用量杯计量灌水量,并根据盆栽小区面积将其换算成水深。

(2)蒸发蒸腾量:水稻移栽后,开始对盆栽小区水深或土壤含水率进行测定。在每个盆栽小区固定基准位置,每日早上 08:00 采用电测针进行小区水深观测,同时通过自动气象站监测其间的降雨量,并在小区灌排水前后加测水深;通过当日水深和次日水深、期间灌排水量、降雨量等观测资料,利用水量平衡计算公式(日腾发量=当日水深+降雨量+灌水量-排水量-次日水深),计算小区日腾发量。当田面无水层时,用 TDR 便携式土壤含水率测定仪进行测定,并于当日对测定数据进行分析计算,绘制出水稻含水率变化曲线。

(3)水稻生理生态指标的测定:插秧后观察水稻分蘖开始发生的时间、分蘖消长过程。同时,每个生育期调查一次水稻株高,记录整个生育期株高变化情况。

(4)水稻生育进程观察:划定水稻各生长发育阶段(返青期、分蘖前期、分蘖后期、拔节孕穗期、抽穗开花期、乳熟期、黄熟期)的起止日期。

(5)产量及产量结构测定:水稻收割时,于每盆选取 5 株长势均匀的植株取样作为考种样;考种指标包括穗长、每穗实粒数、每穗空粒数、千粒重和单株粒总重;另外 3 株人工脱粒单独称重。实际产量由考种样谷粒重量和另外 3 株人工脱粒总重之和,再按面积换算成产量。

2.5.4　结果与分析

2.5.4.1　水稻受旱期各生育期土壤墒情变化规律分析

1. 不同受旱历时土壤墒情衰减规律分析

通过对干旱期田面无水层时土壤含水率测定数据进行整理分析,得出两年水稻不同受旱期土壤墒情衰减过程,绘制受旱期间土壤墒情衰减曲线(见表 2-82、表 2-83 和图 2-69~图 2-73)。

由图表分析可知,随着受旱时间的持续,土壤含水率不断衰减,衰减程度受气象条件和水稻需水强度影响,变化复杂,呈现一定的规律:从不同受旱时间来讲,晚稻各月土壤墒情衰减程度 8 月大于 9 月;中稻各月土壤墒情衰减程度 8 月大于 7 月,而 7 月大于 9 月。从不同土壤层来讲,水稻耕作层土壤墒情衰减程度大于犁地层。从不同种植土壤来讲,土壤墒情衰减程度水稻潮沙田大于黄泥田。

表 2-82　2015 年晚稻受旱期间土壤墒情(含水率)监测数据

%

土壤类型	月份	土壤层	断水天数/d																			
			1	2	3	4	5	6	7	8	9	10	11	12	13	14	15	16	17	18	19	20
黄泥田	8	耕作层	38.4	36.3	34.0	31.5	29.1	27.4	25.8	25.0	23.9	22.9	21.8	20.8	19.8	19.1	18.4	17.4	16.3	15.5	14.6	13.3
		犁底层	36.1	33.9	31.9	30.6	29.4	28.5	27.7	26.7	25.8	25.0	24.2	23.3	22.4	21.9	21.3	20.9	20.1	19.4	18.7	18.1
	9	耕作层	38.8	37.0	35.3	33.2	30.5	28.9	27.9	27.1	26.3	25.4	24.5	23.4	22.5	21.8	21.0	20.3	19.7	19.0	18.6	18.2
		犁底层	37.4	35.7	33.9	32.5	31.6	31.1	30.2	29.3	28.6	27.9	27.1	26.5	25.7	25.1	24.3	23.7	22.9	22.0	21.4	21.0
潮沙田	8	耕作层	39.2	37.9	35.8	33.3	30.8	29.2	27.5	25.8	24.9	24.0	22.9	21.6	20.4	19.2	18.0	16.8	15.8	14.5	13.5	12.3
		犁底层	37.1	35.3	34.0	32.7	31.6	30.6	29.5	28.2	27.2	26.2	25.3	24.5	23.6	22.9	22.0	21.3	20.4	19.8	19.0	18.0
	9	耕作层	40.3	38.8	37.1	35.6	34.0	32.5	31.0	29.8	28.6	27.5	26.5	25.4	24.5	23.5	22.4	21.7	20.7	19.9	19.0	18.0
		犁底层	38.5	37.0	35.9	34.7	33.2	31.8	30.9	29.8	29.1	28.5	27.7	26.9	26.3	25.3	24.4	23.6	23.1	22.5	22.0	21.6

表 2-83　2016 年中稻受旱期间土壤墒情(含水率)监测数据

土壤类型	月份	土壤层	断水天数/d																	
			1	2	3	4	5	6	7	8	9	10	11	12	13	14	15	16	17	18
黄泥田	7	耕作层	49.9	49.6	49.3	47.5	45.2	41.5	36.6	31.9	28.3	24.4	23.3	21.8	20.5	20.2	18.8	18.5	18.2	18.1
		犁底层	42.6	42.1	41.7	41.2	39.9	38.5	37.2	36.4	34.2	32.9	31.2	30.3	28.7	27.8	26.6	26.5	25.9	25.7
	8	耕作层	38.9	37.6	35.0	31.8	28.1	24.2	21.7	20.9	20.0	19.2	18.4	17.5	16.6	15.8	15.0	14.2	13.4	12.6
		犁底层	35.1	34.7	33.7	32.8	31.4	29.6	27.4	25.4	23.4	22.3	21.5	20.7	19.9	19.1	18.3	17.8	17.2	16.7
	9	耕作层	42.8	42.4	42.0	41.3	40.3	39.2	37.3	35.2	33.4	31.6	30.2	29.1	28.4	27.6	27.1	26.4	25.2	24.3
		犁底层	41.5	41.3	41.0	40.5	40.2	39.4	37.9	36.3	34.8	33.7	32.7	31.9	31.1	30.9	30.4	30.2	29.7	28.6
潮沙田	7	耕作层	50.3	49.4	47.2	44.3	41.5	37.7	34.1	29.2	25.7	23.6	21.4	20.5	18.6	17.1	15.5	14.6	13.5	13.3
		犁底层	44.2	43.9	43.5	42.2	41.3	40.1	38.3	37.6	36.6	35.0	33.3	31.2	29.4	27.9	26.5	26.1	25.1	24.0
	8	耕作层	41.4	39.5	36.2	31.4	27.5	24.2	22.1	19.9	18.4	17.4	16.4	16.1	15.9	15.2	14.5	13.9	13.3	12.6
		犁底层	38.6	37.1	35.5	33.7	31.8	30.0	27.6	25.2	23.9	22.7	21.5	21.0	20.5	20.1	19.7	19.0	18.0	16.9
	9	耕作层	43.4	42.8	41.9	41.0	39.8	38.4	36.6	34.1	32.4	30.3	28.1	25.4	23.0	21.9	20.9	20.6	20.1	19.7
		犁底层	42.3	41.6	40.8	39.9	38.7	36.9	35.0	32.8	31.5	29.8	28.4	26.8	26.2	25.2	24.8	24.2	23.8	23.3

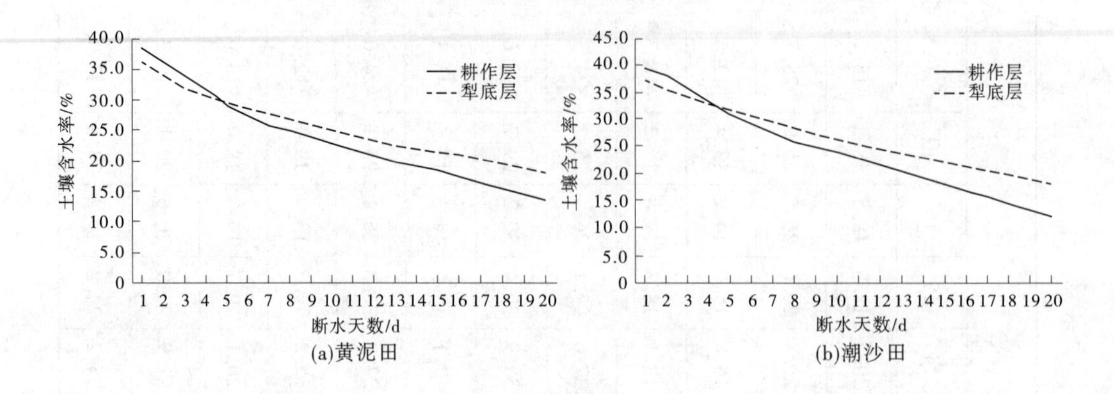

(a)黄泥田　(b)潮沙田

图 2-69　2015 年晚稻 8 月受旱期土壤墒情衰减过程

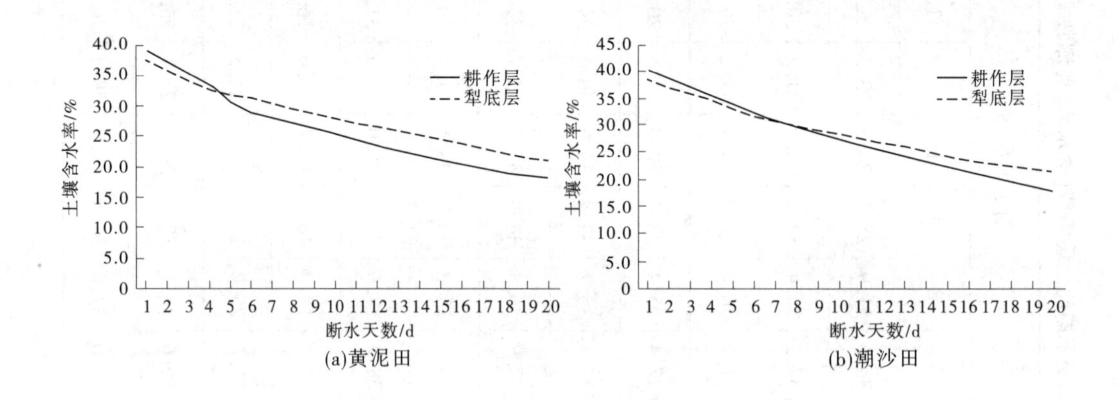

(a)黄泥田　(b)潮沙田

图 2-70　2015 年晚稻 9 月受旱期土壤墒情衰减过程

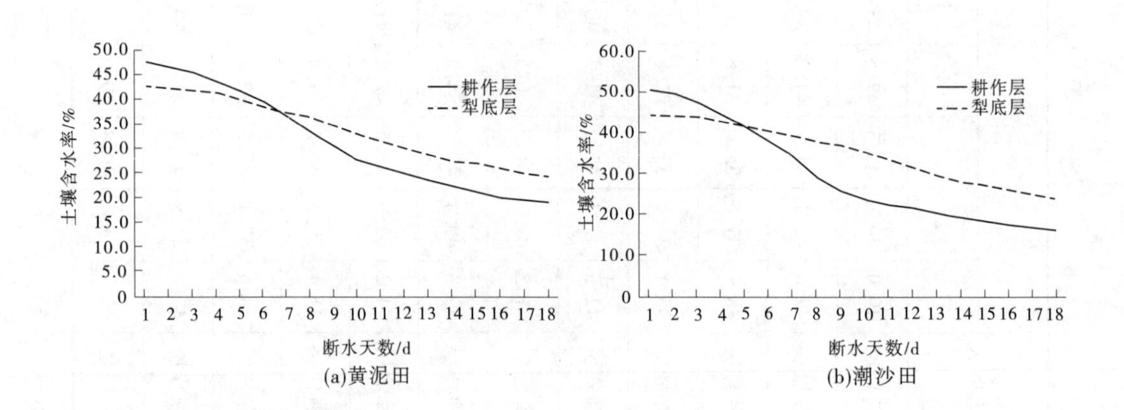

(a)黄泥田　(b)潮沙田

图 2-71　2016 年中稻 7 月受旱期土壤墒情衰减过程

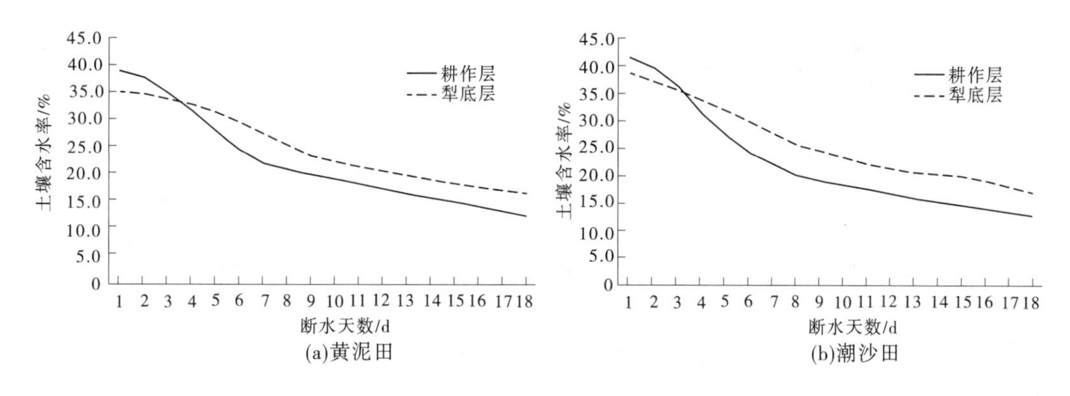

(a)黄泥田　(b)潮沙田

图 2-72　2016 年中稻 8 月受旱期土壤墒情衰减过程

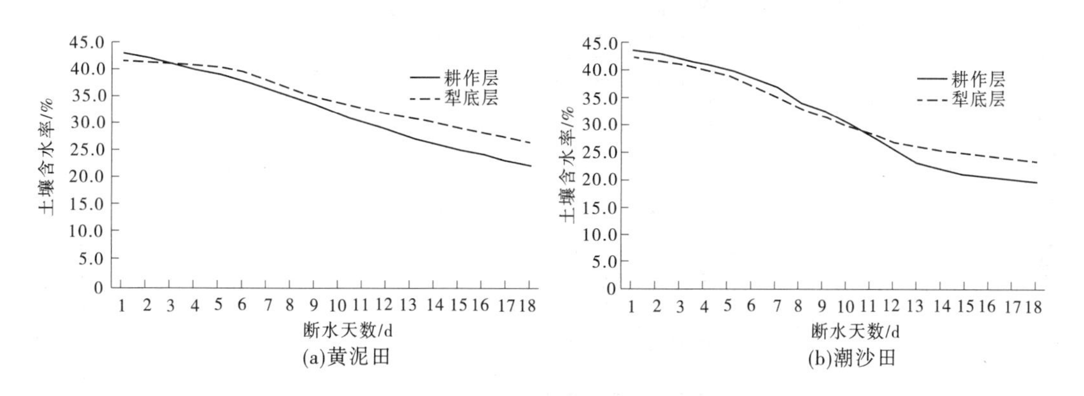

(a)黄泥田　(b)潮沙田

图 2-73　2016 年中稻 9 月受旱期土壤墒情衰减过程

2. 不同受旱历时水稻腾发量分析

根据水稻受旱期土壤墒情监测数据，计算水稻受旱期间蒸发蒸腾量；2015 年晚稻和 2016 年中稻计算结果见表 2-84、表 2-85。

各月逐日蒸发蒸腾量对比见图 2-74、图 2-75。

由表 2-84、表 2-85 和图 2-74、图 2-75 可知，晚稻受旱期间，不论是黄泥田还是潮沙田，随着受旱时间的持续，8 月蒸发蒸腾量始终大于 9 月；两种水稻土相比较，潮沙田大于黄泥田。中稻受旱期间，不论是黄泥田还是潮沙田，随着受旱时间的持续，7 月前期蒸发蒸腾量小于 8 月，后期逐渐超过 8 月，9 月蒸发蒸腾量始终小于 7 月、8 月；两种水稻土类别相比较，潮沙田大于黄泥田。

土壤墒情的变化主要受到外界环境（如大气温度、光照等）和土壤自身的结构共同影响，但是在同一个区域里土壤墒情的变化呈现一定的规律性。当太阳辐射强度增加、气温增加、作物需水量增加时，土壤水分含量随着蒸发和作物吸收而减少。水稻日平均腾发量的变化与气温和水稻需水量有很大的联系。根据水稻受旱试验结果分析可知：2015 年晚稻土壤墒情衰减程度即水稻日平均腾发量，随着受旱时间的持续，在 8 月逐渐下降，在 9 月先增加后减小。在 8 月，只有 8 断 5 处理处在分蘖前期，其余处理均进入到分蘖后期；

表 2-84　2015 年晚稻受旱期间日蒸发蒸腾量计算结果

单位：mm

土壤类型	月份	土壤层	断水天数/d																		
			1	2	3	4	5	6	7	8	9	10	11	12	13	14	15	16	17	18	19
黄泥田	8	耕作层	4.5	4.9	5.3	5.3	3.6	3.5	1.7	2.3	2.3	2.2	2.2	2.2	1.5	1.5	2.3	2.4	1.6	1.9	2.8
		犁底层	5.9	5.5	3.4	3.4	2.3	2.2	2.7	2.3	2.3	2.1	2.3	2.3	1.3	1.6	1.2	2.0	2.0	1.7	1.6
		总计	10.4	10.4	8.7	8.7	5.9	5.7	4.4	4.6	4.6	4.3	4.5	4.5	2.9	3.1	3.5	4.4	3.6	3.7	4.4
		累计	10.4	20.8	29.5	38.2	44.1	49.8	54.2	58.8	63.4	67.7	72.3	76.8	79.7	82.8	86.3	90.7	94.3	98.0	102.4
	9	耕作层	4.0	3.8	4.4	5.8	3.6	2.1	1.8	1.7	2.0	1.9	2.3	2.0	1.5	1.7	1.5	1.3	1.6	0.8	0.9
		犁底层	4.6	4.8	3.8	2.5	1.3	2.4	2.4	1.9	2.0	2.1	1.6	2.1	1.6	2.0	1.6	2.2	2.3	1.7	1.1
		总计	8.5	8.6	8.2	8.3	4.9	4.5	4.2	3.6	4.0	4.1	3.9	4.1	3.1	3.7	3.1	3.5	3.9	2.5	1.9
		累计	8.5	17.1	25.3	33.6	38.5	42.9	47.1	50.7	54.7	58.8	62.6	66.8	69.9	73.6	76.7	80.2	84.1	86.6	88.5
潮沙田	8	耕作层	2.8	4.6	5.3	5.3	3.6	3.6	3.6	2.0	2.0	2.4	2.6	2.6	2.6	2.6	2.5	2.2	2.9	2.1	2.6
		犁底层	4.7	3.5	3.5	2.9	2.9	2.9	3.5	2.7	2.7	2.4	2.1	2.4	1.9	2.4	1.9	2.4	1.6	2.1	2.7
		总计	7.5	8.1	8.8	8.2	6.5	6.5	7.1	4.7	4.7	4.8	4.8	5.1	4.5	5.0	4.4	4.6	4.5	4.2	5.3
		累计	7.5	15.6	24.4	32.6	39.0	45.5	52.6	57.3	62.0	66.8	71.6	76.7	81.1	86.1	90.5	95.2	99.7	103.9	109.2
	9	耕作层	3.3	3.7	3.2	3.5	3.3	3.1	2.6	2.7	2.4	2.2	2.2	1.9	2.3	2.2	1.7	2.2	1.6	1.9	2.2
		犁底层	4.0	2.9	3.1	4.2	3.7	2.4	2.9	1.9	1.7	2.2	2.2	1.6	2.6	2.4	2.1	1.4	1.6	1.3	1.1
		总计	7.3	6.7	6.3	7.6	7.0	5.6	5.4	4.6	4.1	4.4	4.4	3.5	4.9	4.6	3.7	3.6	3.2	3.3	3.2
		累计	7.3	14.0	20.3	27.9	34.9	40.5	45.9	50.4	54.6	58.9	63.3	66.9	71.8	76.4	80.1	83.7	86.9	90.2	93.5

表 2-85　2016 年中稻受旱期间日蒸发蒸腾量计算结果

单位：mm

土壤类型	月份	土壤层	断水天数/d																
			1	2	3	4	5	6	7	8	9	10	11	12	13	14	15	16	17
黄泥田	7	耕作层	2.4	2.4	4.0	3.9	4.7	6.2	6.9	6.8	5.8	2.8	2.4	3.2	2.4	2.6	2.6	1.0	1.0
		犁底层	1.1	1.3	1.3	3.4	3.7	3.5	2.4	4.4	4.8	4.1	3.7	3.5	3.4	1.4	2.7	2.7	1.5
		总计	3.5	3.7	5.3	7.3	8.4	9.7	9.2	11.2	10.6	7.0	6.1	6.7	5.8	4.1	5.3	3.7	2.4
		累计	3.5	7.3	12.5	19.8	28.2	37.9	47.2	58.4	69.0	76.0	82.1	88.9	94.6	98.7	104.0	107.7	110.1
	8	耕作层	2.7	5.7	7.0	8.0	7.8	5.0	2.6	2.1	1.6	1.7	2.0	2.0	1.7	1.7	1.8	1.8	1.8
		犁底层	0.9	2.8	2.4	3.7	4.9	5.7	5.5	5.2	2.9	2.3	2.1	2.1	2.2	2.2	1.5	1.5	1.5
		总计	3.7	8.5	9.4	11.8	12.6	10.7	8.1	7.3	4.6	4.0	4.1	4.1	3.8	3.8	3.2	3.2	3.2
		累计	3.7	12.1	21.6	33.3	45.9	56.6	64.7	72.0	76.6	80.6	84.7	88.8	92.6	96.4	99.7	102.9	106.2
	9	耕作层	1.8	2.3	2.4	1.9	2.7	2.8	3.2	3.2	3.8	3.1	2.6	3.2	2.6	2.4	1.6	2.6	1.9
		犁底层	0.5	0.8	1.3	0.8	2.1	4.0	4.3	4.0	2.9	2.8	2.5	1.7	2.4	2.6	2.3	2.7	2.4
		总计	2.4	3.1	3.8	2.7	4.9	6.8	7.5	7.3	6.7	5.9	5.0	4.9	5.0	5.0	3.9	5.3	4.4
		累计	2.4	5.5	9.3	12.0	16.9	23.7	31.2	38.5	45.2	51.1	56.1	61.0	66.0	71.0	74.9	80.2	84.6
潮沙田	7	耕作层	1.9	4.9	6.1	6.2	8.2	7.7	10.6	7.5	4.5	2.9	1.6	2.9	2.0	2.1	1.8	1.8	1.1
		犁底层	0.9	0.9	2.5	3.4	3.1	3.2	3.5	2.7	4.5	4.6	5.5	4.8	4.1	2.3	2.6	2.7	2.8
		总计	2.8	5.8	8.6	9.6	11.3	10.9	14.2	10.2	8.9	7.5	7.1	7.7	6.1	4.4	4.5	4.5	3.9
		累计	2.8	8.5	17.2	26.7	38.1	49.0	63.2	73.3	82.3	89.7	96.8	104.5	110.6	115.0	119.5	124.0	127.9
	8	耕作层	4.0	7.1	10.4	8.4	7.1	4.5	4.8	2.2	1.6	1.6	1.7	1.7	1.5	1.5	1.4	1.4	1.4
		犁底层	4.0	4.2	4.9	5.0	4.9	6.2	5.6	3.4	3.0	3.0	2.0	2.0	1.0	1.0	2.0	2.8	2.8
		总计	8.0	11.3	15.3	13.4	12.0	10.7	10.4	5.6	4.6	4.6	3.7	3.7	2.5	2.5	3.3	4.2	4.2
		累计	8.0	19.3	34.6	48.0	60.1	70.8	81.2	86.8	91.3	95.9	99.6	103.4	105.9	108.5	111.8	115.9	120.1
	9	耕作层	1.3	1.9	2.0	2.5	3.2	3.8	5.4	3.7	4.5	4.8	5.9	5.1	2.4	2.1	0.6	1.1	1.0
		犁底层	1.9	2.0	2.5	3.0	5.0	5.0	3.2	6.3	4.6	3.8	4.3	1.7	2.5	1.2	1.6	1.0	1.5
		总计	3.2	3.9	4.5	5.5	8.1	8.8	8.6	9.9	9.1	8.5	10.2	6.9	5.0	3.3	2.3	2.1	2.4
		累计	3.2	7.1	11.7	17.2	25.3	34.1	42.7	52.6	61.7	70.2	80.4	87.2	92.2	95.5	97.7	99.8	102.2

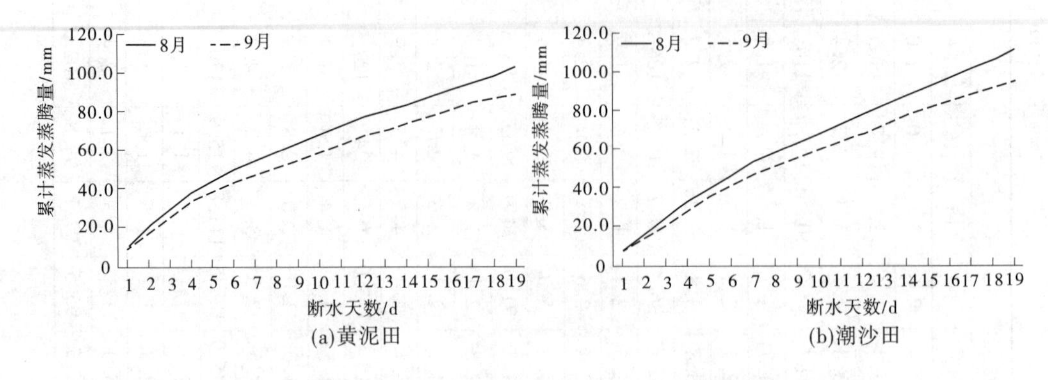

图 2-74　2015 年晚稻不同受旱期蒸发蒸腾量对比

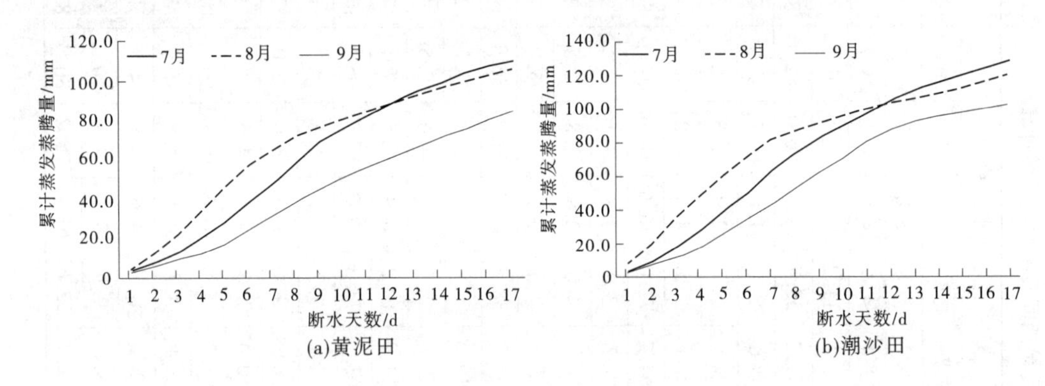

图 2-75　2016 年中稻不同受旱期蒸发蒸腾量对比

随着受旱天数的延长,需水强度减少了;故受旱时间越长,水稻日平均耗水量就越少;而在9 月,9 断 5、9 断 9、9 断 12 处理处在拔节孕穗期,其余处理进入抽穗开花期,需水强度由大变小,故水稻日平均耗水量先增大后减小。2016 年中稻土壤墒情衰减程度即水稻日平均腾发量,随着气温和水稻需水强度的变化,在 7 月逐渐增大,在 8 月上旬达到最大,随后开始下降,在 9 月又开始逐渐增大。在 7 月,不同断水处理从分蘖前期进入到分蘖后期,需水强度由小变大,故受旱时间越长,水稻日平均耗水量就越大;8 月,各断水处理处拔节孕穗期,为中稻需水强度最大的生育期,故 8 月中稻日平均腾发量最大;9 月,只有 9 断 6 处理处在乳熟期,其余处理均进入黄熟期,需水强度由小变大,故受旱时间越长,水稻日平均耗水量越大。无论是中稻还是晚稻,土壤墒情衰减程度即水稻日平均腾发量在 8 月达到最大;同时,气温在 8 月上旬达到全年最高,对水稻日平均腾发量影响最大。晚稻在各生育期内分蘖期和拔节孕穗期需水强度最大,在各月间 8 月需水强度最大;中稻同样在各生育期内分蘖期和拔节孕穗期需水强度最大,在各月间 8 月需水强度最大,故水稻在 8 月受气温影响最大,水稻自身需水强度也最大,导致水稻日平均腾发量在 8 月最大。

2.5.4.2　不同受旱历时对水稻生理及产量的影响研究

1. 不同受旱历时对水稻生理指标的影响分析

分蘖状况和株高的大小都是体现水稻长势的基本生理指标。在水稻整个生育期，通过定点调查水稻的分蘖状况和株高，以了解水稻各个时期不同受旱历时处理条件下的长势情况。

1) 不同受旱历时对水稻分蘖的影响

分蘖是水稻固有的生理特性。水稻分蘖实质上就是水稻茎秆的分枝。在通常条件下，水稻的分蘖主要在靠近地表面的茎节上发生，这些发生分蘖的茎节叫分蘖节。着生分蘖的稻茎叫分蘖的母茎。同一母茎上分蘖最早发生的节位称为最低分蘖节；最上一个发生分蘖的节位称为最高分蘖节，分蘖一般是自下而上地依次发生的。茎节数多的可能发生的分蘖就多，反之就少。就单茎而言，最低分蘖节位和最高分蘖节位相差大的，则单株分蘖数就多。稻株主茎上长出的分蘖为第一次分蘖，第一次分蘖上长出的分蘖为第二次分蘖，依次类推。同一稻株上可发生第三次、第四次分蘖。分蘖发生的早晚、节位的高低，对分蘖的生长发育和成穗与否均有显著的影响。一般是分蘖出现越早，蘖位蘖次越低，越容易成穗，穗部性状也越好；反之，分蘖出现越晚，蘖位蘖次越高，其营养生长期越短，叶片数和发根量越少，成穗的可能性就越小，并且穗小粒少，更严重的是往往不能成穗或抽穗而不结实，而成无效分蘖。无效分蘖消耗植物养分，降低产量。

2015 年晚稻主要在水稻分蘖期每隔 5 d 调查水稻分蘖数。各个时期不同受旱历时处理条件下的长势情况见图 2-76、图 2-77。

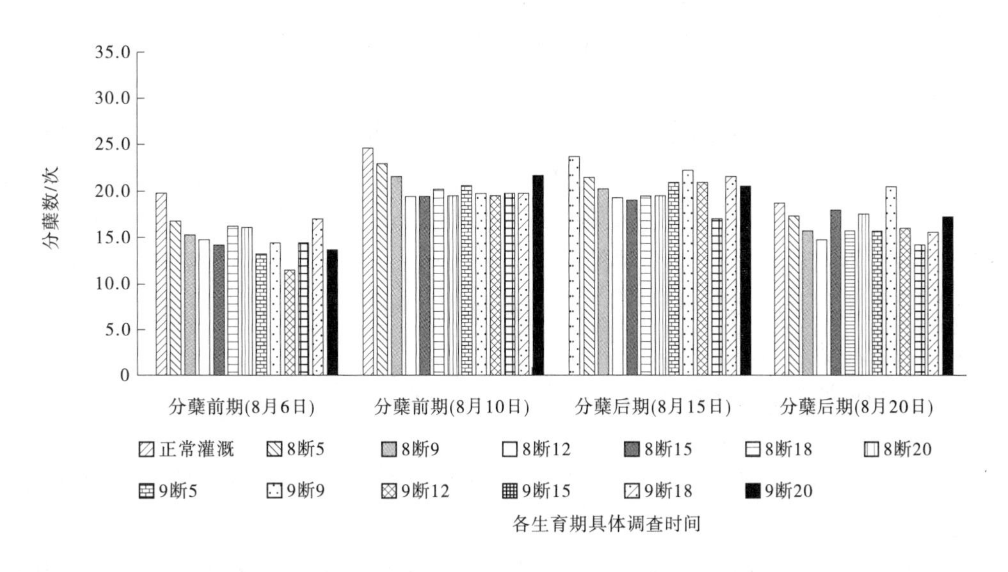

图 2-76　2015 年晚稻各生育期不同受旱历时分蘖数动态变化(黄泥田)

通过对比分析图 2-76、图 2-77 可知，晚稻分蘖数呈现先增后减的趋势；同一月份内，

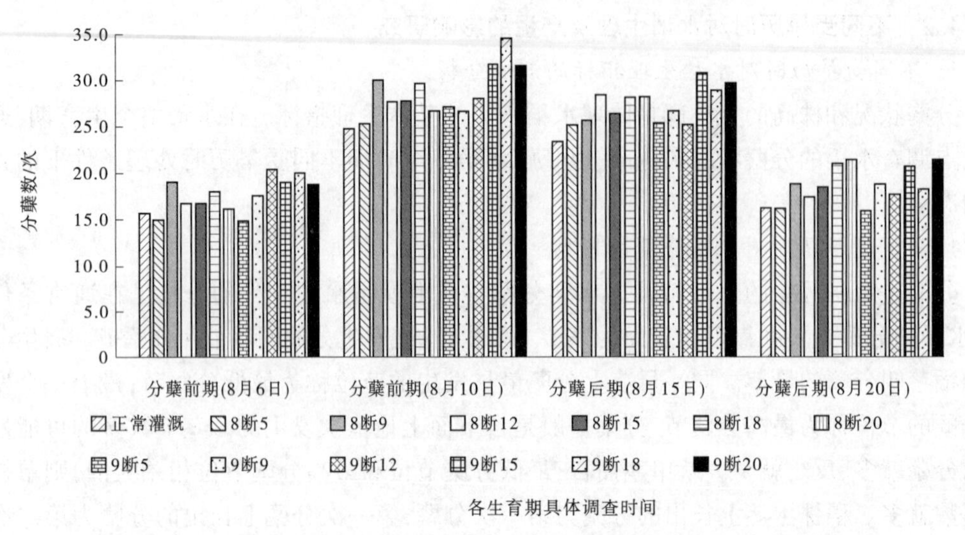

图 2-77 2015 年晚稻各生育期不同受旱历时分蘖数动态变化(潮沙田)

各不同受旱历时处理的分蘖数未表现明显的规律;不同月份内,8 月不同受旱历时处理的分蘖数整体少于 9 月不同受旱历时的处理。根据晚稻生育期进程可知,8 月正处分蘖期,9 月处拔节孕穗期,加之 8 月相同受旱天数旱情更严重,故 8 月受旱对晚稻分蘖影响更大。从不同水稻土壤类型对比分析来看,潮沙田分蘖数比黄泥田大,这与不同水稻土的土壤水分特性有关,潮沙田的土壤有效含水率大于黄泥田,故潮沙田水稻水分补给更充足,耗水量更大,水稻生长情况更好。

2016 年中稻分别在返青期、分蘖前期、分蘖后期、拔节孕穗期和抽穗开花期 5 个生育期节点调查水稻分蘖数,以了解中稻各个时期不同受旱历时处理条件下的长势情况(见图 2-78、图 2-79)。

通过对比分析图 2-78、图 2-79 可知,中稻分蘖数呈现先增后减的趋势,在分蘖后期达到最高分蘖后,开始形成无效分蘖,最后形成稳定的有效分蘖。从不同受旱历时对比分析来看,同一月份内,受旱历时越长,分蘖数受影响越大;不同月份内,8 月不同受旱历时的处理分蘖数受影响最大,这与 8 月旱情有很大关联。从不同水稻土壤类型对比分析来看,潮沙田分蘖数比黄泥田大。

2)不同受旱历时对水稻株高的影响

水稻株高在抽穗前为土面至每丛最高叶尖的高度,抽穗后为土面至最高穗顶(不连芒)的高度。

本试验分别在每次分蘖调查的时候同步测量水稻株高。各株高数据见图 2-80~图 2-83。

通过对比分析图 2-80、图 2-81 可知,晚稻株高呈现各生育期不断增长的趋势。从不同受旱历时对比分析来看,各处理之间增长速度存在一定的差异,这与受旱历时有一定的联系,但规律性不强。从不同水稻土壤类型对比分析来看,潮沙田株高比黄泥田大。

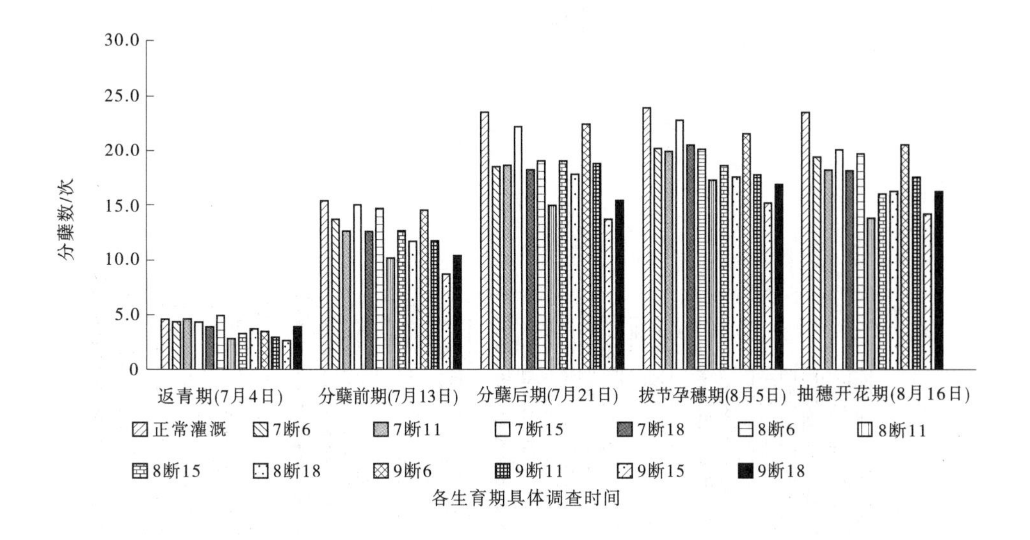

图2-78　2016年中稻各生育期不同受旱历时分蘖数动态变化(黄泥田)

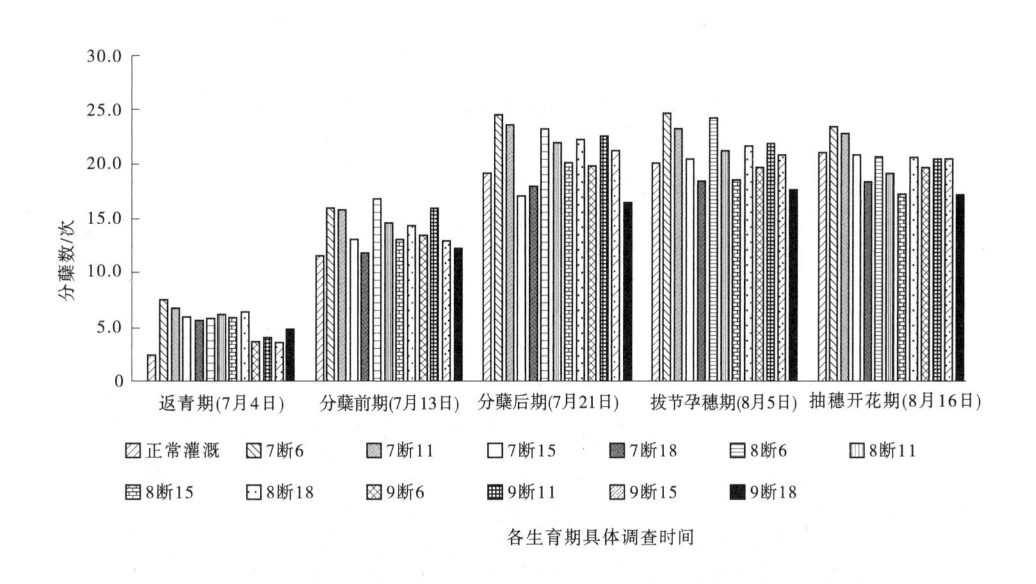

图2-79　2016年中稻各生育期不同受旱历时分蘖数动态变化(潮沙泥田)

通过对比分析图2-82、图2-83可知,中稻株高呈现各生育期不断增长的趋势。从不同受旱历时对比分析来看,各受旱处理之间增长速度呈现一定的差异,这与受旱历时有一定的联系,受旱历时长的,株高增长速度缓慢,但规律性不强。从不同水稻土壤类型对比分析来看,潮沙田株高比黄泥田株高大。

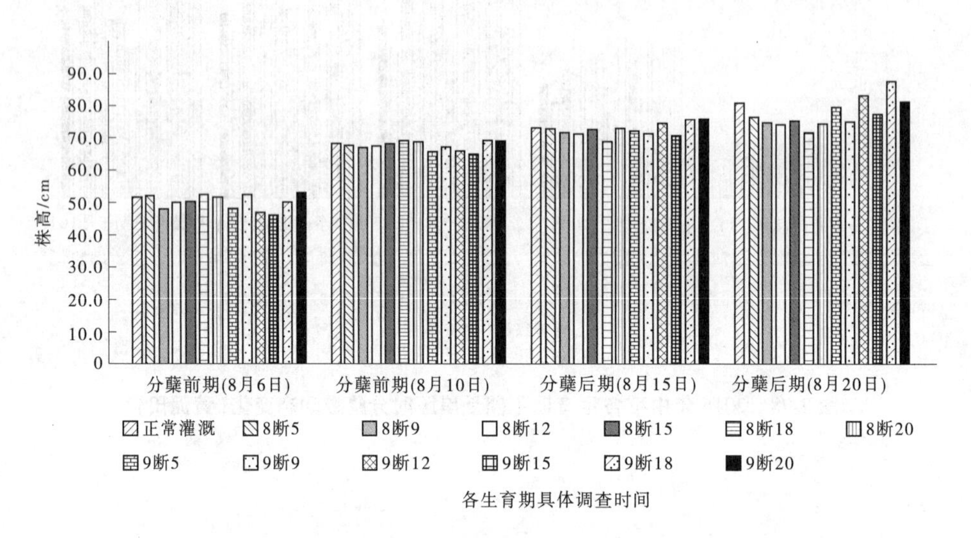

图 2-80　2015 年晚稻各生育期不同受旱历时株高动态变化(黄泥田)

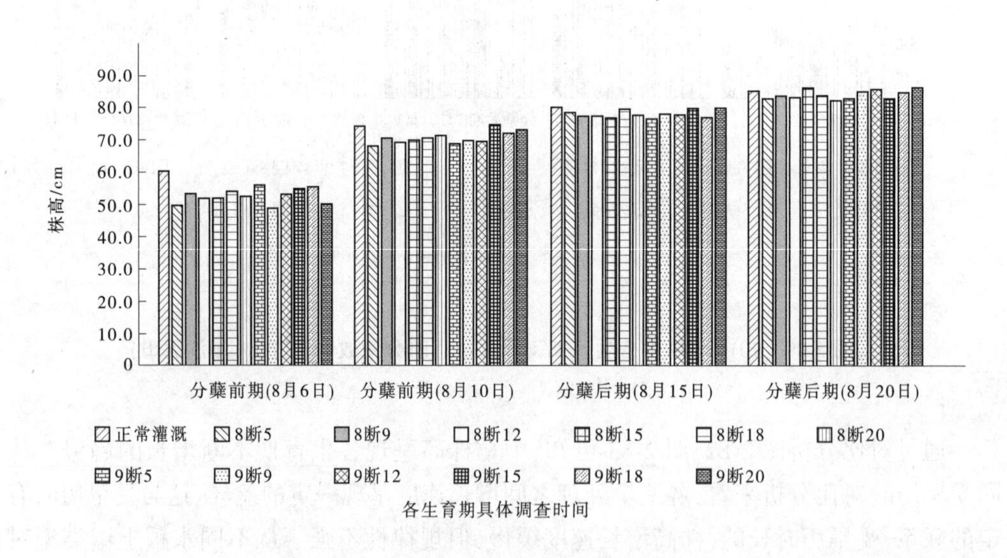

图 2-81　2015 年晚稻各生育期不同受旱历时株高动态变化(潮沙泥田)

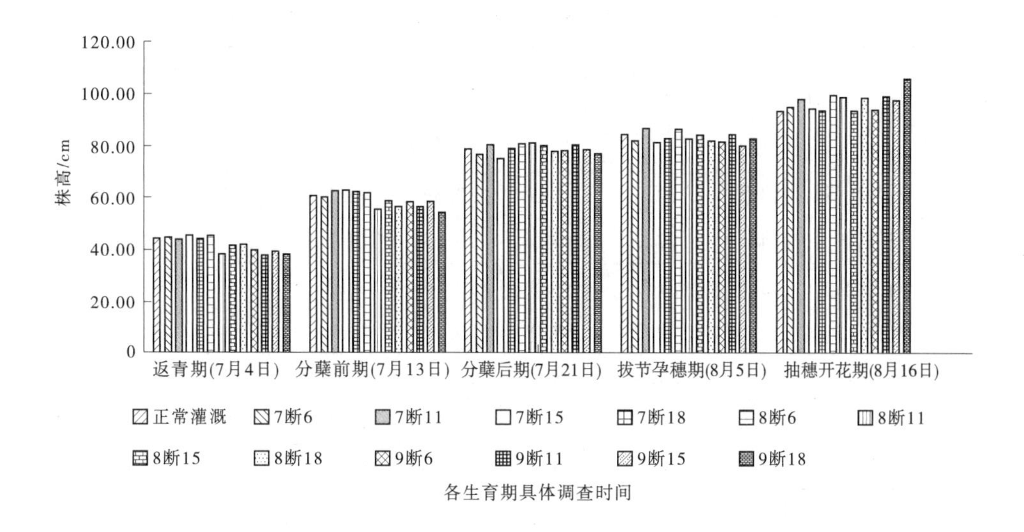

图2-82　2016年中稻各生育期不同受旱历时株高动态变化(黄泥田)

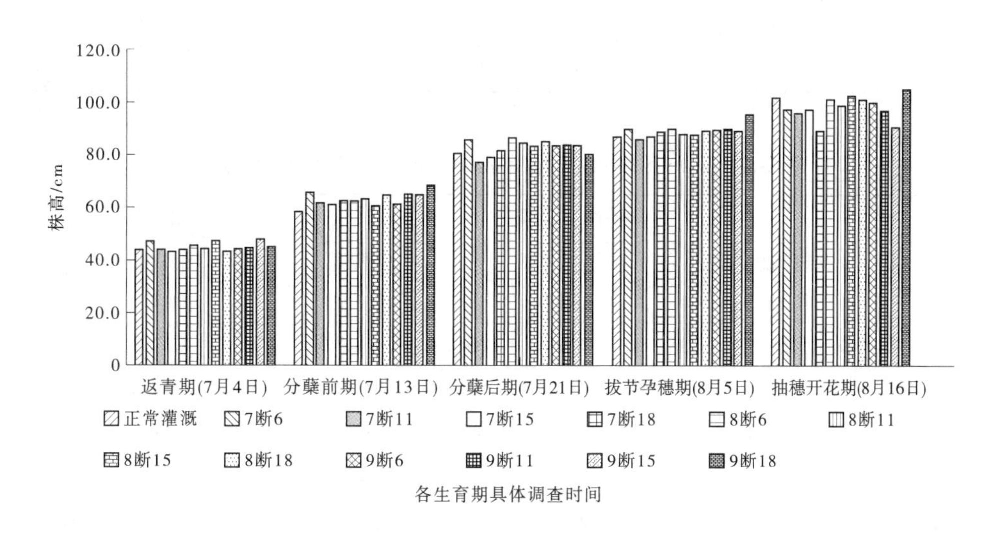

图2-83　2016年中稻各生育期不同受旱历时株高动态变化(潮沙田)

2. 不同受旱历时对水稻产量结构指标的影响分析

本试验在水稻收割后进行考种,主要包括有效穗数、穗长、每穗粒数、千粒重、产量等指标。有效穗数指每穗结实粒数在5粒以上的稻穗数(被病、虫危害造成的白穗亦做有效穗计算);穗长指穗节至穗尖(不连芒)的长度;每穗粒数包括实粒、空粒和已脱落的粒数,根据实粒与空粒数计算结实率;千粒重指每千粒的重量,重复3次取平均值。产量包括理论产量和实际产量;理论产量按单位面积有效穗数、每穗实粒数和千粒重计算,实际产量指单打单收晒干扬净的实收产量。各指标测定结果见表2-86、表2-87。

表 2-86　2015 年晚稻不同受旱历时产量结构指标测定结果

年份	处理	黄泥田				潮沙田			
		有效穗数/个	穗长/cm	结实率/%	千粒重/g	有效穗数/个	穗长/cm	结实率/%	千粒重/g
2015 年	正常灌溉	14.5	22.5	93.3	30.32	16.1	21.4	91.5	29.47
	8 断 5	14.5	21.9	89.3	26.63	19.0	21.5	94.9	27.30
	8 断 9	15.8	21.7	88.8	26.64	19.3	21.7	93.9	28.15
	8 断 12	15.0	22.2	89.0	26.92	19.1	21.8	92.3	27.88
	8 断 15	15.0	21.4	88.1	26.47	19.0	22.2	91.5	27.68
	8 断 18	14.8	21.2	87.7	26.38	18.5	22.0	91.1	27.43
	8 断 20	13.8	20.5	86.9	25.60	18.0	21.1	90.4	27.43
	9 断 5	15.8	22.1	88.4	26.85	17.0	21.8	91.8	28.02
	9 断 9	16.0	21.7	87.3	26.88	17.8	21.8	91.5	28.37
	9 断 12	14.0	22.6	86.3	26.85	17.1	21.2	91.9	26.96
	9 断 15	14.0	22.7	86.2	26.77	16.8	21.8	90.0	26.83
	9 断 18	13.8	22.2	70.9	25.96	16.6	21.6	88.0	26.63
	9 断 20	13.0	21.5	65.2	25.55	16.0	21.2	76.7	26.81

表 2-87　2016 年中稻不同受旱历时产量结构指标测定结果

年份	处理	黄泥田				潮沙田			
		有效穗数/个	穗长/cm	结实率/%	千粒重/g	有效穗数/个	穗长/cm	结实率/%	千粒重/g
2016 年	正常灌溉	18.6	25.8	68.4	20.43	18.9	25.6	73.5	20.95
	7 断 6	17.1	25.0	76.8	19.33	18.9	23.5	74.0	20.73
	7 断 11	17.0	24.6	76.0	20.10	18.8	24.3	68.7	20.85
	7 断 15	17.3	24.5	71.9	19.71	16.5	25.2	66.1	20.13
	7 断 18	16.5	25.4	69.2	19.70	16.5	26.2	67.0	19.80
	8 断 6	16.0	25.3	78.1	19.61	19.1	25.1	82.7	20.04
	8 断 11	13.9	25.3	66.1	19.34	17.1	25.3	80.7	19.50
	8 断 15	13.5	24.9	40.6	17.72	15.6	24.9	70.7	18.84
	8 断 18	13.0	25.4	14.7	18.10	15.0	25.6	12.9	18.00
	9 断 6	16.8	26.2	72.1	19.99	17.0	25.0	81.4	20.55
	9 断 11	14.6	26.2	71.9	19.45	17.0	25.0	81.1	19.97
	9 断 15	13.8	26.3	69.6	19.25	16.3	25.6	78.3	19.35
	9 断 18	13.0	25.6	69.3	19.30	14.5	25.4	75.3	19.35

1) 不同受旱历时对水稻有效穗的影响分析

在水稻不同生长期进行不同程度的受旱处理,各个处理平均有效穗如图 2-84、图 2-85 所示。由图 2-84、图 2-85 可知,不同受旱处理对中、晚稻有效穗形成的影响基本一致,在相同程度的受旱处理中,晚稻 9 月受影响较大,此时晚稻处于拔节孕穗期和抽穗开花期;中稻 8 月受影响较大,此时中稻处于拔节孕穗期和抽穗开花期;因此,水稻拔节孕穗期和抽穗开花期受旱对有效穗影响较为严重,这是由于拔节孕穗期是小花分化阶段,此阶段保证水分供应,有利于小花发育,防止小花退化,对增加穗粒数极为重要,而抽穗开花期水稻花器官呼吸强烈,需要大量的水分和营养,此时期水分亏缺将影响土壤养分供给及花体的发育,导致大量不孕。在不同程度的受旱处理中,整体上呈现受旱历时越长,有效穗越少,这表明在任何阶段的过度水分亏缺或者长时期的水分亏缺将在相当程度上影响水稻有效穗的形成。

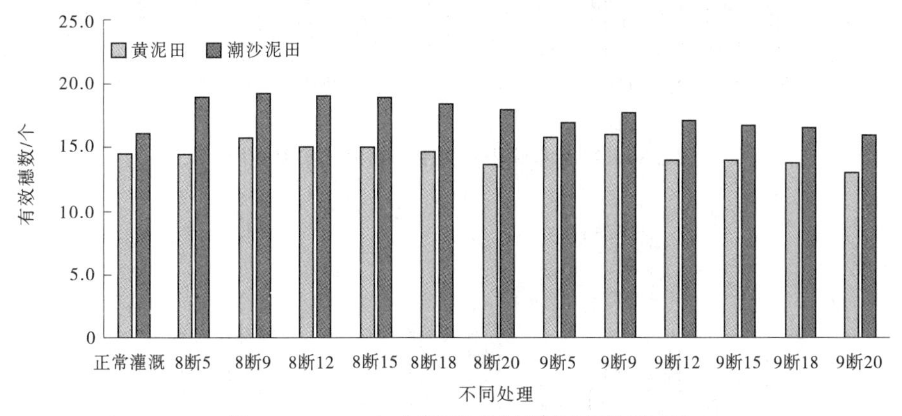

图 2-84　2015 年晚稻不同受旱历时有效穗对比

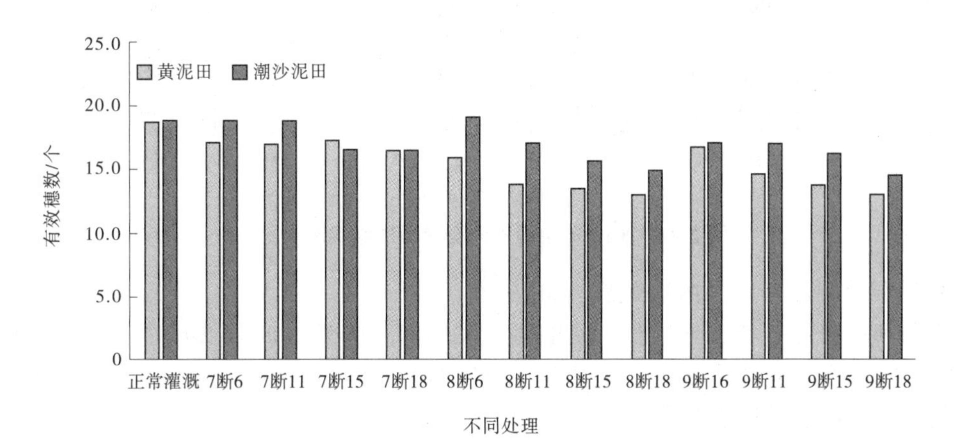

图 2-85　2016 年中稻不同受旱历时有效穗对比

2) 不同受旱历时对水稻结实率的影响分析

晚稻和中稻各受旱处理结实率对比见图 2-86、图 2-87。由图 2-86、图 2-87 可以看出,晚稻 9 月后两个受旱处理受影响最大,此时晚稻正处于拔节孕穗期和抽穗开花期。同时,中稻 8 月后两个受旱处理受影响最大,同样,此时中稻正处于拔节孕穗期和抽穗开花期;

这表明水稻拔节孕穗期和抽穗开花期受旱,结实率受影响最大,且历时过长会严重影响结实率大小。

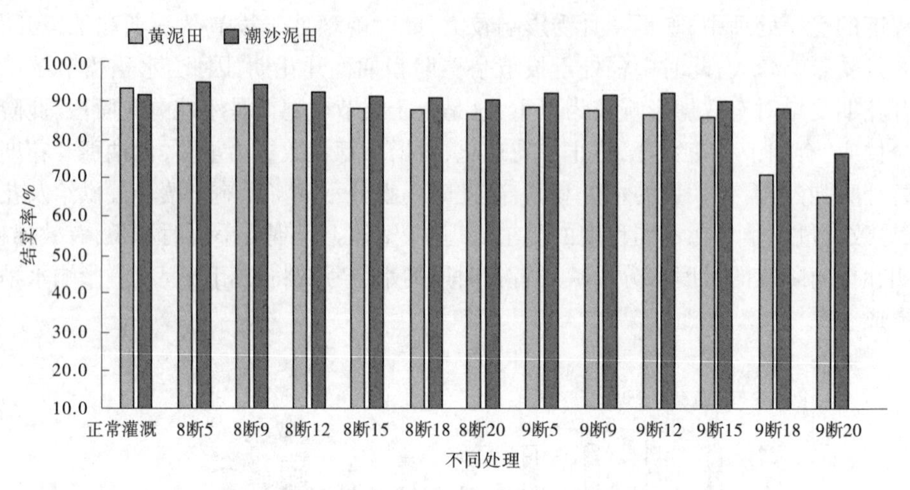

图 2-86　2015 年晚稻不同受旱历时结实率对比

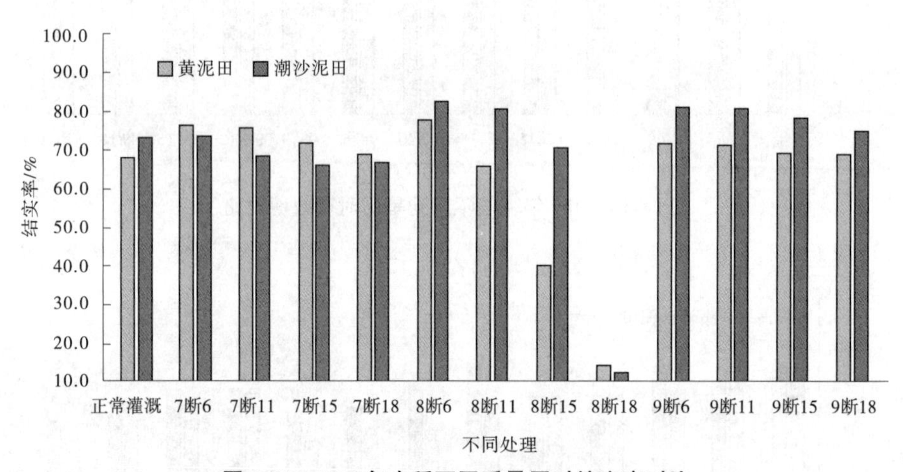

图 2-87　2016 年中稻不同受旱历时结实率对比

3)不同受旱历时对稻谷千粒重的影响分析

晚稻和中稻各受旱处理千粒重见图 2-88、图 2-89。由图 2-88、图 2-89 可以看出,晚稻 8、9 月断 20 d 受旱处理受影响最大,中稻 8 月后两个受旱处理受影响最大;这表明受旱历时过长会严重影响千粒重大小。

4)不同受旱历时对水稻产量的影响分析

水稻理论产量由单位面积穗数、每穗实粒数和千粒重 3 个因素所构成。不同受旱处理晚稻和中稻理论产量见表 2-88、表 2-89。

不同受旱历时对水稻生长发育状况及生理活动所产生的各种影响最终都会体现在产量水平上;同一月份不同程度的受旱处理对产量的影响程度也将不同。

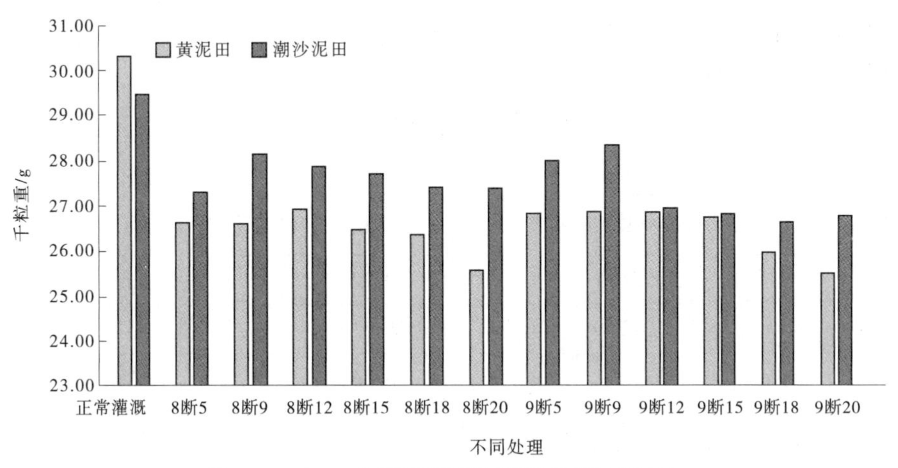

图 2-88　2015 年晚稻不同受旱历时千粒重对比

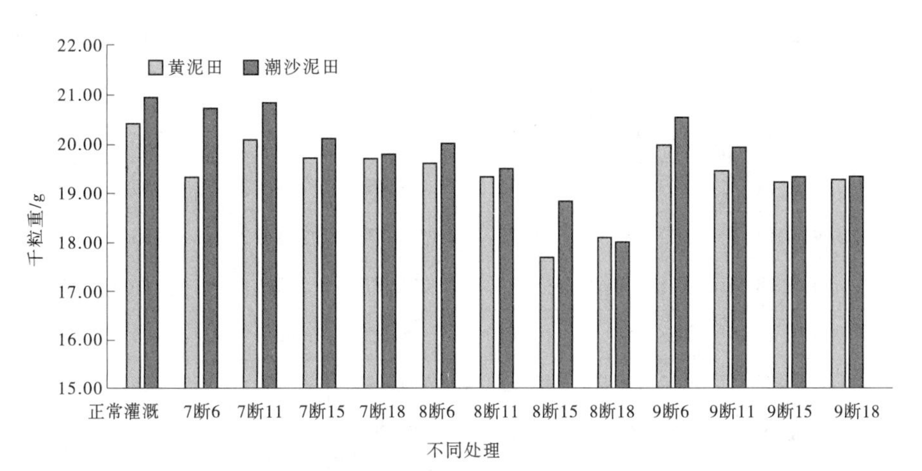

图 2-89　2016 年中稻不同受旱历时千粒重对比

由表 2-88 和图 2-90 可知，晚稻所有受旱处理中，8 月 6 个不同受旱历时都受到了一定程度的减产，且随着受旱历时的延长，各处理相对于正常灌溉的减产率越来越大，其中黄泥田 8 断 20 的相对减产率达到 20.09%，潮沙田 8 断 20 的相对减产率达到 11.64%；这表明过度水分亏缺或者长时期的水分亏缺将在相当程度上影响晚稻产量；8 月晚稻处于分蘖期，对水稻进行持续受旱处理，会损伤水稻根系，后期补水也难以得到恢复，抑制生长发育，导致产量下降。9 月 6 个不同受旱历时同样都受到了一定程度的减产，且随着受旱历时的延长，各处理相对于正常灌溉的减产率越来越大，其中黄泥田 9 断 20 的相对减产率达到 41.47%，潮沙田 9 断 20 的相对减产率达到 28.49%；这同样表明过度水分亏缺或者长时期的水分亏缺将在相当程度上影响晚稻产量；9 月中稻处于拔节孕穗期和抽穗开花期，拔节孕穗期是水稻生长的关键时期，该时期晚稻已经开始了生殖生长，对水分亏缺十分敏感，所以此时受旱会造成严重减产，并且受旱程度越重对产量影响就越大；抽穗开花期花器官呼吸强烈，需要大量的水分和营养，所以此期缺水势必影响到土壤养分的供给及花体的发育,导致大量不孕、结实率降低,从而产量明显下降。通过比较 8 月和 9 月同一受旱历时处理的相对减产率,发现 9 月的减产更加严重,由此可知晚稻拔节孕穗期和抽穗开花期严重受旱对产量的影响较分蘖期更大。

表 2-88　2015 年晚稻不同受旱历时理论产量

水稻土类型	处理方式	产量因子				理论产量/(kg/亩)	相对减产率/%
		每穗粒数/粒	亩产穗/万个	千粒重/g	结实率/%		
黄泥田	正常灌溉	152.15	16.11	30.32	93.3	693.48	—
	8 断 5	172.20	16.11	26.63	89.3	659.84	-4.85
	8 断 9	158.60	17.56	26.64	88.8	658.71	-5.01
	8 断 12	164.85	16.67	26.92	89.0	658.27	-5.08
	8 断 15	158.10	16.67	26.47	88.1	614.48	-11.39
	8 断 18	151.47	16.39	26.38	87.7	574.39	-17.17
	8 断 20	163.05	15.28	25.60	86.9	554.17	-20.09
	9 断 5	179.25	17.56	26.85	88.4	747.05	7.72
	9 断 9	175.85	17.78	26.88	87.3	733.79	5.81
	9 断 12	183.97	15.56	26.85	86.3	663.11	-4.38
	9 断 15	182.73	15.56	26.77	86.2	655.82	-5.43
	9 断 18	191.63	15.33	25.96	70.9	540.84	-22.01
	9 断 20	168.65	14.44	25.55	65.2	405.91	-41.47
潮沙田	正常灌溉	170.73	17.92	29.47	91.5	825.21	—
	8 断 5	171.50	21.11	27.30	94.9	938.00	13.67
	8 断 9	163.45	21.39	28.15	93.9	923.69	11.93
	8 断 12	165.72	21.25	27.88	92.3	906.68	9.87
	8 断 15	161.05	21.11	27.68	91.5	860.75	4.31
	8 断 18	151.85	20.56	27.43	91.1	779.85	-5.50
	8 断 20	147.05	20.00	27.43	90.4	729.14	-11.64
	9 断 5	165.28	18.89	28.02	91.8	803.11	-2.68
	9 断 9	155.40	19.72	28.37	91.5	795.49	-3.60
	9 断 12	165.10	19.03	26.96	91.9	778.65	-5.64
	9 断 15	169.30	18.61	26.83	90.0	760.70	-7.82
	9 断 18	170.40	18.47	26.63	88.0	737.73	-10.60
	9 断 20	161.43	17.78	26.81	76.7	590.13	-28.49

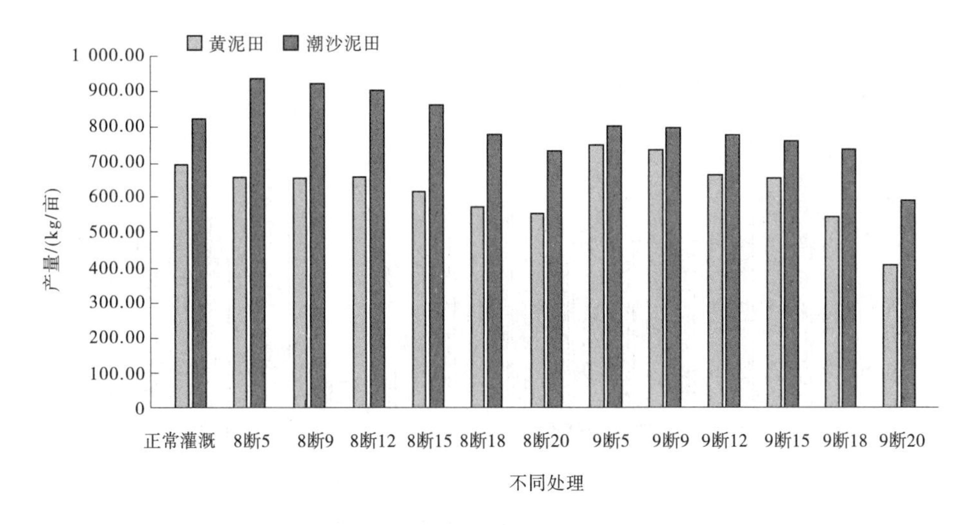

图 2-90　2015 年晚稻不同受旱历时理论产量对比

由表 2-89 和图 2-91 可知,中稻所有受旱处理中,7 月 4 个不同受旱历时都一定程度减产,且随着受旱历时的延长,各处理相对于 7 断 6 的减产率越来越大,这表明过度水分亏缺或者长时期的水分亏缺将在一定程度上影响中稻产量;7 月中稻处于分蘖期,对水稻进行持续干旱处理,会损伤水稻根系,后期补水也难以得到恢复,抑制生长发育,导致产量下降。8 月 4 个不同受旱历时同样一定程度减产,各处理相对于正常灌溉的减产率越来越大,其中黄泥田 8 断 18 的相对减产率高达 85. 87%,潮沙田 8 断 18 的相对减产率高达 87. 85%,造成严重减产;这同样表明过度水分亏缺或者长时期的水分亏缺将在相当程度上影响中稻产量。8 月中稻处于拔节孕穗期和抽穗开花期,此时受旱会造成严重减产。9 月 4 个不同受旱历时同样一定程度减产,各处理相对于正常灌溉的减产率越来越大,其中黄泥田 9 断 18 的相对减产率达到 24. 46%,潮沙田 9 断 18 的相对减产率达到 27. 11%;这同样表明过度水分亏缺或者长时期的水分亏缺将在相当程度上影响中稻产量。同时,9 月中稻处于乳熟期和黄熟期,此时受旱对产量的影响不大,但是不宜水分过度亏缺,否则也会造成一定程度减产。通过比较 7 月、8 月和 9 月同一受旱历时处理的相对减产率,发现 8 月的减产更为严重。由此可知,中稻拔节孕穗期和抽穗开花期严重受旱对产量影响最大,与晚稻规律一致。

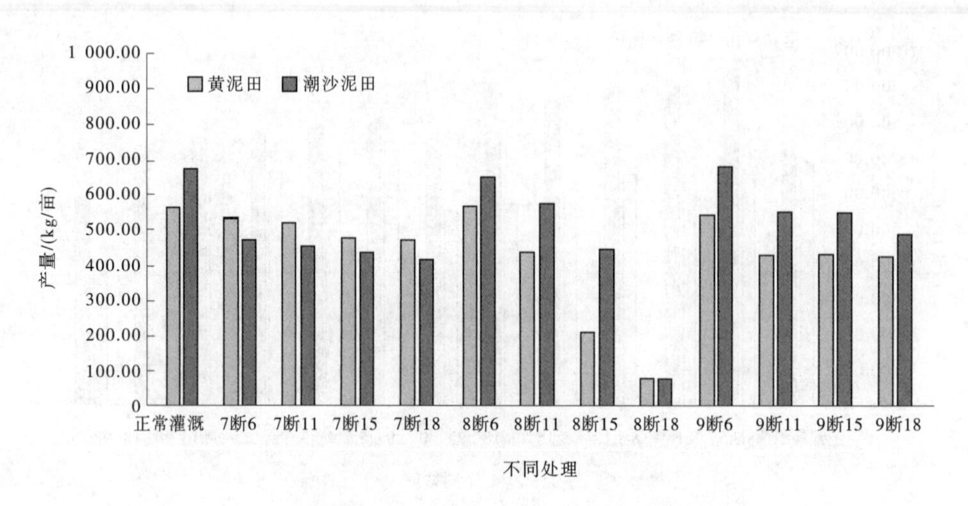

图 2-91　2016 年中稻不同受旱历时理论产量对比

表 2-89　2016 年中稻不同受旱历时理论产量

水稻土类型	处理方式	产量因子				产量/(kg/亩)	相对减产率/%
		每穗粒数/粒	亩产穗/万个	千粒重/g	结实率/%		
黄泥田	正常灌溉	195.63	20.69	20.43	68.4	565.43	—
	7 断 6	189.80	19.03	19.33	76.8	536.26	-5.16
	7 断 11	180.45	18.89	20.10	76.0	520.68	-7.91
	7 断 15	177.10	19.17	19.71	71.9	481.28	-14.88
	7 断 18	190.83	18.33	19.70	69.2	477.01	-15.64
	8 断 6	208.50	17.78	19.61	78.1	567.48	0.36
	8 断 11	223.10	15.42	19.34	66.1	439.54	-22.26
	8 断 15	194.73	15.00	17.72	40.6	210.17	-62.83
	8 断 18	209.25	14.44	18.10	14.7	80.56	-85.75
	9 断 6	202.48	18.61	19.99	72.1	543.11	-3.95
	9 断 11	191.85	16.22	19.45	71.9	435.01	-23.07
	9 断 15	211.40	15.33	19.25	69.6	434.26	-23.20
	9 断 18	221.15	14.44	19.30	69.3	427.11	-24.46

续表 2-89

水稻土类型	处理方式	产量因子				产量/（kg/亩）	相对减产率/%
		每穗粒数/粒	亩产穗/万个	千粒重/g	结实率/%		
潮沙田	正常灌溉	208. 33	20. 97	20. 95	73. 5	672. 85	—
	7 断 6	147. 40	20. 97	20. 73	74. 0	474. 21	-29. 52
	7 断 11	152. 98	20. 83	20. 85	68. 7	456. 52	-32. 15
	7 断 15	179. 58	18. 33	20. 13	66. 1	438. 13	-34. 88
	7 断 18	173. 00	18. 33	19. 80	67. 0	420. 75	-37. 47
	8 断 6	185. 48	21. 25	20. 04	82. 7	653. 20	-2. 92
	8 断 11	193. 53	19. 03	19. 50	80. 7	579. 47	-13. 88
	8 断 15	193. 58	17. 36	18. 84	70. 7	447. 37	-33. 51
	8 断 18	210. 55	16. 67	18. 00	12. 9	81. 75	-87. 85
	9 断 6	215. 95	18. 89	20. 55	81. 4	682. 19	1. 39
	9 断 11	181. 50	18. 89	19. 97	81. 1	554. 91	-17. 53
	9 断 15	201. 00	18. 06	19. 35	78. 3	549. 86	-18. 28
	9 断 18	208. 93	16. 11	19. 35	75. 3	490. 45	-27. 11

注:相对减产率为不同受旱处理较正常灌溉产量减少的百分率,正表示增产,负表示减产,下同。

2. 5. 5　小结

（1）水稻受旱期土壤墒情变化主要呈以下规律:水稻日平均腾发量黄泥田小于潮沙田;水稻土壤墒情衰减程度即水稻日平均腾发量在各月中 8 月最大,随着受旱天数的延长,日平均腾发量变化不一,这与气温和水稻本身需水量有关;同一月份中水稻土壤墒情衰减程度即水稻日平均腾发量大于晚稻,故晚稻较中稻更耐旱。

（2）不同受旱历时对水稻产量的影响呈以下规律:过度水分亏缺或者长时期的水分亏缺将在相当程度上影响水稻产量;不论是中稻还是晚稻,拔节孕穗期和抽穗开花期严重受旱对产量的影响非常大;不论中稻还是晚稻,潮沙田的产量高于黄泥田;晚稻产量整体高于中稻,且不同受旱历时对晚稻造成的减产率低于中稻。

（3）在保证产量的前提下,可在水稻分蘖期、乳熟期及黄熟期进行一定的干旱处理,连续断水天数控制在 10 d 左右;水稻拔节孕穗期和抽穗开花期不宜长时间受旱,断水天数宜控制在 5 d 左右。

2.6　江西省灌溉分区研究

江西省是江南丘陵的重要组成部分,边缘多山,中部是丘陵和平原,北部鄱阳湖是全国最大的淡水湖。江西幅员宽广,地形复杂,河湖密布。“六山一水二分田,一分道路和庄园”是江西地形和土地利用情况的概括,即山地、丘陵约占全省总面积的60%,耕地约占全省总面积的20%,河、湖、渠、塘等水域面积约占全省总面积的10%,城镇和道路约占全省总面积的10%。江西省地处亚热带湿润季风气候区,气候温暖,光照充足,雨量充沛,无霜期长,优越的气候资源非常利于农作物生长,是我国南方主要粮食产区。但是,由于受地理和地形要素的影响,江西省各地气候差异很大,特别是广大山区,气候更是复杂多样。

本研究以作物需水量作为主要分区因子,采用聚类分析方法对江西省进行灌溉区划,并在行政区划图上加以描绘。

2.6.1　资料来源与区划因子选取

2.6.1.1　资料来源

本研究选取的江西省86个县(市、区)、1982—2012年共31年的气象资料来源于江西省气象局的历年气象资料汇编;所用的含有县级行政边界的江西省矢量地图由江西省测绘局提供。

2.6.1.2　区划因子选取

由于作物需水量受气候影响较大,而参考作物蒸发蒸腾量综合考虑了各种相关的气象因素,如最高、最低及平均气温,日照时数,风速,平均相对湿度等;因此在进行灌溉分区时,选取参考作物蒸发蒸腾量作为分区的一个要素。同时,由于地理上相近区域及地形上相近区域在作物种植安排上具有相似性;因此选取气象站点所处的地理位置及海拔高度作为分区的要素。具体数据资料见表2-90。

表2-90　江西省各气象站点纬度、经度、海拔、ET_0多年均值(1982—2012年)

站名	纬度(N)	经度(E)	海拔/m	ET_0/mm	站名	纬度(N)	经度(E)	海拔/m	ET_0/mm
修水县	29.0	114.6	146.8	920.9	丰城市	28.2	115.8	25.7	995.6
铜鼓县	28.5	114.4	259.8	860.5	余干县	28.7	116.7	20.5	1 003.2
宜丰县	28.3	115.3	91.7	896.6	进贤县	28.3	117.3	33.2	995.9
万载县	28.1	114.5	98.3	912.1	万年县	28.7	116.1	55.5	961.9
上高县	28.2	114.9	67.7	941.9	余江县	28.2	116.8	39.8	964.6
萍乡市	27.7	113.9	116.5	931.7	东乡区	28.2	116.6	50.6	1 018.3
莲花县	26.1	114.0	182.0	944.0	临川区	28.0	116.4	47.3	985.6
分宜县	27.8	114.7	93.7	949.9	乐平市	29.0	117.8	34.5	985.7
宜春市	27.8	114.4	131.3	940.8	德兴市	29.0	117.6	88.5	957.9

续表 2-90

站名	纬度(N)	经度(E)	海拔/m	ET_0/mm	站名	纬度(N)	经度(E)	海拔/m	ET_0/mm
新余市	27.8	114.9	82.0	998.2	广信区	28.3	117.6	90.6	1 055.8
安福县	27.4	114.6	84.7	945.8	弋阳县	28.3	117.4	70.0	1 055.4
吉安县	26.1	115.0	76.4	1 019.1	横峰县	28.3	117.6	79.0	995.3
井冈山市	26.7	114.0	163.1	935.3	贵溪市	28.3	116.2	51.2	1 016.4
永新县	26.9	115.3	153.0	940.4	鹰潭市	28.2	117.0	55.8	1 057.4
万安县	26.5	114.8	101.6	1 051.6	铅山县	28.3	117.7	56.1	1 004.5
遂川县	27.3	114.5	126.1	1 054.9	玉山县	28.7	118.3	117.3	1 008.3
泰和县	26.8	114.9	71.4	1 021.5	广丰区	28.3	118.2	95.3	1 028.6
崇义县	25.7	114.2	245.3	913.9	上饶市	28.5	118.0	118.2	991.4
上犹县	25.8	115.3	140.7	984.5	新建区	28.7	115.8	40.0	1 002.8
南康区	25.7	114.5	127.0	1 047.3	新干县	27.8	115.4	45.3	987.3
赣县区	25.9	115.0	123.8	1 082.6	峡江县	27.6	116.2	56.4	968.1
大余县	25.4	114.4	215.6	1 034.5	永丰县	27.3	115.4	85.7	990.2
信丰县	25.4	114.9	164.2	1 045.5	乐安县	27.4	115.8	185.8	955.5
九江市	29.7	116.0	36.1	1 009.3	吉水县	26.2	116.1	62.3	1 017.3
瑞昌市	29.7	115.7	23.6	939.2	崇仁县	27.8	116.1	78.6	952.7
濂溪区	29.6	116.0	1 164.5	848.6	金溪县	27.9	116.8	130.2	1 045.8
武宁县	29.3	116.1	76.7	933.0	资溪县	27.7	116.1	226.1	888.3
德安县	29.3	115.8	41.3	992.2	宜黄县	27.6	116.2	90.6	950.5
永修县	29.1	115.8	36.6	1 036.5	南城县	27.6	116.7	80.8	1 032.0
湖口县	29.7	116.2	40.1	1 006.2	南丰县	26.2	116.5	111.5	1 025.9
彭泽县	29.9	116.6	25.4	1 010.7	黎川县	27.3	116.9	131.1	955.3
庐山市	29.5	116.1	36.1	1 073.7	兴国县	26.4	115.4	147.8	1 030.2
都昌县	29.3	116.2	35.5	1 024.2	宁都县	26.5	116.0	209.1	1 060.7
鄱阳县	29.0	116.7	40.1	1 049.6	广昌县	26.9	117.3	143.8	986.1
景德镇市	29.3	116.2	61.5	1 006.1	石城县	26.4	116.4	229.4	1 061.2
婺源县	29.3	117.9	80.9	926.4	瑞金市	25.9	116.0	193.2	1 015.6
靖安县	28.9	115.4	78.9	982.9	于都县	26.0	115.4	132.4	1 016.1

续表 2-90

站名	纬度(N)	经度(E)	海拔/m	ET_0/mm	站名	纬度(N)	经度(E)	海拔/m	ET_0/mm
奉新县	28.7	115.4	52.5	996.1	会昌县	25.6	115.8	167.4	1 015.7
安义县	28.9	115.6	38.8	970.3	安远县	26.2	115.4	287.6	983.9
高安市	28.3	115.4	46.8	1 017.7	全南县	24.8	114.5	252.0	960.9
南昌市	28.6	115.9	46.7	1 056.1	龙南市	24.9	114.8	205.5	1 019.5
南昌县	28.3	115.6	31.9	1 042.9	定南县	24.8	115.0	249.8	988.2
樟树市	28.1	115.6	30.4	984.6	寻乌县	25.0	115.7	303.9	1 010.5

2.6.2 分区方法

2.6.2.1 分区方法选取

本研究将江西省 86 个县(市、区)视作样本,将经度、纬度、海拔、参考作物蒸发蒸腾量多年均值视作变量,对样本进行分类。考虑到在没有经验知识的情况下进行分类,分类结果可能出现较大偏差的状况,本研究选用系统聚类即 Q 型聚类法,并以平方 Euclidean 为距离计算各样本之间的距离,对江西省各个县进行分区。

平方 Euclidean 距离公式形式如下:

$$d_{ij}(2) = \left[\sum_{a=1}^{P} (x_{ia} - x_{ja})^2 \right]^{1/2} \tag{2-34}$$

式中 d_{ij}——欧式距离效率;

x_{ia}——第 i 个区域指标 k 变量的值;

a——指标个数。

距离效率 d_{ij} 越大,两个区域之间的相似程度越大,反之则越小。

2.6.2.2 数据分析方法

数据分析采用 SPSS 19.0 数据处理系统软件,应用系统聚类方法对江西省各个县进行聚类分析。

2.6.3 分区结果

2.6.3.1 系统聚类图

根据所选指标,对数据采用 SPSS 19.0 数据处理系统软件进行聚类分析后得到系统聚类树状图(见图 2-92)。

2.6.3.2 聚类分区结果

经过聚类分析,把江西省 86 个县(市、区) 分成 5 个灌溉分区(见表 2-91)。

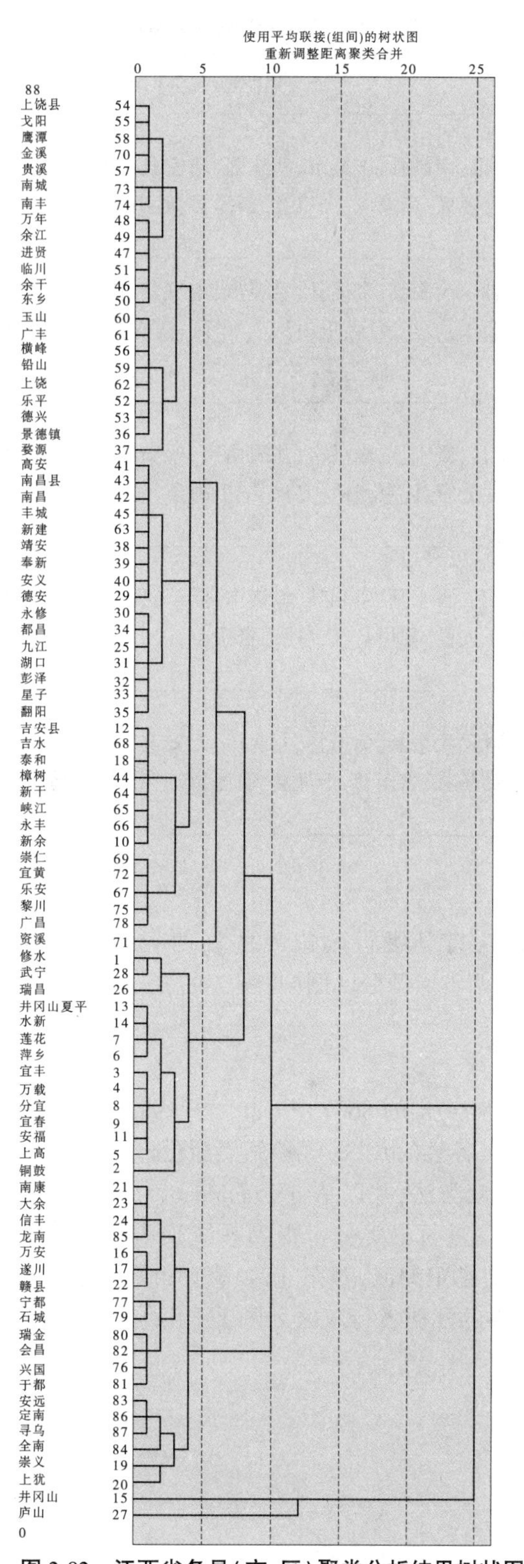

图 2-92　江西省各县(市、区)聚类分析结果树状图

表 2-91 江西省灌溉分区情况

区域编号	区域名称	各区所含县(市、区) 名
Ⅰ	鄱阳湖区	高安市、南昌县、丰城市、新建区、靖安县、奉新县、安义县、德安县、永修县、都昌县、濂溪区、柴桑区、湖口县、彭泽县、庐山市、鄱阳县
Ⅱ	赣东北区	广信区、弋阳县、金溪县、贵溪市、南城县、南丰县、万年县、余江县、进贤县、临川区、余干县、东乡区、玉山县、广丰区、横峰县、铅山县、乐平市、德兴市、昌江区、婺源县
Ⅲ	赣西北区	修水县、武宁县、瑞昌市、井冈山市、永新县、莲花县、安源区、湘东区、宜丰县、万载县、分宜县、袁州区、安福县、上高县、铜鼓县
Ⅳ	赣中区	吉安县、吉水县、泰和县、樟树市、新干县、峡江县、永丰县、渝水区、崇仁县、宜黄县、乐安县、黎川县、广昌县、资溪县
Ⅴ	赣南区	南康区、大余县、信丰县、龙南市、万安县、遂川县、赣县区、宁都县、石城县、瑞金市、会昌县、兴国县、于都县、安远县、定南县、寻乌县、全南县、崇义县、上犹县

2.6.3.3 **灌溉分区图**

将聚类结果反映在含有县级行政边界的江西省行政区划图上,用地理信息系统 ArcView 软件制作出江西省灌溉分区图(见图 2-93)。

2.6.4 小结

本节利用江西省气象局提供的 86 个县(市、区)1982—2012 年共 31 年的气象资料,选取参考作物蒸发蒸腾量、各县(市、区)气象站点所处经度、纬度及海拔高度作为分区要素,选用系统聚类即 Q 型聚类法,并以平方 Euclidean 为距离计算各样本之间的距离,对全省各个县进行灌溉分区,进行聚类分析得到系统聚类树状图,把江西省 86 个县(市、区)分成 5 个灌溉分区,即鄱阳湖区、赣东北区、赣西北区、赣中区、赣南区。将聚类结果反映在含有县级行政边界的江西省行政区划图上,用地理信息系统 ArcView 软件制作出江西省灌溉分区图。

图 2-93　江西省灌溉分区

2.7　江西省水稻灌溉定额等值线图研究

在农田水利工程规划设计时，以往需先设计作物灌溉制度，确定作物各生长期的起止时间、蒸腾量、土壤下渗量，以及灌溉上下限水深等因素，计算出作物需水量。然而，以上各因素存在不确定性，如作物起止时间的确定、作物系数的确定、土壤渗漏量的确定、相关基础数据的收集和采集等均存在不确定性，不同设计部门采用不同参数时，将会导致设计出的灌溉制度千差万别，灌溉定额出入很大。同时，灌溉设计保证率也是农田水利工程规划设计的重要参数。灌溉设计保证率是指多年期间在干旱期作物缺水情况下，由灌溉工程供水（包括地下水）抗旱的保证程度，即保证正常供水的年数占灌区整个供水年数的比率，也就是灌溉工程供水的保证率。然而，在干旱期间，即降雨量较少的时期，灌溉定额较正常时期增加，灌溉设计保证率越高，灌溉用水定额越大。由于灌溉定额除受降雨影响外，还受气候、作物、土壤等其他因素的影响；另外，年降雨量相同而降雨年内分布的不同也会对灌溉定额的大小有很大的影响。因此，直接按照灌溉定额排频，来确定不同灌溉设计保证率下的灌溉定额更为科学。

农业需水量占有重大比重。在水资源规划进行农业需水量分析时,必须确定用水对象的灌溉定额。以往,在进行灌溉需水量分析时,是根据降水、蒸发、径流等水文气象状况,进行不同保证率的需水量计算。在水资源规划中进行水稻灌溉需水量分析时,同样存在作物灌溉制度设计的问题。采用不同的灌溉制度,其灌溉定额是不同的,即不同的灌溉制度存在不同的节水潜力。因此,在进行水资源规划时,可以直接采用水稻灌溉定额等值线图中的值。

本研究对多年的水稻灌溉定额按照水文适线法进行排频,得出不同频率年的灌溉定额,并在此基础上进行等值图的绘制。

2.7.1　水稻灌溉定额计算分析方法

在水稻生育期中任何一个时段(t)内,农田水分的变化取决于该时段内的来水和耗水之间的消长,它们之间的关系用水量平衡方程表示为

$$h_1 + P + m - WC - d = h_2 \tag{2-35}$$

式中　h_1——时段初田面水层深度,mm;

h_2——时段末田面水层深度,mm;

P——时段内降雨量,mm;

m——时段内的灌水量,mm;

WC——时段内的田间耗水量,包括田间渗漏和作物蒸发蒸腾量两部分,mm;

d——时段内排水量,mm。

如果时段初的农田水分处于适宜水层(水田)上限(h_{max}),经过一个时段的消耗,田面水层降低到适宜水层的下限(h_{min}),这时如果没有降雨,则需要进行灌溉,灌水定额即为

$$m = h_{max} - h_{min} \tag{2-36}$$

当发生降雨时,若降雨量超过了适宜雨后蓄雨上限(H_p)则需要进行排水,排水量为d,使水层为降雨以后最大蓄雨深度(H_p)即可。

根据上述原理,当确定了水稻各生育阶段的适宜水层 h_{max}、h_{min}、H_p 及各生育阶段的耗水强度,即可以用列表法逐日推求水稻灌水定额。

耗水强度包括田间渗漏和作物蒸发蒸腾量两部分。为确定不同地区稻田耗水强度,必须确定稻田渗漏强度。同时,按以上水量平衡方程确定灌溉定额,还必须确定各地区水稻各生育期的起止时间,以及所采用的灌溉制度,明确水稻各生育期的水层控制标准。

江西省灌溉试验中心站经多年水稻灌溉试验研究,积累了水稻浅水灌溉和间歇灌溉长系列试验研究资料;其中,浅水灌溉为当地百姓普遍采用的传统灌溉制度,而经多年试验研究证明,间歇灌溉为比较节水、适宜当地气象状况、操作方便的灌溉制度。为此,本研究设定浅水灌溉和间歇灌溉两种灌溉制度,分别计算不同灌溉制度下的灌溉定额。

在不同地区土壤渗漏强度、水稻生育期、不同灌溉制度等因素确定的情况下,根据稻田水量平衡原理,利用水稻各生育阶段的适宜水层 h_{max}、h_{min}、H_p 及各生育阶段的耗水强度,采用 matlab 软件进行编程,用列表法逐日推求水稻灌水定额,进而求出全生育期灌溉定额。

2.7.2　全省各县水稻蒸发蒸腾量计算分析

自 20 世纪 90 年代初以来,江西省仅赣抚平原灌区灌溉试验站(现为江西省灌溉试验中心站)坚持开展水稻需水量与灌溉制度试验,其他灌溉试验站均停止了灌溉试验工作,并且试验资料流失严重,一些试验站资料无从查找。因此,本研究以江西省灌溉试验中心站长系列灌溉试验资料为基础,辅以典型调查和早期相关资料收集,来开展全省水稻需水规律研究。

通过结合江西省灌溉试验中心站 30 多年的水稻灌溉试验资料统计分析的 K_c 值作为初始值,采用《作物需水量计算指南》(FAO-56,1998 年)中提供的方法,根据全省各县 1982—2012 年气象观测资料,利用作物系数单值法对全省各县的 K_c 值进行修订,得到各县的 K_c 值;再利用 Penman-monteith 公式[见式(2-4)],计算求得参考作物腾发量 ET_0;然后,利用公式 $ET_c=ET_0\times K_c$,计算得到水稻蒸发蒸腾量(即需水量),进而对全省各县水稻需水量进行分析。

2.7.2.1　全省不同灌溉分区水稻生育期的确定

通时查阅《江西省综合农业区划》《江西省国土资源地图集》等相关文献资料,同时赴全省 19 个典型县 20 余个大、中、小型灌区进行水稻种植管理和生长状况实地调查,并结合全省各地区的实地调查成果,在江西省灌溉试验中心站多年生育期调查观测资料分析基础上,对江西省 5 个灌溉分区进行各生育期划分,确定各灌溉分区各生育期的起止时间。具体情况见表 2-92、表 2-93。

表 2-92　全省各灌溉分区早稻各生育期起止时间及历时

分区名称	各生育期	返青期	分蘖前期	分蘖后期	拔节孕穗期	抽穗开花期	乳熟期	黄熟期	全生育期
鄱阳湖区	历时天数/d	9	13	14	16	9	10	11	82
	开始时间	4 月 28 日	5 月 7 日	5 月 20 日	6 月 3 日	6 月 19 日	6 月 28 日	7 月 7 日	4 月 28 日
	终止时间	5 月 6 日	5 月 19 日	6 月 2 日	6 月 18 日	6 月 27 日	7 月 6 日	7 月 18 日	7 月 18 日
赣北区	历时天数/d	9	13	14	16	8	10	10	80
	开始时间	5 月 2 日	5 月 11 日	5 月 24 日	6 月 7 日	6 月 23 日	7 月 1 日	7 月 11 日	5 月 2 日
	终止时间	5 月 10 日	5 月 23 日	6 月 6 日	6 月 22 日	6 月 30 日	7 月 10 日	7 月 21 日	7 月 21 日
赣中区	历时天数/d	9	13	15	17	9	10	11	84
	开始时间	4 月 22 日	5 月 1 日	5 月 14 日	5 月 29 日	6 月 15 日	6 月 24 日	7 月 4 日	4 月 22 日
	终止时间	4 月 30 日	5 月 13 日	5 月 28 日	6 月 14 日	6 月 23 日	7 月 3 日	7 月 14 日	7 月 14 日
赣南区	历时天数/d	9	13	16	18	10	12	12	90
	开始时间	4 月 15 日	4 月 24 日	5 月 7 日	5 月 23 日	6 月 10 日	6 月 20 日	7 月 2 日	4 月 15 日
	终止时间	4 月 23 日	5 月 6 日	5 月 22 日	6 月 9 日	6 月 19 日	7 月 1 日	7 月 13 日	7 月 13 日

注:将赣东北区和赣西北区合为赣北区,下同。

表 2-93　全省各灌溉分区晚稻各生育期起止时间及历时

分区名称	各生育期	返青期	分蘖前期	分蘖后期	拔节孕穗期	抽穗开花期	乳熟期	黄熟期	全生育期
鄱阳湖区	历时天数/d	8	13	14	21	10	13	16	95
	开始时间	7月24日	8月1日	8月14日	8月28日	9月18日	9月28日	10月11日	7月24日
	终止时间	7月31日	8月13日	8月27日	9月17日	9月27日	10月10日	10月26日	10月26日
赣北区	历时天数/d	8	13	14	21	10	13	16	95
	开始时间	7月28日	8月5日	8月18日	9月1日	9月22日	10月2日	10月15日	7月28日
	终止时间	8月4日	8月17日	8月31日	9月21日	10月1日	10月14日	10月30日	10月30日
赣中区	历时天数/d	9	13	14	21	11	14	16	99
	开始时间	7月21日	7月30日	8月12日	8月26日	9月16日	9月27日	10月11日	7月21日
	终止时间	7月29日	8月11日	8月25日	9月15日	9月26日	10月10日	10月27日	10月27日
赣南区	历时天数/d	9	13	14	21	12	15	17	101
	开始时间	7月20日	7月29日	8月11日	8月25日	9月15日	9月27日	10月12日	7月20日
	终止时间	7月28日	8月10日	8月24日	9月14日	9月26日	10月11日	10月28日	10月28日

2.7.2.2　全省各县(市、区)水稻作物系数的修正

《作物需水量计算指南》(FAO-56)中水稻作物系数 K_c 值具体计算过程主要包括作物生长阶段的划分、作物系数的修正。

1. 作物生长阶段的划分

对大多数一年生作物,作物系数的变化过程可概化为 4 个生长阶段,即初始生长期、快速发育期、生育中期、成熟期(见图 2-94)。

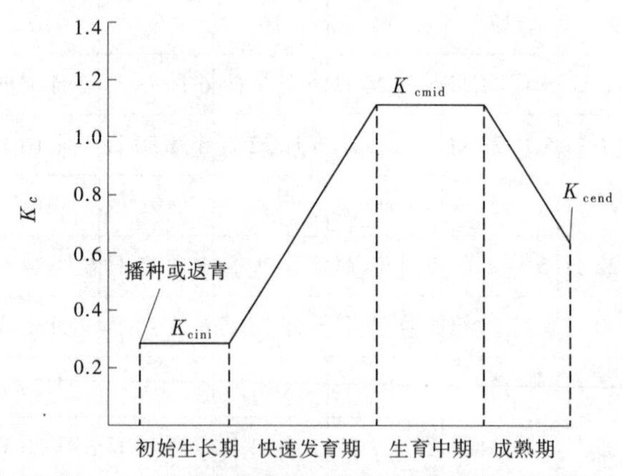

图 2-94　概化为时间平均值的作物系数变化过程

初始生长期:从播种到作物覆盖率接近 10%。此阶段内作物系数为 K_{cini}。

快速发育期:从覆盖率 10%到充分覆盖(大田作物覆盖率达到 70%~80%)。此阶段

内作物系数从 K_{cini} 提高到 K_{cmid}。

生育中期:从充分覆盖到成熟期开始,叶片开始变黄。此阶段内作物系数为 K_{cmid}。

成熟期:从叶片开始变黄到生理成熟或收获。此阶段内作物系数从 K_{cmid} 下降到 K_{cend}。

根据图 2-94,将作物生育期划分为四个阶段,即确定了横向坐标的各阶段,对应 3 个 K_c 值(K_{cini},K_{cmid},K_{cend})即可确定出整个曲线的形状,曲线确定的作物系数实质是以多直线段拟合实际作物系数随生育阶段变化的曲线过程。因此,根据江西省灌溉试验中心站灌溉试验资料,对早、晚稻不同生育期按图 2-94 中的 4 个阶段建立对应的关系。图 2-95、图 2-96 分别将早、晚稻的生育期和作物系数确定需要划分的生育期进行了对照。

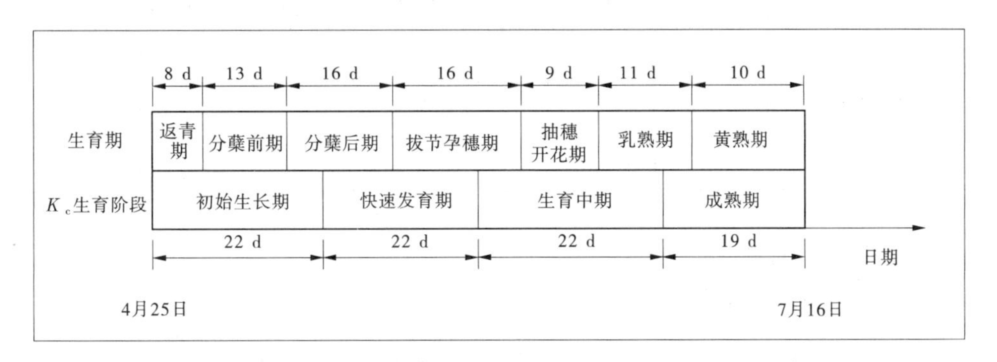

图 2-95 江西省灌溉试验中心站早稻各生育阶段对应生育期

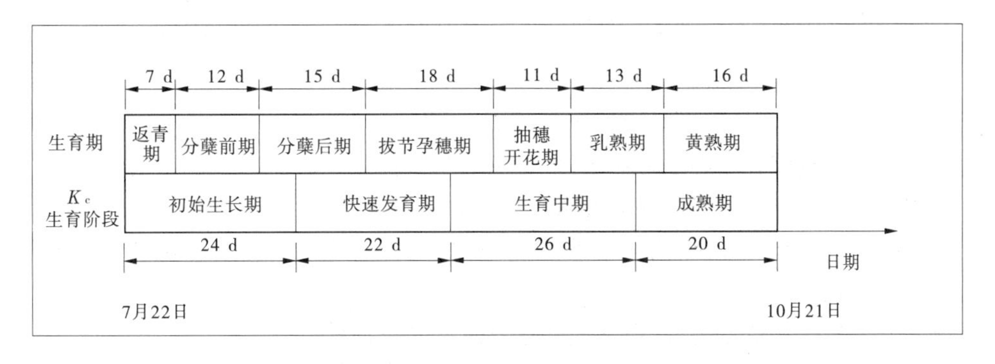

图 2-96 江西省灌溉试验中心站晚稻各生育阶段对应生育期

2. 作物系数的修正

FA0-56 推荐的作物系数确定方法包括单值法和双值法。单值法主要应用气象资料对作物系数进行修正,双值法利用气象资料和土壤资料对作物系数进行修正。其中,采用双值法进行修正需考虑土壤因素,主要是考虑土壤水分胁迫对蒸发蒸腾量的影响。由于江西省全年降雨较多;同时,水稻灌溉方式为充分灌溉,作物种植中一般不会产生水分胁迫。因此,本研究作物系数的修正均采用单值法。

根据图 2-95、图 2-96 中江西省灌溉试验中心站将水稻各生育阶段划分的 4 个作物生长阶段,确定水稻各个生长阶段的 K_c 值,即 $K_{cini(Tab)}$、$K_{cmid(Tab)}$、$K_{cend(Tab)}$ 和作物最大高度 h,利用《作物需水量计算指南》(FAO-56)中方法对全省各县(市、区)的 4 个作物生长阶段作物系数进行修正确定。

a. K_{cini} 的修正

对于水稻初始生长期,水层深度为 0.05 m 左右,作物蒸发蒸腾量主要由水面蒸发强度控制。各种气候条件下的 K_{cini} 值见表 2-94。

表 2-94　水稻各种气候条件下的 K_{cini} 值

气候条件	风速		
	微风(<2 m/s)	中度风速(2~5 m/s)	强风(>8 m/s)
干旱-半干旱	1.10	1.15	1.20
半湿润-湿润	1.05	1.10	1.15
非常湿润	1.00	1.05	1.10

b. K_{cmid} 和 K_{cend} 的修正

K_{cmid} 和 K_{cend} 利用以下公式进行修正。

$$K_{cmid} = K_{cmid(Tab)} + [0.04(U_2 - 2) - 0.004(RH_{min} - 45)]\left(\frac{h}{3}\right)^{0.3} \tag{2-37}$$

$K_{cend(Tab)} \geq 0.45$ 时:

$$K_{cend} = K_{cend(Tab)} + [0.04(U_2 - 2) - 0.004(RH_{min} - 45)]\left(\frac{h}{3}\right)^{0.3} \tag{2-38}$$

$K_{cend(Tab)} < 0.45$ 时:

$$K_{cend} = K_{cend(Tab)} \tag{2-39}$$

式中　U_2——该生育阶段内 2 m 高处的日平均风速,m/s;

RH_{min}——该生育阶段内日最低相对湿度的平均值,%;

h——该生育阶段内作物的平均高度,根据江西省灌溉试验中心站的多年平均值确定,m。

现以南昌县气象站为例,计算水稻各生长阶段的作物系数。

江西省灌溉试验中心站早、晚稻初、中、末期的作物系数见表 2-95;水稻作物最大高度为 1.0 m。

表 2-95　江西省灌溉试验中心站早、晚稻各生长阶段作物系数

稻类	初期 $K_{c(Tab)}$		
	初期	中期	末期
早稻	1.05	1.2	0.9
晚稻	1.1	1.4	0.8

Ⅰ. 初期作物系数 K_{cini} 的修正

早稻初始阶段持续时间为 4 月 25 日至 5 月 13 日，其间南昌县站多年平均风速(2 m 处)为 1.51 m/s，为微风。南昌县站所处气候条件为半湿润-湿润气候条件；查表 2-94，K_{cini} 为 1.05。

Ⅱ. 中期作物系数 K_{cmid} 的修正

K_{cmid} 的修正采用式(2-36)：

$$K_{cmid} = K_{cmid(Tab)} + [0.04(U_2 - 2) - 0.004(RH_{min} - 45)]\left(\frac{h}{3}\right)^{0.3} \tag{2-40}$$

南昌县站早稻生育中期(6 月 2 日至 6 月 26 日)多年平均风速(2 m 处)：$U_2 = 1.36$ m/s；

多年平均最小相对湿度：$RH_{min} = 66.21\%$；

作物最大植株高度：$h = 1.0$ m；

计算得到修正后的中期作物系数：$K_{cmid} = 1.12$。

Ⅲ. 末期作物系数 K_{cend} 的修正

首先判断 $K_{cend(Tab)}$ 与 0.45 的大小。$K_{cend(Tab)} = 0.90 > 0.45$，因此用下式进行修正：

$$K_{cend} = K_{cend(Tab)} + [0.04(U_2 - 2) - 0.004(RH_{min} - 45)]\left(\frac{h}{3}\right)^{0.3} \tag{2-41}$$

南昌县站早稻生育末期(6 月 27 日至 7 月 17 日)多年平均风速(2 m 处)：$U_2 = 1.59$ m/s；

多年平均最小相对湿度：$RH_{min} = 61.19\%$；

作物最大植株高度：$h = 1.0$ m；

计算得到修正后的末期作物系数：$K_{cend} = 0.84$。

江西省灌溉试验中心站地处南昌县向塘镇，与南昌县气象站距离较近，中心站实测早、晚稻作物系数与南昌县气象站修正系数差异较小，基本控制在 5%以内。因此，这说明以上修正方法具有一定的可行性。

根据江西省灌溉试验中心站早、晚稻各生育期划分，并依照各县(市、区)各生长阶段修正得到的作物系数，按照图 2-94 概化为时间平均值的作物系数变化过程曲线，并根据图 2-95、图 2-96 江西省灌溉试验中心站早稻各生育阶段对应的生育期，将依照生育阶段划分得到的作物系数转换为按照月份划分的早、晚稻分月作物系数(见表 2-96～表 2-99)；其中，初始生长期和生育中期内作物系数为定值，快速发育期和成熟期的作物系数为随日期线性变化的值。

表 2-96　全省各县(市、区)早稻间歇灌溉各月作物系数

月份	4	5	6	7	全生育期平均	月份	4	5	6	7	全生育期平均
修水县	1.06	1.06	1.25	0.98	1.09	丰城市	1.14	1.09	1.30	1.08	1.15
铜鼓县	1.03	0.97	1.15	0.91	1.02	余干县	1.17	1.11	1.29	1.06	1.16
宜丰县	1.07	1.00	1.20	0.93	1.05	进贤县	1.12	1.11	1.32	1.10	1.16
万载县	1.06	1.00	1.22	0.96	1.06	万年县	1.12	1.09	1.27	1.06	1.14
上高县	1.09	1.06	1.28	0.98	1.10	余江县	1.18	1.06	1.27	1.08	1.15
萍乡市	1.06	1.03	1.28	1.02	1.10	东乡区	1.17	1.11	1.31	1.09	1.17
莲花县	1.09	1.03	1.30	1.00	1.11	临川区	1.15	1.06	1.26	1.10	1.14
分宜县	1.09	1.06	1.27	1.00	1.11	乐平市	1.18	1.11	1.29	1.08	1.17
宜春市	1.09	1.06	1.25	0.98	1.10	德兴市	1.16	1.06	1.22	0.98	1.11
新余市	1.17	1.09	1.34	1.12	1.18	广信区	1.23	1.14	1.31	1.16	1.21
安福县	1.09	1.00	1.23	0.96	1.07	弋阳县	1.25	1.14	1.33	1.10	1.21
吉安县	1.15	1.09	1.38	1.15	1.19	横峰县	1.12	1.09	1.27	1.00	1.12
井冈山	1.16	1.00	1.27	0.96	1.10	贵溪市	1.21	1.11	1.34	1.10	1.19
永新县	1.16	1.00	1.24	0.98	1.10	鹰潭市	1.21	1.19	1.33	1.19	1.23
万安县	1.31	1.11	1.45	1.21	1.27	铅山县	1.24	1.11	1.30	1.04	1.17
遂川县	1.27	1.11	1.41	1.15	1.24	玉山县	1.18	1.09	1.27	1.06	1.15
泰和县	1.24	1.09	1.38	1.15	1.22	广丰区	1.25	1.14	1.32	1.06	1.19
崇义县	1.13	0.97	1.20	0.91	1.05	上饶市	1.18	1.09	1.30	1.06	1.16
上犹县	1.19	1.00	1.30	0.98	1.12	新建区	1.12	1.09	1.27	1.02	1.13
南康区	1.29	1.09	1.40	1.10	1.22	新干县	1.15	1.09	1.29	1.12	1.16
赣县区	1.31	1.14	1.48	1.13	1.27	峡江县	1.12	1.06	1.29	1.10	1.14
大余县	1.22	1.03	1.32	1.02	1.15	永丰县	1.15	1.06	1.34	1.12	1.17
信丰县	1.31	1.06	1.33	1.04	1.19	乐安县	1.16	1.06	1.29	1.10	1.15
九江市	1.15	1.14	1.34	1.02	1.16	吉水县	1.21	1.11	1.33	1.13	1.20
瑞昌市	1.15	1.11	1.28	0.96	1.13	崇仁县	1.12	1.06	1.24	1.08	1.13
濂溪区	1.13	0.97	1.06	0.79	0.99	金溪县	1.27	1.14	1.44	1.26	1.28
武宁县	1.13	1.06	1.23	0.93	1.09	资溪县	1.13	1.00	1.20	0.98	1.08
德安县	1.15	1.11	1.29	1.02	1.14	宜黄县	1.12	1.06	1.32	1.12	1.16
永修县	1.17	1.17	1.29	1.06	1.17	南城县	1.23	1.11	1.33	1.18	1.21
湖口县	1.15	1.14	1.29	1.02	1.15	南丰县	1.23	1.09	1.33	1.17	1.21

续表 2-96

月份	4	5	6	7	全生育期平均	月份	4	5	6	7	全生育期平均
彭泽县	1.15	1.18	1.32	1.06	1.18	黎川县	1.16	1.03	1.24	1.04	1.12
庐山市	1.20	1.14	1.29	1.02	1.16	兴国县	1.26	1.06	1.36	1.10	1.20
都昌县	1.18	1.11	1.29	1.04	1.16	宁都县	1.29	1.09	1.35	1.12	1.21
鄱阳县	1.20	1.14	1.34	1.08	1.19	广昌县	1.22	1.06	1.29	1.06	1.16
景德镇市	1.15	1.11	1.30	1.02	1.15	石城县	1.34	1.09	1.38	1.12	1.23
婺源县	1.13	1.06	1.20	0.91	1.08	瑞金市	1.33	1.06	1.32	1.06	1.19
靖安县	1.15	1.09	1.25	0.96	1.11	于都县	1.21	1.06	1.34	1.06	1.17
奉新县	1.15	1.11	1.30	1.00	1.14	会昌县	1.39	1.03	1.37	1.04	1.21
安义县	1.12	1.09	1.25	0.98	1.11	安远县	1.38	1.00	1.30	1.02	1.18
高安市	1.14	1.11	1.29	1.06	1.15	全南县	1.33	1.00	1.25	0.93	1.13
南昌市	1.17	1.14	1.33	1.10	1.19	龙南市	1.31	1.03	1.30	0.98	1.16
南昌县	1.15	1.14	1.32	1.12	1.18	定南县	1.30	1.00	1.23	0.91	1.11
樟树市	1.14	1.09	1.29	1.10	1.16	寻乌县	1.39	1.03	1.25	0.93	1.15

表 2-97　全省各县(市、区)早稻浅水灌溉各月作物系数

月份	4	5	6	7	全生育期平均	月份	4	5	6	7	全生育期平均
修水县	1.10	1.12	1.31	1.02	1.14	丰城市	1.20	1.11	1.30	1.14	1.19
铜鼓县	1.07	1.00	1.18	0.93	1.05	余干县	1.23	1.14	1.29	1.12	1.20
宜丰县	1.07	1.03	1.20	0.98	1.07	进贤县	1.18	1.14	1.34	1.15	1.20
万载县	1.10	1.06	1.22	0.98	1.09	万年县	1.18	1.12	1.32	1.12	1.19
上高县	1.09	1.09	1.28	1.02	1.12	余江县	1.21	1.09	1.27	1.16	1.18
萍乡市	1.10	1.09	1.31	1.06	1.14	东乡区	1.23	1.14	1.33	1.17	1.22
莲花县	1.16	1.09	1.27	1.02	1.14	临川区	1.21	1.09	1.29	1.16	1.19
分宜县	1.15	1.09	1.30	1.06	1.15	乐平市	1.21	1.14	1.32	1.14	1.20
宜春市	1.09	1.09	1.28	1.02	1.12	德兴市	1.19	1.09	1.25	1.04	1.14
新余市	1.23	1.14	1.37	1.17	1.23	广信区	1.23	1.22	1.28	1.10	1.21
安福县	1.13	1.03	1.20	0.98	1.09	弋阳县	1.25	1.16	1.33	1.16	1.23
吉安县	1.18	1.09	1.38	1.19	1.21	横峰县	1.15	1.12	1.27	1.06	1.15
井冈山市	1.16	1.06	1.27	0.98	1.12	贵溪市	1.21	1.14	1.34	1.16	1.21
永新县	1.19	1.03	1.22	0.98	1.11	鹰潭市	1.24	1.27	1.36	1.17	1.26

续表 2-97

月份	4	5	6	7	全生育期平均	月份	4	5	6	7	全生育期平均
万安县	1.39	1.17	1.48	1.26	1.33	铅山县	1.26	1.14	1.32	1.10	1.21
遂川县	1.35	1.17	1.44	1.20	1.29	玉山县	1.18	1.11	1.27	1.12	1.17
泰和县	1.29	1.11	1.38	1.19	1.24	广丰区	1.31	1.19	1.34	1.12	1.24
崇义县	1.17	1.03	1.23	0.93	1.09	上饶市	1.18	1.09	1.27	1.10	1.16
上犹县	1.19	1.06	1.30	1.00	1.14	新建区	1.12	1.12	1.27	1.06	1.14
南康区	1.29	1.11	1.40	1.12	1.23	新干县	1.21	1.15	1.32	1.18	1.22
赣县区	1.34	1.17	1.48	1.19	1.30	峡江县	1.12	1.09	1.29	1.15	1.16
大余县	1.19	1.09	1.32	1.04	1.16	永丰县	1.21	1.12	1.34	1.17	1.21
信丰县	1.31	1.09	1.33	1.08	1.20	乐安县	1.19	1.09	1.29	1.14	1.18
九江市	1.24	1.19	1.39	1.08	1.23	吉水县	1.29	1.14	1.38	1.19	1.25
瑞昌市	1.21	1.17	1.31	1.02	1.18	崇仁县	1.18	1.09	1.30	1.14	1.18
濂溪区	1.22	1.00	1.10	0.84	1.04	金溪县	1.32	1.19	1.49	1.34	1.34
武宁县	1.16	1.09	1.23	1.00	1.12	资溪县	1.16	1.03	1.20	1.02	1.10
德安县	1.18	1.14	1.32	1.06	1.18	宜黄县	1.18	1.09	1.32	1.20	1.20
永修县	1.20	1.19	1.32	1.12	1.21	南城县	1.29	1.17	1.38	1.25	1.27
湖口县	1.24	1.19	1.34	1.08	1.21	南丰县	1.29	1.12	1.36	1.24	1.25
彭泽县	1.21	1.24	1.32	1.04	1.20	黎川县	1.19	1.06	1.27	1.10	1.16
庐山市	1.23	1.19	1.29	1.09	1.20	兴国县	1.32	1.12	1.38	1.16	1.25
都昌县	1.24	1.19	1.34	1.12	1.22	宁都县	1.29	1.11	1.35	1.15	1.23
鄱阳县	1.29	1.16	1.37	1.14	1.24	广昌县	1.28	1.09	1.29	1.10	1.19
景德镇市	1.21	1.17	1.32	1.06	1.19	石城县	1.37	1.14	1.41	1.18	1.28
婺源县	1.13	1.09	1.20	0.95	1.09	瑞金市	1.39	1.12	1.34	1.10	1.24
靖安县	1.15	1.09	1.25	0.98	1.12	于都县	1.30	1.09	1.37	1.10	1.22
奉新县	1.18	1.17	1.35	1.06	1.19	会昌县	1.36	1.06	1.37	1.10	1.22
安义县	1.15	1.12	1.25	1.04	1.14	安远县	1.31	1.03	1.30	1.04	1.17
高安市	1.17	1.14	1.32	1.12	1.19	全南县	1.30	1.06	1.25	0.95	1.14
南昌市	1.19	1.16	1.36	1.18	1.22	龙南市	1.28	1.06	1.32	1.00	1.17
南昌县	1.18	1.19	1.30	1.10	1.19	定南县	1.20	1.06	1.23	0.93	1.11
樟树市	1.17	1.09	1.29	1.14	1.17	寻乌县	1.29	1.06	1.25	0.96	1.14

表 2-98　全省各县(市、区)晚稻间歇灌溉各月作物系数

月份	7	8	9	10	全生育期平均	月份	7	8	9	10	全生育期平均
修水县	0.93	1.24	1.53	1.35	1.26	丰城市	1.04	1.37	1.63	1.54	1.40
铜鼓县	0.88	1.16	1.41	1.23	1.17	余干县	1.04	1.38	1.72	1.48	1.41
宜丰县	0.93	1.24	1.55	1.30	1.26	进贤县	1.06	1.38	1.69	1.46	1.40
万载县	0.93	1.26	1.53	1.30	1.26	万年县	1.02	1.36	1.68	1.36	1.36
上高县	0.98	1.28	1.58	1.40	1.31	余江县	1.00	1.34	1.64	1.44	1.36
萍乡市	0.98	1.29	1.56	1.33	1.29	东乡区	1.06	1.40	1.74	1.52	1.43
莲花县	0.98	1.29	1.56	1.38	1.30	临川区	1.02	1.35	1.65	1.46	1.37
分宜县	0.98	1.30	1.59	1.36	1.31	乐平市	1.04	1.37	1.69	1.48	1.40
宜春市	0.96	1.29	1.59	1.42	1.32	德兴市	0.98	1.30	1.66	1.42	1.34
新余市	1.02	1.37	1.69	1.54	1.41	广信区	1.07	1.39	1.79	1.38	1.41
安福县	0.96	1.26	1.58	1.46	1.32	弋阳县	1.08	1.42	1.78	1.68	1.49
吉安县	1.06	1.41	1.71	1.56	1.44	横峰县	1.02	1.36	1.71	1.59	1.42
井冈山市	0.93	1.22	1.53	1.40	1.27	贵溪市	1.04	1.37	1.75	1.59	1.44
永新县	0.93	1.26	1.56	1.46	1.30	鹰潭市	1.07	1.35	1.76	1.34	1.38
万安县	1.13	1.45	1.65	1.46	1.42	铅山县	1.02	1.37	1.71	1.52	1.41
遂川县	1.08	1.37	1.68	1.56	1.42	玉山县	1.04	1.37	1.69	1.59	1.42
泰和县	1.06	1.39	1.69	1.52	1.42	广丰区	1.06	1.40	1.78	1.59	1.46
崇义县	0.90	1.15	1.48	1.40	1.23	上饶市	1.02	1.37	1.71	1.50	1.40
上犹县	0.98	1.28	1.65	1.59	1.38	新建区	1.00	1.35	1.72	1.57	1.41
南康区	1.08	1.39	1.71	1.61	1.45	新干县	1.02	1.38	1.68	1.50	1.40
赣县区	1.08	1.42	1.78	1.69	1.49	峡江县	1.02	1.34	1.58	1.40	1.34
大余县	1.02	1.32	1.74	1.69	1.44	永丰县	1.02	1.36	1.65	1.46	1.37
信丰县	1.00	1.36	1.78	1.73	1.47	乐安县	0.98	1.28	1.56	1.36	1.30
九江市	1.00	1.36	1.69	1.50	1.39	吉水县	1.08	1.39	1.68	1.50	1.41
瑞昌市	0.93	1.26	1.53	1.29	1.25	崇仁县	1.00	1.30	1.55	1.40	1.31
濂溪区	0.79	1.00	1.31	1.27	1.09	金溪县	1.11	1.43	1.68	1.54	1.44
武宁县	0.96	1.24	1.53	1.38	1.28	资溪县	0.91	1.18	1.40	1.30	1.20
德安县	1.00	1.36	1.71	1.46	1.38	宜黄县	1.02	1.30	1.55	1.33	1.30
永修县	1.04	1.41	1.78	1.64	1.47	南城县	1.09	1.38	1.66	1.48	1.40
湖口县	1.00	1.33	1.71	1.54	1.40	南丰县	1.08	1.40	1.71	1.59	1.45

续表 2-98

月份	7	8	9	10	全生育期平均	月份	7	8	9	10	全生育期平均
彭泽县	1.00	1.30	1.63	1.23	1.29	黎川县	0.98	1.32	1.61	1.40	1.33
庐山市	1.02	1.40	1.93	1.77	1.53	兴国县	1.04	1.37	1.75	1.61	1.44
都昌县	1.04	1.38	1.76	1.54	1.43	宁都县	1.04	1.40	1.78	1.70	1.48
鄱阳县	1.08	1.46	1.82	1.64	1.50	广昌县	1.02	1.33	1.68	1.54	1.39
景德镇市	1.00	1.35	1.72	1.52	1.40	石城县	1.04	1.41	1.76	1.72	1.48
婺源县	0.93	1.29	1.61	1.38	1.30	瑞金市	1.00	1.36	1.66	1.57	1.40
靖安县	0.96	1.32	1.66	1.52	1.37	于都县	1.02	1.36	1.71	1.57	1.42
奉新县	1.00	1.35	1.69	1.48	1.38	会昌县	1.00	1.30	1.68	1.57	1.39
安义县	0.96	1.32	1.65	1.46	1.35	安远县	0.95	1.22	1.56	1.62	1.34
高安市	1.04	1.38	1.75	1.61	1.45	全南县	0.90	1.20	1.59	1.52	1.30
南昌市	1.06	1.44	1.82	1.66	1.50	龙南市	0.95	1.26	1.66	1.69	1.39
南昌县	1.06	1.42	1.76	1.41	1.41	定南县	0.88	1.23	1.65	1.69	1.36
樟树市	1.04	1.39	1.62	1.48	1.38	寻乌县	0.90	1.24	1.69	1.67	1.38

表 2-99　全省各县(市、区)晚稻浅水灌溉各月作物系数

月份	7	8	9	10	全生育期平均	月份	7	8	9	10	全生育期平均
修水县	0.96	1.31	1.56	1.26	1.27	丰城市	1.04	1.40	1.61	1.41	1.37
铜鼓县	0.88	1.21	1.45	1.09	1.16	余干县	1.06	1.40	1.83	1.46	1.44
宜丰县	0.93	1.27	1.55	1.22	1.24	进贤县	1.08	1.49	1.76	1.40	1.43
万载县	0.93	1.31	1.53	1.22	1.25	万年县	1.02	1.43	1.76	1.28	1.37
上高县	1.00	1.33	1.58	1.32	1.31	余江县	0.96	1.30	1.54	1.22	1.26
萍乡市	1.00	1.36	1.59	1.25	1.30	东乡区	1.10	1.48	1.79	1.46	1.46
莲花县	1.00	1.33	1.53	1.29	1.29	临川区	1.02	1.37	1.60	1.40	1.35
分宜县	1.00	1.37	1.63	1.28	1.32	乐平市	1.08	1.50	1.74	1.31	1.41
宜春市	0.96	1.33	1.63	1.33	1.31	德兴市	0.85	1.20	1.55	1.21	1.20
新余市	1.04	1.43	1.69	1.42	1.40	广信区	1.17	1.42	1.84	1.50	1.48
安福县	0.96	1.31	1.58	1.31	1.29	弋阳县	1.16	1.53	1.91	1.59	1.55
吉安县	1.06	1.48	1.69	1.41	1.41	横峰县	1.02	1.37	1.69	1.48	1.39
井冈山市	0.93	1.29	1.53	1.28	1.26	贵溪市	0.94	1.35	1.68	1.38	1.34

续表 2-99

月份	7	8	9	10	全生育期平均	月份	7	8	9	10	全生育期平均
永新县	1.19	1.59	1.78	1.48	1.51	鹰潭市	1.18	1.46	1.97	1.63	1.56
万安县	1.22	1.57	1.65	1.30	1.44	铅山县	1.06	1.39	1.69	1.44	1.40
遂川县	1.10	1.43	1.66	1.44	1.41	玉山县	1.00	1.38	1.72	1.48	1.40
泰和县	1.32	1.72	1.90	1.52	1.62	广丰区	1.14	1.50	1.89	1.58	1.53
崇义县	0.82	1.14	1.38	1.22	1.14	上饶市	1.08	1.37	1.64	1.25	1.34
上犹县	0.90	1.26	1.63	1.43	1.31	新建区	0.96	1.40	1.85	1.58	1.45
南康区	1.06	1.40	1.62	1.41	1.37	新干县	1.04	1.48	1.79	1.44	1.44
赣县区	1.22	1.64	1.89	1.55	1.58	峡江县	1.04	1.38	1.53	1.23	1.30
大余县	1.02	1.36	1.69	1.53	1.40	永丰县	1.13	1.49	1.75	1.40	1.44
信丰县	0.98	1.45	1.80	1.81	1.51	乐安县	0.90	1.24	1.47	1.23	1.21
九江市	1.07	1.45	1.91	1.58	1.50	吉水县	1.17	1.52	1.76	1.44	1.47
瑞昌市	1.13	1.64	1.92	1.36	1.51	崇仁县	0.89	1.26	1.53	1.27	1.24
濂溪区	0.69	0.81	1.06	1.13	0.92	金溪县	1.40	1.77	1.90	1.57	1.66
武宁县	0.90	1.20	1.40	1.23	1.18	资溪县	0.82	1.12	1.39	1.13	1.12
德安县	0.98	1.37	1.69	1.29	1.33	宜黄县	0.96	1.23	1.37	1.07	1.16
永修县	1.08	1.47	1.86	1.69	1.53	南城县	1.16	1.45	1.69	1.41	1.43
湖口县	1.00	1.41	1.77	1.46	1.41	南丰县	1.19	1.57	1.82	1.56	1.54
彭泽县	1.02	1.19	1.45	1.10	1.19	黎川县	0.98	1.30	1.47	1.14	1.22
庐山市	1.00	1.45	2.14	1.93	1.63	兴国县	1.04	1.40	1.73	1.37	1.39
都昌县	1.02	1.42	1.79	1.50	1.43	宁都县	1.10	1.51	1.94	1.77	1.58
鄱阳县	1.19	1.54	1.97	1.63	1.58	广昌县	1.00	1.35	1.54	1.24	1.28
景德镇市	1.07	1.50	1.91	1.63	1.53	石城县	1.11	1.55	1.89	1.64	1.55
婺源县	0.94	1.27	1.54	1.19	1.24	瑞金市	1.00	1.40	1.69	1.43	1.38
靖安县	0.90	1.28	1.66	1.41	1.31	于都县	1.09	1.45	1.76	1.46	1.44
奉新县	1.06	1.48	1.79	1.46	1.45	会昌县	1.09	1.46	1.81	1.50	1.47
安义县	0.88	1.26	1.58	1.29	1.25	安远县	1.00	1.30	1.53	1.30	1.28
高安市	1.02	1.42	1.71	1.45	1.40	全南县	0.88	1.21	1.49	1.31	1.22
南昌市	1.06	1.48	1.89	1.59	1.51	龙南市	1.02	1.40	1.74	1.59	1.44
南昌县	1.12	1.54	1.97	1.92	1.64	定南县	1.04	1.40	1.61	1.41	1.37
樟树市	1.02	1.43	1.57	1.31	1.33	寻乌县	1.06	1.40	1.83	1.46	1.44

2.7.2.3 全省各县(市、区)不同频率年参考作物蒸发蒸腾量的计算分析

本研究选取江西省1982—2012年具有气象观测资料的86个县(市、区)气象站,通过利用Penman-monteith公式,计算求得各县(市、区)早、晚稻生长期间各月日均参考作物腾发量 ET_0;然后采用水文频率分析中的经验频率适线法,进行不同频率年各月的日均参考作物蒸发蒸腾量的计算。

据表2-100数据分析可知,全省86个县(市、区)中,早稻生长期间参考作物蒸发蒸腾量呈逐月上升的趋势;其中,全省各县(市、区)多年平均参考作物蒸发蒸腾量4月平均为3.3 mm/d,最小值为3.0 mm/d,最大值为3.7 mm/d;5月平均为3.4 mm/d,最小值为3.1 mm/d,最大值为3.8 mm/d;6月平均为3.8 mm/d,最小值为3.1 mm/d,最大值为4.2 mm/d;7月平均为4.9 mm/d,最小值为3.8 mm/d,最大值为5.8 mm/d。

表2-100 早稻不同频率年各月日均参考作物蒸发蒸腾量 单位:mm/d

月份	4					5					6					7				
频率年	50%	75%	80%	90%	平均	50%	75%	80%	90%	平均	50%	75%	80%	90%	平均	50%	75%	80%	90%	平均
修水县	2.9	3.6	3.8	4.2	3.1	3.3	3.7	3.8	4.0	3.4	3.6	3.9	4.1	4.2	3.6	4.6	5.0	5.2	5.6	4.6
铜鼓县	2.7	3.4	3.8	4.3	3.0	3.1	3.3	3.4	3.6	3.1	3.4	3.5	3.6	3.8	3.4	4.1	4.8	4.8	5.4	4.3
宜丰县	2.8	3.5	3.6	4.2	3.0	3.2	3.5	3.5	3.6	3.2	3.5	3.7	3.8	4.1	3.5	4.5	4.9	5.0	5.3	4.4
万载县	2.9	3.6	3.7	4.2	3.1	3.3	3.6	3.6	3.7	3.3	3.6	3.9	3.9	4.1	3.6	4.5	4.9	5.0	5.4	4.5
上高县	3.0	3.6	3.7	4.2	3.2	3.3	3.6	3.7	3.9	3.3	3.7	3.9	4.0	4.1	3.6	4.7	5.1	5.3	5.7	4.7
萍乡市	2.8	3.6	3.9	4.5	3.1	3.3	3.6	3.6	3.9	3.3	3.6	3.9	3.9	4.1	3.6	4.8	5.4	5.5	5.7	4.8
莲花县	2.9	3.7	4.0	4.4	3.2	3.4	3.6	3.6	3.8	3.3	3.7	4.0	4.0	4.3	3.7	4.7	5.4	5.5	5.5	4.8
分宜县	3.1	3.7	4.0	4.7	3.3	3.3	3.7	3.8	3.9	3.4	3.7	3.9	4.0	4.1	3.7	4.9	5.1	5.4	5.5	4.8
宜春市	3.1	3.7	3.8	4.3	3.2	3.4	3.5	3.6	4.0	3.3	3.7	3.9	4.0	4.0	3.6	4.7	5.2	5.3	5.4	4.6
新余市	3.2	4.0	4.2	5.3	3.5	3.4	3.7	3.8	4.1	3.5	3.9	4.2	4.2	4.4	3.8	5.3	5.8	6.3	6.4	5.2
安福县	2.9	3.8	4.1	4.3	3.2	3.3	3.5	3.6	3.7	3.3	3.5	3.8	3.9	4.0	3.5	4.7	5.0	5.1	5.4	4.6
吉安县	3.0	4.1	4.2	4.5	3.4	3.5	3.8	3.8	4.1	3.5	3.9	4.2	4.3	4.6	3.9	5.2	5.9	6.2	6.4	5.3
井冈山市	2.5	3.9	4.2	4.3	3.2	3.2	3.5	3.5	3.7	3.3	3.6	3.9	4.1	4.2	3.7	4.5	5.1	5.1	5.3	4.5
永新县	2.9	3.9	4.0	4.3	3.2	3.3	3.5	3.6	3.7	3.3	3.6	3.9	3.9	4.2	3.7	4.5	5.1	5.4	5.5	4.6
万安县	3.2	3.9	4.2	4.6	3.6	3.5	4.0	4.1	4.2	3.6	4.2	4.4	4.6	4.9	4.2	5.6	6.4	6.8	7.0	5.7
遂川县	3.0	4.2	4.2	5.0	3.7	3.6	3.9	3.9	4.2	3.6	4.1	4.4	4.5	4.6	4.1	5.3	6.0	6.3	6.8	5.4
泰和县	3.0	3.9	4.2	4.9	3.4	3.5	3.7	3.8	4.0	3.5	4.0	4.3	4.4	4.7	4.0	5.3	5.9	6.2	6.4	5.3
崇义县	2.7	3.2	3.8	4.1	3.0	3.1	3.3	3.3	3.5	3.1	3.5	3.7	3.8	3.8	3.5	4.2	4.7	4.8	5.1	4.3

续表 2-100

月份	4					5					6					7				
频率 年	50%	75%	80%	90%	平均	50%	75%	80%	90%	平均	50%	75%	80%	90%	平均	50%	75%	80%	90%	平均
上犹县	2.8	3.3	3.8	4.0	3.1	3.3	3.5	3.5	3.7	3.3	3.7	4.0	4.1	4.2	3.7	4.6	5.1	5.2	5.6	4.7
南康区	3.0	3.6	4.3	4.8	3.4	3.5	3.8	3.8	3.9	3.5	3.9	4.4	4.4	4.6	4.0	5.0	5.8	5.9	6.0	5.2
赣县区	3.2	3.8	4.2	4.4	3.5	3.5	3.9	3.9	4.0	3.6	4.3	4.6	4.7	4.8	4.2	5.3	5.8	5.9	6.3	5.4
大余县	2.9	3.6	3.8	4.2	3.2	3.3	3.6	3.6	3.8	3.3	3.7	4.1	4.1	4.3	3.8	4.8	5.2	5.2	5.5	4.7
信丰县	2.8	3.7	4.0	4.3	3.2	3.4	3.7	3.7	3.8	3.4	3.9	4.2	4.3	4.4	3.9	4.8	5.4	5.6	5.8	4.9
九江市	2.9	3.8	4.3	4.5	3.4	3.6	3.9	4.1	4.3	3.7	3.8	4.1	4.3	4.4	3.8	4.8	5.4	5.6	6.6	4.9
瑞昌市	2.8	3.9	4.1	4.6	3.3	3.5	3.8	4.1	4.2	3.5	3.7	3.9	4.1	4.2	3.6	4.5	5.1	5.1	5.9	4.6
濂溪区	2.8	4.2	4.2	4.7	3.2	2.9	3.6	3.6	3.7	3.1	3.0	3.3	3.4	3.7	3.1	3.9	4.2	4.3	5.0	3.8
武宁县	3.0	3.6	4.0	4.6	3.2	3.3	3.7	3.8	4.1	3.4	3.5	3.8	3.9	4.0	3.5	4.6	5.0	5.0	5.6	4.5
德安县	3.1	3.8	4.3	4.6	3.4	3.5	3.8	4.0	4.1	3.6	3.8	4.0	4.1	4.2	3.8	5.0	5.3	5.5	6.3	4.9
永修县	3.2	4.0	4.1	5.2	3.5	3.5	4.0	4.1	4.4	3.6	3.7	4.1	4.2	4.4	3.8	5.1	5.5	5.6	6.7	5.0
湖口县	3.0	3.8	4.1	4.7	3.4	3.5	3.9	4.0	4.3	3.6	3.8	3.9	4.0	4.4	3.8	4.9	5.5	5.5	6.1	4.8
彭泽县	3.2	4.1	4.2	4.8	3.4	3.6	4.2	4.2	4.5	3.8	3.7	4.0	4.1	4.3	3.8	4.7	5.2	5.4	5.6	4.7
庐山市	3.1	4.2	4.5	4.7	3.5	3.6	4.0	4.0	4.4	3.7	3.7	4.0	4.0	4.3	3.8	4.9	5.1	5.3	6.4	4.7
都昌县	3.0	4.1	4.2	4.7	3.4	3.5	3.9	4.1	4.3	3.6	3.8	4.0	4.0	4.1	3.8	4.8	5.6	5.7	6.6	5.0
鄱阳县	3.2	3.9	3.9	4.7	3.5	3.6	4.0	4.1	4.2	3.7	3.8	4.1	4.3	4.5	3.8	5.1	5.7	5.8	6.6	5.1
景德镇市	3.2	3.8	4.0	4.4	3.4	3.6	3.8	3.9	4.1	3.6	3.7	4.0	4.2	4.3	3.7	4.8	5.5	5.5	6.0	4.8
婺源县	2.8	3.7	3.7	4.0	3.1	3.3	3.6	3.6	3.8	3.3	3.4	3.7	3.8	3.9	3.5	4.4	4.7	4.8	5.1	4.4
靖安县	3.2	3.9	4.1	4.5	3.4	3.5	3.7	3.8	3.9	3.5	3.6	3.9	4.0	4.2	3.6	4.6	5.1	5.1	5.5	4.5
奉新县	3.2	3.8	4.0	4.5	3.3	3.5	3.9	4.0	4.1	3.5	3.7	4.0	4.1	4.3	3.7	5.0	5.3	5.4	5.8	4.9
安义县	3.2	3.8	4.0	4.5	3.3	3.4	3.7	3.8	4.0	3.4	3.6	3.9	3.9	4.0	3.6	4.6	5.1	5.1	5.9	4.6
高安市	3.4	3.9	4.1	4.6	3.5	3.5	3.8	3.9	4.1	3.5	3.8	4.1	4.1	4.3	3.8	5.0	5.4	5.5	6.3	4.9
南昌市	3.4	4.2	4.5	5.1	3.6	3.6	4.0	4.1	4.4	3.7	3.9	4.2	4.2	4.3	3.9	5.3	5.5	5.9	6.5	5.1
南昌县	3.4	4.0	4.2	4.5	3.3	3.6	3.8	4.0	4.1	3.6	3.8	3.9	3.9	4.2	3.7	5.0	5.3	5.3	5.7	5.0
樟树市	3.3	4.1	4.5	4.8	3.5	3.5	3.8	3.8	3.9	3.5	3.8	4.1	4.3	4.3	3.8	5.1	5.6	5.8	6.3	5.1
丰城市	3.1	4.1	4.3	4.7	3.5	3.5	3.8	3.8	4.1	3.5	3.8	4.0	4.1	4.1	3.7	5.1	5.4	5.7	6.3	5.1

续表 2-100

月份	4					5					6					7				
频率 年	50%	75%	80%	90%	平均	50%	75%	80%	90%	平均	50%	75%	80%	90%	平均	50%	75%	80%	90%	平均
余干县	3.2	3.9	4.3	4.9	3.5	3.4	3.7	3.9	4.2	3.5	3.7	4.0	4.0	4.4	3.8	5.1	5.6	5.7	6.5	5.0
进贤县	2.9	4.2	4.3	4.7	3.4	3.5	3.8	3.9	4.1	3.5	3.8	4.1	4.2	4.4	3.8	5.2	5.8	5.9	6.6	5.2
万年县	2.9	3.8	3.9	4.3	3.3	3.3	3.7	3.7	4.1	3.4	3.7	4.0	4.0	4.3	3.7	5.0	5.4	5.4	6.2	4.9
余江县	3.1	3.8	4.0	4.5	3.4	3.4	3.7	3.7	3.9	3.4	3.7	4.1	4.2	4.3	3.7	5.0	5.8	6.0	6.5	5.1
东乡区	3.2	3.8	4.0	4.7	3.5	3.5	3.9	3.9	4.1	3.6	3.9	4.2	4.3	4.5	3.9	5.5	5.8	5.9	6.5	5.3
临川区	3.0	3.8	4.2	4.7	3.4	3.4	3.6	3.7	3.9	3.5	3.7	4.1	4.2	4.3	3.8	5.1	5.7	5.8	6.2	5.1
乐平市	3.2	3.6	3.9	4.5	3.3	3.5	3.8	3.9	4.1	3.6	3.8	4.0	4.2	4.3	3.8	5.0	5.6	5.8	6.4	5.0
德兴市	3.2	3.7	3.8	4.3	3.2	3.3	3.6	3.7	3.9	3.4	3.6	3.8	3.8	4.2	3.6	4.7	5.2	5.3	6.1	4.6
广信区	3.5	4.2	4.3	4.4	3.5	3.5	3.8	3.9	4.3	3.7	3.9	4.0	4.1	4.4	3.9	5.1	5.4	5.5	6.3	5.1
弋阳县	3.3	4.2	4.5	4.7	3.6	3.5	3.9	4.0	4.4	3.7	3.9	4.2	4.3	4.5	3.9	5.2	5.7	5.7	6.5	5.1
横峰县	3.0	3.7	4.0	4.2	3.3	3.4	3.6	3.8	4.0	3.4	3.7	3.9	4.1	4.2	3.7	4.8	5.3	5.3	6.0	4.8
贵溪市	3.2	3.9	4.1	4.5	3.4	3.5	3.7	3.8	4.0	3.5	3.8	4.2	4.3	4.4	3.8	5.1	5.7	6.1	6.5	5.1
鹰潭市	3.3	4.1	4.2	4.5	3.4	3.7	3.9	4.0	4.4	3.7	3.8	4.1	4.2	4.6	3.9	5.3	5.7	5.8	6.3	5.3
铅山县	3.2	3.9	4.2	4.6	3.4	3.4	3.7	4.0	4.1	3.5	3.8	4.0	4.1	4.2	3.7	4.8	5.5	5.6	5.8	4.9
玉山县	3.3	3.9	4.1	4.3	3.4	3.5	3.8	3.9	4.2	3.5	3.7	3.9	4.1	4.2	3.7	4.9	5.5	5.6	6.4	4.9
广丰区	3.5	3.9	4.2	4.6	3.6	3.6	3.9	4.1	4.3	3.6	3.8	4.0	4.1	4.4	3.8	4.9	5.4	5.7	6.1	4.9
上饶市	3.2	3.9	4.3	4.4	3.4	3.4	3.7	3.8	4.0	3.4	3.7	4.1	4.2	4.3	3.7	5.0	5.5	5.6	6.1	4.9
新建区	3.2	3.9	4.1	4.7	3.4	3.4	3.7	3.8	4.0	3.4	3.6	3.9	4.1	4.2	3.7	4.9	5.3	5.5	6.0	4.8
新干县	3.1	4.2	4.4	4.8	3.4	3.4	3.7	3.8	4.2	3.4	3.8	4.1	4.2	4.2	3.8	5.1	5.6	6.1	6.4	5.1
峡江县	3.1	4.0	4.0	4.7	3.4	3.4	3.7	3.7	3.9	3.4	3.7	4.1	4.2	4.4	3.8	5.0	5.8	5.9	6.4	5.2
永丰县	2.8	4.0	4.0	4.4	3.3	3.4	3.6	3.7	3.9	3.4	3.9	4.1	4.1	4.3	3.8	5.2	5.8	5.9	6.3	5.2
乐安县	2.7	3.6	4.2	4.6	3.2	3.3	3.6	3.7	3.7	3.3	3.8	4.1	4.1	4.4	3.8	5.0	5.5	5.8	6.0	5.0
吉水县	2.9	4.0	4.1	5.1	3.4	3.5	3.8	3.9	4.0	3.5	3.9	4.2	4.3	4.5	3.9	5.3	5.6	5.9	6.3	5.2
崇仁县	3.0	3.6	4.0	4.7	3.3	3.3	3.6	3.7	3.9	3.3	3.7	4.1	4.1	4.2	3.7	4.8	5.5	5.8	6.4	5.0
金溪县	3.3	4.2	4.7	5.0	3.7	3.6	4.1	4.1	4.1	3.6	4.1	4.4	4.6	4.8	4.1	5.7	6.5	6.9	7.6	5.8

续表 2-100

月份	4					5					6					7				
频率 年	50%	75%	80%	90%	平均	50%	75%	80%	90%	平均	50%	75%	80%	90%	平均	50%	75%	80%	90%	平均
资溪县	2.8	3.6	4.0	4.4	3.2	3.1	3.4	3.4	3.5	3.1	3.5	3.7	3.7	3.9	3.5	4.4	5.0	5.3	5.7	4.6
宜黄县	2.8	3.9	4.0	4.7	3.3	3.3	3.6	3.7	3.8	3.3	3.8	4.1	4.1	4.4	3.7	5.0	5.7	6.2	6.3	5.1
南城县	3.1	3.9	4.0	5.2	3.5	3.6	3.9	3.9	4.0	3.5	3.8	4.2	4.3	4.5	3.9	5.3	6.2	6.4	7.1	5.5
南丰县	3.0	4.0	4.1	4.7	3.5	3.3	3.7	3.9	3.9	3.4	3.9	4.2	4.2	4.4	3.9	5.4	6.0	6.1	7.0	5.4
黎川县	2.9	3.7	3.8	4.2	3.2	3.3	3.5	3.6	3.7	3.3	3.7	3.9	4.0	4.0	3.7	4.8	5.4	5.6	6.0	4.9
兴国县	2.8	3.8	4.2	4.7	3.4	3.4	3.7	3.7	3.8	3.4	3.9	4.1	4.3	4.5	3.9	5.1	5.6	5.8	6.1	5.1
宁都县	2.9	3.8	4.3	4.4	3.4	3.4	3.7	3.8	3.9	3.5	3.9	4.2	4.3	4.5	4.0	5.1	5.6	5.9	6.0	5.2
广昌县	2.9	3.6	3.8	4.3	3.2	3.3	3.6	3.7	3.7	3.3	3.8	4.1	4.1	4.3	3.8	5.0	5.4	5.6	6.2	5.0
石城县	3.2	3.6	4.0	4.4	3.5	3.5	3.7	3.8	4.0	3.5	4.0	4.2	4.3	4.4	3.9	5.1	5.5	5.7	6.4	5.1
瑞金市	2.9	3.5	3.8	4.6	3.3	3.5	3.6	3.7	3.9	3.4	3.8	4.0	4.0	4.3	3.8	4.9	5.4	5.5	5.9	4.9
于都县	2.9	3.4	3.8	4.4	3.3	3.4	3.6	3.6	3.8	3.4	3.8	4.2	4.3	4.3	3.8	4.9	5.3	5.7	5.8	4.9
会昌县	2.9	3.4	3.9	4.2	3.3	3.3	3.5	3.6	3.8	3.4	3.9	4.1	4.2	4.4	3.8	4.9	5.3	5.4	5.6	4.9
安远县	2.9	3.3	3.5	4.3	3.2	3.3	3.4	3.5	3.8	3.3	3.6	3.9	4.0	4.5	3.7	4.6	5.0	5.2	5.7	4.7
全南县	2.7	3.2	3.2	3.9	3.0	3.1	3.4	3.5	3.5	3.1	3.6	3.9	3.9	4.1	3.6	4.4	4.8	4.9	5.2	4.3
龙南市	2.8	3.5	3.5	4.1	3.2	3.3	3.5	3.5	3.7	3.3	3.7	4.0	4.1	4.2	3.7	4.6	4.9	5.1	5.4	4.6
定南县	2.8	3.5	3.5	3.7	3.0	3.2	3.4	3.4	3.6	3.1	3.4	3.8	4.0	4.1	3.5	4.3	4.7	4.8	5.1	4.3
寻乌县	2.8	3.4	3.6	3.8	3.1	3.2	3.4	3.5	3.7	3.2	3.5	3.9	4.0	4.2	3.6	4.4	4.8	5.0	5.3	4.5
全省平均	3.0	3.8	4.0	4.5	3.3	3.4	3.7	3.8	4.0	3.4	3.7	4.0	4.1	4.3	3.8	4.9	5.4	5.6	6.0	4.9
全省最小值	2.5	3.2	3.2	3.7	3.0	2.9	3.3	3.3	3.5	3.1	3.0	3.3	3.4	3.7	3.1	3.9	4.2	4.3	5.0	3.8
全省最大值	3.5	4.2	4.7	5.3	3.7	3.7	4.2	4.2	4.5	3.8	4.3	4.6	4.7	4.9	4.2	5.7	6.5	6.9	7.6	5.8

据表 2-101 数据分析可知,全省 86 个县(市、区)中,晚稻生长期间参考作物蒸发蒸腾量呈逐月下降的趋势;其中,全省各县(市、区)多年平均参考作物蒸发蒸腾量 7 月平均为 4.8 mm/d,最小值为 3.8 mm/d,最大值为 5.5 mm/d;8 月平均为 4.4 mm/d,最小值为 3.3 mm/d,最大值为 4.9 mm/d;9 月平均为 3.4 mm/d,最小值为 2.6 mm/d,最大值为 4.0 mm/d;10 月平均为 2.6 mm/d,最小值为 2.2 mm/d,最大值为 3.1 mm/d。

表 2-101　晚稻不同频率年各月日均参考作物蒸发蒸腾量　单位:mm/d

月份	7					8					9					10				
频率年	50%	75%	80%	90%	平均	50%	75%	80%	90%	平均	50%	75%	80%	90%	平均	50%	75%	80%	90%	平均
修水县	4.9	5.3	5.4	5.7	4.5	4.2	4.5	4.5	4.6	4.2	3.2	3.4	3.5	3.5	3.2	2.3	2.5	2.6	2.9	2.3
铜鼓县	4.4	4.9	5.0	5.4	4.2	3.7	4.2	4.2	4.3	3.8	3.0	3.1	3.2	3.3	2.9	2.1	2.3	2.4	2.6	2.2
宜丰县	4.7	5.4	5.4	5.8	4.4	4.2	4.4	4.6	4.7	4.1	3.1	3.4	3.5	3.5	3.1	2.2	2.5	2.5	2.8	2.3
万载县	4.9	5.3	5.4	5.6	4.5	4.2	4.6	4.6	4.8	4.2	3.2	3.5	3.6	3.6	3.2	2.3	2.5	2.5	2.7	2.3
上高县	5.1	5.6	5.7	5.8	4.7	4.3	4.6	4.6	4.8	4.3	3.3	3.5	3.5	3.7	3.3	2.5	2.7	2.8	2.9	2.5
萍乡市	4.8	5.4	5.7	5.9	4.6	4.2	4.5	4.7	4.7	4.2	3.1	3.6	3.6	3.7	3.2	2.4	2.6	2.8	2.9	2.4
莲花县	4.7	5.5	5.7	5.9	4.7	4.4	4.5	4.6	4.8	4.2	3.2	3.4	3.5	3.6	3.2	2.3	2.6	2.7	3.0	2.4
分宜县	5.0	5.7	5.7	6.1	4.7	4.3	4.7	4.8	5.0	4.3	3.2	3.5	3.6	3.7	3.2	2.4	2.7	2.8	2.9	2.5
宜春市	4.7	5.3	5.5	5.9	4.6	4.3	4.6	4.7	4.8	4.2	3.2	3.6	3.6	3.7	3.2	2.5	2.8	2.8	2.9	2.4
新余市	5.3	6.2	6.3	6.4	5.0	4.5	4.9	5.2	5.2	4.6	3.4	3.8	3.8	3.9	3.5	2.5	3.0	3.0	3.2	2.6
安福县	4.6	5.3	5.5	5.8	4.5	4.3	4.6	4.7	4.8	4.2	3.3	3.6	3.6	3.8	3.3	2.5	2.8	2.9	3.2	2.6
吉安县	5.1	6.2	6.3	6.6	5.2	4.6	5.0	5.2	5.3	4.6	3.4	3.8	3.9	4.0	3.5	2.7	3.0	3.1	3.4	2.7
井冈山市	4.4	5.2	5.3	5.3	4.3	4.1	4.4	4.5	4.6	4.1	3.2	3.4	3.5	3.7	3.2	2.4	2.7	2.9	3.1	2.5
永新县	4.6	5.4	5.6	5.8	4.6	4.2	4.6	4.7	4.9	4.2	3.2	3.4	3.4	3.7	3.2	2.4	2.8	2.8	2.9	2.4
万安县	5.4	6.0	6.5	7.1	5.3	4.7	5.0	5.1	5.6	4.7	3.4	3.6	3.7	4.0	3.4	2.5	2.9	3.0	3.2	2.6
遂川县	5.2	5.9	6.1	6.7	5.1	4.7	4.9	4.9	5.0	4.6	3.4	3.7	3.7	3.8	3.4	2.6	3.1	3.2	3.4	2.7
泰和县	5.2	6.1	6.2	6.4	5.1	4.7	4.9	5.1	5.3	4.6	3.5	3.7	3.8	3.8	3.5	2.6	3.0	3.1	3.3	2.7
崇义县	4.2	4.5	5.1	5.2	4.1	4.0	4.1	4.2	4.3	3.9	3.1	3.2	3.3	3.5	3.1	2.3	2.7	2.8	3.2	2.5
上犹县	4.6	5.3	5.4	5.6	4.5	4.4	4.5	4.6	4.8	4.3	3.4	3.6	3.7	3.9	3.4	2.6	3.0	3.1	3.4	2.7
南康区	5.0	5.8	5.9	6.3	5.0	4.7	4.9	5.0	5.2	4.6	3.5	3.7	3.7	4.0	3.5	2.7	3.1	3.1	3.4	2.8
赣县区	5.3	5.9	6.1	6.2	5.1	4.8	5.1	5.1	5.3	4.8	3.7	3.9	4.0	4.2	3.7	2.8	3.2	3.5	3.6	2.9
大余县	4.9	5.3	5.5	5.9	4.6	4.4	4.6	4.8	5.0	4.4	3.5	3.7	3.8	3.9	3.5	2.8	3.3	3.4	3.6	2.9
信丰县	4.8	5.3	5.4	6.0	4.7	4.5	4.8	4.9	5.0	4.5	3.6	3.8	3.9	4.2	3.6	2.9	3.3	3.4	3.6	3.0
九江市	4.9	5.9	5.9	6.1	4.8	4.4	4.8	4.9	5.1	4.4	3.5	3.7	3.7	3.8	3.5	2.6	2.8	3.0	3.2	2.6
瑞昌市	4.6	5.5	5.6	5.8	4.6	4.1	4.5	4.6	4.7	4.2	3.1	3.3	3.4	3.6	3.2	2.4	2.5	2.6	2.9	2.4
濂溪区	3.9	4.6	4.8	5.2	3.8	3.2	3.7	3.8	4.1	3.3	2.7	2.9	2.9	3.0	2.6	2.3	2.5	2.5	3.0	2.2
武宁县	4.6	5.3	5.5	5.7	4.5	4.3	4.5	4.6	4.8	4.2	3.2	3.4	3.4	3.6	3.2	2.4	2.7	2.7	3.0	2.4
德安县	5.0	5.8	6.0	6.3	4.9	4.6	4.8	4.9	5.1	4.5	3.5	3.7	3.8	3.9	3.5	2.6	2.8	2.8	3.1	2.6
永修县	5.3	6.0	6.2	6.4	5.1	4.6	5.0	5.1	5.4	4.6	3.6	3.9	3.9	4.0	3.6	2.8	3.1	3.1	3.5	2.8
湖口县	4.9	6.0	6.0	6.4	4.9	4.5	4.8	4.9	5.2	4.5	3.5	3.7	3.8	3.9	3.5	2.6	3.0	3.0	3.2	2.6

续表 2-101

月份	7					8					9					10				
频率年	50%	75%	80%	90%	平均	50%	75%	80%	90%	平均	50%	75%	80%	90%	平均	50%	75%	80%	90%	平均
彭泽县	5.0	5.5	5.9	6.0	5.0	4.2	4.7	4.8	5.2	4.4	3.5	3.6	3.7	3.8	3.5	2.5	2.8	3.0	3.1	2.6
庐山市	5.0	5.9	6.0	6.3	4.9	4.7	5.2	5.2	5.4	4.7	4.0	4.2	4.2	4.3	4.0	3.0	3.5	3.6	3.9	3.1
都昌县	5.4	6.2	6.3	6.5	5.1	4.7	5.0	5.1	5.2	4.7	3.7	3.9	4.0	4.2	3.7	2.7	3.0	3.1	3.4	2.8
鄱阳县	5.4	6.2	6.6	6.7	5.3	4.9	5.2	5.2	5.5	4.8	3.8	4.0	4.2	4.2	3.8	2.9	3.1	3.3	3.5	2.8
景德镇市	5.0	5.6	6.1	6.3	4.8	4.6	4.9	5.0	5.2	4.6	3.6	3.9	3.9	4.0	3.6	2.7	3.0	3.0	3.2	2.7
婺源县	4.7	5.5	5.6	6.0	4.6	4.3	4.6	4.6	4.8	4.2	3.3	3.6	3.6	3.7	3.3	2.3	2.6	2.7	2.8	2.4
靖安县	4.8	5.7	5.8	6.0	4.7	4.5	4.8	4.9	5.1	4.4	3.5	3.7	3.8	3.9	3.5	2.7	2.9	3.0	3.3	2.7
奉新县	4.9	5.8	6.0	6.2	4.9	4.7	4.9	5.0	5.1	4.6	3.6	3.7	3.8	3.8	3.5	2.6	2.9	2.9	3.1	2.7
安义县	4.9	5.5	5.7	6.1	4.7	4.4	4.7	4.9	4.9	4.4	3.4	3.7	3.7	3.8	3.4	2.5	2.8	2.9	3.2	2.6
高安市	5.3	6.0	6.1	6.5	5.0	4.8	5.0	5.0	5.2	4.7	3.6	4.0	4.0	4.1	3.6	2.7	3.1	3.2	3.3	2.8
南昌市	5.3	6.1	6.2	6.5	5.1	5.0	5.1	5.2	5.5	4.8	3.8	4.0	4.2	4.3	3.8	2.8	3.2	3.3	3.7	2.9
南昌县	5.3	5.9	6.0	6.1	5.2	4.9	5.0	5.1	5.3	4.8	3.7	4.0	4.0	4.2	3.7	2.6	3.3	3.4	3.6	2.9
樟树市	5.2	5.9	6.2	6.5	5.0	4.6	5.0	5.1	5.2	4.6	3.4	3.6	3.7	3.8	3.4	2.5	2.8	2.9	3.1	2.5
丰城市	5.4	6.0	6.0	6.4	5.0	4.7	4.9	5.0	5.3	4.6	3.4	3.7	3.8	4.0	3.5	2.6	2.9	3.1	3.2	2.6
余干县	5.5	6.0	6.3	6.5	5.1	4.7	4.9	5.1	5.2	4.7	3.7	3.9	4.0	4.1	3.6	2.5	3.1	3.1	3.2	2.7
进贤县	5.4	6.0	6.3	6.7	5.1	4.8	5.1	5.1	5.2	4.7	3.5	3.8	3.8	4.0	3.5	2.5	2.8	2.9	3.1	2.6
万年县	5.2	5.8	6.0	6.1	5.0	4.6	4.8	4.9	5.0	4.5	3.4	3.7	3.8	3.9	3.4	2.4	2.6	2.9	3.1	2.5
余江县	5.1	5.7	6.0	6.4	5.0	4.5	4.8	4.9	5.0	4.4	3.4	3.6	3.6	3.8	3.3	2.4	2.8	2.8	3.1	2.5
东乡区	5.2	6.0	6.4	6.6	5.2	4.8	5.0	5.2	5.3	4.7	3.6	3.8	3.9	4.0	3.5	2.6	2.9	3.2	3.2	2.7
临川区	5.2	5.8	6.2	6.3	5.0	4.6	4.9	5.0	5.1	4.6	3.5	3.7	3.8	3.8	3.4	2.5	2.9	3.0	3.2	2.6
乐平市	5.2	5.9	6.1	6.2	5.0	4.6	4.9	5.0	5.1	4.6	3.5	3.8	3.8	4.0	3.5	2.4	2.7	2.8	3.2	2.5
德兴市	5.0	5.7	5.9	6.1	4.8	4.4	4.8	4.9	4.9	4.4	3.5	3.7	3.8	4.0	3.5	2.5	2.8	3.0	3.2	2.6
广信区	5.4	6.0	6.2	6.5	5.5	5.0	5.2	5.3	5.4	4.9	3.7	4.1	4.2	4.2	3.8	2.7	3.1	3.3	3.4	2.9
弋阳县	5.2	6.1	6.4	6.5	5.2	4.8	5.1	5.2	5.2	4.8	3.7	4.0	4.0	4.3	3.7	2.7	3.2	3.3	3.6	2.8
横峰县	5.1	6.0	6.1	6.5	4.9	4.6	4.9	5.0	5.1	4.5	3.6	3.9	3.9	4.0	3.5	2.6	3.0	3.1	3.4	2.7
贵溪市	5.0	6.0	6.1	6.3	5.0	4.7	5.0	5.1	5.2	4.6	3.7	3.9	3.9	4.1	3.6	2.7	3.0	3.2	3.4	2.7
鹰潭市	5.4	6.1	6.3	6.5	5.4	4.9	5.1	5.3	5.4	4.8	3.7	4.0	4.2	4.2	3.8	2.6	3.3	3.4	3.6	2.9
铅山县	5.1	5.7	6.0	6.3	5.0	4.6	5.0	5.1	5.1	4.6	3.5	3.9	3.9	4.0	3.5	2.6	2.9	3.2	3.3	2.7
玉山县	5.2	5.9	6.1	6.3	5.0	4.6	4.9	5.0	5.2	4.6	3.5	3.9	4.1	4.1	3.6	2.6	3.1	3.2	3.3	2.7
广丰区	5.3	5.8	6.1	6.4	5.2	4.8	5.0	5.1	5.3	4.7	3.6	3.9	4.1	4.2	3.6	2.6	2.9	3.1	3.4	2.7

续表 2-101

月份	7					8					9					10				
频率 年	50%	75%	80%	90%	平均	50%	75%	80%	90%	平均	50%	75%	80%	90%	平均	50%	75%	80%	90%	平均
上饶市	5.1	5.5	6.1	6.2	5.0	4.8	4.9	5.1	5.2	4.6	3.5	3.9	3.9	4.0	3.5	2.5	2.8	2.9	3.2	2.6
新建区	5.1	5.7	5.9	6.2	4.8	4.6	5.0	5.1	5.2	4.6	3.6	3.8	3.9	4.1	3.6	2.7	3.1	3.1	3.2	2.8
新干县	5.1	5.8	5.9	6.3	5.0	4.6	4.9	5.0	5.1	4.5	3.4	3.7	3.8	3.9	3.4	2.6	2.8	3.0	3.1	2.6
峡江县	5.2	5.7	6.0	6.4	5.0	4.5	4.7	4.9	5.2	4.4	3.3	3.6	3.6	3.8	3.3	2.5	2.7	2.8	3.1	2.5
永丰县	5.0	5.9	6.1	6.3	5.0	4.6	4.7	4.8	5.1	4.5	3.3	3.6	3.7	3.9	3.4	2.6	2.8	2.9	3.2	2.6
乐安县	4.8	5.6	5.7	5.9	4.7	4.3	4.6	4.6	4.9	4.3	3.2	3.5	3.5	3.6	3.2	2.3	2.7	2.9	3.1	2.5
吉水县	5.2	6.2	6.4	6.4	5.1	4.6	4.9	5.0	5.3	4.6	3.5	3.8	3.8	3.9	3.4	2.6	2.9	3.0	3.2	2.6
崇仁县	4.9	5.6	5.8	6.3	4.8	4.5	4.7	4.7	4.8	4.4	3.2	3.5	3.6	3.7	3.3	2.5	2.7	2.8	3.1	2.5
金溪县	5.6	6.1	6.2	7.1	5.4	4.7	5.2	5.2	5.4	4.7	3.4	3.7	3.9	4.0	3.4	2.6	2.9	3.0	3.3	2.6
资溪县	4.5	5.1	5.3	5.5	4.3	3.9	4.1	4.1	4.4	3.9	3.0	3.1	3.2	3.4	3.0	2.2	2.4	2.5	2.9	2.3
宜黄县	5.1	5.5	5.8	6.2	4.9	4.4	4.6	4.7	5.1	4.3	3.1	3.4	3.5	3.6	3.1	2.3	2.6	2.7	2.8	2.4
南城县	5.4	6.2	6.4	6.7	5.3	4.7	4.9	5.0	5.4	4.7	3.5	3.8	3.9	4.0	3.5	2.6	3.0	3.1	3.3	2.7
南丰县	5.3	5.8	6.1	6.6	5.1	4.8	5.0	5.2	5.2	4.7	3.5	3.9	4.0	4.0	3.5	2.7	3.0	3.2	3.4	2.7
黎川县	4.8	5.5	5.7	6.1	4.8	4.4	4.7	4.8	5.0	4.4	3.3	3.7	3.7	3.8	3.3	2.4	2.6	2.8	3.2	2.5
兴国县	5.0	5.7	5.9	6.0	4.9	4.5	4.9	5.0	5.2	4.6	3.6	3.9	4.0	4.1	3.6	2.7	3.1	3.2	3.5	2.8
宁都县	5.1	5.6	5.9	6.2	5.0	4.7	5.0	5.2	5.2	4.7	3.8	3.9	4.1	4.2	3.7	2.9	3.2	3.4	3.7	3.0
广昌县	4.8	5.5	5.7	6.2	4.8	4.5	4.8	4.9	4.9	4.5	3.5	3.7	3.8	3.9	3.4	2.6	2.8	3.0	3.4	2.6
石城县	5.0	5.5	5.6	6.2	4.9	4.7	5.0	5.0	5.1	4.6	3.6	4.0	4.1	4.3	3.7	2.8	3.2	3.5	3.6	2.9
瑞金市	4.8	5.2	5.6	6.0	4.7	4.4	4.8	4.9	5.0	4.4	3.4	3.9	3.9	4.1	3.5	2.7	3.0	3.1	3.5	2.8
于都县	5.0	5.5	5.6	5.9	4.8	4.5	4.9	5.0	5.1	4.5	3.5	3.8	3.9	4.2	3.5	2.6	3.0	3.1	3.5	2.8
会昌县	4.7	5.3	5.5	5.9	4.7	4.4	4.7	4.8	5.0	4.4	3.4	3.7	3.7	3.8	3.4	2.7	2.9	3.1	3.3	2.8
安远县	4.4	5.1	5.2	5.5	4.3	4.0	4.3	4.4	4.7	4.1	3.2	3.4	3.5	3.7	3.2	2.5	2.8	3.1	3.3	2.6
全南县	4.2	4.5	5.0	5.5	4.1	4.1	4.2	4.4	4.5	4.0	3.2	3.4	3.5	3.6	3.2	2.6	2.8	3.0	3.2	2.7
龙南市	4.4	4.8	5.1	5.4	4.3	4.3	4.5	4.6	4.8	4.2	3.5	3.7	3.7	3.8	3.5	2.8	3.1	3.2	3.7	2.9
定南县	4.2	4.7	4.8	5.1	4.1	4.1	4.4	4.5	4.6	4.0	3.4	3.6	3.7	3.8	3.4	2.8	3.1	3.3	3.7	2.9
寻乌县	4.3	4.9	4.9	5.3	4.2	4.2	4.4	4.4	4.7	4.1	3.5	3.7	3.7	3.8	3.5	3.0	3.2	3.2	3.4	3.0
全省平均	5.0	5.6	5.8	6.1	4.8	4.5	4.8	4.9	5.0	4.4	3.4	3.7	3.8	3.9	3.4	2.6	2.9	3.0	3.2	2.6
全省最小值	3.9	4.5	4.8	5.1	3.8	3.2	3.7	3.8	4.1	3.3	2.7	2.9	2.9	3.0	2.6	2.1	2.3	2.4	2.6	2.2
全省最大值	5.6	6.2	6.6	7.1	5.5	5.0	5.2	5.3	5.6	4.9	4.0	4.2	4.2	4.3	4.0	3.0	3.5	3.6	3.9	3.1

2.7.2.4　全省各县(市、区)不同频率年水稻蒸发蒸腾量的计算分析

根据上节计算得到的早、晚稻各月作物系数值和全省各县(市、区)计算得到的参考作物蒸发蒸腾量的值,利用公式 $ET_c = ET_0 \cdot K_c$ 可以得到全省各县(市、区)的逐年水稻本田生育期蒸发蒸腾量值、逐年各月蒸发蒸腾量值。各月排频和多年平均日均蒸发蒸腾量值的统计结果见表 2-102~表 2-105,水稻本田期全生育期不同频率年蒸发蒸腾量见表 2-106~表 2-109;排频方法见 2.3.1.4。

据表 2-102 数据分析可知,在间歇灌溉制度下,全省 86 个县(市、区)早稻多年平均日蒸发蒸腾量各月呈逐步上升的趋势;其中,4 月日均为 4.0 mm/d,全省最小值为 3.1 mm/d,最大值为 4.7 mm/d;5 月日均为 3.7 mm/d,全省最小值为 3.0 mm/d,最大值为 4.5 mm/d;6 月日均为 4.9 mm/d,全省最小值为 3.3 mm/d,最大值为 6.2 mm/d;7 月日均为 5.1 mm/d,全省最小值为 3.0 mm/d,最大值为 7.3 mm/d。

表 2-102　早稻间歇灌溉不同频率年各月日均蒸发蒸腾量　　单位:mm/d

月份	4					5					6					7				
频率年	50%	75%	80%	90%	平均	50%	75%	80%	90%	平均	50%	75%	80%	90%	平均	50%	75%	80%	90%	平均
修水县	2.6	3.9	4.1	4.4	3.3	3.5	3.9	4.3	4.9	3.6	4.5	5.0	5.2	5.9	4.5	3.7	4.6	4.7	7.4	4.5
铜鼓县	2.5	3.5	3.6	4.7	3.1	3.0	3.2	3.6	3.9	3.0	4.1	4.4	4.5	5.3	3.9	3.7	4.0	4.4	6.1	3.9
宜丰县	2.8	3.3	3.8	4.8	3.2	3.2	3.6	3.6	4.0	3.2	4.3	4.8	5.0	5.7	4.2	3.8	4.2	4.6	6.2	4.1
万载县	2.6	3.4	3.7	4.7	3.3	3.3	3.7	3.9	4.3	3.3	4.6	5.0	5.4	6.2	4.4	3.9	4.5	4.7	6.0	4.3
上高县	3.0	3.8	3.9	5.2	3.5	3.4	3.9	4.4	4.6	3.5	4.6	5.2	5.6	6.3	4.6	4.1	4.6	4.8	7.1	4.6
萍乡市	2.5	3.8	3.9	4.5	3.3	3.3	4.1	4.2	4.5	3.4	4.6	5.3	5.4	6.0	4.6	4.4	5.3	5.7	8.0	4.9
莲花县	2.5	4.1	4.3	4.9	3.5	3.4	3.9	4.0	4.4	3.4	4.8	5.8	6.1	6.7	4.8	4.4	5.6	6.1	7.0	4.8
分宜县	3.0	3.9	4.5	5.4	3.6	3.4	4.3	4.5	4.7	3.6	4.6	5.3	5.4	6.1	4.7	4.4	4.8	5.2	7.8	4.8
宜春市	2.8	4.0	4.2	4.7	3.5	3.5	4.0	4.0	4.7	3.5	4.5	5.3	5.4	5.9	4.5	4.1	4.6	5.1	6.8	4.5
新余市	3.1	4.6	5.0	5.5	4.1	3.8	4.5	4.6	5.5	3.8	5.2	6.1	6.2	6.9	5.1	5.2	6.1	6.3	8.9	5.8
安福县	2.9	4.0	4.1	4.7	3.5	3.3	3.8	4.0	4.3	3.3	4.2	5.0	5.0	5.9	4.3	4.0	4.9	5.1	6.4	4.4
吉安县	3.3	4.5	4.9	6.0	3.9	3.7	3.9	4.0	5.1	3.8	5.6	6.3	6.7	7.1	5.4	5.3	7.4	8.1	9.1	6.1
井冈山市	2.9	4.4	5.1	6.5	3.7	3.3	3.7	3.8	4.3	3.3	4.7	5.3	5.9	6.3	4.7	3.8	5.1	5.5	6.4	4.3
永新县	2.8	4.4	4.6	5.4	3.7	3.2	3.7	3.8	4.5	3.3	4.6	5.5	6.1	6.3	4.6	4.2	5.3	5.5	6.4	4.5
万安县	3.2	5.1	5.7	7.9	4.7	3.8	4.6	4.8	5.3	4.0	6.0	7.0	7.7	8.6	6.1	6.5	9.1	9.8	10.9	6.9
遂川县	4.3	5.3	6.3	8.0	4.7	3.9	4.5	4.7	5.1	4.0	5.9	6.8	6.9	8.2	5.8	6.0	8.2	8.4	9.9	6.2
泰和县	3.0	5.2	5.3	5.6	4.2	3.7	4.1	4.3	5.4	3.8	5.7	6.4	7.0	7.4	5.5	5.4	8.2	8.3	8.8	6.1

续表 2-102

月份	4					5					6					7				
频率 年	50%	75%	80%	90%	平均	50%	75%	80%	90%	平均	50%	75%	80%	90%	平均	50%	75%	80%	90%	平均
崇义县	2.3	3.6	4.6	6.9	3.4	2.8	3.4	3.6	4.4	3.0	4.1	5.0	5.0	5.6	4.2	3.6	4.5	4.7	5.8	3.9
上犹县	2.7	3.7	5.0	7.0	3.7	3.2	3.7	3.7	4.9	3.3	4.7	5.9	6.0	6.8	4.8	4.4	5.3	5.9	7.3	4.6
南康区	3.1	5.1	6.0	6.9	4.4	3.6	4.2	4.4	5.6	3.8	5.5	6.8	7.2	7.8	5.6	5.3	6.5	7.4	9.5	5.7
赣县区	3.5	5.6	5.9	7.2	4.6	3.8	4.6	5.0	5.4	4.1	6.2	7.4	8.0	8.1	6.2	5.6	7.0	7.4	9.7	6.1
大余县	2.9	4.0	4.6	7.6	3.9	3.2	3.9	4.0	5.0	3.4	5.0	5.8	6.2	6.6	5.0	4.8	5.5	6.0	7.4	4.8
信丰县	2.6	4.7	5.9	7.8	4.2	3.7	3.9	4.2	5.2	3.6	5.2	6.2	6.6	6.7	5.2	4.7	5.8	6.7	8.7	5.1
九江市	3.1	4.4	4.8	5.6	3.9	4.1	4.8	5.3	5.7	4.2	5.0	5.9	6.3	7.4	5.1	4.4	5.2	6.1	8.7	5.0
瑞昌市	3.1	4.4	4.5	5.2	3.8	3.7	4.4	4.7	5.4	3.9	4.6	5.2	5.5	7.2	4.6	4.1	4.7	5.4	7.6	4.4
濂溪区	2.3	3.8	4.4	6.3	3.6	2.7	3.4	3.6	4.5	3.0	3.2	3.6	3.8	4.6	3.3	2.6	3.3	3.8	4.6	3.0
武宁县	2.8	3.5	4.4	5.4	3.6	3.5	4.1	4.5	5.0	3.6	4.2	5.1	5.1	5.7	4.3	3.7	4.5	4.6	7.1	4.2
德安县	3.2	4.6	4.7	5.1	3.9	3.8	4.3	4.6	5.6	4.0	4.9	5.7	5.9	6.7	4.9	4.4	5.1	5.4	8.9	5.0
永修县	3.4	4.4	4.8	5.1	4.1	4.0	4.5	5.1	5.9	4.2	4.9	5.8	5.9	6.6	4.9	4.8	5.3	6.0	10.2	5.3
湖口县	3.2	4.5	4.9	5.8	3.9	3.9	4.5	4.9	5.7	4.1	4.9	5.4	5.7	6.9	4.9	4.5	5.1	5.7	8.5	4.9
彭泽县	3.5	5.0	5.2	5.8	3.9	4.2	4.9	5.5	6.1	4.5	4.8	5.7	5.9	7.1	5.0	4.4	5.3	6.0	8.2	5.0
庐山市	3.4	4.7	5.1	6.2	4.2	4.0	4.5	5.5	5.8	4.2	4.7	5.9	6.0	6.8	4.9	4.2	4.9	5.7	9.2	4.8
都昌县	3.5	4.3	4.9	5.9	4.0	3.8	4.7	5.3	5.6	4.0	4.7	5.7	5.8	7.1	4.9	4.6	5.4	6.0	9.8	5.2
鄱阳县	3.4	4.5	5.0	7.2	4.2	4.0	4.6	4.8	6.1	4.2	5.2	5.8	6.3	7.1	5.1	5.0	5.8	6.3	8.7	5.5
景德镇市	3.2	4.2	4.4	6.7	3.9	3.8	4.3	5.0	5.6	4.0	5.0	5.8	6.1	6.5	4.8	4.5	5.0	5.3	7.2	4.9
婺源县	3.1	3.7	4.0	6.3	3.5	3.4	3.9	4.3	4.6	3.5	4.2	5.0	5.2	5.6	4.2	3.7	4.4	4.7	5.9	4.0
靖安县	3.3	4.2	4.6	4.9	3.9	3.6	4.2	4.5	4.9	3.8	4.5	5.4	5.5	6.3	4.5	3.8	4.6	5.2	6.0	4.3
奉新县	3.3	4.3	4.6	5.3	3.8	3.8	4.3	4.7	5.5	3.9	4.9	5.6	5.8	6.4	4.8	4.5	4.8	5.5	7.7	4.9
安义县	3.0	4.2	4.3	5.0	3.7	3.5	4.1	4.4	4.9	3.7	4.5	5.2	5.4	5.9	4.5	4.1	4.8	5.1	7.9	4.5
高安市	3.3	4.3	4.5	5.4	4.0	3.8	4.3	4.5	5.3	3.9	4.9	5.6	6.1	6.5	4.9	4.6	5.2	5.5	8.6	5.2
南昌市	3.5	4.7	4.9	5.8	4.2	3.8	4.8	5.0	6.0	4.2	5.1	5.8	6.2	7.1	5.2	5.1	5.7	5.9	8.9	5.6
南昌县	3.5	4.7	4.9	5.0	3.8	3.8	4.4	4.7	5.4	4.1	4.9	5.6	5.6	6.4	4.9	4.7	5.3	5.4	8.9	5.6

续表 2-102

月份	4					5					6					7				
频率 年	50%	75%	80%	90%	平均	50%	75%	80%	90%	平均	50%	75%	80%	90%	平均	50%	75%	80%	90%	平均
樟树市	3.4	4.4	4.7	5.3	4.0	3.6	4.2	4.6	5.3	3.8	5.2	5.7	5.9	6.6	4.9	5.0	5.9	6.0	8.8	5.6
丰城市	3.2	4.7	4.8	5.6	4.0	3.6	4.4	4.5	4.8	3.8	5.0	5.4	5.7	6.9	4.8	4.8	5.4	5.6	8.7	5.5
余干县	3.4	4.5	5.2	6.3	4.1	3.6	4.5	4.8	5.6	3.9	4.9	5.5	5.8	6.6	4.9	5.0	5.4	5.7	8.3	5.3
进贤县	2.9	4.5	4.7	5.1	3.8	3.6	4.4	4.6	5.4	3.9	5.2	5.7	6.0	6.6	5.0	5.5	5.9	6.0	9.2	5.7
万年县	2.9	4.1	4.5	4.8	3.7	3.5	4.0	4.4	5.0	3.7	4.6	5.5	5.9	6.8	4.7	4.7	5.2	5.4	8.3	5.2
余江县	3.5	4.6	4.7	6.4	4.0	3.3	3.9	4.0	5.2	3.6	4.8	5.7	5.8	6.2	4.7	4.9	5.7	6.4	7.7	5.5
东乡区	3.4	4.4	4.8	5.4	4.1	3.7	4.4	4.7	5.6	4.0	5.4	6.2	6.5	6.8	5.1	5.4	6.2	6.7	8.2	5.8
临川区	3.4	4.6	4.8	5.9	3.9	3.7	4.2	4.4	5.1	3.7	5.1	5.7	6.0	6.2	4.8	5.0	5.5	6.8	8.7	5.6
乐平市	3.2	4.5	4.6	6.6	3.9	3.9	4.2	4.8	5.8	4.0	4.8	5.9	6.2	7.1	4.9	5.0	5.6	5.7	8.7	5.4
德兴市	3.2	3.8	4.1	6.5	3.7	3.5	4.1	4.2	4.7	3.6	4.3	5.0	5.2	6.0	4.4	4.2	4.7	5.2	6.9	4.5
广信区	3.9	4.7	4.7	4.9	4.3	4.2	4.6	5.0	5.2	4.2	5.3	5.8	6.1	6.4	5.1	4.7	6.5	6.6	7.6	5.9
弋阳县	3.8	4.8	5.6	7.8	4.5	4.0	4.7	5.1	5.8	4.2	5.6	6.1	6.3	6.9	5.2	5.1	6.2	6.6	8.3	5.6
横峰县	3.0	4.2	4.2	5.6	3.7	3.7	4.2	4.5	5.3	3.7	4.7	5.6	5.6	6.3	4.7	4.4	5.4	5.4	7.0	4.8
贵溪市	3.4	4.3	4.5	6.0	4.1	3.5	4.3	4.6	5.5	3.9	5.1	6.3	6.6	6.9	5.1	5.2	5.9	6.8	8.4	5.6
鹰潭市	4.0	4.4	4.7	5.0	4.1	4.4	4.8	4.9	5.2	4.4	5.0	6.2	6.5	7.1	5.2	5.2	5.9	6.0	9.1	6.3
铅山县	3.5	4.2	4.7	6.2	4.2	3.7	4.4	4.5	5.5	3.9	4.8	5.8	6.1	6.4	4.8	4.8	5.5	5.7	7.0	5.1
玉山县	3.4	4.2	4.3	6.8	4.0	3.6	4.3	5.0	5.4	3.8	4.8	5.6	5.7	5.9	4.7	4.8	5.5	5.7	7.7	5.2
广丰区	3.5	4.9	5.4	7.6	4.5	4.0	4.6	5.0	5.4	4.1	4.9	5.6	6.4	6.7	5.0	4.9	5.6	6.0	7.3	5.2
上饶市	3.3	4.3	4.7	6.4	4.0	3.5	4.3	4.4	5.0	3.7	4.8	5.6	6.1	6.5	4.8	4.7	5.9	6.2	7.2	5.2
新建区	3.3	4.4	4.7	5.1	3.8	3.5	4.1	4.5	5.0	3.7	4.9	5.5	5.6	6.0	4.7	4.5	5.1	5.3	8.3	4.9
新干县	3.1	4.5	4.6	5.7	3.9	3.5	4.2	4.7	5.3	3.7	5.0	5.9	6.0	6.2	4.9	5.1	5.9	7.1	8.9	5.7
峡江县	3.1	4.1	4.6	6.3	3.8	3.5	3.9	4.2	4.6	3.6	5.2	5.7	6.0	6.4	4.9	5.0	6.4	7.5	8.2	5.7
永丰县	3.3	4.4	4.6	5.1	3.8	3.5	4.1	4.1	4.9	3.6	5.3	6.0	6.1	6.8	5.1	5.2	6.4	7.1	8.7	5.8
乐安县	2.9	4.3	4.5	5.1	3.7	3.3	3.8	4.0	4.9	3.5	5.0	5.9	6.1	6.5	4.9	5.0	6.7	6.9	8.2	5.5
吉水县	3.1	4.5	4.7	6.3	4.1	3.7	4.4	4.5	5.2	3.9	5.2	6.1	6.3	6.6	5.2	5.1	6.3	7.2	8.8	5.9

续表 2-102

月份	4					5					6					7				
频率 年	50%	75%	80%	90%	平均	50%	75%	80%	90%	平均	50%	75%	80%	90%	平均	50%	75%	80%	90%	平均
崇仁县	3.1	4.2	4.5	4.9	3.7	3.5	4.0	4.0	4.5	3.5	4.9	5.4	5.8	6.0	4.6	4.9	5.7	7.0	7.9	5.4
金溪县	3.6	5.5	5.9	8.1	4.7	4.1	4.7	4.9	5.8	4.1	5.8	6.9	7.6	8.5	5.9	6.7	7.1	9.4	11.3	7.3
资溪县	3.2	3.9	4.9	5.3	3.6	3.0	3.3	3.4	4.1	3.1	4.4	4.8	5.2	5.5	4.2	4.0	5.0	5.7	6.5	4.5
宜黄县	3.0	4.4	4.5	4.8	3.7	3.4	3.9	4.0	4.6	3.5	5.1	5.4	6.0	6.9	4.9	5.0	6.0	7.5	8.0	5.7
南城县	3.5	5.3	5.4	6.3	4.3	3.7	4.5	4.7	5.3	3.9	5.1	5.8	6.1	7.2	5.2	5.9	7.3	8.2	10.3	6.5
南丰县	3.2	4.9	5.2	6.6	4.3	3.5	4.1	4.3	5.3	3.7	5.1	6.0	6.6	6.8	5.2	5.5	7.6	8.2	9.3	6.3
黎川县	2.9	4.3	4.9	5.1	3.7	3.3	4.0	4.0	4.5	3.4	4.7	5.5	5.7	6.0	4.6	4.6	5.7	6.2	7.5	5.1
兴国县	3.2	5.1	5.4	6.6	4.3	3.5	4.2	4.2	5.1	3.6	5.1	6.2	6.6	6.9	5.3	5.3	6.7	7.2	8.7	5.6
宁都县	3.0	5.4	5.7	7.0	4.4	3.6	4.3	4.6	5.0	3.8	5.4	6.4	7.0	7.4	5.4	5.2	6.6	7.6	8.8	5.8
广昌县	2.7	4.3	5.5	6.7	3.9	3.3	3.9	4.3	5.1	3.5	4.9	6.0	6.2	6.6	4.9	4.9	6.1	6.7	7.5	5.3
石城县	3.4	5.3	6.1	7.0	4.7	3.8	4.4	4.8	5.3	3.8	5.6	6.3	6.6	7.2	5.4	5.0	6.0	7.5	9.5	5.7
瑞金市	2.8	4.6	5.2	8.2	4.4	3.5	4.2	4.4	4.7	3.6	5.0	5.6	5.9	7.0	5.0	4.6	6.3	6.6	8.4	5.2
于都县	3.2	4.3	4.9	5.6	4.0	3.4	4.3	4.3	5.1	3.6	5.0	5.9	6.5	6.7	5.1	4.7	6.3	6.7	7.9	5.2
会昌县	2.7	4.4	5.3	11.7	4.6	3.6	3.8	4.2	5.0	3.5	5.0	6.3	6.4	7.0	5.2	4.4	5.9	6.5	7.4	5.1
安远县	2.6	3.9	5.6	10.1	4.4	3.4	3.8	3.8	4.8	3.3	4.8	5.3	5.9	7.1	4.8	4.0	5.3	6.0	9.0	4.8
全南县	1.9	3.4	5.7	9.4	4.0	2.9	3.3	3.6	4.9	3.1	4.6	5.3	5.6	6.0	4.5	3.6	4.9	5.0	6.3	4.0
龙南市	2.3	3.5	5.1	10.1	4.2	3.4	3.6	4.0	4.7	3.4	4.9	5.7	6.0	6.2	4.8	4.1	5.4	6.1	6.8	4.5
定南县	2.2	3.5	4.2	9.3	3.9	2.9	3.5	3.6	4.7	3.1	4.5	5.1	5.5	5.9	4.3	3.5	4.5	4.7	6.8	3.9
寻乌县	2.3	3.3	4.5	9.7	4.3	3.2	3.5	3.8	5.1	3.3	4.6	5.6	5.8	6.2	4.5	4.0	4.7	4.9	7.0	4.2
全省 平均	3.1	4.4	4.8	6.2	4.0	3.6	4.1	4.4	5.1	3.7	4.9	5.7	6.0	6.6	4.9	4.7	5.6	6.1	8.0	5.1
全省 最小值	1.9	3.3	3.6	4.4	3.1	2.7	3.2	3.4	3.9	3.0	3.2	3.6	3.8	4.6	3.3	2.6	3.3	3.8	4.6	3.0
全省 最大值	4.3	5.6	6.3	11.7	4.7	4.4	4.9	5.5	6.1	4.5	6.2	7.4	8.0	8.6	6.2	6.7	9.1	9.8	11.3	7.3

据表 2-103 数据分析可知，在浅水灌溉制度下，全省 86 个县(市、区)早稻多年平均日蒸发蒸腾量各月呈现与间歇灌溉制度同样逐步上升的趋势；其中，4 月日均为 4.1 mm/d，全省最小值为 3.2 mm/d，最大值为 5.0 mm/d；5 月日均为 3.8 mm/d，全省最小值为 3.1 mm/d，最大值为 4.7mm/d；6 月日均为 4.9 mm/d，全省最小值为 3.4 mm/d，最大值为 6.2 mm/d；7 月日均为 5.4 mm/d，全省最小值为 3.2 mm/d，最大值为 7.8 mm/d。

表 2-103　早稻浅水灌溉各月不同频率年日均蒸发蒸腾量　单位：mm/d

月份	4					5					6					7				
频率年	50%	75%	80%	90%	平均	50%	75%	80%	90%	平均	50%	75%	80%	90%	平均	50%	75%	80%	90%	平均
修水县	2.6	4.0	4.1	4.2	3.4	3.7	4.0	4.5	5.1	3.8	4.7	5.2	5.8	6.0	4.7	4.1	4.9	6.2	7.6	4.7
铜鼓县	2.1	3.5	4.2	4.7	3.2	3.1	3.4	3.7	3.9	3.1	3.9	4.5	4.7	5.5	4.0	3.6	4.1	4.4	6.3	4.0
宜丰县	2.3	3.7	3.9	4.8	3.2	3.3	3.7	3.8	4.0	3.3	4.2	4.9	5.0	5.9	4.2	3.8	4.4	4.7	6.4	4.3
万载县	2.4	3.7	3.8	4.7	3.4	3.6	3.9	4.1	4.3	3.5	4.7	4.9	5.5	6.4	4.4	3.9	4.5	4.7	6.2	4.4
上高县	2.3	4.0	4.0	5.2	3.5	3.4	4.1	4.5	4.7	3.6	4.7	5.3	5.5	6.7	4.6	4.2	4.8	5.0	7.3	4.8
萍乡市	2.4	3.8	4.1	4.7	3.4	3.5	4.2	4.3	4.7	3.6	4.7	5.5	5.6	5.8	4.7	4.5	5.5	6.0	8.2	5.1
莲花县	2.3	4.1	4.3	4.9	3.7	3.6	4.0	4.1	4.5	3.6	5.0	5.5	6.0	6.3	4.7	4.5	5.5	6.3	7.1	4.9
分宜县	2.6	4.2	4.9	5.4	3.8	3.7	4.5	4.6	4.8	3.7	4.7	5.5	5.9	6.5	4.8	4.5	5.0	5.4	8.0	5.1
宜春市	2.6	3.5	4.5	4.7	3.5	3.7	4.1	4.2	4.8	3.6	4.6	5.3	5.4	6.3	4.6	4.3	4.7	5.4	7.0	4.7
新余市	2.9	4.6	4.9	5.5	4.3	3.9	4.7	4.8	5.0	4.0	5.3	6.4	6.4	6.7	5.2	5.4	6.4	8.0	9.1	6.1
安福县	2.4	4.1	4.5	4.7	3.6	3.4	4.0	4.1	4.3	3.4	4.3	5.1	5.2	5.5	4.2	4.1	5.1	5.2	6.6	4.5
吉安县	3.2	4.4	4.9	6.0	4.0	3.8	4.1	4.2	5.0	3.8	5.7	6.7	6.8	7.2	5.4	5.5	7.5	8.4	9.3	6.3
井冈山市	2.8	4.2	4.7	5.8	3.7	3.4	3.9	4.0	4.6	3.5	4.8	5.4	5.8	6.4	4.7	4.1	5.2	5.7	6.0	4.4
永新县	2.3	4.2	4.5	4.8	3.8	3.3	3.8	3.8	4.1	3.4	4.6	5.2	5.7	6.2	4.5	4.1	5.1	5.5	6.4	4.5
万安县	3.2	5.5	7.4	8.0	5.0	4.0	4.8	5.1	5.5	4.2	6.2	7.1	7.9	8.8	6.2	6.7	9.2	10.1	11.1	7.2
遂川县	4.3	5.2	6.4	8.3	5.0	4.1	4.7	5.1	5.3	4.2	6.1	6.7	6.9	7.5	5.9	6.3	8.5	8.6	9.4	6.5
泰和县	2.9	5.0	5.6	5.8	4.4	3.8	4.3	4.5	4.8	3.9	5.8	6.5	7.0	7.3	5.5	5.6	8.4	8.5	8.7	6.3
崇义县	2.9	3.6	4.4	5.6	3.5	3.1	3.5	4.1	4.6	3.2	4.2	5.1	5.6	6.0	4.3	3.8	4.6	4.8	5.7	4.0
上犹县	2.8	3.7	4.7	6.6	3.7	3.3	3.8	3.9	5.1	3.5	4.7	5.7	6.2	6.2	4.8	4.5	5.3	6.1	6.6	4.7
南康区	3.1	5.0	5.9	6.7	4.4	3.8	4.3	4.6	5.7	3.9	5.5	6.8	7.6	8.2	5.6	5.5	6.7	7.6	8.1	5.8
赣县区	3.5	5.3	6.0	6.9	4.7	4.1	5.1	5.3	5.7	4.2	6.1	7.2	8.3	8.6	6.2	6.1	7.1	7.6	9.9	6.4
大余县	2.9	3.9	4.7	6.2	3.8	3.4	4.0	4.5	5.2	3.6	5.0	5.5	6.2	7.1	5.0	4.9	5.7	6.1	7.6	4.9

续表 2-103

月份	4					5					6					7				
频率 年	50%	75%	80%	90%	平均	50%	75%	80%	90%	平均	50%	75%	80%	90%	平均	50%	75%	80%	90%	平均
信丰县	2.9	4.1	5.9	6.3	4.2	3.9	4.0	4.3	5.3	3.7	4.9	6.1	6.9	7.0	5.2	4.7	6.0	7.0	8.4	5.3
九江市	3.5	4.6	5.3	5.8	4.2	4.3	4.9	5.4	5.8	4.4	5.2	6.2	6.8	7.6	5.3	4.5	5.5	6.6	8.9	5.3
瑞昌市	3.5	4.4	4.6	5.3	4.0	3.9	4.6	4.9	5.5	4.1	4.5	5.3	5.7	7.5	4.7	4.4	5.4	5.4	7.8	4.7
濂溪区	2.3	3.8	4.4	6.5	3.9	2.8	3.5	3.8	4.4	3.1	3.3	3.7	3.8	4.7	3.4	2.7	3.5	3.9	4.8	3.2
武宁县	2.7	3.2	4.5	5.6	3.7	3.7	4.2	4.5	5.0	3.7	4.3	4.7	5.3	6.1	4.3	3.9	4.5	5.0	7.2	4.5
德安县	3.3	4.6	4.7	5.1	4.0	4.0	4.4	4.8	5.4	4.1	4.8	5.8	6.1	7.2	5.0	4.5	5.4	6.3	9.1	5.2
永修县	3.3	4.5	5.1	5.3	4.2	4.2	4.7	5.3	5.4	4.3	4.9	5.9	6.2	6.8	5.0	4.8	5.5	6.7	10.3	5.6
湖口县	3.4	4.8	4.9	5.9	4.2	4.2	4.7	5.0	5.8	4.3	5.0	5.7	6.9	7.1	5.1	4.9	5.2	6.7	8.7	5.2
彭泽县	3.7	5.1	5.2	5.8	4.1	4.4	5.0	5.3	6.3	4.7	4.7	5.5	5.8	7.5	5.0	4.5	6.2	6.3	8.4	4.9
庐山市	3.4	4.6	5.3	6.4	4.3	4.1	4.7	5.6	5.9	4.4	4.8	6.0	6.3	7.2	4.9	4.3	5.8	6.8	9.5	5.1
都昌县	3.2	4.3	5.5	5.9	4.2	4.0	4.9	5.5	5.7	4.3	4.8	5.8	6.3	7.3	5.1	4.8	5.9	6.3	10.1	5.6
鄱阳县	3.4	5.0	5.3	7.5	4.5	4.1	4.8	4.9	6.1	4.3	5.3	6.0	7.2	7.6	5.2	5.4	5.8	6.5	8.9	5.8
景德镇市	3.1	4.1	5.2	6.4	4.1	4.0	4.4	5.2	5.7	4.2	5.1	5.8	6.5	6.6	4.9	4.7	5.2	5.9	7.4	5.1
婺源县	2.5	3.6	4.5	6.6	3.5	3.5	4.0	4.5	4.6	3.6	4.0	5.1	5.6	5.9	4.2	3.9	4.8	4.9	6.0	4.2
靖安县	3.0	4.2	4.3	4.5	3.9	3.7	4.3	4.6	5.0	3.8	4.4	5.3	5.8	5.9	4.5	3.9	4.8	5.4	6.2	4.4
奉新县	2.8	4.3	4.6	5.4	3.9	3.9	4.5	4.9	5.2	4.1	4.9	5.8	6.3	6.8	5.0	4.7	5.4	6.0	7.8	5.2
安义县	2.7	4.2	4.5	5.1	3.8	3.7	4.2	4.6	4.9	3.8	4.4	5.2	5.6	6.1	4.5	4.3	4.9	5.3	8.0	4.8
高安市	2.8	4.4	4.8	5.4	4.1	3.8	4.5	4.6	5.0	4.0	5.0	5.9	6.5	6.7	5.0	4.8	5.4	5.9	8.8	5.5
南昌市	3.5	4.7	5.2	6.0	4.3	4.2	5.0	5.2	5.4	4.3	5.2	5.8	6.3	7.4	5.3	5.4	6.0	6.1	9.2	6.0
南昌县	3.7	4.9	5.0	5.2	3.9	4.0	4.7	4.9	5.8	4.3	4.3	5.5	5.7	6.7	4.8	4.8	5.8	7.5	9.3	5.5
樟树市	3.1	4.4	4.8	5.3	4.1	3.6	4.4	4.6	5.0	3.8	5.3	5.8	6.1	6.6	4.9	5.1	5.8	6.2	9.1	5.8
丰城市	3.2	4.9	5.0	5.9	4.2	4.0	4.5	4.7	4.9	3.9	4.6	5.5	6.1	7.1	4.8	5.0	5.6	6.1	8.9	5.8
余干县	3.3	4.9	5.5	6.1	4.3	3.8	4.6	5.0	5.3	4.0	4.9	5.6	5.9	7.1	4.9	5.1	5.7	6.2	8.5	5.6

续表 2-103

月份	4					5					6					7				
频率 年	50%	75%	80%	90%	平均	50%	75%	80%	90%	平均	50%	75%	80%	90%	平均	50%	75%	80%	90%	平均
进贤县	3.0	4.7	5.0	5.2	4.0	3.8	4.6	4.8	5.0	4.0	4.9	6.0	6.2	6.7	5.1	5.6	6.1	6.2	9.4	6.0
万年县	2.9	4.5	4.6	5.0	3.9	3.7	4.2	4.6	4.9	3.8	4.7	6.1	6.2	7.1	4.9	5.0	5.4	5.5	8.5	5.5
余江县	3.2	4.7	4.9	6.2	4.1	3.4	3.9	4.2	5.3	3.7	5.0	5.9	5.9	6.6	4.7	5.0	6.1	7.3	7.9	5.9
东乡区	3.1	4.5	4.9	5.4	4.3	3.9	4.6	5.0	5.8	4.1	5.5	6.1	6.8	7.0	5.2	5.8	6.7	7.0	8.4	6.2
临川区	3.3	4.8	5.4	5.7	4.1	3.8	4.4	4.6	5.1	3.8	5.2	6.0	6.2	6.7	4.9	5.1	6.6	7.2	9.0	5.9
乐平市	3.0	4.6	5.1	6.4	4.0	4.1	4.3	5.0	5.2	4.1	4.9	6.0	6.4	7.3	5.0	5.1	5.7	6.0	8.9	5.7
德兴市	2.7	4.0	4.2	6.8	3.8	3.7	4.3	4.3	4.8	3.7	4.3	5.3	6.1	6.3	4.5	4.4	5.3	5.4	7.1	4.8
广信区	3.6	4.6	4.9	7.0	4.3	4.5	4.8	5.0	5.3	4.5	4.7	6.5	6.7	6.8	5.0	4.8	6.7	7.2	9.0	5.6
弋阳县	3.4	4.6	5.4	8.0	4.5	4.2	4.9	5.3	5.9	4.3	5.6	6.2	6.4	7.1	5.2	5.2	6.8	7.0	8.5	5.9
横峰县	2.9	4.2	4.5	5.8	3.8	3.8	4.4	4.6	4.8	3.8	4.9	5.4	6.1	6.3	4.7	4.6	5.5	5.6	7.2	5.1
贵溪市	3.3	4.2	4.6	6.2	4.1	3.8	4.4	4.8	5.4	4.0	5.2	6.0	6.7	7.0	5.1	5.7	6.6	7.0	8.6	5.9
鹰潭市	4.0	4.8	5.1	6.2	4.2	4.6	5.0	5.2	5.5	4.7	4.9	6.5	7.1	7.4	5.3	5.4	6.4	9.1	10.7	6.2
铅山县	3.1	4.4	6.0	6.4	4.3	3.9	4.6	4.7	5.1	4.0	4.8	6.0	6.5	6.8	4.9	5.1	5.7	6.6	7.2	5.4
玉山县	2.8	4.3	5.3	7.0	4.0	3.8	4.4	5.2	5.4	3.9	4.7	5.7	5.9	6.2	4.7	5.0	5.7	6.2	7.9	5.5
广丰区	3.5	5.0	6.3	7.6	4.7	4.4	4.8	5.2	5.5	4.3	5.0	5.7	6.8	6.9	5.1	5.1	6.0	6.5	7.5	5.5
上饶市	2.9	4.4	4.5	6.6	4.0	3.7	4.4	4.6	4.9	3.7	4.7	5.5	6.0	6.3	4.7	5.0	6.1	6.5	7.4	5.4
新建区	2.5	4.7	4.9	5.2	3.8	3.7	4.2	4.6	4.9	3.8	4.7	5.5	5.9	6.2	4.7	4.6	5.2	6.0	8.4	5.1
新干县	2.4	4.5	4.7	5.7	4.1	3.7	4.3	4.9	5.3	3.9	5.1	6.0	6.2	6.3	5.0	5.4	6.1	7.4	9.2	6.0
峡江县	2.5	4.1	4.7	6.1	3.8	3.6	4.0	4.4	4.5	3.7	5.3	5.9	6.2	6.4	4.9	5.2	6.9	8.0	8.5	6.0
永丰县	2.9	4.3	4.6	5.0	4.0	3.6	4.2	4.3	4.8	3.8	5.4	6.2	6.4	6.4	5.1	5.5	7.0	8.0	8.9	6.1
乐安县	2.9	4.3	4.4	4.8	3.8	3.5	4.0	4.2	4.5	3.6	5.1	5.8	6.1	6.5	4.9	5.1	6.9	8.0	8.5	5.7
吉水县	3.0	4.6	5.3	6.5	4.4	4.0	4.5	4.6	5.2	4.0	5.5	6.5	6.5	6.8	5.4	5.4	6.6	8.2	9.1	6.2
崇仁县	3.0	4.5	4.7	4.9	3.9	3.7	4.1	4.2	4.6	3.6	5.0	5.6	6.1	6.2	4.8	5.0	6.0	7.7	8.2	5.7

续表 2-103

月份	4					5					6					7				
频率 年	50%	75%	80%	90%	平均	50%	75%	80%	90%	平均	50%	75%	80%	90%	平均	50%	75%	80%	90%	平均
金溪县	3. 6	5. 3	5. 9	8. 3	4. 9	4. 2	4. 9	5. 1	6. 0	4. 3	6. 1	6. 8	8. 0	9. 0	6. 1	6. 8	8. 6	10. 2	11. 8	7. 8
资溪县	3. 1	3. 8	5. 0	5. 5	3. 7	3. 1	3. 5	3. 6	4. 2	3. 2	4. 6	4. 9	5. 3	5. 7	4. 2	4. 2	5. 7	5. 9	6. 7	4. 7
宜黄县	2. 9	4. 3	4. 5	5. 0	3. 9	3. 6	4. 0	4. 2	4. 6	3. 6	5. 2	5. 6	6. 1	6. 9	4. 9	5. 3	7. 2	7. 8	8. 3	6. 1
南城县	3. 5	5. 4	6. 1	6. 3	4. 5	3. 9	4. 7	5. 1	5. 4	4. 1	5. 5	6. 1	7. 1	7. 4	5. 4	6. 3	7. 7	9. 8	10. 6	6. 9
南丰县	3. 1	5. 0	5. 1	6. 4	4. 5	3. 7	4. 3	4. 5	5. 4	3. 8	5. 3	6. 1	6. 8	6. 9	5. 3	5. 7	8. 0	8. 7	9. 7	6. 7
黎川县	2. 5	4. 0	4. 6	5. 3	3. 8	3. 3	4. 1	4. 2	4. 5	3. 5	4. 9	5. 5	5. 7	5. 9	4. 7	4. 7	6. 1	6. 8	7. 7	5. 4
兴国县	3. 0	5. 3	5. 4	6. 7	4. 5	3. 9	4. 4	4. 6	5. 3	3. 8	5. 2	6. 1	6. 8	7. 2	5. 4	5. 4	6. 9	7. 4	8. 5	5. 9
宁都县	2. 7	5. 0	5. 7	5. 9	4. 4	3. 7	4. 2	4. 7	5. 2	3. 9	5. 4	6. 4	6. 7	7. 5	5. 4	5. 4	6. 8	7. 8	8. 6	6. 0
广昌县	2. 5	3. 8	5. 3	5. 6	4. 1	3. 4	3. 9	4. 4	5. 2	3. 6	5. 1	6. 0	6. 2	6. 4	4. 9	5. 1	6. 3	6. 8	7. 6	5. 5
石城县	3. 4	5. 6	6. 1	6. 6	4. 8	4. 0	4. 9	5. 1	5. 4	4. 0	5. 7	6. 4	6. 9	7. 6	5. 5	5. 2	6. 2	7. 7	9. 7	6. 0
瑞金市	3. 0	4. 8	5. 2	6. 6	4. 6	3. 7	4. 5	4. 6	4. 8	3. 8	5. 1	5. 8	6. 2	7. 5	5. 1	4. 8	6. 4	6. 9	8. 6	5. 4
于都县	3. 1	4. 4	5. 1	5. 6	4. 3	3. 5	4. 5	4. 5	5. 2	3. 7	5. 0	5. 9	6. 7	7. 0	5. 2	5. 1	6. 5	7. 0	8. 0	5. 4
会昌县	2. 7	4. 4	5. 3	7. 0	4. 5	3. 7	3. 9	4. 0	5. 2	3. 6	4. 8	6. 2	6. 7	7. 2	5. 2	4. 6	6. 0	6. 5	7. 6	5. 4
安远县	2. 7	3. 7	4. 1	7. 2	4. 2	3. 5	3. 8	4. 0	4. 9	3. 4	4. 8	5. 5	5. 6	6. 4	4. 8	4. 1	5. 5	6. 2	6. 7	4. 9
全南县	2. 2	3. 5	5. 9	6. 2	3. 9	3. 2	3. 5	3. 8	5. 0	3. 3	4. 6	5. 3	5. 8	6. 3	4. 5	3. 9	5. 0	5. 1	6. 3	4. 1
龙南市	3. 0	3. 4	5. 2	6. 0	4. 1	3. 5	4. 0	4. 4	4. 8	3. 5	4. 9	5. 7	6. 2	6. 6	4. 9	4. 2	5. 5	6. 2	6. 9	4. 6
定南县	2. 5	3. 4	4. 4	5. 8	3. 6	3. 2	3. 7	4. 0	4. 8	3. 3	4. 4	5. 2	5. 5	6. 1	4. 3	3. 8	4. 4	4. 8	6. 0	4. 0
寻乌县	2. 6	3. 1	4. 6	6. 2	4. 0	3. 3	3. 6	4. 2	5. 2	3. 4	4. 6	5. 0	5. 9	6. 3	4. 5	4. 2	4. 9	5. 0	5. 6	4. 3
全省平均	3. 0	4. 4	5. 0	5. 9	4. 1	3. 7	4. 3	4. 6	5. 1	3. 8	4. 9	5. 8	6. 2	6. 8	4. 9	4. 8	5. 9	6. 6	8. 1	5. 4
全省最小值	2. 1	3. 1	3. 8	4. 2	3. 2	2. 8	3. 4	3. 6	3. 9	3. 1	3. 3	3. 7	3. 8	4. 7	3. 4	2. 7	3. 5	3. 9	4. 8	3. 2
全省最大值	4. 3	5. 6	7. 4	8. 3	5. 0	4. 6	5. 1	5. 6	6. 3	4. 7	6. 2	7. 2	8. 3	9	6. 2	6. 8	9. 2	10. 2	11. 8	7. 8

据表 2-104 数据分析可知,在间歇灌溉制度下,全省 86 个县(市、区)晚稻多年平均日蒸发蒸腾量各月呈现先上升后下降的趋势;其中,7 月日均为 4. 9 mm/d,全省最小值为 3. 0 mm/d,最大值为 6. 0 mm/d;8 月日均为 5. 9 mm/d,全省最小值为 3. 3 mm/d,最大值为 7. 0 mm/d;9 月日均为 5. 7 mm/d,全省最小值为 3. 4 mm/d,最大值为 7. 7 mm/d;10 月日均为 4. 0 mm/d,全省最小值为 2. 7 mm/d,最大值为 5. 5 mm/d。

表 2-104　晚稻间歇灌溉各月不同频率年日均蒸发蒸腾量　　单位:mm/d

月份	7					8					9					10				
频率年	50%	75%	80%	90%	平均	50%	75%	80%	90%	平均	50%	75%	80%	90%	平均	50%	75%	80%	90%	平均
修水县	4. 3	5. 4	5. 5	6. 3	4. 2	5. 0	5. 6	6. 0	6. 7	5. 2	4. 6	5. 4	5. 4	6. 3	4. 9	2. 7	3. 4	3. 6	4. 2	3. 1
铜鼓县	3. 6	4. 5	5. 0	5. 5	3. 7	4. 1	5. 1	5. 3	5. 5	4. 4	3. 9	4. 6	4. 9	5. 5	4. 1	2. 3	2. 8	2. 9	5. 0	2. 7
宜丰县	4. 4	5. 4	5. 6	6. 2	4. 1	5. 1	5. 9	6. 0	6. 4	5. 1	4. 5	5. 3	5. 5	6. 1	4. 8	2. 7	3. 2	3. 2	5. 3	3. 0
万载县	4. 3	5. 5	5. 8	6. 3	4. 2	5. 4	5. 9	6. 0	7. 1	5. 3	4. 8	5. 4	5. 6	6. 7	4. 9	2. 6	3. 2	3. 2	5. 3	3. 0
上高县	4. 9	5. 7	6. 1	6. 9	4. 6	5. 3	6. 3	6. 5	7. 3	5. 5	4. 9	5. 8	6. 0	6. 6	5. 2	3. 1	3. 7	4. 1	5. 5	3. 5
萍乡市	4. 8	5. 3	6. 1	7. 3	4. 5	5. 2	5. 8	6. 3	7. 5	5. 4	4. 5	5. 5	5. 8	6. 6	5. 0	3. 0	3. 3	3. 9	5. 2	3. 2
莲花县	4. 8	5. 5	6. 1	7. 7	4. 6	5. 1	6. 2	6. 3	6. 9	5. 4	4. 8	6. 2	6. 3	6. 6	5. 0	3. 1	3. 6	3. 7	5. 6	3. 3
分宜县	4. 7	6. 0	6. 2	7. 4	4. 6	5. 4	6. 3	6. 9	7. 3	5. 6	4. 9	5. 4	5. 7	7. 1	5. 1	3. 0	3. 6	3. 8	5. 0	3. 4
宜春市	4. 7	5. 6	5. 6	5. 9	4. 4	5. 1	6. 1	6. 3	7. 0	5. 4	5. 0	5. 6	6. 1	6. 8	5. 1	3. 2	3. 6	4. 2	5. 6	3. 4
新余市	5. 4	6. 3	6. 8	8. 3	5. 1	5. 9	7. 4	7. 6	8. 2	6. 3	5. 7	6. 5	7. 0	7. 8	5. 9	3. 5	4. 3	4. 5	5. 5	4. 0
安福县	4. 6	5. 3	5. 6	6. 2	4. 3	5. 3	6. 2	6. 4	7. 0	5. 3	5. 1	6. 2	6. 4	7. 1	5. 2	3. 5	3. 9	4. 1	5. 5	3. 8
吉安县	5. 7	6. 8	7. 6	8. 6	5. 5	6. 4	7. 1	7. 9	8. 7	6. 5	5. 7	6. 9	7. 7	9. 4	6. 0	3. 8	4. 7	4. 9	6. 6	4. 2
井冈山市	3. 9	5. 5	5. 6	6. 5	4. 0	4. 8	5. 5	5. 6	7. 1	5. 0	4. 6	5. 3	5. 9	6. 7	4. 9	3. 1	3. 9	4. 1	6. 1	3. 5
永新县	4. 4	5. 5	6. 3	6. 4	4. 3	5. 0	6. 3	6. 5	6. 7	5. 3	4. 8	6. 0	6. 1	6. 5	5. 0	3. 2	3. 8	3. 9	5. 4	3. 5
万安县	5. 7	8. 1	8. 3	9. 7	6. 0	6. 4	7. 4	7. 8	10. 0	6. 8	5. 5	6. 5	6. 6	7. 8	5. 6	3. 3	4. 2	4. 7	5. 3	3. 8
遂川县	5. 2	6. 8	7. 2	8. 5	5. 5	5. 9	7. 1	7. 9	8. 9	6. 3	5. 4	6. 4	7. 2	7. 8	5. 7	3. 9	4. 7	5. 0	6. 6	4. 2
泰和县	5. 5	6. 4	7. 1	8. 7	5. 4	6. 2	7. 2	8. 1	8. 4	6. 4	5. 7	6. 7	7. 3	8. 2	5. 9	3. 8	4. 5	4. 8	5. 8	4. 1
崇义县	3. 5	4. 7	4. 9	6. 2	3. 7	4. 2	5. 0	5. 1	6. 4	4. 5	4. 5	5. 3	5. 7	6. 2	4. 6	3. 1	3. 8	4. 4	5. 2	3. 5
上犹县	4. 2	5. 3	6. 1	7. 0	4. 4	5. 4	6. 1	6. 6	7. 8	5. 5	5. 4	6. 4	6. 7	8. 0	5. 6	3. 9	4. 8	4. 9	7. 2	4. 3
南康区	4. 9	6. 5	6. 9	9. 3	5. 4	6. 3	7. 0	7. 4	9. 7	6. 4	5. 8	6. 8	7. 2	8. 4	6. 0	4. 0	5. 0	5. 3	7. 4	4. 5

续表 2-104

月份	7					8					9					10				
频率 年	50%	75%	80%	90%	平均	50%	75%	80%	90%	平均	50%	75%	80%	90%	平均	50%	75%	80%	90%	平均
赣县区	5.6	6.1	6.8	10.2	5.5	6.6	7.1	8.0	9.5	6.8	6.2	7.8	8.1	9.4	6.6	4.7	5.5	6.0	8.3	4.9
大余县	4.5	5.7	6.1	8.5	4.7	5.6	6.5	6.8	7.6	5.8	5.9	7.2	7.4	8.5	6.1	4.6	5.6	5.7	7.6	4.9
信丰县	4.6	5.8	6.3	8.5	4.7	5.9	6.6	7.3	7.8	6.1	5.9	7.5	7.8	9.3	6.4	4.8	6.0	6.0	9.1	5.2
九江市	4.9	6.3	6.9	7.2	4.8	5.6	6.6	7.2	8.1	6.0	5.6	6.9	7.3	7.9	5.9	3.6	4.7	4.8	5.1	3.9
瑞昌市	4.2	5.1	5.9	6.3	4.3	4.8	6.0	6.4	6.9	5.3	4.9	5.6	5.8	6.2	4.9	2.8	3.4	3.6	4.4	3.1
濂溪区	3.1	3.7	4.1	4.9	3.0	3.1	3.9	4.3	4.5	3.3	3.4	3.9	3.9	4.4	3.4	2.7	3.3	3.3	3.7	2.8
武宁县	4.2	5.6	5.7	6.5	4.3	5.2	5.9	6.2	6.9	5.2	4.6	5.4	5.8	6.9	4.9	3.1	3.8	3.9	4.7	3.3
德安县	5.0	5.9	6.3	7.1	4.9	6.2	6.8	7.3	7.6	6.1	5.9	6.6	6.7	8.2	6.0	3.4	4.2	4.4	4.9	3.8
永修县	5.5	6.6	6.9	7.5	5.3	6.5	7.7	7.8	8.3	6.5	6.3	7.2	7.4	8.4	6.4	4.1	4.9	5.5	6.2	4.6
湖口县	5.0	6.0	6.4	7.7	4.9	5.8	6.9	7.3	8.0	6.0	5.6	6.7	6.9	7.6	6.0	3.8	4.5	4.8	5.9	4.0
彭泽县	5.0	6.0	6.2	6.8	5.0	5.4	6.3	6.5	7.8	5.7	5.6	6.2	6.4	7.2	5.7	3.1	3.7	3.8	3.9	3.2
庐山市	5.3	6.1	6.5	7.3	5.0	6.6	7.9	8.0	8.7	6.6	7.2	8.7	9.0	10.1	7.7	5.0	5.9	6.7	9.5	5.5
都昌县	5.5	6.8	7.1	9.0	5.3	6.5	7.5	7.7	8.2	6.5	6.2	7.0	7.7	8.1	6.5	4.1	4.6	4.9	6.7	4.3
鄱阳县	6.0	7.3	7.3	8.1	5.7	7.0	7.9	8.0	8.7	7.0	6.8	7.8	8.2	9.5	6.9	4.0	5.1	5.3	6.8	4.6
景德镇市	5.0	6.3	6.4	7.3	4.8	6.2	6.9	7.1	7.7	6.2	6.0	7.0	7.3	7.9	6.2	3.5	4.6	4.9	5.5	4.1
婺源县	4.4	5.2	5.5	6.5	4.3	5.3	6.0	6.2	6.6	5.4	5.3	6.0	6.1	6.6	5.3	2.9	3.5	3.7	4.4	3.3
靖安县	4.7	5.8	5.9	6.3	4.5	5.8	7.1	7.3	7.4	5.8	5.7	6.8	6.9	7.7	5.8	3.6	4.6	5.0	5.7	4.1
奉新县	5.2	6.0	6.7	7.2	4.9	6.2	7.0	7.3	7.9	6.2	5.6	6.2	6.8	8.3	5.9	3.5	4.5	4.8	5.2	4.0
安义县	4.9	5.7	6.1	6.4	4.5	5.6	6.6	7.0	7.5	5.8	5.4	6.1	6.4	7.7	5.6	3.3	4.0	4.5	5.3	3.8
高安市	5.5	6.7	7.0	7.2	5.2	6.4	7.4	7.6	8.5	6.5	6.1	7.2	7.3	8.4	6.3	3.9	4.7	5.0	6.4	4.5
南昌市	5.9	6.5	7.5	8.7	5.4	6.7	7.8	8.2	8.8	6.9	6.8	7.7	7.8	8.8	6.9	4.2	5.4	5.7	6.8	4.8
南昌县	5.8	6.5	6.8	7.3	5.5	6.5	7.7	7.7	8.3	6.8	6.3	6.7	6.9	8.1	6.5	3.8	5.1	5.2	5.4	4.1
樟树市	5.3	6.4	7.0	7.8	5.2	6.2	7.3	7.4	8.2	6.4	5.6	6.2	6.3	7.4	5.5	3.3	3.9	4.1	5.9	3.7
丰城市	5.5	6.2	6.7	8.3	5.2	6.1	7.4	7.5	8.1	6.3	5.7	6.4	6.4	7.4	5.7	3.5	4.4	4.7	5.3	4.0

续表 2-104

月份	7					8					9					10				
频率 年	50%	75%	80%	90%	平均	50%	75%	80%	90%	平均	50%	75%	80%	90%	平均	50%	75%	80%	90%	平均
余干县	5.8	6.6	6.8	7.2	5.3	6.4	7.1	7.6	7.9	6.5	6.2	6.9	7.0	7.6	6.2	3.6	4.2	4.5	5.0	4.0
进贤县	5.8	6.7	6.9	7.3	5.4	6.4	7.6	7.7	7.9	6.5	6.0	6.7	6.7	7.1	5.9	3.3	3.9	4.0	5.4	3.8
万年县	5.3	6.1	6.9	7.3	5.1	6.0	6.9	6.9	7.1	6.1	5.5	6.4	6.8	7.3	5.7	3.0	3.5	3.6	4.8	3.4
余江县	5.4	6.2	7.0	7.3	5.0	5.8	6.7	7.1	7.5	5.9	5.5	6.0	6.3	6.6	5.4	3.2	3.7	3.9	5.5	3.6
东乡区	5.6	6.5	6.9	8.1	5.5	6.6	7.3	7.5	8.2	6.6	6.2	6.8	7.4	7.7	6.1	3.7	4.1	4.9	6.0	4.1
临川区	5.3	6.4	7.2	7.7	5.1	6.3	7.2	7.5	7.8	6.2	5.6	6.4	6.7	7.2	5.6	3.3	3.9	4.3	5.3	3.8
乐平市	5.6	6.1	6.7	7.5	5.2	6.3	7.0	7.2	8.2	6.3	5.9	6.8	6.9	7.3	5.9	3.2	3.8	4.1	4.7	3.7
德兴市	4.9	6.1	6.3	6.6	4.7	5.8	6.4	6.7	6.9	5.7	5.7	6.6	6.8	7.3	5.8	3.4	3.8	4.2	4.8	3.7
广信区	6.0	6.8	7.0	7.2	5.9	7.0	7.5	7.6	8.1	6.8	7.1	7.5	7.7	8.0	6.8	3.7	4.4	4.5	5.2	4.0
弋阳县	5.5	6.8	7.3	8.3	5.6	6.9	7.7	7.9	8.7	6.8	6.7	7.8	7.9	8.9	6.6	4.2	4.8	5.2	7.9	4.7
横峰县	5.3	6.1	6.9	7.4	5.0	6.2	7.0	7.3	7.9	6.1	6.3	7.0	7.3	7.6	6.0	3.7	4.3	5.1	6.6	4.3
贵溪市	5.4	6.3	6.8	7.6	5.2	6.2	7.2	7.5	8.0	6.3	6.3	7.2	7.8	8.2	6.3	4.0	4.7	4.8	6.1	4.3
鹰潭市	5.6	7.4	7.5	7.7	5.8	6.4	7.4	7.7	8.1	6.5	6.6	7.4	7.7	8.1	6.7	3.7	4.4	4.4	5.0	3.9
铅山县	5.4	6.2	6.5	7.2	5.1	6.3	7.0	7.4	8.2	6.3	6.2	7.1	7.2	7.6	6.0	3.9	4.3	4.7	6.3	4.1
玉山县	5.3	6.3	6.5	7.1	5.2	6.1	6.9	7.5	7.7	6.3	6.4	7.0	7.1	7.5	6.1	3.8	4.4	5.3	5.8	4.3
广丰区	5.7	6.5	6.9	7.6	5.5	6.5	7.5	7.8	7.9	6.6	6.4	7.2	7.6	8.4	6.4	3.9	4.3	4.7	6.5	4.3
上饶市	5.2	6.0	6.4	7.2	5.1	6.1	6.9	7.4	8.5	6.3	6.0	7.2	7.3	7.5	6.0	3.5	4.0	4.1	5.6	3.9
新建区	5.1	6.5	6.5	7.3	4.8	6.3	7.2	7.4	7.9	6.2	5.8	6.9	7.4	8.5	6.2	4.0	4.8	5.2	6.4	4.4
新干县	5.2	6.0	6.3	7.9	5.1	6.0	6.9	7.5	8.1	6.2	5.6	6.5	6.8	7.7	5.7	3.4	4.2	4.6	5.2	3.9
峡江县	5.3	6.3	6.8	7.6	5.1	5.6	6.4	6.7	7.6	5.9	5.0	6.0	6.3	7.3	5.2	3.0	3.7	3.9	5.4	3.5
永丰县	5.1	6.1	6.6	8.7	5.1	5.9	6.8	7.2	7.9	6.1	5.4	6.7	6.9	7.4	5.6	3.6	4.1	4.1	5.5	3.8
乐安县	4.8	5.6	5.7	7.1	4.6	5.3	6.2	6.3	7.1	5.5	4.9	6.0	6.2	6.3	5.0	3.2	3.6	3.8	4.8	3.4
吉水县	5.4	6.6	7.3	9.5	5.5	6.3	7.2	7.7	8.9	6.4	5.7	6.5	7.1	7.7	5.7	3.6	4.2	4.3	5.6	3.9

续表 2-104

月份	7					8					9					10				
频率 年	50%	75%	80%	90%	平均	50%	75%	80%	90%	平均	50%	75%	80%	90%	平均	50%	75%	80%	90%	平均
崇仁县	4.9	6.1	6.4	7.1	4.8	5.6	6.6	6.7	6.9	5.7	5.1	5.8	6.2	6.9	5.1	3.2	3.7	3.9	4.8	3.5
金溪县	6.3	7.4	7.7	8.9	6.0	6.5	7.6	7.9	8.6	6.7	5.5	7.0	7.1	7.8	5.7	3.6	4.3	4.4	5.4	4.0
资溪县	3.9	4.9	5.1	6.1	3.9	4.3	4.9	5.8	6.2	4.6	4.0	5.0	5.2	5.5	4.2	2.7	3.0	3.2	4.5	3.0
宜黄县	5.1	6.0	6.4	8.1	5.0	5.3	6.2	6.4	7.3	5.6	4.7	5.6	5.7	6.0	4.8	2.9	3.4	3.5	4.2	3.2
南城县	5.8	7.1	7.5	9.1	5.8	6.3	7.1	7.4	8.3	6.5	5.8	6.5	6.7	7.4	5.8	3.6	4.3	4.7	5.6	4.0
南丰县	5.3	6.8	7.0	9.3	5.5	6.4	7.3	7.9	8.9	6.6	5.8	6.7	7.0	8.0	6.0	3.9	4.6	4.8	6.9	4.3
黎川县	4.9	5.5	6.0	7.1	4.7	5.7	6.5	6.7	7.4	5.8	5.2	6.0	6.4	6.6	5.3	3.1	3.8	4.1	5.6	3.5
兴国县	5.2	5.6	5.6	8.4	5.1	6.1	7.2	7.5	8.7	6.3	6.3	7.2	7.5	8.6	6.3	4.0	4.6	4.9	7.8	4.5
宁都县	5.1	5.9	7.0	8.9	5.2	6.3	7.1	7.6	8.5	6.6	6.3	7.5	8.0	9.0	6.6	4.6	5.3	5.8	8.7	5.1
广昌县	4.9	5.9	6.5	7.6	4.9	5.8	6.8	6.9	7.8	6.0	5.5	6.1	7.0	8.1	5.7	3.8	4.1	4.5	6.1	4.0
石城县	4.7	6.1	7.0	9.2	5.1	6.4	7.0	7.7	8.8	6.5	6.7	7.3	7.5	8.4	6.5	4.6	5.2	6.0	7.2	5.0
瑞金市	4.7	5.5	6.6	8.7	4.7	5.6	6.6	7.1	8.7	6.0	5.8	6.8	6.9	7.5	5.8	4.0	4.6	4.9	7.0	4.4
于都县	4.7	6.1	6.6	8.9	4.9	5.9	6.9	7.2	8.1	6.1	6.1	6.9	7.0	7.9	6.0	4.1	4.7	5.3	7.0	4.4
会昌县	4.5	5.4	6.1	8.6	4.7	5.5	6.4	6.4	8.0	5.7	5.8	6.8	6.8	7.3	5.7	4.0	4.9	5.0	7.8	4.4
安远县	3.6	4.6	5.0	7.4	4.1	4.8	5.9	6.3	7.5	5.0	4.8	5.7	5.8	6.6	5.0	3.3	4.1	4.3	6.3	4.2
全南县	3.4	4.6	5.0	5.7	3.7	4.4	5.5	5.8	6.5	4.8	4.7	6.1	6.8	7.4	5.1	3.7	4.6	4.8	6.8	4.1
龙南市	3.9	4.7	5.2	6.7	4.1	5.0	5.9	6.3	7.0	5.3	5.6	6.5	7.5	8.2	5.8	4.8	5.6	6.2	8.4	4.9
定南县	3.4	4.3	5.0	6.3	3.6	4.7	5.3	5.8	6.6	4.9	5.5	6.6	6.7	7.2	5.6	4.4	5.5	6.0	8.3	4.9
寻乌县	3.4	4.4	4.8	7.8	3.8	4.6	5.8	6.0	6.3	5.1	5.7	7.2	7.7	8.1	5.9	4.8	5.8	6.2	7.1	5.0
全省平均	5.0	6.0	6.4	7.5	4.9	5.8	6.7	7.0	7.7	5.9	5.6	6.5	6.8	7.6	5.7	3.6	4.3	4.6	5.9	4.0
全省最小值	3.1	3.7	4.1	4.9	3.0	3.1	3.9	4.3	4.5	3.3	3.4	3.9	3.9	4.4	3.4	2.3	2.8	2.9	3.7	2.7
全省最大值	6.3	8.1	8.3	10.2	6.0	7.0	7.9	8.2	10.0	7.0	7.2	8.7	9.0	10.1	7.7	5.0	6.0	6.7	9.5	5.5

据表 2-105 数据分析可知，在浅水灌溉制度下，全省 86 个县(市、区)晚稻多年平均日蒸发蒸腾量各月呈现同间歇灌溉制度一致即先上升后下降的趋势；其中，7 月日均为 4.9 mm/d，全省最小值为 3.1 mm/d，最大值为 6.2 mm/d；8 月日均为 6.2 mm/d，全省最小值为 3.4 mm/d，最大值为 7.2 mm/d；9 月日均为 5.8 mm/d，全省最小值为 3.4 mm/d，最大值为 7.9 mm/d；10 月日均为 3.7 mm/d，全省最小值为 2.7 mm/d，最大值为 5.4 mm/d。

表 2-105　晚稻浅水灌溉各月不同频率年日均蒸发蒸腾量　单位：mm/d

月份	7					8					9					10				
频率年	50%	75%	80%	90%	平均	50%	75%	80%	90%	平均	50%	75%	80%	90%	平均	50%	75%	80%	90%	平均
修水县	4.7	5.5	5.8	6.4	4.3	5.2	6.0	6.2	7.1	5.5	4.8	5.5	5.6	6.3	5.0	2.9	3.4	3.5	3.8	2.9
铜鼓县	3.7	4.4	5.3	5.5	3.7	4.1	5.4	5.6	5.7	4.6	4.0	4.4	4.6	5.6	4.2	2.3	2.7	2.9	2.9	2.4
宜丰县	4.6	5.3	5.6	6.3	4.1	5.0	6.0	6.2	6.7	5.2	4.6	5.3	5.5	6.3	4.8	2.8	3.1	3.2	3.3	2.8
万载县	4.4	5.1	5.7	6.1	4.2	5.5	6.1	6.3	7.4	5.5	4.7	5.4	5.6	6.2	4.9	2.7	3.2	3.2	3.3	2.8
上高县	5.0	5.8	6.0	6.7	4.7	5.5	6.5	6.8	7.6	5.7	4.9	5.9	6.1	6.5	5.2	3.2	3.7	4.1	4.2	3.3
萍乡市	5.1	5.4	6.1	7.3	4.6	5.4	6.0	7.0	7.9	5.7	4.7	5.4	5.9	6.4	5.1	3.1	3.4	3.9	4.0	3.0
莲花县	4.6	6.1	6.1	7.8	4.7	5.3	6.4	6.5	7.3	5.6	4.9	5.5	6.4	6.6	4.9	2.9	3.5	3.6	3.8	3.1
分宜县	5.2	6.0	6.4	7.6	4.7	5.9	7.0	7.3	7.5	5.9	5.1	5.5	6.0	6.7	5.2	3.2	3.7	3.9	4.1	3.2
宜春市	4.8	5.6	5.7	6.0	4.4	5.3	6.3	6.7	7.4	5.6	5.1	5.7	6.0	6.9	5.2	3.3	3.4	3.6	4.2	3.2
新余市	5.5	6.3	7.1	8.3	5.2	6.0	7.8	8.1	8.6	6.6	5.9	6.5	7.1	7.9	5.9	3.6	4.3	4.6	4.6	3.7
安福县	4.6	5.4	5.8	6.3	4.3	5.4	6.4	6.8	7.4	5.5	4.8	5.6	6.3	6.9	5.2	3.3	4.0	4.0	4.1	3.4
吉安县	5.8	7.1	7.6	8.6	5.5	5.9	8.0	8.7	9.0	6.8	5.6	6.6	7.0	8.5	5.9	3.7	4.2	4.8	5.1	3.8
井冈山市	4.0	5.6	6.1	6.5	4.0	5.1	5.7	6.2	7.3	5.3	4.7	5.3	5.8	6.5	4.9	3.1	3.6	4.1	4.2	3.2
永新县	4.4	5.6	6.3	6.4	4.3	5.0	6.3	6.9	7.0	5.4	4.8	5.3	6.1	6.3	4.8	3.2	3.7	3.9	4.0	3.1
万安县	5.8	8.1	8.5	9.8	6.2	6.7	7.7	9.0	10.3	7.2	5.5	6.3	6.8	8.0	5.6	3.3	4.1	4.6	4.9	3.5
遂川县	5.4	7.2	7.6	8.7	5.6	6.1	7.6	8.6	9.2	6.6	5.7	6.4	7.1	8.0	5.8	3.6	4.7	4.8	5.9	3.9
泰和县	5.6	7.1	7.2	8.7	5.4	6.2	7.5	8.5	8.6	6.7	5.6	6.4	7.1	8.0	5.9	3.8	4.5	4.8	5.4	3.8
崇义县	3.8	4.5	4.8	6.4	3.7	4.8	5.2	5.7	6.6	4.9	4.6	5.2	5.8	6.4	4.7	3.1	3.8	4.1	4.7	3.3
上犹县	4.3	5.2	6.1	7.1	4.5	5.7	6.8	6.9	8.0	5.8	5.6	6.0	6.6	8.3	5.7	3.9	4.5	5.0	5.1	4.0
南康区	5.1	6.3	6.6	9.5	5.4	6.3	7.5	7.8	10.1	6.7	5.8	6.8	7.0	8.1	6.0	3.8	4.9	5.1	5.6	4.1

续表 2-105

月份	7					8					9					10				
频率 年	50%	75%	80%	90%	平均	50%	75%	80%	90%	平均	50%	75%	80%	90%	平均	50%	75%	80%	90%	平均
赣县区	5.6	6.0	6.8	10.4	5.6	6.7	7.9	8.9	9.8	7.2	6.4	7.7	8.0	8.6	6.6	4.2	5.1	5.7	6.3	4.5
大余县	4.5	5.6	6.2	8.6	4.8	5.9	6.8	7.1	7.8	6.1	5.7	6.9	7.5	8.3	6.1	4.3	5.3	5.7	6.1	4.6
信丰县	4.6	5.2	5.9	8.7	4.7	6.0	7.4	7.7	8.1	6.4	6.1	6.9	7.4	9.2	6.3	4.6	5.2	6.2	6.3	4.7
九江市	5.1	6.4	6.9	7.3	4.9	5.8	6.8	7.4	8.5	6.1	5.9	7.1	7.4	7.8	6.1	3.8	4.5	4.8	4.9	3.8
瑞昌市	4.5	5.1	6.1	6.3	4.3	4.9	6.2	6.6	7.1	5.4	5.0	5.7	6.1	6.2	5.0	3.0	3.5	3.5	3.7	3.0
濂溪区	3.4	3.9	4.4	4.9	3.1	3.2	4.0	4.5	4.7	3.4	3.4	3.9	4.0	4.2	3.4	2.7	3.2	3.5	3.7	2.7
武宁县	4.3	5.7	6.0	6.6	4.4	5.4	5.8	6.5	7.1	5.4	4.7	5.3	5.5	6.5	4.9	3.2	3.7	3.8	3.9	3.2
德安县	5.1	5.9	6.4	7.2	5.0	6.3	7.1	7.5	7.9	6.3	6.1	6.6	6.8	8.5	6.1	3.5	4.0	4.3	4.8	3.6
永修县	5.6	6.5	7.3	7.5	5.3	6.6	7.9	8.1	8.8	6.6	6.4	7.0	7.7	8.6	6.5	4.4	4.8	5.4	5.9	4.4
湖口县	5.1	6.3	6.7	7.8	5.0	6.0	6.9	7.7	8.2	6.2	5.8	6.9	7.1	7.7	6.2	3.8	4.6	4.9	5.1	3.8
彭泽县	5.1	6.2	6.5	6.9	5.0	5.1	6.3	6.3	6.8	5.6	5.3	6.2	6.6	7.0	5.8	3.2	3.7	3.8	4.0	3.4
庐山市	5.6	6.5	6.7	7.4	5.1	6.8	7.9	8.3	9.2	6.8	7.6	8.9	9.2	10.6	7.9	5.2	6.2	6.7	8.2	5.4
都昌县	5.6	6.9	7.4	9.0	5.4	6.8	7.7	8.1	8.7	6.8	6.5	7.1	8.1	8.3	6.8	4.2	4.7	4.9	5.1	4.2
鄱阳县	6.4	7.3	7.4	7.7	5.7	7.0	8.2	8.2	9.0	7.1	7.0	7.9	8.5	9.9	7.1	4.1	4.8	5.3	5.7	4.4
景德镇市	5.3	6.3	6.5	7.3	4.9	6.3	7.1	7.3	7.9	6.3	6.2	7.2	7.6	8.2	6.3	3.7	4.2	4.9	5.5	3.9
婺源县	4.6	5.3	5.6	6.5	4.4	5.7	6.4	6.6	6.8	5.6	5.7	6.2	6.3	6.9	5.4	3.0	3.5	3.6	3.8	3.2
靖安县	4.7	5.8	6.0	6.4	4.4	6.0	6.7	7.3	7.7	5.9	5.7	6.5	7.1	7.4	5.8	3.6	4.2	4.5	5.1	3.8
奉新县	5.4	6.2	6.9	7.1	5.0	6.4	7.4	7.5	8.4	6.5	5.8	6.3	7.1	8.6	6.1	3.7	4.4	4.6	5.0	3.8
安义县	4.9	5.7	6.1	6.4	4.4	5.9	6.8	7.2	7.9	5.9	5.4	6.1	6.5	7.4	5.7	3.3	3.8	4.3	4.6	3.6
高安市	5.5	6.7	7.0	7.3	5.2	6.7	7.6	7.8	8.9	6.8	6.4	7.3	7.6	8.7	6.5	4.0	4.8	5.0	5.5	4.2
南昌市	6.0	7.5	7.6	8.7	5.5	6.9	7.8	8.8	9.0	7.1	6.9	7.6	8.2	8.7	7.0	4.3	5.5	5.6	6.1	4.6
南昌县	5.8	6.9	7.0	7.5	5.6	6.6	7.9	8.0	8.5	7.1	6.4	7.0	7.3	8.5	6.7	3.9	5.5	5.7	5.7	4.8
樟树市	5.3	6.5	7.0	8.0	5.1	6.4	7.2	7.8	8.7	6.6	5.2	6.1	6.2	6.5	5.5	3.5	3.8	3.8	4.2	3.4
丰城市	5.9	6.6	6.8	8.3	5.3	6.7	7.7	7.9	8.5	6.6	5.6	6.5	6.6	7.6	5.8	3.6	4.4	4.7	4.8	3.8

续表 2-105

月份	7					8					9					10				
频率 年	50%	75%	80%	90%	平均	50%	75%	80%	90%	平均	50%	75%	80%	90%	平均	50%	75%	80%	90%	平均
余干县	5.9	6.8	7.1	7.3	5.4	6.6	7.3	7.8	8.2	6.6	6.3	7.1	7.3	7.7	6.4	3.7	4.2	4.3	4.7	3.8
进贤县	5.7	6.8	6.9	7.3	5.4	6.5	7.8	7.9	8.1	6.7	5.7	6.7	7.0	7.3	6.0	3.4	3.9	4.0	4.3	3.5
万年县	5.7	6.1	7.0	7.4	5.1	6.1	7.0	7.3	7.3	6.3	5.8	6.6	7.1	7.3	5.8	3.1	3.5	3.7	3.9	3.2
余江县	5.4	6.1	7.0	7.3	5.0	5.9	6.9	7.7	7.7	6.1	5.3	6.1	6.3	6.5	5.4	3.3	3.8	3.9	4.0	3.3
东乡区	6.1	6.7	7.0	8.1	5.5	6.8	7.5	7.8	8.5	6.8	6.2	6.7	7.6	7.8	6.1	3.8	4.2	4.4	5.1	3.8
临川区	5.4	6.7	7.5	7.8	5.1	6.5	6.9	7.7	8.1	6.3	5.6	6.6	6.9	6.9	5.6	3.4	4.0	4.2	4.8	3.5
乐平市	5.8	6.0	6.7	7.5	5.2	6.6	7.2	7.5	8.1	6.6	6.1	7.1	7.3	7.6	6.1	3.2	3.8	3.9	4.2	3.4
德兴市	5.2	6.2	6.3	6.6	4.7	6.1	6.8	6.9	7.2	5.9	5.8	6.8	7.4	7.5	5.9	3.5	3.9	4.0	4.4	3.5
广信区	6.2	6.9	7.1	7.8	6.1	5.8	7.4	7.7	8.5	6.8	7.0	7.7	7.9	8.2	6.8	3.7	4.6	4.8	5.5	4.2
弋阳县	5.7	6.9	7.4	8.3	5.7	7.0	8.0	8.1	9.0	6.9	6.8	7.9	8.0	8.6	6.7	4.3	4.6	5.1	5.8	4.3
横峰县	5.5	6.9	7.2	7.4	5.1	6.4	7.1	7.5	8.1	6.3	6.5	7.0	7.5	7.9	6.1	3.9	4.4	4.5	5.4	4.0
贵溪市	5.4	6.3	6.9	7.0	5.1	6.2	7.4	7.7	8.5	6.5	6.4	7.5	7.7	8.5	6.4	3.8	4.7	4.8	5.2	4.0
鹰潭市	6.4	7.4	7.5	7.7	5.9	6.4	8.0	8.1	8.5	6.7	6.6	7.6	7.7	8.2	6.9	4.1	4.5	4.5	5.5	4.4
铅山县	5.5	6.4	6.6	7.3	5.3	6.3	7.1	7.4	8.4	6.4	6.5	7.2	7.4	7.6	6.1	4.0	4.3	4.6	5.1	3.9
玉山县	5.5	6.4	7.1	7.1	5.2	6.3	7.2	7.8	8.0	6.5	6.5	7.3	7.4	7.7	6.2	3.8	4.5	4.8	5.4	4.0
广丰区	5.8	6.6	7.3	7.6	5.7	6.4	7.9	8.0	8.2	6.9	6.8	7.5	8.1	8.6	6.6	4.0	4.3	4.6	5.0	4.1
上饶市	5.3	5.8	6.4	7.2	5.2	6.1	7.0	7.2	7.7	6.3	5.9	6.9	7.4	7.6	5.9	3.3	3.8	4.3	4.3	3.5
新建区	5.5	6.3	6.6	7.4	4.8	6.5	7.3	7.4	7.7	6.3	5.9	7.0	7.7	8.9	6.3	4.0	4.6	4.9	6.5	4.1
新干县	5.6	6.3	7.0	7.9	5.2	6.1	7.1	7.7	8.4	6.5	5.6	6.7	7.0	7.7	5.9	3.6	4.1	4.4	5.1	3.6
峡江县	5.5	6.4	6.7	7.8	5.2	6.1	6.6	7.4	7.9	6.2	4.9	6.1	6.3	6.9	5.2	3.1	3.6	3.9	4.1	3.2
永丰县	5.3	6.5	7.5	8.7	5.3	6.1	7.4	7.4	8.4	6.4	5.4	6.3	6.9	7.3	5.6	3.6	4.0	4.2	4.3	3.5
乐安县	4.8	5.8	6.0	7.1	4.6	5.5	6.5	6.7	7.4	5.7	5.0	5.7	6.3	6.5	5.0	3.2	3.5	3.8	4.0	3.2
吉水县	5.5	7.0	8.3	9.5	5.6	6.5	7.9	8.0	9.2	6.7	5.8	6.5	6.8	7.7	5.8	3.6	4.0	4.4	4.9	3.6
崇仁县	5.0	6.0	6.8	7.2	4.8	6.0	6.9	7.0	7.2	5.9	5.2	5.6	6.4	6.8	5.2	3.2	3.7	3.9	4.3	3.3

续表 2-105

月份	7					8					9					10				
频率 年	50%	75%	80%	90%	平均	50%	75%	80%	90%	平均	50%	75%	80%	90%	平均	50%	75%	80%	90%	平均
金溪县	6.3	7.3	7.7	8.9	6.0	6.7	8.1	8.4	8.8	6.9	5.7	6.1	7.3	7.4	5.7	3.6	4.1	4.5	4.5	3.6
资溪县	4.4	5.0	5.6	6.2	4.0	4.5	5.5	6.2	6.6	4.8	4.0	4.9	5.3	5.5	4.3	2.7	2.9	3.1	3.3	2.7
宜黄县	5.4	5.9	7.4	8.1	5.1	5.5	6.5	6.9	7.6	5.8	4.8	5.6	5.7	6.0	4.8	2.9	3.4	3.4	3.6	2.9
南城县	6.2	7.2	8.5	9.1	5.9	6.5	7.5	8.2	8.7	6.8	5.9	6.5	6.8	7.1	5.9	3.8	4.3	4.5	5.5	3.8
南丰县	5.5	6.8	7.9	9.5	5.7	6.6	8.2	8.2	9.2	6.9	6.1	6.8	7.0	7.8	6.0	3.7	4.4	4.7	5.1	3.9
黎川县	5.1	5.9	6.5	7.3	4.8	5.6	6.8	7.1	7.8	6.0	5.3	5.8	6.2	6.9	5.3	3.1	3.7	3.8	4.2	3.2
兴国县	5.3	5.6	6.7	8.6	5.2	6.4	7.7	7.8	8.9	6.6	6.5	7.2	7.4	8.5	6.4	4.1	4.6	4.8	6.0	4.1
宁都县	5.1	5.9	7.0	9.0	5.3	6.4	7.5	8.1	8.7	6.8	6.4	7.7	7.8	8.3	6.6	4.6	5.2	5.5	6.1	4.6
广昌县	5.1	5.8	6.7	7.8	4.9	5.8	7.1	7.4	8.0	6.2	5.6	6.2	6.4	7.2	5.7	3.6	4.0	4.4	4.8	3.6
石城县	4.8	6.0	7.1	9.3	5.2	6.7	7.4	7.9	9.1	6.8	6.8	7.6	7.7	8.8	6.6	4.7	4.9	5.3	6.6	4.6
瑞金市	4.7	5.4	6.8	8.8	4.8	5.9	7.0	7.3	9.0	6.3	5.9	7.0	7.1	7.2	5.9	4.0	4.3	4.8	5.4	4.0
于都县	4.9	6.3	7.0	9.1	5.1	6.4	7.2	8.1	8.4	6.4	6.0	6.9	7.2	8.1	6.0	3.9	4.5	5.1	5.9	4.1
会昌县	4.4	5.6	6.4	8.6	4.7	5.6	6.6	7.0	8.3	6.0	5.9	6.6	7.0	7.5	5.8	3.9	4.3	4.7	5.4	3.9
安远县	3.8	4.6	5.0	7.6	4.1	5.0	5.8	6.1	7.8	5.2	4.9	5.6	5.8	6.0	4.9	3.4	4.1	4.3	4.3	3.5
全南县	3.6	4.5	4.7	5.8	3.8	4.7	5.7	6.1	6.7	5.1	4.8	5.8	6.3	7.8	5.2	3.7	4.3	4.7	5.1	3.8
龙南市	4.0	4.7	5.2	6.8	4.2	5.4	6.1	6.8	7.2	5.6	5.5	6.4	7.6	8.5	5.9	4.7	5.3	5.9	6.4	4.6
定南县	3.6	4.2	4.9	6.4	3.7	4.9	5.6	6.0	6.8	5.1	5.6	6.6	6.7	7.3	5.7	4.3	5.1	5.6	6.6	4.5
寻乌县	3.5	4.6	5.8	7.9	3.9	5.0	6.0	6.4	6.4	5.3	5.7	7.0	7.5	8.3	6.0	4.9	5.5	5.7	5.9	4.6
全省平均	5.1	6.1	6.6	7.6	4.9	5.9	7.0	7.4	8.0	6.2	5.7	6.5	6.9	7.5	5.8	3.6	4.2	4.5	4.9	3.7
全省最小值	3.4	3.9	4.4	4.9	3.1	3.2	4.0	4.5	4.7	3.4	3.4	3.9	4.0	4.2	3.4	2.3	2.7	2.9	2.9	2.7
全省最大值	6.4	8.1	8.5	10.4	6.2	7.0	8.2	9.0	10.3	7.2	7.6	8.9	9.2	10.6	7.9	5.2	6.2	6.7	8.2	5.4

据表 2-106 统计分析可知,早稻在间歇灌溉制度下,全省 86 个县(市、区)全生育期蒸发蒸腾量多年平均值为 356. 8 mm,各县(市、区)中最小值为九江市濂溪区的 247. 9 mm,最大值为抚州市金溪县的 438. 3 mm。在不同频率年当中,50%频率年全省 86 个县(市、区)平均值为 353. 8 mm,较多年平均值减少 3. 0 mm,减幅为 0. 84%;75%频率年全省 86 个县(市、区)平均值为 396. 4 mm,较多年平均值增加 39. 6 mm,增幅达 11. 10%;80%频率年全省 86 个县(市、区)平均值为 412. 8 mm,较多年平均值增加 56. 0 mm,增幅达 15. 70%;90%频率年全省 86 个县(市、区)平均值为 441. 6 mm,较多年平均值增加 84. 80 mm,增幅达 23. 77%。

表 2-106　早稻间歇灌溉全生育期不同频率年蒸发蒸腾量　单位:mm

频率年	50%	75%	80%	90%	多年平均
修水县	318. 2	359. 1	393. 6	441. 8	333. 3
铜鼓县	283. 0	308. 3	313. 9	341. 3	284. 3
宜丰县	304. 5	329. 5	332. 7	362. 8	302. 5
万载县	315. 7	337. 3	357. 9	380. 0	316. 0
上高县	329. 0	355. 1	370. 2	383. 2	328. 8
萍乡市	328. 9	374. 1	380. 9	419. 7	333. 4
莲花县	333. 5	375. 7	404. 7	416. 4	338. 9
分宜县	334. 3	384. 8	394. 7	403. 3	340. 1
宜春市	323. 0	358. 8	374. 1	404. 0	328. 3
新余市	367. 0	428. 8	450. 6	486. 2	375. 8
安福县	320. 6	339. 7	358. 7	386. 3	313. 0
吉安县	406. 7	434. 1	453. 1	466. 4	388. 1
井冈山市	333. 5	371. 5	377. 8	384. 3	326. 9
永新县	334. 6	365. 6	368. 2	411. 4	327. 3
万安县	435. 9	495. 0	499. 3	511. 7	433. 8
遂川县	421. 7	461. 5	484. 4	495. 1	416. 3
泰和县	405. 9	438. 2	456. 9	485. 1	394. 3
崇义县	296. 5	345. 5	352. 2	369. 7	293. 8
上犹县	336. 4	371. 7	394. 2	426. 2	332. 5
南康区	379. 4	472. 0	473. 3	499. 8	391. 0
赣县区	428. 4	485. 6	513. 7	529. 6	423. 7
大余县	342. 5	389. 3	412. 0	435. 9	342. 9
信丰县	367. 2	401. 7	418. 1	447. 3	360. 8
九江市	367. 1	419. 2	440. 8	474. 8	377. 0

续表 2-106

频率年	50%	75%	80%	90%	多年平均
瑞昌市	325.0	375.2	395.0	425.5	340.9
濂溪区	242.0	272.7	288.2	316.1	247.9
武宁县	312.6	351.7	360.1	396.4	318.8
德安县	361.3	398.0	412.9	438.6	363.5
永修县	372.5	410.1	436.5	449.6	374.5
湖口县	356.5	426.9	432.1	463.0	365.6
彭泽县	357.4	402.5	437.1	473.5	384.5
庐山市	367.3	410.1	429.5	444.3	364.2
都昌县	363.5	416.7	423.8	447.3	368.8
鄱阳县	377.2	428.3	447.8	492.2	383.8
景德镇市	357.5	388.9	397.9	441.9	359.2
婺源县	305.7	344.5	355.8	375.0	307.7
靖安县	334.4	369.7	370.6	397.5	333.0
奉新县	349.5	387.2	403.2	430.0	358.2
安义县	337.1	366.0	368.9	398.3	332.2
高安市	361.1	399.1	406.7	449.5	364.7
南昌市	379.3	429.0	450.5	475.0	388.0
南昌县	372.4	405.8	413.2	425.4	374.6
樟树市	371.4	402.5	409.0	458.3	366.0
丰城市	356.6	388.8	398.0	452.1	361.3
余干县	369.8	392.6	400.6	446.3	364.5
进贤县	366.1	409.6	427.2	453.9	374.0
万年县	342.1	368.3	403.3	437.4	347.6
余江县	352.5	399.9	412.6	445.6	351.9
东乡区	380.7	424.6	443.8	463.7	385.2
临川区	359.7	403.0	423.5	444.7	363.0
乐平市	364.4	414.1	418.1	469.1	369.6
德兴市	324.6	348.4	376.2	396.8	326.3
广信区	377.1	434.0	448.5	456.7	387.5
弋阳县	383.3	415.2	457.0	476.4	387.7

续表 2-106

频率年	50%	75%	80%	90%	多年平均
横峰县	337.2	369.3	412.0	434.2	344.6
贵溪市	376.1	409.9	438.9	484.0	375.1
鹰潭市	401.2	443.5	479.4	496.0	403.5
铅山县	359.1	382.8	417.1	450.1	358.8
玉山县	351.6	379.4	399.5	439.0	351.1
广丰区	366.7	408.7	439.9	458.7	373.4
上饶市	347.5	393.1	396.1	418.4	352.3
新建区	344.5	383.3	386.7	415.6	346.3
新干县	366.6	401.7	421.9	453.1	365.0
峡江县	366.7	402.1	407.4	415.2	361.5
永丰县	368.4	410.6	426.9	465.3	369.0
乐安县	361.0	392.3	395.5	440.8	353.4
吉水县	375.2	430.7	440.8	456.4	384.4
崇仁县	335.1	375.1	389.2	425.5	344.0
金溪县	434.2	492.3	498.4	541.6	438.3
资溪县	308.7	337.7	341.6	387.5	305.9
宜黄县	367.7	400.9	415.4	433.2	359.7
南城县	380.3	446.7	467.7	528.0	399.3
南丰县	388.2	444.1	449.2	476.1	388.8
黎川县	347.0	383.4	407.5	425.1	343.7
兴国县	374.2	419.6	454.4	507.3	384.5
宁都县	395.0	431.6	476.0	489.5	392.7
广昌县	356.9	436.5	442.2	455.8	359.5
石城县	390.4	441.2	445.9	511.4	388.7
瑞金市	351.4	394.2	409.2	469.2	362.3
于都县	351.8	415.7	444.0	463.4	366.6
会昌县	366.3	412.2	427.6	446.6	365.4
安远县	332.3	373.1	407.2	447.7	343.3
全南县	295.0	372.0	375.9	405.0	310.5
龙南市	335.8	388.8	395.5	420.6	341.3

续表 2-106

频率年	50%	75%	80%	90%	多年平均
定南县	287. 6	349. 6	377. 1	391. 8	307. 6
寻乌县	309. 6	380. 6	392. 3	422. 5	323. 5
全省平均	353. 8	396. 4	412. 8	441. 6	356. 8
全省最小值	242. 0	272. 7	288. 2	316. 1	247. 9
全省最大值	435. 9	495. 0	513. 7	541. 6	438. 3

据表 2-107 统计分析可知,早稻在浅水灌溉制度下,全省 86 个县(市、区)全生育期蒸发蒸腾量多年平均值为 367. 1 mm,各县(市、区)中最小值为九江市濂溪区的 257. 6 mm,最大值为抚州市金溪县的 454. 7 mm。在不同频率年当中,50%频率年全省 86 个县(市、区)平均值为 366. 2 mm,较多年平均值减少 0. 9 mm,减幅为 0. 25%;75%频率年全省 86 个县(市、区)平均值为 410. 4 mm,较多年平均值增加 43. 3 mm,增幅达 11. 80%;80%频率年全省 86 个县(市、区)平均值为 429. 5 mm,较多年平均值增加 62. 4 mm,增幅达 17. 00%;90%频率年全省 86 个县(市、区)平均值为 450. 3mm,较多年平均值增加 83. 2 mm,增幅达 22. 66%。

表 2-107　早稻浅水灌溉全生育期不同频率年蒸发蒸腾量　　单位:mm

频率年	50%	75%	80%	90%	多年平均
修水县	335. 3	375. 7	409. 4	450. 5	349. 6
铜鼓县	283. 1	313. 7	328. 6	343. 8	290. 7
宜丰县	297. 6	335. 3	342. 8	351. 4	306. 9
万载县	318. 2	346. 6	349. 3	388. 6	321. 9
上高县	336. 7	363. 7	383. 3	401. 0	338. 0
萍乡市	340. 9	391. 5	403. 4	434. 9	344. 6
莲花县	346. 1	384. 5	385. 7	418. 7	343. 0
分宜县	346. 9	395. 7	405. 4	421. 8	353. 0
宜春市	329. 9	371. 0	392. 4	411. 2	335. 4
新余市	385. 7	445. 6	481. 4	498. 6	389. 0
安福县	326. 5	342. 9	347. 8	383. 6	317. 5
吉安县	411. 6	446. 1	456. 0	476. 3	393. 0
井冈山市	342. 6	383. 7	387. 6	398. 5	333. 1
永新县	333. 8	360. 0	372. 8	378. 6	323. 6
万安县	446. 3	510. 8	515. 5	537. 0	448. 5

续表 2-107

频率年	50%	75%	80%	90%	多年平均
遂川县	434. 4	485. 2	506. 9	513. 2	429. 6
泰和县	418. 8	444. 9	461. 8	468. 6	400. 2
崇义县	306. 0	362. 9	363. 0	379. 9	305. 8
上犹县	349. 0	387. 4	405. 1	429. 4	339. 9
南康区	396. 9	486. 7	495. 9	502. 4	399. 0
赣县区	441. 3	510. 0	526. 5	538. 6	435. 1
大余县	352. 8	400. 3	435. 5	456. 3	351. 9
信丰县	373. 6	412. 8	437. 0	449. 2	367. 5
九江市	385. 6	443. 5	461. 5	493. 7	391. 3
瑞昌市	350. 6	392. 4	403. 0	445. 2	355. 1
濂溪区	252. 8	285. 5	303. 4	332. 0	257. 6
武宁县	320. 1	360. 0	378. 0	380. 9	326. 1
德安县	372. 4	416. 8	431. 5	456. 4	373. 7
永修县	379. 0	428. 6	449. 1	467. 6	385. 3
湖口县	374. 7	443. 5	457. 1	480. 1	381. 1
彭泽县	385. 1	421. 4	449. 0	474. 1	394. 6
庐山市	388. 6	429. 3	449. 3	464. 8	375. 4
都昌县	382. 2	437. 7	448. 3	468. 0	386. 8
鄱阳县	397. 7	448. 4	466. 2	470. 8	397. 3
景德镇市	368. 1	409. 4	412. 4	417. 5	369. 3
婺源县	313. 7	355. 1	365. 5	382. 3	316. 9
靖安县	332. 0	370. 0	380. 6	405. 3	336. 8
奉新县	376. 7	401. 3	426. 6	440. 7	371. 9
安义县	347. 2	377. 6	388. 6	408. 2	342. 0
高安市	370. 4	413. 8	430. 3	458. 3	375. 8
南昌市	391. 6	441. 1	467. 8	473. 2	400. 6
南昌县	388. 7	437. 5	468. 2	469. 6	387. 6
樟树市	361. 1	408. 0	413. 6	460. 0	371. 0
丰城市	368. 1	400. 5	421. 1	460. 9	372. 4
余干县	375. 4	405. 4	423. 8	447. 3	374. 3

续表 2-107

频率年	50%	75%	80%	90%	多年平均
进贤县	371.4	424.9	440.8	466.2	383.9
万年县	356.9	380.8	428.9	449.5	360.3
余江县	356.6	418.4	424.7	457.7	361.3
东乡区	389.7	449.2	455.8	472.8	395.5
临川区	373.0	414.1	448.7	458.8	374.6
乐平市	383.2	433.1	436.4	442.3	381.2
德兴市	340.1	365.4	389.6	408.2	338.4
广信区	388.7	437.5	468.2	469.3	399.9
弋阳县	392.7	430.4	469.7	489.3	396.0
横峰县	348.2	387.9	423.1	445.2	353.1
贵溪市	385.6	422.6	450.8	488.4	384.5
鹰潭市	418.3	488.8	506.0	519.3	422.9
铅山县	373.6	401.1	436.8	450.4	369.5
玉山县	361.5	389.8	415.3	445.0	360.2
广丰区	383.5	428.2	451.8	471.4	386.9
上饶市	352.4	401.1	411.6	423.3	354.6
新建区	350.2	394.2	400.5	422.3	353.2
新干县	377.7	413.4	441.5	463.3	378.6
峡江县	379.8	414.4	420.4	420.7	368.9
永丰县	382.0	421.7	445.8	475.5	380.7
乐安县	374.2	399.4	406.2	438.1	362.4
吉水县	401.2	449.0	463.0	470.3	398.6
崇仁县	355.3	396.8	412.9	436.0	358.0
金溪县	468.3	507.4	546.6	558.8	454.7
资溪县	322.9	347.9	357.4	398.4	315.3
宜黄县	381.1	419.5	436.0	445.0	371.4
南城县	414.9	473.1	510.4	542.9	417.6
南丰县	398.5	457.7	482.6	500.5	402.4
黎川县	353.1	398.4	418.8	433.5	352.0
兴国县	409.7	439.3	467.2	519.5	398.8

续表 2-107

频率年	50%	75%	80%	90%	多年平均
宁都县	390. 6	441. 9	477. 5	499. 5	399. 1
广昌县	365. 5	423. 8	464. 7	467. 9	367. 0
石城县	409. 0	457. 9	467. 7	525. 6	406. 1
瑞金市	374. 8	417. 0	448. 9	493. 3	377. 6
于都县	372. 1	435. 3	456. 6	476. 2	380. 6
会昌县	368. 7	433. 3	440. 7	455. 4	375. 2
安远县	351. 0	380. 6	422. 2	428. 1	349. 3
全南县	314. 3	372. 8	386. 3	425. 8	320. 7
龙南市	348. 8	399. 6	405. 1	433. 3	354. 1
定南县	303. 0	351. 7	387. 7	411. 9	317. 3
寻乌县	314. 0	393. 7	421. 9	438. 7	332. 6
全省平均	366. 2	410. 4	429. 5	450. 3	367. 1
全省最小值	252. 8	285. 5	303. 4	332. 0	257. 6
全省最大值	468. 3	510. 8	546. 6	558. 8	454. 7

据表 2-108 统计分析可知,晚稻在间歇灌溉制度下,全省 86 个县(市、区)全生育期蒸发蒸腾量多年平均值为 488. 6 mm,各县(市、区)中最小值为九江市濂溪区的 296. 7 mm,最大值为九江市庐山市的 600. 3 mm。在不同频率年当中,50%频率年全省 86 个县(市、区)平均值为 473. 7 mm,较多年平均值减少 14. 9 mm,减幅为 3. 05%;75%频率年全省 86 个县(市、区)平均值为 535. 9 mm,较多年平均值增加 47. 3 mm,增幅达 9. 68%;80%频率年全省 86 个县(市、区)平均值为 560. 6 mm,较多年平均值增加 72. 0mm,增幅达 14. 74%;90%频率年全省 86 个县(市、区)平均值为 617. 4 mm,较多年平均值增加 128. 8 mm,增幅达 26. 36%。

表 2-108　晚稻间歇灌溉全生育期不同频率年蒸发蒸腾量　单位:mm

频率年	50%	75%	80%	90%	多年平均
修水县	407. 1	447. 4	465. 8	530. 2	418. 1
铜鼓县	337. 3	382. 8	411. 2	481. 7	357. 7
宜丰县	389. 6	437. 2	476. 6	496. 1	409. 0
万载县	390. 0	450. 5	457. 7	526. 6	419. 0
上高县	422. 8	504. 5	507. 1	561. 6	447. 9
萍乡市	403. 8	466. 8	505. 1	538. 1	432. 9

续表 2-108

频率年	50%	75%	80%	90%	多年平均
莲花县	412.5	481.0	505.2	551.1	433.1
分宜县	441.4	492.5	508.7	578.7	447.6
宜春市	419.4	464.6	487.4	573.6	437.9
新余市	494.0	577.3	592.1	678.0	509.7
安福县	428.7	503.6	505.4	573.9	445.9
吉安县	505.5	600.0	635.4	690.9	526.4
井冈山市	403.2	461.2	480.2	513.7	415.4
永新县	406.1	484.8	518.8	556.0	431.2
万安县	499.1	562.3	647.5	717.8	516.9
遂川县	496.3	549.2	633.2	686.5	511.8
泰和县	503.7	558.5	616.3	649.1	516.5
崇义县	377.9	416.9	443.6	495.7	389.7
上犹县	456.2	524.5	552.6	612.6	474.4
南康区	523.1	579.9	621.3	670.0	528.2
赣县区	560.7	638.2	671.1	696.9	567.6
大余县	499.0	559.1	600.9	643.5	510.5
信丰县	531.3	589.2	611.1	658.1	532.9
九江市	466.3	524.2	575.9	669.0	495.9
瑞昌市	410.2	451.2	480.0	574.7	422.8
濂溪区	275.6	336.0	343.7	375.2	296.7
武宁县	406.0	481.7	496.3	540.9	422.4
德安县	472.3	535.2	566.2	639.2	500.7
永修县	508.7	621.6	649.6	722.1	546.9
湖口县	469.5	568.0	576.4	665.1	502.0
彭泽县	439.5	500.9	520.0	567.3	468.6
庐山市	564.9	653.8	664.9	829.0	600.3
都昌县	527.7	573.4	617.1	729.0	545.1
鄱阳县	566.9	619.3	650.2	722.8	577.5
景德镇市	497.3	561.2	577.4	639.5	513.8

续表 2-108

频率年	50%	75%	80%	90%	多年平均
婺源县	434. 4	485. 9	504. 2	532. 5	441. 3
靖安县	456. 5	568. 0	580. 8	652. 2	488. 3
奉新县	474. 8	559. 0	570. 3	682. 3	507. 9
安义县	443. 7	518. 5	529. 5	593. 9	475. 1
高安市	517. 0	585. 8	601. 0	680. 3	540. 8
南昌市	575. 3	632. 1	671. 2	729. 1	575. 4
南昌县	533. 9	613. 7	614. 6	676. 7	553. 4
樟树市	477. 9	551. 6	572. 3	647. 7	497. 4
丰城市	477. 5	557. 5	572. 8	653. 9	505. 5
余干县	527. 8	583. 6	606. 6	635. 9	526. 2
进贤县	506. 9	575. 6	585. 0	625. 3	515. 8
万年县	468. 3	524. 6	533. 2	579. 1	480. 7
余江县	456. 0	505. 1	543. 4	573. 1	470. 4
东乡区	511. 1	577. 0	594. 2	659. 5	528. 3
临川区	476. 1	550. 5	571. 3	602. 3	492. 8
乐平市	487. 3	541. 1	561. 1	632. 0	503. 6
德兴市	460. 2	502. 7	530. 8	551. 0	475. 7
广信区	568. 7	603. 2	620. 2	622. 5	559. 5
弋阳县	544. 1	624. 6	664. 1	692. 2	562. 7
横峰县	508. 9	562. 8	582. 4	623. 5	511. 5
贵溪市	517. 0	553. 9	597. 8	669. 9	527. 7
鹰潭市	522. 2	586. 9	602. 5	654. 4	549. 5
铅山县	501. 7	554. 3	575. 2	628. 2	514. 4
玉山县	507. 2	567. 7	576. 7	628. 9	519. 4
广丰区	536. 1	596. 7	618. 0	646. 5	540. 1
上饶市	493. 9	547. 1	586. 1	662. 4	506. 8
新建区	505. 2	592. 6	605. 8	652. 7	522. 7
新干县	487. 2	537. 6	562. 0	666. 0	497. 5
峡江县	447. 0	507. 2	541. 2	618. 7	465. 1

续表 2-108

频率年	50%	75%	80%	90%	多年平均
永丰县	480.6	540.6	562.6	583.7	489.0
乐安县	414.4	492.3	495.4	534.7	440.3
吉水县	502.3	565.6	586.8	618.4	510.7
崇仁县	440.1	500.0	514.6	565.7	453.8
金溪县	498.4	596.6	605.2	698.5	520.3
资溪县	372.7	411.0	423.1	441.5	371.9
宜黄县	413.5	474.9	490.5	554.6	434.4
南城县	518.9	575.3	577.5	631.7	517.7
南丰县	512.8	592.6	617.7	681.2	526.6
黎川县	458.3	506.5	519.5	565.6	459.2
兴国县	529.5	576.6	588.2	611.4	526.3
宁都县	538.2	615.7	647.1	687.2	555.5
广昌县	468.0	536.1	555.2	613.3	487.7
石城县	555.2	608.6	610.6	644.1	545.7
瑞金市	500.8	539.8	553.3	604.1	493.3
于都县	516.9	561.8	566.3	628.0	507.5
会昌县	473.4	538.5	569.2	603.1	484.0
安远县	423.7	465.0	479.2	632.6	428.3
全南县	405.0	457.9	521.4	544.8	427.9
龙南市	478.9	513.6	577.5	620.4	480.5
定南县	447.8	493.7	508.8	580.8	453.1
寻乌县	453.8	500.5	597.7	626.7	474.7
全省平均	473.7	535.9	560.6	617.4	488.6
全省最小值	275.6	336	343.7	375.2	296.7
全省最大值	575.3	653.8	671.2	829	600.3

据表 2-109 统计分析可知，晚稻在浅水灌溉制度下，全省 86 个县(市、区)全生育期蒸发蒸腾量多年平均值为 503.2 mm，各县(市、区)中最小值为九江市濂溪区的 305.5 mm，最大值为九江市庐山市的 622.6 mm。在不同频率年当中，50%频率年全省 86 个县(市、区)平均值为 486.9 mm，较多年平均值减少 16.3 mm，减幅为 3.24%；75%频率年全省 86 个县(市、区)平均值为 550.0 mm，较多年平均值增加 46.8 mm，增幅达 9.30%；80%频率

年全省 86 个县(市、区)平均值为 586.6 mm,较多年平均值增加 83.4 mm,增幅达 16.57%;90%频率年全省 86 个县(市、区)平均值为 636.5 mm,较多年平均值增加 133.3 mm,增幅达 26.50%。

表 2-109　晚稻浅水灌溉全生育期不同频率年蒸发蒸腾量　单位:mm

频率年	50%	75%	80%	90%	多年平均
修水县	421.4	470.9	497.0	551.7	437.7
铜鼓县	348.0	374.7	394.9	501.2	365.9
宜丰县	398.7	442.7	491.7	516.2	418.8
万载县	391.8	449.8	472.2	547.9	429.7
上高县	435.2	516.8	520.5	584.4	460.6
萍乡市	423.9	476.5	521.2	557.8	451.5
莲花县	432.4	490.4	523.8	573.5	444.4
分宜县	462.9	515.4	547.1	599.9	467.7
宜春市	430.9	473.6	498.2	594.7	452.8
新余市	504.2	594.3	638.1	705.5	527.4
安福县	436.1	498.2	517.2	595.0	455.5
吉安县	499.7	567.8	649.5	720.1	534.4
井冈山市	422.6	490.9	520.3	532.6	429.3
永新县	414.6	466.9	520.0	551.6	432.5
万安县	511.4	579.0	678.3	737.2	534.9
遂川县	513.8	563.7	665.1	704.6	530.1
泰和县	518.6	578.8	649.8	664.7	530.9
崇义县	405.4	435.5	477.0	507.7	408.9
上犹县	468.7	541.2	575.0	627.3	488.9
南康区	529.9	594.8	646.5	698.2	540.2
赣县区	573.1	666.7	695.8	725.2	583.4
大余县	517.9	587.8	621.2	659.0	527.2
信丰县	542.3	590.3	669.1	674.0	543.5
九江市	478.7	533.5	618.2	696.1	513.9
瑞昌市	420.7	462.6	504.5	598.0	439.3
濂溪区	285.0	332.8	352.3	390.4	305.5

续表 2-109

频率年	50%	75%	80%	90%	多年平均
武宁县	419.1	506.1	530.7	551.4	436.5
德安县	484.8	552.2	592.9	665.1	517.3
永修县	520.0	646.3	705.3	748.7	562.3
湖口县	488.6	586.0	596.7	692.0	522.3
彭泽县	437.8	476.6	523.7	529.6	472.6
庐山市	579.1	677.8	711.6	859.5	622.6
都昌县	563.8	633.1	646.2	755.8	570.6
鄱阳县	582.3	631.3	680.9	753.4	596.1
景德镇市	504.4	587.7	626.0	665.4	530.4
婺源县	452.6	509.4	531.3	549.2	459.5
靖安县	465.8	556.7	595.9	678.6	494.0
奉新县	497.6	578.7	594.2	711.1	529.0
安义县	465.7	524.8	535.0	615.7	488.1
高安市	537.3	612.5	620.1	705.3	560.8
南昌市	588.3	647.4	698.4	752.3	593.0
南昌县	547.2	639.5	668.1	689.8	581.7
樟树市	491.8	540.8	586.0	673.9	506.1
丰城市	489.4	586.6	652.2	677.2	523.3
余干县	541.1	615.9	627.9	656.1	544.9
进贤县	519.8	574.6	605.9	650.7	526.8
万年县	477.1	546.1	561.7	597.5	498.6
余江县	463.2	514.4	574.1	596.4	483.4
东乡区	524.2	586.2	656.1	686.2	543.3
临川区	481.7	570.6	588.2	624.5	502.8
乐平市	499.5	558.6	582.3	657.6	522.0
德兴市	472.6	538.1	561.7	563.6	495.4
广信区	577.7	622.3	626.3	645.3	567.6
弋阳县	557.1	645.3	679.7	721.4	574.8
横峰县	522.6	590.1	607.0	635.7	526.8
贵溪市	534.1	561.4	634.2	686.0	542.0

续表 2-109

频率年	50%	75%	80%	90%	多年平均
鹰潭市	527.9	620.3	639.9	675.2	571.0
铅山县	507.1	577.7	597.4	653.6	528.4
玉山县	513.1	587.1	610.0	644.1	536.9
广丰区	552.6	636.4	643.1	670.5	561.6
上饶市	502.3	541.9	544.7	689.2	509.7
新建区	508.0	604.2	652.1	679.1	534.3
新干县	504.3	559.7	621.7	690.5	515.6
峡江县	458.2	521.0	554.3	643.7	477.9
永丰县	497.5	575.1	592.3	607.4	504.4
乐安县	425.6	505.8	516.9	556.3	453.3
吉水县	520.5	583.6	607.7	641.1	526.9
崇仁县	446.8	511.1	558.8	584.4	468.3
金溪县	508.9	607.1	622.6	727.1	530.9
资溪县	395.9	426.1	438.5	459.4	385.1
宜黄县	417.0	485.5	508.6	577.1	447.9
南城县	535.7	595.8	612.3	646.9	536.3
南丰县	526.4	595.9	652.9	697.6	541.3
黎川县	453.5	515.4	537.2	579.2	470.4
兴国县	546.8	597.8	612.1	626.2	542.2
宁都县	551.0	629.4	673.4	703.8	567.0
广昌县	474.2	526.2	613.7	635.8	498.8
石城县	589.9	622.2	642.6	670.2	564.8
瑞金市	530.5	550.3	575.9	618.2	511.8
于都县	541.5	579.6	583.8	651.1	524.1
会昌县	487.8	531.2	597.4	617.7	494.3
安远县	436.9	473.4	483.5	521.9	430.7
全南县	417.7	479.9	543.5	566.9	443.6
龙南市	493.3	523.6	591.5	644.7	497.2
定南县	461.8	509.4	519.1	602.1	467.3
寻乌县	465.1	511.7	632.8	652.1	487.5

续表 2-109

频率年	50%	75%	80%	90%	多年平均
全省平均	486.9	550.0	586.6	636.5	503.2
全省最小值	285.0	332.8	352.3	390.4	305.5
全省最大值	589.9	677.8	711.6	859.5	622.6

2.7.3 全省各县(市、区)不同土壤渗漏强度的分析

土壤渗漏量主要受土壤质地、机械组成及田面水层深度等因素的影响。考虑到水稻土的特殊结构,一般认为犁底层的水力传导度远低于耕作层,犁底层相对耕作层有滞水作用;在田面有水层时,认为耕作层土壤处于饱和状态,水分运移路径由田面透过耕作层和犁底层垂直向下渗漏。

根据查得的土壤资料,计算土壤渗漏量的步骤具体如下:

(1)计算犁底层的水力坡度。

$$J = \frac{h}{l} \tag{2-42}$$

式中 J——犁底层的水力坡度;

h——压力水头,在稻田中为田面水层深度,m;

l——渗径,在稻田中为耕作层及犁底层厚度,m。

水分渗径即犁底层与耕作层厚度之和,参考水稻根系长度统一取为 30 cm,取田面水层深度即压力水头为 10 cm,即可算得稻田的水力坡度为 0.33。

(2)根据计算得到的饱和水力传导度和稻田的水力坡度,计算不同土壤稻田的渗漏量。

$$s = \mu \times J \tag{2-43}$$

式中 s——稻田渗漏量,mm;

μ——饱和水力传导度,mm/d。

根据《江西土壤》(1991 年),得出各县的土壤属性及分布情况;同时辅以典型区实测值,计算求出江西省不同水稻种植区土壤饱和水力传导度。不同土壤类型饱和水力传导度见表 2-110。

根据所查资料得出各县(市、区)的土壤类型,通过算术平均法,求出各县(市、区)的平均饱和水力传导度,并根据式(2-38)、式(2-39)计算得出各县(市、区)的渗漏强度。计算结果见表 2-111。

江西省灌溉试验中心站所处地区为潴育型水稻土,计算求得的饱和水力传导度为 5.908 mm/d,代入稻田渗漏量计算公式,计算得出江西省灌溉试验中心站所处地区稻田渗漏量为 1.94 mm/d,这与江西省灌溉试验中心站实测得到的水稻种植期间稻田渗漏量 1.83 mm/d 很接近。

表 2-110　不同土壤类型饱和水力传导度

土壤分类	土属名称	土壤质地		饱和水力传导度/(mm/d)
		耕作层	犁底层	
淹育型水稻土	淹育型麻沙泥田	黏壤土	黏壤土	3.990
	淹育型黄沙泥田	黏壤土	黏壤土	8.603
	淹育型鳝泥田	黏壤土	壤质黏土	5.789
	淹育型石灰泥田	壤质黏土	壤质黏土	6.217
	淹育型红砂泥田	砂质壤土	砂质壤土	12.628
	淹育型黄泥田	壤质黏土	壤质黏土	4.424
	淹育型紫泥田	黏壤土	黏壤土	3.990
	淹育型潮沙泥田	砂质壤土	砂质壤土	8.274
潴育型水稻土	潴育型麻沙泥田	黏壤土	砂质黏壤土	6.923
	潴育型紫褐泥田	壤质黏土	壤质黏土	7.364
	潴育型黄沙泥田	黏壤土	黏壤土	3.892
	潴育型鳝泥田	黏壤土	黏壤土	6.636
	潴育型石灰泥田	粉砂质黏壤土	壤质黏土	3.962
	潴育型红沙泥田	砂质黏壤土	砂质黏壤土	8.372
	潴育型紫泥田	黏壤土	黏壤土	4.039
	潴育型炭质泥田	黏壤土	黏壤土	5.908
	潴育型黄泥田	粉砂质黏壤土	粉砂质黏壤土	3.185
	潴育型沙质黄泥田	黏壤土	黏壤土	1.904
	潴育型马肝泥田	壤质黏土	粉砂质黏土	8.575
	潴育型潮沙泥田	黏壤土	黏壤土	6.804
潜育型水稻土	潜育型麻沙泥田	黏壤土	黏壤土	36.107
	潜育型紫褐泥田	黏壤土	壤质黏土	9.128
	潜育型黄沙泥田	黏壤土	黏壤土	13.307
	潜育型鳝泥田	黏壤土	黏壤土	9.163
	潜育型石灰泥田	粉砂质黏壤土	粉砂质黏壤土	4.690
	潜育型红沙泥田	壤质黏土	壤质黏土	3.808
	潜育型紫泥田	黏壤土	黏壤土	5.040
	潜育型黄泥田	粉砂质黏土	粉砂质黏土	3.479
	潜育型潮沙泥田	壤质黏土	壤质黏土	6.839

表 2-111　全省各县稻田渗漏强度

单位:mm/d

地区	渗漏强度	地区	渗漏强度	地区	渗漏强度
南昌市	1. 677	上犹县	2. 613	万载县	1. 925
南昌县	1. 677	崇义县	2. 613	上高县	1. 399
新建区	1. 677	安远县	4. 436	宜丰县	1. 314
安义县	1. 677	龙南市	1. 330	铜鼓县	1. 330
进贤县	1. 677	定南县	2. 818	丰城市	1. 180
景德镇市	2. 118	全南县	2. 455	高安市	1. 297
浮梁县	2. 118	宁都县	2. 868	樟树市	1. 062
乐平市	2. 118	于都县	4. 512	抚州市	2. 207
萍乡市	1. 608	兴国县	2. 972	南城县	1. 513
芦溪县	1. 608	会昌县	4. 052	黎川县	1. 734
上栗县	1. 563	寻乌县	3. 769	崇仁县	1. 969
莲花县	1. 608	石城县	4. 539	南丰县	1. 269
九江市	2. 170	瑞金市	4. 209	乐安县	1. 854
柴桑区	2. 858	南康区	2. 613	宜黄县	1. 740
武宁县	2. 858	大余县	2. 613	金溪县	1. 860
修水县	2. 858	吉安市	2. 283	资溪县	1. 702
永修县	2. 858	吉安县	1. 475	广昌县	1. 269
德安县	2. 858	吉水县	1. 943	东乡区	2. 034
庐山市	2. 858	峡江县	2. 071	上饶市	2. 237
都昌县	2. 858	新干县	2. 268	广信区	2. 237
湖口县	2. 629	永丰县	2. 094	广丰区	2. 749
彭泽县	2. 858	泰和县	1. 475	万年县	2. 536
瑞昌市	2. 858	遂川县	1. 475	玉山县	2. 580
新余市	2. 350	万安县	1. 475	铅山县	2. 758
分宜县	1. 321	安福县	1. 475	横峰县	2. 635
鹰潭市	1. 321	永新县	1. 475	弋阳县	2. 791
贵溪市	1. 321	井冈山市	1. 475	余干县	2. 280
余江县	1. 321	宜春市	3. 132	鄱阳县	2. 408
赣州市	2. 536	奉新县	1. 305	婺源县	2. 755
赣县区	2. 536	靖安县	1. 305	德兴市	2. 755
信丰县	2. 689				

2.7.4　全省各县水稻灌溉定额计算分析

2.7.4.1　早稻灌溉定额计算分析

据表 2-112 统计分析可知,早稻在间歇灌溉模式下,全省 85 个县(市、区;九江市濂溪区除外,下同)全生育期灌溉定额多年平均值为 155.7 mm,各县(市、区)中最小值为资溪县的 86.2 mm,最大值为安远县的 252.3 mm。在不同频率年当中,50%频率年全省 85 个县(市、区)平均值为 149.0 mm,较多年平均值减少 6.7 mm,减幅为 4.33%;75%频率年全省 85 个县(市、区)平均值为 199.5 mm,较多年平均值增加 43.8 mm,增幅达 28.13%;80%频率年全省 85 个县(市、区)平均值为 218.2 mm,较多年平均值增加 62.5 mm,增幅达 40.14%;90%频率年全省 85 个县(市、区)平均值为 258.0 mm,较多年平均值增加 102.3 mm,增幅达 65.70%。

表 2-112　早稻间歇灌溉不同频率年灌溉定额　单位:mm

频率年	50%	75%	80%	90%	多年平均
修水县	141.5	198.7	210.5	257.8	156.2
铜鼓县	76.9	102.0	112.9	166.1	87.7
宜丰县	99.3	134.5	152.8	188.8	108.9
万载县	123.6	160.8	187.7	205.5	132.1
上高县	107.3	155.3	171.2	212.6	119.6
萍乡市	136.2	178.3	197.3	227.7	141.7
莲花县	136.6	182.7	215.6	257.0	149.3
分宜县	111.7	167.8	173.7	258.1	124.6
宜春市	170.1	228.2	247.9	292.6	178.6
新余市	169.6	218.8	222.5	244.4	162.0
安福县	116.1	168.3	195.4	245.6	130.6
吉安市	131.0	198.7	207.7	247.3	141.9
井冈山市	134.6	168.7	175.3	228.8	137.9
永新县	129.7	168.7	181.8	256.1	139.2
万安县	182.6	221.5	231.2	337.3	191.1
遂川县	160.3	195.4	218.0	280.1	163.9
泰和县	147.3	198.5	238.7	253.8	153.8
崇义县	125.0	189.3	221.6	249.6	141.0
上犹县	158.5	220.9	254.5	263.7	162.9
南康区	212.6	268.7	292.3	310.4	213.4
赣县区	235.7	287.0	297.5	327.4	224.5
大余县	168.5	228.3	242.4	251.3	161.2
信丰县	175.7	247.7	260.3	314.2	185.3

续表 2-112

频率年	50%	75%	80%	90%	多年平均
九江市	192.3	239.5	242.8	321.0	199.3
瑞昌市	166.2	233.8	251.9	326.1	187.3
武宁县	157.0	194.5	229.9	264.0	166.4
德安县	168.2	245.9	263.4	283.7	188.9
永修县	173.1	225.9	237.8	269.7	181.2
湖口县	190.3	223.0	247.3	291.4	188.2
彭泽县	166.7	277.9	305.3	328.6	207.0
庐山市	176.4	242.1	256.2	302.9	184.5
都昌县	172.3	235.3	279.4	295.3	188.9
鄱阳县	171.9	210.9	221.1	246.1	166.8
景德镇	136.1	179.1	207.7	256.4	144.4
婺源县	107.8	168.8	195.9	239.7	133.1
靖安县	106.2	144.2	150.6	173.4	107.5
奉新县	118.7	144.7	147.8	166.6	117.6
安义县	123.4	160.7	178.3	190.8	130.4
高安市	108.5	179.0	189.0	213.6	126.6
南昌市	133.3	189.2	218.5	235.6	144.2
南昌县	135.8	159.8	178.0	220.0	126.0
樟树市	104.7	156.1	180.5	215.8	116.1
丰城市	110.5	139.5	159.1	192.0	115.8
余干县	170.3	214.5	221.8	269.2	162.4
进贤县	131.7	179.7	218.5	274.2	143.7
万年县	160.4	209.6	232.9	246.4	150.5
余江县	104.5	164.5	171.9	251.3	126.1
临川区	146.7	186.4	232.0	283.1	154.0
东乡区	177.3	230.6	239.6	283.8	179.3
乐平市	152.7	196.2	228.8	271.6	152.5
德兴市	130.6	195.3	217.4	240.5	142.9
广信区	136.8	178.6	194.0	205.4	139.2
弋阳县	168.2	223.0	260.0	316.7	176.9
横峰县	153.6	207.7	221.0	234.9	153.3
贵溪市	116.8	180.4	197.4	214.8	128.3

续表 2-112

频率年	50%	75%	80%	90%	多年平均
鹰潭市	125.7	141.3	147.7	176.0	121.1
铅山县	170.2	226.5	233.7	256.2	166.5
玉山县	157.3	206.4	226.9	282.3	161.2
广丰区	182.8	247.3	263.1	276.7	181.6
上饶市	147.8	202.7	214.8	242.5	152.7
新建区	126.9	171.1	179.4	216.8	131.9
新干县	153.4	202.4	231.8	293.8	156.7
峡江县	125.9	185.7	219.1	237.4	140.4
永丰县	142.6	201.6	204.8	246.1	148.9
乐安县	123.8	168.9	185.7	222.8	133.4
吉水县	150.4	205.6	215.3	249.8	154.1
崇仁县	107.7	158.3	166.2	196.9	118.6
金溪县	145.6	205.8	226.2	324.5	171.1
资溪县	74.5	113.3	132.8	142.7	86.2
宜黄县	120.9	157.8	165.8	193.2	115.7
南城县	148.0	187.8	217.6	245.3	149.3
南丰县	152.0	177.3	184.5	259.1	145.9
黎川县	111.5	156.2	162.1	204.6	118.2
兴国县	195.7	257.0	273.8	321.0	199.0
宁都县	174.5	199.5	259.1	312.2	178.9
广昌县	104.6	158.3	164.5	178.0	110.2
石城县	199.8	265.3	287.4	325.5	199.3
瑞金市	196.7	263.9	277.9	379.8	215.4
于都县	207.5	260.4	269.8	314.8	206.7
会昌县	208.6	274.2	329.5	359.8	225.3
安远县	257.5	316.7	327.6	356.2	252.3
全南县	166.8	196.4	226.6	261.0	160.6
龙南市	122.6	157.3	171.1	242.1	123.0
定南县	155.0	213.8	220.6	278.6	168.5
寻乌县	186.2	269.4	276.2	333.9	201.7
全省平均	149.0	199.5	218.2	258.0	155.7
全省最小值	74.5	102.0	112.9	142.7	86.2
全省最大值	257.5	316.7	329.5	379.8	252.3

据表 2-113 统计分析可知,早稻在浅水灌溉模式下,全省 85 个县(市、区;九江市濂溪区除外,下同)全生育期灌溉定额多年平均值为 243. 3 mm,各县(市、区)中最小值为铜鼓县的 149. 2 mm,最大值为安远县的 373. 7 mm。在不同频率年当中,50%频率年全省 85 个县(市、区)平均值为 241. 3 mm,较多年平均值减少 2. 0 mm,减幅为 0. 82%;75%频率年全省 85 个县(市、区)平均值为 291. 9 mm,较多年平均值增加 48. 6 mm,增幅达 19. 96%;80%频率年全省 85 个县(市、区)平均值为 316. 2 mm,较多年平均值增加 72. 9 mm,增幅达 29. 96%;90%频率年全省 85 个县(市、区)平均值为 360. 7 mm,较多年平均值增加 117. 4 mm,增幅达 48. 25%。

表 2-113 早稻浅水灌溉不同频率年灌溉定额

单位:mm

频率年	50%	75%	80%	90%	多年平均
修水县	250. 2	278. 9	299. 1	380. 7	260. 8
铜鼓县	129. 8	168. 7	173. 0	215. 3	149. 2
宜丰县	170. 1	197. 6	228. 9	256. 1	170. 2
万载县	191. 2	225. 0	289. 1	306. 2	200. 0
上高县	168. 7	217. 3	264. 1	272. 0	186. 0
萍乡市	196. 1	242. 4	303. 4	352. 3	216. 0
莲花县	213. 2	245. 4	250. 6	386. 2	222. 5
分宜县	172. 0	234. 0	251. 6	343. 3	194. 8
宜春市	269. 7	333. 7	365. 5	419. 2	281. 0
新余市	247. 8	315. 7	339. 3	365. 8	252. 7
安福县	170. 4	219. 5	251. 8	345. 7	188. 1
吉安市	243. 9	258. 1	313. 1	328. 7	231. 3
井冈山市	202. 3	236. 2	253. 1	321. 7	210. 1
永新县	176. 8	236. 6	250. 2	320. 5	199. 2
万安县	300. 2	351. 1	377. 9	383. 0	285. 3
遂川县	257. 8	303. 6	330. 3	332. 3	252. 3
泰和县	253. 1	289. 4	294. 6	326. 1	239. 6
崇义县	211. 8	279. 3	290. 6	342. 8	217. 6
上犹县	281. 1	316. 2	335. 4	343. 1	251. 3
南康区	335. 0	378. 3	386. 0	408. 2	305. 4
赣县区	344. 9	390. 6	397. 9	482. 0	324. 0
大余县	253. 9	333. 0	341. 8	376. 8	253. 7
信丰县	270. 1	347. 9	385. 7	408. 6	275. 7
九江市	292. 1	368. 5	377. 3	455. 5	317. 3
瑞昌市	283. 6	309. 2	343. 8	397. 3	284. 5

续表 2-113

频率年	50%	75%	80%	90%	多年平均
武宁县	248. 1	284. 9	329. 0	364. 1	267. 3
德安县	284. 8	323. 4	350. 7	406. 4	287. 6
永修县	278. 7	338. 1	346. 9	374. 5	284. 2
湖口县	271. 9	337. 7	374. 4	408. 5	294. 2
彭泽县	266. 2	338. 3	375. 0	420. 6	297. 6
庐山市	273. 2	350. 6	395. 3	462. 0	290. 9
都昌县	286. 8	342. 3	370. 2	399. 0	292. 9
鄱阳县	251. 5	293. 6	297. 6	350. 0	252. 1
景德镇市	229. 2	266. 1	296. 7	359. 1	229. 9
婺源县	204. 4	261. 7	279. 4	354. 4	218. 6
靖安县	169. 6	194. 1	199. 7	227. 8	166. 1
奉新县	173. 1	212. 4	238. 2	253. 1	187. 7
安义县	204. 8	248. 3	256. 8	293. 6	198. 2
高安市	205. 3	244. 5	245. 7	259. 4	201. 8
南昌市	211. 0	253. 9	281. 0	315. 5	222. 1
南昌县	174. 7	229. 6	243. 1	283. 2	187. 3
樟树市	162. 3	246. 6	249. 1	314. 6	188. 5
丰城市	179. 0	247. 0	252. 1	298. 0	196. 4
余干县	241. 0	306. 1	314. 8	430. 5	251. 1
进贤县	217. 3	267. 7	307. 4	412. 4	229. 9
万年县	247. 7	306. 9	329. 0	399. 9	246. 5
余江县	190. 0	237. 6	261. 3	355. 8	197. 0
临川区	260. 3	284. 7	306. 1	424. 9	244. 6
东乡区	286. 6	336. 2	356. 1	397. 6	275. 9
乐平市	242. 9	289. 9	343. 1	394. 5	249. 3
德兴市	228. 2	308. 6	328. 3	372. 8	241. 6
广信区	246. 1	286. 2	292. 7	333. 7	228. 6
弋阳县	267. 7	306. 4	346. 8	398. 1	264. 1
横峰县	254. 4	294. 4	336. 2	359. 9	243. 0
贵溪市	212. 5	246. 2	312. 5	346. 1	203. 9
鹰潭市	189. 7	230. 7	237. 9	246. 4	191. 6

续表 2-113

频率年	50%	75%	80%	90%	多年平均
铅山县	263.9	312.8	331.2	384.6	255.7
玉山县	255.8	306.7	359.3	379.3	252.5
广丰区	294.5	337.9	379.1	383.1	276.8
上饶市	238.9	301.1	320.6	330.9	233.8
新建区	207.3	240.8	253.9	292.2	204.0
新干县	234.6	290.9	318.3	337.4	242.7
峡江县	215.3	276.2	316.9	349.5	229.2
永丰县	242.1	286.9	316.6	333.1	242.7
乐安县	216.2	249.0	257.5	283.7	218.3
吉水县	247.0	332.9	350.5	365.5	257.3
崇仁县	206.4	253.0	258.9	306.6	205.5
金溪县	266.1	311.0	394.5	436.8	279.0
资溪县	159.1	192.6	221.2	261.9	164.0
宜黄县	201.2	240.0	246.0	306.1	194.5
南城县	243.7	293.4	318.9	368.3	238.7
南丰县	214.5	265.3	287.4	361.5	228.3
黎川县	192.8	242.6	259.7	275.9	184.0
兴国县	300.1	369.2	378.6	405.4	297.0
宁都县	290.6	342.4	369.6	406.1	275.7
广昌县	192.1	219.3	227.5	277.3	186.2
石城县	309.5	405.6	419.0	434.9	316.1
瑞金市	350.5	416.2	427.5	491.2	343.2
于都县	333.8	381.5	428.6	454.1	324.9
会昌县	343.0	404.1	411.3	511.8	342.1
安远县	358.8	432.5	474.5	496.1	373.7
全南县	251.0	299.7	317.7	366.0	236.2
龙南市	235.8	271.9	299.8	318.3	201.5
定南县	261.6	330.6	348.1	372.4	257.5
寻乌县	341.4	411.1	434.5	482.4	316.2
全省平均	241.3	291.9	316.2	360.7	243.3
全省最小值	129.8	168.7	173.0	215.3	149.2
全省最大值	358.8	432.5	474.5	511.8	373.7

2.7.4.2　晚稻灌溉定额计算分析

据表 2-114 统计分析可知,晚稻在间歇灌溉模式下,全省 85 个县(市、区;九江市濂溪区除外,下同)全生育期灌溉定额多年平均值为 385.2 mm,各县(市、区)中最小值为铜鼓县的 226.4 mm,最大值为瑞金市的 519.1 mm。在不同频率年当中,50%频率年全省 85 个县(市、区)平均值为 381.4 mm,较多年平均值减少 3.8 mm,减幅为 0.99%;75%频率年全省 85 个县(市、区)平均值为 440.6 mm,较多年平均值增加 55.4 mm,增幅达 14.38%;80%频率年全省 85 个县(市、区)平均值为 462.5 mm,较多年平均值增加 77.3 mm,增幅达 20.06%;90%频率年全省 85 个县(市、区)平均值为 507.7 mm,较多年平均值增加 122.5 mm,增幅达 31.80%。

表 2-114　晚稻间歇灌溉不同频率年灌溉定额　单位:mm

频率年	50%	75%	80%	90%	多年平均
修水县	349.6	406.1	421.8	458.2	361.5
铜鼓县	226.8	263.9	285.0	297.9	226.4
宜丰县	268.7	298.8	320.7	372.9	264.5
万载县	293.4	338.7	359.0	420.0	300.0
上高县	295.9	353.3	372.7	400.5	305.3
萍乡市	276.7	358.6	362.3	421.3	297.7
莲花县	303.7	363.0	372.8	445.5	295.4
分宜县	298.3	336.9	371.3	411.2	304.9
宜春市	369.1	436.0	462.0	499.5	376.2
新余市	405.6	495.7	521.6	589.3	428.1
安福县	301.8	370.3	381.1	436.1	298.2
吉安市	377.9	443.7	478.7	539.6	385.3
井冈山市	253.3	303.6	318.8	408.1	254.9
永新县	295.3	340.8	384.7	423.4	281.2
万安县	380.1	443.7	489.0	508.2	376.9
遂川县	330.8	397.9	428.1	501.2	345.8
泰和县	383.8	439.3	497.3	538.1	387.4
崇义县	339.7	394.0	415.0	448.9	320.0
上犹县	386.9	464.8	471.6	522.2	387.7
南康区	442.9	527.8	566.1	597.9	452.4
赣县区	487.4	553.7	564.5	638.3	479.3
大余县	414.7	494.6	526.1	559.9	411.0
信丰县	441.9	543.1	566.1	600.5	450.2
九江市	435.3	510.0	534.5	557.3	445.3
瑞昌市	366.5	397.5	411.7	462.7	357.4

续表 2-114

频率年	50%	75%	80%	90%	多年平均
武宁县	378.3	403.2	424.4	449.9	370.4
德安县	420.0	481.1	514.1	556.1	434.4
永修县	442.8	520.8	543.4	566.2	467.4
湖口县	435.6	493.2	499.1	579.4	448.3
彭泽县	386.2	465.3	485.9	526.8	409.2
庐山市	508.3	540.2	559.7	616.1	513.7
都昌县	475.9	501.1	540.6	649.4	488.5
鄱阳县	468.0	525.9	551.9	603.7	472.2
景德镇市	394.2	423.2	435.3	454.5	387.0
婺源县	358.3	402.9	428.9	464.9	371.7
靖安县	330.9	389.5	434.2	503.4	340.8
奉新县	344.5	397.0	411.9	429.2	352.2
安义县	354.5	413.7	424.2	464.4	365.6
高安市	375.3	416.6	433.7	528.9	377.3
南昌市	416.0	475.5	499.1	533.7	417.0
南昌县	440.1	480.3	504.4	511.0	425.5
樟树市	345.9	402.9	408.6	522.2	358.0
丰城市	345.3	404.2	428.2	473.1	349.5
余干县	428.2	459.5	473.6	511.1	420.8
进贤县	347.6	408.1	411.6	479.2	367.3
万年县	390.2	429.8	434.2	464.2	389.4
余江县	298.3	371.2	379.4	428.3	308.3
临川区	382.8	442.8	460.4	496.2	381.3
东乡区	396.1	438.1	464.5	512.2	393.2
乐平市	389.3	442.6	452.8	493.3	388.8
德兴市	382.8	428.3	451.8	467.6	384.9
广信区	451.1	508.2	515.7	536.1	452.5
弋阳县	426.1	494.8	536.2	614.7	448.5
横峰县	412.0	444.1	475.0	516.2	406.5
贵溪市	340.3	385.5	428.3	455.8	344.7
鹰潭市	339.8	389.9	419.0	478.2	351.3
铅山县	413.4	469.3	496.2	538.5	417.7

续表 2-114

频率年	50%	75%	80%	90%	多年平均
玉山县	401.4	453.7	481.6	520.0	414.8
广丰区	456.2	492.3	501.6	525.9	446.1
上饶市	393.0	456.5	462.8	491.9	390.4
新建区	415.8	448.8	464.9	515.4	404.7
新干县	428.3	488.7	499.6	540.8	433.8
峡江县	385.6	442.5	453.9	522.3	385.8
永丰县	374.0	449.9	468.8	522.9	379.8
乐安县	326.1	386.9	397.4	446.0	333.3
吉水县	394.4	471.5	497.3	513.6	398.6
崇仁县	333.4	386.2	403.8	478.2	341.7
金溪县	356.2	441.5	480.7	502.6	366.1
资溪县	246.2	300.8	322.3	334.2	254.5
宜黄县	307.9	376.1	398.3	416.8	314.9
南城县	334.7	381.9	401.1	438.0	336.1
南丰县	349.3	432.8	450.6	470.5	347.3
黎川县	364.5	400.6	436.1	470.8	353.7
兴国县	455.0	554.2	578.0	641.6	474.9
宁都县	502.6	537.7	569.7	615.3	477.0
广昌县	337.5	386.8	415.3	474.9	336.1
石城县	514.8	601.9	640.4	670.8	510.0
瑞金市	516.1	608.5	617.3	650.6	519.1
于都县	499.8	565.3	598.9	624.7	492.5
会昌县	482.7	532.8	561.8	645.6	478.6
安远县	460.3	515.3	534.0	600.9	459.9
全南县	295.8	406.7	423.6	460.7	332.2
龙南市	315.9	386.4	406.1	477.8	326.8
定南县	374.8	461.6	482.6	496.2	376.1
寻乌县	451.4	554.5	558.2	602.5	458.6
全省平均	381.4	440.6	462.5	507.7	385.2
全省最小值	226.8	263.9	285.0	297.9	226.4
全省最大值	516.1	608.5	640.4	670.8	519.1

据表 2-115 统计分析可知，晚稻在浅水灌溉模式下，全省 85 个县（市、区；九江市濂溪区除外）全生育期灌溉定额多年平均值为 476. 6 mm，各县（市、区）中最小值为铜鼓县的 296. 1 mm，最大值为庐山市的 662. 5 mm。在不同频率年当中，50%频率年全省 85 个县（市、区）平均值为 475. 1 mm，较多年平均值减少 1. 44 mm，减幅为 0. 30%；75%频率年全省 85 个县（市、区）平均值为 534. 8 mm，较多年平均值增加 58. 2 mm，增幅达 12. 22%；80%频率年全省 85 个县（市、区）平均值为 562. 7 mm，较多年平均值增加 86. 1 mm，增幅达 18. 07%；90%频率年全省 85 个县（市、区）平均值为 615. 7 mm，较多年平均值增加 139. 1 mm，增幅达 29. 19%。

表 2-115 晚稻浅水灌溉不同频率年灌溉定额 单位：mm

频率年	50%	75%	80%	90%	多年平均
修水县	460. 9	486. 0	519. 0	605. 7	462. 2
铜鼓县	303. 4	341. 7	343. 7	386. 4	296. 1
宜丰县	352. 1	388. 6	398. 1	480. 6	333. 2
万载县	375. 9	439. 7	462. 2	526. 0	386. 8
上高县	373. 7	435. 9	448. 6	471. 4	384. 7
萍乡市	370. 1	438. 1	449. 7	542. 8	374. 1
莲花县	372. 3	456. 0	485. 6	510. 7	365. 7
分宜县	386. 0	430. 5	448. 9	528. 5	383. 9
宜春市	475. 3	516. 5	548. 1	629. 3	472. 1
新余市	517. 6	588. 1	638. 2	675. 3	532. 3
安福县	383. 2	445. 8	464. 9	500. 9	375. 4
吉安市	475. 3	544. 7	578. 7	647. 6	469. 9
井冈山市	322. 1	372. 8	395. 3	512. 1	323. 7
永新县	328. 2	442. 1	450. 1	474. 0	342. 9
万安县	444. 9	508. 7	574. 6	595. 0	446. 1
遂川县	413. 3	484. 8	501. 4	565. 8	412. 3
泰和县	458. 9	535. 4	622. 4	643. 0	471. 3
崇义县	415. 8	466. 8	474. 4	513. 6	383. 9
上犹县	474. 7	531. 5	537. 0	582. 7	456. 8
南康区	511. 2	596. 0	631. 0	694. 1	520. 6
赣县区	572. 7	616. 9	701. 2	757. 3	572. 2
大余县	504. 5	554. 0	627. 6	659. 0	488. 9

续表 2-115

频率年	50%	75%	80%	90%	多年平均
信丰县	526.4	596.7	615.9	699.2	518.9
九江市	519.6	594.6	652.9	720.7	552.9
瑞昌市	447.4	490.4	525.5	556.4	447.0
武宁县	454.5	503.1	518.2	569.7	460.8
德安县	544.6	612.6	654.4	780.9	563.8
永修县	563.0	641.4	721.2	847.3	606.5
湖口县	531.6	610.5	692.6	745.4	574.2
彭泽县	489.8	538.8	581.4	613.7	518.1
庐山市	647.3	736.5	754.1	891.1	662.5
都昌县	583.9	655.6	706.1	847.4	630.0
鄱阳县	593.7	677.3	700.0	812.4	613.3
景德镇市	513.6	553.4	573.6	594.7	497.7
婺源县	454.0	484.9	541.8	559.1	458.7
靖安县	406.5	523.9	542.1	615.3	432.0
奉新县	439.5	500.0	533.8	676.2	460.6
安义县	445.7	499.6	524.9	650.5	458.3
高安市	469.4	518.1	541.3	691.6	486.4
南昌市	547.6	576.5	600.3	726.8	537.3
南昌县	570.7	601.7	601.7	622.4	555.0
樟树市	421.6	468.5	476.7	552.3	430.1
丰城市	443.0	522.0	532.8	560.4	453.2
余干县	526.5	574.8	603.7	622.7	525.8
进贤县	446.2	505.0	530.1	569.9	458.7
万年县	496.1	539.7	552.9	599.6	492.2
余江县	385.6	424.6	461.4	499.1	385.3
临川区	474.2	507.9	522.0	596.9	457.7
东乡区	496.2	521.6	592.8	615.9	487.9

续表 2-115

频率年	50%	75%	80%	90%	多年平均
乐平市	469.4	560.3	577.6	598.7	486.2
德兴市	498.3	515.4	517.9	576.8	484.8
广信区	624.1	683.4	683.6	700.0	610.0
弋阳县	557.9	611.5	633.9	711.5	551.6
横峰县	520.6	567.3	576.2	621.2	503.2
贵溪市	432.6	466.2	477.4	546.1	424.0
鹰潭市	460.7	532.1	572.9	600.6	474.8
铅山县	513.4	569.9	608.8	632.8	508.1
玉山县	514.6	574.1	576.2	608.5	512.3
广丰区	557.9	609.5	626.9	646.4	552.8
上饶市	482.7	527.5	558.3	588.5	478.3
新建区	507.3	577.4	616.1	689.2	513.0
新干县	521.7	569.3	585.7	625.7	528.0
峡江县	475.5	544.4	557.7	569.9	470.3
永丰县	487.3	561.0	589.3	610.3	479.5
乐安县	410.9	470.2	475.6	508.3	406.2
吉水县	513.8	571.8	579.4	605.9	491.3
崇仁县	450.4	479.6	503.8	550.8	439.4
金溪县	454.1	499.6	560.2	620.1	449.7
资溪县	355.6	390.1	394.2	401.4	329.2
宜黄县	396.2	476.7	494.1	536.8	398.8
南城县	443.4	509.4	530.8	558.3	431.2
南丰县	375.9	439.7	462.2	526.0	386.8
黎川县	434.2	498.5	509.2	524.9	431.7
兴国县	569.9	612.6	667.6	727.3	561.8
宁都县	555.3	638.2	663.8	695.9	561.8
广昌县	429.2	485.5	510.6	532.3	424.1
石城县	616.9	673.9	696.2	738.3	596.9
瑞金市	592.3	696.1	711.6	738.3	610.5
于都县	586.4	645.4	671.5	709.5	580.1
会昌县	566.2	632.0	661.2	729.8	563.8

续表 2-115

频率年	50%	75%	80%	90%	多年平均
安远县	540.1	591.6	607.4	625.6	527.8
全南县	367.8	496.2	516.6	562.7	399.3
龙南市	384.8	437.5	472.4	504.2	377.9
定南县	456.4	529.2	554.9	575.5	452.9
寻乌县	530.4	616.7	672.7	696.7	528.8
全省平均	475.1	534.8	562.7	615.7	476.6
全省最小值	303.4	341.7	343.7	386.4	296.1
全省最大值	647.3	736.5	754.1	891.1	662.5

2.7.5　江西省水稻灌溉定额等值线图及空间差异性分析

2.7.5.1　灌溉定额等值线图绘制方法

空间差异性最直观的表现形式为等值线图。目前,绘制等值线的方法有网格序列法和网格无关法等。由于网格序列法不能充分利用所有原始数据,精确度低,故在进行空间数据研究时,通常使用网格无关法。网格无关法一般有克里金法、矩形网格法和三角网格法。本研究在绘制水稻灌溉定额等值线图时采用网格无关法,通过 Surfer 8.0 绘图软件,并运用克里金法进行插值拟合,进行等值线图绘制。

运用克里金法进行插值拟合采用以下公式:

$$f_P = \sum_{i=1}^{n} w_i f_i \tag{2-44}$$

式中　f_i——第 i 个已知点的函数值,$i=1\sim n$;

w_i——第 i 个已知点的权效率,$i=1\sim n$。

运用克里金插值法时权效率需满足无偏性条件及方差最小的条件:

$$\sum_{i=1}^{n} \beta_i = 1 \tag{2-45}$$

$$\min\sigma_E^2 = \mathrm{var}(f_P - f_i) \tag{2-46}$$

应用 Surfer 8.0 绘制等值线图具体步骤如下:

(1)用 Surfer 软件对每个县(市、区)的经纬度进行测量。

(2)加入排频后的数据,组成 A、B、C 三个因子,建立一个数据组。

(3)插入基面图,对基面图的范围进行调整。

(4)对其数据进行网格化,产生一个 .grd 的数据,并用建立好的边界条件对其进行白化(边界条件也由 Surfer 软件读出,这样有利于白化过的 .grd 数据的产生)。

(5)生成等值线图。

2.7.5.2　水稻灌溉定额等值线图及空间差异性分析

根据以上等值线图绘制程序方法，对早、晚稻间歇灌溉和浅水灌溉两种灌溉方式，50%、75%、80%、90%四个频率年和多年平均值灌溉定额进行等值线图绘制（见图 2-97～图 2-108）。灌溉定额等值线图所采用底图为江西省 1∶350 万的行政区划图，等值线上数字为灌溉定额，单位为 m^3/亩，等值线相邻差值为 5 m^3/亩；等值线图的横坐标为经度，纵坐标为纬度。

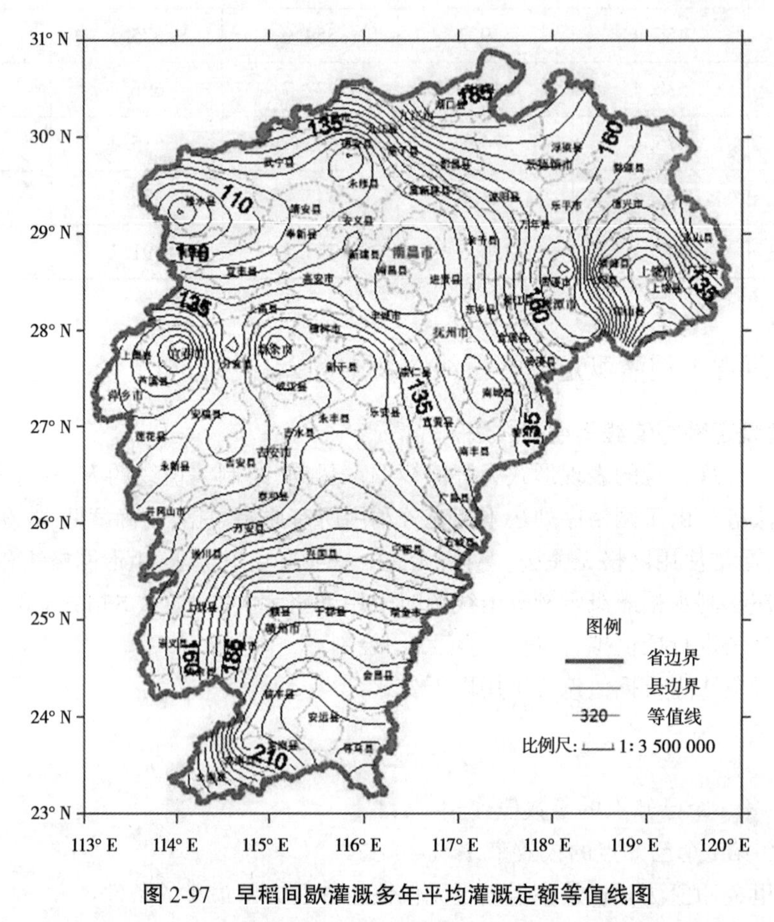

图 2-97　早稻间歇灌溉多年平均灌溉定额等值线图

从图 2-97～图 2-99 中早稻间歇灌溉方式灌溉定额等值线变化趋势来看，等值线逐渐变得密集，等值线密集区域也逐渐增多。另据以上各等值线图变化趋势来看，各频率年低值区主要集中在宜春的铜鼓县、奉新县和抚州的资溪县；高值区主要集中在赣南地区，分别为赣州的赣县区、会昌县、安远县和瑞金市。

从图 2-100～图 2-102 中早稻浅水灌溉方式灌溉定额等值线变化趋势来看，等值线逐渐变得密集，等值线密集区域也逐渐增多。另据以上各等值线图变化趋势来看，各频率年低值区主要集中在宜春的铜鼓县、靖安县和抚州的资溪县；高值区主要集中在赣南地区，分别为赣州的瑞金市、安远县、寻乌县和会昌县。

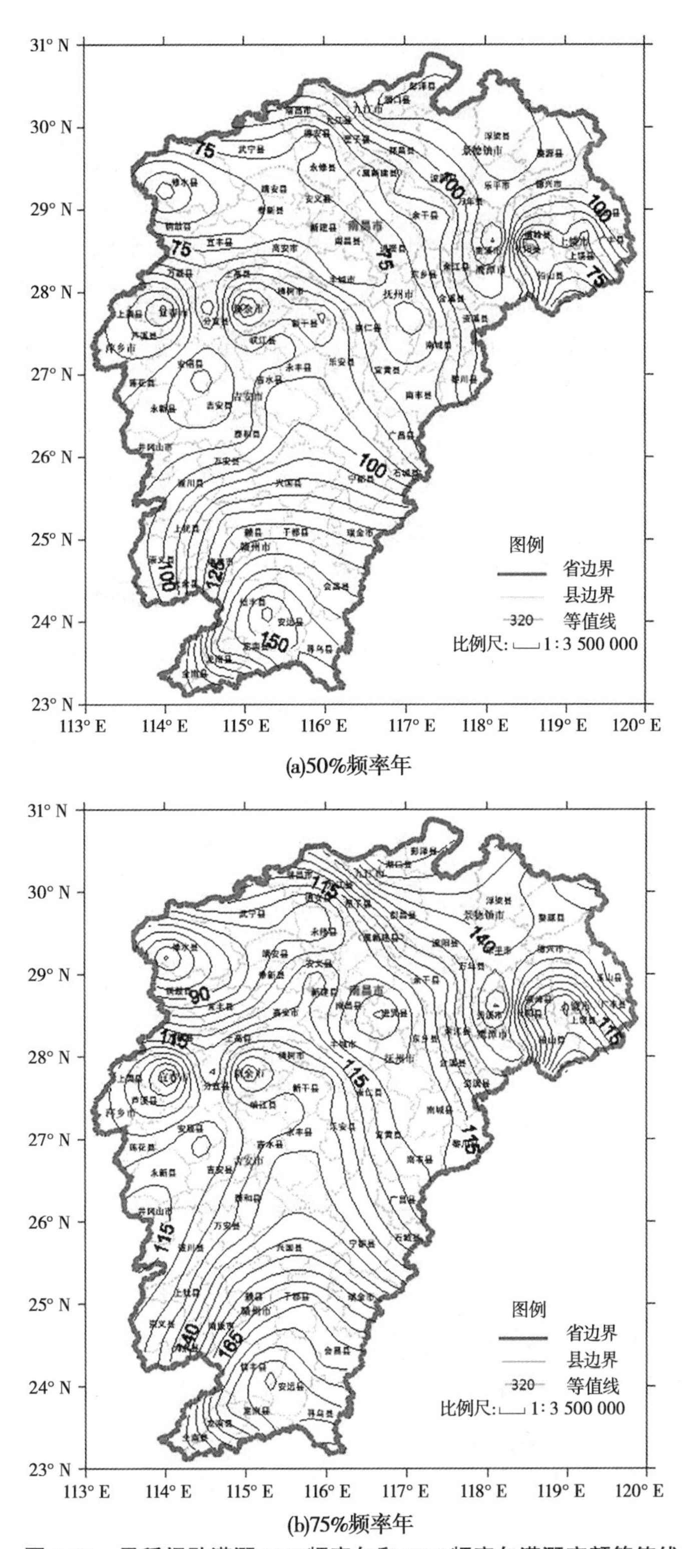

图 2-98　早稻间歇灌溉 50%频率年和 75%频率年灌溉定额等值线图

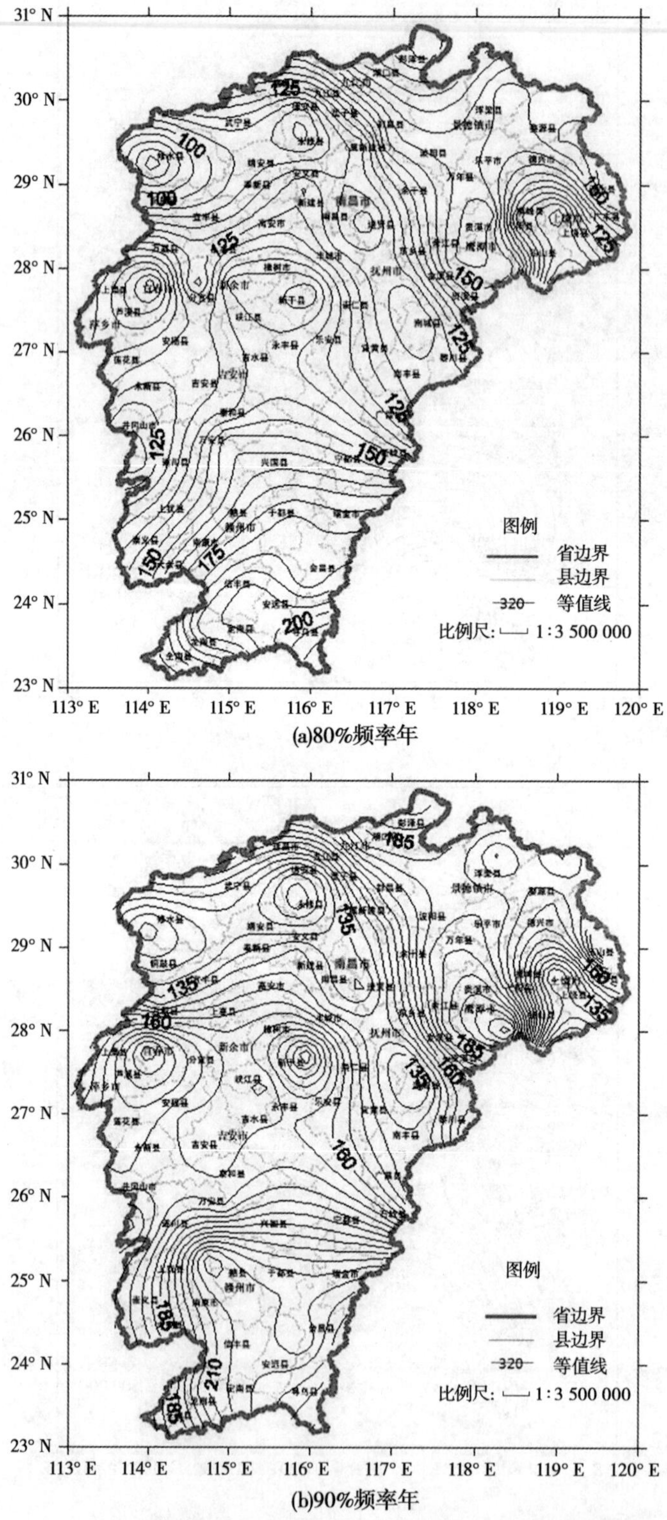

图 2-99　早稻间歇灌溉 80%频率年和 90%频率年灌溉定额等值线图

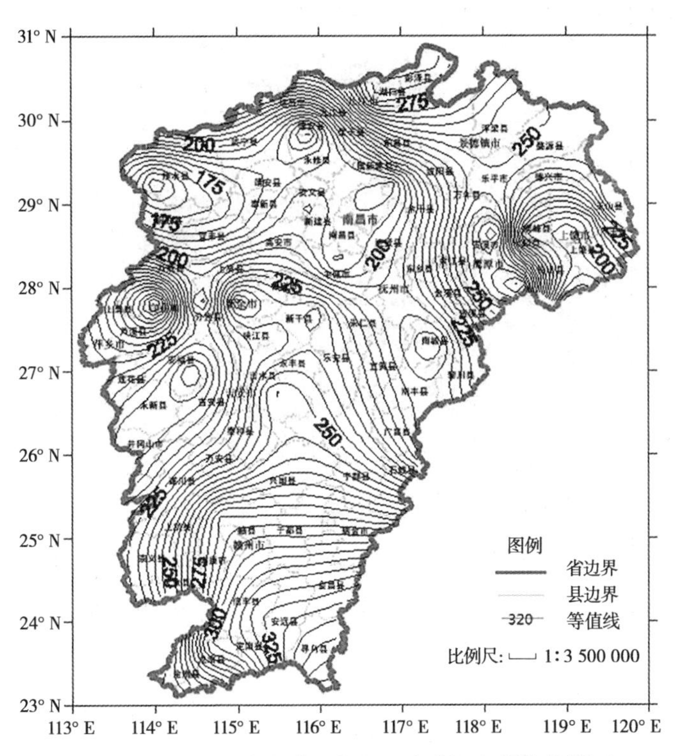

图 2-100　早稻浅水灌溉多年平均灌溉定额等值线图

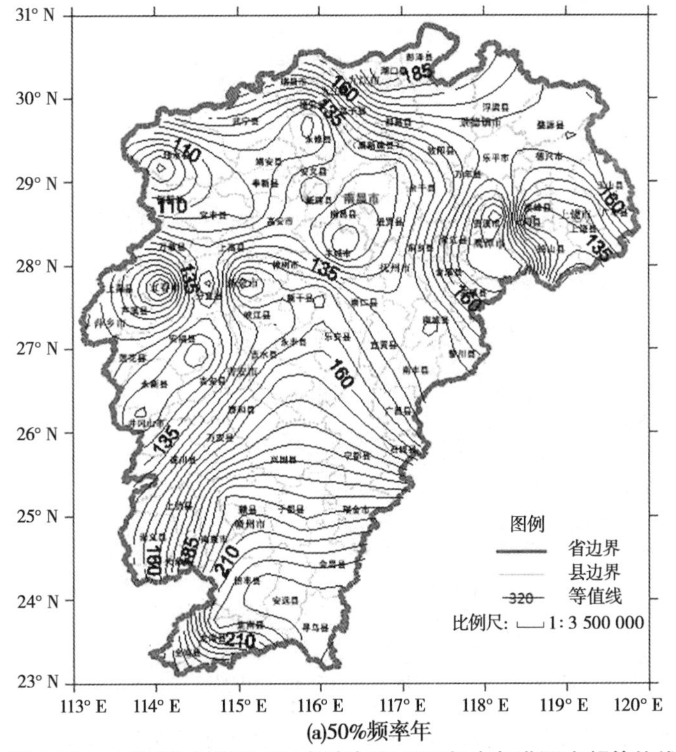

(a)50%频率年

图 2-101　早稻浅水灌溉 50%频率年和 75%频率年灌溉定额等值线图

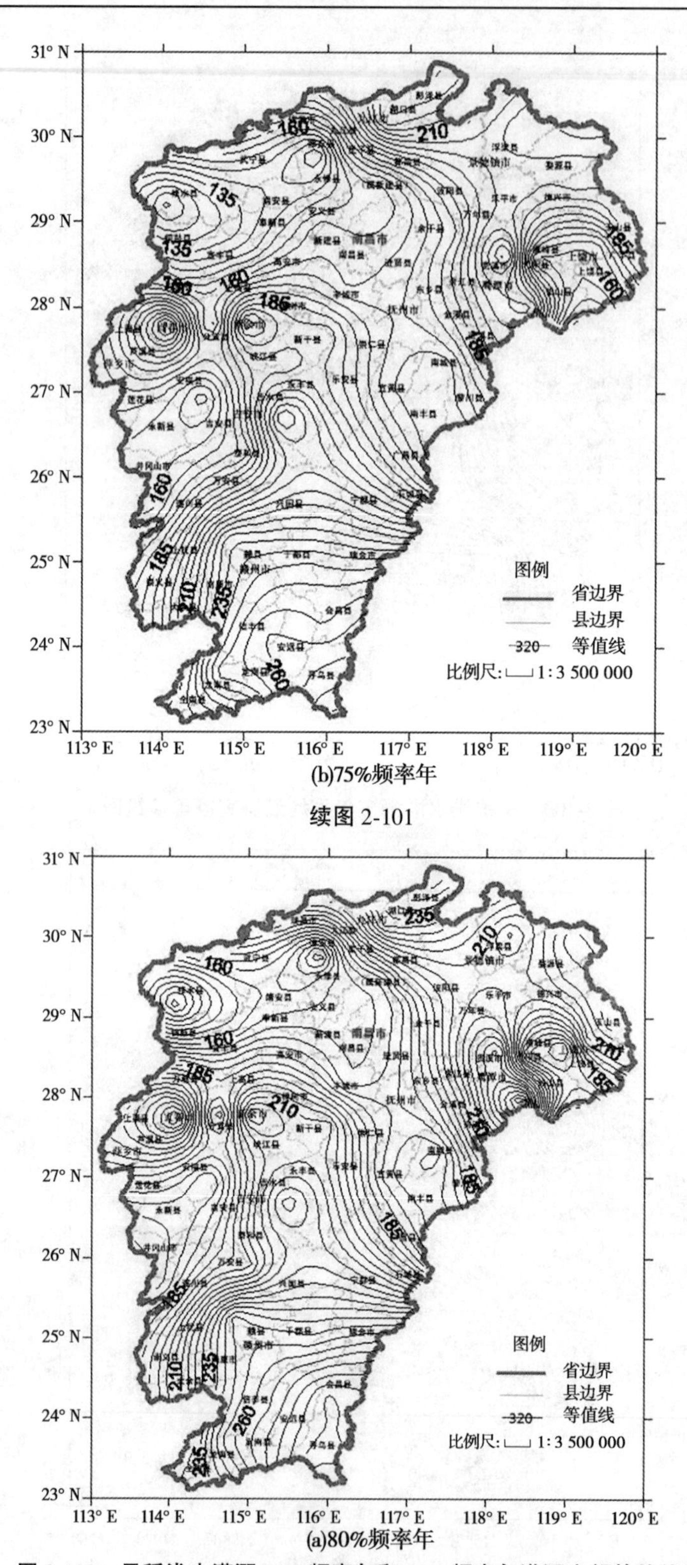

(b)75%频率年

续图 2-101

(a)80%频率年

图 2-102　早稻浅水灌溉 80%频率年和 90%频率年灌溉定额等值线图

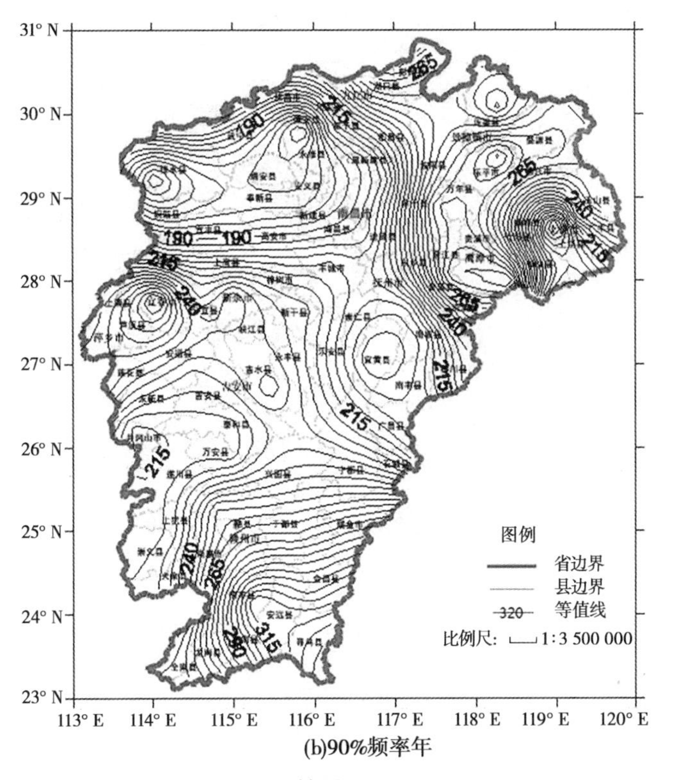

(b)90%频率年

续图 2-102

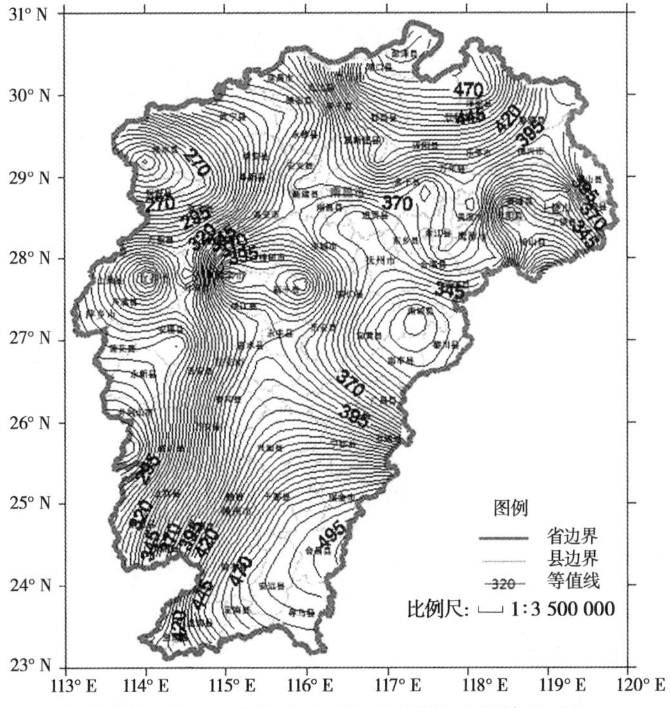

图 2-103　晚稻间歇灌溉多年平均灌溉定额等值线图

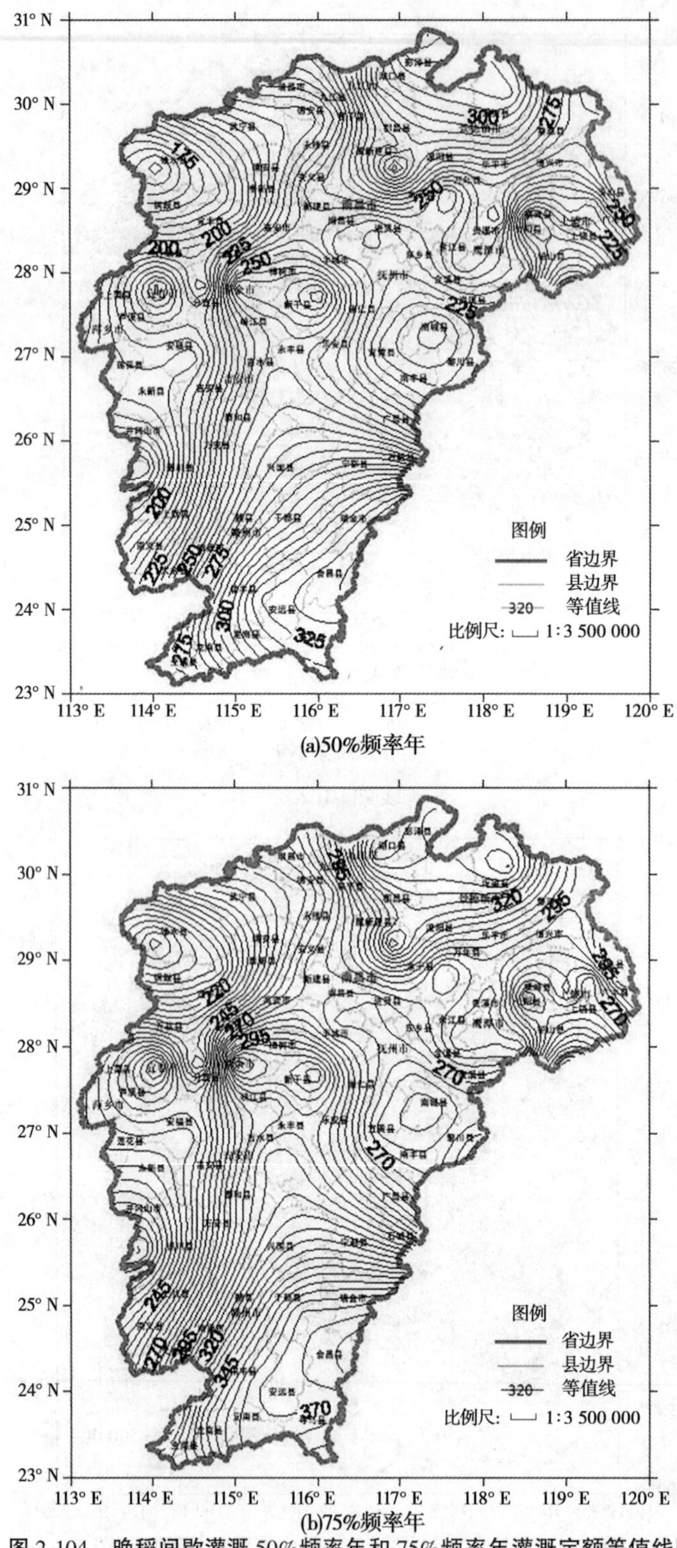

(a)50%频率年

(b)75%频率年

图 2-104　晚稻间歇灌溉 50%频率年和 75%频率年灌溉定额等值线图

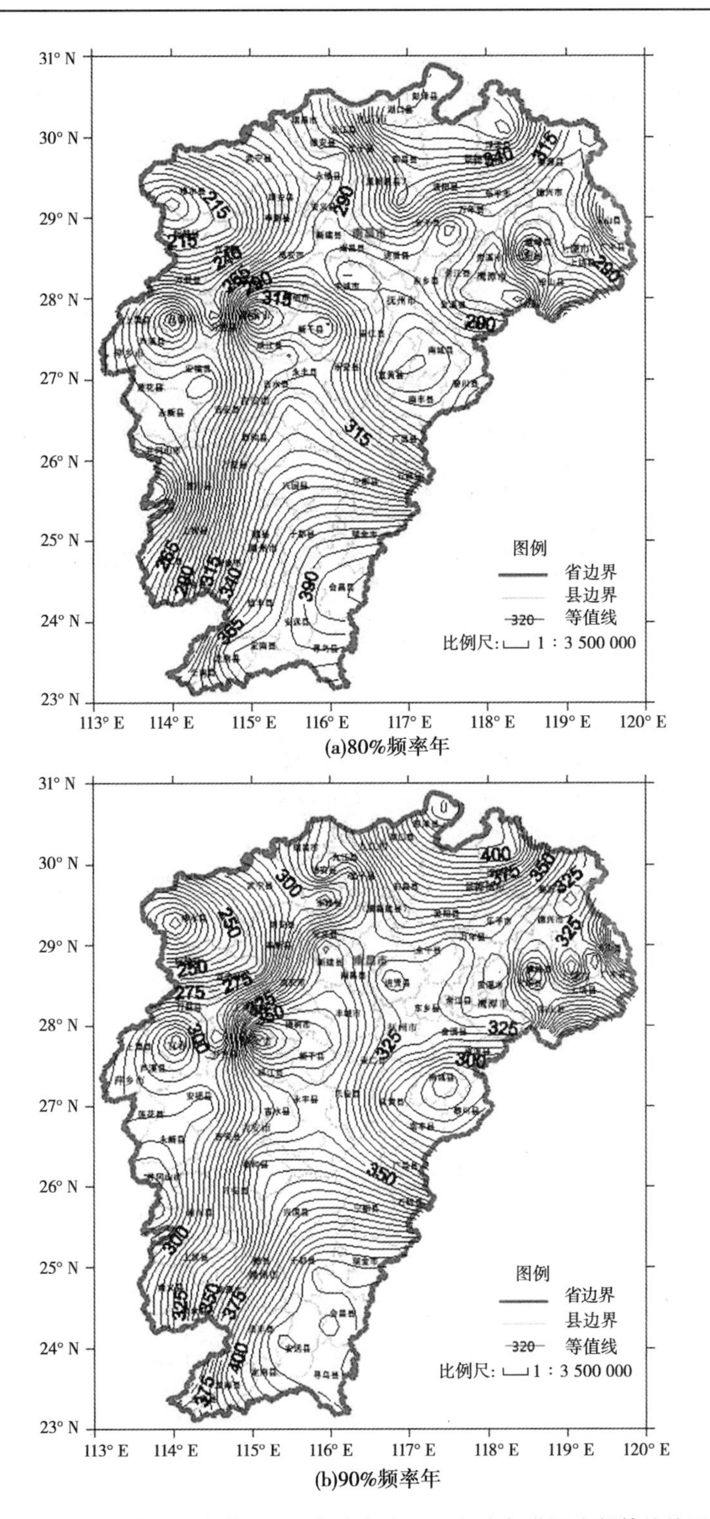

(a)80%频率年

(b)90%频率年

图 2-105　晚稻间歇灌溉 80%频率年和 90%频率年灌溉定额等值线图

从图 2-103~图 2-105 中晚稻间歇灌溉方式灌溉定额等值线变化趋势来看,等值线逐渐变得密集,等值线密集区域也逐渐增多。另据以上各等值线变化趋势来看,各频率年低值区主要集中在宜春的铜鼓县、宜丰县和抚州的资溪县及吉安的井冈山市;高值区主要集中在赣南地区,分别为赣州的石城县、瑞金市,另外,九江的庐山市也处于高值区。

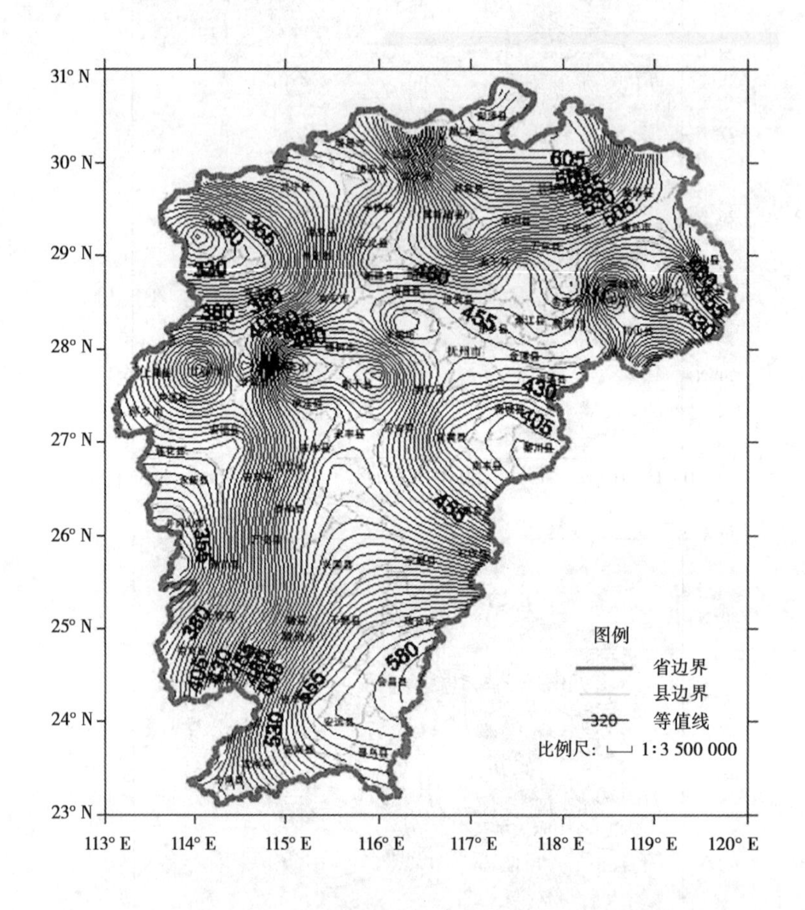

图 2-106　晚稻浅水灌溉多年平均灌溉定额等值线图

从图 2-106~图 2-108 中晚稻浅水灌溉方式灌溉定额等值线变化趋势来看,等值线逐渐变得稀疏,等值线密集区域也逐渐减少。另据以上各等值线图变化趋势来看,各频率年低值区主要集中在宜春的铜鼓县和抚州的资溪县及吉安的井冈山市;高值区主要为赣州的瑞金市和九江的庐山市。

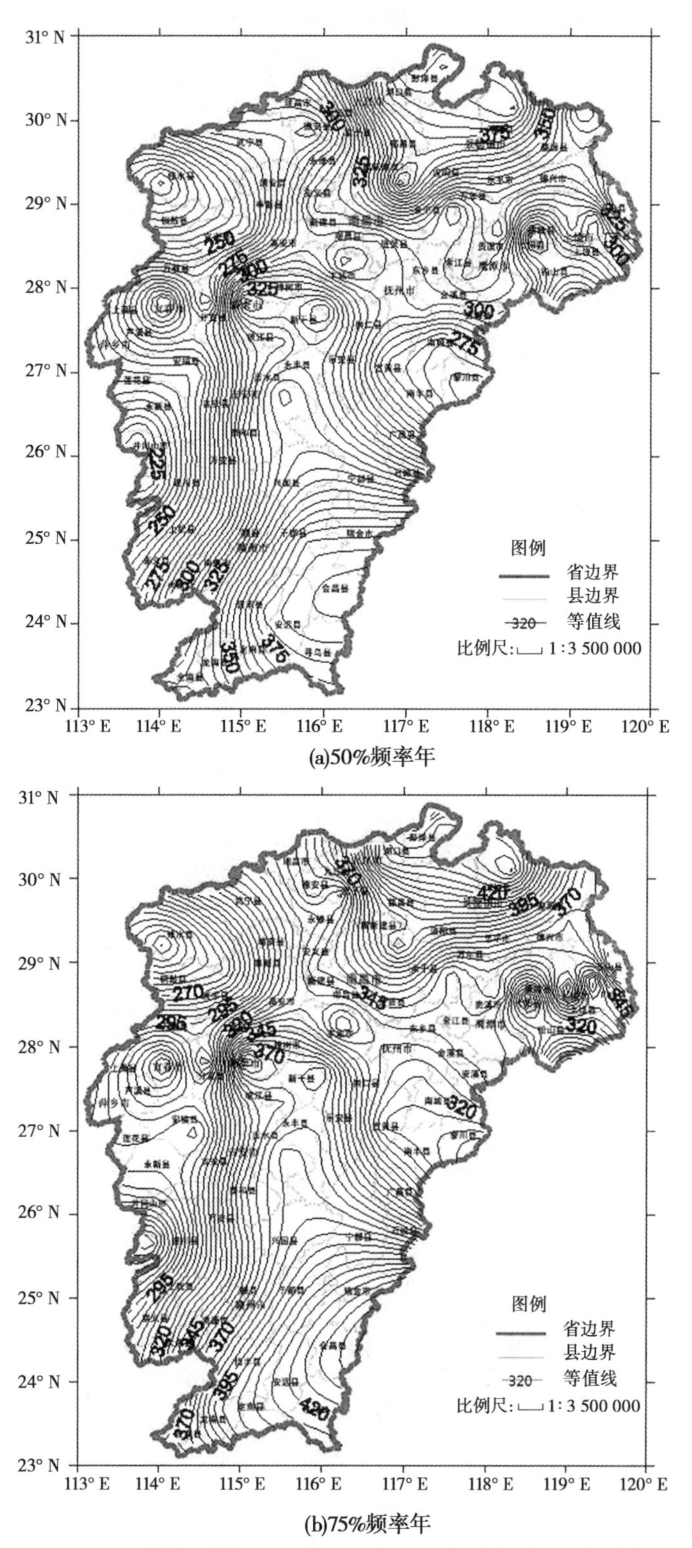

图 2-107　晚稻浅水灌溉 50%频率年和 75%频率年灌溉定额等值线图

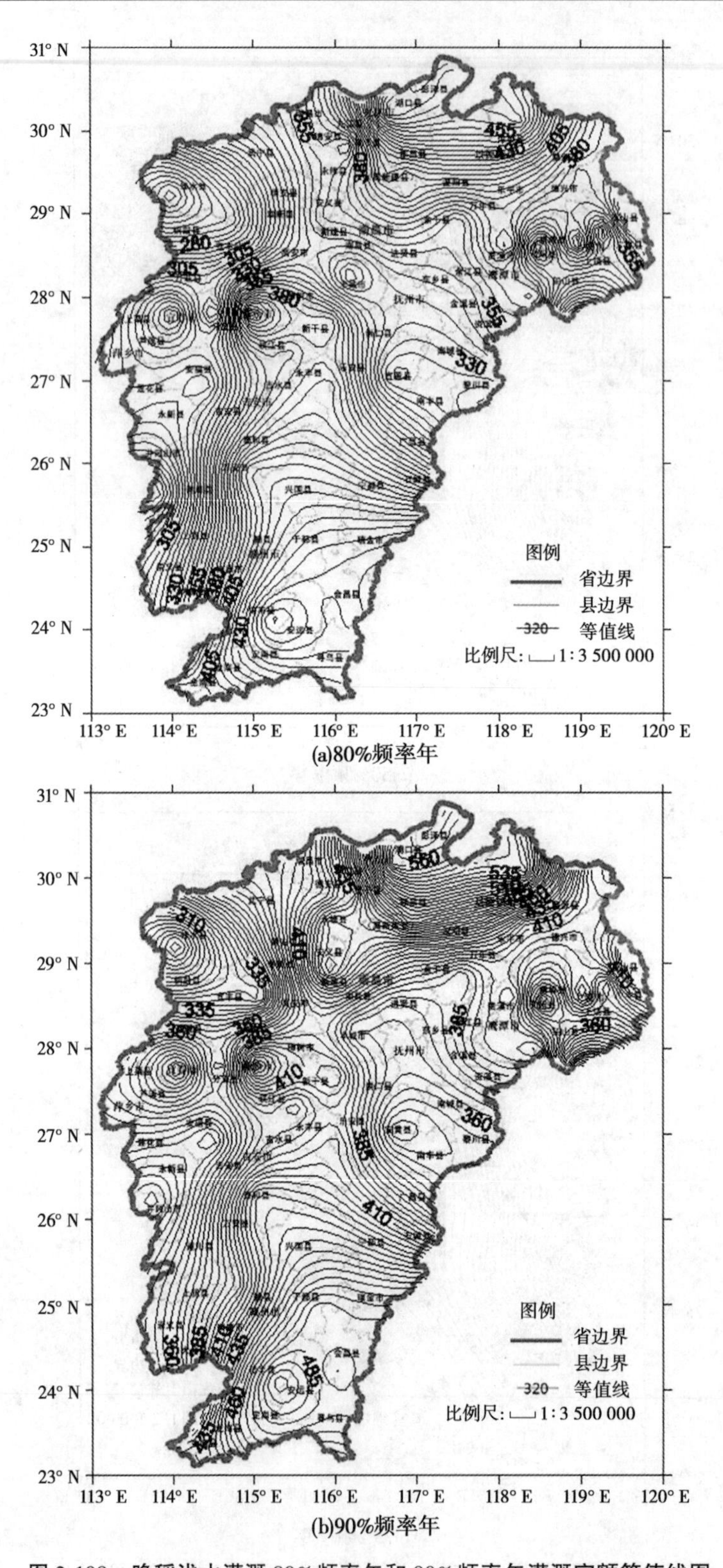

(a)80%频率年

(b)90%频率年

图 2-108　晚稻浅水灌溉 80%频率年和 90%频率年灌溉定额等值线图

在进行灌区水量平衡分析和需水量预测时，水利工程规划设计单位和水资源管理单位可直接在等值线图上查找所在区域不同频率年的灌溉定额。具体步骤如下：第一步，确定灌区所在的经度、纬度，或者包括的行政区域。第二步，对照等值线图的横坐标和纵坐标，确定坐标点，查出坐标点的灌溉定额，即为灌区所在区域的灌溉定额；第三步，按以上方法查找不同区域、不同频率年的灌溉定额；第四步，根据当地的水稻种植面积，计算出灌区不同频率年的需水量，用与灌区来水量进行对比分析，以指导灌区续建配套与节水改造和水资源管理工作。

2.7.6　小结

(1)以江西省灌溉试验中心站长系列水稻灌溉试验研究资料为基础，利用作物系数单值法修订全省各县(市、区)K_c 值，再利用 Penman-monteith 公式，计算得出参考作物蒸发蒸腾量 ET_0；然后，利用公式 $ET_c = ET_0 \times K_c$，计算得到水稻蒸发蒸腾量(即需水量)，进而分析间歇灌溉制度和浅水灌溉制度早、晚稻生育期间各月 50%、75%、80%、90% 4 个频率年和多年平均日蒸发蒸腾量、全生育期蒸发蒸腾量的变化规律。

(2)通过调查测定全省各县(市、区)不同土壤类型渗漏强度，确定各灌溉分区早、晚稻各生育期起止时间，设定间歇灌溉和浅水灌溉两种灌溉制度，根据稻田水量平衡原理，利用水稻各生育阶段适宜水层及耗水强度，采用 matlab 软件进行编程，用列表法逐日推求得到水稻灌水定额，进而求出全省各县(市、区)50%、75%、80%、90% 4 个频率年和多年平均灌溉定额，并对全省各县(市、区)灌溉定额的变化规律进行分析。

(3)通过采用网格无关法，利用 Surfer 8.0 软件绘制等值线图，运用克里金法进行插值拟合，进行全省水稻灌溉定额等值线图绘制，并对水稻灌溉定额进行空间差异性分析，表明水稻灌溉定额在全省不同区域具有一定的差异性，不同灌溉方式间存在微小的差异。

第3章 农田灌溉用水利用效率及尺度效应研究

本研究于2016年在江西省赣抚平原灌区选取典型区域,确定田块尺度(小尺度)和区域尺度(2 000亩左右),开展不同空间尺度水量平衡观测试验。试验以水量平衡要素观测为主,在小尺度上着力弄清楚田间水分运移的机理和过程,观测田块各个水量平衡要素,为区域尺度分析提供基础依据;在区域尺度上弄清楚区域水量平衡中主要水分消需运移过程,摸清区域内真实需水量及水分回归使用情况,为尺度变化条件下的灌溉水利用效率分析提供支持。

3.1 田间尺度水量平衡试验研究

3.1.1 田埂渗流试验研究

土质田埂是南方水稻种植中最为普遍的存在形式,通过土质田埂侧向渗流的存在也比较广泛。在梯田稻作区,稻田中部渗流以垂向为主,靠近田埂部分则以侧向渗流为主。然而,对于田埂,无论是长期耕作之后的物理性质变化,还是田埂渗流机理研究,国内外相关研究都比较少见。土质田埂经过长年耕作,土壤容重会在一定程度上提升,且土壤渗透效率会有所下降。研究田埂侧向渗流,可以从机理上对稻田侧渗导致的回归水重复利用进行量化。通过田埂渗流试验,探明稻田侧向渗漏机理,模拟不同条件下侧向渗流水量,定量化分析田间回归水量,可为区域尺度水量平衡分析提供基础依据。

3.1.1.1 试验材料与处理设计

本试验源于双套环试验,在田埂两侧铁框(1.5 m×0.8 m×0.3 m)四周临时筑起土围堰,以平衡铁框内外水位,减少绕过铁框向外围渗水,贴近田间实际情况。田埂渗流试验示意图见图3-1。

图3-1 田埂渗流试验示意图

左侧为上游,水位较高;右侧为下游,水位较低,则水量平衡计算公式可表示如下:

$$\begin{cases}\Delta W_1 = D_{p_1} + S_e \\ \Delta W_2 = D_{p_2} - S_e\end{cases} \tag{3-1}$$

式中　ΔW_1——左侧水深变化,mm;

ΔW_2——右侧水深变化,mm;

D_{p_1}——左侧垂向渗流,mm;

D_{p_2}——右侧垂向渗流,mm;

S_e——田埂渗流量。

D_{p_1}、D_{p_2} 分别在田埂两侧开展双套环试验进行测量,式(3-1)相减即求得田埂渗流量 S_e。田埂渗流示意图见图 3-2。

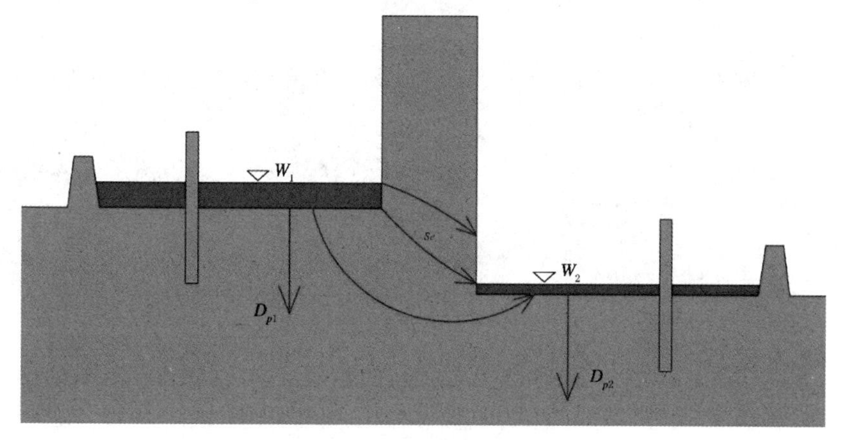

图 3-2　田埂渗流示意图

通过充分调查了解当地稻田田埂实际情况,选择能代表当地田块平均水平的田埂进行试验(见图 3-3)。试验选取了当地具有代表性的沙壤土为研究对象,试验地点位于南昌县向塘镇高田村瓦舍村小组稻田。具体试验设计如下:

(1)上下框垂直打入田块和田埂中,露出田面以上 10 cm,打入田埂垂向和纵向深 10 cm,且上下框位置应对齐,保证框与田块衔接良好,无较大裂缝漏水现象。

(2)框外 50~80 cm 处堆筑土埂,高 10~15 cm,宽约 15 cm,土埂应夯实,防止漏水。

(3)在试验框附近选取一块平整田面布置双套环进行同步试验,双套环垂直入土,露出地表 10~15 cm。尽量清理干净环内、环外杂草。

(4)在上下方试验框周围布置测井(用土钻打 1 m 深左右的测管),用以观察地下水位。

(5)在上框内取一基准面(基准面即水刚刚浸没整个田面的状态),做好标记,用测针记录实时水位,作为渗流试验的基准零点。

(6)水位计放置:采用 HOBO 压力式传感器,上下框内各 1 个,另田间大气压测定 1 个,地下水位测定 2 个,双套环内 1 个,共 6 个。

试验设置 3 组,上、下框内起始水位设置为 3 cm,并确保田埂已经渗流稳定。在上框内用悬线控制 HOBO 水位计浸没于测管中,并使水位计不接触底泥。下框内水位高于田

图 3-3 田埂试验现场

面 0.5 cm 左右即可。框外土埂内补充水位与框内水位齐平。同时,控制双套环内环水位 3 cm,同样设置基准面,并设置好记录点,做好标记,每次测量取同一位置。地下水位也用 HOBO 水位计悬线悬挂于测管中,浸没入水中,靠近底部,但不接触底泥。若试验时间较长(2~3 d),可控制白天每 4 h 补充一次上、下框外土埂内水位(一般框外水位下降较快);若试验时间间隔较短(5~8 h),可取 0.5 h 或 1 h 补充一下上、下框外水位,并观察框内水位和双套环内环水位下降情况。若双套环内水位有明显下降,需要补充外环水。等框内水位下降 3 cm 至无水层时,取回 6 个水位计进行读数,观察分析结果。

由于渗流速度很慢,考虑到渗流时间太长,试验过程不好控制,且重复性差,本次渗流试验仅开展了 3 cm 渗流试验,这也与间歇灌溉模式灌水上限一致。

3.1.1.2 试验测定分析方法

水位计读数包括田间大气压、上框内水位、下框内水位、上田地下水位、下田地下水位、双套环内水位。通过 HOBO 水位计监测数据,进行水层深度计算,具体计算公式如下:

$$H_{up} = (P_{up} - P_{air}) \times 101.972 \tag{3-2}$$

$$H_{down} = (P_{down} - P_{air}) \times 101.972 \tag{3-3}$$

$$H_{Dring} = (P_{Dring} - P_{air}) \times 101.972 \tag{3-4}$$

式中 H_{up}——上部田块水层深度,mm;

H_{down}——下部田块水层深度,mm;

H_{Dring}——双套环内水层深度,mm;

P_{up}——上部田块水位计读数,kPa;

P_{down}——下部田块水位计读数,kPa;

P_{Dring}——双套环水位计读数,kPa。

上框水层渗流速度采用式(3-5)进行计算。

$$V_{up} = (H_1 - H_2)/(t_1 - t_2) \tag{3-5}$$

式中 t_1——渗流稳定之后开始测量时刻,h;

t_2——渗流结束时刻,h;

H_1——开始测量时水层深度,mm;

H_2——结束测量时水层深度,mm。

下框水层渗流速度 V_{down}、双套环水层渗流速度 V_{Dring} 均同理可以算出。

由于本次试验渗流速度很慢,一组试验需几天时间,水面蒸发量不可忽略。根据水量平衡分析:

(1) V_{up} 包括上部田块垂直入渗量、水面蒸发量、侧向渗流量。

(2) V_{down} 包括下部田块垂直入渗量、水面蒸发量、侧向渗流补给量。

(3) V_{Dring} 包括垂直入渗量、水面蒸发量。

故侧向渗流量:

$$V_s = V_{up} - V_{Dring} \tag{3-6}$$

3.1.1.3　结果与分析

由表3-1及图3-4可以看出,两次渗流试验整体来说试验数据相近,表明该试验在当地可重复,并且测量结果符合当地当时实际情况。

表3-1　田埂渗流试验结果统计　单位:mm/d

	V_{up}	V_{down}	V_{Dring}	V_s
第一次试验	8.336	0	4.856	3.480
第二次试验	7.808	-1.145	3.338	4.420
平均值	8.072	-0.573	4.097	3.950

注:负值代表水层上升,存在水量补给;正值代表水层下降,存在水量消需。

第一次试验 V_{Dring} 及 V_{up} 均较大,是因为第一次试验开展的几天,平均水面蒸发量比较大。同时,这也促使第一次渗流试验下部田块水层保持稳定(侧向补给与垂向消需相当),而第二次试验下部田块水层呈现一定上升(侧向补给大于垂向消需)。

根据两次试验结果的均值可以看出,田埂渗流试验中上部田块的田间垂向消需量 V_{Dring} 与侧向渗流量 V_s 基本一致。此次试验过程中,单位长度田埂侧渗水量为27.65 cm^2/d。

3.1.2　田间水量平衡试验研究

田间试验实测稻田水量平衡要素,是区域尺度水量平衡分析及跨尺度灌溉定额分析的基础。通过田间尺度水量平衡试验,计算典型田块灌溉定额;摸清稻田原位条件下(有

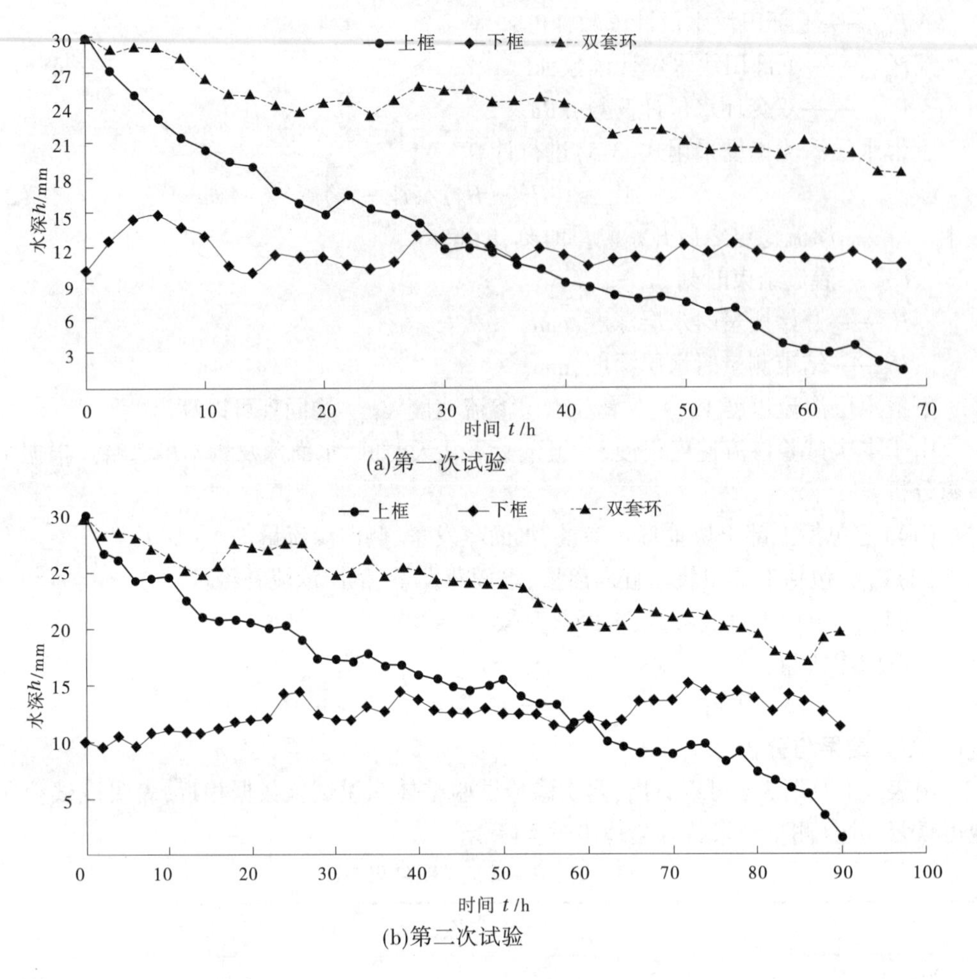

图 3-4　渗流试验水层变化过程

别于常规的测坑、测筒或小区试验)田间水量平衡要素变化规律及其影响因素;分析稻田原位观测水量平衡要素与测坑、测筒等观测值的差异及原因。

由于水量便于控制和观测,目前田间尺度的水量平衡试验基本在测坑、测筒及田间小区中开展。这些试验设施的边界经过人工防渗处理,田间水分运动基本为垂向,与实际稻田同时存在垂向及侧向水分运动差异较大。考虑到要研究不同尺度灌溉定额的变化,选取典型田块进行观测更具有代表性和合理性。因此,本书选取典型田块,来开展稻田水量平衡原位试验,分析田块尺度上的水量平衡。

3.1.2.1　试验处理设计

本次田间水量平衡原位试验在江西省赣抚平原灌区选取一块典型稻田,对稻田不进行防渗等其他工程措施改造。典型田块选择只有一边存在高差的稻田,这样稻田侧向渗流量即为通过田埂的渗流量。为了使田块尺度的水量平衡观测具有较好的代表性,于区域尺度试验小区内选择三块不同位置田块进行同期观测(见图 3-5),分别计算灌溉定额。三块典型田块均为直播中稻。

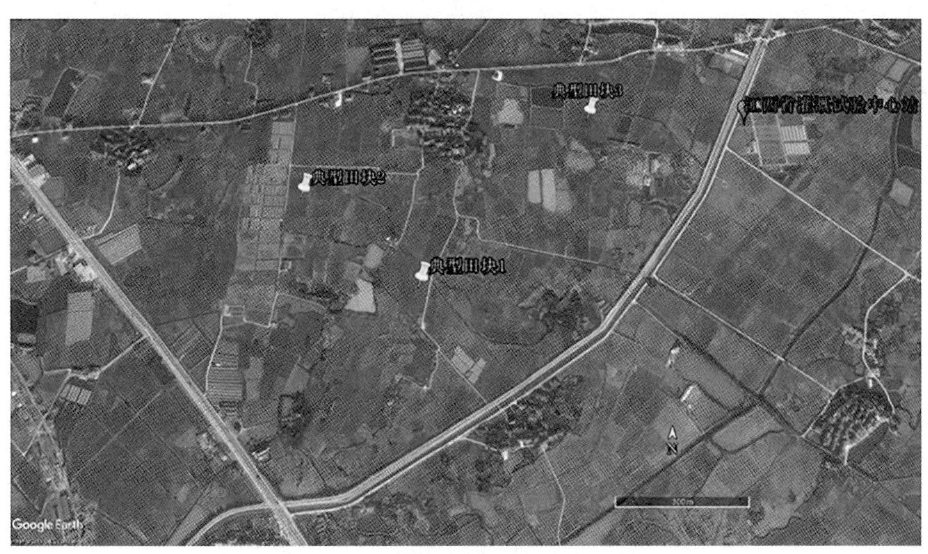

图 3-5　田间水量平衡观测试点分布图

3.1.2.2　**试验测定分析方法**

稻田水量平衡可采用式(3-7)表示：

$$P + I_r - ET_c - D_p - R - \Delta S_e = \Delta W \tag{3-7}$$

式中　P——降雨量，mm；

I_r——灌溉水量，mm；

ET_c——蒸发蒸腾量，mm；

D_p——垂向入渗量，mm；

R——田间排水量，mm；

ΔS_e——侧向渗流量差值，mm；

ΔW——田间水层变化值，mm。

试验围绕以上 7 个水量平衡要素的测量计算展开。降雨量 P 采用江西省灌溉试验中心站雨量观测数据；灌溉水量 I_r 以田间水层灌水前后突变量计算；蒸发蒸腾量 ET_c 采用单作物系数法计算（K_c 采用江西省灌溉试验中心站水稻试验小区同期试验成果）；垂向入渗量 D_p 利用双套环试验实测；田间排水量 R 利用排水前后田间水位变化量计算。当以上各水量平衡要素确定之后，可利用水量平衡公式求得稻田侧向渗流量的差值 ΔS_e。

3.1.2.3　**结果与分析**

由于 3 号典型田块 8 月上旬灌水计量设施损坏，故只利用 1、2 号典型田块观测数据进行水量平衡分析。

1 号典型田块中稻生育期内一共灌水 5 次，主要集中在 8 月，全生育期内灌溉定额 400.0 mm。2 号典型田块生育期内一共灌水 6 次，全生育期内灌溉定额 420.0 mm。综合 1 号、2 号典型田块来看，两个典型田块全生育期灌溉定额均值为 410.0 mm。2016 年直播中稻灌水量统计见表 3-2。2016 年直播中稻排水量统计见表 3-3。

典型田块在中稻生育期内，由于 7 月 13—18 日集中降雨，产生两次排水。整个生育期内，稻田垂直入渗量为 107.0 mm，侧向渗流量为 80.0 mm，可见侧向渗流在当地稻田渗漏量中占相当大的比率，为 42.8%。典型田块水层变化过程示意图见图 3-6。

表 3-2　2016 年直播中稻灌水量统计

试区编号	灌水时间	灌水次数/次	灌水量/mm
1 号田块	6 月 28 日	1	60.0
	7 月 25 日	1	100.0
	8 月 15 日	1	80.0
	8 月 24 日	1	100.0
	8 月 30 日	1	60.0
	合计	5	400.0
2 号田块	6 月 28 日	1	100.0
	7 月 10 日	1	60.0
	7 月 24 日	1	50.0
	8 月 2 日	1	80.0
	8 月 14 日	1	40.0
	8 月 17 日	1	90.0
	合计	6	420.0
2 田块平均			410.0

表 3-3　2016 年直播中稻排水量统计

试区编号	排水时间	排水次数/次	排水量/mm
1 号田块	7 月 16 日	1	90.0
	7 月 18 日	1	30.0
	合计	2	120.0
2 号田块	7 月 16 日	1	60.0
	7 月 18 日	1	70.0
	合计	2	130.0
2 田块平均			125.0

对比表 3-4 与表 3-5 可知，典型田块相比于江西省灌溉试验中心站试验数据，典型田块的灌水量明显小于江西省灌溉试验中心站测坑中的灌水量，减少灌水量为 104.4 mm，

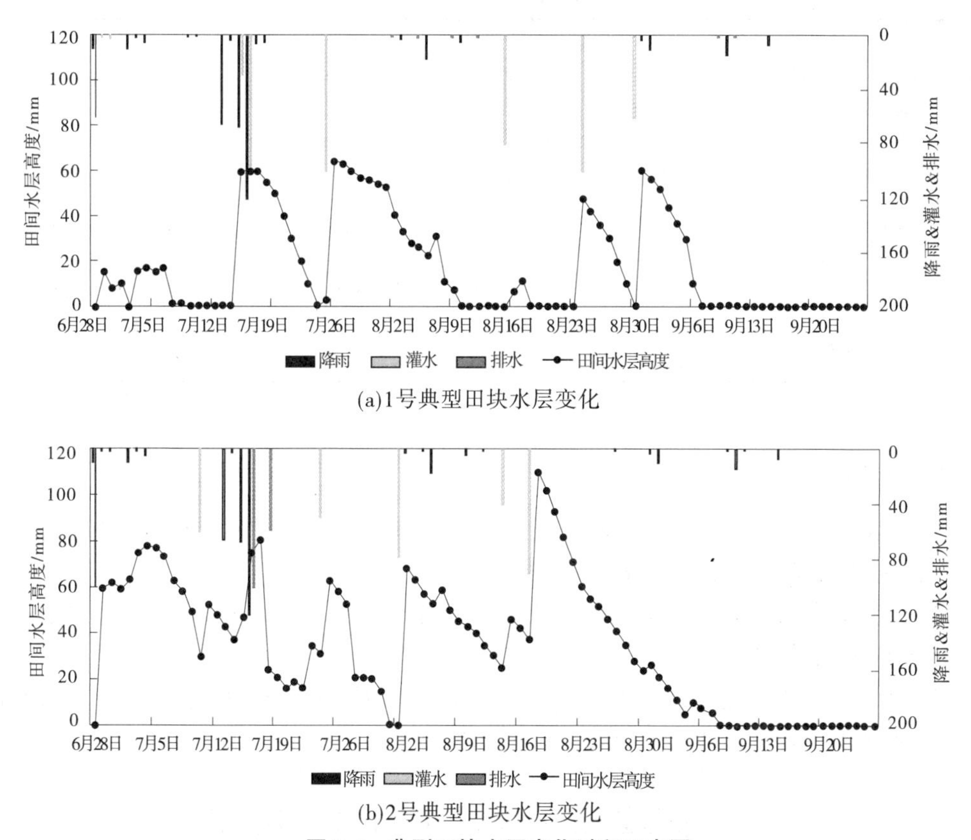

(a)1号典型田块水层变化

(b)2号典型田块水层变化

图 3-6　典型田块水层变化过程示意图

减少比率达 20. 30%;其主要原因是典型田块由于田间渗水的存在,上游田块的侧渗得到重复利用。另外,典型田块垂直渗漏量明显小于江西省灌溉试验中心站测坑,渗漏量减少 54. 5 mm,减少比率达 33. 75%;其原因是中稻种植期典型田块地下水位较高,致使垂直入渗减小。典型田块的蒸发蒸腾量与江西省灌溉试验中心站测坑持平。

表 3-4　2016 年典型田块直播中稻水分消需统计结果　　单位:mm

试区编号	1 号田块	2 号田块	均值
降雨量	446. 7	446. 7	446. 7
灌水量	400. 0	420. 0	410. 0
排水量	120. 0	130. 0	125. 0
蒸发蒸腾量	544. 7	544. 7	544. 7
垂直入渗量	107. 0	107. 0	107. 0
侧渗量	75. 0	85. 0	80. 0

表 3-5　2016 年江西省灌溉试验中心站中稻浅水灌溉试验统计结果　　单位：mm

月份	6	7	8	9	全期
灌水量	22.0	186.5	232.6	73.3	514.4
渗漏量	6.9	53.6	56.8	44.2	161.5
蒸腾量 ET_c	14.4	185.3	212.8	133.0	545.5
参考作物 ET_o	14.7	162.0	170.6	112.3	459.6
作物系数 K_c	0.98	1.14	1.25	1.18	1.19

3.1.3　小结

(1)沙壤土稻田田埂渗流试验表明,上部田块的田间垂向消需量与侧向渗流基本一致;单位长度田埂侧渗水量为 27.65 cm^2/d。

(2)典型田块水量平衡试验结果表明,在中稻全生育期内,稻田侧向渗流量占稻田渗漏总量比例较大,达 42.8%。

(3)典型田块灌水量和渗漏量明显小于试验测坑,减少比率分别达 20.30%和 33.75%;但典型田块蒸发蒸腾量与试验测坑基本持平。

3.2　区域尺度水量平衡试验研究

由于回归水的存在,田间渗漏水与降雨排水的重复利用,致使在区域尺度上实际的综合灌溉定额理论上应该小于田间尺度灌溉定额。为了对此现象有充分的了解,本书研究在区域尺度上开展水量平衡试验,计算中稻生育期内区域尺度的综合灌溉定额;并与典型田块观测数据进行对比,比较田块尺度观测的灌溉定额与区域尺度灌溉定额的差异,分析差异的原因。

3.2.1　试验处理设计

本次区域尺度试验选取江西省灌溉试验中心站附近(赣抚平原灌区二干渠中游向塘镇高田村)相对封闭的一块稻作区作为试验区。该封闭区域面积约 1 900 亩,形似三角形,三边边界由赣抚平原灌区二干渠、G316 国道和一条东西走向的县级公路构成。该区域主要种植中稻,其种植面积占区域总面积的 75%,占区域耕地面积的 94.5%。区域尺度试验区示意图见图 3-7,区域尺度试验区土地利用情况见表 3-6。

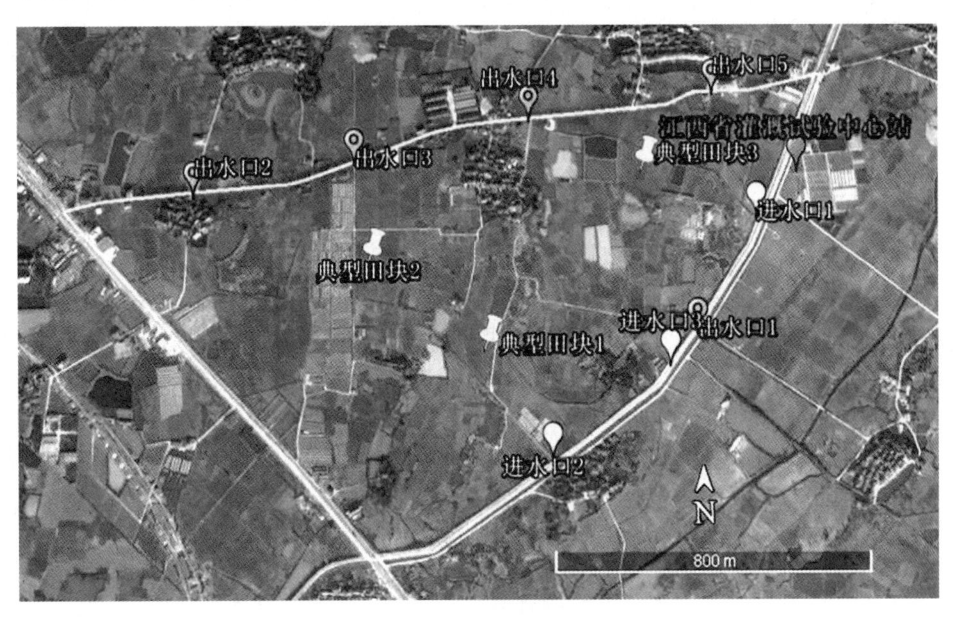

图 3-7　区域尺度试验区示意图

表 3-6　区域尺度试验区土地利用情况

土地利用类型	面积/亩	占比/%
房屋	145.33	7.61
经济作物	49.39	2.59
塘堰	115.41	6.04
天然湿地	42.23	2.21
莲藕田	23.73	1.24
田间道路	22.35	1.17
沟渠	25.77	1.35
大棚蔬菜	50.00	2.62
水稻	1 435.57	76.17
合计	1 909.77	100

试验区共设有 3 个进水口和 5 个出水口，主要用于区域的农田灌溉排水。

3.2.2　试验方法

针对试验区不同进出水口形式，设计不同流量测定方案。具体如下：

进水口 1 和进水口 3 均为涵管引水，管口直径分别为 60 cm 和 20 cm，连接二干渠进行引水灌溉。由于涵管穿过道路，管道较长，故利用管嘴出流公式进行引水量计算：

$$Q = \mu A \sqrt{2gH} \tag{3-8}$$

式中　Q——流出涵管的流量；

μ——流量效率，管嘴出流时取 0.82；

A——断面面积；

H——水面到管口圆心的距离（水位由 HOBO 自计水位计测量）。

进水口 2 上游为直径 50 cm 的涵管，下游为标准梯形断面（上底 170 cm，下底 58 cm，高 105 cm）。由于涵管进水口有闸门控制，故利用下游标准梯形断面进行流量测定；采用 HOBO 自计水位计进行断面水位在线监测，配合流速仪测量各水位下的流速，率定水位-流量关系曲线。

出水口 1 为梯形断面的大排水沟，出水口 2 为标准矩形断面（长 55 cm，高 50 cm），出水口 3 为标准梯形断面（上底 80 cm，下底 50 cm，高 35 cm），出水口 4 为标准矩形断面（宽 40 cm，高 60 cm），出水口 5 为经过修整的标准矩形断面；各出水口断面均采用 HOBO 自计水位计进行断面水位在线监测，配合流速仪测量各水位下的流速，率定水位-流量关系曲线。

试验区主要种植中稻，生育期为 6 月中旬开始至 9 月底结束，因此在水稻生育期内对试验区引水、排水量进行监测。渠道水位-流量关系曲线率定见图 3-8。

图 3-8　渠道水位-流量关系曲线率定

3.2.3　结果与分析

3.2.3.1　区域灌水总量分析

试验区在中稻生育期间灌排沟渠常年有水，故在进行灌水量测量的时候，各进水口引水量与各出水口排水量间的差值即为试验区中稻生育期间的灌水总量。对直播中稻生育期内各个进水口和出水口进行流量测算统计，结果见表 3-7。

经测算，在中稻生育期内，试验区共计灌水总量约 41.3 万 m^3。

3.2.3.2　水稻综合灌溉定额分析

根据中稻全生育期内跟踪测流资料统计分析，获取了整个试验区在中稻生育期内灌溉用水总量。但是，试验区内种植有少量经济作物及相当数量塘堰、湿地，也需要消耗一部分水量。为此，为了进一步弄清楚中稻综合灌溉定额，需从灌水总量中减去非水稻灌溉用水。

表 3-7　试验区各进、出水口中稻生育期内总水量

渠道名	总水量/m^3
进水口 1	794 427.06
进水口 2	652 272.45
进水口 3	662 022.56
出水口 1	1 282 199.26
出水口 2	144 090.75
出水口 3	26 715.71
出水口 4	106 587.99
出水口 5	135 645.47
总灌溉水量	413 482.89

1. 经济作物灌溉水量

在确定试验区经济作物种植面积后，对各种经济作物进行灌溉定额调查测定，并对照江西省灌溉试验中心站试验数据进行分析，获取在中稻生育期内该作物灌溉定额，以此推算相应时期经济作物灌溉水量。通过表 3-8 可知，在中稻生育期内试验区经济作物灌水量为 7 740.23m^3。

表 3-8　中稻生育期内试验区经济作物需水量统计结果

项目	豆类	甘蔗	杂粮	蔬菜	合计
种植面积/亩	11.06	1.47	1.80	86.11	99.44
※灌溉定额/mm	62	300	150	120	—
灌水量/m^3	456.97	294.48	179.69	6 809.09	7 740.23

注：※灌溉定额，中稻生育期内该作物逐旬灌水定额之和。

2. 塘堰湿地灌溉水量

对于塘堰及湿地，进行中稻生育期间水量平衡推算。塘堰蒸发量采用江西省灌溉试验中心站 E601 蒸发数据；下渗量采用塘堰水位观测稳定期(2016 年 8 月 11 日至 9 月 10 日)水位变化推算。在此时间段，该塘堰共蒸发 221.0 mm，降雨补给 32.4 mm，水层下降 204.6 mm，故下渗总量 16.0 mm，日均下渗量 0.52 mm。塘堰监测点水位变化过程见图 3-9。

湿地蒸散发采用单作物系数法计算，湿地植被作物系数采用中稻生育期内逐月均值。不同湿地植被作物系数见表 3-9。不同植被湿地渗漏量见表 3-10。

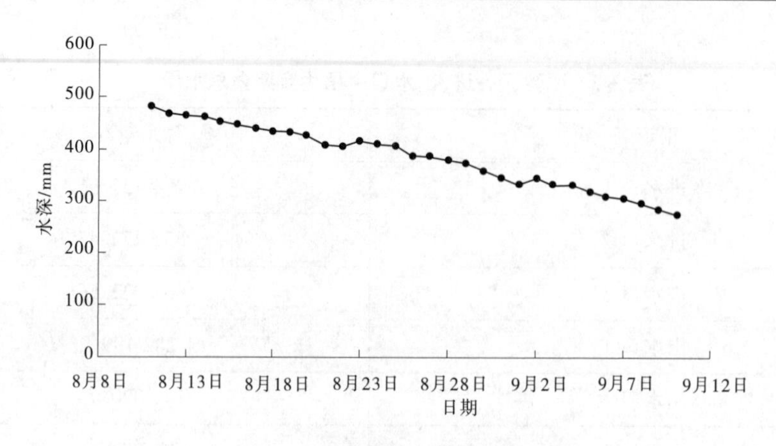

图 3-9 塘堰监测点水位变化过程

表 3-9 不同湿地植被作物系数 单位:mm

作物类型	6月	7月	8月	9月
天然湿地	1.5	1.7	1.9	1.8
莲藕田	1.6	1.7	2	1.9

表 3-10 不同植被湿地渗漏量 单位:mm

日均渗漏量	6月	7月	8月	9月
天然湿地	1.2	1.1	1.4	1.3
莲藕田	1.3	1.4	1.5	1.4

通过对塘堰、天然湿地和莲藕田中稻生育期内进行水量平衡分析(见表 3-11),得出其灌溉定额。2016 年中稻生育期内塘堰灌溉用水量为 3.85 万 m^3,天然湿地灌溉用水量为 1.69 万 m^3,莲藕田灌溉用水量为 1.03 万 m^3(见表 3-12)。

表 3-11 塘堰、天然湿地和莲藕田水量平衡分析结果 单位:mm

项目	蒸腾量	下渗量	降雨量	灌水总量
塘堰	728.6	57.7	501.7	500.0
莲藕田	876.7	145.5	501.7	650.0
天然湿地	845.3	139.3	501.7	600.0

中稻生育期内试验区总灌溉水量减去经济作物、塘堰、天然湿地和莲藕田等灌溉用水量,剩下水量则为试验区水稻灌溉总水量。经测算,2016 年试验区内中稻总灌水量为 34.0 万 m^3,综合灌溉定额为 356.15 mm。

3.2.3.3 不同空间尺度灌溉定额差异分析

通过以上测坑尺度、田块尺度和区域尺度试验区灌溉定额测算分析,得到不同空间尺度中稻灌溉定额,具体数据见表 3-13。

表 3-12　试验区中稻综合灌溉定额计算结果

土地利用类型	面积/亩	灌水总量/m^3	灌溉定额/mm
经济作物	99.44	7 740.23	116.8
塘堰	115.47	38 490.09	500.0
天然湿地	42.25	16 901.97	600.0
莲藕田	23.74	10 286.41	650.0
水稻	1 436.28	340 064.19	356.2
合计	1 716.18	413 482.89	361.2

表 3-13　不同空间尺度区域水量平衡要素对比　单位:mm

尺度	灌溉定额	蒸发蒸腾量	渗漏量
测坑尺度	514.4	545.5	161.5
田块尺度	410.0	544.7	187.0
区域尺度	356.2	544.7	—

由上述试验结果可以看出,从测坑尺度到田块尺度,灌溉定额呈下降趋势;从田块尺度到区域尺度,灌溉定额进一步下降。究其原因,可能是典型田块存在着田间渗水,上游田块的侧渗在下游得到重复利用,并且灌溉弃水、降雨排水截留也得到重复利用。

从表 3-13 数据分析可知,区域尺度的综合灌溉定额较原位田块尺度的灌溉定额减少 54.8 mm,减少率达 13.38%;较测坑浅水灌溉制度的灌溉定额减少 159.3 mm,减少率达 30.96%。原位田块尺度的灌溉定额较测坑浅水灌溉制度的灌溉定额减少 104.4 mm,减少率达 20.30%。由此可见,由灌溉试验测坑观测结果用以计算的灌溉定额较田间实际需求偏大。

3.2.4　小结

水稻灌区灌溉定额存在空间尺度效应,从试验测坑到典型田块,再到区域尺度,总体表现为尺度越大,灌溉定额越小,灌区存在回归水的重复利用。但是,水的重复利用也是有一定区域性的,试验选取的赣抚平原灌区,其支渠、斗渠级别综合灌溉定额能较好地代表灌区考虑回归水重复利用的灌溉定额,可用于指导农业灌溉与灌溉工程建设。

3.3　灌区农田灌溉用水有效利用系数研究

3.3.1　测算方法适宜性分析

灌溉用水有效利用系数是反映灌区从水源引进的灌溉水能被作物吸收利用程度的重

要指标,也是反映灌区输水配水和田间灌水所采用的工程技术和管理水平高低的指标。

长期以来,灌溉用水有效利用系数是采用灌区渠系水利用系数和田间水利用系数的乘积进行测算。但是,采用这种传统方法确定灌溉用水有效利用系数比较繁杂、不易操作、准确性较差,致使测定结果往往可信度不高。具体存在以下难点和问题:一是测定工作量大。一个灌区的固定渠道一般都有干、支、斗、农等多级,大型灌区级数更多,而每一个级别的渠道又有多条,特别是斗农渠数量更多,测定工作量很大,灌溉地块自然条件和田间工程情况也存在差异,要取得较准确的田间水利用系数需要选择众多的典型区进行测定。可见,无论是渠系水利用系数还是田间水利用系数,测定工作量都很大,这也是目前许多灌区没有系统测定过灌溉用水有效利用系数的原因。二是测定所需的条件难以保证。测定渠道水利用系数时需要有稳定的流量,所测渠段中间无支流,下一级渠首分水点的观测时间必须和水的流程时间相适应等必要条件难以做到;因为测定时,一般都结合灌溉进行,流量易发生变化,所测渠段选择短则代表性差,选择长则中间没有支流的情况不多,要准确掌握上下测点水流程的时间也不容易。三是测定计算的系数准确性较差。由于灌溉用水有效利用系数测定时所需的条件不易保证,测定工作又很繁杂,组织测定一次都很不容易。目前,为了减少工作量,一般采用选择典型渠道和典型地块测定的办法,但对于大、中型灌区,控制灌溉面积很大,典型难以代表一般,所确定的灌溉用水有效利用系数准确性更差。四是不能反映当年灌溉用水有效利用的情况。由于灌区不同的水文年因来水和用水的情况不同,渠首引进的流量或水量亦不相同,灌区的实灌面积也不相同,灌溉用水有效利用系数与引进灌区的流量(水量)和实灌面积有关,因此每年的系数都不相同,严格来说每次灌水都不相同,目前的灌区只用某次测定计算得出的灌溉用水有效利用系数来代替所有的情况是不合适的,不能反映灌区当年实际灌溉水利用的实际情况。五是难以与灌区节水改造工作相协调。目前我国灌区正在实施以节水为目标的技术改造,渠道防渗、田间节水灌溉技术的应用日新月异。随着节水改造的进程推进,灌区的灌溉用水有效利用系数也随之改变,如果随着采用节水工程技术的增加,需要掌握灌溉用水有效利用的实际情况,就要随之一次次地测定灌溉用水有效利用系数。由于传统方法繁杂不可能做到,因此难以与灌区节水改造工作相协调。

"首尾测算分析法"测定灌溉用水有效利用系数是通过测定灌区渠首当年引进的水量和最终灌到贮存在作物计划湿润层的水量,用后者与前者的比值来求得当年的灌溉用水有效利用系数。这种方法可不必测定计算灌溉水在输配水和灌水过程中的损失,而直接用渠首引进的水量和最终能被作物利用的水量来确定,这样可绕开测定渠系水利用系数和田间水利用系数这两个难点,减少了许多测定工作量和不确定因素。因此,"首尾测算分析法"具有操作比较简便、准确性较高、适合基层灌溉管理单位运用等特点,是对灌溉用水有效利用系数研究和测定的一种突破。

3.3.2 采用测算方法介绍

本书采用"首尾测算分析法"进行灌区农田灌溉用水有效利用系数测算。"首尾测算分析法"是指通过测定某时段灌区田间净灌溉用水总量和从灌溉系统取用的毛灌溉用水量,将田间净灌溉用水总量与毛灌溉用水量相除即得灌区灌溉用水有效利用系数。计算公式如下：

$$\eta_w = \frac{W_j}{W_a} \tag{3-9}$$

式中　η_w——灌区灌溉用水有效利用系数；

W_j——灌区净灌溉用水总量，m^3；

W_a——灌区毛灌溉用水量，m^3。

在计算过程当中，可先用下式计算灌区亩均综合净灌溉定额：

$$M_{综} = \frac{\sum_{i}^{N} M_i \cdot A_i}{A} \tag{3-10}$$

式中　M_i——灌区第 i 种作物净灌溉定额，m^3/亩；

A_i——灌区第 i 种作物实灌面积，亩；

N——灌区作物种类总数；

A——灌区实灌溉面积（不考虑复种指数情况），亩。

$$\eta_w = \frac{M_{综} \cdot A}{W_a} \tag{3-11}$$

为反映灌区灌溉水利用的整体情况，计算分析时段以测算分析年的日历年为准，即每年 1 月 1 日至 12 月 31 日；对于跨年度的作物则分段计算，合理确定测算分析年该作物净灌溉用水量。

3.3.2.1　灌区年净灌溉用水量测算方法

净灌溉用水量分析计算以作物净灌溉定额为基础。为了合理确定和复核灌区实际灌溉情况（充分灌溉或非充分灌溉）、田间净灌溉用水量等，需要对灌区典型田块进行田间灌水次数、灌水方式与习惯等调查，并进行田间灌溉用水量观测。

典型田块选取作物实灌面积超过灌区实灌面积 10%以上的田块。如果灌区范围较大，不同区域之间气象条件、灌溉用水情况等差异明显，则应在灌区内分区域进行典型分析测算，再以分区结果为依据汇总分析整个灌区净灌溉用水量。大型灌区应至少在上、中、下游有代表性的斗渠控制范围内分别选取典型田块，中型灌区应至少在上、下游有代表性的农渠控制范围内分别选取典型田块；每种需观测的作物种类至少选取 3 个典型田块；小型灌区每种需观测的作物种类至少选取 2 个典型田块。典型田块的选取应综合考虑面积适中、边界清楚、形状规则，同时考虑田间平整度、土质类型、地下水埋深、降雨气候条件、灌溉习惯和灌溉方式等因素的代表性。

典型田块亩均净灌溉用水量优先采用直接量测法测量。在每次灌水前后按《灌溉试验规范》（SL 13—2015）有关规定，观测典型田块不同作物年内相应生育期内计划湿润层的土壤质量含水率或体积含水率（或田间水层变化），计算该次亩均净灌溉用水量，得出该典型田块不同作物种类年亩均净灌溉用水量；其中，旱作物灌水量根据典型田块灌溉前后计划湿润层土壤含水率的变化确定；水稻灌水量测定应先确定其灌溉制度，采用充分灌溉的根据典型田块灌溉前后田面水深的变化来确定某次亩均净灌溉用水量，采用非充分灌溉的则根据典型田块灌溉前后田间土壤计划湿润层土壤含水率的变化来确定某次亩均

净灌溉用水量。在各次亩均净灌溉用水量的基础上,推算该作物年亩均净灌溉用水量,即

$$w_{田净} = \sum_{i=1}^{n} w_{田净i} \tag{3-12}$$

式中　$w_{田净}$——某典型田块某作物年亩均净灌溉用水量,m^3/亩;

$w_{田净i}$——典型田块某次亩均净灌溉用水量,m^3/亩;

n——典型田块年内灌水次数,次。

对于不具备实测条件的灌区,则采用观测分析法进行净灌溉用水量的测算。

水稻灌溉定额包括秧田定额、泡田定额和生育期定额三部分。其中,秧田定额计算公式如下:

$$M_{水稻1} = 0.667a[ET_{c1} + H_1(\theta_{vb1} - \theta_{v1}) + F_1 - P_1] \tag{3-13}$$

式中　$M_{水稻1}$——水稻育秧期净灌溉定额,m^3/亩;

a——秧田面积与本田面积比值,可根据当地实际经验确定;

ET_{c1}——水稻育秧期蒸发蒸腾量,mm;

H_1——水稻秧田犁地深度,m;

θ_{v1}——播种时 H_1 深度内土壤体积含水率,%;

θ_{vb1}——H_1 深度内土壤饱和体积含水率,%;

F_1——水稻育秧期田间渗漏量,mm;

P_1——水稻育秧期有效降雨量,mm。

泡田定额计算公式如下:

$$M_{水稻2} = 0.667[\mathrm{ET}_{c2} + H_2(\theta_{vb2} - \theta_{v2}) + h_0 + F_2 - P_2] \tag{3-14}$$

式中　$M_{水稻2}$——水稻泡田期净灌溉定额,m^3/亩;

ET_{c2}——水稻泡田期田面蒸发量,mm;

H_2——水稻稻田犁地深度,m;

θ_{v2}——秧苗移栽时 H_2 深度内土壤体积含水率,%;

θ_{vb2}——秧苗移栽时 H_2 深度内土壤饱和体积含水率,%;

h_0——秧苗移栽时稻田所需水层深度,mm;

F_2——水稻泡田期田间渗漏量,mm;

P_2——水稻泡田期有效降雨量,mm。

充分灌溉水稻生育期净灌溉定额计算公式如下:

$$M_{水稻3} = 0.667[ET_{c3} + F_3 - P_3 + (h_c - h_s)] \tag{3-15}$$

式中　$M_{水稻3}$——水稻生育期净灌溉定额,m^3/亩;

ET_{c3}——水稻生育期蒸发蒸腾量,mm;

P_3——水稻生育期有效降雨量,mm;

F_3——水稻生育期田间渗漏量,mm;

h_c——秧苗移栽时田面水深,mm;

h_s——水稻收割时田面水深,mm。

综上所述,充分灌溉水稻净灌溉定额为

$$M_{水稻} = M_{水稻1} + M_{水稻2} + M_{水稻3} \tag{3-16}$$

式中　$M_{水稻}$——水稻净灌溉定额，m³/亩。

由于水稻育秧期需水量很小，因此在测算分析实际水稻全生育期净灌溉定额时可忽略不计。

对于旱作物净灌溉定额，其计算公式为

$$M_{旱作} = 0.667[ET_c - P_e - G_e + H(\theta_{vs} - \theta_{v0})] \tag{3-17}$$

式中　$M_{旱作}$——某种作物净灌溉定额，m³/亩；

ET_c——某种作物的蒸发蒸腾量，mm；

P_e——某种作物生育期内的有效降雨量，mm；

G_e——某种作物生育期内地下水利用量，mm；

θ_{v0}——某种作物生育期开始时土壤体积含水率，%；

θ_{vs}——某种作物生育期结束时土壤体积含水率，%。

根据观测与分析得出的某种作物典型田块的年亩均净灌溉用水量，计算灌区同区域或同种灌溉类型第 i 种作物的年净灌溉用水量，计算公式如下：

$$w_i = \frac{1}{N}\sum_{l=1}^{N} w_{田净l} \tag{3-18}$$

式中　w_i——灌区同片区或同灌溉类型第 i 种作物的亩均净灌溉用水量，m³/亩；

N——同片区或同灌溉类型第 i 种作物典型田块数量，个；

$w_{田净l}$——同片区或同灌溉类型第 i 种作物第 l 个典型田块亩均净灌溉用水量，m³/亩。

再根据灌区内不同分区不同作物种类灌溉面积，结合不同作物在不同分区的年亩均净灌溉用水量，计算得出灌区年净灌溉用水总量，计算方法如下：

$$W_{样净} = \sum_{j=1}^{n}\sum_{i=1}^{m} w_{ij} \cdot A_{ij} \tag{3-19}$$

式中　$W_{样净}$——灌区年净灌溉用水总量，m³；

w_{ij}——灌区 j 个片区内第 i 种作物亩均净灌溉用水量，m³/亩；

A_{ij}——灌区 j 个片区内第 i 种作物灌溉面积，亩；

m——灌区 j 个片区内的作物种类，种；

n——样点灌区片区数量，个，大型灌区 $n=3$，中型灌区 $n=2$，小型灌区 $n=1$。

3.3.2.2　灌区年毛灌溉用水量确定方法

灌区年毛灌溉用水量 W_a 是指灌区全年从水源地等灌溉系统取用的用于农田灌溉的总水量，其值等于取水总量中扣除由于工程保护、防洪除险等需要的渠道(管路)弃水量、向灌区外的退水量及非农业灌溉水量等。当农业灌溉输水与工业或城市、农村生活供水共用一条渠道(管路)时，还应扣除其相应的水量(从分水点反推到渠首)。年毛灌溉用水量应根据灌区从水源地等灌溉系统实际取水测量值统计分析取得。在一些利用塘堰坝与骨干灌溉水源联合灌溉供水的灌区，其塘堰坝的蓄雨一部分来自当地降雨产生的地表径流，同时可能有一部分来自渠道补水，这两部分水量应计入灌区毛灌溉用水量中，塘堰坝或其他水源灌溉供水量，不应包括灌区渠系引水蓄入塘堰坝的水量。有些灌区在雨季存在当地降雨产生的地表径流进入渠系纳蓄的现象，这些水量如果也用于农业灌溉，而且水量较大,则应进行降水径流分析,将进入渠系用于灌溉的水量计入年毛灌溉用水量中。

常用的灌区渠道取水计量方法有水位-流量关系曲线法、水工建筑物量水方法、流速仪实测法、超声波流量在线监测方法等。水位-流量关系曲线法是在断面稳定、没有回水影响下游水位、下游水位不影响上游流量的渠道或渠首,在渠道断面上游布置水尺观测水位,利用率定好的水位-流量关系曲线或公式求得渠道流量和各时段用水量及全年灌溉用水量。该方法一般在中、小型灌区使用。

水工建筑物量水方法是通过特殊的量水断面,建立不同流态下流量计算公式进行量水的一种方法。如闸门量水、各种水槽量水等。水流通过闸门时,流量与有关水位存在一定的关系。为了验证和提高闸门量水测验精度,可采用流速仪法对流量系数进行率定;表3-14为水闸控制下各种水流状态下的流量计算公式及流量系数。

表 3-14　闸门量水流量计算式及流量系数

项目	闸门全开自由出流	闸门全开淹没出流	有闸控制自由出流	有闸控制淹没出流
示意图	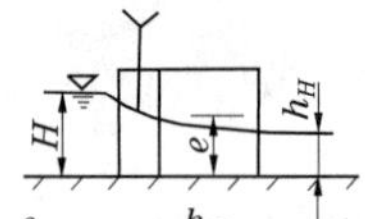 $\frac{e}{H}>0.65$　$\frac{h_H}{H}<0.70$	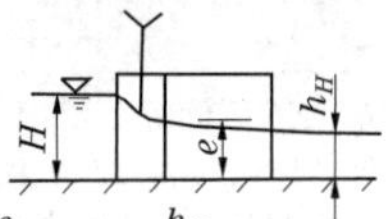 $\frac{e}{H}>0.65$　$\frac{h_H}{H}\geqslant 0.70$	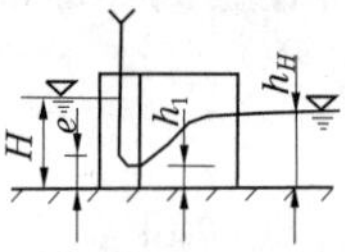 $\frac{e}{H}\leqslant 0.65$　$h_1<e$	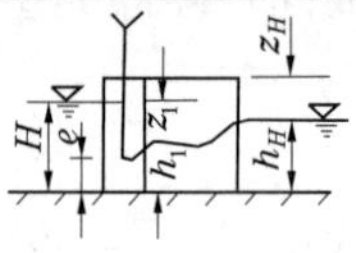 $\frac{e}{H}\leqslant 0.65$　$h_1>e$
流量计算式	$Q=mbH\sqrt{2gH}$	$Q=\varphi bh_H\sqrt{2g(H-h_H)}$	$Q=\mu be\sqrt{2g(H-0.05e)}$	$Q=\mu' be\sqrt{2gZ}$
流量系数	m	φ	μ	μ'
渐变形翼墙	0.325	0.850	0.600	0.620
平面翼墙	0.310	0.825	0.580	0.600
八字形翼墙	0.330	0.860	0.620	0.640
多孔形水口	0.330	0.860	0.640	0.640

注:表中,公式符号意义如下:

Q——过闸流量,m^3/s;

H——上游水深,m;

h_H——下游水深,m;

m、φ、μ、μ'——流量系数;

b——闸孔净宽,m;

h_1——门后水深,m;

e——启闸高度,m;

Z——上游与下游水位差,m;

g——重力加速度。

流速仪法实测流量就是采用机械转子流速仪,把渠道测流断面划分成若干部分面积,分别测算垂直于过水断面的部分平均流速,与部分过水面积相乘,求得部分流量,再计算其代数和,求得断面流量,即为渠道过水流量。此方法应用广泛,一般在大、中型灌区使用,同时它也是率定水位-流量关系曲线和利用水工建筑物量水、流量系数率定的主要手段。

3.3.3　样点灌区农田灌溉用水有效利用系数研究

本研究以江西赣抚平原灌区为例,对灌区2011年农田灌溉用水有效利用系数进行测算分析。

江西省赣抚平原灌区地处赣中偏北部,赣江、抚河下游三角洲平原地带,是一座以灌溉为主,兼顾防洪、排涝、航运、发电、养鱼及城镇工业、生活、环境供水的大型综合开发水利工程。灌区地跨南昌、宜春、抚州3市7县(市、区)的37个乡镇,设计灌溉面积120万亩,排涝70万亩。工程于1958年5月动工兴建,1960年初步建成受益,其后经多次扩建、除险加固、配套整治,全灌区现有焦石拦河坝、箭港分洪闸、岗前渡槽、天王渡船闸等15座大型主体建筑物及3 600余座中小型建筑物;开挖东、西总干渠7条干渠,总长254 km;斗渠以上渠道543条,总长1 674 km;开挖排渍道7条,围堵河港湖汊24处。灌区水利工程的兴建极大地改善了赣抚平原灌区自然面貌和生态环境,改善了当地生产条件,提高了农田抗御水旱灾害的能力,给灌区工农业生产带来了翻天覆地的变化。

灌区建有灌溉试验站,开展了多年主要作物灌溉试验研究,积累了长系列灌溉试验资料,为灌区测算农田灌溉用水效利用系数奠定了坚实基础。

3.3.3.1　灌区农田实际灌溉面积的确定

根据灌区农业生产情况的调查分析,2011年全灌区农业生产以早稻-晚稻-油菜(或绿肥)为主要生产模式,其他有前期种植蔬菜或瓜果再配以一季晚稻生产的模式,或单种一季晚稻生产的模式,但面积较少,不到灌区面积的10%;同时由于在油菜或绿肥生产期间灌区不供水,主要靠降雨灌溉;因此对灌区的农田灌溉用水主要以早稻和二季晚稻生产模式进行统计计算,调查显示全灌区有效灌溉面积98.01万亩,实际灌溉面积为91.3万亩,其中早稻为77.4万亩,晚稻为91.3万亩。

3.3.3.2　水稻净灌溉定额的确定

本研究分别在灌区上、中、下游选取灌区纯农田灌溉的代表渠道一干、二干和四干,来测算灌区净灌溉定额。

为了合理确定和复核灌区田间净灌溉用水量,本研究采用田间试验观测与计算分析相结合的方法,来确定灌区田间净灌溉用水量。由于秧田期灌溉用水量小,且秧田占本田面积比例小,故在此对秧田期灌溉用水量忽略不计,仅对水稻泡田期净灌溉定额和生育期净灌溉定额进行分析确定。

1.水稻净灌溉定额试验值的确定

灌区灌溉试验站坐落在灌区中游二干渠灌片南昌县向塘镇高田村。灌溉试验站选取了当地具有代表性的充分灌溉制度——浅水灌溉进行了灌溉试验研究。2011年水稻灌溉试验资料统计结果见表3-15。

表 3-15　赣抚平原灌区灌溉试验站田间净灌溉用水统计结果

作物名称	泡田期净灌溉定额/mm	生育期净灌溉定额/mm	水稻净灌溉定额	
			mm	m^3/亩
早稻	64.7	275.8	340.5	227.0
晚稻	58.7	422.3	481.0	316.9
合计	123.4	698.1	821.5	543.9

据表 3-15 灌溉试验资料统计分析可知，2011 年早稻泡田期净灌溉定额为 64.7 mm，生育期净灌溉定额为 275.8 mm，全期早稻净灌溉定额为 340.5 mm，折算为净灌溉定额为 227.0 m^3/亩。晚稻泡田期净灌溉定额为 58.7 mm，生育期净灌溉定额为 422.3 mm，全期晚稻净灌溉定额为 481.0 mm，折算为田间净灌溉定额为 316.9 m^3/亩。

2. 水稻净灌溉定额计算值的确定

为使水稻净灌溉定额计算值与试验观测值具有可比性，本研究选取灌区灌溉试验站所在灌片二干渠灌片，通过利用灌溉试验站自动气象站当年气象数据，根据上述水稻泡田期灌溉定额和生育期灌溉定额计算分析方法，对相关水量平衡指标进行测定分析，来计算水稻净灌溉定额。

1) 水稻生育期净灌溉定额的计算分析

a. 生育期蒸发蒸腾量 ET_c 值的确定

根据灌区二干渠灌片灌溉试验站 2011 年气象记录，通过 Penman-monteith 公式计算求得参考作物蒸发蒸腾量 ET_0（具体见 2.3.1.4 节）；参考灌区灌溉试验站 2011 年各阶段水稻作物系数 K_c 值，根据水稻蒸发蒸腾量计算公式求得灌区二干渠灌片各阶段水稻蒸发蒸腾量。2011 年二干渠灌片水稻生育期蒸发蒸腾量 ET_c 计算结果见表 3-16。

表 3-16　2011 年二干渠灌片水稻生育期蒸发蒸腾量 ET_c 计算结果

稻别	早稻					晚稻					
月份	4	5	6	7	全期	7	8	9	10	11	全期
天数/d	5	31	30	20	86	3	31	30	31	14	109
ET_0/mm	16.7	110.6	95.5	77.7	300.5	17.4	137.4	102.4	69.8	27.3	354.3
作物系数 K_c	0.94	1.20	1.20	1.04	1.14	0.93	1.26	1.52	1.39	0.95	1.32
腾发量 ET_c/mm	15.7	132.7	114.6	80.8	342.6	16.2	173.1	155.6	97.0	25.9	467.7

通过对早、晚稻各月份蒸发蒸腾量进行计算，得到早稻生育期蒸发蒸腾量为 342.6 mm，晚稻为 467.7 mm。

b. 水稻生育期渗漏量 F_d 的确定

灌区二干渠灌片水稻生育期渗漏量采用第 2.7.3 节土壤渗漏强度计算公式进行计算，并与灌区灌溉试验站实际观测值进行对比分析确定。2011 年二干渠灌片水稻生育期渗漏量 F_d 计算结果见表 3-17。

表 3-17　2011 年二干渠灌片水稻生育期渗漏量 F_d 计算结果

稻别	早稻					晚稻					
月份	4	5	6	7	全期	7	8	9	10	11	全期
天数/d	5	31	30	20	86	3	31	30	31	14	109
渗漏量/mm	9.8	51.2	56.7	25.2	142.9	6.1	54.2	48.8	48.8	16.6	174.5

通过对早、晚稻生育期各月份渗漏量进行计算,得到早稻生育期渗漏量为 142.9 mm,与早稻试验观测值 146.8 mm 相差 3.9 mm,相差仅为 2.66%;晚稻为 174.5 mm,与晚稻试验观测值 168.1 mm 相差 6.4 mm,相差仅为 3.81%。

c. 水稻生育期有效降雨量 P_e 的确定

根据一日降雨量超过灌水上限时(灌水上限为 50 mm,当日降雨量超过 50 mm 时则排水,将多余降水排出)即排水的原则进行计算。通过灌区灌溉试验站自动气象站点降水资料进行计算,得到灌区二干渠灌片水稻生育期间有效降雨量,其中早稻为 208.6 mm,与早稻试验观测值 198.2 mm 相差 10.4 mm,相差仅为 5.25%;晚稻为 214.3 mm,与晚稻试验观测值 214.7 mm 相差 0.4 mm,相差仅为 0.19%。2011 年二干渠灌片水稻生育期有效降雨量 P_e 计算结果见表 3-18。

表 3-18　2011 年二干渠灌片水稻生育期有效降雨量 P_e 计算结果

稻别	早稻					晚稻					
月份	4	5	6	7	全期	7	8	9	10	11	全期
天数/d	5	31	30	20	86	3	31	30	31	14	109
降雨量 P/mm	19.7	35.9	408.9	86.4	550.9	0	155.3	65.5	81.8	26.8	329.4
有效量 P_e/mm	19.7	35.9	128.0	25.0	208.6	0	100.0	65.5	22.0	26.8	214.3

d. 水稻生育期净灌溉定额 $M_{稻}$ 的确定

根据充分灌溉水稻生育期净灌溉定额计算公式(3-15)可以计算得出二干渠灌片早稻生育期净灌溉定额为 276.9 mm,与早稻试验观测值 275.8 mm 相差 1.1 mm,相差仅为 0.40%;晚稻为 427.9 mm,与晚稻试验观测值 422.3 mm 相差 5.6 mm,相差仅为 1.33%。2011 年二干渠灌片水稻生育期净灌溉定额分析计算结果见表 3-19。

表 3-19　2011 年二干渠灌片水稻生育期净灌溉定额分析计算结果

稻别	早稻					晚稻					
月份	4	5	6	7	全期	7	8	9	10	11	全期
天数/d	5	31	30	20	86	3	31	30	31	14	109
ET_c	15.7	132.7	114.6	80.8	342.6	16.2	173.1	155.6	97.0	25.9	467.7
F_d	9.8	51.2	56.7	25.2	142.9	6.1	54.2	48.8	48.8	16.6	174.5
P_e	19.7	35.9	128.0	25.0	208.6	0	100.0	65.5	22.0	26.8	214.3
$M_{稻}$	5.8	148.0	43.3	81.0	276.9	22.3	127.3	138.9	123.8	15.7	427.9

2）水稻泡田期净灌溉定额 $M_{泡}$ 的确定

水稻泡田期净灌溉定额根据式(3-14)进行计算得到。其中,水稻泡田期田面蒸发量采用灌溉试验站自动气象站点 E601 蒸发皿观测数据;土壤灌水前后含水率差值按灌水前后土壤饱和体积含水率的30%进行计算,耕作层厚度取 20 cm;水稻泡田期田间渗漏量采用第 2.10.3 节土壤渗漏强度计算公式进行计算;泡田期有效降雨量根据一日降雨量超过灌水上限时(灌水上限为 50 mm,当日降雨量超过 50 mm 时则排水,将多余降雨排出)即排水的原则进行计算。通过各指标的计算,并进行水量平衡分析,得到二干渠灌片早稻泡田期灌溉定额为 66.8 mm,与当年灌区灌溉试验站试验观测值 64.7 mm 相差 2.1 mm,相差仅为 3.25%;晚稻为 63.5 mm,与当年试验观测值 58.7 mm 相差 4.8 mm,相差仅为 8.18%。

3）水稻净灌溉定额对比分析确定

通过上述水稻生育期灌溉定额和泡田期灌溉定额分析结果,得到二干渠灌片水稻净灌溉定额计算值,其中早稻净灌溉定额为 343.7 mm,折算为 229.2 m^3/亩;晚稻为 491.4 mm,折算为 327.8 m^3/亩。赣抚平原灌区二干渠灌片水稻净灌溉定额计算分析结果见表 3-20。

表 3-20　赣抚平原灌区二干渠灌片水稻净灌溉定额计算分析结果

作物名称	泡田期净灌溉定额/mm	生育期净灌溉定额/mm	水稻净灌溉定额	
			mm	m^3/亩
早稻	66.8	276.9	343.7	229.2
晚稻	63.5	427.9	491.4	327.8
合计	130.3	704.8	835.1	557.0

通过对水稻净灌溉定额计算值和试验观测值进行对比分析可知,早稻计算值较试验观测值稍有增加,其差值为 3.2 mm,仅相差 0.94%;晚稻计算值较试验观测值增加 10.4 mm,仅相差 2.16%。赣抚平原灌区二干渠灌片水稻净灌溉定额对比分析见表 3-21。

表 3-21　赣抚平原灌区二干渠灌片水稻净灌溉定额对比分析

数据来源	早稻净灌溉定额/mm	晚稻净灌溉定额/mm
计算值/mm	343.7	491.4
观测值/mm	340.5	481.0
差值/mm	3.2	10.4
占比/%	0.94	2.16

综上分析,灌区水稻净灌溉定额采用水量平衡计算公式进行计算,其结果较试验观测值差值控制在 5%以内。因此,可以考虑采用计算值进行灌区水稻净灌溉定额的计算,作

为灌区农田灌溉用水有效利用系数的测算分析。

通过采用以上水量平衡计算方法，计算得到灌区另外两个灌片一干和四干渠灌片的水稻净灌溉定额（见表 3-22）。

表 3-22　赣抚平原灌区一干渠灌片和四干渠灌片水稻净灌溉定额计算分析结果 单位：mm

灌片	早稻净灌溉定额	晚稻净灌溉定额
一干灌片	335.6	482.4
四干灌片	330.2	478.5

3.3.3.3　灌区净灌溉用水量的确定

通过调查核实，并查阅相关统计资料，确定 2011 年赣抚平原灌区一干灌片、二干灌片和四干灌片早稻实际灌溉面积分别为 6.55 万亩、15.10 万亩和 6.65 万亩，晚稻实际灌溉面积分别为 7.16 万亩、16.50 万亩和 7.45 万亩。通过各灌片早、晚稻净灌溉定额与实际灌溉面积加权平均，得到灌区早、晚稻净灌溉定额分别为 225.9 m^3/亩和 324.3 m^3/亩。

据上述确定的早、晚稻净灌溉定额，根据式（3-19）可以计算得出灌区早、晚稻净灌溉用水量分别为 1.75 亿 m^3、2.96 亿 m^3，早、晚稻合计 4.71 亿 m^3。

3.3.3.4　灌区毛灌溉用水量的确定

灌区渠首引水量均采用闸门量水流量计算公式（具体见 3.3.2）进行计算。根据灌区管理单位对各总干渠渠首闸门开度及上下游水位记录资料，依据其闸门启闭及上下游水位情况判断水流状态，选择适宜的流量计算公式，通过实测流量的方法率定流量系数（m、φ、μ、μ'），利用相应流量计算公式进行计算，从而求得灌区主要干渠各时段的累计流量。

赣抚平原灌区渠首引入的水量供应范围包括 7 个县（市、区）的农业生产用水、工业用水、生活用水、发电用水、航运用水和生态环境用水等各方面。因此，灌区的毛灌溉用水量应扣除其他功能用水和灌溉尾水及退水，计算公式如下：

$$W_a = W_{\text{渠首}} - W_{\text{环}} - W_{\text{发电}} - W_{\text{工业}} - W_{\text{生活}} - W_{\text{退水}} \tag{3-20}$$

式中　W_a——灌区全年毛灌溉用水量，m^3；

$W_{\text{渠首}}$——东西总干渠全年自抚河引水量，m^3；

$W_{\text{环}}$——自灌区东西总干渠引用的生态环境用水量，m^3；

$W_{\text{发电}}$——自灌区东西总干渠引用的发电用水量，m^3；

$W_{\text{工业}}$——自灌区东西总干渠引用的工业用水量（发电除外），m^3；

$W_{\text{生活}}$——自灌区东西总干渠引用的城镇生活用水量，m^3；

$W_{\text{退水}}$——各干渠末端尾水及灌区其他退水总量，m^3。

$W_{\text{渠首}}$值的确定：根据李渡水文站 2011 年连续实测流量资料，利用水量计算公式 $W=Q\Delta T$，计算求得东西总干渠道不同时段的引水量，再采用累加计算公式 $W=\sum W_i$，求得各月及全年的总引水量。通过计算，2011 年东总干渠实际引用水量为 19.40×10^8 m^3，西总干渠实际引用水量为 17.20×10^8 m^3，全灌区渠首合计年引用水量$W_{\text{渠首}}$为 36.6×10^8 m^3。

$W_{环}$ 值的确定：一部分为东西总干渠道生态环境需水，主要用于渠道的环境功能要求和工程保护等，参考 Tennant 法取保底值为总量的10%，即3.66×10^8 m^3；另一部分为城区河湖生态环境用水；根据灌区管理局供水管理中心提供的资料进行统计，主要包括南昌市“八湖二河”生态环境供水(1.60×10^8 m^3)、江西师范大学校园生态环境供水(0.04×10^8 m^3)、南昌县莲塘镇澄碧湖生态环境供水(0.35×10^8 m^3)、昌东生态环境供水(0.20×10^8 m^3)和南昌县正荣大湖之都生态环境供水(0.03×10^8 m^3)等生态环境用水，灌区累计生态环境用水总量$W_{环}$ 为5.88×10^8 m^3。

$W_{发电}$值的确定：利用式(3-21)和式(3-22)反推而来。

$$N = E/t \tag{3-21}$$

$$Q = N/AH \tag{3-22}$$

式中 N——发电出力，kW；

E——发电量，kW·h；

t——发电小时数，h；

Q——发电流量，m^3/s；

A——出力系数，取值7.0；

H——发电水头，m。

根据调查资料，灌区年发电总量2 010 kW·h，发电8 030 h，平均发电水头6.6 m，由此可算得自灌区东西总干引用的发电用水总量$W_{发电}$为15.86×10^8 m^3，折合到渠首引水量为17.62×10^8 m^3。

$W_{工业}$值的确定：根据灌区管理局供水管理中心提供的资料进行统计，主要包括江西氨厂(约0.10×10^8 m^3)、方大特钢科技有限公司(约0.15×10^8 m^3)、南铁科技有限责任公司(约0.03×10^8 m^3)等企业的工业用水，灌区累计工业用水总量$W_{工业}$为0.28×10^8 m^3，折合到渠首引水量为0.31×10^8 m^3。

$W_{生活}$值的确定：根据灌区管理局供水管理中心提供的资料进行统计，灌区生活供水量$W_{生活}$为0.6×10^8 m^3，折合到渠首引水量为0.67×10^8 m^3。

$W_{退水}$值的确定：该值影响因素较多，一部分为岗前大坝的年泄流总水量，据大坝水位资料，按式(3-23)计算。

$$Q = CBh^{3/2} \tag{3-23}$$

式中 Q——流量，m^3/s；

C——流量系数；

B——溢流宽度，m；

h——溢流水深，m。

由此计算得出$W_{退水}$为0.36×10^8 m^3。一部分包括东干尾部小南洲泄水、一干尾部小港泄水、二干尾水、三干尾水、四干尾水、五干小鱼尾闸尾水和六干尾水等；根据各县管理站及灌区基层管理站水位监测资料，对各干渠尾水向灌区外退水进行计算，全年累计泄水量为0.50×10^8 m^3。各泄水闸全年累计泄水量为0.86×10^8 m^3，折合到渠首引水量为0.96×10^8 m^3。另外，4-7月期间，灌区防洪存水为0.81×10^{8}m^3；洪区全年退水量总计为

$1.77\times10^8 m^3$。

各部分引水及用水量见表 3-23。

表 3-23　灌区毛灌溉用水量统计结果

分类	渠道/用水户	引、用水量/$\times10^8 m^3$
灌区引水量	东总干	19.40
	西总干	17.20
灌区各用水户用水量	环境用水	5.88
	发电用水	17.62
	工业用水	0.31
	生活用水	0.67
灌区退水		1.77
灌区毛灌溉用水量		10.35

综上所述，按照式(3-20)进行计算，灌区全年毛灌溉用水量 $W_a = 36.60\times10^8 - 5.88\times10^8 - 17.62\times10^8 - 0.31\times10^8 - 0.67\times10^8 - 1.77\times10^8 = 10.35\times10^8 (m^3)$。

3.3.3.5　灌区农田灌溉用水有效利用系数的计算

根据“首尾测算分析法”计算公式，将田间净灌溉用水量与毛灌溉用水量相除，即得到灌区灌溉用水有效利用系数，为 0.455。

3.3.4　全省农田灌溉用水有效利用系数研究

3.3.4.1　总体思路

在测算全省农田灌溉用水有效利用系数时，通过对全省灌区进行综合调研，选择代表不同规模(大、中、小型灌区)与水源条件(自流或提水)的典型灌区作为样点灌区，搜集整理样点灌区有关资料，并开展必要的田间观测，通过综合分析，得出样点灌区农田灌溉用水有效利用系数；以此为基础，得到不同规模与类型灌区的农田灌溉用水有效利用系数平均值，分析计算得出全省农田灌溉用水有效利用系数平均值。具体思路如下：

(1)对全省灌区情况进行整体调查，分类统计灌区的灌溉面积、工程与用水状况等，确定代表不同规模与类型、工程状况、水源条件与管理水平的样点灌区，构建全省农田灌溉用水有效利用系数测算分析网络。

(2)收集整理各样点灌区的相关灌溉用水管理、气象、灌溉试验等资料，并进行必要的田间观测，分析计算样点灌区的农田灌溉用水有效利用系数；以此为基础，根据不同规模灌区灌溉用水有效利用系数影响因素和分类灌区灌溉用水情况，分析推算全省大、中、小型灌区的农田灌溉用水有效利用系数平均值。

(3)根据全省不同规模与类型灌区年毛灌溉用水量和农田灌溉用水有效利用系数平均值，加权平均得到全省农田灌溉用水有效利用系数平均值。

具体流程如图 3-10 所示。

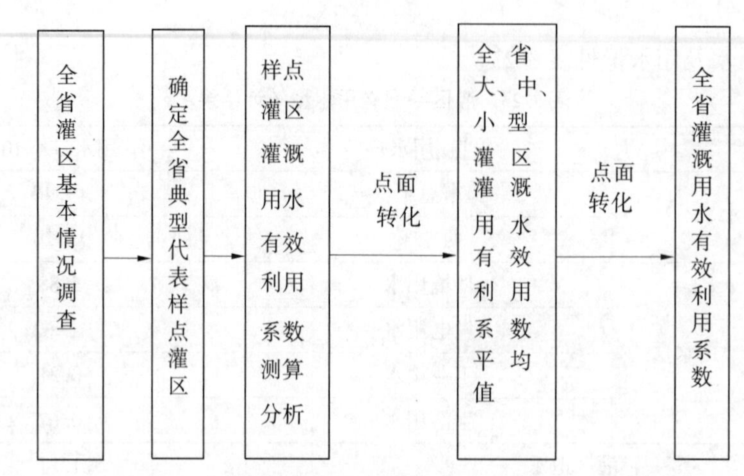

图 3-10 全省农田灌溉用水有效利用系数测算分析流程

3.3.4.2 样点灌区的选取

1. 样点灌区的选择原则及依据

1) 样点灌区分类及选取原则

按照大型(≥30 万亩)、中型(1 万~30 万亩)、小型(<1 万亩)灌区 3 种不同规模与类型进行分类选取(由于江西省井灌区较少,而且仅为补充灌溉,在此不单设大类)。在选择样点灌区时,将综合考虑工程设施状况、管理水平、灌溉水源条件(提水、自流引水)、作物种类和种植结构、地形地貌等因素。同类型样点灌区重点兼顾不同工程设施状况和管理水平等,使选择的样点灌区综合后能代表全省该类型灌区的平均情况。

2) 样点灌区个数选取原则

(1) 大型灌区:全省所有大型灌区均纳入样点灌区测算分析范围,即大型灌区的总个数即为样点灌区个数。

(2) 中型灌区:按有效灌溉面积($A_{中型}$)大小分为 3 个档次,即 1 万亩≤ $A_{中型}$<5 万亩、5 万亩≤$A_{中型}$<15 万亩、15 万亩≤$A_{中型}$<30 万亩,每个档次的样点灌区个数不少于全省相应档次灌区总数的 5%。同时,样点灌区中应包括提水和自流引水两种水源类型,样点灌区有效灌溉面积总和应不少于全省中型灌区总有效灌溉面积的 10%。

(3) 小型灌区:样点灌区个数根据全省小型灌区(或小型水利工程控制的灌溉区域)的实际情况确定;同时,样点灌区包括提水和自流引水两种水源类型,不同水源类型的样点灌区个数与该类型灌区数量所占的比例相协调。

2. 样点灌区选取数量与分布

江西省位于我国东南内陆中部,长江中下游交接处的南岸,全省面积 166 947 km^2,行政区划为南昌、九江、萍乡、上饶、抚州、宜春、吉安、赣州、景德镇、新余、鹰潭等 11 个设区市,100 个县(市、区);属中亚热带湿润季风气候区,年平均气温在 16.3~19.5 ℃,年日照为 1 259~1 905 h,多年平均降雨量为 1 638.3 mm。

江西省主要作物种植为水稻,包括早稻、晚稻和中稻,其他作物有棉花、果树、蔬菜、豆类和油料等。全年主要种植结构模式有早稻+晚稻,中稻+油料,蔬菜+中稻,棉花+油料等形式。

据统计,2011 年江西省有 12 个大型灌区,水源类型均为自流引水;有中型灌区 304 个,其中提水灌区 16 个,自流引水灌区 288 个;有小型灌区 62 394 个,其中自流引水 34 644 个,提水灌溉 27 750 个;全省有各类型灌区总计 62 710 个(见表 3-24)。

表 3-24　江西省不同规模与水源类型灌区情况

序号	设区市名称	大型灌区个数/个	中型灌区个数/个				小型灌区个数/个	合计/个
			1 万~5 万亩	5 万~15 万亩	15 万~30 万亩	小计		
1	南昌市	1	22	12	1	35	335	371
2	景德镇市		17	1		18	499	517
3	萍乡市		11	2		13	449	462
4	九江市	1	28	13		41	8 726	8 768
5	新余市	1	8	1		9	409	419
6	鹰潭市		4	2	1	7	994	1 001
7	赣州市	1	31	7		38	26 333	26 372
8	宜春市	4	14	12		26	2 131	2 161
9	上饶市	3	42			42	5 903	5 948
10	吉安市	1	28	23		51	8 295	8 347
11	抚州市		15	8	1	24	8 320	8 344
合计/个		12	220	81	3	304	62 394	62 710

据统计,2011 年江西省农田有效灌溉面积为 2 733. 5 万亩,其中大型灌区农田有效灌溉面积为 383. 5 万亩,中型灌区农田有效灌溉面积为 754. 0 万亩,小型灌区农田有效灌溉面积为 1 595. 9 万亩。全省各类灌溉工程及设施以蓄水工程为主,其次为引水工程,以及电力、机械灌溉;另外,还有电井灌溉、机井灌溉、喷滴灌等作为早期补充灌溉,但灌溉面积占比较小。

为使典型灌区具有代表性,测算成果能由点到面正确分析不同规模、不同类型、不同工程状况与管理水平灌区的农田灌溉用水有效利用系数,对典型灌区的选择,应能代表大型(30 万亩以上)、中型(1 万~30 万亩)、小型(1 万亩以下)灌区的不同灌溉规模。根据样点灌区选择的原则,结合江西省灌区实际情况,各类型样点灌区选定数量如下:全省大型灌区全部选作为样点灌区,共计 12 个;中型样点灌区 49 个;小型灌区 94 个;典型样点灌区共计 155 个。各样点灌区分布在全省 11 个设区市 80 个县(市、区),其中南昌市 15 个,景德镇市 9 个,萍乡市 10 个,九江市 16 个,新余市 11 个,鹰潭市 10 个,赣州市 18 个,宜春市 19 个,上饶市 17 个,吉安市 16 个,抚州市 14 个。具体典型样点灌区在各县(市、区)分布情况见表 3-25、表 3-26 和图 3-11。

表 3-25　全省典型样点灌区数量及分布　　单位:个

序号	设区市名称	大型灌区	中型灌区		小型灌区		合计
			提水	自流引水	提水	自流引水	
1	南昌市	1	1	5	2	6	15
2	景德镇市	—	—	3	1	5	9
3	萍乡市	—	—	4	1	5	10
4	九江市	1	—	7	3	5	16
5	新余市	1	—	3	1	6	11
6	鹰潭市	—	—	4	2	4	10
7	赣州市	1	—	4	2	11	18
8	宜春市	4	2	3	0	10	19
9	上饶市	3	—	2	2	10	17
10	吉安市	1	—	7	2	6	16
11	抚州市	—	—	4	1	9	14
合计		12	3	46	17	77	155

表 3-26　典型样点灌区规模和类型及分布

序号	所在县(市、区)	灌区名称	灌区类型
全省(156 个)			
一	大型灌区(12 个)		
1	南昌县、进贤县、丰城市、青山湖区、临川区	赣抚平原灌区	自流引水灌区
2	奉新县、靖安县、安义县	潦河灌区	自流引水灌区
3	渝水区、樟树市、新干县	袁惠渠灌区	自流引水灌区
4	永修县、德安县	柘林灌区	自流引水灌区
5	高安市、上高县、宜丰县	锦北灌区	自流引水灌区
6	泰和县、吉安县	南车灌区	自流引水灌区
7	玉山县、信州区、广信区	七一灌区	自流引水灌区
8	鄱阳县	鄱湖灌区	自流引水灌区
9	丰城市	丰东灌区	自流引水灌区
10	袁州区、分宜县	袁北灌区	自流引水灌区
11	章贡区、南康区	章江灌区	自流引水灌区
12	广丰区、广信区	饶丰灌区	自流引水灌区
二	中、小型灌区(143 个)		
(一)	南昌市(14 个)		
中型灌区(6 个)			
13	南昌县	扬子州灌区	提水灌区

续表 3-26

序号	所在县(市、区)	灌区名称	灌区类型
14	新建区	流湖灌区	自流引水灌区
15	新建区	幸福灌区	自流引水灌区
16	进贤县	秧塘水库灌区	自流引水灌区
17	进贤县	钟陵水库灌区	自流引水灌区
18	进贤县	衙前水库灌区	自流引水灌区
小型灌区(8个)			
19	南昌县	东山门水库灌区	自流引水灌区
20	南昌县	五丰灌区	提水灌区
21	南昌县	水岚洲灌区	提水灌区
22	新建区	草山灌区	自流引水灌区
23	安义县	西潦一支渠灌区	自流引水灌区
24	安义县	北潦十五支渠灌区	自流引水灌区
25	安义县	南潦果田灌区	自流引水灌区
26	湾里区	罗亭灌区	自流引水灌区
(二)	九江市(15个)		
中型灌区(7个)			
27	永修县	云山灌区	自流引水灌区
28	柴桑区	螺山灌区	自流引水灌区
29	都昌县	张岭灌区	自流引水灌区
30	彭泽县	浪溪灌区	自流引水灌区
31	修水县	黄沙岗灌区	自流引水灌区
32	修水县	五宝洞灌区	自流引水灌区
33	修水县	车联堰灌区	自流引水灌区
小型灌区(8个)			
34	湖口县	北线灌区	提水灌区
35	濂溪区	杨家场灌区	提水灌区
36	瑞昌市	水段灌区	自流引水灌区
37	瑞昌市	流壁堰灌区	自流引水灌区
38	武宁县	新源灌区	自流引水灌区
39	武宁县	群峰灌区	自流引水灌区
40	彭泽县	杨梓西山堰灌区	自流引水灌区
41	庐山市	蓼花池灌区	自流引水灌区

续表 3-26

序号	所在县(市、区)	灌区名称	灌区类型
(三)	上饶市(14 个)		
	中型灌区(2 个)		
42	广信区	上潭灌区	自流引水灌区
43	信州区	岩底灌区	自流引水灌区
	小型灌区(12 个)		
44	信州区	五里灌区	提水灌区
45	广信区	马眼灌区	提水灌区
46	信州区	红星灌区	自流引水灌区
47	信州区	里坞灌区	自流引水灌区
48	信州区	周田灌区	自流引水灌区
49	广信区	冷水湾灌区	自流引水灌区
50	广信区	沿畈灌区	自流引水灌区
51	广信区	胜利灌区	自流引水灌区
52	广丰区	繁荣灌区	自流引水灌区
53	广丰区	施村灌区	自流引水灌区
54	广丰区	乌尖坂灌区	自流引水灌区
55	广丰区	渡头灌区	自流引水灌区
(四)	抚州市(12 个)		
	中型灌区(4 个)		
56	临川区	红旗灌区	自流引水灌区
57	东乡区	幸福水库灌区	自流引水灌区
58	崇仁县	宝水渠灌区	自流引水灌区
59	南城县	下坊灌区	自流引水灌区
	小型灌区(8 个)		
60	东乡区	佛岭水库	自流引水灌区
61	南丰县	圳上坑水库	自流引水灌区
62	广昌县	高坑水库	自流引水灌区
63	黎川县	福山源水库	自流引水灌区
64	崇仁县	荒山水库	自流引水灌区
65	宜黄县	龙和水库	自流引水灌区
66	乐安县	长垅水库	自流引水灌区
67	金溪县	陈坊水库	自流引水灌区

续表 3-26

序号	所在县(市、区)	灌区名称	灌区类型
(五)	宜春市(15个)		
	中型灌区(5个)		
68	高安市	灰埠电灌站灌区	提水灌区
69	丰城市	红旗灌区	提水灌区
70	万载县	锦泰灌区	自流引水灌区
71	樟树市	店下灌区	自流引水灌区
72	宜丰县	丰产灌区	自流引水灌区
	小型灌区(10个)		
73	袁州区	源头水库灌区	自流引水灌区
74	樟树市	安阳塘水库灌区	自流引水灌区
75	丰城市	雷西垄水库灌区	自流引水灌区
76	靖安县	安全水库灌区	自流引水灌区
77	奉新县	岗前罗源水库灌区	自流引水灌区
78	高安市	共青水库灌区	自流引水灌区
79	上高县	合作化水库灌区	自流引水灌区
80	宜丰县	石脑水库灌区	自流引水灌区
81	铜鼓县	柳溪村引水陂坝灌区	自流引水灌区
82	万载县	鲤陂灌区	自流引水灌区
(六)	吉安市(15个)		
	中型灌区(7个)		
83	青原区	螺滩水库灌区	自流引水灌区
84	永丰县	恩江渠灌区	自流引水灌区
85	安福县	社上灌区	自流引水灌区
86	峡江县	云里水库灌区	自流引水灌区
87	永新县	老仙灌区	自流引水灌区
88	泰和县	枫山水库灌区	自流引水灌区
89	遂川县	黄坑灌区	自流引水灌区
	小型灌区(8个)		
90	吉州区	官塘电管站灌区	自流引水灌区
91	青原区	花岩水库灌区	自流引水灌区
92	新干县	王山电管站灌区	提水灌区
93	永丰县	旺田水库灌区	自流引水灌区

续表 3-26

序号	所在县(市、区)	灌区名称	灌区类型
94	吉水县	芳陂水库灌区	自流引水灌区
95	吉安县	老山水库灌区	自流引水灌区
96	万安县	蕉源水库灌区龙溪支渠	自流引水灌区
97	井冈山市	古城南岳陂灌区	自流引水灌区
(七)	赣州市(17个)		
中型灌区(4个)			
98	宁都县	走马陂灌区	自流引水灌区
99	于都县	下栏水库灌区	自流引水灌区
100	于都县	仓前水库灌区	自流引水灌区
101	上犹县	梅岭灌区	自流引水灌区
102			
小型灌区(13个)			
103	大余县	同心灌区	提水灌区
104	南康区	响水滩灌区	提水灌区
105	安远县	重石灌区	自流引水灌区
106	全南县	下坑水库灌区	自流引水灌区
107	龙南市	石人水库灌区	自流引水灌区
108	赣县区	斜坑水库灌区	自流引水灌区
109	兴国县	潋江陂灌区	自流引水灌区
110	章贡区	大石盘水库灌区	自流引水灌区
111	会昌县	东瓜坑水库灌区	自流引水灌区
112	瑞金市	东华陂灌区	自流引水灌区
113	宁都县	坑背水库灌区	自流引水灌区
114	石城县	狮口陂灌区	自流引水灌区
115	信丰县	壕基口水库灌区	自流引水灌区
(八)	景德镇(10个)		
中型灌区(3个)			
116	乐平市	共库灌区	自流引水灌区
117	乐平市	碧湾渠灌区	自流引水灌区
118	乐平市	共青水库灌区	自流引水灌区
小型灌区(7个)			
119	浮梁县	河源灌区	提水灌区

续表 3-26

序号	所在县(市、区)	灌区名称	灌区类型
120	章江区	新桥灌区	自流引水灌区
121	浮梁县	虎形灌区	自流引水灌区
122	浮梁县	大茅山灌区	自流引水灌区
123	浮梁县	大背坞灌区	自流引水灌区
124	乐平市	古石坝灌区	自流引水灌区
125	乐平市	朝阳灌区	自流引水灌区
(九)	萍乡市(10 个)		
中型灌区(4 个)			
126	莲花县	楼梯磴灌区	自流引水灌区
127	莲花县	九曲山灌区	自流引水灌区
128	上栗县	桐木灌区	自流引水灌区
129	芦溪县	田心水库灌区	自流引水灌区
小型灌区(6 个)			
130	安源区	大陂灌区	自流引水灌区
131	湘东区	南干口灌区	自流引水灌区
132	湘东区	沿黄水轮泵提水灌区	提水灌区
133	芦溪县	仁里灌区	自流引水灌区
134	上栗县	沙陂灌区	自流引水灌区
135	莲花县	胜利圳灌区	自流引水灌区
(十)	新余市(10 个)		
中型灌区(3 个)			
136	分宜县	彰湖水库灌区	自流引水灌区
137	渝水区	蒙河灌区	自流引水灌区
138	高新区	山南水库灌区	自流引水灌区
小型灌区(7 个)			
139	分宜县	杨桥庙上灌区	提水灌区
140	分宜县	七一水库灌区	自流引水灌区
141	渝水区	南安余家水陂灌区	自流引水灌区
142	渝水区	下村桥上水库灌区	自流引水灌区
143	渝水区	罗坊团结水库灌区	自流引水灌区
144	仙女湖区	九龙黄田东坑水库灌区	自流引水灌区
145	孔目江生态区	柏树下水库灌区	自流引水灌区
(十一)	鹰潭市(10 个)		
中型灌区(4 个)			
146	余江县	白塔渠灌区	自流引水灌区
147	贵溪市	白庙水库灌区	自流引水灌区

续表 3-26

序号	所在县(市、区)	灌区名称	灌区类型
148	贵溪市	枫林湾水库灌区	自流引水灌区
149	贵溪市	忠心水库灌区	自流引水灌区
小型灌区(6个)			
150	月湖区	渡头电灌站	提水灌区
151	月湖区	延石水库灌区	提水灌区
152	贵溪市	金屯上马灌区	自流引水灌区
153	余江县	扬垅坝水库灌区	自流引水灌区
154	余江县	马岗水库灌区	自流引水灌区
155	余江县	霞山水库灌区	自流引水灌区

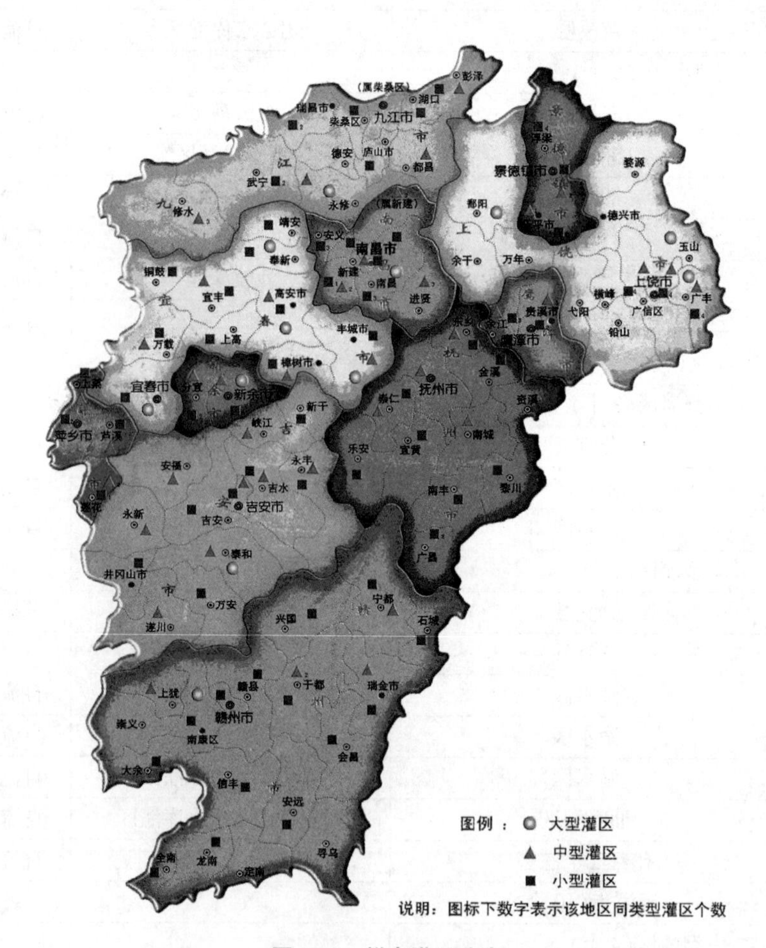

图 3-11 样点灌区分布

3. 样点灌区代表性分析

据统计,在全省选取的155个样点灌区有效灌溉面积为588.21万亩,占全省有效灌溉面积的21.5%;其中,全省12个大型灌区均被列为样点灌区,有效灌溉面积为383.50万亩,占全省有效灌溉面积的14.1%。

中型样点灌区49个,有效灌溉面积177.72万亩,分别占全省中型灌区有效灌溉面积和个数的23.6%和16.1%,其中自流引水灌区46个,提水灌区3个。中型灌区按有效灌溉面积($A_{中型}$)大小分为3个档次,即1万亩≤$A_{中型}$<5万亩、5万亩≤$A_{中型}$<15万亩、15万亩≤$A_{中型}$<30万亩。其中,有效灌溉面积在1万亩≤$A_{中型}$<5万亩范围内的样点灌区29个,有效灌溉面积35.72万亩,样点灌区个数和有效灌溉面积分别占全省同类档次中型灌区的13.2%和12.0%。有效灌溉面积在5万亩≤$A_{中型}$<15万亩范围内的样点灌区17个,有效灌溉面积93.96万亩,样点灌区个数和有效灌溉面积分别占全省同类档次中型灌区的21.0%和23.1%。有效灌溉面积在15万亩≤$A_{中型}$<30万亩范围内的样点灌区3个,有效灌溉面积48.04万亩,样点灌区个数和有效灌溉面积分别占全省同类档次中型灌区的100%。以上各档次中型样点灌区个数均不少于江西省相应档次灌区总数的5%,样点灌区有效灌溉面积总和均不少于江西省中型灌区总有效灌溉面积的10%。同时,在样点灌区选择时,还注重提水和自流引水两种水源类型灌区的选取。

小型样点灌区根据灌区大小、自然条件、地理位置、社会经济状况、作物种类等因素综合考虑进行选取,并考虑提水和自流引水两种水源类型。小型样点灌区共选择了94个,其中提水灌区15个,有效灌溉面积为4.84万亩,占全省同类灌区有效灌溉面积的0.7%;自流引水灌区79个,有效灌溉面积为22.15万亩,占全省同类灌区有效灌溉面积的2.5%。

鉴于江西省纯井灌区数量很少,有效灌溉面积仅占全省有效灌溉面积的0.1%,对全省农田灌溉用水有效利用系数影响甚微,故将纯井灌区并入小型提水灌区,不对纯井灌区单独分类进行测算分析。2011年江西省样点灌区代表性分析见表3-27。

3.3.4.3　全省样点灌区农田灌溉用水有效利用系数测算分析

据全省灌区作物种植结构调查统计分析,江西省灌区主要种植作物以水稻为主,包括早稻、二季晚稻和中稻;同时,还种有各种旱作物和果树,包括蔬菜、瓜果、棉花、甘蔗、油料、柑橘等。

通过采用田间调查观测与水量平衡计算分析相结合的方法,来确定作物田间净灌溉定额;然后,调查统计灌区各主要作物的有效灌溉面积和实际灌溉面积,根据3.3.2节灌区年净灌溉用水量测算方法,合理确定样点灌区净灌溉用水量。

表 3-27 2011 年江西省样点灌区代表性分析

灌区规模与类型			全省		样点		样点占全省总数的百分比/%	
			个数	有效灌溉面积/万亩	个数	有效灌溉面积/万亩	个数	有效灌溉面积/万亩
大型	提水		0	0	0	0		
	自流引水		12	383.50	12	383.50	100.0	100.0
	总计		12	383.50	12	383.50	100.0	100.0
中型	1 万~5 万亩	提水	16	47.60	3	5.32	18.8	11.2
		自流引水	204	251.30	26	30.40	12.7	12.1
		小计	220	298.90	29	35.72	13.2	12.0
	5 万~15 万亩	提水	0	0	0	0		
		自流引水	81	407.10	17	93.96	21.0	23.1
		小计	81	407.10	17	93.96	21.0	23.1
	15 万~30 万亩	提水	0	0	0	0		
		自流引水	3	48.04	3	48.04	100.0	100.0
		小计	3	48.04	3	48.04	100.0	100.0
	总计	提水	16	47.60	3	5.32	18.8	11.2
		自流引水	288	706.44	46	172.40	16.0	24.4
		小计	304	754.04	49	177.72	16.1	23.6
小型	提水		27 750	700.70	15	4.84	0.1	0.7
	自流引水		34 644	895.20	79	22.15	0.2	2.5
	总计		62 394	1 595.90	94	26.99	0.2	1.7
全省总计			62 710	2 733.50	155	588.21	0.3	21.5

在测算各样点灌区年毛灌溉用水量时,各样点灌区根据实际情况有选择地采用水位-流量关系曲线量水方法、渠道水工建筑物量水方法,以及利用流速仪实测流量等方法来测算灌区渠首取水量,以此为基础计算灌区毛灌溉用水量。

根据上述样点灌区净灌溉用水量和毛灌溉用水量,采用"首尾测算分析法"计算公式进行计算,得到各样点灌区农田灌溉用水有效利用系数。各样点灌区农田灌溉用水有效利用系数测算结果见表 3-28。

表 3-28　江西省样点灌区农田灌溉用水有效利用系数测算结果(2011 年)

灌区规模与类型			样点	灌区名称	有效灌溉面积/万亩	实灌面积/万亩	年毛灌溉用水量/万 m^3	利用系数	综合利用系数
大型灌区	提水		无						
	自流引水		1	赣抚平原灌区	98.01	91.30	103 501.0	0.455	0.433
			2	南车水库灌区	23.57	20.20	25 390.5	0.419	
			3	鄱湖灌区	22.18	20.18	26 288.1	0.414	
			4	七一灌区	16.07	16.07	19 364.0	0.428	
			5	饶丰灌区	19.35	18.45	23 751.7	0.435	
			6	柘林灌区	22.15	22.15	25 962.4	0.436	
			7	袁北灌区	27.22	16.60	18 181.5	0.402	
			8	丰东灌区	33.36	21.42	21 329.7	0.395	
			9	锦北灌区	41.60	31.60	28 444.1	0.402	
			10	潦河灌区	30.60	25.40	21 987.6	0.473	
			11	章江灌区	20.39	19.69	15 009.7	0.411	
			12	袁惠渠灌区	29.00	28.40	24 325.3	0.446	
	小计				383.50	331.46	353 535.6		0.433
中型灌区	1万~5万亩	提水	1	扬子州灌区	1.79	1.79	1 503.3	0.472	0.480
			2	红旗灌区	1.22	1.22	1 001.4	0.502	
			3	灰埠灌区	2.31	2.31	1 939.5	0.465	
		自流引水	1	秧塘水库灌区	2.66	2.66	2 725.5	0.465	0.457
			2	衙前水库灌区	1.08	1.08	1 013.8	0.467	
			3	钟陵水库灌区	1.43	1.00	906.2	0.463	
			4	新建幸福灌区	1.87	1.47	1 670.5	0.485	
			5	枫山水库灌区	1.01	0.80	691.1	0.443	
			6	黄坑灌区	0.80	0.42	542.8	0.438	
			7	云里水库灌区	0.84	0.64	608.3	0.460	
			8	老仙灌区	0.80	0.60	478.8	0.446	
			9	彰湖灌区	1.40	1.40	1 549.2	0.428	
			10	山南水库灌区	1.20	0.90	768.3	0.450	
			11	岩底灌区	0.60	0.46	525.9	0.466	
			12	张岭灌区	2.40	2.40	1 759.6	0.493	
			13	螺山灌区	1.05	0.90	662.2	0.451	
			14	黄沙岗灌区	0.69	0.55	370.5	0.485	

续表 3-28

<table>
<tr><th colspan="3">灌区规模与类型</th><th>样点</th><th>灌区名称</th><th>有效灌溉面积/万亩</th><th>实灌面积/万亩</th><th>年毛灌溉用水量/万 m³</th><th>利用系数</th><th>综合利用系数</th></tr>
<tr><td rowspan="33">中型灌区</td><td rowspan="13">1 万~5 万亩</td><td rowspan="12">自流引水</td><td>15</td><td>五宝洞灌区</td><td>1.00</td><td>0.68</td><td>487.9</td><td>0.471</td><td rowspan="12">0.457</td></tr>
<tr><td>16</td><td>忠心水库灌区</td><td>0.75</td><td>0.64</td><td>566.8</td><td>0.446</td></tr>
<tr><td>17</td><td>仓前水库灌区</td><td>0.52</td><td>0.52</td><td>335.7</td><td>0.442</td></tr>
<tr><td>18</td><td>梅岭灌区</td><td>0.80</td><td>0.67</td><td>429.4</td><td>0.435</td></tr>
<tr><td>19</td><td>下栏水库灌区</td><td>2.50</td><td>2.24</td><td>1 610.9</td><td>0.458</td></tr>
<tr><td>20</td><td>九曲山灌区</td><td>1.04</td><td>0.82</td><td>774.7</td><td>0.452</td></tr>
<tr><td>21</td><td>楼梯磴灌区</td><td>1.30</td><td>1.23</td><td>1 107.0</td><td>0.464</td></tr>
<tr><td>22</td><td>田心水库灌区</td><td>1.25</td><td>1.05</td><td>742.8</td><td>0.435</td></tr>
<tr><td>23</td><td>碧湾灌区</td><td>1.00</td><td>0.90</td><td>941.0</td><td>0.461</td></tr>
<tr><td>24</td><td>共青水库灌区</td><td>0.80</td><td>0.75</td><td>890.3</td><td>0.433</td></tr>
<tr><td>25</td><td>下坊灌区</td><td>1.00</td><td>0.86</td><td>894.0</td><td>0.452</td></tr>
<tr><td>26</td><td>车联堰灌区</td><td>0.65</td><td>0.65</td><td>447.5</td><td>0.484</td></tr>
<tr><td colspan="3">小计</td><td>35.72</td><td>31.61</td><td>27 944.9</td><td></td><td>0.459</td></tr>
<tr><td rowspan="20">5 万~15 万亩</td><td>提水</td><td>无</td><td></td><td></td><td></td><td></td><td></td><td></td></tr>
<tr><td rowspan="18">自流引水</td><td>1</td><td>螺滩水库灌区</td><td>2.20</td><td>2.20</td><td>2 419.0</td><td>0.435</td><td rowspan="17">0.447</td></tr>
<tr><td>2</td><td>社上灌区</td><td>8.20</td><td>8.02</td><td>7 007.0</td><td>0.445</td></tr>
<tr><td>3</td><td>恩江渠灌区</td><td>4.67</td><td>4.67</td><td>4 435.5</td><td>0.452</td></tr>
<tr><td>4</td><td>蒙河灌区</td><td>4.87</td><td>4.87</td><td>4 703.2</td><td>0.437</td></tr>
<tr><td>5</td><td>上谭水库灌区</td><td>4.81</td><td>3.58</td><td>3 756.4</td><td>0.459</td></tr>
<tr><td>6</td><td>浪溪灌区</td><td>6.30</td><td>5.20</td><td>3 288.1</td><td>0.483</td></tr>
<tr><td>7</td><td>云山灌区</td><td>5.00</td><td>4.30</td><td>4 605.7</td><td>0.442</td></tr>
<tr><td>8</td><td>白庙水库灌区</td><td>5.03</td><td>4.28</td><td>4 074.7</td><td>0.433</td></tr>
<tr><td>9</td><td>枫林湾水库灌区</td><td>5.30</td><td>4.51</td><td>4 230.4</td><td>0.442</td></tr>
<tr><td>10</td><td>锦泰灌区</td><td>5.10</td><td>4.52</td><td>4 335.9</td><td>0.459</td></tr>
<tr><td>11</td><td>丰产灌区</td><td>6.14</td><td>6.14</td><td>6 103.1</td><td>0.435</td></tr>
<tr><td>12</td><td>店下灌区</td><td>8.14</td><td>5.87</td><td>5 140.0</td><td>0.455</td></tr>
<tr><td>13</td><td>走马陂灌区</td><td>5.20</td><td>4.80</td><td>3 329.1</td><td>0.446</td></tr>
<tr><td>14</td><td>桐木灌区</td><td>5.70</td><td>5.16</td><td>4 917.1</td><td>0.433</td></tr>
<tr><td>15</td><td>共库灌区</td><td>10.30</td><td>10.30</td><td>10 635.6</td><td>0.441</td></tr>
<tr><td>16</td><td>宝水渠灌区</td><td>3.00</td><td>2.10</td><td>2 198.2</td><td>0.445</td></tr>
<tr><td>17</td><td>幸福水库灌区</td><td>4.00</td><td>2.95</td><td>3 270.0</td><td>0.449</td></tr>
<tr><td colspan="2">小计</td><td>93.96</td><td>83.46</td><td>78 449.0</td><td></td><td>0.447</td></tr>
</table>

续表 3-28

灌区规模与类型			样点	灌区名称	有效灌溉面积/万亩	实灌面积/万亩	年毛灌溉用水量/万 m^3	利用系数	综合利用系数
中型灌区	10 万~30 万亩	提水	无						
		自流引水	1	流湖灌区	15.24	12.19	4.0	0.467	
			2	白塔渠灌区	21.50	13.80	6.5	0.425	0.446
			3	金临渠灌区	11.30	11.30	0.6	0.446	
		小计			48.04	37.29	35 130.4		
	合计				177.72	152.36	141 524.3		0.451
小型灌区	提水		1	五丰灌区	0.92	0.80	856.4	0.502	
			2	水岚洲灌区	0.50	0.40	414.9	0.515	
			3	王山灌区	0.15	0.12	98.9	0.522	
			4	官塘电灌站	0.04	0.04	51.5	0.445	
			5	杨桥庙上灌区	0.20	0.20	164.4	0.470	
			6	马眼灌区	0.30	0.21	196.8	0.526	
			7	五里灌区	0.16	0.16	151.9	0.505	
			8	北线灌区	0.25	0.12	79.1	0.534	
			9	杨家场灌区	0.60	0.46	147.0	0.535	0.494
			10	流壁堰灌区	0.33	0.25	145.3	0.485	
			11	鹰潭渡头灌区	0.05	0.04	36.5	0.449	
			12	延石灌区	0.03	0.03	29.9	0.452	
			13	响水滩灌区	0.50	0.39	246.6	0.479	
			14	同心灌区	0.30	0.21	159.7	0.478	
			15	沿黄灌区	0.10	0.10	96.7	0.479	
			16	河源灌区	0.09	0.09	65.0	0.514	
			17	七里岗泵站	0.32	0.32	254.2	0.510	
	自流引水		1	草山灌区	0.40	0.29	302.7	0.511	
			2	东山门水库灌区	0.40	0.36	346.4	0.501	
			3	南潦果田灌区	0.50	0.28	335.0	0.497	
			4	西潦一支灌区	0.11	0.11	129.3	0.469	
			5	北潦十五支灌区	0.80	0.60	835.7	0.431	0.475
			6	南岳灌区	0.28	0.25	167.0	0.464	
			7	老山水库灌区	0.27	0.27	223.8	0.481	
			8	芳陂水库灌区	0.60	0.40	375.0	0.466	
			9	花岩水库灌区	0.30	0.30	362.7	0.474	

续表 3-28

灌区规模与类型		样点	灌区名称	有效灌溉面积/万亩	实灌面积/万亩	年毛灌溉用水量/万 m³	利用系数	综合利用系数
小型灌区	自流引水	10	龙溪灌区	0.25	0.20	170.2	0.549	0.475
		11	旺田水库灌区	0.20	0.20	212.4	0.506	
		12	七一水库灌区	0.50	0.43	356.8	0.473	
		13	南安余家水陂灌区	0.05	0.05	42.7	0.464	
		14	下村桥上灌区	0.58	0.48	400.8	0.450	
		15	团结水库灌区	0.09	0.09	71.2	0.517	
		16	九龙东坑灌区	0.04	0.03	23.3	0.502	
		17	柏树下水库灌区	0.20	0.18	147.9	0.473	
		18	罗亭灌区	0.22	0.22	256.5	0.498	
		19	繁荣灌区	0.15	0.13	92.6	0.513	
		20	施村灌区	0.23	0.20	176.2	0.485	
		21	乌尖畈灌区	0.15	0.13	117.0	0.513	
		22	渡头灌区	0.13	0.11	97.4	0.476	
		23	冷水湾灌区	0.25	0.18	206.9	0.465	
		24	胜利灌区	0.30	0.20	232.9	0.465	
		25	沿畈灌区	0.16	0.11	104.6	0.497	
		26	红星灌区	0.30	0.30	337.2	0.468	
		27	里坞灌区	0.12	0.12	121.9	0.473	
		28	周田灌区	0.20	0.20	211.7	0.486	
		29	西山堰灌区	0.02	0.02	8.5	0.519	
		30	水段灌区	0.42	0.38	247.4	0.496	
		31	新源灌区	0.25	0.12	70.3	0.491	
		32	群峰灌区	0.10	0.07	42.0	0.469	
		33	蓼花池灌区	0.89	0.85	942.4	0.471	
		34	上马灌区	0.16	0.14	118.2	0.460	
		35	马岗水库灌区	0.03	0.03	32.1	0.439	
		36	霞山水库灌区	0.16	0.16	158.2	0.477	
		37	杨垅坝灌区	0.04	0.04	31.6	0.468	
		38	雷西垄灌区	0.22	0.22	210.2	0.446	
		39	岗前罗源灌区	0.08	0.08	72.4	0.443	
		40	共青灌区	0.76	0.76	700.5	0.442	
		41	安全水库灌区	0.01	0.08	71.2	0.494	

续表 3-28

灌区规模与类型		样点	灌区名称	有效灌溉面积/万亩	实灌面积/万亩	年毛灌溉用水量/万 m^3	利用系数	综合利用系数
小型灌区	自流引水	42	合作化水库灌区	0. 16	0. 16	142. 6	0. 487	0. 475
		43	柳溪灌区	0. 15	0. 11	93. 6	0. 473	
		44	鲤陂灌区	0. 15	0. 15	123. 9	0. 501	
		45	石脑灌区	0. 30	0. 28	248. 4	0. 490	
		46	源头水库灌区	0. 15	0. 12	88. 0	0. 528	
		47	安阳水库灌区	0. 18	0. 18	169. 2	0. 471	
		48	冬瓜坑水库灌区	0. 10	0. 10	67. 8	0. 441	
		49	石人水库灌区	0. 21	0. 21	186. 8	0. 482	
		50	壕基口灌区	0. 45	0. 45	457. 9	0. 451	
		51	东华陂灌区	0. 27	0. 27	212. 4	0. 445	
		52	狮口陂灌区	0. 25	0. 25	189. 9	0. 455	
		53	重石灌区	0. 21	0. 21	141. 8	0. 450	
		54	大石盘灌区	0. 48	0. 40	228. 7	0. 455	
		55	斜坑水库灌区	0. 10	0. 10	76. 1	0. 453	
		56	坑背水库灌区	0. 28	0. 28	187. 9	0. 465	
		57	下坑灌区	0. 08	0. 08	68. 3	0. 480	
		58	潋江陂灌区	0. 35	0. 35	274. 3	0. 441	
		59	大陂灌区	0. 02	0. 02	13. 4	0. 515	
		60	胜利圳灌区	0. 28	0. 26	241. 6	0. 451	
		61	仁里水库灌区	0. 58	0. 44	357. 2	0. 441	
		62	沙陂灌区	0. 15	0. 15	132. 6	0. 480	
		63	南干口灌区	0. 14	0. 14	137. 3	0. 451	
		64	古石坝灌区	0. 30	0. 28	298. 1	0. 466	
		65	朝阳灌区	0. 40	0. 40	456. 5	0. 452	
		66	虎型灌区	0. 69	0. 59	691. 7	0. 438	
		67	大茅山灌区	0. 34	0. 34	280. 2	0. 454	
		68	大背坞灌区	0. 71	0. 71	681. 5	0. 433	
		69	荒山水库灌区	0. 25	0. 20	217. 9	0. 486	
		70	佛岭水库	0. 13	0. 12	111. 3	0. 531	
		71	高坑水库灌区	0. 12	0. 12	138. 7	0. 458	
		72	陈坊灌区	0. 80	0. 60	575. 6	0. 459	
		73	长垅灌区	0. 50	0. 50	544. 3	0. 425	

续表 3-28

灌区规模与类型		样点	灌区名称	有效灌溉面积/万亩	实灌面积/万亩	年毛灌溉用水量/万 m^3	利用系数	综合利用系数
小型灌区	自流引水	74	福山源灌区	0.40	0.30	299.6	0.493	0.475
		75	抚州红旗灌区	0.68	0.66	696.3	0.489	
		76	圳上坑灌区	0.56	0.30	284.6	0.519	
		77	龙和水库灌区	0.22	0.22	236.4	0.455	
	合计			26.99	23.35	21 710.0		0.478

经过分析计算，2011 年全省 12 个大型样点灌区全部为自流引水灌区，农田灌溉用水有效利用系数在 0.395~0.473，平均值为 0.433。

49 个中型样点灌区中，1 万~5 万亩样点灌区 29 个，其中 3 个为提水灌区，农田灌溉用水有效利用系数在 0.465~0.502，平均值为 0.480；26 个自流引水灌区，农田灌溉用水有效利用系数在 0.428~0.493，平均值为 0.457；提水灌区较自流引水灌区高出 0.023，高出比率为 5.03%。5 万~15 万亩样点灌区 17 个，全部为自流引水灌区，农田灌溉用水有效利用系数在 0.433~0.483，平均值为 0.447；15 万~30 万亩样点灌区 3 个，全部为自流引水灌区，农田灌溉用水有效利用系数在 0.425~0.467，平均值为 0.446。

94 个小型样点灌区中，提水灌区 15 个，农田灌溉用水有效利用系数在 0.445~0.535，平均值为 0.494；自流引水灌区 77 个，农田灌溉用水有效利用系数在 0.425~0.549，平均值为 0.474；提水灌区有效利用系数较自流引水灌区有效利用系数高出 0.020，高出比率为 1.99%。

3.3.4.4 全省不同规模及类型灌区农田灌溉用水有效利用系数测算分析

1. 不同规模及类型灌区农田灌溉用水有效利用系数测算分析方法

1) 全省大型灌区农田灌溉用水有效利用系数计算方法

依据全省各大型样点灌区农田灌溉用水有效利用系数与用水量加权平均后得出全省大型灌区农田灌溉用水有效利用系数。计算公式如下：

$$\eta_{省大} = \frac{\sum_{i=1}^{N} \eta_{大i} \cdot W_{样大i}}{\sum_{i=1}^{N} W_{样大i}} \tag{3-24}$$

式中 $\eta_{省大}$——全省大型灌区农田灌溉用水有效利用系数；

$\eta_{大i}$——第 i 个大型样点灌区农田灌溉用水有效利用系数；

$W_{样大i}$——第 i 个大型样点灌区年毛灌溉用水量，万 m^3；

N——全省大型样点灌区数量，个。

2) 全省中型灌区农田灌溉用水有效利用系数计算方法

以中型灌区 1 万~5 万亩、5 万~15 万亩、15 万~30 万亩等 3 个档次样点灌区农田灌溉用水有效利用系数为基础，采用算术平均法分别计算各个档次灌区农田灌溉用水有效利用系数；然后，以测算得出的 1 万~5 万亩、5 万~15 万亩、15 万~30 万亩灌区年毛灌溉

用水量加权平均,得出全省中型灌区农田灌溉用水有效利用系数。计算公式如下:

$$\eta_{省中}=\frac{\eta_{1\sim5}\cdot W_{省毛1\sim5}+\eta_{5\sim15}\cdot W_{省毛5\sim15}+\eta_{15\sim30}\cdot W_{省毛15\sim30}}{W_{省毛1\sim5}+W_{省毛5\sim15}+W_{省毛15\sim30}} \tag{3-25}$$

式中 $\eta_{省中}$——全省中型灌区农田灌溉用水有效利用系数;

$\eta_{1\sim5}$、$\eta_{5\sim15}$、$\eta_{15\sim30}$——1万~5万亩、5万~15万亩、15万~30万亩不同规模样点灌区农田灌溉用水有效利用系数;

$W_{省毛1\sim5}$、$W_{省毛5\sim15}$、$W_{省毛15\sim30}$——全省级1万~5万亩、5万~15万亩、15万~30万亩不同规模样点灌区年毛灌溉用水量,万 m^3。

3)全省小型灌区农田灌溉用水有效利用系数计算方法

以测算分析得出的各个小型样点灌区农田灌溉用水有效利用系数为基础,采用算术平均法计算得出全省小型灌区农田灌溉用水有效利用系数。计算公式如下:

$$\eta_{省小}=\frac{1}{n}\sum_{i=1}^{n}\eta_{小i} \tag{3-26}$$

式中 $\eta_{省小}$——全省小型灌区农田灌溉用水有效利用系数;

$\eta_{小i}$——全省第 i 个小型样点灌区农田灌溉用水有效利用系数;

n——全省小型样点灌区数量。

2. 不同规模及类型灌区农田灌溉用水有效利用系数测算结果分析

按照上述样点灌区农田灌溉用水有效利用系数计算方法,计算得出各规模样点灌区农田灌溉用水有效利用系数。

2011年,江西省大型样点灌区农田灌溉用水有效利用系数平均值为0.433;中型样点灌区农田灌溉用水有效利用系数平均值为0.451,其中,1万~5万亩灌区农田灌溉用水有效利用系数为0.459,5万~15万亩灌区农田灌溉用水有效利用系数为0.447,15万~30万亩灌区农田灌溉用水有效利用系数为0.446;小型样点灌区农田灌溉用水有效利用系数为0.478。各规模灌区农田灌溉用水有效利用系数总体表现为小型灌区>中型灌区>大型灌区;其中,小型灌区有效利用系数较中型灌区有效利用系数有效利用系数高出0.027,高出比率为6.01%,中型灌区有效利用系数较大型灌区有效利用系数高出0.018,高出比率为4.16%。

3.3.4.5 全省农田灌溉用水有效利用系数测算分析

全省农田灌溉用水有效利用系数是指全省净灌溉用水总量与毛灌溉用水量的比值。以不同规模样点灌区农田灌溉用水有效利用系数测算值为基础,按全省不同规模灌区毛灌溉用水量为权重,进行加权平均,得到全省农田灌溉用水有效利用系数。具体计算公式如下:

$$\eta_{w省}=\frac{W_{j省}}{W_{a省}} \tag{3-27}$$

$$\eta_{w省}=\frac{\eta_{w大型}\cdot W_{a大型}+\eta_{w中型}\cdot W_{a中型}+\eta_{w小型}\cdot W_{a小型}+\eta_{w井}\cdot W_{a井}}{W_{a大型}+W_{a中型}+W_{a小型}+W_{a井}} \tag{3-28}$$

式中 $\eta_{w省}$——全省农田灌溉用水有效利用系数平均值;

$W_{j省}$——全省净灌溉用水总量,万 m^3;

$W_{A省}$——全省毛灌溉用水量,万 m^3;

$W_{a大型}$、$W_{a中型}$、$W_{a小型}$——全省大、中、小型灌区的年毛灌溉用水量，万 m^3；

$\eta_{w大型}$、$\eta_{w中型}$、$\eta_{w小型}$——全省大、中、小型灌区的农田灌溉用水有效利用系数。

以全省不同规模及类型样点灌区有效灌溉面积的农田毛灌溉用水量为基础，测算不同规模及类型灌区亩均毛灌溉用水量；然后，调查统计不同规模与类型灌区有效灌溉面积；通过不同规模及类型灌区亩均毛灌溉用水量，乘以相应规模及类型灌区有效灌溉面积，则得到全省不同规模及类型灌区毛灌溉用水量；并累加计算，最后得到全省毛灌溉用水量。

据调查统计，2011 年江西省总有效灌溉面积为 2 733.50 万亩，其中，全省大型灌区有效灌溉面积为 383.50 万亩，中型灌区有效灌溉面积为 754.04 万亩，小型灌区有效灌溉面积为 1 595.90 万亩。全省样点灌区有效灌溉面积为 588.2 万亩，占全省有效灌溉面积的 21.5%；其中，全省大型灌区均被列为样点灌区，有效灌溉面积为 383.50 万亩；中型样点灌区有效灌溉面积为 177.72 万亩，占全省中型灌区有效灌溉面积的 23.6%；全省小型样点灌区有效灌溉面积为 26.99 万亩，占全省小型灌区有效灌溉面积的 1.7%。

据测算，全省大型灌区年毛灌溉用水量为 353 535.6 万 m^3，中型灌区年毛灌溉用水量为 608 648.0 万 m^3，小型灌区年毛灌溉用水量为 1 250 819.6 万 m^3，全省毛灌溉用水量为 2 213 003.2 万 m^3（见表 3-29）。

表 3-29　不同规模和类型灌区有效灌溉面积及年毛灌溉用水量统计

灌溉规模和类型			全省灌区			样点灌区		
			个数	有效灌溉面积/万亩	灌溉用水量/万 m^3	个数/个	有效灌溉面积/万亩	灌溉用水量/万 m^3
大型灌区		提水	0	0		0	0	
		自流引水	12	383.50	353 535.6	12	383.50	353 535.6
		小计	12	383.50	353 535.6	12	383.50	353 535.6
中型灌区	1万~5万亩	提水	16	47.60	39 763.9	3	5.32	4 444.2
		自流引水	204	251.30	19 3817.4	26	30.40	23 500.7
		小计	220	298.90	233 581.3	29	35.72	27 944.9
	5万~15万亩	提水	0	0		0	0	
		自流引水	81	407.10	339 936.3	17	93.96	78 449.0
		小计	81	407.10	339 936.3	17	93.96	78 449.0
	15万~30万亩	提水	0	0		0	0	
		自流引水	3	48.04	35 130.4	3	48.04	35 130.4
		小计	3	48.04	35 130.4	3	48.04	35 130.4
	总计	提水	16	47.60	39 763.9	3	5.32	4 444.2
		自流引水	288	706.44	568 884.1	46	172.40	137 080.1
		小计	304	754.04	608 648.0	49	177.72	141 524.3

续表 3-29

灌溉规模和类型		全省灌区			样点灌区		
		个数	有效灌溉面积/万亩	灌溉用水量/万 m^3	个数/个	有效灌溉面积/万亩	灌溉用水量/万 m^3
小型灌区	提水	27 750	700.70	462 233.4	15	4.84	3 194.8
	自流引水	34 644	895.20	788 586.2	79	22.15	18 515.2
	小计	62 394	1 595.90	1 250 819.6	94	26.99	21 710.0
合计		62 710	2 733.50	2 213 003.2	155	588.21	516 769.9

据此计算得出,2011 年全省农田灌溉用水有效利用系数为 0.464(见表 3-30)。

表 3-30　2011 年江西省农田灌溉用水有效利用系数分析结果

灌区规模与类型		个数	有效灌溉面积/万亩	灌溉用水量/万 m^3	农田灌溉用水有效利用系数
大型灌区		12	383.50	353 535.6	0.433
中型灌区	1 万~5 万亩	220	298.90	233 581.3	0.459
	5 万~15 万亩	81	407.10	339 936.3	0.447
	15 万~30 万亩	3	48.04	35 130.4	0.446
	合　计	304	754.04	608 648.0	0.451
小型灌区		62 394	1 595.90	1 250 819.6	0.478
总　计		62 710	2 733.50	2 213 003.3	0.464

3.3.5　江西省长系列农田灌溉用水有效利用系数测算分析

根据上述“首尾测算分析法”,通过选择上述代表不同规模与类型的典型灌区作为样点灌区,开展逐年样点灌区农田灌溉用水有效利用系数测算分析;以此为基础,得到不同规模与类型灌区的农田灌溉用水有效利用系数;然后,分析计算出全省农田灌溉用水有效利用系数。具体测算结果见表 3-31。

表 3-31　2011—2020 年江西省农田灌溉用水有效利用系数测算分析结果

年份	2011	2012	2013	2014	2015
全省系数	0.464	0.471	0.478	0.484	0.490
年份	2016	2017	2018	2019	2020
全省系数	0.496	0.504	0.509	0.513	0.515

从表 3-31 来看,2011—2020 年江西省农田灌溉用水有效利用系数总体呈上升趋势,表现出前 5 年快速上升,之后几年呈平缓上升,至 2019 年,略有上升,之后呈基本稳定趋势。

3.3.6　农田灌溉用水有效利用系数影响因素分析

为探明影响农田灌溉用水有效利用系数主要因子,针对不同因素,对农田灌溉用水有效利用系数进行分析。

3.3.6.1　灌区规模对农田灌溉用水有效利用系数的影响分析

为分析不同规模灌区农田灌溉用水有效利用系数变化规律,对 2012—2020 年江西省农田灌溉用水有效利用系数测算分析结果进行分析。具体测算结果见表 3-32。历年不同规模灌区农田灌溉用水有效利用系数变化趋势见图 3-12。

表 3-32　历年农田灌溉用水有效利用系数测算结果

灌区规模		年份									多年平均
		2012	2013	2014	2015	2016	2017	2018	2019	2020	
大型灌区		0.436	0.441	0.444	0.448	0.452	0.460	0.468	0.472	0.474	0.455
中型灌区	1 万~5 万亩	0.467	0.471	0.478	0.485	0.491	0.497	0.505	0.509	0.512	0.491
	5 万~15 万亩	0.455	0.464	0.468	0.474	0.479	0.486	0.494	0.499	0.503	0.480
	15 万~30 万亩	0.450	0.456	0.459	0.463	0.468	0.476	0.483	0.490	0.490	0.471
	小　计	0.458	0.465	0.471	0.477	0.482	0.489	0.496	0.501	0.505	0.483
小型灌区		0.487	0.495	0.501	0.508	0.514	0.521	0.526	0.529	0.530	0.512

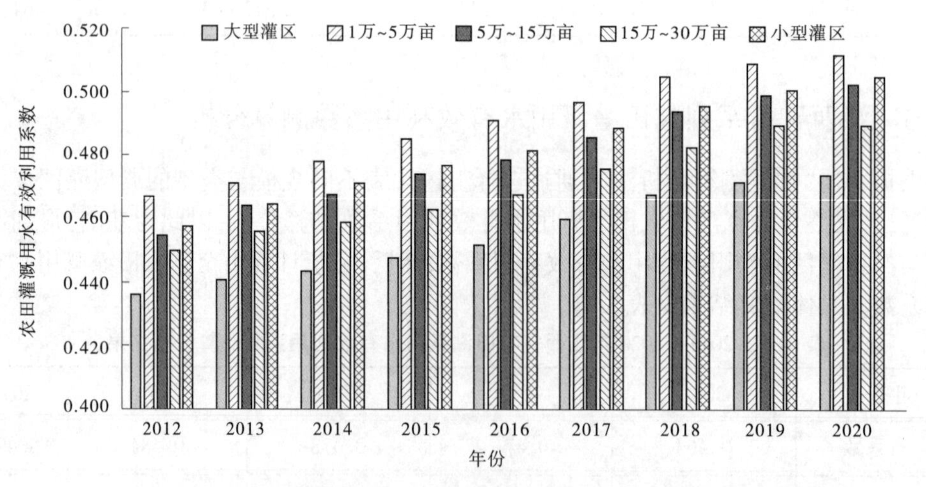

图 3-12　历年不同规模灌区农田灌溉用水有效利用系数变化趋势

由表 3-32 可知,2012—2020 年大型灌区农田灌溉用水有效利用系数多年平均为 0.455,中型灌区为 0.483,小型灌区为 0.512。在中型灌区中,1 万~5 万亩规模灌区农田灌溉用水有效利用系数多年平均为 0.491,5 万~15 万亩规模灌区灌溉用水有效利用系数多年平均为 0.480,15 万~30 万亩规模灌区灌溉用水有效利用系数多年平均为 0.471。大型灌区农田灌溉用水有效利用系数比中型灌区小 0.028,中型灌区比小型灌区灌溉用水有效利用系数多年平均小 0.030。在中型灌区中,1 万~5 万亩规模灌区比 5 万~15 万亩规模灌区农田灌溉用水有效利用系数高 0.011,5 万~15 万亩规模灌区比 15 万~30 万亩规模灌区灌溉用水有效利用系数多年平均高 0.009。由此可以看出,随着灌区规模的增大,灌区农田灌溉用水有效利用系数呈总体减小趋势。

3.3.6.2　不同水源类型对农田灌溉用水有效利用系数的影响分析

为了分析不同水源类型对农田灌溉用水有效利用系数的变化规律,以 2013 年江西省农田灌溉用水有效利用系数测算分析结果为例进行分析。2013 年江西省农田灌溉用水有效利用系数测算结果见表 3-33。

表 3-33　2013 年江西省农田灌溉用水有效利用系数测算结果

<table>
<tr><th colspan="3">灌区规模与类型</th><th>综合有效利用系数</th></tr>
<tr><td rowspan="2">大型灌区</td><td colspan="2">自流引水</td><td>0.441</td></tr>
<tr><td colspan="2">小计</td><td>0.441</td></tr>
<tr><td rowspan="12">中型灌区</td><td rowspan="3">1 万~5 万亩</td><td>提水</td><td>0.496</td></tr>
<tr><td>自流引水</td><td>0.471</td></tr>
<tr><td>小计</td><td>0.474</td></tr>
<tr><td rowspan="3">5 万~15 万亩</td><td>提水</td><td>—</td></tr>
<tr><td>自流引水</td><td>0.462</td></tr>
<tr><td>小计</td><td>0.462</td></tr>
<tr><td rowspan="3">15 万~30 万亩</td><td>提水</td><td>—</td></tr>
<tr><td>自流引水</td><td>0.456</td></tr>
<tr><td>小计</td><td>0.456</td></tr>
<tr><td rowspan="3">合计</td><td>提水</td><td>0.496</td></tr>
<tr><td>自流引水</td><td>0.462</td></tr>
<tr><td>小计</td><td>0.462</td></tr>
<tr><td rowspan="3">小型灌区</td><td colspan="2">提水</td><td>0.511</td></tr>
<tr><td colspan="2">自流引水</td><td>0.492</td></tr>
<tr><td colspan="2">小计</td><td>0.495</td></tr>
</table>

由表 3-33 可知,在相同规模的灌区里,灌区水源类型的不同,也会对农田灌溉用水有效利用系数产生影响。1 万~5 万亩规模灌区中,提水灌区比自流引水灌区农田灌溉用水有效利用系数高 0.025;小型灌区中,提水灌区比自流引水灌区农田灌溉用水有效利用系

数高 0.019。以上数据表明，提水灌区比自流引水灌区农田灌溉用水有效利用系数高。究其原因，一方面，提水灌区比自流引水灌区运行费用高，其灌溉用水需要一定的提水成本，农民更重视用水的管理；另一方面，在渠道防渗、田间节水工程等节水措施方面，也较自流引水渠道更完善，有利于提高渠系水利用系数和田间水利用系数。而在自流引水灌区，取水方便，运行成本低，管理相对粗放，工程配套不齐全，农民浪费水现象比较严重，因而导致农田灌溉用水有效利用系数比较低。

3.3.6.3 不同土壤类型对农田灌溉用水有效利用系数的影响分析

为了分析不同土壤类型对农田灌溉用水有效利用系数的变化规律，以 2011 年江西省农田灌溉用水有效利用系数测算分析结果为例进行分析。2011 年江西省样点灌区农田灌溉用水有效利用系数测算结果见表 3-34。

表 3-34 2011 年江西省样点灌区农田灌溉用水有效利用系数测算结果

编号	灌区名称	灌区规模	水源类型	土壤类型	平均稻田渗漏强度/(mm/d)	利用系数
1	南安余家水陂灌区	小型灌区	自流引水	红壤土、水稻土	1.667	0.464
2	下村桥上水库灌区	小型灌区	自流引水	红壤土、沙壤土	1.792	0.450
3	乌尖畈灌区	小型灌区	自流引水	红壤土、黄黏土	1.608	0.513
4	渡头灌区	小型灌区	自流引水	红砂泥土、沙壤土	1.925	0.476
5	红星灌区	小型灌区	自流引水	红砂泥土、沙壤土	1.761	0.468
6	里坞灌区	小型灌区	自流引水	红壤土、水稻土	1.676	0.473

为了避免气候和灌区规模等因素的影响，选取气候因素和灌区规模相近但土壤平均渗漏强度不同的 6 个灌区(3 组)，测算其农田灌溉用水有效利用系数。由表 3-34 可知，南安余家水陂灌区土壤比下村桥上水岸灌区渗漏强度小 0.125 mm/d，其农田灌溉用水有效利用系数比下村桥上水岸灌区高 0.014；乌尖畈灌区土壤渗漏强度比渡头灌区小 0.317 mm/d，其农田灌溉用水有效利用系数比渡头灌区高 0.036；红星灌区土壤渗漏强度比里坞灌区大 0.085 mm/d，其农田灌溉用水有效利用系数比里坞灌区低 0.005。由此可见，土壤渗透强度与农田灌溉用水有效利用系数呈负相关关系，在输水过程中，由于土壤渗漏强度大，导致输水损失大，致使进入田间的水减少，从而导致渠系水利用系数减少，进而使农田灌溉用水有效利用系数降低。

3.3.6.4 渠道防渗对农田灌溉用水有效利用系数的影响分析

目前，江西省比较常用的节水灌溉技术有渠道防渗和管道输水灌溉。通过在江西省选取土渠和防渗衬砌渠道进行输水灌溉的两个典型灌溉单元，采用动水法对其渠道水利用系数进行测算；测定过程中选取级别、长度相同的渠道。测算结果见表 3-35。

表 3-35　灌区斗支渠水利用系数测算结果

渠道名称	衬砌类型	渠道级别	渠道长度/km	代表长度/km	渠道水利用系数
斗渠 1	土渠	斗渠	2.1	2.1	0.952
斗渠 2	混凝土衬砌	斗渠	2.0	2.0	0.987
支渠 1	土渠	支渠	5.2	2.0	0.915
支渠 2	混凝土衬砌	支渠	3.9	2.0	0.925

由表 3-35 可知，衬砌渠道水利用系数有一定程度提高，但不同级别渠道的提高程度不同。其中，相对于土渠，衬砌渠道斗渠水利用系数提高 0.035，提高比率达 3.68%，支渠水利用系数提高 0.010，提高比率达 1.09%。由此可以看出，工程防渗措施对提高渠道水利用系数有一定的影响，但总体提高幅度不是很大。

3.3.6.5　不同管理水平对农田灌溉用水有效利用系数的影响分析

虽然各种节水灌溉技术措施为农田灌溉用水有效利用系数的提高提供了有力保障，但是任何先进的技术都依托于管理，要达到预期的农田灌溉用水有效利用系数，还受到灌溉管理水平的影响。通过选取灌溉规模和节水工程投资等因素均相似的灌区，进行农田灌溉用水有效利用系数对比，分析不同管理水平对灌区农田灌溉用水有效利用系数的影响。2013 年不同管理水平样点灌区农田灌溉用水有效利用系数测算成果见表 3-36。

表 3-36　2013 年不同管理水平样点灌区农田灌溉用水有效利用系数测算成果

灌区规模与类型	灌区编号	有效灌溉面积/万亩	年毛灌溉用水量/万 m^3	累计达到节水灌溉工程面积/万亩			节水工程总投资/万元	农田灌溉用水有效利用系数
				渠道防渗	高效节水灌溉技术	合计		
灌区规模与类型	灌区 1	30.06	15 793.8	2	0	2	3 000	0.422
	灌区 2	30.10	15 449.1	2	0	2	3 000	0.458
	灌区 3	22.69	15 369.9	5	0	5	0	0.426
	灌区 4	22.50	14 232.8	5	0	5	0	0.445

比较灌区 1 和灌区 2，两个灌区有效灌溉面积相差不大，而且在节水工程投资方面相同；据测算分析，2013 年灌区 2 比灌区 1 农田灌溉用水有效利用系数高 0.036，提高比率达 8.53%。同样，比较灌区 4 和灌区 3，也可以发现灌区 4 比灌区 3 农田灌溉用水有效利用系数高 0.019，提高比率达 4.46%。

从灌区 1 和灌区 2 的管理人员配置和水价两方面，来分析两者农田灌溉用水有效利用系数的差别。灌区 2 为正处级单位，管理人员数为 118 人，农业水价为 18.65 元/亩，农民用水户参与管理人数为 13.7 万人;而灌区 1 为正科级单位,单位管理人员为 85 人,农业水价为 17.66 元/亩,农民用水户参与管理人数为 6.2 万人。相对于灌区 1 而言,灌区 2 管理人员配置比较完善,管理资金落实到位,使得灌区用水可以精准调度,合理配置,从而避免了灌区取水“长流水”现象,减少了输水损失,一定程度提高了农田灌溉用水有效利用系数。另外,合理适宜的水价政策,也增加了农民的节水意识;同时,农民用水户合作组织的成立与壮大,使农民用水户参与灌溉管理,由于关系切身利益,调动了用水户的节水积极性,自觉保护水利设施不被损坏,并采用先进的节水灌溉措施,从而使农田灌溉用水有效利用系数提高。同样,灌区 3 和灌区 4 也得出了相似的结论。

3.3.7 小结

通过对比分析国内外农田灌溉用水有效利用系数测算的优缺点,选择了操作简便、适合基层灌溉管理单位运用的测算分析方法——首尾测算分析法,选择不同规模、不同类型、不同工程状况和管理水平的典型代表灌区作为样点灌区,进行农田灌溉用水有效利用系数测算分析;通过点与面相结合,微观分析与宏观分析相结合,系统测算了 2011—2020 年逐年农田灌溉用水有效利用系数,并对其变化规律进行分析;同时,进行了不同灌区规模、水源类型、土壤类型、渠道防渗和不同管理水平等因素对农田灌溉用水有效利用系数的影响分析。结果表明,2011—2020 年,江西省农田灌溉用水有效利用系数呈逐年增长趋势;但后期增速缓于前期增速,农田灌溉用水有效利用系数提升空间逐渐缩小。灌区规模越大,农田灌溉用水有效利用系数越小;不同水源类型灌区中自流引水灌区小于提水灌区;土壤渗透强度与农田灌溉用水有效利用系数呈负相关关系,即土壤渗漏强度越大,农田灌溉用水有效利用系数越低;灌区渠道防渗在一定程度上能提高农田灌溉用水有效利用系数,但总体提高幅度不是很大;灌区管理机构比较完善,农民用水户参与灌溉管理,管理资金和农业水费落实到位,有助于提高灌区农田灌溉用水有效利用系数。

第 4 章　灌区水资源高效利用及优化配置研究

4.1　水稻水分生产函数研究

4.1.1　水稻水分生产函数田间试验

4.1.1.1　试验场地基本情况

本试验研究于 2013—2014 年在江西省灌溉试验中心站试验基地大型蒸渗器(测筒区)进行,利用遮雨棚对水稻进行受旱处理,并进行水量平衡计算。蒸渗器为圆形,钢板制成,内径 0.618 m(填土面积 0.284 m^2),高 0.8 m,下设 15 cm 厚的滤层,桶底设侧向排水孔,平时关闭,器内填 55 cm 厚原装土,各个外筒之间空地种植草坪。

4.1.1.2　材料与方法

早、中、晚稻供试品种分别采用陆两优 996(超级杂交早稻,全生育期平均 109.7 d,区域试验平均亩产 522.59 kg)、扬两优 6 号(属籼型两系杂交水稻,在长江中下游作一季中稻种植,全生育期平均 134.1 d)和天优华占(超级杂交晚稻,全生育期平均 119.2 d,区域试验平均亩产 523.7 kg,稻米品质达到国家《优质稻谷》标准 1 级)。

早、晚稻在测筒区种植,移栽均采用 2 苗/穴,移栽密度 4 寸×8 寸(1 m=30 寸),共 7 穴。早、晚稻肥料运筹相同,采用基肥:蘖肥:穗肥=5:3:2方式施用,每测筒以 18 g 复合肥作基肥(折合肥料用量 600.0 kg/hm^2),4.5 g 尿素作分蘖肥(折合肥料用量 117.0 kg/hm^2),2.3 g 尿素和 4.5 g 氯化钾做穗肥(折合肥料用量分别为 75.0 kg/hm^2 和 150.0 kg/hm^2)。中稻在盆栽区种植,移栽均采用 2 苗/穴,移栽密度 4 寸×8 寸,共 8 穴,肥料运筹亦采用基肥:蘖肥:穗肥=5:3:2方式施用,每盆以 28 g 复合肥作基肥(折合肥料用量 600.0 kg/hm^2),5.6 g 尿素作分蘖肥(折合肥料用量 117.0 kg/hm^2),3.6 g 尿素和 6.2 g 氯化钾做穗肥(折合肥料用量分别为 75.0 kg/hm^2 和 150.0 kg/hm^2)。基肥于移栽前 1 d 施用,分蘖肥在移栽后 10 d 施用,孕穗肥在移栽后 35~40 d 时施用。除灌溉模式不同外,其他管理方式保持一致。

4.1.1.3　试验处理设计

针对鄱阳湖流域水稻灌区的实际种植模式状况,本研究对象为双季早、晚稻和中稻 3 种类型水稻,均划分为返青、分蘖、拔节孕穗、抽穗开花、乳熟、黄熟 6 个生育阶段。针对各生育阶段田面 50 cm 土层内土壤水分条件安排处理。以不受旱(正常灌溉)为对照处理。由于返青期有泡田余水,且时间较短,生产实践中不会受旱,黄熟期排水落干,此首末两个阶段均按丰产要求进行正常的水分处理;其余 4 个阶段,各阶段分别安排成正常灌溉、轻旱、重旱和连旱等 3 个受旱水平,总共 13 个处理。上述正常灌溉、轻旱、重旱、连旱水平,系指阶段内稻田 0～50 cm 土层平均含水率的下限占饱和含水率的 100%、70%、50%、60%，且各处理重复 3 次。试验受旱处理见表 4-1。

表 4-1 试验受旱处理

处理编号	处理特征	各阶段稻田水分条件					
		(0) 返青期	(1) 分蘖期	(2) 拔节孕穗期	(3) 抽穗开花期	(4) 乳熟期	(5) 黄熟期
1	正常灌溉(对照)	正常	正常	正常	正常	正常	落干
3	分蘖重旱	正常	50%	正常	正常	正常	落干
2	分蘖轻旱	正常	70%	正常	正常	正常	落干
5	拔节孕穗重旱	正常	正常	50%	正常	正常	落干
4	拔节孕穗轻旱	正常	正常	70%	正常	正常	落干
7	抽穗开花重旱	正常	正常	正常	50%	正常	落干
6	抽穗开花轻旱	正常	正常	正常	70%	正常	落干
9	乳熟重旱	正常	正常	正常	正常	50%	落干
8	乳熟轻旱	正常	正常	正常	正常	70%	落干
10	分蘖-拔节连旱	正常	60%		正常	正常	落干
11	拔节-抽穗连旱	正常	正常	60%		正常	落干
12	抽穗-乳熟连旱	正常	正常	正常	60%		落干
13	分蘖-抽穗连旱	正常	70%			正常	落干

4.1.1.4 试验测定项目和方法

(1)灌水量：采用量杯计量灌水量，并根据蒸渗器小区面积将其换算成水深。

(2)蒸发蒸腾量：水稻移栽后，开始对每个蒸渗器小区水深或土壤含水率进行测定。在每个蒸渗器小区固定基准位置，每日早上 8:00 采用电测针进行小区水深观测，同时通过自动气象站监测其间的降雨量，并在小区灌排水前后加测水深；通过当日水深和次日水深、期间灌排水量、降雨量等观测资料，利用水量平衡计算公式（日腾发量＝当日水深+降雨量+灌水量-排水量-次日水深），计算小区日腾发量。当田面无水层时，用 TDR 便携式土壤含水率测定仪进行测定，并于当日对测定数据进行分析计算。

(3)水稻生理生态指标的测定：插秧后观察水稻分蘖开始发生的时间、分蘖消长过程。同时，每个生育期调查一次水稻株高，记录整个生育期株高变化情况。

(4)水稻发育进程观察：划定水稻各生长发育阶段（返青期、分蘖前期、分蘖后期、拔节孕穗期、抽穗开花期、乳熟期、黄熟期）的起止日期。水稻各生育期划分见表 4-2。

(5)产量及产量结构测定：水稻收割时，于每筒选取 4 株长势均匀的植株取样作为考种样，考种指标包括穗长、总粒数、空粒数、千粒重和单株总重，另外 3 株人工脱粒单独称重。单筒实际产量由考种样每株总重和另 3 株人工脱粒总重之和构成,然后按照面积换算成产量。

表 4-2　生育期划分

稻类	生育期	返青期	分蘖前期	分蘖后期	拔节孕穗期	抽穗开花期	乳熟期	黄熟期
早稻	开始时间	4 月 25 日	5 月上旬	5 月中旬	6 月上旬	6 月中旬	6 月下旬	7 月上旬
	结束时间	5 月上旬	5 月中旬	6 月上旬	6 月中旬	6 月下旬	7 月上旬	7 月 15 日
中稻	开始时间	6 月 25 日	7 月上旬	7 月中旬	8 月上旬	8 月下旬	9 月上旬	9 月下旬
	结束时间	7 月上旬	7 月中旬	8 月下旬	8 月下旬	9 月上旬	9 月中旬	10 月 8 日
晚稻	开始时间	7 月 25 日	7 月下旬	8 月中旬	8 月下旬	9 月中旬	9 月下旬	10 月上旬
	结束时间	7 月下旬	8 月上旬	8 月下旬	9 月中旬	9 月下旬	10 月上旬	10 月 26 日

4. 1. 2　水稻水分生产函数建模

4. 1. 2. 1　模型的选取

目前,国内外公认比较合理与最常用的模型有两种相乘模型和三种相加模型,分别为 Jensen 模型、Minhas 模型和 Blank 模型、Stewart 模型和 Singh 模型,这 5 种模型具体如下:

(1) Jensen 模型。

$$\frac{Y_a}{Y_m} = \prod_{i=1}^{n}\left(\frac{ET_a}{ET_m}\right)^{\lambda_i} \tag{4-1}$$

(2) Minhas 模型。

$$\frac{Y_a}{Y_m} = \prod_{i=1}^{n}\left[1 - \left(1 - \frac{ET_a}{ET_m}\right)_i^2\right]^{\lambda_i} \tag{4-2}$$

(3) Blank 模型。

$$\frac{Y_a}{Y_m} = \sum_{i=1}^{n} A_i \cdot \left(\frac{ET_a}{ET_m}\right)_i \tag{4-3}$$

(4) Stewart 模型。

$$\frac{Y_a}{Y_m} = 1 - \sum_{i=1}^{n} B_i \cdot \left(1 - \frac{ET_a}{ET_m}\right)_i \tag{4-4}$$

(5) Singh 模型。

$$\frac{Y_a}{Y_m} = \sum_{i=1}^{n} C_i \cdot \left[1 - \left(1 - \frac{ET_a}{ET_m}\right)_i^2\right] \tag{4-5}$$

式中　i——生育阶段划分序号;

λ 及 A、B、C——作物不同阶段缺水对产量的敏感指数;

Y_a——各处理条件下实际产量，kg/hm^2；

Y_m——正常灌溉条件下产量，kg/hm^2；

ET_a——各处理条件下实际蒸发蒸腾量，mm；

ET_m——正常灌溉条件下的蒸发蒸腾量，mm；

n——模型的总阶段数，本试验中，$n=4$。

4.1.2.2　模型参数的求解

以上模型的具体参数求解方法（以 Jensen 模型为例），是将模型线性化后，采用最小二乘法原理求解。首先，对用线性化的方式处理相乘模型。对公式两边取对数有

$$\ln\left(\frac{Y_a}{Y_m}\right)=\sum_{i=1}^{n}\lambda_i\ln\left(\frac{ET_a}{ET_m}\right)_i \tag{4-6}$$

令 $Z=\ln\left(\frac{Y_a}{Y_m}\right)$，$X_i=\ln\left(\frac{ET_a}{ET_m}\right)_i$，$K_i=\lambda_i$，则公式变换为

$$Z=\sum_{i=1}^{n}K_iX_i \tag{4-7}$$

设试验共有 m 个处理，处理号 $j=1,2,\cdots,m$，则得到 m 组 X_{ij}、Z_j $(j=1,2,\cdots,m;i=1,2,\cdots,n)$。采用最小二乘法原理，使估计值 $\hat{Z}_j$ 与实际观测值 Z_j 之间的误差平方和最小，可求得 K_i 值，即

$$\min\theta=\sum_{j=1}^{m}(Z_j-\hat{Z}_j)^2=\sum_{j=1}^{m}\left(Z_j-\sum_{i=1}^{n}K_iX_{ij}\right)^2 \tag{4-8}$$

令 $\frac{\partial\theta}{\partial K_i}=0$，有

$$\frac{\partial\theta}{\partial K_i}=-2\sum_{j=1}^{m}\left(Z_j-\sum_{i=1}^{n}K_i\cdot X_{ij}\right)\cdot X_{ij}=0\quad(i=1,2,\cdots,n) \tag{4-9}$$

令

$$\left.\begin{aligned}L_{ik}&=\sum_{j=1}^{m}X_{ij}\cdot X_{kj}\qquad(k=1,2,\cdots,n)\\L_{iz}&=\sum_{j=1}^{m}X_{ij}\cdot Z_j\qquad(i=1,2,\cdots,n)\end{aligned}\right\}$$

化简方程组，可得一组线性方程式，亦即正规方程组，即

$$\left.\begin{aligned}L_{11}K_1+L_{12}K_2+\cdots+L_{1n}K_n&=L_{1z}\\L_{21}K_1+L_{22}K_2+\cdots+L_{2n}K_n&=L_{2z}\\\vdots\qquad\quad\vdots\qquad\qquad\quad\vdots\qquad&\quad\vdots\\L_{m1}K_1+L_{m2}K_2+\cdots+L_{mn}K_n&=L_{mz}\end{aligned}\right\} \tag{4-10}$$

解此正规方程，可得回归系数 $K_1,\cdots,K_n$。若用矩阵法求解，则令

$$
\boldsymbol{L}=\begin{bmatrix} L_{11}, & L_{12}, & \cdots, & L_{1n} \\ L_{21}, & L_{22}, & \cdots, & L_{2n}, \\ \vdots & \vdots & \cdots, & \vdots \\ L_{m1}, & L_{m2}, & & L_{mn} \end{bmatrix},\quad \boldsymbol{K}=\begin{bmatrix} K_1 \\ K_2 \\ \vdots \\ K_m \end{bmatrix},\quad \boldsymbol{F}=\begin{bmatrix} L_{1z} \\ L_{2z} \\ \vdots \\ L_{mz} \end{bmatrix} \tag{4-11}
$$

将公式改写为

$$
\boldsymbol{LK}=\boldsymbol{F} \tag{4-12}
$$

则

$$
\boldsymbol{K}=\boldsymbol{L}^{-1}\boldsymbol{F} \tag{4-13}
$$

一般地，为获得唯一可行解，应满足 $m>n+1$；为获得稳定最优解，应满足 $m>n$ 的约束条件。

4.1.2.3 回归方程及回归参数的显著性检验

回归方程的检验方法有 F 检验法和复相关系数检验法，这里同时采用两种方法对其进行检验。

$$
F=\frac{U/n}{Q/(m-n-1)} \tag{4-14}
$$

$$
R=\sqrt{\frac{Q}{L_{yy}}}=\sqrt{1-\frac{Q}{L_{yy}}} \tag{4-15}
$$

分别采用式(4-14)和式(4-15)计算检验值 F 和复相关系数 R，然后根据给定的显著性水平 α 和自变量个数 n 及重复数 m，分别查 F 分布表和临界相关系数表，得到 $F_\alpha(n,n-m-1)$ 和 $R_\alpha(n,n-m-1)$；若 $R>R_\alpha$ 或 $F>F_\alpha$，则表明方程在显著性水平 α 上成立；一般 α 取 0.1、0.05 或 0.01。由以上两种方法所得结果是一致的。

若一个回归方程经检验是显著的，并不意味着每个自变量对因变量的影响都是显著的，因此需要对回归参数 K_i 进行显著性检验，方法如下：

构造统计量：

$$
F_i=\frac{K_i^2}{C_{ii}S^2}\qquad (i=1,2,\cdots,n) \tag{4-16}
$$

式中　K_i——求得的回归参数；

C_{ii}——原线性回归方程的正规方程组系数矩阵 $\boldsymbol{L}$ 的逆矩阵 $\boldsymbol{L}^{-1}$ 中的主对角线上的元素；

S——原回归方程的剩余方差，$S^2=Q/(m-n-1)$。

计算 F_i 后，查 F 分位表的临界值 $F_\alpha(n,n-m-1)$，若 $F_i>F_\alpha$，则认为自变量对结果的影响在 α 水平上显著；α 的选取一般为 0.1、0.05 或 0.01。

4.1.3 水稻水分生产函数模型参数的分析确定

经过两年的试验，得到鄱阳湖流域 2013 年、2014 年早、晚稻和 2014 年中稻在不同处理条件下的腾发量及产量的实测数据(见表 4-3～表 4-7)。

表 4-3　2013 年早稻各处理条件下的腾发量及产量

处理	腾发量/mm					产量/(kg/hm^2)	减产率/%
	分蘖期	拔节孕穗期	抽穗开花期	乳熟期	全生育期		
分蘖轻旱	105	129	94	132	460	608	22.35
分蘖重旱	100	145	99	141	485	608	22.35
拔节轻旱	153	171	126	141	591	690	11.88
拔节重旱	145	167	108	141	561	613	21.71
分蘖拔节连旱	86	148	142	141	517	530	32.31
抽穗轻旱	147	171	127	128	573	728	7.02
抽穗重旱	150	184	57	155	546	660	15.71
拔节抽穗连旱	139	147	116	168	570	685	12.52
乳熟轻旱	148	195	134	108	585	761	2.81
乳熟重旱	145	197	92	74	508	709	9.45
抽穗乳熟连旱	129	154	102	97	482	615	21.46
分蘖-抽穗连旱	61	105	86	135	387	495	36.78
正常灌溉	148	207	133	158	646	783	

表 4-4　2013 年晚稻各处理条件下的腾发量及产量

处理	腾发量/mm					产量/(kg/hm^2)	减产率/%
	分蘖期	拔节孕穗期	抽穗开花期	乳熟期	全生育期		
分蘖轻旱	125	200	70	67	462	591	12.31
分蘖重旱	113	187	93	91	484	569	15.58
拔节轻旱	223	123	98	95	539	610	9.50
拔节重旱	215	118	96	76	505	578	14.24
分蘖拔节连旱	128	144	102	88	462	560	16.91
抽穗轻旱	179	205	72	84	540	621	7.86
抽穗重旱	171	199	64	80	514	590	12.46
拔节抽穗连旱	220	128	80	77	505	610	9.50
乳熟轻旱	192	215	86	71	564	644	4.45
乳熟重旱	173	183	69	60	485	581	13.80
抽穗乳熟连旱	195	211	74	71	551	622	7.72
分蘖-抽穗连旱	126	142	86	86	440	540	19.88
正常灌溉	186	215	93	82	576	674	

表 4-5　2014 年早稻各处理条件下的腾发量及产量

处理	腾发量/mm					产量/(kg/hm²)	减产率/%
	分蘖期	拔节孕穗期	抽穗开花期	乳熟期	全生育期		
分蘖轻旱	22	46	30	43	182	5 223	34.60
分蘖重旱	22	32	26	41	167	4 293	46.20
拔节轻旱	57	65	32	39	263	6 290	21.20
拔节重旱	60	54	37	41	262	6 230	21.90
分蘖拔节连旱	30	26	24	38	162	4 030	49.50
抽穗轻旱	55	117	11	31	296	4 840	39.40
抽穗重旱	55	123	13	27	267	4 800	39.90
拔节抽穗连旱	55	53	24	29	224	5 823	27.00
乳熟轻旱	57	115	34	23	289	6 167	22.70
乳熟重旱	47	124	27	30	282	3 113	61.00
抽穗乳熟连旱	42	109	28	17	249	7 243	9.20
分蘖-抽穗连旱	39	58	12	25	182	3 820	52.10
正常灌溉	51	125	33	47	335	7 980	

注:减产率为各受旱处理较正常灌溉产量减少的百分率;表中各值均表示减产,下同。

表 4-6　2014 年中稻各处理条件下的腾发量及产量

处理	腾发量/mm					产量/(kg/hm²)	减产率/%
	分蘖期	拔节孕穗期	抽穗开花期	乳熟期	全生育期		
分蘖轻旱	156	190	64	78	537	8 388	16.40
分蘖重旱	143	156	50	70	468	6 973	30.50
拔节轻旱	142	120	83	63	459	7 885	21.41
拔节重旱	144	117	55	62	429	6 742	32.81
分蘖拔节连旱	67	116	49	74	305	6 225	37.96
抽穗轻旱	197	151	39	44	480	6 283	37.38
抽穗重旱	187	127	29	51	445	5 750	42.69
拔节抽穗连旱	171	85	65	78	448	6 319	37.02
乳熟轻旱	176	156	54	36	472	6 194	38.27
乳熟重旱	154	145	46	26	420	5 998	40.22
抽穗乳熟连旱	186	146	38	60	479	5 919	41.01
分蘖-抽穗连旱	81	93	69	63	305	5 702	43.17
正常灌溉	229	176	123	74	642	10 033	

表 4-7 2014 年晚稻各处理条件下的腾发量及产量

处理	腾发量/mm					产量/(kg/hm^2)	减产率/%
	分蘖期	拔节孕穗期	抽穗开花期	乳熟期	全生育期		
分蘖轻旱	64	110	65	41	317	7 210	23.60
分蘖重旱	61	102	60	42	304	4 467	52.70
拔节轻旱	128	80	49	33	335	8 237	12.70
拔节重旱	110	70	71	30	328	6 773	28.30
分蘖拔节连旱	112	101	58	42	350	4 310	54.30
抽穗轻旱	120	87	35	37	315	6 653	29.50
抽穗重旱	109	57	16	38	253	5 693	39.70
拔节抽穗连旱	128	67	63	37	328	6 413	32.10
乳熟轻旱	132	109	38	69	391	7 757	17.80
乳熟重旱	128	110	18	36	334	6 717	28.90
抽穗乳熟连旱	135	122	34	57	394	7 500	20.50
分蘖-抽穗连旱	52	51	28	19	182	3 983	57.80
正常灌溉	119	148	69	59	438	9 440	

根据 2013—2014 年试验数据,计算得到不同模型敏感指数和系数(见表 4-8、表 4-9)。

表 4-8 2013 年早、晚稻水分生产函数参数值

稻种	阶段	5 种模型中的指数或系数值				
		Jensen λ	Minhas λ	Blank A	Stewart B	Singh C
早稻	1	0.073 8	0.259 3	0.083 0	0.077 0	0.233 6
	2	0.267 8	0.505 2	0.326 7	0.294 5	0.167 4
	3	0.337 1	0.715 7	0.507 4	0.393 2	0.395 1
	4	0.103 4	0.298 6	0.199 2	0.103 7	-0.162 3
晚稻	1	0.152 5	0.345 3	0.173 1	0.149 7	0.377 1
	2	0.214 6	0.399 2	0.300 8	0.268 8	0.137 9
	3	0.203 3	0.374 3	0.222 2	0.212 5	0.336 1
	4	0.105 7	0.508 4	0.321 2	0.086 1	-0.408 8

表4-9　2014年早、中、晚稻水分生产函数参数值

稻种	阶段	5种模型中的指数或系数值				
		Jensen λ	Minhas λ	Blank A	Stewart B	Singh C
早稻	1	0.087 9	0.308 9	0.182 2	0.076 2	0.146 7
	2	0.302 7	0.571 0	0.241 4	0.375 5	0.287 6
	3	0.421 5	0.894 9	0.410 1	0.433 2	0.595 3
	4	0.104 8	0.302 6	0.077 4	0.151 4	-0.226 2
中稻	1	0.078 2	0.109 9	0.066 9	0.007 7	0.007 6
	2	0.335 9	0.954 7	0.336 6	0.277 8	0.267 0
	3	0.291 2	0.632 6	0.530 5	0.438 0	0.433 9
	4	0.178 2	0.368 2	0.155 0	0.124 9	0.134 4
晚稻	1	0.271 1	0.613 9	0.309 8	0.230 6	0.192 4
	2	0.369 3	0.686 9	0.479 6	0.466 3	0.418 3
	3	0.146 1	0.269 0	0.217 0	0.193 0	0.146 2
	4	0.057 2	0.275 1	0.002 0	0.013 5	0.095 6

4.1.3.1　早稻模型参数分析

（1）两年Jensen模型中λ值从高到低的顺序均为3、2、4、1。Jensen模型表示，λ值越大，该阶段缺水后导致的减产越严重，即对缺水越敏感。上述λ值排列与一般结论（茆智等，2003）一致。

（2）两年Minhas模型中λ值最高值均出现在第3阶段，其次是第2阶段，第1阶段和第4阶段λ值最小，且两阶段相差很小，基本符合一般结论。

（3）两年Blank模型中的A值的最大值均出现在第3阶段，其次是第2阶段，第1阶段和第4阶段相差较大。Blank模型表示，A值越高，该阶段缺水后导致的减产越小，即对缺水越不敏感。故上述A值排列顺序与水稻水分生理特征及灌溉时间矛盾，表明Blank模型不适合鄱阳湖流域。

（4）两年Stewart模型中的B值变化规律与Jensen模型中λ相同。Stewart模型表示，B值越大对缺水越敏感，该模型亦属合理。

（5）两年Singh模型中的C值均在第4阶段出现了负值，表明计算出的敏感系数无法给出具体的物理意义。同时C值的峰值在第3阶段，该模型表示C值越小对缺水越敏感，与水稻水分生理特征不符合，故该模型不适合鄱阳湖流域。

4.1.3.2　中稻模型参数分析

（1）Jensen模型中λ值从高到低的顺序均为2、3、4、1。该模型中的λ值在第2阶段最高。鄱阳湖流域中稻的第2阶段气温、ET_m均高于第3阶段，所以第2阶段缺水敏感性

高于第 3 阶段,与灌溉实际经验一致。该地区中稻乳熟期内气温高,所以第 3 阶段 λ 值高于第 1 阶段,其 λ 值排列与水稻水分生理特性及灌溉实际经验吻合。

(2)Minhas 模型中 λ 值从高到低的顺序均为 2、3、4、1;与 Jensen 模型 λ 值规律一致。

(3)Blank 模型中 A 值从高到低的顺序均为 3、2、4、1;与水稻水分生理特征矛盾,故 Blank 模型不适合鄱阳湖流域中稻。

(4)Stewart 模型中 B 值变化规律均为 3、2、4、1,其中第 2 和第 3 阶段 B 值大小与 Jensen 模型相反,故 Stewart 模型不适合鄱阳湖流域中稻。

(5)Singh 模型中 C 值从高到低的顺序同样均为 3、2、4、1,Singh 模型表示 C 值越小对缺水越敏感,与水稻水分生理特征矛盾,故 Singh 模型不适合鄱阳湖流域。

4.1.3.3 晚稻模型参数分析

(1)两年 Jensen 模型中 λ 值从高到低的顺序均为 2、1、3、4。该模型中的 λ 值在第 2 阶段最高。鄱阳湖流域晚稻的第 2 阶段气温、ET_m 显著高于第 3 阶段,所以第 2 阶段缺水敏感性高于第 3 阶段,与灌溉实际经验一致。该品种晚稻分蘖期时间较长,达到 29 d,生育期内气温高,受旱时间也较长,所以第 1 阶段 λ 值高于第 3 阶段;其后 λ 值排列与水稻水分生理特性及灌溉实际经验吻合。

(2)2013 年 Minhas 模型中 λ 最大值出现在第 4 阶段,其余 3 阶段 λ 值差异不大;而 2014 年 λ 最大值出现在第 2 阶段,其次是第 1 阶段,第 3、4 阶段 λ 值最小。两年 λ 值顺序差异较大,且均不符合灌溉规律,因此 Minhas 模型不适合鄱阳湖流域晚稻。

(3)2013 年 Blank 模型 A 值从高到低的顺序为 4、2、3、1;2014 年 Blank 模型 A 值从高到低的顺序为 2、1、3、4。两年 A 值均与晚稻水分生理特征矛盾,因此 Blank 不适用于鄱阳湖流域晚稻。

(4)2013 年 Stewart 模型中 B 值从高到低顺序为 2、3、1、4;2014 年则为 2、1、3、4,两年规律基本一致,这可能与水分生产函数随水文年型变化有关。

(5)2013 年 Singh 模型中 C 值在第 4 阶段出现负值,而 2014 年 C 值从大到小的顺序为 2、1、3、4,与水稻水分生理特征矛盾,故 Singh 模型不适合鄱阳湖流域晚稻。

综上所述,鄱阳湖流域灌区适宜的水分生产函数为 Jensen 模型和 Stewart 模型,但 Stewart 模型不适合中稻,且受水文年型影响较大,而 Jensen 模型参数 λ 值受水文年型影响较小;因此选用 Jensen 模型作为鄱阳湖流域灌区水稻水分生产函数参考模型。

对 Jensen 模型回归方程及各参数进行显著性检验,结果见表 4-10。

表 4-10 Jensen 模型回归方程显著性检验

年份	早稻		中稻		晚稻	
2013	R	0.924**	—	—	R	0.954***
	F	7.25**	—	—	F	8.25***
2014	R	0.871**	R	0.938***	R	0.910**
	F	6.87**	F	11.02***	F	9.05**

注:表中*、**、***分别表示在 α=0.1、0.05、0.01 的置信水平下显著。

从表 4-10 可以看出,2013 年早稻和 2014 年早、晚稻 Jensen 模型回归方程均在显著性水平 0.05 上成立,2014 年中稻和 2013 年晚稻在显著性水平 0.01 下成立,F 检验结果与相关系数检验结果一致。

回归参数的显著性检验见表 4-11,查 F 分布表可知:早稻拔节孕穗期和抽穗开花期的敏感系数在 0.01 的置信水平下显著;中稻分蘖、拔节孕穗期和抽穗开花期均在 0.01 显著性水平下显著;晚稻分蘖期的敏感系数在 0.1 的置信水平下显著,拔节孕穗期和抽穗开花期的敏感系数均在 0.05 的置信水平下显著。综上所述,采用 Jensen 模型模拟鄱阳湖流域灌区水稻水分生产函数是合理的。

表 4-11　Jensen 模型回归参数的显著性检验

年份	阶段	F_i		
		早稻	中稻	晚稻
2013	1	0.76	—	5.24*
	2	12.56***	—	8.45**
	3	24.15***	—	12.45***
	4	2.24	—	1.27
2014	1	0.42	26.89***	4.83*
	2	18.13***	15.96***	7.47**
	3	22.82***	12.25***	6.43**
	4	1.06	0.73	0.13

注:表中*、**、***分别表示在 α=0.1、0.05、0.01 的置信水平下显著。

由于作物水分生产函数模型中的参数随水文年型变化,一般天气越干旱,则同等受旱水平下作物对缺水减产越敏感,相应的水分敏感指数越大;因此应该针对不同的年型条件开展研究,分析敏感指数随水文年型的关系。由于本次研究只开展了 2 年试验,无法获得敏感指数随水文年型的关系。2013 年、2014 年降水频率分别为 81.4%、45.8%;因此早稻和晚稻采用 2013 年及 2014 年敏感指数的平均值代表多年平均情况,中稻则采用 2014 年结果。鄱阳湖流域灌区早、中、晚稻水分生产函数参考值见表 4-12。

表 4-12　鄱阳湖流域灌区早、中、晚稻水分生产函数参考值

稻类	年份	分蘖期	拔节孕穗期	抽穗开花期	乳熟期
早稻	2013	0.073 8	0.267 8	0.337 1	0.103 4
	2014	0.082 8	0.307 8	0.443 1	0.066 8
	均值	0.078 3	0.287 8	0.390 1	0.085 1
中稻	2014	0.078 2	0.335 9	0.291 2	0.178 2
晚稻	2013	0.152 5	0.214 6	0.203 3	0.105 7
	2014	0.250 3	0.362 9	0.143 0	0.082 1
	均值	0.201 4	0.288 8	0.173 2	0.093 9

综上所述,鄱阳湖流域早稻水分生产函数 Jensen 模型推荐为

$$\frac{Y_a}{Y_m}=\left(\frac{ET_{(1)}}{ET_{m(1)}}\right)^{0.0783}\left(\frac{ET_{(1)}}{ET_{m(1)}}\right)^{0.2878}\left(\frac{ET_{(1)}}{ET_{m(1)}}\right)^{0.3901}\left(\frac{ET_{(1)}}{ET_{m(1)}}\right)^{0.0851} \tag{4-17}$$

中稻水分生产函数 Jensen 模型推荐为

$$\frac{Y_a}{Y_m}=\left(\frac{ET_{(1)}}{ET_{m(1)}}\right)^{0.0782}\left(\frac{ET_{(1)}}{ET_{m(1)}}\right)^{0.3359}\left(\frac{ET_{(1)}}{ET_{m(1)}}\right)^{0.2912}\left(\frac{ET_{(1)}}{ET_{m(1)}}\right)^{0.1782} \tag{4-18}$$

晚稻水分生产函数 Jensen 模型推荐为

$$\frac{Y_a}{Y_m}=\left(\frac{ET_{(1)}}{ET_{m(1)}}\right)^{0.2014}\left(\frac{ET_{(1)}}{ET_{m(1)}}\right)^{0.2887}\left(\frac{ET_{(1)}}{ET_{m(1)}}\right)^{0.1731}\left(\frac{ET_{(1)}}{ET_{m(1)}}\right)^{0.0939} \tag{4-19}$$

4.1.4 小结

基于水稻水分生产函数试验,比较分析了几种常用的水分生产函数对早、中、晚稻的适应性。结果表明:对于鄱阳湖流域早、中、晚稻,Jensen 模型均为适应的水分生产函数模型。早稻敏感指数顺序为 3、2、4、1,中稻敏感指数顺序为 2、3、4、1,晚稻敏感指数顺序为 2、1、3、4(1、2、3、4 分别代表分蘖期、拔节孕穗期、抽穗开花期和乳熟期)。

4.2 非充分灌溉条件下水稻灌溉制度优化研究

4.2.1 非充分灌溉条件下最优灌溉制度的含义

农作物的灌溉制度是指作物播种前及全生育期内的灌水次数、每次的灌水日期和灌水定额及灌溉定额。长期以来,人们都是按照传统灌溉方式来设计灌溉制度,即充分灌溉条件下的灌溉制度。充分灌溉条件下的灌溉制度是指按照丰水灌溉的标准来设计作物的灌溉制度,作物各个生育阶段对水量的需求都能得到满足。该种方式仅考虑通过充分满足作物生长条件而获得高产,而不考虑灌水成本等其他条件。在水资源紧缺的当今社会,充分灌溉条件下的灌溉制度已逐渐不能满足社会需求。因此,许多学者开始研究非充分灌溉条件下的最优灌溉制度。

在非充分灌溉条件下,提供给农作物的总灌溉量小于其在充分灌溉条件下所需的总水量。这意味着该作物全生育期的需水量及各生育阶段的需水量不能全部得到满足,从而将导致不同程度的减产。减产程度随着不同作物、不同生长阶段的缺水程度而变化。因此,研究非充分灌溉条件下的最优灌溉制度需要基于作物不同生育阶段水分生产函数,这也是作物阶段水分生产函数最基本的用途。

非充分灌溉条件下的最优灌溉制度是研究如何将有限总灌溉水量合理分配到作物的各个生长阶段,使作物在供水不足条件下得到最优产量。具体来说,就是求解总灌溉水量受到控制时,灌溉制度(灌水次数、灌水日期、灌水定额及土壤水分)的各项要素之间的最优组合。这种最优组合并不是指单独某个阶段的决策最优,而是指能使总体效果达到最

优的整体决策。

4.2.2　非充分灌溉条件下最优灌溉制度研究方法

动态规划(DP)方法是当前最优化技术中适用范围最广的基本方法之一,它可以通过分析系统的多阶段决策过程,求解整个阶段的最优决策方案。经分析可知在非充分灌溉条件下,最优灌溉制度的设计过程较适合用动态规划方法求解。因为它是一个将一定灌水量合理分配在作物各个生育阶段的多阶段决策过程。目前,国内外针对最优灌溉制度研究多采用 DP 或 SDP 方法。

基于 4.1.2 节研究成果,以静态的作物水分生产函数 Jenson 模型为基础,建立基于单位面积产量最高的优化模型,采用动态规划的方法对模型进行求解。

4.2.3　敏感指数累计函数模型建立

以上水分生产函数是以水稻不同生育期为阶段划分求得的,若在此基础上进行水量分配,仅能解决全生育期内各个不同生育阶段之间的水量分配问题,而不能解决以周、旬为时长的短时间的水量分配问题。这就导致当某一生育期较长时,水量分配方案并不准确。敏感指数累计函数可以在一定程度上解决这一问题。

敏感指数累积函数是将阶段水分敏感指数累加值与相应阶段末的时间 t 所建立的关系,即

$$Z(t) = \sum_{t=0}^{t} \lambda(t) \tag{4-20}$$

式中　$Z(t)$——第 t 时刻以前作物各阶段水分敏感指数累加值;

$\lambda(t)$——阶段 t 的水分敏感指数。

建立敏感指数累积函数关系式以后,针对各种不同时段划分的情况,$\lambda(t)$ 可用 $\lambda(t_i)=Z(t_i)-Z(t_{i-1})$ 求得。

Jensen 模型的敏感指数 λ 值越大,因缺水造成的减产量就越大。基于作物水分敏感指数的数值前期和后期小、中期大的特点,可用生长曲线来拟合 $Z(t)$,即

$$Z(t) = \frac{C}{1 + e^{A-Bt}} \tag{4-21}$$

式中　A、B、C——拟合系数。

利用 SPSS 软件中的非线性回归模块来对以上生长曲线进行拟合,根据之前求出的敏感系数得到 $Z(t_i)$,再用 $Z(t_i)$ 及 t_i 拟合式 $Z(t)$,计算敏感指数累积函数计算的产量与实测产量相对误差,拟合参数及敏感指数累积曲线见表 4-13 和图 4-1。

表 4-13　早、中、晚稻敏感指数累积函数拟合参数值

稻种	拟合参数			
	A	*B*	*C*	*R*
早稻	10.432 5	0.158 9	0.863 5	0.986
中稻	6.553 4	0.094 3	1.051 5	0.999
晚稻	3.677 2	0.056 2	0.933 2	0.998

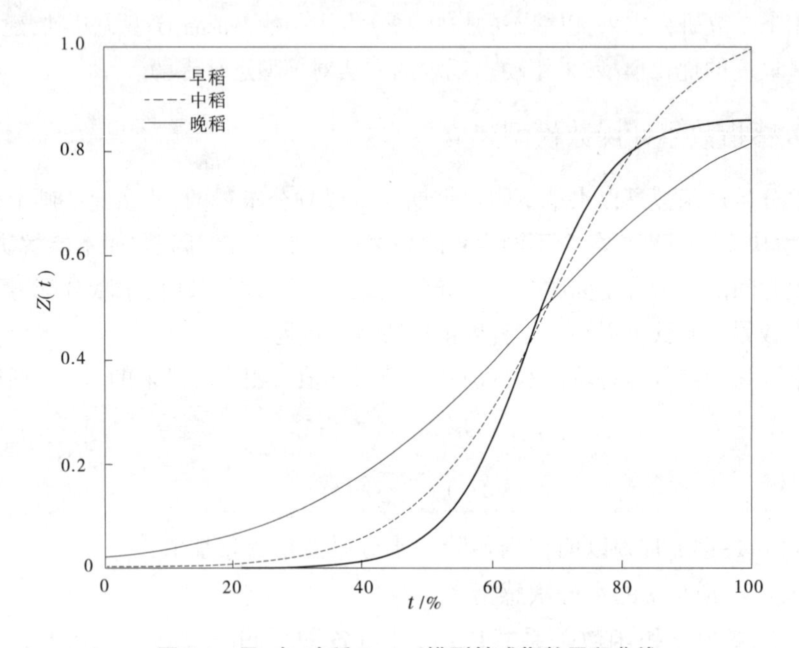

图 4-1　早、中、晚稻 Jensen 模型敏感指数累积曲线

由图 4-1 可知,3 种水稻曲线基本符合作物水分敏感指数值前期和后期小、中期大的特点;晚稻由于分蘖期较长,其间气温较高,导致该阶段敏感指数较大。根据以上敏感指数累积函数,可以求出任意时段的敏感指数,为解决短期配水问题提供依据。

4.2.4　水平年的选取

在进行农业灌溉用水分配时需要对降雨量进行排频,从而计算不同降雨频率下的农业灌溉用水的分配。江西省赣抚平原灌区水稻生育期为 4—10 月,其中 4 月为早稻秧田、泡田及返青期,其间水量丰富,不考虑非充分灌溉情况,其灌溉水量按江西省地方标准《江西省农业灌溉用水定额》(DB36/T 619—2011)(本书试验时采用标准现已废止,下同)取值;同样的,中稻及晚稻秧田和泡田期灌溉用水均按定额选取,故这里采用 5—10 月降雨量总和进行排频。排频分布线型采用我国水文数据分析中应用最多的 *P*-Ⅲ型分布。排频曲线见图 4-2,部分频率年结果见表 4-14。

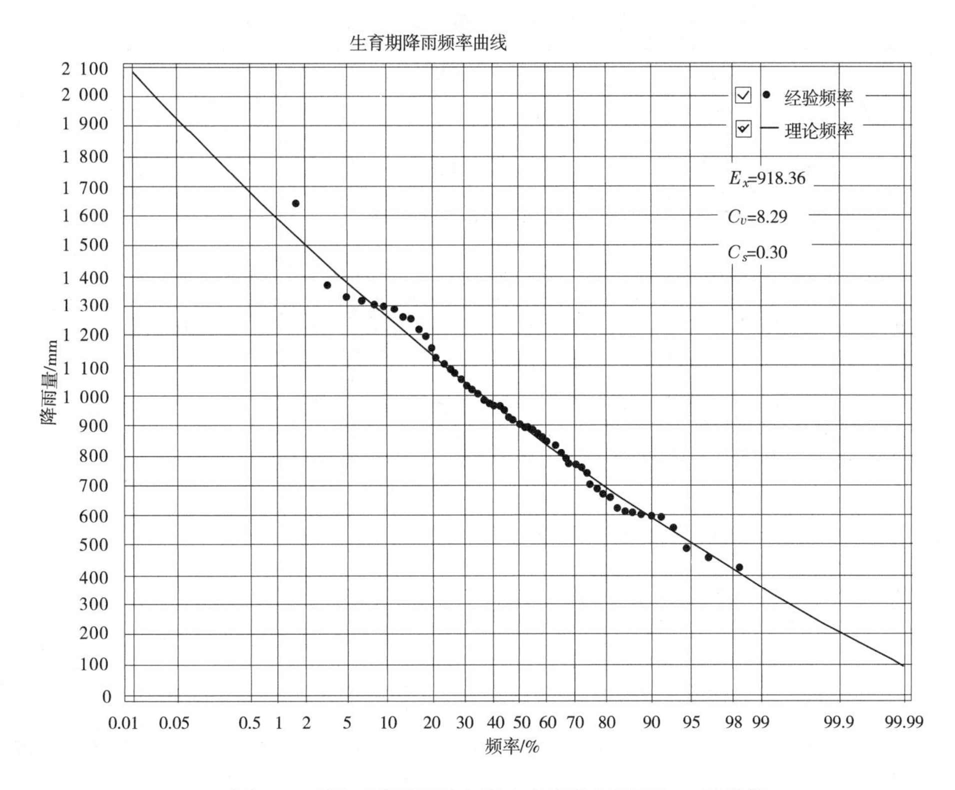

图 4-2　赣抚平原灌区水稻生育期降雨排频 P-Ⅲ曲线

表 4-14　降雨排频部分频率年结果

年份	2014	2004	1974	1958	1966	1979	1959	2013	1986	2001	1963
频率/%	45.8	49.2	50.9	52.5	74.6	76.3	78.0	81.4	89.8	91.5	93.2
降雨量/mm	930.3	906.8	902.7	887.4	737.0	693.1	685.9	661.5	591.1	590.9	546.0

分析 50%、75%及 90%频率附近 3 年降雨分布情况，选取其中对水稻生长最不利的年份作为典型年，这里 50%、75%和 90%频率代表年分别为 1974 年、1979 年和 1963 年。

4.2.5　非充分灌溉条件下最优灌溉制度模型构建

4.2.5.1　早、中、晚稻水分敏感指数

根据式(4-21)求出的敏感指数累积函数式，计算出旬阶段敏感指数及有关参数，计算结果见表 4-15(表中 ET_{mi} 和 P_i 数据以 50%水平年为例)。

4.2.5.2　稻田实际腾发量的确定

试验表明，水稻实际腾发过程分为两个阶段：①$\theta_t \geq \theta_c$，$ET=ET_m$；②$\theta_t<\theta_c$，$ET \leq ET_m$。θ_t 为根区土壤含水率；θ_c 为土壤临界含水率，也叫作水稻适宜含水率下限(本研究中取饱和含水率的 75%)；ET 为实际腾发强度，mm/d；ET_m 为潜在腾发强度，mm/d。

表 4-15 计算最优灌溉制度基本参数及λ_i计算结果

稻别	项目	5月			6月			7月			8月
		上	中	下	上	中	下	上	中	下	上
早稻	D_i	10	10	11	10	10	10	10	5		
	$ET_{m\,i}$	34.43	51.38	48.31	72.13	45.54	48.97	33.75	11.97		
	P_i	159.3	15.5	43.4	10.3	65.3	129.9	54.5	49.5		
	λ_i	0.000 48	0.003 3	0.028 0	0.149 7	0.378 9	0.240 7	0.052 8	0.005 9		
	$H_{\max i}$	40	50	50	50	50	50	50	40		
	H_i	0.20	0.25	0.30	0.35	0.40	0.40	0.40	0.40		
中稻	项目	7月			8月			9月			10月
		上	中	下	上	中	下	上	中	下	上
	D_i	10	10	11	10	10	10	10	10	10	8
	$ET_{m\,i}$	50.20	38.45	77.10	74.11	42.70	56.92	66.28	52.26	41.69	20.32
	P_i	54.5	189.5	1.2	3.1	156.4	40.8	0.0	2.0	12.0	0.0
	λ_i	0.004 9	0.010 8	0.027 0	0.052 8	0.101 9	0.191 0	0.228 8	0.219 4	0.157 8	0.077 7
	$H_{\max i}$	40	50	50	50	50	50	50	50	40	40
	H_i	0.20	0.25	0.30	0.35	0.40	0.40	0.40	0.40	0.40	0.40
晚稻	项目	8月			9月			10月			11月
		上	中	下	上	中	下	上	中	下	中
	D_i	10	10	11	10	10	10	10	10	6	
	$ET_{m\,i}$	80.68	46.49	61.97	78.63	62.00	49.46	24.96	22.50	11.86	
	P_i	3.1	156.4	40.8	0.0	2.0	5.5	0.4	2.6	22.1	
	λ_i	0.026 5	0.044 4	0.078 8	0.104 3	0.130 6	0.138 3	0.123 5	0.094 5	0.041 7	
	$H_{\max i}$	40	50	50	50	50	50	50	40	40	
	H_i	0.20	0.25	0.30	0.35	0.40	0.40	0.40	0.40	0.40	
基本参数	$\overline{K}_i = 1.5, K_0 = 0.15, \theta_s = 35.0\%, \theta_w = 11.2\%$										

注：$ET_{m\,i}$ 为潜在腾发量，mm；P_i 为降雨量，mm；λ_i 为敏感指数；$H_{\max i}$ 为雨后水层上限，mm；H_i 为耕作层深度，m；$\overline{K}_i$ 为日平均渗漏量；K_0 为饱和水力传导度，m/d；θ_s 为饱和含水率，以占干土重的百分数计；θ_w 为凋萎含水率。

当 $\theta_t < \theta_c$ 时，认为此时土壤耗水率随土壤有效含水率呈线性递减（tsakiris，1982），即

$$w_t = w_c \cdot \exp(-\mathrm{ET}_m \cdot t / w_c) \tag{4-22}$$

式中　w_t——根区实际含水率,mm;

w_c——土壤含水率在适宜含水率下限 θ_c 时根区有效含水率,mm;

t——从 θ_c 计算到点 θ_t 的天数,d。

将某阶段水稻潜在腾发天数和腾发受抑制天数分别表示为 t_1、t_2,则实际总腾发量为

$$ET = ET_m \cdot t_1 + w_c[1 - \exp(-ET_m \cdot t_2/w_c)] \tag{4-23}$$

为方便计算,将各旬的降雨及灌溉概化为产生于各旬的第一天,则有

$$t_1 = \frac{h_i + PE_i + m_i - D_i}{ET_{mi} + \bar{k}_i} + \frac{10 \cdot \gamma \cdot H_i \cdot (\theta_s - \theta_c)}{ET_{mi} + \frac{1}{3}\bar{k}_i} \tag{4-24}$$

$$t_2 = TD_i - t_1 \tag{4-25}$$

式中　h_i——第 i 旬初田面水深,mm;

PE_i——有效降雨量,mm;

D_i——排水量,mm;

k_i——日平均渗漏量,mm;

γ——土壤容重,m^3/t;

H_i——根层深度,m;

TD_i——某旬的实际天数;

θ_s——饱和含水率(以占干土重的百分比表示);1/3 为由 θ_s 到 θ_c 时日平均渗漏量折减系数,为经验值。

若按上式计算出 t_1>TD$_i$,则表明该旬水稻腾发未受抑制,取 t_1=TD$_i$。

4.2.5.3　稻田实际渗漏量的确定

稻田处于非饱和状态但土壤含水率高于田间持水率时,水稻根层内的土壤水分下移依然十分强烈,自由排水通量可按下式计算(Li 和 Parks,1993):

$$K_j = 1\,000K_0/(1 + K_0 \cdot \alpha \cdot t_j/H) \tag{4-26}$$

式中　K_j——第 j 天自由排水通量,mm;

K_0——水力传导度,m/d,主要与土壤质地有关,一般为 0.1~1.0,土质愈黏重,其值愈小;

α——经验常数,一般为 50~250,土质愈黏重,其值愈大;

t_j——土壤从饱和状态达到第 j 天水平所经历的天数,d。

4.2.5.4　最优灌溉制度数学模型建立

采用动态规划(DP)模型求解最优灌溉制度。具体模型如下:

(1)阶段变量。

以旬为阶段,阶段变量为 i=1,2,…,N,N 为水稻全生育期的总旬数。

(2)状态变量。

状态变量为各阶段初可供灌水量 q_i 及初始田面蓄水深度 h_i,i=1,2,…,N。稻田处于非饱和状态时,h_i 为平均含水率与饱和含水率之差而计算出的根系层内储水量,其值为负数,即

$$h_i = 10 \cdot \gamma H_i(\theta - \theta_s) \tag{4-27}$$

式中 θ——根系层土壤平均含水率,以占干土重的百分比计;其余未注明含义的变量含义同前,下同。

(3)决策变量。

决策变量仅为各阶段实际灌水量 m_i,不将 ET_i 作为决策变量。因在一定状态下当做出决策 m_i 后,ET_i 可唯一确定,若此时将 ET_i 作为决策变量,可能会导致结果不符合田间或土壤水分的实际消退过程。

(4)系统方程。

系统方程有以下两个:

①水量分配方程。

$$q_{i+1} = q_i - m_i \tag{4-28}$$

②田间或主要根系层水量平衡方程。

$$h_{i+1} = h_i + PE_i + m_i - ET_i - D_i - k_i \tag{4-29}$$

(5)目标函数。

采用 Jensen 模型来计算,目标是最大化单位面积实际产量与最高产量的比值,即

$$F^* = \max\left(\frac{Y}{Y_m}\right) = \max\prod_{i=1}^{n}\left(\frac{\mathrm{ET}_i}{\mathrm{ET}_{mi}}\right)^{\lambda_i} \tag{4-30}$$

(6)约束条件。

$$\sum m_i \leqslant q_0 = \begin{cases} 0 \leqslant m_i \leqslant q_i \\ 0 \leqslant q_i \leqslant q_0 \\ 0 \leqslant ET_i \leqslant ET_{mi} \\ H_{\min i} \leqslant h_i \leqslant H_{\max i} \end{cases}$$

式中 q_0——生长季节开始时确定的全生育期单位面积可供分配的水量,mm;

$H\min_i$、$H\max_i$——田面水深的上下限, mm,根据当地实际灌溉模式中所规定的标准确定,在无水层条件下,$H_{\min i}$ 为零或负值,可根据适宜土壤含水率下限 θ_c 算出。

(7)初始条件。

$$h_1 = h_0$$

$$q_1 = q_0$$

式中 h_0——插秧后稻田水深,本研究中取 20 mm。

(8)递推方程。

采用逆序递推、顺序决策的方法,递推方程为

$$F^*(q_i,h_i) = \max_{mi}\left[R_i(q_i,h_i,m_i)\,F_{i+1}^*(q_{i+1},h_{i+1})\right] \quad (i = 1,2,\cdots,N-1) \tag{4-31}$$

$$F_N^*(q_N,h_n) = \max_{mN}\left[R_N(q_N,h_N,m_N)\right] \quad (i = N) \tag{4-32}$$

式中 $F_{i+1}^*(q_{i+1},h_{i+1})$——当前状态 q_i、h_i 和决策为 m_i 时,余留阶段的最大效益;

$R_i(q_i,h_i,m_i)$——本阶段效益,根据土壤含水状况求得阶段实际腾发量后,由下式获得。

$$R_i(q_i,h_i,m_i) = \left(\frac{\mathrm{ET}_i}{\mathrm{ET}_{mi}}\right)^{\lambda_i} \tag{4-33}$$

4.2.6　模型模拟结果及分析

采用上述模型计算早、中、晚稻不同水平年不同供水量时的最优灌溉制度，计算结果见表 4-16～表 4-18。

表 4-16　早稻非充分灌溉制度优化成果

频率/%	可供水量/(m^3/亩)	各旬灌水量/(m^3/亩)									相对产量
		5 月			6 月			7 月			
		上	中	下	上	中	下	上	中	下	
90	0										0.790 7
	30					30					0.918 7
	40				40						0.933 1
	50				50						0.963 6
	60				30	30					0.978 5
	70				40	30					0.989 4
	80				40	40					0.995 8
	90				60	30					0.996 9
	100		30		40	30					0.998 9
	110		30	40		40					0.999 1
	120		30	30		30	30				1
75	0										0.925 7
	30					30					0.971 4
	40					40					0.985 3
	50				50						0.997 9
	60				30	30					0.999 3
	70			40	30						0.999 6
	80				50		30				1
50	0										0.926 0
	30				30						0.983 8
	40				40						0.9920
	50				50						0.999 1
	60				60						1

4.2.6.1　早稻模拟结果分析

(1)从表 4-16 可知，90%、75%、50%等 3 种水平年下分别只需要灌水 120 m^3/亩、80 m^3/亩和 60 m^3/亩即可达到最大相对产量；3 种水平年下即使灌水量为 0，最大相对产量也分别能达到 0. 790 7、0. 925 7 和 0. 926 0，可见早稻生育期内本就有丰富的降雨量，能基本满足水稻的生长需求。参照江西省地方标准《江西省农业灌溉用水定额》(DB36/T 619—2017)，鄱阳湖区早稻本田生育期在 90%、75%和 50%水平年下灌溉用水定额分别为 200 m^3/亩、169 m^3/亩、153 m^3/亩，优化灌溉之后分别节水 40. 0%、52. 7%和 60. 8%。

(2)通过具体分析灌水分配可知，90%水平年下灌水集中在 6 月上旬和中旬。这期间正值早稻的拔节孕穗末期和抽穗开花期。由表 4-16 中各旬水分生产函数敏感指数可知，敏感指数较大的时期主要集中在 6 月，但由于 6 月下旬降雨量较大，在可供水量较少时并没有安排灌水，只在可供水量为 120 m^3/亩时，对 6 月下旬安排了 30 m^3/亩的灌水。由于 6 月上旬和中旬敏感指数较大，同时降雨量不足，故灌水主要集中在这段时期。75%和 50%水平年下所需灌水量较少，分别只需 80 m^3/亩和 60 m^3/亩即可达到最大相对产量。5 月由于敏感指数较小，同时降雨量变大，基本不需要安排灌水量。对于 6 月上旬，虽然该阶段敏感指数较小，但降雨量相比中下旬更小，故 75%和 50%水平年 6 月上旬仍是主要灌水时期。

(3)早稻相对产量与供水量关系见图 4-3。由图 4-3 可知，早稻相对产量随供水量增加而增加，当供水量为 0~60 m^3/亩时，相对产量随供水量增加有较大幅度的增加，随后增加幅度减小。

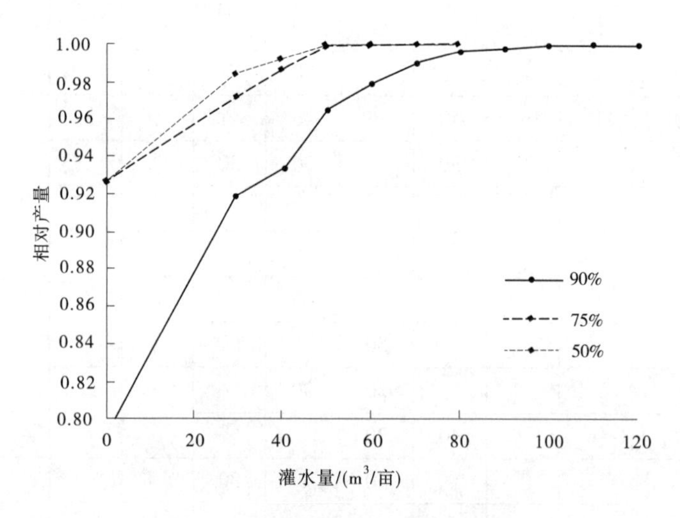

图 4-3　早稻相对产量与供水量关系

4.2.6.2　中稻模拟结果分析

(1)从表 4-17 可知，3 种水平年下需要灌水 360 m^3/亩、300 m^3/亩和 210 m^3/亩即可达到最大相对产量。参照江西省地方标准《江西省农业灌溉用水定额》(DB36/T 619—2017)，鄱阳湖区中稻本田生育期在 90%、75%和 50%水平年下灌溉用水定额分别为 404 m^3/亩、364 m^3/亩、323 m^3/亩，优化灌溉之后分别节水 10. 9%、17. 6%和 35. 0%。

表 4-17　中稻非充分灌溉制度优化成果

频率/%	可供水量/(m³/亩)	各旬灌水量/(m³/亩)									相对产量
		7 月			8 月			9 月			
		上	中	下	上	中	下	上	中	下	
90	0										0.209 0
	30							30			0.337 5
	60							30	30		0.480 8
	90					30		30	30		0.590 3
	120					30		30	60		0.683 5
	150					40		70	40		0.764 9
	180					30	30	60	30	30	0.838 9
	210					50	40	60	30	30	0.892 5
	240				30	50	50	50	30	30	0.938 9
	270				30	70	40	60	40	30	0.973 5
	300				60	60	50	50	40	40	0.989 4
	330			40	40	60	50	50	40	50	0.998 3
	360	40		70	60		50	50	40	50	1
75	0										0.468 5
	30							30			0.619 8
	60						30	30			0.737 5
	90						30	30	30		0.821 5
	120					30	30	30		30	0.895 6
	150					30	30	30	30	30	0.946 5
	180				30	30	40	40		40	0.969 4
	210			30		40	40	40	30	30	0.988 6
	240			40	30	30	40	30	30	40	0.995 7
	270		60	40		30	40	30	30	40	0.999 2
	300	70		60	30		40	40	30	30	1

续表 4-17

频率/%	可供水量/(m³/亩)	各旬灌水量/(m³/亩)									相对产量
		7月			8月			9月			
		上	中	下	上	中	下	上	中	下	
50	0										0.538 5
	30								30		0.727 8
	60								60		0.843 7
	90							30	30	30	0.916 1
	120							50	40	30	0.964 8
	150				30			30	50	40	0.987 6
	180				60		30		40	50	0.998 5
	210			50	30		30	60		40	1

(2)通过具体分析灌水分配可知,90%水平年下灌水集中在8月中旬至9月中旬。这期间正值中稻的拔节孕穗期和抽穗开花期,水稻植株已经发育成熟,加之期间气温较高,降雨量较少,水稻需水量随之增大。由表4-17中各旬水分生产函数敏感指数可知,敏感指数较大的时期主要集中在8月中旬至9月中旬,安排灌水时要首先考虑这4个阶段。75%和50%水平年下灌水分配规律与90%水平年下基本相同。值得注意的是,50%水平年下8月中旬降雨量较大,该阶段反而不需要灌水。

(3)中稻相对产量与供水量关系见图4-4。由图4-4可知,中稻产量同样随供水量增加而增加,增长幅度随供水量的变大而减小,呈现灌水的边际效应。

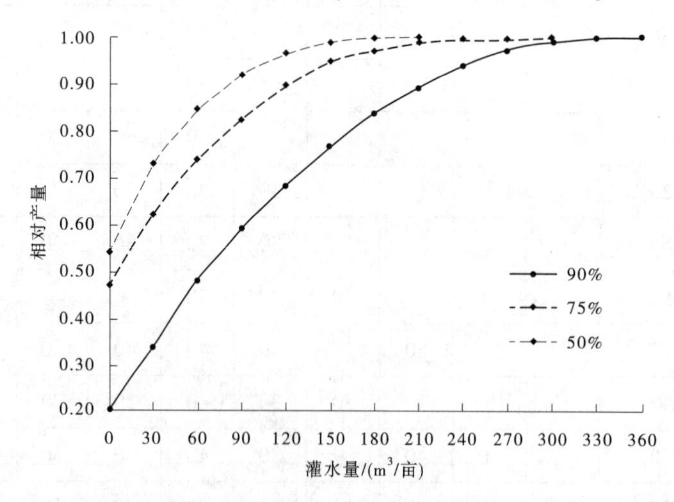

图4-4　中稻相对产量与供水量关系

4.2.6.3　晚稻模拟结果分析

(1)从表4-18可知,3种水平年下需要灌水330 m³/亩、270 m³/亩和240 m³/亩即可达到最大相对产量。参照江西省地方标准《江西省农业灌溉用水定额》(DB36/T 619—

2017)，鄱阳湖区晚稻本田生育期在90%、75%和50%水平年下灌溉用水定额分别为374 m³/亩、313 m³/亩、285 m³/亩，优化灌溉之后分别节水11.8%、13.7%和15.8%。

表4-18　晚稻非充分灌溉制度优化成果

频率/%	可供水量/(m³/亩)	各旬灌水量(m³/亩)									相对产量
		8月			9月			10月			
		上	中	下	上	中	下	上	中	下	
90	0										0.396 9
	30						30				0.530 8
	60					30	30				0.645 6
	90				30	30		30			0.725 8
	120				30	30	30	30			0.797 1
	150				50	40	30	30			0.849 5
	180		30		50	40	30	30			0.893 7
	210		30	40	50	30	30	30			0.928 3
	240		30	40	50	50	30	40			0.957 8
	270		60	40	60	50	30	30			0.980 7
	300		70	50	50	50	30	50			0.992 6
	330	40	70	30	70	40	40	40			1
75	0										0.486 5
	30							30			0.640 1
	60					30		30			0.734 5
	90			30			30	30			0.813 1
	120			30		30	30	30			0.877 4
	150			30	30	30	30	30			0.929 2
	180			30	30	30	30	30	30		0.963 5
	210			60	30	30	30	30	30		0.985 2
	240		40	70		40	30	30	30		0.998 3
	270	60		80		30	30	40	30		1

续表 4-18

频率/%	可供水量/(m³/亩)	各旬灌水量/(m³/亩)									相对产量
		8月			9月			10月			
		上	中	下	上	中	下	上	中	下	
50	0										0.403 4
	30						30				0.618 2
	60						30	30			0.741 4
	90					40	50				0.847 6
	120					50	40	30			0.915 0
	150				30	60	30	30			0.954 4
	180				40	60	40	40			0.983 5
	210	30			60	50	30	40			0.997 0
	240	40		40	70		50	40			1

(2)通过具体分析灌水分配可知,90%水平年下灌水集中在9月上旬至10月上旬。这期间正值晚稻的拔节孕穗期、抽穗开花期和乳熟期初期,该时期敏感指数明显大于其他时期,加之期间降雨量较少,因此这4个旬为主要灌溉配水时期。75%和50%水平年灌水规律与90%水平年大致相同。

(3)晚稻相对产量与灌水量关系见图4-5。由图4-5可知,供水量较少时,晚稻相对产量随供水量增加而增加,且增加幅度较大,继续增加供水,相对产量增加幅度减小。在灌水量在0~60 m³/亩时,75%水平年相对产量反而较50%水平年要高,这与所选典型年降雨分布有关,在灌水量大于60 m³/亩后,50%水平年相对产量比75%水平年更高。

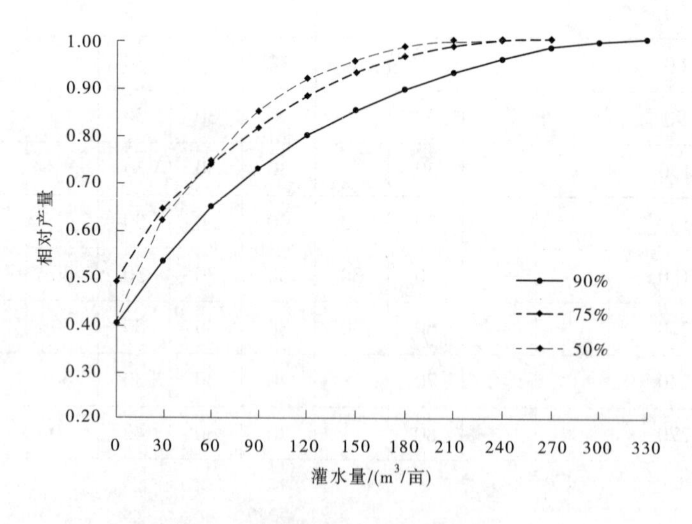

图 4-5 晚稻相对产量与灌水量关系

4.2.7 小结

基于鄱阳湖流域水稻 Jensen 水分生产函数模型，建立了鄱阳湖流域灌区早、中、晚稻非充分灌溉条件下求解优化灌溉制度的动态规划模型。以典型年为基础，模拟分析了早、中、晚稻不同可供水量下的优化灌溉制度。结果表明：90%、75%和 50%水平年下早稻分别需要灌溉 120 m^3/亩、80 m^3/亩、60 m^3/亩可以达到丰产；中稻分别需要灌溉 404 m^3/亩、364 m^3/亩和 323 m^3/亩可以达到丰产；晚稻分别需要灌溉 374 m^3/亩、313 m^3/亩和 285 m^3/亩可以达到丰产，与江西省地方标准《江西省农业灌溉用水定额》(DB36/T 619—2017)相比，优化后的灌溉制度可以显著节水，其中早稻节水 40.0%~60.8%、中稻节水 10.9%~35.0%、晚稻节水 11.8%~15.8%。

4.3 灌区农业水资源优化配置研究

4.3.1 多种作物不同供水条件下灌溉水量优化配置

4.3.1.1 DP-DP 模型的构建

一般情况下，一个灌区在不同时期或者同一时期内是种有多种农作物的。这就面临一个问题，在灌区总灌水量不足的情况下，为了达到最大效益，需要将有限的灌溉水量在不同作物之间进行最优分配；之后又将单一作物水量在它的不同生育阶段之间进行最优分配，以确定最优的灌溉配水过程。根据灌溉之前各种作物种植面积确定与否，可分为两种情况：①在各作物灌溉面积已定的情况下，如何解决作物之间对有限水量的竞争；②灌溉总面积已定，各作物之间灌溉面积并未确定，即作物最优种植比问题，在优化配水的同时规划作物种植面积，使全灌区能获得最大的经济效益。

不同作物之间的配水属于整个灌区总系统的优化，而作物各个生育阶段之间的配水属于每个作物子系统的优化。将作物子系统作为第一层，灌区总系统作为第二层，通过分配给每种作物的供水量将两层联系起来，成为一个具有两层谱系结构的大系统。模型分为两层，第一层为单一作物灌溉优化（第 4.1.3 章节介绍的非充分灌溉条件下的最优灌溉制度优化的 DP 模型），其作用是把由第二层（全灌区多种作物用水协调）模型分配给第 K 种作物的净灌溉水量 Q_K，在该作物的生育期内进行最优分配；第二层为求解水源缺水时多种作物之间水量最优分配的动态规划模型（茆智等，2003），其作用是利用第一层反馈的效益指标 $F(Q_K)$（最大相对产量），把有限的总灌溉水量 V_0 在 M 种作物之间进行最优分配。如图 4-6 所示，每层都采用 DP 方法求解，则构成 DP-DP 的分解协调模型，模型具体描述如下。

1. 各作物灌溉面积未定

(1)阶段变量。

以每一种不同的作物为一个阶段，阶段变量 $K=1,2,\cdots,M$，M 为作物种类数。

(2)状态变量。

以各阶段可分配的总水量 V_K 和可能种植面积 AP_K 为状态变量，单位分别为 m^3 和万亩。

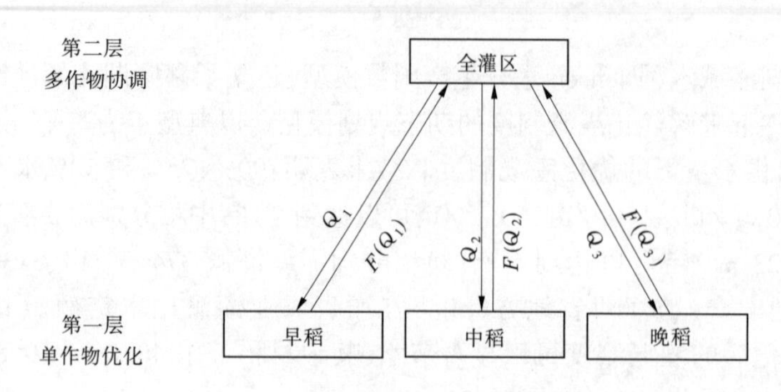

图 4-6 灌区水量优化分解协调模型

(3)决策变量。

以实际分配给各种作物的净灌溉水量 Q_w 和实际种植面积 A_K 为决策变量,单位分别为 m^3 和万亩。

(4)系统方程。

各作物间水量平衡方程:

$$V_{K+1} = V_K - \frac{Q_K}{\eta} \tag{4-34}$$

$$AP_{K+1} = AP_K - A_K \tag{4-35}$$

式中 η——农田灌溉用水有效利用系数。

(5)目标函数。

$$G^* = \max\left\{ \sum_{K=1}^{M} F(Q_K, A_K) \cdot A_K \cdot YM_K \cdot PR_K \right\} \tag{4-36}$$

式中 YM_K——第 K 种作物充分供水条件下产量,kg/hm^2;

PR_K——第 K 种作物产品单价,元/kg;

G——各作物效益之和,万元。

(6)约束条件。

$$0 \leqslant \frac{Q_K}{\eta} \leqslant V_K$$

$$0 \leqslant V_K \leqslant V_0$$

$$0 \leqslant \frac{Q_K}{\eta} \leqslant V_0$$

$$0 \leqslant A_K \leqslant AM_K$$

$$0 \leqslant \sum A_K \leqslant A_0$$

式中 V_0——灌区可供水总量,m^3;

A_0——总的可灌面积,万亩;

AM_K——由政策约束的第 K 种作物的最大可能种植面积,万亩。

(7)初始条件。

$$V_1 = V_0$$

$$AP_1 = A_0$$

(8)递推方程。

采用逆序递推、顺序决策的方法,递推方程为

$$G_K^*(V_K,AP_K) = \max_{Q_K,A_K}[F(Q_K,A_K) \cdot A_K \cdot YM_K \cdot PR_K + G_{K+1}^*(V_{K+1},\mathrm{AP}_{K+1})]$$

$$(K = 1,2,\cdots,M-1) \quad (4\text{-}37)$$

$$G_M^*(V_M,AP_M) = \max_{Q_M,A_M}[F(Q_M,A_M) \cdot A_M \cdot YM_M \cdot \leqslant PR_M]\ (K = M) \quad (4\text{-}38)$$

2. 各种作物灌溉面积已定

这时 A_K 已知,状态变量和决策变量分别为 V_K、Q_K。将灌溉面积未定模型中的相关式子去掉,并将相关式子中的 $F(Q_K,A_K)$ 改为 $F(Q_K)$,$G_K{}^*(V_K,AP_K)$ 改为 $G_K{}^*(V_K)$,这时可得到所需的一维 DP 模型。

4.3.1.2　DP-DP 模型的求解

模型运行时,首先由第二层分配给第一层每个独立子系统(每种作物)一定水量 Q_K,每个子系统在给定 Q_K 后,各自独立完成优化,得到最优效益 $F(Q_K)$,并将其反馈给第二层,第二层根据反馈的 $F(Q_K)$,计算全系统效益 G,同时改变上次分配的 Q_K,得到一组全新的效益函数 $F(Q_K)$ 及全系统效益 G,直到得到全系统最优效益 $G_{\max}$。此时,可同时得到各种作物相应的优化灌溉制度及水量最优配水过程,上述模型,通过分解协调,将由 m 种作物组成的大系统分解为 m 个相同的子系统,由全灌区协调层对 m 个子系统进行协调,从而降低了总的维数,使之便于求解。

4.3.1.3　现有种植结构下水量分配结果与分析

现以江西省最大灌区赣抚平原灌区为例进行分析。

据调查统计,2015 年赣抚平原灌区有效灌溉面积为 103.47 万亩,主要灌溉作物种类为早、中、晚稻,现有作物种植面积为早稻 66 万亩、中稻 11 万亩和晚稻 74 万亩,其中中稻分别与早、晚稻部分生育期重叠,相关信息见表 4-19。除水稻外,灌区还种植少量豆类、油菜、蔬菜等旱作物。由于旱作物种植面积和需水量较少,且品种多样、经济效益较高,假定灌区旱作物的种植面积保持不变,灌溉用水需求完全满足,多种作物水量分配仅针对早、中、晚稻进行。

表 4-19　赣抚平原灌区早、中、晚稻有关基本资料

作物	最大可种植面积/万亩	现有种植面积/万亩	丰产产量/(kg/亩)	单价/(元/kg)
早稻	75	66	532	2.66
中稻	11	11	669	2.73
晚稻	84	74	629	2.74

注:早、中、晚稻单价参照江西省粮食局 2015 年统计资料。

根据江西省地方标准《江西省农业灌溉用水定额》(DB36/T 619—2011)提供的灌溉

定额,丰产条件下需要净灌溉水量见表 4-20。90%、75%和 50%水平年下达到丰产所需水量分别为 45 320 万 m^3、38 320 万 m^3 和 34 741 万 m^3。

表 4-20　常规灌溉条件下丰产所需灌水量

频率/%	稻类	灌溉定额/(m³/亩)	净灌溉水量/万 m³	净灌溉水总量/万 m³
90	早稻	200	13 200	45 320
	中稻	404	4 444	
	晚稻	374	27 676	
75	早稻	169	11 154	38 320
	中稻	364	4 004	
	晚稻	313	23 162	
50	早稻	153	10 098	34 741
	中稻	323	3 553	
	晚稻	285	21 090	

将表 4-19 数据带入 DP-DP 模型,采用分解协调方法求解,在现有作物种植结构下,优化灌溉水量在作物间的分配结果见表 4-21~表 4-23,净灌溉水量与产值、效益系数关系见图 4-7,不同水平年、不同净灌溉水量下早、中、晚稻灌溉定额分配见图 4-8~图 4-10。

表 4-21　90%水平年现有种植结构下最优配水及产值

净灌溉水量/万 m³	种类	灌溉定额/(m³/亩)	灌水量/万 m³	相对产量	产值/万元	总产值/万元
12 000	早稻	30	1 980	0.918 7	85 804	200 920
	中稻	180	1 980	0.838 9	16 851	
	晚稻	108	8 040	0.768 6	98 265	
15 000	早稻	30	1 980	0.918 7	85 804	210 944
	中稻	210	2 340	0.892 5	18 012	
	晚稻	145	10 680	0.8 408	107 128	
18 000	早稻	60	3 960	0.978 5	91 390	219 405
	中稻	240	2 640	0.938 9	18 860	
	晚稻	155	11 400	0.856 9	109 155	

续表 4-21

净灌溉水量/万 m^3	种类	灌溉定额/(m^3/亩)	灌水量/万 m^3	相对产量	产值/万元	总产值/万元
21 000	早稻	60	3 960	0. 978 5	91 390	226 465
	中稻	267	2 940	0. 970 0	19 491	
	晚稻	190	14 100	0. 905 2	115 584	
240 00	早稻	60	3 960	0. 978 5	91 390	231 975
	中稻	267	2 940	0. 970 0	19 492	
	晚稻	230	17 100	0. 948 0	121 093	
27 000	早稻	60	3 960	0. 978 5	91 389	236 164
	中稻	280	3 060	0. 978 8	19 641	
	晚稻	270	19 980	0. 9 807	125 134	
30 000	早稻	90	5 940	0. 996 9	93 108	238 650
	中稻	300	3 300	0. 989 4	19 874	
	晚稻	280	20 760	0. 984 7	125 668	
33 000	早稻	90	5 940	0. 996 9	93 108	240 334
	中稻	327	3 600	0. 997 4	20 037	
	晚稻	317	23 460	0. 996 8	127 189	
36 300(丰产)	早稻	120	7 920	1	93 398	241 082
	中稻	360	3 960	1	20 087	
	晚稻	330	24 420	1	127 597	

表 4-22　75%水平年现有种植结构下最优配水及产值

净灌溉水量/万 m^3	种类	灌溉定额/(m^3/亩)	灌水量/万 m^3	相对产量	产值/万元	总产值/万元
12 000	早稻	0	0	0. 925 7	88 326	223 664
	中稻	147	1 620	0. 941 4	18 919	
	晚稻	140	10 380	0. 911 9	116 419	

续表 4-22

净灌溉水量/万 m^3	种类	灌溉定额/(m^3/亩)	灌水量/万 m^3	相对产量	产值/万元	总产值/万元
15 000	早稻	30	1 980	0.971 4	92 595	230 685
	中稻	153	1 680	0.948 8	19 054	
	晚稻	153	11 340	0.932 6	119 036	
18 000	早稻	30	1 980	0.971 4	92 595	235 904
	中稻	180	1 980	0.969 4	19 472	
	晚稻	190	14 040	0.970 7	123 837	
21 000	早稻	30	1 980	0.971 4	92 865	239 303
	中稻	213	2 340	0.989 3	19 871	
	晚稻	225	16 680	0.991 8	126 567	
24 000	早稻	55	3 600	0.999 5	93 198	240 578
	中稻	240	2 640	0.995 7	20 000	
	晚稻	240	17 760	0.998 3	127 380	
27 000	早稻	60	3 960	0.999 3	93 333	241 005
	中稻	278	3 060	0.999 4	20 075	
	晚稻	270	19 980	1	127 597	
29 220（丰产）	早稻	90	5 940	1	93 398	241 082
	中稻	300	3 300	1	20 087	
	晚稻	270	19 980	1	127 597	

表 4-23　50%水平年现有种植结构下最优配水及产值

净灌溉水量/万 m^3	种类	灌溉定额/(m^3/亩)	灌水量/万 m^3	相对产量	产值/万元	总产值/万元
12 000	早稻	27	1 800	0.978 0	91 394	227 525
	中稻	120	1 320	0.964 8	19 380	
	晚稻	120	8 880	0.915 0	116 751	

续表 4-23

净灌溉水量/万 m^3	种类	灌溉定额/(m^3/亩)	灌水量/(万 m^3)	相对产量	产值/万元	总产值/万元
15 000	早稻	30	1 980	0.983 8	91 885	234 047
	中稻	120	1 320	0.964 8	19 380	
	晚稻	158	11 700	0.962 2	122 782	
18 000	早稻	30	1 980	0.983 8	91 885	238 026
	中稻	153	1 680	0.988 7	19 858	
	晚稻	194	14 340	0.989 8	126 283	
21 000	早稻	57	3 780	0.999 9	93 260	240 332
	中稻	153	1 680	0.988 7	19 858	
	晚稻	210	15 540	0.997 0	127 214	
24 030(丰产)	早稻	60	3 960	1	93 398	241 082
	中稻	210	2 310	1	20 087	
	晚稻	240	17 760	1	127 597	

结果表明:

(1)对于整个灌区早、中、晚稻,在 90%、75%和 50%三种水平年下,净灌溉水量分别为 36 300 万 m^3、29 220 万 m^3 和 24 030 万 m^3 时达到丰产产值;对比表 4-20,即进行灌溉制度优化下,分别节水 19.9%、23.7%和 30.8%,可见优化配水后可以有效节水,大大提高水资源利用效率。

(2)3 种水稻水平年、不同净灌溉水量与产值、收益系数关系见图 4-7。丰产时,水稻总产值为 24.1 亿元,90%、75%和 50%水平年效益系数分别为 6.4 元/m^3、8.0 元/m^3 和 10.0 元/m^3。随着净灌溉水量的增加,水稻总产值逐渐增加,收益系数则逐渐减少,且增加或减少幅度逐渐变缓。以 90%水平年为例,在净灌溉水量为 27 000 万 m^3、30 000 万 m^3 和 33 000 万 m^3 时,产值占丰产产值的 98.0%、99.0%和 99.7%;可见在缺水条件下,优化水量分配可以使灌区总产值在较低净灌溉水量下获得较大产值。

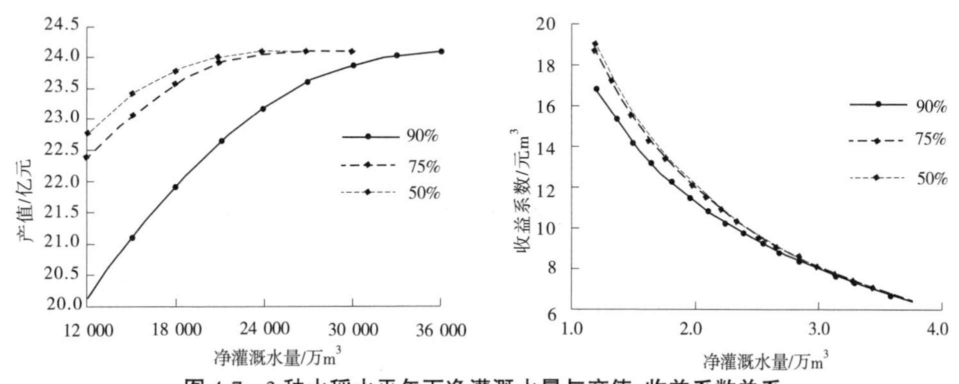

图 4-7　3 种水稻水平年下净灌溉水量与产值、收益系数关系

(3)具体分析不同水平年、不同净灌溉水量下早、中、晚稻灌溉定额分配,由图4-8～图4-10可知,总体上,早、中、晚稻灌溉定额均随净灌溉水量的增加而提高,但由于早稻产量在较低灌溉水量时就开始受边际效应的影响,当总水量不足时,会优先将水量分配给中稻和晚稻,以90%水平年为例,在净灌溉水量为18 000万～27 000万 m^3 时,早稻灌溉定额保持在60 m^3/亩;随着净灌溉水量的进一步增加,中稻和晚稻水分生产率开始下降,又会将水量分配给早稻,从而保证灌区总体效益最大。

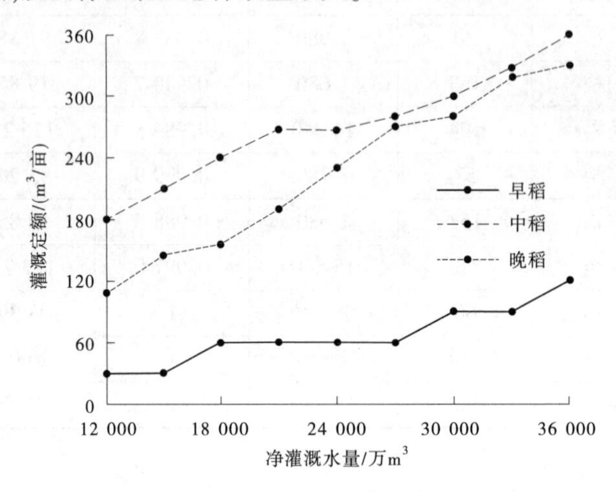

图4-8　90%水平年不同净灌溉水量下灌溉定额分配

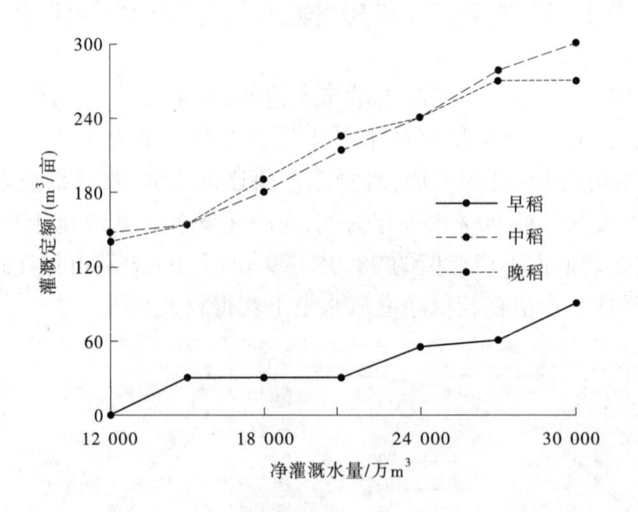

图4-9　75%水平年不同净灌溉水量下灌溉定额分配

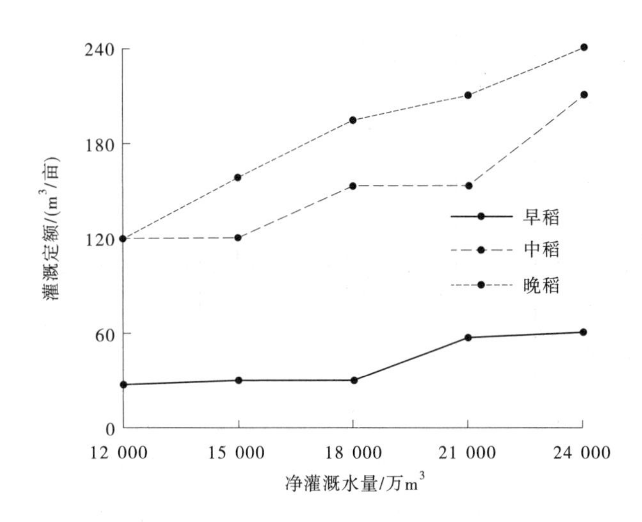

图 4-10　50%水平年不同净灌溉水量下灌溉定额分配

(4)结合4.2节中非充分灌溉条件下早、中、晚稻灌溉制度的优化,可得3种作物各旬的净灌溉水量配水方案及毛灌溉需水过程(以丰产为例,农田灌溉用水有效利用系数取0.465),计算结果见表4-24～表4-26。由表4-24～表4-26可知,3种水平年下,整个灌区需水量最大的时段集中在8月和9月,此时正值中稻和晚稻生育期重叠,且天气炎热,降雨不足,作物需水量大。由于表中配水量没有计入中稻、晚稻泡田所需水量,实际配水时需要根据经验加上这部分水量,这就导致7月和8月灌溉水量实际比表中的多。

4.3.1.4　优化种植结构下水量分配结果与分析

根据表4-19中数据,采用图4-6中的DP-DP模型,利用分解协调方法求解,在作物种植结构未定的情况下,同时优化作物种植结构及灌溉水量分配,3种水平年下结果见表4-27～表4-29。

结果表明:

(1)与现有种植结构相比较可发现,3种水平年下优化结果均是将中稻的种植面积由11万亩减少至0,而早、晚稻分别增加了9万亩和10万亩。这是因为中稻耗水量大,而丰产产量及单价只是略高于早稻和晚稻,水的投入产出比低,所以会尽量削减中稻面积改种早、晚稻。与现状种植结构总产值相比,在相同净灌溉水量时,优化种植结构下产值更高,产值增幅在3.72%～5.30%(见表4-30)。由此可见,通过对早、中、晚稻灌溉面积的优化,可以提高灌区总体效益。

表 4-24　90%水平年下早、中、晚稻各旬最优灌溉水量(丰产)

稻种	各旬灌水量/万 m³																	
	5月			6月			7月			8月			9月			10月		
	上	中	下	上	中	下	上	中	下	上	中	下	上	中	下	上	中	下
早稻																		
中稻		1 980	1 980		1 980	1 980	440		770	660		550	550	440	550			
晚稻										2 960	5 180	2 220	5 180	2 960	2 960	2 960		
毛灌溉水量		4 177	4 177		4 177	4 177	928		1 624	7 637	10 928	5 844	12 089	7 173	7 405	6 245		

表 4-25　75%水平年下早、中、晚稻各旬最优灌溉水量(丰产)

稻种	各旬灌水量/万 m³																	
	5月			6月			7月			8月			9月			10月		
	上	中	下	上	中	下	上	中	下	上	中	下	上	中	下	上	中	下
早稻				3 300		1 980												
中稻							770		660	330		440	440	330	330			
晚稻										4 440		5 920		2 220	2 220	2 960	2 220	
毛灌溉水量				6 962		4 177	1 624		1 392	10 063		13 418	928	5 380	5 380	6 245	4 684	

表 4-26　50%水平年下早、中、晚稻各旬最优灌溉水量(丰产)

稻种	各旬灌水量/万 m³																	
	5月			6月			7月			8月			9月			10月		
	上	中	下	上	中	下	上	中	下	上	中	下	上	中	下	上	中	下
早稻				3 960														
中稻									550	330		330	660		400			
晚稻										2 960		2 960	5 180		3 700	2 960		
毛灌溉水量				8 354					1 160	6 941		6 941	12 321		8 734	6 245		

表 4-27　90%水平年下优化作物种植结构最优配水及产值

净灌溉水量/万 m³	种类	灌溉定额/(m³/亩)	面积/万亩	灌水量/万 m³	相对产量	产值/万元	总产值/万元
12 000	早稻	30	75	2 280	0. 918 7	97 590	211 566
	中稻	0	0	0	0	0	
	晚稻	116	84	9 720	0. 787 6	113 976	
15 000	早稻	32	75	2 400	0. 919 7	97 928	220 969
	中稻	0	0	0	0	0	
	晚稻	150	84	12 600	0. 849 5	123 041	
18 000	早稻	60	75	4 500	0. 978 5	103 852	229 180
	中稻	0	0	0	0	0	
	晚稻	161	84	13 500	0. 865 7	125 328	
21 000	早稻	60	75	4 500	0. 978 5	103 852	236 040
	中稻	0	0	0	0	0	
	晚稻	196	84	16 500	0. 912 2	132 188	
24 000	早稻	60	75	4 500	0. 978 5	103 852	241 460
	中稻	0	0	0	0	0	
	晚稻	232	84	19 500	0. 949 9	137 608	
27 000	早稻	60	75	4 500	0. 978 5	103 852	244 939
	中稻	0	0	0	0	0	
	晚稻	268	84	22 500	0. 979 2	141 807	
30 000	早稻	90	75	6 720	0. 996 9	105 809	248 264
	中稻	0	0	0	0	0	
	晚稻	277	84	23 280	0. 983 5	142 455	
33 000	早稻	90	75	6 780	0. 996 9	105 809	250 011
	中稻	0	0	0	0	0	
	晚稻	312	84	26 220	0. 995 6	144 202	
36 720(丰产)	早稻	120	75	9 000	1	106 134	250 974
	中稻	0	0	0	0	0	
	晚稻	330	84	27 720	1	144 840	

表 4-28　75%水平年下优化作物种植结构最优配水及产值

净灌溉水量/万 m^3	种类	灌溉定额/(m^3/亩)	面积/万亩	灌水量/万 m^3	相对产量	产值/万元	总产值/万元
12 000	早稻	0	75	0	0	100 371	233 170
	中稻	0	0	0	0	0	
	晚稻	143	84	12 000	0.917 1	132 799	
15 000	早稻	30	75	2 220	0.971 4	105 157	240 097
	中稻	0	0	0	0	0	
	晚稻	152	84	12 780	0.931 5	134 940	
18 000	早稻	30	75	2 280	0.971 4	105 232	245 533
	中稻	0	0	0	0	0	
	晚稻	187	84	15 720	0.968 6	140 301	
21 000	早稻	30	75	2 280	0.971 4	105 232	248 741
	中稻	0	0	0	0	0	
	晚稻	223	84	18 720	0.990 9	143 509	
24 000	早稻	51	75	3 840	0.997 9	105 814	250 408
	中稻	0	0	0	0	0	
	晚稻	240	84	20 160	0.998 3	144 594	
27 000	早稻	60	75	4 500	0.999 3	106 060	250 882
	中稻	0	0	0	0	0	
	晚稻	267	84	22 500	0.999 8	144 822	
29 430（丰产）	早稻	90	75	6 750	1	106 134	250 974
	中稻	0	0	0	0	0	
	晚稻	270	84	22 680	1	144 840	

表 4-29　50%水平年下优化作物种植结构最优配水及产值

净灌溉水量/万 m^3	种类	灌溉定额/(m^3/亩)	面积/万亩	灌水量/万 m^3	相对产量	产值/万元	总产值/万元
12 000	早稻	26	75	1 920	0.976 1	103 515	236 043
	中稻	0	0	0	0	0	
	晚稻	120	84	10 080	0.915 0	132 528	

续表 4-29

净灌溉水量/万 m^3	种类	灌溉定额/（m^3/亩）	面积/万亩	灌水量/万 m^3	相对产量	产值/万元	总产值/万元
15 000	早稻	30	75	2 280	0. 983 8	104 438	242 874
	中稻	0	0	0		0	
	晚稻	150	84	12 720	0. 954 4	138 436	
18 000	早稻	30	75	2 280	0. 983 8	104 438	247 353
	中稻	0	0	0	0	0	
	晚稻	187	84	15 720	0. 986 7	142 915	
21 000	早稻	45	75	3 375	0. 995 5	105 263	249 668
	中稻	0	0	0	0	0	
	晚稻	210	84	17 640	0. 997 0	144 405	
24 660（丰产）	早稻	60	75	4 500	1	106 134	250 974
	中稻	0	0	0	0	0	
	晚稻	240	84	20 160	1	144 840	

表 4-30　优化种植结构前后总产值增幅

净灌溉水量/万 m^3	频率年		
	90%	75%	50%
12 000	5. 30%	4. 25%	3. 74%
15 000	4. 75%	4. 08%	3. 77%
18 000	4. 46%	4. 08%	3. 92%
21 000	4. 23%	3. 94%	3. 88%
24 000	4. 09%	4. 09%	
27 000	3. 72%	4. 10%	
30 000	4. 03%		
33 000	4. 03%		

(2)通过分析不同水平年、不同净灌溉水量下早、中、晚稻灌溉定额分配,由图 4-11~图 4-13 可知,随着净灌溉水量的增加,晚稻灌溉定额持续增长,而早稻灌溉定额呈阶段式增长,以 90%水平年为例,在净灌溉水量为 18 000 万~27 000 万 m^3 时,早稻灌溉均为 60 m^3/亩,而晚稻灌溉定额从 161 m^3/亩增长到 268 m^3/亩。因此,在灌区用水总量不足时,应该优先满足晚稻灌溉,从而获得更高产值。

(3)结合 4.2 节中非充分灌溉条件下早、中、晚稻灌溉制度的优化,可得 3 种作物各旬的净灌溉水量配水方案及毛灌溉需水过程(以丰产为例),结果见表 4-31~表 4-33。以 90%水平年为例,将表 4-21 和表 4-27 中的水源配水量以柱状图(见图 4-14)的形式进行比较,可以更直观地发现,优化种植结构前后不同时期的灌溉水量分布整体趋势并未有太大改变,仍然是以 8 月和 9 月灌溉需水最大;优化种植结构后,7 月灌溉需水由 2 552 万 m^3 减少到 0,这是因为中稻面积减为 0 的原因。

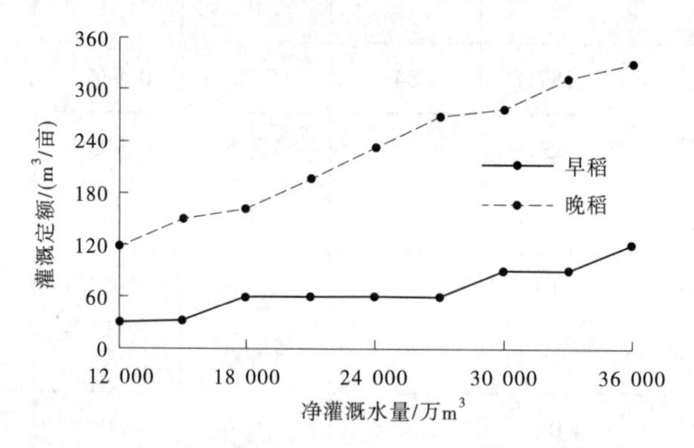

图 4-11　90%水平年不同净灌溉水量下灌溉定额分配

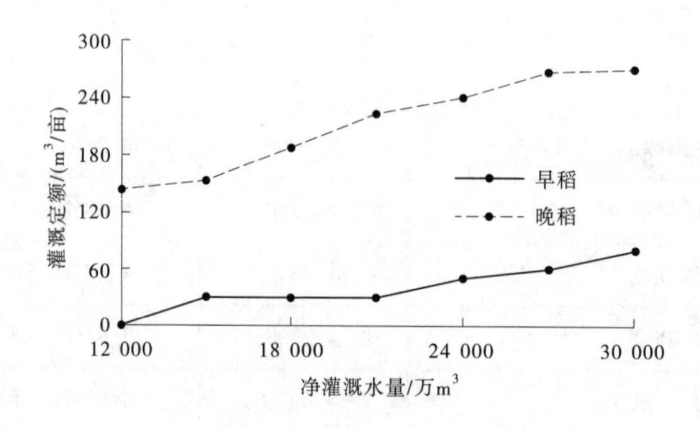

图 4-12　75%水平年不同净灌溉水量下灌溉定额分配

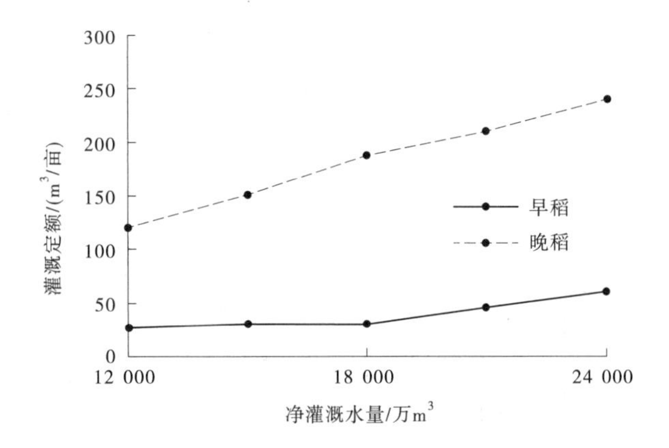

图 4-13 50%水平年不同净灌溉水量下灌溉定额分配

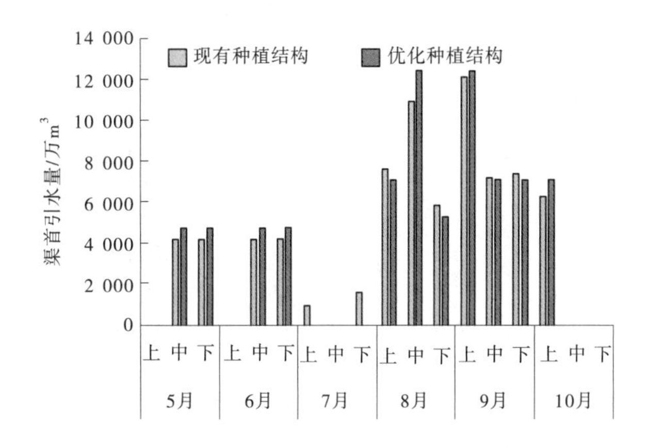

图 4-14 优化种植结构前后水源配水过程

4.3.2 考虑时段供水约束下的农业水资源优化配置

考虑赣抚平原灌区以抚河为唯一水源,且缺乏一定的调蓄能力,抚河径流量的大小往往成为制约水稻灌溉用水及产量的关键因素,因此需要建立考虑时段供水约束下的农业水资源优化配置模型。虽然抚河总体来水充沛,但在 8 月中下旬晚稻插秧的需水高峰期会出现来水不足,产生缺水现象。

4.3.2.1 粒子群算法原理

粒子群算法(PSO)(Kennedy 等, 1995)起源于人们对鸟群觅食行为的研究。研究者们发现,鸟群在飞行的过程中通常会突然改变方向、散开、聚集,其行为往往具有不可预测性,但其整体却总是保持一致,个体与个体之间也总保持着最适宜的距离。通过对与之类似的生物群体行为的研究,发现生物群体内存在着一种社会信息共享机制,该机制为群体进化提供了一种优势,这也是粒子群算法形成的生物基础。

表 4-31　90%水平年下优化作物种植结构各旬最优灌溉水量(丰产)

稻种	各旬灌水量/万 m³																	
	5月			6月			7月			8月			9月			10月		
	上	中	下	上	中	下	上	中	下	上	中	下	上	中	下	上	中	下
早稻		2 250	2 250		2 250	2 250												
中稻																		
晚稻										3 360	5 880	2 520	5 880	3 360	3 360	3 360		
毛灌溉水量		4 747	4 747		4 747	4 747				7 089	12 405	5 316	12 405	7 089	7 089	7 089		

表 4-32　75%水平年下优化作物种植结构各旬最优灌溉水量(丰产)

稻种	各旬灌水量/万 m³																	
	5月			6月			7月			8月			9月			10月		
	上	中	下	上	中	下	上	中	下	上	中	下	上	中	下	上	中	下
早稻																		
中稻																		
晚稻				3 750		2 250				5 040		6 720		2 520	2 520	3 360	2 520	
毛灌溉水量				7 911		4 747				10 633		14 177		5 316	5 316	7 089	5 316	

表 4-33　50%水平年下优化作物种植结构各旬最优灌溉水量(丰产)

稻种	各旬灌水量/万 m³																	
	5月			6月			7月			8月			9月			10月		
	上	中	下	上	中	下	上	中	下	上	中	下	上	中	下	上	中	下
早稻																		
中稻																		
晚稻				4 500						3 360		3 360	5 880		4 200	3 360		
毛灌溉水量				9 494						7 089		12 405	8 861		8 861	7 089		

在 PSO 中,每个优化问题的潜在解都可以想象成 N 维搜索空间上的一个点,我们称之为“粒子”(Particle),所有的粒子都有一个被目标函数决定的适应值(Fitness Value),每个粒子还有一个速度决定它们飞翔的方向和距离,然后粒子们就追随当前的最优粒子在解空间中搜索。在 N 维解空间中,第 i 个粒子的位置表示为 $X_i=(x_{i1},x_{i2},\cdots,x_{in})$,对应的速度表示为 $V_i=(v_{i1},v_{i2},\cdots,v_{in})$。在第 t 步时,第 i 个粒子个体最优值表示为 $p_{\text{best}\,i}=(p_{i1},p_{i2},\cdots,p_{iN})$,整个粒子群全局最优值表示为 $g_{\text{best}}=(g_1,g_2,\cdots,g_N)$。则在第 $t+1$ 步时,第 i 个粒子按式(4-39)、式(4-40)更新速度和位置:

$$x_{id}^{k+1}=x_{id}^{k}+v_{id}^{k+1} \tag{4-39}$$

$$v_{id}^{k+1}=w\cdot v_{id}^{k}+c_1\cdot\xi_1(xp_{id}^{k}-x_{id}^{k})+c_2\cdot\xi_2(xg_{d}^{k}-x_{id}^{k}) \tag{4-40}$$

式中　c_1 和 c_2——粒子跟踪自己历史最优值的权重系数和跟踪群体最优值的权重系数,一般取 $c_1=c_2=2$;

ξ_1 和 ξ_2——[0,1]之间的随机数;

w——权重系数,用来控制前面的速度对当前速度的影响,对算法的全局搜索能力和局部搜索能力进行平衡调整。

Y. Shi 提出 w 的线性递减策略,即随着迭代的进行,线性减少权重 w 的值,这种策略能够兼顾搜索效率和搜索精度,改善优化性能,Y. Shi 给出的递减范围是 1.4~0.4。

为保证每次迭代的群体都满足总量约束,需要对速度 v_i^K 进行设置。陈晓楠提出,每次迭代时,若采用上式计算的 x_i^{K+1} 不满足总量约束,则对 v_i^K 乘以系数 u,u 为[0,1]之间的随机数,重新计算 x_i^{K+1},直到满足要求。

公式由三部分组成,第一部分为粒子的先前速度,表示粒子的当前状态,用以平衡全局搜索能力和局部搜索能力;第二部分为“认知”部分,表示粒子在飞行中考虑自身的经验,从而使粒子具有较强的全局搜索能力;第三部分为“社会”部分,主要体现粒子之间的社会信息共享,从而使整个粒子群具有一定的记忆功能,提高 PSO 的寻优速度。三个部分通过相互作用来平衡粒子的空间搜索能力,从而使其能有效地达到最优的位置。

此外,在粒子不断地根据速度校正自己位置的同时,为了防止其远离搜索空间,飞行速度 V_i 往往被限制在$[-v_{\max},v_{\max}]$。若 $v_{\max}$ 较大,则可以保证粒子群具有较强的全局搜索能力;若 $v_{\max}$ 较小,则粒子群具有较强的局部搜索能力。

基于上述公式,PSO 优化算法的计算步骤及算法流程图(见图 4-15)如下:

(1)初始化粒子群的种群规模、位置和速度,设置最大的迭代次数 t;

(2)对于每一个粒子 i,计算其适应值,然后根据适应度值确定粒子 i 的个体最优值 p_{best_i} 和全局最优值 g_{best_i};

(3)对于每一个粒子 i,将其当前适应值与先前个体最优值 p_{best_i} 比较,如果前者优于后者,则替换 $p_{\text{best}\,i}$,否则保留原个体最优值;

(4)对于每一个粒子 i,用其当前个体最优值与种群全局最优值 gbest_i 比较,如果较好,则将其作为当前全局最优值,否则保留原全局最优值;

(5)根据上述公式更新粒子的速度和位置;

(6)如果满足结束条件,退出,否则转到步骤(2)。

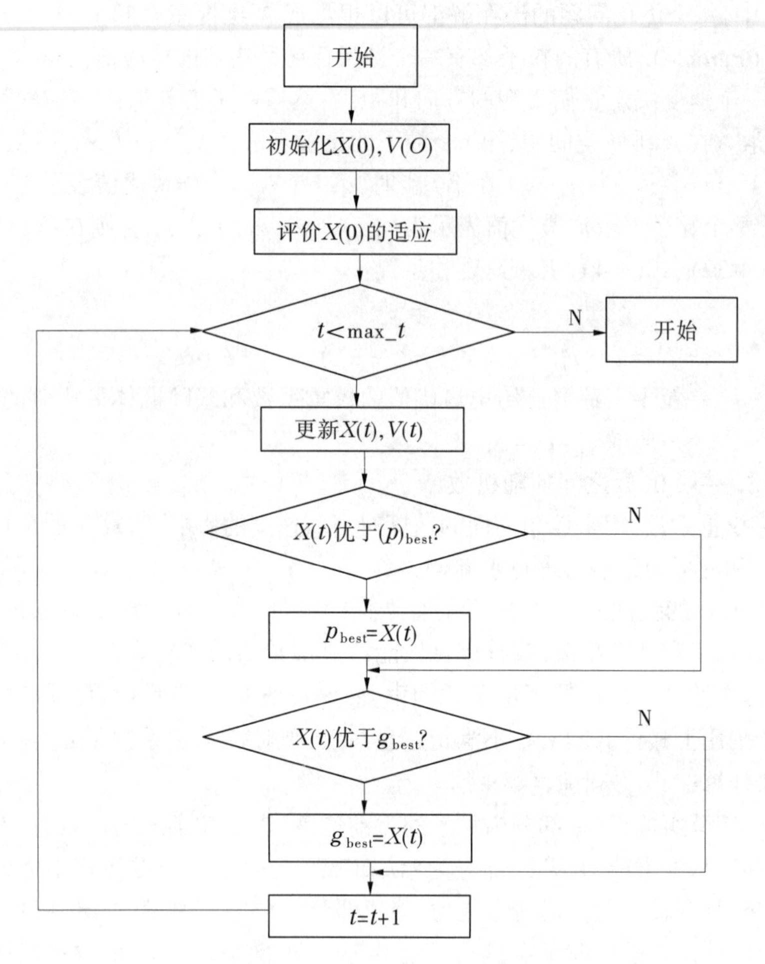

图 4-15　粒子群优化算法流程

4.3.2.2　基于 DP-PSO 算法的农业水资源优化配置模型

模型分为上下两层,上层为单一作物灌溉水量优化模型:以旬为时段,作物水分生长函数采用 Jensen 模型,以相对产量最大为目标,采用动态规划建模求解,与 4.3.1.1 中第一层模型一致。

下层为多种作物间水量优化模型:在灌区总灌水量不足情况下,为达到最大效益,在不同时期或者同一时期内种植有多种农作物的灌区,需要将有限的灌溉水量在不同作物之间进行最优分配,同时确定各种作物种植面积和灌水量,模型如下:

(1)变量和时段划分。

第 K 种作物所分配的总净灌溉水量 Q_K(万 m^3)和灌溉面积 A_K(万亩)为自变量,作物生育期按旬划分成 j 个时段,X_{Kj} 表示第 K 种作物在 j 时段所分配净灌水量,m^3/亩。

(2)目标函数:以灌区总产值最大为目标。

$$G = \max\left\{\sum_{K=1}^{M} F(Q_K, A_K) \cdot A_K \cdot \mathrm{YM}_K \cdot \mathrm{PR}_K\right\} \tag{4-41}$$

式中　YM_K——第 K 种作物充分供水条件下的产量,kg/亩;

PR_K——第 K 种作物产品单价,元/kg;

G——各作物效益之和,万元。

(3)约束条件。

灌溉面积约束:早、中、晚稻各自面积小于其最大可灌溉面积,由于早稻和中稻、中稻和晚稻生育期存在冲突,早稻和中稻灌溉面积要小于早稻最大可灌溉面积,中稻和晚稻灌溉面积要小于晚稻最大可灌溉面积。

$$a_K < A_K$$

$$a_1 + a_2 < A_1; a_2 + a_3 < A_3 \tag{4-42}$$

式中 a_K——第 K 种作物灌溉面积(K=1,2,3, 分别代表早稻、中稻和晚稻),万亩;

A_K——第 K 种作物最大可灌溉面积,万亩。

时段引水量约束:各时段渠首引水量(毛灌溉用水量)不得超过同时段可供水量,即

$$\sum_{K=1}^{n} \frac{X_{Kj} \cdot A_K}{\eta} \leqslant W_j, \forall j \tag{4-43}$$

式中 X_{Kj}——第 K 种作物第 j 时段的净灌水量,m^3/亩;

A_K——第 K 种作物灌溉面积,万亩;

η——农田灌溉用水有效利用系数;

W_j——第 j 时段可供水量,万 m^3。

总水量约束:总灌溉需水量不得超过灌区分配给作物灌溉的总可供水量,即

$$0 \leqslant \sum_{K=1}^{n} \frac{Q_K}{\eta} \leqslant W_0 \tag{4-44}$$

式中 W_0——灌区分配给作物灌溉的总可供水量,万 m^3。

非负约束:各变量非负,即

$$A_K \geqslant 0; Q_K \geqslant 0; X_{Kj} \geqslant 0$$

4.3.2.3 DP-PSO 模型的求解

1. 下层模型优化

模型运行时,首先对下层单一作物模型求解,对第 K 种作物拟定灌溉定额 q_K,各子系统在给定的 q_K 下,采用 DP 分别独立优化,得到最优效益 $F(q_K)$ 和各阶段灌水定额 X_{Kj},具体求解过程见第 4.2 章节介绍的非充分灌溉条件下的最优灌溉制度优化的 DP 模型。

2. 信息反馈

将下层模型的最优效益 $F(q_K)$ 和各阶段的灌水定额 X_{Kj} 作为上层模型目标函数和约束条件的变量值,反馈至上层模型。

3. 上层模型优化

粒子群算法具有参数少、计算简便、收敛速度快、计算精度高等优点,同时可以通过对参数的设置来平衡算法的局部收敛能力和全局收敛能力。作物种植结构及作物间灌溉水量最优分配模型采用粒子群算法求解。

1) 初始化粒子群群体

对于既存在总量约束,又存在单独变量上下限约束的问题,设 n 维空间上的第 i 个粒

子表示为 $X_i=(x_{i1},x_{i2},\cdots,x_{in})$，则可由以下方法生成初始粒子群体：

$$\begin{cases} x_{i1}=\min\begin{pmatrix} Q\cdot u \\ (x_1^L-x_1^U)\cdot u+x_1^U \end{pmatrix} \\ x_{in}=\min\begin{pmatrix} (Q-\sum\limits_{d=1}^{n-1}x_{id})\cdot u \\ (x_n^L-x_n^U)\cdot u+x_n^U \end{pmatrix} \end{cases} \tag{4-45}$$

式中　Q——总量约束，即 $\sum\limits_{d=1}^{n}x_{id}\leqslant Q$；

$X^L=(x_1^L,x_2^L,\cdots,x_n^L)$——变量的上限；

$X^U=(x_1^U,x_2^U,\cdots,x_n^U)$——变量的下限；

u——[0,1]上的随机数。

通过式(4-41)的约束，将初始粒子控制在约束条件内，可以减少无用搜索，提高粒子群算法的收敛速度，更快更准地找到最优解。

2)递推公式及参数设置

粒子速度及位置更新迭代公式见式(4-39)、式(4-40)。

3)适应度函数设置

适应度函数一般由目标函数变化而来，即

$$f(x)=\begin{cases} \sum\limits_{k=1}^{M}F(Q_k,A_k)\cdot A_k\cdot YM_K\cdot PR_K, & \sum\limits_{k=1}^{n}\dfrac{X_{Kj}\cdot A_K}{\eta}\leqslant W_j,\forall j \\ 0, & \sum\limits_{k=1}^{n}\dfrac{X_{Kj}\cdot A_K}{\eta}>W_j,\forall j \end{cases} \tag{4-46}$$

式中符号意义同前。

4.3.2.4　结果与分析

假定灌区生活、环境、工业、经济作物及水稻秧田泡田期水量完全满足，计算得到灌区可用于水稻本田生育期的净灌溉水量为2.5亿 m^3，若不考虑各时段供水量约束，3个降雨频率下多年平均产值及水稻种植面积见表4-34。采用以上DP-PSO模型求解3种不同降雨频率下多年平均产值及水稻种植面积优化结果，计算结果见表4-35。

表4-34　不考虑时段供水量约束时多年平均产值及水稻种植面积优化结果

降雨频率/%	总净灌水量/亿 m^3	总面积/万亩	早稻/万亩	中稻/万亩	晚稻/万亩	产值/亿元
90	2.5	159	75	0	84	24.37
75	2.5	159	75	0	84	25.08
50	2.5	159	75	0	84	25.09

表 4-35　考虑时段供水量约束时多年平均产值及水稻种植面积优化结果

降雨频率/%	总净灌水量/亿 m³	总面积/万亩	早稻/万亩	中稻/万亩	晚稻/万亩	产值/亿元
90	2.03	156.45	72.9	2.1	81.4	22.32
75	1.90	157.80	74.1	0.9	82.8	23.66
50	1.89	157.80	74.4	0.6	82.8	23.69

由表4-34 和表4-35 可知,考虑时段供水约束后,总灌溉水量、总种植面积及产值都比不考虑时段供水约束小。90%、75%和 50%降雨频率下,随降雨的增加多年平均总种植面积、早、晚稻种植面积均呈增加趋势,而中稻面积正好相反,因为在降雨量增加情况下,从渠道取用的灌溉需水量减少,时段可供水量约束对早、晚稻面积限制削减,会尽量种植水分生产率高的早、晚稻,而减少中稻种植面积;3 种频率年下多年平均总灌溉需水量均未达到 2.5 亿 m³,且呈现依次递减趋势,表明有很多时段灌溉需水与渠道可供水不同步。

90%、75%和 50%降雨频率考虑时段约束下各年模拟情况分别见图 4-16~图 4-18,由图 4-16~图 4-18 可知,由于早稻或晚稻生育期间存在时段供水约束,无法满足最大种植面积的灌溉需求,很多年份都无法使早、晚稻达到最大种植面积。

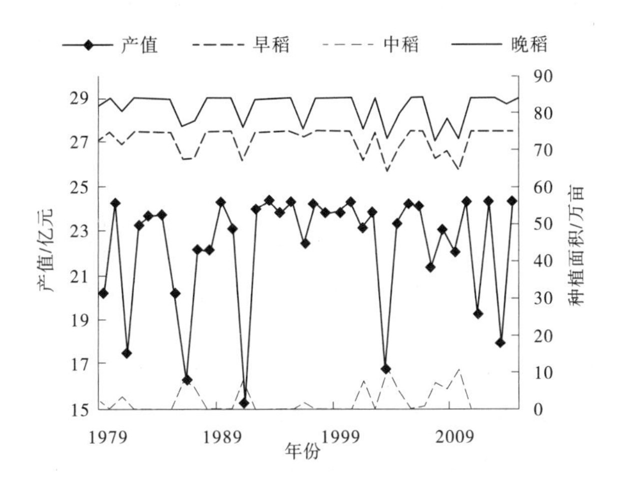

图 4-16　90%降雨频率下各年产值及水稻种植面积

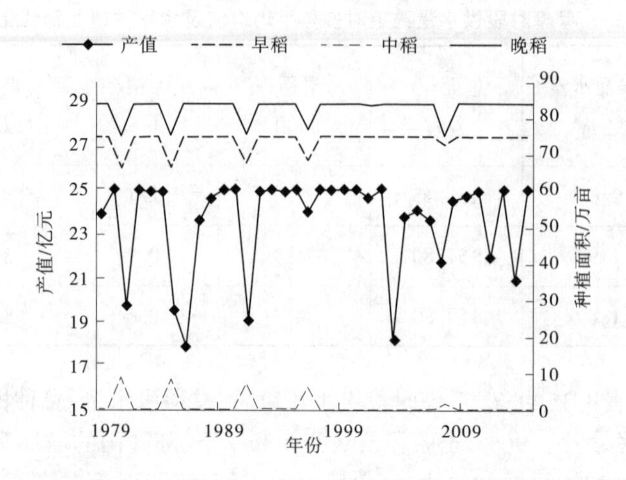

图 4-17 75%降雨频率下各年产值及水稻种植面积

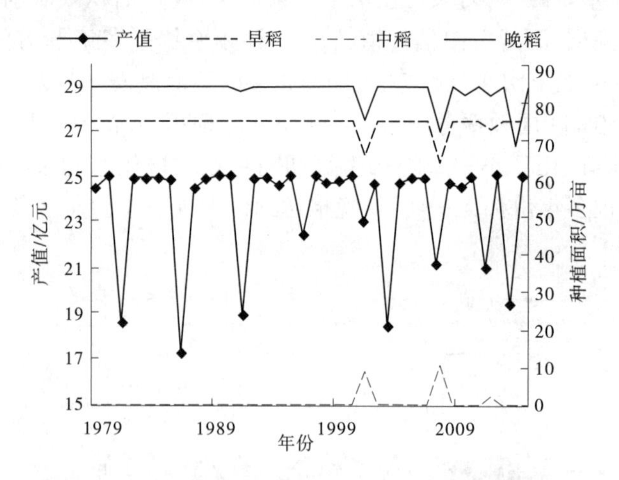

图 4-18 50%降雨频率下各年产值及水稻种植面积

以 90%降雨频率下、2009 年可供水过程为例，换算到水源毛灌溉需水过程，分析有无考虑时段供水量约束情况下的实际灌溉需水过程(见图 4-19)。不考虑时段供水约束时，9 月灌溉需水量最多，但 6 月中旬，9 月上旬、中旬均超出水源可供水能力。考虑时段供水约束后，9 月需水量明显减少，而 8 月需水量增加，特别是 8 月中旬、6 月上旬需水量同样增加。可见考虑时段供水约束后，改变了灌溉需水分配过程，使需水与可供水更匹配，更符合灌区实际情况。

从不同降雨频率下有无时段供水约束的产值比较可见，无时段供水约束时的产值都大于有时段供水约束的对应值，表明有时段供水约束后，由于水量在不同时段间不可调配，增加了缺水程度，相应产值减少。但是如果实际供水系统是有时段供水约束的，而采用无时段供水约束的优化方案去执行，则产值会更低。以图 4-19 为例，若按不考虑时段供水约束的方案实施配水，则在 6 月中旬，9 月上旬、中旬会出现实际供水不能满足取水需求情况，经计算，会导致灌区实际总体产值由 24. 37 亿元降低到 23. 23 亿元，而考虑时段供水约束后，灌区实际总体产值为 23. 60 亿元，可见考虑时段供水约束优化配水方案明显提高了产值。

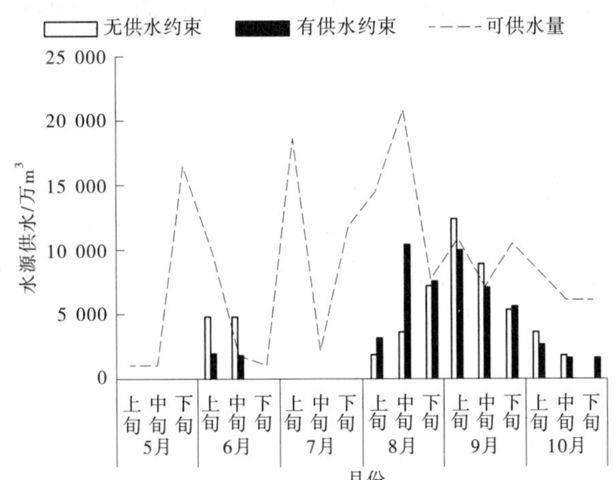

图 4-19 有无时段约束供水过程(90%降雨,2009 年可供水)

4.3.3 小结

本章针对是否存在时段供水约束条件,分别建立了 DP-DP 模型和 DP-PSO 模型,分析灌区不同稻别之间的最优水量分配。

不考虑时段供水约束时,本章采用 DP-DP 模型对非充分灌溉条件下赣抚平原灌区早、中、晚稻进行了多种作物间的最优水量分配。根据灌溉前各作物种植面积是否已定分为两种情形:①现有种植结构下有限水量在不同作物之间及作物生育期的优化;②在优化种植结构条件下,作物种植结构的优化、有限水量在不同作物之间及作物生育期的优化。结果表明:90%、75%和 50%水平年下,现有种植结构分别需要 36 300 万 m^3、29 220 万 m^3 和 24 030 万 m^3 的灌水量才能达到丰产,优化种植结构分别需要 36 720 万 m^3、29 403 万 m^3 和 24 660 万 m^3 的灌水量才能达到丰产,两种情况下的灌水量均要小于充分供水情况下的灌水量,且在灌水量相同情况下,优化种植结构后的经济效益比现有种植结构情况高 3.7%~5.3%。这表明水资源优化配置方案不仅可以确定不同供水条件下各作物的最优灌溉制度、各作物间的水量最优分配,还可以提示当前种植结构是否合理,还存在哪些问题,同时给出调整的方向,促进全灌区总效益的提高。

考虑时段供水约束时,采用 DP-PSO 的农业水资源优化配置模型,充分考虑了灌溉用水总量约束和时段可供水量约束,适用于水源可供水过程有约束条件下的农业水资源优化配置研究。对于多重约束问题,提出了一种提高收敛速度的初始化粒子群方法,并通过粒子速度的动态变化来保证每代粒子都满足约束。这些方法可以显著提高粒子群算法的收敛速度及精度。针对赣抚平原灌区,考虑灌区普遍存在的降雨和水源可供水量不同步现象,计算了三种降雨频率与不同年可供水组合情况的农业水资源优化配置方案,分析了有无时段供水约束下作物种植结构及水资源配置方案,结果表明有时段供水约束下的优化结果更符合引水灌区实际情况。

4.4　基于 PSO 算法的灌区水资源优化配置研究

4.4.1　灌区水资源优化配置模型构建

4.4.1.1　时段和用水户划分

时段按旬进行划分,一共 36 个时段,即 $i=36$;根据灌区用水资料,将灌区用水户划分为农业用水、工业用水、生活用水和环境用水,其中,农业用水细分为早、中、晚稻用水,旱作物用水和林、牧、渔业用水,即用水户个数 $j=7$。

4.4.1.2　决策变量

决策变量为各旬各用水户用水量 m_{ij}(万 m^3)和早、中、晚稻种植面积 A_k(万亩),$k=1,2,3$。

4.4.1.3　目标函数

(1)农业目标:对于水稻,以水稻产值最大为目标。

目标函数:

$$f_r = \max\sum_{k=1}^{3} F(m_{ik},A_k)\cdot A_k\cdot \mathrm{YM}_k\cdot \mathrm{PR}_k\quad (i=1,2,3\cdots,36) \tag{4-47}$$

式中　m_{ik}——第 i 旬第 k 种水稻供水量,万 m^3;

A_k——第 k 种水稻面积,万亩;

YM_k——丰产时第 k 种水稻产量,kg/亩;

PR_k——第 k 种水稻单价,元/kg(水稻产值的计算参照 4.3.1 节)。

对于旱作物和林牧渔业,由于灌区旱作物种类众多,且产量、单价不一,采用旱作物和林牧渔业缺水量最少作为目标。

目标函数:

$$f_d = \min\sum_{i=1}^{36} M_{i4} - m_{i4} \tag{4-48}$$

式中　M_{i4}——第 i 旬旱作物及林牧渔业需水量,万 m^3;

m_{i4}——第 i 旬旱作物及林牧渔业供水量。

(2)工业目标:以工业部门总产值最大为目标。

目标函数:

$$f_g = \max\sum_{i}^{36} (m_{i5})\cdot\alpha \tag{4-49}$$

式中　m_{i5}——第 i 旬工业供水量,万 m^3;

α——万元工业产值用水量,万元/m^3。

(3)生活目标:以生活供水缺水量最小为目标。

目标函数:

$$f_s = \min\sum_{i=1}^{36} M_{i6} - m_{i6} \tag{4-50}$$

式中　M_{i6}——第 i 旬生活需水量,万 m^3;

m_{i6}——第 i 旬生活供水量,万 m^3。

(4)环境目标:以环境缺水量最小作为环境目标。

目标函数:

$$f_h = \min \sum_{i=1}^{36} M_{i7} - m_{i7} \tag{4-51}$$

式中　M_{i7}——第 i 旬环境需水量,万 m^3;

m_{i7}——第 i 旬生活供水量,万 m^3。

4.4.1.4　约束条件

(1)总水量约束:总供水量应小于灌区允许供水总量。

$$\sum_{i=1}^{36} \sum_{j=1}^{7} m_{ij} \leqslant Q \tag{4-52}$$

式中　Q——灌区可供水总量,根据《江西省人民政府关于实行最严格水资源管理制度的实施意见》(赣府发〔2012〕29号),赣抚平原灌区从2015年起用水总量控制为 10.08×10^4 万 m^3,即 $Q=10.08\times10^4$ 万 m^3。

(2)时段供水约束:各时段供水量应小于时段可供水量。

$$\sum_{j=1}^{7} m_{ij} \leqslant Q_i \quad (i = 1,2,3,\cdots,36) \tag{4-53}$$

式中　Q_i——各旬可供水量,万 m^3。

(3)水稻灌溉面积约束:早、中、晚稻各自面积小于其最大可灌溉面积,由于早稻和中稻、中稻和晚稻生育期存在冲突,早稻和中稻灌溉面积要小于早稻最大可灌溉面积,中稻和晚稻灌溉面积要小于晚稻最大可灌溉面积。

$$\begin{gathered} a_k < A_k \\ a_1 + a_2 < A_1; a_2 + a_3 < A_3 \end{gathered} \tag{4-54}$$

式中　a_k——第 k 种作物灌溉面积,万亩;

A_k——第 k 种作物最大可灌溉面积($k=1,2,3$,分别代表早稻、中稻和晚稻,万亩)。

(4)需水量约束:对于旱作物及林牧渔业用水、工业用水、生活用水和环境用水,各时段实际供水量应小于各用水户需水量。

$$m_{ij} \leqslant M_{ij} \quad (i = 1,2,3,\cdots,36; j = 4,5,6,7)$$

(5)非负约束:各时段供水量即种植面积非负。

$$m_{ij} \geqslant 0; A_k \geqslant 0$$

4.4.2　灌区水资源优化配置模型求解

4.4.2.1　目标函数的标准化处理

灌区水资源系统是一个用水部门众多的大系统,在现代水资源优化配置思路中,除了获取最大的经济效益,还要将生态环境保护放在重要的位置,兼顾生活用水和工业用水,这就使得水资源优化配置转变成一个多目标优化的问题,各个目标之间往往相互矛盾,在协调各个配置目标时要遵循公平与高效的基本原则,实现水资源利用的可持续发展。

当水资源出现缺乏时,往往会出现农业、工业、生活、环境争水的局面,对于这种情况有以下几种方法:

(1)排序法:按目标的重要性进行排序,如先满足生活供水,其次是工业,然后是农业和环境,但当水量不足时,若对排序偏后的用水户完全不供水,则违背了公平的原则,对于本研究不合适。

(2)罚函数法:罚函数是指在求解最优化问题时,在原有目标函数中加上一个障碍函数,得到增广目标函数,从而将多目标问题转换为单目标问题。如在本研究中,将生活、工业、环境目标转化为罚函数,与农业目标构成一个新的目标函数,但在目标函数较多的问题中,难以确定罚函数的参数,且无法明确其他目标函数之间的关系。

(3)最优权重法:给各个目标赋予一定的权重大小,从而将多目标问题转换为单目标问题。对于权重的确定,通常有专家咨询法和基于层次分析法的线性权重法,前者受人的主观因素影响较大,后者通过人们的判断对各个目标的优劣进行排序,能够将各个目标中的定量和定性进行统一,具有较高的准确性和科学性。

因此,本研究选用最优权重法来解决以上问题。由于以上各个目标函数单位及数量级不尽相同,为了消除这种差异对于优化配置结果的影响,首先应当对目标函数进行标准化处理。

(1)农业标准化目标。

对于水稻:

$$f'_r = f_r / f_r^{\max} \tag{4-55}$$

对于旱作物和林牧渔业:

$$f'_d = f_d / \sum_{i=1}^{36} M_{i4} \tag{4-56}$$

(2)工业标准化目标。

$$f'_g = f_g / f_g^{\max} \tag{4-57}$$

(3)生活标准化目标。

$$f'_s = f_s / \sum_{i=1}^{36} M_{i6} \tag{4-58}$$

(4)环境标准化目标。

$$f'_h = f_h / \sum_{i=1}^{36} M_{i7} \tag{4-59}$$

式中　$f_r^{\max}$——充分供水情况下水稻的最大产值,元,参照4.2节确定;

$f_g^{\max}$——满足工业需水时的最大工业产值,万元。

各目标函数标准化以后,将以上目标综合为一个总目标:

$$\begin{aligned} G &= \max F(f'_r, f'_d, f'_g, f'_s, f'_h) \\ &= \varepsilon_r \cdot f'_r + \varepsilon_d \cdot f'_d + \varepsilon_g \cdot f'_g + \varepsilon_s \cdot f'_s + \varepsilon_h \cdot f'_h \end{aligned} \tag{4-60}$$

式中　G——总目标;

ε_r、ε_d、ε_g、ε_s、ε_h——各目标权重系数。

4.4.2.2　目标权重的确定

对于最优权重 ε_r、ε_d、ε_g、ε_s、ε_h 的求得,本书采用层次分析法。该方法是一种实用的

多准则决策方法,这种分析方法把一个复杂问题表示为有序的递阶层次结构,通过人们的判断对决策方案的优劣进行排序,它能将决策中的定性和定量因素进行统一处理,具有简洁和系统等优点,很适合在复杂系统中使用。

层次分析法的基本做法:将评价指标两两比较,并用1~9标度法表示(见表4-36),得到判断矩阵。记指标A_i对指标A_j的相对重要性为α_{ij}(见图4-20),则判断矩阵为$\boldsymbol{A}$。

表4-36　判断矩阵元素α_{ij}的标度方法

标值	含义
1	表示两个指标相比,具有同等重要性
3	表示两个指标相比,一个指标比另一个指标稍微重要
5	表示两个指标相比,一个指标比另一个指标明显重要
7	表示两个指标相比,一个指标比另一个指标强烈重要
9	表示两个指标相比,一个指标比另一个指标极端重要
2、4、6、8	上述两相邻判断的中值
倒数	因素i与j比较的判断α_{ij},则因素j与i比较的判断$\alpha_{ji}=1/\alpha_{ij}$

	A_1	A_2	$\cdots$	A_n
A_1	α_{11}	α_{12}	$\cdots$	α_{1n}
A_2	α_{21}	α_{22}	$\cdots$	α_{2n}
$\vdots$	$\vdots$	$\vdots$	$\vdots$	$\vdots$
A_n	α_{n1}	α_{n2}	$\cdots$	α_{nn}

$$\boldsymbol{A}=\begin{Bmatrix}\alpha_{11} & \alpha_{12} & \cdots & \alpha_{1n}\\ \alpha_{21} & \alpha_{22} & \cdots & \alpha_{2n}\\ \alpha_{31} & \alpha_{32} & \cdots & \alpha_{3n}\\ \alpha_{41} & \alpha_{42} & \cdots & \alpha_{4n}\end{Bmatrix}$$

图4-20　层次分析法重要性对比矩阵

其中,$A_i(i=1,2,\cdots,n)$表示第i个目标,各个目标权重可由式(4-54)计算:

$$\varepsilon_i=\frac{\sum_{j=1}^{n}a_{ij}}{\sum_{i=1}^{n}\sum_{j=1}^{n}a_{ij}}\quad(i,j=1,2,\cdots,n)\tag{4-61}$$

对于本次研究的5个目标,判断矩阵如图4-21所示。

	ε_r	ε_d	ε_g	ε_s	ε_h
ε_r	1	5	3	1/3	1/5
ε_d	1/5	1	1/3	1/7	1/9
ε_g	3	7	5	1	1/3
ε_s	5	9	7	3	1
ε_h	1/3	3	1	1/5	1/7

图4-21　目标函数判断矩阵

经计算,$\varepsilon_r=0.166\,3$,$\varepsilon_d=0.031\,1$,$\varepsilon_g=0.284\,9$,$\varepsilon_s=0.436\,2$,$\varepsilon_h=0.081\,5$。

4.4.2.3　模型运行流程

模型运行流程见图4-22。

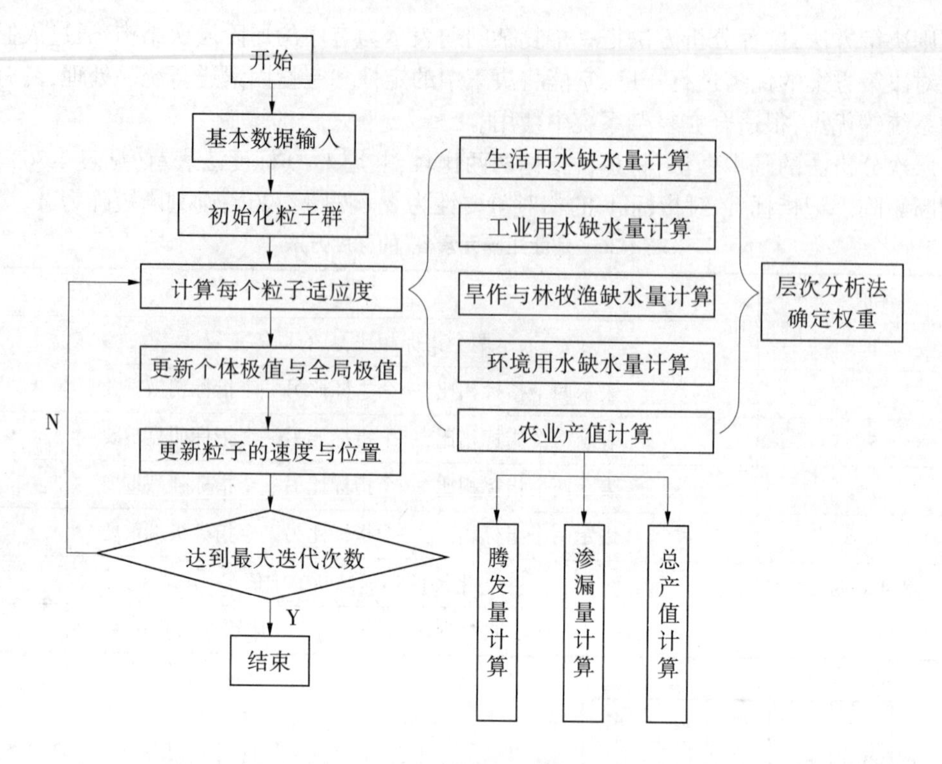

图 4-22　基于改进 PSO 算法的灌区水资源优化配置计算流程

4.4.3　灌区水资源优化配置结果

4.4.3.1　各用水户配置结果

根据 4.4.1 节及 4.4.2 节的模型及求解方法，带入有关数据对赣抚平原灌区不同规划水平年(现状、2020 年、2030 年)各用水户配水量进行优化配置计算，得到不同水平年各用水户用水配置优化结果，计算结果见表 4-37～表 4-39 和图 4-23。

表 4-37　现状年各用水户配水结果

单位：万 m^3

年份	环境用水	旱作物和林牧渔业用水	早稻用水	中稻用水	晚稻用水	水稻用水	工业用水	生活用水
1979	19 782	14 125	30 949	0	32 289	63 237	2 100	1 430
1980	16 208	18 073	24 858	0	37 605	62 463	2 100	1 430
1981	13 126	11 354	21 550	4 870	43 442	69 863	2 100	1 430
1982	19 801	18 184	20 006	0	37 605	57 611	2 100	1 430
1983	19 831	17 450	15 364	0	44 694	60 058	2 100	1 430

续表 4-37

年份	环境用水	旱作物和林牧渔业用水	早稻用水	中稻用水	晚稻用水	水稻用水	工业用水	生活用水
1984	22 847	11 019	23 275	0	37 605	60 880	2 100	1 430
1985	18 495	15 123	15 364	0	48 238	63 602	2 100	1 430
1986	19 372	14 989	23 275	0	39 377	62 653	2 100	1 430
1987	16 414	15 829	18 055	0	46 429	64 484	2 100	1 430
1988	22 000	12 056	7 453	0	55 327	62 779	2 100	1 430
1989	22 608	13 823	16 946	0	42 922	59 868	2 100	1 430
1990	19 862	18 062	18 528	0	37 605	56 134	2 100	1 430
1991	15 232	10 094	29 274	0	42 565	71 839	2 100	1 430
1992	16 914	13 419	7 453	0	58 871	66 323	2 100	1 430
1993	24 884	19 581	7 453	0	41 149	48 602	2 100	1 430
1994	17 648	14 431	39 098	0	21 656	60 754	2 100	1 430
1995	17 221	12 527	18 528	0	46 466	64 994	2 100	1 430
1996	15 439	11 674	35 934	0	32 289	68 222	2 100	1 430
1997	16 235	17 101	29 604	0	34 061	63 665	2 100	1 430
1998	24 996	19 235	12 199	0	39 377	51 577	2 100	1 430
1999	21 837	12 698	29 604	0	32 289	61 893	2 100	1 430
2000	20 293	15 893	15 353	5 253	39 854	60 460	2 100	1 430
2001	15 804	13 333	10 578	0	53 554	64 133	2 100	1 430
2002	15 157	15 668	18 528	0	46 466	64 994	2 100	1 430
2003	18 437	12 308	28 459	1 941	35 441	65 842	2 100	1 430
2004	18 570	15 964	18 528	0	41 149	59 678	2 100	1 430
2005	20 668	15 001	24 858	0	35 833	60 691	2 100	1 430
2006	20 432	16 158	10 617	0	46 466	57 083	2 100	1 430
2007	19 853	14 652	26 440	0	35 814	62 254	2 100	1 430
2008	18 616	14 070	16 946	0	46 466	63 412	2 100	1 430
2009	20 994	15 607	18 528	0	41 149	59 678	2 100	1 430
2010	22 128	16 014	28 022	0	30 516	58 539	2 100	1 430
2011	21 625	16 146	24 858	0	30 516	55 374	2 100	1 430
2012	19 645	13 269	29 604	0	34 061	63 665	2 100	1 430
2013	22 779	20 437	12 199	0	41 149	53 349	2 100	1 430
2014	16 324	11 559	26 440	0	42 922	69 361	2 100	1 430

表 4-38　2020 规划年各用水户配水结果

单位：万 m³

年份	环境用水	旱作物和林牧渔业用水	早稻用水	中稻用水	晚稻用水	水稻用水	工业用水	生活用水
1979	17 759	16 174	27 515	0	31 656	59 171	3 578	1 819
1980	22 970	17 004	26 044	0	28 362	54 406	3 578	1 819
1981	15 968	15 274	27 439	0	36 598	64 037	3 578	1 819
1982	23 119	19 402	7 408	6 203	38 397	52 008	3 578	1 819
1983	19 410	18 217	6 926	0	43 186	50 112	3 578	1 819
1984	20 405	17 707	15 750	0	41 539	57 289	3 578	1 819
1985	23 506	17 895	20 162	0	28 362	48 524	3 578	1 819
1986	19 372	14 989	21 632	0	36 598	58 230	3 578	1 819
1987	19 033	14 217	17 221	0	43 186	60 406	3 578	1 819
1988	25 944	20 900	17 221	0	30 009	47 230	3 578	1 819
1989	24 475	13 540	15 750	0	41 539	57 289	3 578	1 819
1990	22 720	16 247	23 103	0	31 656	54 759	3 578	1 819
1991	19 839	14 058	26 044	0	35 204	61 248	3 578	1 819
1992	17 888	15 715	17 221	0	43 186	60 406	3 578	1 819
1993	26 992	21 128	6 926	0	39 892	46 818	3 578	1 819
1994	21 779	16 108	17 221	0	39 892	57 112	3 578	1 819
1995	19 985	16 931	8 397	0	49 774	58 171	3 578	1 819
1996	20 035	12 681	31 926	0	30 009	61 936	3 578	1 819
1997	18 195	17 932	27 515	0	31 656	59 171	3 578	1 819
1998	22 517	16 408	11 338	0	44 833	56 171	3 578	1 819
1999	20 256	11 236	28 985	0	31 656	60 642	3 578	1 819
2000	22 589	20 050	26 044	0	26 715	52 759	3 578	1 819
2001	20 710	17 229	17 221	0	39 892	57 112	3 578	1 819
2002	19 226	13 996	20 162	0	41 539	61 701	3 578	1 819
2003	22 658	16 395	15 605	6 076	34 218	55 900	3 578	1 819
2004	20 226	16 266	20 162	0	36 598	56 759	3 578	1 819
2005	20 736	15 836	24 574	0	33 304	57 877	3 578	1 819
2006	22 556	19 548	9 868	0	43 186	53 054	3 578	1 819
2007	22 728	17 201	24 574	0	30 903	55 476	3 578	1 819

续表 4-38

年份	环境用水	旱作物和林牧渔业用水	早稻用水	中稻用水	晚稻用水	水稻用水	工业用水	生活用水
2008	19 311	16 913	15 741	0	43 186	58 927	3 578	1 819
2009	21 968	15 860	17 221	0	39 892	57 112	3 578	1 819
2010	24 241	19 309	20 162	0	31 656	51 818	3 578	1 819
2011	24 708	17 566	23 103	0	30 009	53 112	3 578	1 819
2012	25 192	15 336	27 515	0	26 715	54 230	3 578	1 819
2013	23 643	18 671	11 319	0	41 539	52 857	3 578	1 819
2014	17 308	14 747	20 162	0	43 186	63 348	3 578	1 819

表 4-39　2030 规划年各用水户配水结果　单位：万 m^3

年份	环境用水	旱作物和林牧渔业用水	早稻用水	中稻用水	晚稻用水	水稻用水	工业用水	生活用水
1979	27 020	15 442	6 423	0	44 627	51 050	4 715	2 566
1980	25 615	19 661	20 059	0	27 827	47 886	4 715	2 566
1981	22 045	15 959	24 150	0	30 881	55 031	4 715	2 566
1982	27 747	21 420	25 514	0	18 663	44 177	4 715	2 566
1983	22 709	19 805	7 786	0	43 100	50 886	4 715	2 566
1984	21 097	17 751	14 605	0	40 045	54 650	4 715	2 566
1985	24 933	17 904	14 605	0	35 463	50 068	4 715	2 566
1986	20 342	15 896	20 059	0	36 991	57 050	4 715	2 566
1987	21 241	15 506	15 968	0	40 045	56 013	4 715	2 566
1988	25 892	20 117	17 332	0	29 354	46 686	4 715	2 566
1989	24 585	15 484	11 877	0	41 572	53 450	4 715	2 566
1990	22 761	18 233	21 423	0	30 881	52 304	4 715	2 566
1991	18 572	12 913	25 514	0	36 128	61 642	4 715	2 566
1992	19 192	12 178	17 332	0	44 627	61 959	4 715	2 566
1993	25 573	16 674	6 423	0	44 349	50 772	4 715	2 566
1994	24 970	13 958	15 968	0	38 518	54 486	4 715	2 566
1995	19 139	14 529	10 514	0	49 209	59 722	4 715	2 566

续表 4-39

年份	环境用水	旱作物和林牧渔业用水	早稻用水	中稻用水	晚稻用水	水稻用水	工业用水	生活用水
1996	20 164	14 453	30 968	0	27 827	58 795	4 715	2 566
1997	21 046	17 599	25 514	0	29 354	54 868	4 715	2 566
1998	22 269	16 358	13 241	0	41 572	54 813	4 715	2 566
1999	19 871	17 451	14 605	0	41 572	56 177	4 715	2 566
2000	25 206	19 061	21 423	0	27 827	49 250	4 715	2 566
2001	24 913	19 315	9 150	0	40 045	49 195	4 715	2 566
2002	20 396	13 651	18 695	0	40 045	58 741	4 715	2 566
2003	19 265	18 630	20 059	0	35 463	55 522	4 715	2 566
2004	20 144	17 362	18 695	0	36 991	55 686	4 715	2 566
2005	21 028	15 824	24 150	0	32 409	56 559	4 715	2 566
2006	25 491	19 118	11 877	0	36 991	48 868	4 715	2 566
2007	24 362	15 714	25 514	0	27 827	53 341	4 715	2 566
2008	20 160	17 141	14 605	0	41 572	56 177	4 715	2 566
2009	23 446	15 580	15 968	0	38 518	54 486	4 715	2 566
2010	24 696	18 908	15 968	0	33 936	49 904	4 715	2 566
2011	25 909	17 766	18 695	0	30 881	49 577	4 715	2 566
2012	24 265	16 151	15 968	0	36 991	52 959	4 715	2 566
2013	22 613	20 349	10 514	0	40 045	50 559	4 715	2 566
2014	20 876	13 968	18 695	0	39 906	58 601	4 715	2 566

由于生活用水和工业用水在模型中权重系数较大，且两者需水量均较少，在模型运行时会优先满足生活用水和工业用水，现状年、2020 规划年和 2030 规划年生活和工业分配水量均达到所预测的需水量，即缺水量为 0。

现状年、2020 规划年、2030 规划年环境用水、旱作物和林牧渔业用水总量呈上升趋势，而水稻用水逐渐减少；多年平均环境配水量分别为 19 224 万 m^3、21 388 万 m^3 和 22 766 万 m^3，缺水率分别为 33.05%、25.51% 和 20.72%；旱作物和林牧渔业多年平均配水分别为 14 915 万 m^3、16 630 万 m^3、16 884 万 m^3，缺水率分别为 36.40%、26.43% 和 22.91%；大部分年份环境用水、旱作物和林牧渔业用水均出现了亏缺，在总水量不足的情况下，会将部分水量分配给水稻，以保证总体效益最大。

不同规划年水稻相对产值、种植面积和产值情况见表 4-40～表 4-42。由于水稻配水挤压了部分环境用水、旱作物和林牧渔业用水，大部分年水稻种植面积可以达到最优种植

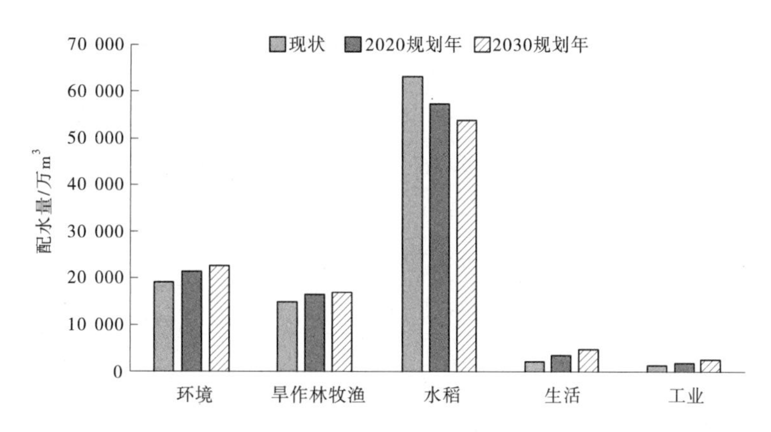

图 4-23　各用水户多年平均配水量优化结果

结构，即早稻 75 万亩、中稻 0 和晚稻 84 万亩，部分缺水年会种植一定的中稻或者减少早、晚稻种植面积，从而保证总体效益最大。现状年、2020 规划年和 2030 规划年下，未达到最优种植结构的年份分别为 5 年、4 年和 1 年，可见到 2030 年水稻种植面积基本可以达到最优种植结构。与现状情况相比，早、晚稻灌溉面积分别扩大 8.68 万亩和 9.71 万亩，复种指数从 2.055 提高到 2.18。

表 4-40　现状年水稻种植面积及产值

年份	相对产量			面积/万亩			产值/万元
	早稻	中稻	晚稻	早稻	中稻	晚稻	
1979	1		0.869	75	0	84	231 940
1980	0.993 2		1	75	0	84	250 183
1981	1	1	0.928 3	69	5	79	233 576
1982	0.981 1		0.981 5	75	0	84	246 220
1983	1		0.934 2	75	0	84	241 379
1984	1		0.954 7	75	0	84	244 347
1985	0.998 8		0.956 7	75	0	84	244 509
1986	1		0.860 1	75	0	84	230 651
1987	1		0.867 1	73	0	84	228 834
1988	1		0.987 1	75	0	84	249 037
1989	1		0.949 1	75	0	84	243 536
1990	1		0.968	75	0	84	246 272
1991	1		0.982 2	67	0	80	230 236
1992	0.996 6		0.973 3	75	0	84	246 678
1993	1		0.931 8	75	0	84	241 031

表 4-40

年份	相对产量			面积/万亩			产值/万元
	早稻	中稻	晚稻	早稻	中稻	晚稻	
1994	1		0.993 6	75	0	84	249 978
1995	1		0.996 1	75	0	84	250 340
1996	1		0.982 3	75	0	84	248 342
1997	1		0.986 3	75	0	84	248 921
1998	1		0.872 3	75	0	84	232 417
1999	1		0.978 8	75	0	84	247 836
2000	1	1	0.995 3	68	6	78	241 476
2001	0.992 2		0.993 1	75	0	84	249 078
2002	1		0.976 1	75	0	84	247 445
2003	1	0.993 6	0.963 7	72	3	75	232 144
2004	1		0.993 4	75	0	84	249 949
2005	1		0.968 9	75	0	84	246 402
2006	1		0.995 3	75	0	84	250 224
2007	0.997 4		0.973 4	75	0	80	240 067
2008	1		0.960 6	75	0	84	245 201
2009	0.979 9		0.870 8	75	0	84	230 067
2010	1		0.942 5	75	0	84	242 580
2011	1		0.980 4	75	0	84	248 067
2012	1		0.961 8	75	0	84	245 374
2013	1		0.925	75	0	84	240 047
2014	1		0.941 5	75	0	84	242 436

表 4-41　2020 规划年水稻种植面积及产值

年份	相对产量			面积/万亩			产值/万元
	早稻	中稻	晚稻	早稻	中稻	晚稻	
1979	1		0.912 8	75	0	84	238 281
1980	0.981 8		0.975 9	75	0	84	245 484
1981	1		0.893 3	71	0	84	229 797
1982	0.988 6	0.998 7	0.979 4	66	9	75	236 082
1983	1		0.946 5	75	0	84	243 159

续表 4-41

年份	相对产量			面积/万亩			产值/万元
	早稻	中稻	晚稻	早稻	中稻	晚稻	
1984	1		0.988 1	75	0	84	249 182
1985	1		0.983 2	75	0	84	248 472
1986	1		0.902 1	75	0	84	236 732
1987	1		1	75	0	84	250 905
1988	1		0.982 8	75	0	84	248 415
1989	1		0.967 2	75	0	84	246 156
1990	1		0.985 6	75	0	84	248 820
1991	0.997 5		0.978 2	75	0	74	230 624
1992	0.996 6		0.936 3	75	0	84	241 322
1993	1		0.938 9	75	0	84	242 059
1994	1		1	75	0	84	250 905
1995	1		0.984 9	75	0	84	248 719
1996	1		0.987 9	75	0	84	249 153
1997	1		0.988 8	75	0	84	249 283
1998	1		0.984 5	75	0	84	248 661
1999	1		0.988 7	75	0	84	249 269
2000	1		0.984 2	75	0	84	248 617
2001	1		0.908 1	75	0	84	237 600
2002	1		0.975 2	75	0	84	247 314
2003	1		0.958 5	75	0	84	244 897
2004	1		0.993 5	75	0	84	249 964
2005	1		0.972 5	75	0	84	246 923
2006	1		0.998 5	75	0	84	250 687
2007	0.988 8		0.963 3	75	0	82	241 082
2008	1		0.972 6	75	0	84	246 938
2009	0.981 4		0.891 1	75	0	84	233 165
2010	1		0.980 2	75	0	84	248 038
2011	0.987 9		0.996 9	75	0	84	249 172
2012	1		0.896 4	75	0	84	235 906
2013	1		0.945 6	75	0	84	243 029
2014	1		0.976	75	0	84	247 430

表 4-42　2030 规划年水稻种植面积及产值

年份	相对产量			面积/万亩			产值/万元
	早稻	中稻	晚稻	早稻	中稻	晚稻	
1979	1		0.986 6	75	0	84	248 965
1980	0.996 5		0.997 3	75	0	84	250 142
1981	1		0.905 2	75	0	84	237 180
1982	1		0.903 6	75	0	84	236 949
1983	1		0.955 2	75	0	84	244 419
1984	1		0.991 6	75	0	84	249 689
1985	1		0.998 1	75	0	84	250 630
1986	1		0.912 8	75	0	84	238 281
1987	1		1	75	0	84	250 905
1988	1		0.991 5	75	0	84	249 674
1989	1		0.999 8	75	0	84	250 876
1990	1		0.991 1	75	0	84	249 616
1991	0.998 6		0.985 6	75	0	74	231 685
1992	1		0.954 2	75	0	84	244 274
1993	1		0.957 6	75	0	84	244 766
1994	1		1	75	0	84	250 905
1995	1		0.995 6	75	0	84	250 268
1996	1		0.965 2	75	0	84	245 867
1997	1		0.992 3	75	0	84	249 790
1998	1		0.989 8	75	0	84	249 428
1999	1		0.988 9	75	0	84	249 298
2000	1		0.993 8	75	0	84	250 007
2001	1		0.952 4	75	0	84	244 014
2002	1		0.984 6	75	0	84	248 675
2003	1		0.988 5	75	0	84	249 240
2004	1		0.999 1	75	0	84	250 774
2005	1		0.985 6	75	0	84	248 820
2006	1		1	75	0	84	250 905
2007	0.998 5		0.971 6	75	0	84	246 634
2008	1		0.981 2	75	0	84	248 183

续表 4-42

年份	相对产量			面积/万亩			产值/万元
	早稻	中稻	晚稻	早稻	中稻	晚稻	
2009	0.980 5		0.948 1	75	0	84	241 321
2010	1		0.987	75	0	84	249 023
2011	0.998 4		1	75	0	84	250 735
2012	1		1	75	0	84	250 905
2013	1		0.961 7	75	0	84	245 360
2014	1		0.973	75	0	84	246 505

由于早稻生育期内降雨量丰富，仅需要较少的灌水量即可达到较高的相对产值，现状年、2020 规划年和 2030 规划年下多年平均相对产量分别为 0.998 3、0.997 9 和 0.999 2；对于晚稻，由于晚稻生育期内降雨及径流在年际间差异较大，现状年、2020 规划年和 2030 规划年下，晚稻相对产量分别在 0.860 1~1、0.891 1~1 和 0.903 6~1。通过对不同稻别水量和种植面积的优化配置，现状年、2020 规划年和 2030 规划年下，多年平均水稻总产值分别占丰产产值的 96.7%、97.4%和 98.4%。

综上所述，经过模型优化配置后，现状年、2020 规划年和 2030 规划年下，水稻多年平均总产值均在丰产产值的 96%以上，其他行业缺水量分别为 18 025 万 m^3、13 300 万 m^3 和 10 965 万 m^3，对比灌区现供需情况，缺水情况得到极大缓解。

4.4.3.2　灌区各旬配置结果

灌区现状年及规划年各旬配水结果见图 4-24 和表 4-43~表 4-45。灌区配水两个峰值出现在 4 月下旬和 7 月下旬，现状年、2020 规划年和 2030 规划年下，多年平均配水量分别为 7 509 万 m^3、7 192 万 m^3、6 838 万 m^3 和 9 551 万 m^3、9 264 万 m^3、8 696 万 m^3，此时正

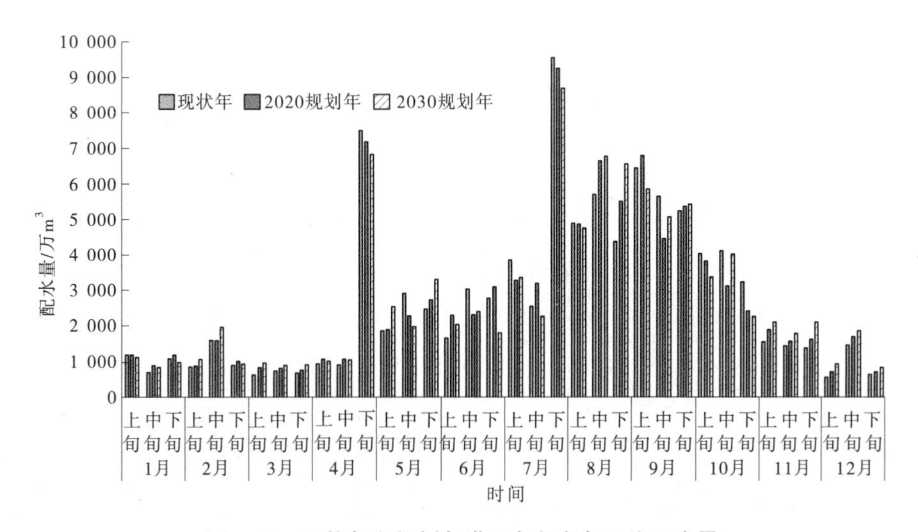

图 4-24　现状年和规划年灌区各旬多年平均配水量

值早稻和晚稻泡田期,需水量较大;此外由于抚河在晚稻生育期径流量较小,导致某些年份环境或者旱作物缺水严重。因此,减小泡田定额,不仅可以减少水稻需水,缓解季节性缺水,还可以将多余水量用于非水稻行业,提高灌区总体效益。

除两个峰值外,配水高峰时段为 8—9 月,晚稻生育期降雨量较少,天气炎热,该时期配水量大多为晚稻灌溉用水。对于非水稻灌溉期,配水量较为平稳;随着灌溉水利用系数的提高,非水稻灌溉期配水量逐步增加,到 2030 年各旬缺水量显著减少。

表 4-43 现状年灌区各旬配水量

时间		配水量/万 m^3											
		1979 年	1980 年	1981 年	1982 年	1983 年	1984 年	1985 年	1986 年	1987 年	1988 年	1989 年	1990 年
1 月	上旬	1 467	1 248	452	1 395	931	1 535	1 248	1 451	611	1 478	600	1 535
	中旬	966	863	619	1 150	742	224	654	622	98	98	407	98
	下旬	912	1 535	374	1 504	1 413	856	1 264	1 169	1 162	385	1 248	1 535
2 月	上旬	1 113	1 219	963	358	1 219	1 156	1 014	805	1 153	959	959	1 219
	中旬	98	1 753	998	2 570	2 614	959	2 424	2 152	2 409	98	163	98
	下旬	1 154	1 219	456	1 219	1 219	1 219	995	966	802	98	1 192	358
3 月	上旬	687	358	431	373	835	358	98	729	557	1 028	1 022	1 028
	中旬	921	358	460	768	1 028	531	192	663	98	866	815	768
	下旬	864	389	517	287	1 028	1 028	98	834	358	1 028	611	1 028
4 月	上旬	1 245	627	1 047	570	1 249	989	630	1 152	620	1 123	1 247	1 249
	中旬	1 247	367	743	1 248	1 249	791	367	755	1 074	1 249	625	367
	下旬	7 220	7 895	6 827	7 440	7 635	7 592	7 635	7 850	7 458	7 895	7 623	7 895
5 月	上旬	421	1 076	5 210	948	1 068	992	585	5 616	889	1 076	816	816
	中旬	1 074	816	3 481	131	1 002	1 012	5 823	2 503	2 309	1 076	1 006	358
	下旬	12 019	11 434	474	1 076	947	1 076	357	2 322	743	843	1 076	1 076
6 月	上旬	917	768	3 554	1 028	231	5 775	3 799	2 155	249	614	939	1 028
	中旬	967	768	3 606	2 530	768	12 104	471	2 486	9 609	736	1 028	12 104
	下旬	772	768	1 222	879	1 028	358	1 028	496	878	1 028	819	768
7 月	上旬	12 663	7 618	2 728	12 692	10 351	1 289	2 439	5 416	837	1 289	4 022	2 439
	中旬	3 319	1 781	1 221	1 015	1 015	523	1 418	2 753	1 244	1 289	9 693	1 781
	下旬	9 946	10 414	9 441	8 766	8 770	9 559	9 991	10 078	10 407	10 299	8 498	9 264
8 月	上旬	1 559	1 559	5 734	6 693	772	1 086	413	10 057	13 580	1 559	4 887	458
	中旬	2 674	8 288	12 459	14 777	5 945	651	12 503	4 983	13 626	10 060	1 914	2 674
	下旬	1 415	1 559	6 765	1 214	9 319	1 559	1 199	1 047	359	1 199	3 331	12 863

续表 4-43

时间		配水量/万 m³											
		1979 年	1980 年	1981 年	1982 年	1983 年	1984 年	1985 年	1986 年	1987 年	1988 年	1989 年	1990 年
9 月	上旬	5 781	11 881	3 813	1 843	2 444	1 697	14 849	7 810	2 235	14 843	11 305	2 444
	中旬	1 101	1 978	1 631	12 265	12 597	13 984	1 511	4 722	12 743	1 294	1 740	5 522
	下旬	11 051	10 731	8 210	2 444	8 956	4 259	2 444	1 248	1 334	13 702	11 305	2 444
10 月	上旬	1 227	1 459	1 389	358	358	13 748	8 185	4 230	1 424	13 864	2124	358
	中旬	9 131	1 155	2 225	2 545	5 349	2 527	9 420	4 748	1 961	1 450	472	2 545
	下旬	559	358	5 264	1 436	1 459	1 459	1 447	700	1 426	1 388	10 320	13 864
11 月	上旬	1 199	2 349	951	2 239	1 284	1 946	251	1 801	2 349	1 199	2 349	1 248
	中旬	1 013	1 964	534	1 964	98	1 964	1 964	1 941	1 681	1 199	1 142	1 199
	下旬	276	1 248	1 244	1 248	2 166	1 808	2 349	1 878	1 335	920	1 144	1 248
12 月	上旬	700	358	806	739	837	506	98	544	419	98	757	837
	中旬	2 231	1 753	1 730	577	2 127	577	847	1 079	1 753	2 232	1 792	2 232
	下旬	765	358	291	837	814	577	739	780	464	801	837	837

时间		配水量/万 m³											
		1991 年	1992 年	1993 年	1994 年	1995 年	1996 年	1997 年	1998 年	1999 年	2000 年	2001 年	2002 年
1 月	上旬	1 313	326	1 535	1 535	385	622	1 248	1 527	1 535	1 019	1 450	1 535
	中旬	824	343	385	1 138	385	382	1 128	769	385	733	1 019	1 150
	下旬	547	497	1 402	1 248	1 535	1 419	98	1 411	1 535	1 277	1 535	1 248
2 月	上旬	616	1 219	358	1 204	358	343	826	1 165	1 105	1 205	290	358
	中旬	1 043	98	2 614	2 614	959	2 456	1 175	2 614	959	1 419	959	1 753
	下旬	587	959	1 219	959	358	994	1 219	387	358	136	271	959
3 月	上旬	554	621	1 028	358	768	582	344	850	1 028	98	1 014	358
	中旬	823	770	1 028	358	768	671	940	1 028	1 028	933	1 015	1 028
	下旬	542	1 028	358	98	768	765	173	1 028	98	808	971	768
4 月	上旬	519	1 194	1 249	614	367	627	814	786	627	1 070	1 030	1 249
	中旬	578	627	1 249	1 249	1 249	1 209	617	1 233	1 249	958	1 210	627
	下旬	6 648	7 895	7 895	7 144	7 635	7 397	7 319	7 700	7 895	7 244	7 565	7 635
5 月	上旬	276	471	1 076	10 310	1 076	280	11 174	1 076	816	226	857	760
	中旬	2 346	1 076	1 076	11 434	12 085	7 145	11 174	2 644	1 076	1 892	987	1 076
	下旬	4 733	569	1 076	816	816	507	816	758	816	984	573	816

续表 4-43

时间		配水量/万 m^3											
		1991 年	1992 年	1993 年	1994 年	1995 年	1996 年	1997 年	1998 年	1999 年	2000 年	2001 年	2002 年
6 月	上旬	3 443	519	358	11 244	768	507	402	3 862	931	5 312	292	358
	中旬	6 097	1 028	358	1 028	1 028	12 033	768	1 028	12 104	183	911	1 028
	下旬	5 968	358	966	711	768	9 644	358	1 021	1 028	2 904	852	11 174
7 月	上旬	4 435	901	2 439	2 258	2 439	3 150	1 738	2 426	2 439	4 402	4 442	2 131
	中旬	1 221	1 015	1 289	1 015	947	1 573	1 304	1 716	11 599	1 145	1 626	1 344
	下旬	8 718	9 264	9 648	8 967	9 787	9 620	10 347	9 661	9 264	9 771	8 783	9 648
8 月	上旬	6 074	6 281	13 964	13 964	98	458	1 553	12 088	11 751	7 779	570	12 863
	中旬	9 580	11 065	9 763	2 674	5 774	6 218	2 630	2 589	2 674	2 806	1 573	98
	下旬	2 851	12 192	1 559	1 559	12 863	1 423	12 675	1 304	1 559	7 530	13 964	458
9 月	上旬	2 921	1 510	2 444	1 248	98	8 184	12 769	1 294	1 294	7 499	98	14 849
	中旬	7 432	13 558	13 699	1 294	9 643	1 982	1 892	5 226	14 383	2 200	12 762	1 978
	下旬	2 856	13 077	1 294	1 294	1 294	853	1 248	1 272	2 444	4 922	3 642	98
10 月	上旬	4 677	358	1 459	1 030	13 864	3 902	1 212	4 842	358	8 321	3 223	98
	中旬	3 054	4 317	2 545	2 474	2 260	5 341	1 454	14 942	98	5 828	6 391	1 199
	下旬	4 558	98	1 459	98	402	3 642	1 454	1 330	1 337	1 953	9 850	13 604
11 月	上旬	620	1 248	2 349	751	1 199	1 179	2 349	1 631	2 349	2 349	2 259	1 199
	中旬	1 457	1 964	1 199	1 964	98	1 776	1 778	1 964	1 964	1 546	1 266	1 964
	下旬	803	2 055	2 349	405	2 042	379	2 349	2 349	98	538	299	1 248
12 月	上旬	605	589	837	577	577	310	468	837	837	590	664	98
	中旬	1 210	518	2 232	98	2 232	577	1 879	2 232	98	1 856	1 747	1 753
	下旬	166	577	837	629	577	713	837	745	837	740	837	837

时间		配水量/万 m^3											
		2003 年	2004 年	2005 年	2006 年	2007 年	2008 年	2009 年	2010 年	2011 年	2012 年	2013 年	2014 年
1 月	上旬	142	1 401	1 517	1 535	1 275	1 307	1 535	385	1 311	1 432	1 495	1 248
	中旬	790	683	1 150	385	337	1 110	776	1 150	414	1 150	1 083	902
	下旬	1 192	1 535	725	385	846	344	98	1 535	1 489	1 464	1 250	1 452
2 月	上旬	686	1 101	1 219	1 219	1 030	148	1 219	794	358	959	862	172
	中旬	2 060	1 637	2 614	1 743	1 749	2 556	1 779	1 783	1 431	959	2 614	1 926
	下旬	839	358	985	1 219	1 219	1 152	1 219	1 219	1 219	1 125	1 131	950

续表 4-43

时间		配水量/万 m³											
		2003 年	2004 年	2005 年	2006 年	2007 年	2008 年	2009 年	2010 年	2011 年	2012 年	2013 年	2014 年
3 月	上旬	900	98	349	796	597	1 017	768	500	98	768	956	1 028
	中旬	896	768	936	358	1 028	1 028	768	1 028	768	711	454	345
	下旬	882	768	842	1 028	581	1 028	823	1 028	264	358	827	851
4 月	上旬	1 121	1 052	823	627	1 053	1 216	956	989	1 249	1 121	1 141	647
	中旬	542	1 249	1 249	1 247	1 016	443	989	989	1 249	627	627	517
	下旬	6 785	7 217	7 400	7 273	7 314	7 635	7 273	7 895	7 635	7 833	7 757	7 364
5 月	上旬	3 971	6 995	480	1 076	294	877	1 076	1 076	1 076	1 037	1 076	238
	中旬	3 687	1 076	6 687	1 076	2 428	899	358	1 076	358	11 852	525	734
	下旬	991	5 105	748	4 241	8 783	277	896	1 076	7 405	11 174	1 076	857
6 月	上旬	1 993	1 028	1 028	1 028	815	472	768	1 028	768	1 028	477	708
	中旬	2 266	1 028	922	1 028	3 523	732	98	98	358	1 011	5 535	8 099
	下旬	7 169	768	12 049	768	5 681	768	12 083	12 104	358	1 028	1 028	724
7 月	上旬	1 460	1 936	683	2 439	2 829	523	1 289	2 439	11 599	1 916	1 816	12 797
	中旬	7 286	1 289	1 781	1 289	959	10 717	1 158	10 017	1 757	990	1 210	1 064
	下旬	7 906	9 505	9 427	10 414	9 254	9 920	9 648	10 414	10 414	9 016	10 414	8 575
8 月	上旬	1 287	5 700	9 948	1 559	3 247	2 264	1 559	4 743	458	5 415	1 559	2 447
	中旬	6 922	2 069	4 446	2 674	5 487	2 415	2 674	2 674	2 674	2 674	7 991	14 228
	下旬	3 181	6 349	1 559	458	98	3 134	13 604	1 559	1 199	458	13 964	643
9 月	上旬	6 163	98	4 847	13 653	8 191	14 849	9 462	8 976	12 846	1 647	2 232	13 699
	中旬	6 558	9 067	1 677	1 294	7 037	1 859	920	1 978	1 622	8 383	1 113	4 838
	下旬	6 672	1 248	14 103	13 145	5 750	1 294	6 611	11 305	9 533	2 444	1 627	2 444
10 月	上旬	4 208	6 060	722	340	2 974	12 645	8 288	1 459	1 459	1 430	12 077	1 315
	中旬	1 047	4 814	1 162	2 545	7 608	10 305	2 545	139	1 299	13 604	5 402	4 931
	下旬	4 217	6 535	424	13 864	329	1 459	1 445	1 301	4 919	1 200	1 357	159
11 月	上旬	2 162	2 349	1 739	1 248	1 248	1 151	1 248	1 199	1 842	98	2 349	929
	中旬	542	1 964	98	1 964	1 483	863	1 964	1 964	1 423	1 911	1 188	1 887
	下旬	1 129	1 832	2 320	1 248	1 465	2 064	2 168	1 248	2 146	100	1 974	472
12 月	上旬	668	330	561	837	577	653	434	513	606	187	837	837
	中旬	1 463	2 232	2 090	577	1 598	219	577	1 920	2 232	2 232	2 232	577
	下旬	332	498	577	621	585	283	732	608	837	766	837	167

表 4-44　2020 规划年灌区各旬配水量

时间		配水量/万 m^3											
		1979 年	1980 年	1981 年	1982 年	1983 年	1984 年	1985 年	1986 年	1987 年	1988 年	1989 年	1990 年
1月	上旬	437	1 487	462	1 404	1 242	437	1 529	1 503	1 453	1 475	652	1 529
	中旬	1 171	1 148	1 171	1 146	1 171	740	1 027	674	437	1 171	459	437
	下旬	1 242	649	1 087	1 307	1 466	1 494	317	1 221	1 130	1 475	1 300	1 529
2月	上旬	1 011	1 276	723	332	1 276	824	1 206	857	323	702	1 011	1 276
	中旬	1 711	2 083	2 444	2 572	1 711	1 711	2 103	2 204	150	2 572	215	150
	下旬	1 011	339	1 274	1 011	415	1 276	1 276	1 018	1 094	1 051	1 244	150
3月	上旬	357	1 085	418	1 085	820	1 001	995	960	340	1 085	1 074	820
	中旬	1 085	399	820	1 085	415	1 085	632	870	1 085	415	867	1 085
	下旬	1 085	429	172	656	1 085	415	820	886	953	422	663	820
4月	上旬	665	1 235	1 000	635	1 254	1 287	1 287	1 185	1 022	1 287	1 280	1 287
	中旬	1 022	1 180	1 107	1 257	1 171	1 287	1 022	788	1 022	1 128	658	1 287
	下旬	7 463	7 309	6 524	6 706	7 463	7 463	7 463	7 413	7 463	7 180	7 186	7 198
5月	上旬	868	926	965	718	415	4 827	1 133	5 333	265	1 133	868	11 162
	中旬	150	997	150	1 133	415	963	959	2 444	415	1 133	1 058	7 015
	下旬	708	636	10 878	2 430	415	1 109	1 886	2 263	915	1 131	2 599	415
6月	上旬	10 709	2 060	1 085	1 135	415	616	431	2 096	879	877	991	415
	中旬	10 661	3 668	150	870	928	5 497	11 114	2 427	150	1 085	1 080	820
	下旬	415	2 535	10 368	1 872	1 085	966	1 085	548	11 379	11 379	871	1 085
7月	上旬	2 024	5 191	3 001	2 145	2 403	2 279	3 690	5 214	2 403	2 393	9 814	2 403
	中旬	1 026	11 569	1 272	2 434	1 772	1 311	1 792	2 663	1 311	1 029	1 803	1 026
	下旬	9 049	9 239	8 925	9 212	9 815	9 396	9 049	9 537	9 653	9 815	8 723	9 815
8月	上旬	1 251	11 236	12 036	2 391	1 608	1 608	4 902	9 483	12 552	13 137	4 689	1 608
	中旬	1 147	1 763	10 879	2 823	12 614	13 593	2 644	4 785	13 977	2 644	1 966	12 780
	下旬	12 036	1 608	296	11 502	1 303	13 137	9 843	1 099	11 922	1 354	4 905	8 196
9月	上旬	8 922	2 004	5 732	2 122	13 967	1 899	7 379	7 361	1 346	2 438	10 731	2 438
	中旬	2 005	11 867	2 399	6 334	2 005	627	3 004	6 171	809	1 996	1 792	1 276
	下旬	809	2 130	2 867	13 889	13 320	1 242	6 287	1 300	1 346	12 319	10 731	7 379
10月	上旬	5 990	1 464	1 848	1 516	150	11 398	2 242	3 589	1 295	1 516	2 051	1 516
	中旬	2 354	2 110	1 180	2 332	1 893	1 758	2 525	4 168	2 479	2 497	1 522	1 424
	下旬	1 329	1 177	1 269	7 374	1 516	1 516	1 012	1 331	1 030	1 368	9 746	1 516

续表 4-44

时间		配水量/万 m³											
		1979 年	1980 年	1981 年	1982 年	1983 年	1984 年	1985 年	1986 年	1987 年	1988 年	1989 年	1990 年
11 月	上旬	2 343	1 573	1 242	1 778	1 857	2 343	2 343	1 853	1 251	1 984	2 401	2 343
	中旬	1 598	1 667	1 895	1 365	1 985	1 045	1 666	1 993	1 985	1 985	1 194	1 708
	下旬	1 731	2 241	1 833	1 681	1 251	1 251	2 270	1 930	1 242	2 318	1 196	1 251
12 月	上旬	629	894	630	770	894	793	415	596	894	894	629	894
	中旬	2 073	2 190	1 711	2 190	993	1 711	2 023	2 153	2 190	2 190	1 844	2 177
	下旬	415	415	865	713	629	894	894	832	894	894	889	894

时间		配水量/万 m³											
		1991 年	1992 年	1993 年	1994 年	1995 年	1996 年	1997 年	1998 年	1999 年	2000 年	2001 年	2002 年
1 月	上旬	1 529	1 096	437	437	1 520	1 351	1 529	1 529	437	1 529	1 529	308
	中旬	646	437	884	437	1 163	437	1 003	975	214	884	1 171	1 086
	下旬	1 331	1 242	1 529	1 267	1 529	551	1 529	437	548	1 242	1 529	811
2 月	上旬	1 276	150	1 276	1 011	538	415	936	171	1 266	1 276	1 268	525
	中旬	150	1 711	2 572	1 011	2 572	1 711	150	1 011	1 897	1 711	1 711	1 011
	下旬	1 011	1 276	1 011	1 036	1 011	1 014	792	420	1 225	1 276	1 044	1 231
3 月	上旬	944	1 085	1 085	1 085	1 085	829	1 085	735	583	951	560	422
	中旬	388	415	1 085	1 085	415	344	1 085	1 059	1 030	1 085	820	843
	下旬	1 085	517	820	830	932	1 085	1 085	604	774	415	874	820
4 月	上旬	951	1 022	1 287	1 113	990	682	570	1 163	1 293	1 287	1 236	1 225
	中旬	1 234	1 287	1 287	1 022	1 287	826	1 287	665	712	1 287	1 287	1 287
	下旬	6 841	6 824	7 463	7 463	7 398	6 876	7 194	6 841	7 400	7 057	7 463	7 012
5 月	上旬	958	868	1 133	868	423	250	415	1 133	1 055	415	1 133	1 884
	中旬	9 691	1 133	868	1 133	868	868	1 133	2 216	9 597	933	415	1 080
	下旬	415	868	1 133	11 162	1 133	9 956	960	1 107	1 727	2 567	1 112	6 297
6 月	上旬	815	1 085	1 085	1 005	410	6 956	1 085	3 356	1 082	11 379	1 085	2 554
	中旬	1 085	415	1 085	440	1 085	820	820	1 085	898	2 441	11 379	415
	下旬	11 379	820	1 085	415	1 085	1 085	6 702	424	9 906	6 760	415	919
7 月	上旬	993	12 695	2 403	1 637	3 874	1 311	10 609	2 403	3 642	1 941	1 026	1 637
	中旬	643	1 214	1 876	1 632	1 311	11 738	7 448	1 792	3 241	545	945	6 169
	下旬	7 040	9 049	9 288	9 049	9 799	8 551	9 815	9 815	8 723	9 815	9 815	8 628

续表 4-44

时间		配水量/万 m³											
		1991 年	1992 年	1993 年	1994 年	1995 年	1996 年	1997 年	1998 年	1999 年	2000 年	2001 年	2002 年
8 月	上旬	7 144	507	2 352	13 137	13 137	506	1 160	6 192	1 049	1 350	1 251	9 696
	中旬	12 819	2 644	13 881	1 251	7 387	2 225	2 644	14 173	1 585	5 938	14 173	5 938
	下旬	1 279	13 137	1 608	1 608	150	2 225	1 608	1 608	1 586	1 601	13 137	1 251
9 月	上旬	2 438	12 450	14 071	2 343	13 962	2 438	10 015	2 438	12 270	13 967	9 589	8 515
	中旬	3 458	1 396	2 542	13 439	150	11 742	12 071	12 875	1 784	2 005	2 005	568
	下旬	150	2 425	10 673	2 343	1 242	1 617	5 631	10 153	540	1 077	1 346	1 346
10 月	上旬	1 251	11 679	1 516	1 516	12 780	9 406	427	1 251	10 958	2 505	1 516	3 903
	中旬	2 525	2 525	2 525	10 760	2 418	2 180	1 424	1 251	2 254	2 438	2 525	8 652
	下旬	11 691	1 274	2 451	1 516	3 163	4 465	1 507	1 039	2 898	3 133	415	5 558
11 月	上旬	2 343	1 242	2 343	1 242	1 384	1 898	1 976	2 343	1 645	2 343	1 559	1 839
	中旬	1 251	884	2 351	884	1 251	1 251	1 800	1 985	1 919	2 151	884	1 833
	下旬	357	1 883	2 351	1 242	227	1 383	247	2 343	272	2 343	2 343	1 254
12 月	上旬	647	894	415	894	411	331	629	818	894	894	894	894
	中旬	1 961	629	150	2 190	1 711	447	1 711	2 190	2 003	1 711	580	2 089
	下旬	826	629	415	894	684	279	615	894	668	545	415	821

时间		配水量/万 m³											
		2003 年	2004 年	2005 年	2006 年	2007 年	2008 年	2009 年	2010 年	2011 年	2012 年	2013 年	2014 年
1 月	上旬	1 496	1 529	1 529	1 172	1 529	1 255	437	1 529	1 483	1 529	1 547	758
	中旬	1 059	963	1 310	1 171	454	437	1 171	884	1 171	1 171	1 135	1 055
	下旬	1 419	1 242	1 461	1 529	1 329	1 365	1 242	795	1 529	437	1 302	1 009
2 月	上旬	1 270	521	298	1 276	1 042	405	1 276	750	427	1 073	914	1 216
	中旬	2 464	733	165	1 735	1 518	1 011	150	2 572	2 530	2 572	2 666	2 413
	下旬	1 224	1 275	328	1 226	1 272	1 019	415	1 011	1 251	1 276	1 183	1 236
3 月	上旬	697	150	910	1 068	891	967	1 085	557	1 085	820	1 008	725
	中旬	517	1 085	831	1 085	1 085	415	820	1 085	820	825	506	886
	下旬	894	616	620	1 085	415	415	1 085	434	1 085	966	879	590
4 月	上旬	970	665	1 131	1 287	1 257	1 287	1 022	586	665	1 272	1 174	838
	中旬	347	712	770	1 285	1 022	1 245	1 287	522	1 234	1 073	1 282	1 156
	下旬	5 904	7 442	7 336	7 463	7 374	7 119	7 462	6 841	7 463	7 463	7 320	7 047

续表 4-44

时间		配水量/万 m^3											
		2003 年	2004 年	2005 年	2006 年	2007 年	2008 年	2009 年	2010 年	2011 年	2012 年	2013 年	2014 年
5 月	上旬	1 031	1 069	611	1 133	192	5 468	1 116	1 133	1 094	11 162	1 128	3 898
	中旬	328	965	4 074	1 133	7 015	193	11 427	5 545	1 133	1 109	577	1 771
	下旬	1 094	909	971	3 631	11 217	415	868	1 133	1 133	9 956	1 128	2 320
6 月	上旬	1 032	9 908	3 454	1 085	789	387	820	6 967	987	1 064	529	2 070
	中旬	996	5 497	1 085	1 085	820	1 085	404	4 026	498	1 082	5 252	1 085
	下旬	5 917	1 085	6 374	415	1 085	508	820	1 085	4 635	2 554	1 080	935
7 月	上旬	2 200	1 311	1 313	2 403	3 864	2 403	2 403	2 300	2 782	1 489	1 838	6 815
	中旬	8 070	1 792	7 609	1 742	1 783	5 721	1 792	1 792	11 683	1 031	1 232	2 248
	下旬	8 169	9 554	9 479	7 966	9 629	9 810	9 049	9 808	9 560	9 815	9 873	9 170
8 月	上旬	4 489	507	2 716	1 608	1 608	6 540	13 137	6 197	920	1 608	1 611	357
	中旬	4 318	2 644	1 336	2 442	13 891	14 050	2 644	2 644	7 839	12 898	7 667	957
	下旬	7 935	12 044	9 499	507	4 824	11 106	507	912	10 390	2 844	12 039	7 686
9 月	上旬	7 778	750	11 237	13 967	150	9 026	10 673	2 438	5 108	2 245	2 284	8 265
	中旬	5 891	10 240	3 644	2 005	1 880	2 005	1 346	8 593	2 005	1 424	4 459	12 636
	下旬	5 216	9 581	3 962	12 875	10 347	2 438	13 967	2 438	3 258	7 379	1 251	7 934
10 月	上旬	1 457	1 516	3 163	1 251	538	1 259	1 516	13 833	1 611	1 251	11 378	4 802
	中旬	5 088	2 197	972	14 008	2 525	3 320	1 424	2 525	4 172	1 251	5 204	2 357
	下旬	3 240	1 516	2 318	1 516	1 318	676	1 516	1 516	1 516	1 251	1 409	257
11 月	上旬	2 150	2 343	2 343	2 051	1 157	1 251	1 251	2 229	2 343	1 392	2 401	1 791
	中旬	1 251	1 985	1 985	1 985	1 251	1 157	150	1 895	1 985	1 985	1 240	1 401
	下旬	1 251	1 242	1 958	1 282	2 343	2 343	2 343	2 304	1 934	2 343	2 026	529
12 月	上旬	879	618	804	470	744	246	894	629	894	407	889	656
	中旬	1 502	1 814	1 357	1 719	2 017	2 036	2 190	629	1 668	1 877	2 284	1 181
	下旬	809	629	894	894	629	167	629	629	894	262	889	752

表 4-45　2030 规划年灌区各旬配水量

时间		配水量/万 m^3											
		1979 年	1980 年	1981 年	1982 年	1983 年	1984 年	1985 年	1986 年	1987 年	1988 年	1989 年	1990 年
1 月	上旬	1 527	416	1 499	1 240	1 527	202	1 527	1 161	1 071	1 527	1 527	1 527
	中旬	202	465	1 061	982	1 187	909	1 177	1 010	543	1 127	1 173	407
	下旬	202	1 156	266	489	1 128	1 527	738	622	1 417	1 527	1 094	473
2 月	上旬	1 334	1 063	1 334	1 334	1 334	1 086	1 334	1 120	1 063	1 334	970	1 196
	中旬	1 921	2 457	359	2 537	1 998	1 676	2 337	2 056	1 063	2 537	2 454	2 537
	下旬	1 012	473	1 142	1 334	1 003	1 334	1 176	480	1 334	1 334	346	870
3 月	上旬	1 143	1 143	473	1 143	1 143	1 121	936	822	1 143	1 143	765	202
	中旬	1 143	1 128	1 143	1 143	1 036	872	1 143	965	872	1 143	1 094	370
	下旬	1 143	1 143	1 048	1 143	1 041	888	952	576	872	1 143	1 094	872
4 月	上旬	1 327	1 271	578	1 327	1 029	1 056	930	914	705	1 327	1 327	1 327
	中旬	1 327	688	1 327	1 011	1 327	434	1 327	1 327	759	1 327	1 326	705
	下旬	7 053	7 054	6 635	7 054	6 893	6 783	6 927	6 984	7 054	7 054	6 897	7 054
5 月	上旬	980	3 919	336	1 191	1 191	5 084	1 135	6 413	1 191	3 919	1 169	10 019
	中旬	1 191	1 191	6 542	1 191	742	454	1 191	2 517	202	3 919	540	3 919
	下旬	472	1 191	9 369	10 737	1 179	622	3 505	2 170	1 191	1 191	1 165	1 191
6 月	上旬	872	1 143	3 375	1 143	897	1 143	638	2 289	1 143	5 234	2 292	3 871
	中旬	872	5 149	2 507	10 689	2 462	1 143	5 156	774	447	1 143	1 813	1 143
	下旬	1 143	7 291	1 061	1 143	799	1 143	1 086	1 003	1 143	2 278	1 087	884
7 月	上旬	1 505	2 373	2 267	2 373	2 373	2 373	1 761	5 444	11 918	1 213	5 055	1 335
	中旬	1 335	1 684	1 687	2 373	1 330	5 132	3 170	1 781	1 670	1 700	990	1 807
	下旬	8 208	9 246	9 246	9 246	8 780	8 750	9 087	8 720	8 480	8 672	8 281	9 246
8 月	上旬	10 824	1 660	1 303	1 660	10 752	1 654	4 715	7 759	12 351	8 292	8 497	1 660
	中旬	2 621	5 515	7 120	2 621	2 372	13 312	4 978	4 365	12 211	8 319	8 434	13 312
	下旬	9 297	1 660	8 194	1 660	10 162	12 351	9 281	7 287	1 303	1 298	1 537	1 660
9 月	上旬	2 436	5 380	5 405	2 436	8 450	2 436	6 959	6 579	10 893	5 491	9 875	7 918
	中旬	11 199	2 035	3 473	2 035	8 835	1 809	1 345	5 760	785	1 574	5 090	2 035
	下旬	13 127	13 127	2 436	13 127	1 693	2 436	3 495	2 727	2 045	2 436	10 562	2 436
10 月	上旬	1 574	1 533	1 527	1 574	4 629	473	6 107	1 353	1 574	6 156	1 474	7 683
	中旬	2 510	5 565	2 510	2 510	2 510	12 649	4 929	4 561	2 510	2 510	1 335	2 510
	下旬	1 574	1 574	4 578	1 574	1 574	1 560	1 281	1 142	1 574	1 574	1 574	794

续表 4-45

时间		配水量/万 m^3											
		1979 年	1980 年	1981 年	1982 年	1983 年	1984 年	1985 年	1986 年	1987 年	1988 年	1989 年	1990 年
11 月	上旬	1 303	2 341	2 341	2 341	2 341	1 781	1 911	2 341	2 341	2 341	2 266	2 341
	中旬	2 010	2 341	1 783	2 010	2 009	2 009	2 010	1 618	1 388	2 010	1 337	2 010
	下旬	2 341	2 245	2 341	2 189	1 741	1 583	2 341	2 341	1 719	2 201	2 199	1 240
12 月	上旬	952	914	940	952	952	536	711	634	952	952	2 155	952
	中旬	2 155	2 155	2 155	2 155	1 305	1 541	2 128	2 005	2 155	2 155	1 049	2 155
	下旬	952	749	952	952	952	910	758	945	952	871	952	913

时间		配水量/万 m^3											
		1991 年	1992 年	1993 年	1994 年	1995 年	1996 年	1997 年	1998 年	1999 年	2000 年	2001 年	2002 年
1 月	上旬	1 527	320	1 493	514	1 177	1 251	542	1 069	489	1 083	1 370	1 527
	中旬	627	317	642	902	239	851	636	489	1 196	1 003	1 196	915
	下旬	408	489	1 278	202	1 527	827	969	1 463	1 240	1 525	1 527	234
2 月	上旬	1 323	1 063	1 334	1 334	202	1 094	893	1 063	202	1 255	1 334	473
	中旬	2 282	302	1 063	2 519	619	1 063	2 537	2 537	1 676	2 537	2 537	1 308
	下旬	245	202	727	473	473	1 084	1 090	1 334	1 334	1 271	1 334	1 093
3 月	上旬	1 126	932	1 143	782	1 143	1 055	1 109	984	1 143	1 143	872	1 143
	中旬	532	202	1 143	1 143	1 022	872	606	505	1 143	1 084	891	473
	下旬	275	1 142	981	872	400	1 080	872	1 043	473	605	1 067	1 143
4 月	上旬	1 056	705	1 327	947	1 045	647	1 023	844	705	1 035	1 056	705
	中旬	1 082	1 327	1 327	705	493	1 109	1 222	1 327	1 327	1 056	1 056	705
	下旬	6 893	7 054	7 054	6 601	6 294	6 432	7 006	6 912	7 054	7 047	6 783	6 653
5 月	上旬	952	202	1 184	10 127	1 191	653	957	1 191	473	6 444	966	1 837
	中旬	3 772	436	1 191	1 191	920	1 191	5 282	8 009	584	1 141	202	6 646
	下旬	4 586	10 466	1 191	1 051	1 191	1 121	1 153	1 191	4 892	1 103	473	473
6 月	上旬	7 932	473	1 143	473	473	9 325	6 442	882	1 143	5 076	464	926
	中旬	1 143	1 566	1 143	1 143	992	591	1 143	1 143	1 143	1 082	1 933	2 236
	下旬	4 514	299	1 086	1 143	4 564	451	956	367	4 963	1 048	1 837	252
7 月	上旬	2 980	1 607	2 371	2 373	2 363	8 992	11 835	2 373	1 607	6 464	2 373	1 506
	中旬	996	872	1 805	1 335	596	11 352	681	1 041	1 807	2 642	1 807	5 898
	下旬	7 005	8 208	7 591	8 208	9 223	8 721	9 246	8 480	7 478	9 030	9 246	9 246

续表 4-45

时间		配水量/万 m³											
		1991 年	1992 年	1993 年	1994 年	1995 年	1996 年	1997 年	1998 年	1999 年	2000 年	2001 年	2002 年
8 月	上旬	4 260	1 660	1 618	10 824	4 715	6 668	4 434	1 303	559	1 660	12 351	7 769
	中旬	10 854	12 804	5 545	2 621	10 684	1 830	2 621	12 244	2 621	6 710	2 621	2 131
	下旬	5 513	11 994	4 658	10 824	1 660	3 188	8 979	12 351	12 351	891	3 172	10 467
9 月	上旬	2 985	2 430	13 061	5 491	4 295	4 072	3 964	7 839	10 073	7 018	9 584	1 398
	中旬	1 771	12 726	4 486	2 035	11 137	6 948	4 171	2 035	839	1 773	12 638	2 926
	下旬	4 847	2 436	5 612	6 299	4 453	1 467	2 418	4 784	10 073	7 018	2 436	1 240
10 月	上旬	4 977	4 629	4 498	1 303	4 629	4 178	435	1 574	1 303	1 519	3 102	11 994
	中旬	1 470	3 876	5 857	6 710	2 267	2 510	4 464	2 510	10 147	6 821	2 510	5 885
	下旬	4 229	1 303	6 128	1 303	12 265	1 569	4 405	1 574	1 303	3 011	1 574	1 574
11 月	上旬	2 027	2 341	2 341	2 341	2 267	1 911	1 829	2 341	1 303	1 896	2 341	2 341
	中旬	1 271	1 303	2 010	1 699	1 303	1 705	1 890	2 010	2 010	1 843	1 862	1 643
	下旬	2 019	2 158	2 208	1 414	2 341	2 341	1 336	2 323	2 341	2 341	2 341	2 341
12 月	上旬	952	883	952	952	871	952	952	952	952	865	952	946
	中旬	1 293	1 676	2 155	2 155	681	634	1 870	1 676	1 876	2 130	2 155	1 675
	下旬	679	202	952	681	952	952	822	952	952	622	737	342

时间		配水量/万 m³											
		2003 年	2004 年	2005 年	2006 年	2007 年	2008 年	2009 年	2010 年	2011 年	2012 年	2013 年	2014 年
1 月	上旬	1 527	1 507	337	489	489	1 245	1 187	1 527	1 527	490	1 402	1 527
	中旬	1 138	942	202	1 196	931	489	1 196	1 196	886	1 091	1 195	967
	下旬	1 240	903	734	1 240	1 028	489	489	1 527	728	1 240	1 527	1 407
2 月	上旬	581	695	1 019	1 334	1 128	1 116	1 334	1 063	1 318	1 037	1 334	473
	中旬	2 488	788	2 537	2 537	2 537	2 363	2 537	1 063	2 459	1 744	2 536	2 256
	下旬	473	695	1 229	473	1 193	446	1 334	473	1 114	778	1 334	1 161
3 月	上旬	1 089	553	938	1 143	872	1 143	1 143	430	1 015	1 069	1 143	202
	中旬	628	987	1 143	1 143	872	473	934	1 143	467	1 143	1 143	202
	下旬	678	752	857	1 143	851	473	1 046	1 143	1 064	1 054	661	985
4 月	上旬	826	719	1 053	1 327	517	757	1 063	705	1 229	1 185	1 327	1 171
	中旬	1 083	1 123	614	1 198	1 107	1 327	1 065	1 327	687	722	1 327	705
	下旬	6 835	6 659	6 975	6 925	6 432	6 432	7 054	6 432	7 054	6 984	6 881	6 284

续表 4-45

时间		配水量/万 m^3											
		2003 年	2004 年	2005 年	2006 年	2007 年	2008 年	2009 年	2010 年	2011 年	2012 年	2013 年	2014 年
5 月	上旬	677	959	5 282	473	862	1 141	353	10 019	5 078	2 390	1 191	397
	中旬	2 308	875	2 318	1 191	939	1 191	1 191	1 191	1 995	1 191	1 177	966
	下旬	3 282	531	10 112	3 648	5 040	1 191	5 076	671	6 272	9 355	983	10 051
6 月	上旬	1 143	4 540	1 143	872	241	281	2 256	941	1 129	835	941	254
	中旬	956	860	473	3 775	10 338	8 627	361	1 143	1 049	847	5 111	3 562
	下旬	4 540	1 003	473	1 143	6 598	745	4 293	872	1 136	1 075	873	253
7 月	上旬	6 664	4 893	2 741	2 373	2 240	1 607	1 994	2 373	2 373	1 335	2 257	2 372
	中旬	1 175	5 615	3 360	1 807	1 453	1 003	1 791	1 807	3 151	1 611	1 360	1 806
	下旬	8 280	9 023	8 870	9 246	9 206	8 025	8 480	9 246	9 155	9 246	8 462	8 204
8 月	上旬	2 096	1 458	419	1 603	541	5 885	1 660	10 824	1 660	7 768	6 942	1 303
	中旬	9 633	4 128	9 822	11 785	901	12 800	2 021	8 730	8 715	11 229	4 295	1 303
	下旬	1 438	10 759	1 303	1 660	4 453	10 467	11 639	7 769	4 400	10 824	7 651	11 957
9 月	上旬	9 902	8 386	8 029	11 599	2 436	8 545	3 746	2 436	3 964	1 398	1 383	2 381
	中旬	8 144	5 058	3 563	2 035	9 672	2 035	10 562	1 398	7 757	1 398	9 449	12 052
	下旬	5 491	8 545	4 790	10 073	11 575	1 398	10 562	2 350	5 491	2 289	8 545	1 398
10 月	上旬	3 054	3 078	7 476	473	1 574	3 869	1 564	1 575	4 500	775	1 574	12 152
	中旬	2 510	4 038	2 510	2 510	2 510	4 038	2 158	7 092	2 098	7 092	5 137	1 303
	下旬	1 574	1 459	886	4 629	1 574	1 574	1 544	1 575	1 473	1 574	905	1 574
11 月	上旬	2 360	2 004	2 341	2 341	2 224	1 684	1 485	2 341	1 914	1 480	2 341	2 341
	中旬	1 511	1 069	1 923	2 009	1 960	2 009	1 271	2 009	2 010	2 009	2 010	2 010
	下旬	2 341	2 319	2 341	1 303	2 341	2 341	2 341	2 341	1 938	2 341	2 341	1 683
12 月	上旬	675	824	681	952	952	952	952	945	952	945	952	952
	中旬	1 620	2 048	1 442	2 154	2 154	2 120	2 154	2 155	2 155	2 154	2 154	2 155
	下旬	735	674	750	952	952	473	952	952	615	952	952	952

4.4.3.3　水稻生育期各旬配置结果

水稻生育期各旬配水量见图 4-25 和表 4-46～表 4-48。水稻配水过程受降雨和径流量同时影响，年际间配水过程差异较大，从多年平均来看，除 4 月下旬早稻泡田期及 7 月下旬晚稻泡田期外，现状年早稻配水高峰期在 6 月中下旬，晚稻配水高峰期在 9 月，在水量不足时，会优先将水量分配到敏感指数较大的时段；到 2030 年，早稻灌水高峰期由 6 月中下旬移到 5 月中下旬，晚稻灌水高峰期由 9 月移到 8 月中下旬，随着灌溉水利用系数的提高,敏感指数最高的时段净灌溉需水量已经得到满足,毛灌溉水量会降低,同时,模型会将水量分配到敏感指数较低的阶段,从而进一步提高水稻产量。

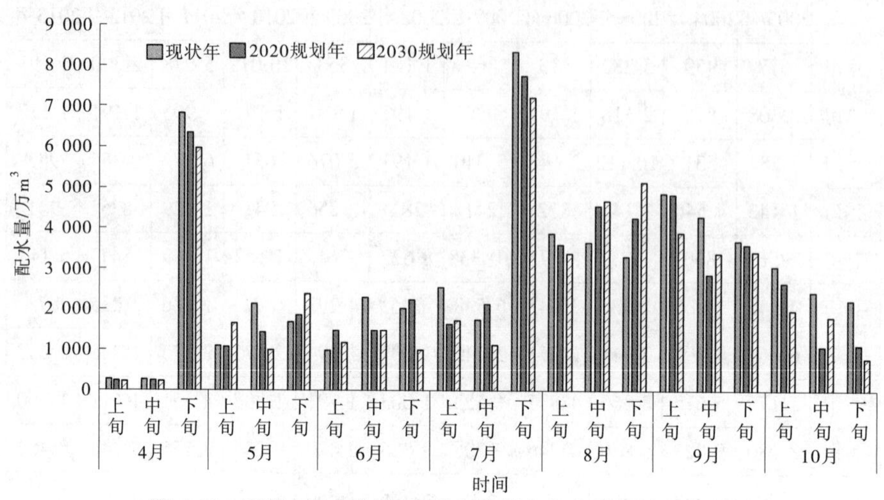

图 4-25　现状年和规划年水稻生育期各旬多年平均配水量

4.4.4　小结

本章构建了基于改进 PSO 算法的灌区水资源优化配置模型,针对多目标模型介绍了模型求解方法,采用层次分析法,确定了不同目标函数的权重,将多目标问题转化为单目标问题。针对赣抚平原灌区计算了现状年和不同规划年下水资源优化配置结果。

在赣抚平原灌区 10.08 亿 m³ 用水总量控制条件下,从各用水户之间的配置情况分析,由于模型中不同权重系数的作用,现状年和不同规划年下的生活用水和工业用水将得到优先满足;环境、旱作物和林牧渔业均出现一定程度的缺水,但从现状年到规划水平年缺水程度逐渐较少;现状年、2020 规划年、2030 规划年水稻配水量逐渐减少,多年平均值总产值分别占丰产产值的 96.7%、97.4 和 98.4%,水稻总体可以达到比较高的产量,早、晚稻灌溉面积分别扩大 8.68 万亩和 9.71 万亩,复种指数从 2.055 提高到 2.18。

从灌区各旬水资源配置情况分析,灌区配水有两个峰值,分别为 4 月下旬早稻泡田期和 7 月下旬晚稻泡田期,其他配水高峰时段为 8—9 月的晚稻灌溉需水高峰期,非水稻灌溉期配水量较为平稳。水稻年际间配水过程差异较大,现状年早稻配水高峰期在 6 月中下旬,晚稻则为 9 月;到 2030 规划年,随着灌溉水利用系数的提高,早稻配水高峰期由 6 月中下旬移到 5 月中下旬,晚稻配水高峰期由 9 月移到 8 月中下旬。

表 4-46　现状年水稻生育期各旬配水量

单位：万 m^3

时间		1979 年	1980 年	1981 年	1982 年	1983 年	1984 年	1985 年	1986 年	1987 年	1988 年	1989 年	1990 年	1991 年	1992 年	1993 年	1994 年	1995 年	1996 年
4 月	上旬	267	269	249	268	269	269	269	269	262	269	269	269	240	269	269	269	269	269
	中旬	267	269	249	268	269	269	269	269	262	269	269	269	240	269	269	269	269	269
	下旬	6 862	6 915	6 402	6 879	6 915	6 915	6 915	6 915	6 738	6 915	6 915	6 915	6 177	6 915	6 915	6 915	6 915	6 915
5 月	上旬	0	0	4 395	0	0	0	0	4 747	0	0	0	0	0	0	0	9 494	0	0
	中旬	0	0	2 930	0	0	0	4 747	1 582	1 542	0	0	0	1 414	0	0	11 076	11 076	6 329
	下旬	10 991	11 076	0	0	0	0	0	1 582	0	0	0	0	4 241	0	0	0	0	0
6 月	上旬	0	0	2 962	0	0	4 747	3 165	1 582	0	0	0	0	2 827	0	0	11 076	0	0
	中旬	0	0	2 962	1 574	0	11 076	0	1 582	9 251	0	0	11 076	5 654	0	0	0	0	11 076
	下旬	0	0	506	0	0	0	0	0	0	0	0	0	5 654	0	0	0	0	9 494
7 月	上旬	11 417	6 754	2 193	11 444	8 337	425	425	3 590	425	425	2 008	425	3 232	425	425	425	425	2 008
	中旬	1 996	425	728	425	425	425	425	2 008	425	425	8 337	425	405	425	425	425	425	425
	下旬	8 400	8 400	8 184	8 400	8 400	8 400	8 400	8 400	8 393	8 400	8 400	8 400	8 000	8 400	8 400	8 400	8 400	8 400
8 月	上旬	0	0	5 191	5 316	0	0	0	8 861	12 395	0	3 544	0	5 063	5 316	12 405	12 405	0	0
	中旬	0	7 089	11 929	12 405	3 544	0	12 405	3 544	12 395	8 861	0	0	8 439	8 861	7 089	0	3 544	3 544
	下旬	0	0	5 742	0	8 861	0	0	0	0	0	1 772	12 405	1 688	10 633	0	0	12 405	0
9 月	上旬	3 544	10 633	1 877	0	0	0	12 405	7 089	0	12 405	8 861	0	1 688	0	0	0	0	7 089
	中旬	0	0	662	10 633	12 405	12 405	0	3 544	12 395	0	0	3 544	6 751	12 405	12 405	0	8 861	1 772
	下旬	10 633	10 633	6 958	0	7 089	3 544	0	0	0	12 405	8 861	0	1 688	10 633	0	0	0	0
10 月	上旬	0	0	772	0	0	12 405	7 089	3 544	0	12 405	1 772	0	3 376	0	0	0	12 405	3 544
	中旬	8 861	0	0	0	3 544	0	7 089	3 544	0	0	0	0	1 688	1 772	0	0	0	3 544
	下旬	0	0	4 971	0	0	0	0	0	0	0	8 861	12 405	3 376	0	0	0	0	3 544

续表 4-46

时间		1997 年	1998 年	1999 年	2000 年	2001 年	2002 年	2003 年	2004 年	2005 年	2006 年	2007 年	2008 年	2009 年	2010 年	2011 年	2012 年	2013 年	2014 年
4 月	上旬	269	269	269	244	268	269	259	269	269	269	269	269	269	269	269	269	269	269
	中旬	269	269	269	244	268	269	259	269	269	269	269	269	269	269	269	269	269	269
	下旬	6 915	6 915	6 915	6 264	6 889	6 915	6 647	6 915	6 915	6 915	6 915	6 915	6 915	6 915	6 915	6 915	6 915	6 915
5 月	上旬	11 076	0	0	0	0	0	3 042	6 329	0	0	0	0	0	0	0	0	0	0
	中旬	11 076	1 582	0	1 434	0	0	3 042	0	6 329	0	1 582	0	0	0	0	11 076	0	0
	下旬	0	0	0	0	0	0	0	4 747	0	3 165	7 911	0	0	0	6 329	11 076	0	0
6 月	上旬	0	3 165	0	4 335	0	0	1 536	0	0	0	0	0	0	0	0	0	0	0
	中旬	0	0	11 076	34	0	0	1 536	0	0	0	3 165	0	0	0	0	0	4 747	7 911
	下旬	0	0	0	1 979	0	11 076	6 324	0	11 076	0	4 747	0	11 076	11 076	0	0	0	0
7 月	上旬	425	425	425	2 423	3 578	425	539	425	425	425	1 987	425	425	425	11 501	425	425	11 501
	中旬	425	425	11 501	633	425	425	6 728	425	425	425	405	9 919	425	9 919	425	425	425	425
	下旬	8 400	8 400	8 400	8 275	8 400	8 400	7 665	8 400	8 400	8 400	8 000	8 400	8 400	8 400	8 400	8 400	8 400	8 400
8 月	上旬	0	10 633	10 633	6 820	0	12 405	209	5 316	8 861	0	1 688	1 772	0	3 544	0	5 316	0	1 772
	中旬	0	0	0	476	0	0	4 994	0	1 772	0	3 376	0	0	0	0	0	5 316	12 405
	下旬	12 405	0	0	6 820	12 405	0	1 960	5 316	0	0	0	1 772	12 405	0	0	0	12 405	0
9 月	上旬	12 405	0	0	5 531	0	12 405	4 889	0	3 544	12 405	6 751	12 405	7 089	8 861	10 633	0	0	12 405
	中旬	0	3 544	12 405	476	12 405	0	4 837	7 089	0	0	5 063	0	0	0	0	7 089	0	3 544
	下旬	0	0	0	2 478	3 544	0	4 994	0	12 405	12 405	3 376	0	5 316	8 861	7 089	0	0	0
10 月	上旬	0	3 544	0	7 058	1 772	0	3 190	5 316	0	0	1 688	12 405	7 089	0	0	0	10 633	0
	中旬	0	12 405	0	3 291	5 316	0	0	3 544	0	0	5 063	8 861	0	0	0	12 405	3 544	3 544
	下旬	0	0	0	1 646	8 861	12 405	3 190	5 316	0	12 405	0	0	0	0	3 544	0	0	0

表 4-47　2020 规划年水稻生育期各旬配水量

单位：万 m^3

时间		1979 年	1980 年	1981 年	1982 年	1983 年	1984 年	1985 年	1986 年	1987 年	1988 年	1989 年	1990 年	1991 年	1992 年	1993 年	1994 年	1995 年	1996 年
4 月	上旬	250	250	237	221	250	250	250	250	250	250	250	250	250	250	250	250	250	250
	中旬	250	250	237	221	250	250	250	250	250	250	250	250	250	250	250	250	250	250
	下旬	6 426	6 426	6 084	5 669	6 426	6 426	6 426	6 426	6 426	6 426	6 426	6 426	6 426	6 426	6 426	6 426	6 426	6 426
5 月	上旬	0	0	0	0	0	4 412	0	4 412	0	0	0	10 294	0	0	0	0	0	0
	中旬	0	0	0	0	0	0	0	1 471	0	0	0	5 882	8 824	0	0	0	0	0
	下旬	0	0	9 745	1 297	0	0	1 471	1 471	0	0	1 471	0	0	0	0	10 294	0	8 824
6 月	上旬	10 294	1 471	0	50	0	0	0	1 471	0	0	0	0	0	0	0	0	0	5 882
	中旬	10 294	2 941	0	50	0	4 412	10 294	1 471	0	0	0	0	0	0	0	0	0	0
	下旬	0	1 471	9 745	787	0	0	0	0	10 294	10 294	0	0	10 294	0	0	0	0	0
7 月	上旬	395	3 336	1 787	351	395	395	1 866	3 336	395	395	7 748	395	349	10 689	395	395	1 866	395
	中旬	395	10 689	395	1 037	395	395	395	1 866	395	395	395	395	349	395	395	395	395	10 689
	下旬	7 807	7 807	7 807	7 970	7 807	7 807	7 807	7 807	7 807	7 807	7 807	7 807	6 890	7 807	7 807	7 807	7 807	7 807
8 月	上旬	0	9 882	11 529	1 200	0	0	3 294	8 235	11 529	11 529	3 294	0	5 814	0	0	11 529	11 529	0
	中旬	0	0	8 235	1 200	11 529	11 529	0	3 294	11 529	0	0	11 529	10 175	0	11 529	0	4 941	0
	下旬	11 529	0	0	10 251	0	11 529	8 235	0	11 529	0	3 294	6 588	0	11 529	0	0	0	0
9 月	上旬	6 588	0	3 294	0	11 529	0	4 941	6 588	0	0	8 235	0	0	11 529	11 529	0	11 529	0
	中旬	0	9 882	1 647	4 393	0	0	1 647	4 941	0	0	0	0	1 454	0	0	11 529	0	9 882
	下旬	0	0	1 647	11 451	11 529	0	4 941	0	0	9 882	8 235	4 941	0	0	8 235	0	0	0
10 月	上旬	4 941	0	1 647	0	0	9 882	1 647	3 294	0	0	1 647	0	0	11 529	0	0	11 529	8 235
	中旬	0	0	0	0	0	0	0	3 294	0	0	0	0	0	0	0	8 235	0	0
	下旬	0	0	0	5 858	0	0	0	0	0	0	8 235	0	10 175	0	0	0	1 647	3 294

续表 4-47

时间		1997 年	1998 年	1999 年	2000 年	2001 年	2002 年	2003 年	2004 年	2005 年	2006 年	2007 年	2008 年	2009 年	2010 年	2011 年	2012 年	2013 年	2014 年
4 月	上旬	250	250	250	250	250	250	194	250	250	250	250	250	250	250	250	250	250	250
	中旬	250	250	250	250	250	250	194	250	250	250	250	250	250	250	250	250	250	250
	下旬	6 426	6 426	6 426	6 426	6 426	6 426	4 974	6 426	6 426	6 426	6 426	6 423	6 426	6 426	6 426	6 426	6 426	6 426
5 月	上旬	0	0	0	0	0	1 471	0	0	0	0	0	4 409	0	0	0	10 294	0	2 941
	中旬	0	1 471	8 824	0	0	0	0	0	2 941	0	5 882	0	10 294	4 412	0	0	0	1 471
	下旬	0	0	1 471	1 471	0	5 882	0	0	0	2 941	10 294	0	0	0	0	8 824	0	1 471
6 月	上旬	0	2 941	0	10 294	0	1 471	63	8 824	2 941	0	0	0	0	5 882	0	0	0	1 471
	中旬	0	0	0	1 471	10 294	0	63	4 412	0	0	0	0	0	2 941	0	0	4 412	0
	下旬	5 882	0	8 824	5 882	0	0	5 543	0	5 882	0	0	0	0	0	4 412	1 471	0	0
7 月	上旬	9 219	395	1 866	395	395	395	339	395	395	395	1 856	395	395	395	1 866	395	395	4 807
	中旬	6 278	395	1 866	395	395	4 807	6 677	395	6 278	395	386	4 805	395	395	10 689	395	395	1 866
	下旬	7 807	7 807	7 807	7 807	7 807	7 807	6 697	7 807	7 807	7 807	7 621	7 807	7 807	7 807	7 807	7 807	7 807	7 807
8 月	上旬	0	4 941	0	0	0	8 235	3 473	0	1 647	0	0	4 941	11 529	4 941	0	0	0	0
	中旬	0	11 529	0	3 294	11 529	3 294	2 707	0	0	0	11 255	11 529	0	0	6 588	11 529	4 941	0
	下旬	0	0	0	0	11 529	0	6 730	11 529	8 235	0	3 216	9 882	0	0	8 235	1 647	11 529	6 588
9 月	上旬	8 235	0	11 529	11 529	8 235	6 588	5 867	0	9 882	11 529	0	6 588	8 235	0	3 294	0	0	6 588
	中旬	11 529	11 529	0	0	0	0	3 904	8 235	1 647	0	0	0	0	6 588	0	0	3 294	11 529
	下旬	3 294	8 235	0	0	0	0	2 826	8 235	1 647	11 529	8 039	0	11 529	0	1 647	4 941	0	6 588
10 月	上旬	0	0	9 882	1 647	0	3 294	0	0	1 647	0	0	0	0	11 529	0	0	9 882	3 294
	中旬	0	0	0	0	0	6 588	2 826	0	0	11 529	0	1 647	0	0	1 647	0	3 294	0
	下旬	0	0	1 647	1 647	0	4 941	2 826	0	0	0	0	0	0	0	0	0	0	0

表 4-48　2030 规划年水稻生育期各旬配水量

单位：万 m^3

时间		1979 年	1980 年	1981 年	1982 年	1983 年	1984 年	1985 年	1986 年	1987 年	1988 年	1989 年	1990 年	1991 年	1992 年	1993 年	1994 年	1995 年	1996 年
4 月	上旬	232	232	232	232	232	232	232	232	232	232	232	232	232	232	232	232	232	232
	中旬	232	232	232	232	232	232	232	232	232	232	232	232	232	232	232	232	232	232
	下旬	5 959	5 959	5 959	5 959	5 959	5 959	5 959	5 959	5 959	5 959	5 959	5 959	5 959	5 959	5 959	5 959	5 959	5 959
5 月	上旬	0	2 727	0	0	0	4 091	0	5 455	0	2 727	0	9 545	0	0	0	9 545	0	0
	中旬	0	0	5 455	0	0	0	0	1 364	0	2 727	0	2 727	2 727	0	0	0	0	0
	下旬	0	0	8 182	9 545	0	0	2 727	1 364	0	0	0	0	4 091	9 545	0	0	0	0
6 月	上旬	0	0	2 727	0	0	0	0	1 364	0	4 091	1 364	2 727	6 818	0	0	0	0	8 182
	中旬	0	4 091	1 364	9 545	1 364	0	4 091	0	0	0	1 364	0	0	1 364	0	0	0	0
	下旬	0	6 818	0	0	0	0	0	0	0	1 364	0	0	4 091	0	0	0	4 091	0
7 月	上旬	367	367	367	367	367	367	367	4 457	9 912	367	3 094	367	1 682	367	364	367	367	7 185
	中旬	367	367	367	367	367	4 457	1 730	367	367	367	367	367	319	367	364	367	367	9 912
	下旬	7 239	7 239	7 239	7 239	7 239	7 239	7 239	7 239	7 239	7 239	7 239	7 239	6 291	7 239	7 194	7 239	7 239	7 239
8 月	上旬	9 164	0	0	0	9 164	0	3 055	6 109	10 691	7 636	7 636	0	2 655	0	0	9 164	3 055	6 109
	中旬	0	3 055	6 109	0	0	10 691	3 055	3 055	10 691	6 109	6 109	10 691	9 291	10 691	3 036	0	9 164	0
	下旬	7 636	0	7 636	0	9 164	10 691	7 636	6 109	0	0	0	0	5 309	10 691	3 036	9 164	0	1 527
9 月	上旬	0	3 055	4 582	0	6 109	0	4 582	4 582	10 691	3 055	7 636	6 109	2 655	0	10 624	3 055	3 055	3 055
	中旬	9 164	0	1 527	0	7 636	0	0	4 582	0	0	3 055	0	0	10 691	3 036	0	9 164	6 109
	下旬	10 691	10 691	0	10 691	0	0	1 527	1 527	0	0	9 164	0	2 655	0	4 553	4 582	3 055	0
10 月	上旬	0	0	0	0	3 055	0	4 582	0	0	4 582	0	6 109	3 982	3 055	3 036	0	3 055	3 055
	中旬	0	3 055	0	0	0	10 691	3 055	3 055	0	0	0	0	0	1 527	4 553	4 582	0	0
	下旬	0	0	3 055	0	0	0	0	0	0	0	0	0	2 655	0	4 553	0	10 691	0

续表 4-48

时间		1997 年	1998 年	1999 年	2000 年	2001 年	2002 年	2003 年	2004 年	2005 年	2006 年	2007 年	2008 年	2009 年	2010 年	2011 年	2012 年	2013 年	2014 年
4 月	上旬	232	232	232	232	232	232	232	232	232	232	232	232	232	232	232	232	232	232
	中旬	232	232	232	232	232	232	232	232	232	232	232	232	232	232	232	232	232	232
	下旬	5 959	5 959	5 959	5 959	5 959	5 959	5 959	5 959	5 959	5 959	5 959	5 959	5 959	5 959	5 959	5 959	5 959	5 959
5 月	上旬	0	0	0	5 455	0	1 364	0	0	4 091	0	0	0	0	9 545	4 091	1 364	0	0
	中旬	4 091	6 818	0	0	0	5 455	1 364	0	1 364	0	0	0	0	0	1 364	0	0	0
	下旬	0	0	4 091	0	0	0	2 727	0	9 545	2 727	4 091	0	4 091	0	5 455	8 182	0	9 545
6 月	上旬	5 455	0	0	4 091	0	0	0	4 091	0	0	0	0	1 364	0	0	0	0	0
	中旬	0	0	0	0	1 364	1 364	0	0	0	2 727	9 545	8 182	0	0	0	0	4 091	2 727
	下旬	0	0	4 091	0	1 364	0	4 091	0	0	0	5 455	0	4 091	0	0	0	0	0
7 月	上旬	9 912	367	367	4 457	367	367	5 821	4 457	1 730	367	367	367	367	367	367	367	367	365
	中旬	367	367	367	1 730	367	4 457	367	4 457	1 730	367	367	367	367	367	1 730	367	367	365
	下旬	7 239	7 239	7 239	7 239	7 239	7 239	7 239	7 239	7 239	7 239	7 239	7 239	7 239	7 239	7 239	7 239	7 239	7 214
8 月	上旬	3 055	0	0	0	10 691	6 109	1 527	0	0	0	0	4 582	0	9 164	0	6 109	6 109	0
	中旬	0	10 691	0	4 582	0	0	7 636	1 527	7 636	9 164	0	10 691	0	6 109	6 109	9 164	3 055	0
	下旬	7 636	10 691	10 691	0	1 527	9 164	0	9 164	0	0	3 055	9 164	10 691	6 109	3 055	9 164	6109	10 654
9 月	上旬	1 527	7 636	7 636	4 582	7 636	0	7 636	6 109	6 109	9 164	0	6 109	1 527	0	1 527	0	0	0
	中旬	3 055	0	0	0	10 691	1 527	6 109	3 055	1 527	0	7 636	0	9 164	0	6 109	0	7 636	10 654
	下旬	0	4 582	7 636	4 582	0	0	3 055	6 109	3 055	7 636	9 164	0	9 164	0	3 055	0	6 109	0
10 月	上旬	0	0	0	0	1 527	10 691	1 527	1 527	6 109	0	0	1 527	0	0	3 055	0	0	10 654
	中旬	3 055	0	7 636	4 582	0	4 582	0	1 527	0	0	0	1 527	0	4 582	0	4 582	3 055	0
	下旬	3 055	0	0	1 527	0	0	0	0	0	3 055	0	0	0	0	0	0	0	0

第 5 章　灌区供水优化调度技术研究

5.1　灌区量水自动监测系统研究

5.1.1　灌区水闸量水方法研究

渠道上的水工建筑物是一种良好的量水设施,利用过水建筑物测流量是一种既方便又经济的测流方法;水闸是灌区内最多的水工建筑物。本研究以灌区水闸为基础,根据长期测流资料及工作实践,研究水闸量水计算分析方法,确定水闸量水计算公式及相关系数,以提高灌区水闸量水精度,充分发挥灌区水闸的量水功能。

5.1.1.1　水闸量水流量系数率定方法

1. 计算公式的确定

过闸流量计算公式用式(5-1)表示:

$$Q = MBE\sqrt{Z} \tag{5-1}$$

式中　M——过闸综合流量系数, $M = m\sqrt{2g}$;

B——闸孔总净宽,m;

E——闸门开启高度,m;

Z——闸上、下游水位差,m;

g——重力加速度,m/s^2。

流量系数 M 可用高次多项式函数表示:

$$M(x) = AX^n + BX^{n-1} + CX^{n-2} + \cdots + KX + M_0 \tag{5-2}$$

式中　A、B、C、…、K——待定系数;

M_0——待定常数;

n——需要建立的线性方程组中待定系数的个数。

2. 待定系数和常数的确定

推求待定系数和常数的方法如下:

(1)根据实测的闸上、下游水位及闸门开启高度求出 X。

$$Z = H_{上} - H_{下} \tag{5-3}$$

$$X = E/Z \tag{5-4}$$

(2)根据实测流量求出 M 值。

$$M = \frac{Q}{BE\sqrt{Z}} \tag{5-5}$$

(3)由已求出的 M 值与 X 值在方格纸上(或者在 AutoCAD 绘图区内)点绘 M-X 曲线

(见图 5-1)。

(4)在 $M-X$ 曲线上任选几个点就可以得到几个 M 和 X 的值,把它们分别代入上式,便得到几个线性方程,解此方程组即得待定系数 A、B、C、…、K,待定系数的个数与 n 相等。

例如:在 $M-X$ 曲线上任选三点(1、2、3),就可以得到三组 M、X 值,代入上式得到 3 个线性方程(见图 5-2),即

$$\begin{aligned} AX_1^3 + BX_1^2 + CX_1 &= M_1 - M_0 \\ AX_2^3 + BX_2^2 + CX_2 &= M_2 - M_0 \\ AX_3^3 + BX_3^2 + CX_3 &= M_3 - M_0 \end{aligned} \tag{5-6}$$

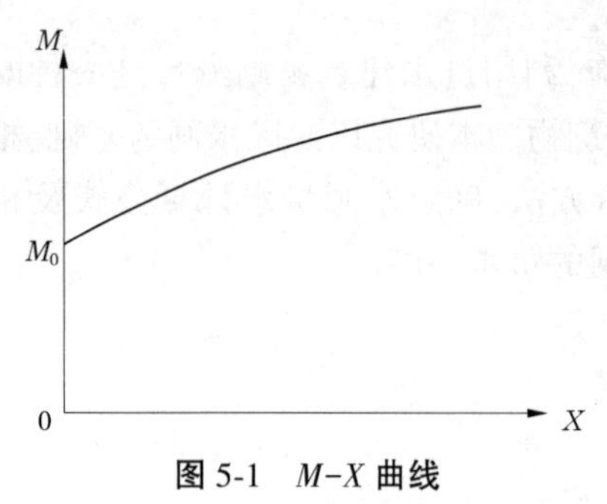

图 5-1　$M-X$ 曲线

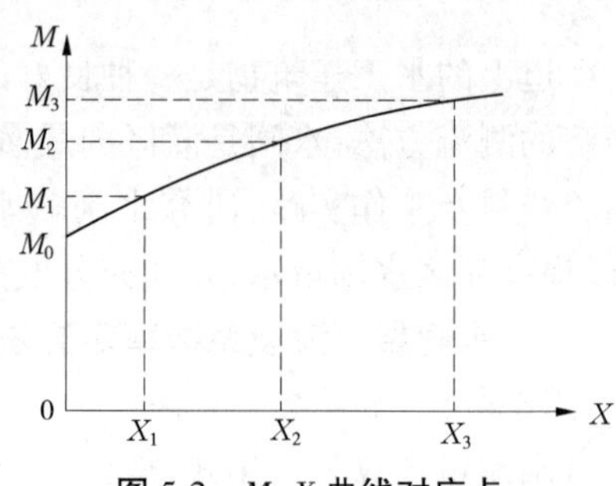

图 5-2　$M-X$ 曲线对应点

解此方程组即得到待定系数 A、B、C。

M_0 为 $M-X$ 曲线在纵坐标轴上的截距。

(5)把求出的待定系数 A_0、B_0、C_0、…、K 及常数 M_0 代入上式即得到用高次多项式函数表达的流量系数 M 的代数式。对于以上所举的例子来说,已确定的流量系数计算公式为

$$M(x) = A_0X^3 + B_0X^2 + C_0X + M_0 \tag{5-7}$$

式中的系数 A_0、B_0、C_0 用一个下标(0)表示,为了说明它们是已经求出的真实系数,便于同待定系数区分。

(6)绘制闸的控制运用曲线。

假定一些不同的闸门开度 E 和上、下游水位差 Z,求出不同的 X 值,代入上式求得不同的 M 值,再代入流量计算公式:

$$Q = MBE\sqrt{Z}$$

可求得相应的流量,以此绘制闸的控制运用曲线(见图 5-3),这些工作由计算机完成。

3. 计算程序的确定

计算程序采用 QBasic 语言编写,使用非常方便,且对于任何一个水闸都可使用,只要做出 $M-X$ 曲线即可。对于不同的流态也适用,但要分流态绘制 $M-X$ 曲线,分别在计算机上计算。$M-X$ 的高次多项式函数中项数的多少,可以根据 $M-X$ 曲线上选的点而定,其项数等于点数加 1,即加一个 M_0 值项。解联立方程组由计算机完成,根据计算机打印出来的不同水位差及闸门各种开度情况计算过流量。

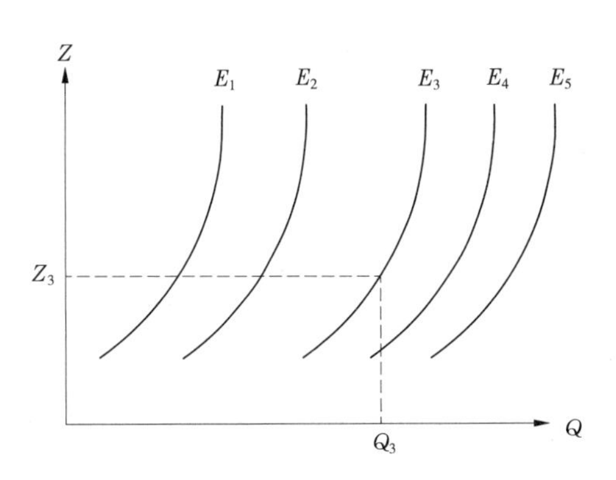

图 5-3　闸的控制运用曲线

5.1.1.2　灌区水闸量水流量系数率定分析

利用水闸量水关键在于率定水闸的过闸流量系数。本研究以江西省赣抚平原灌区四干渠进水闸为例,详细说明过闸流量系数的率定方法。

赣抚平原灌区四干渠进水闸设计流量为 23.10 m^3/s,只有 1 孔闸门,闸孔净宽 3.5 m,闸底板高程 19.88 m。采用流速仪进行了多次实测,现将测流数据摘录一部分进行分析计算(见表 5-1)。

表 5-1　赣抚平原灌区四干渠实测流量数据记录

上游水位 H_1/m	下游水位 H_2/m	上下游水位差 Z/m	闸门开度 E/m	流量 Q/(m^3/s)
22.95	22.76	0.19	1.70	11.30
22.58	22.47	0.11	1.90	9.86
22.56	22.46	0.10	1.90	9.71
22.81	22.72	0.09	1.92	9.69
22.81	22.47	0.34	1.00	8.81
22.86	22.38	0.48	0.80	8.25
22.61	22.34	0.27	0.90	7.01
22.61	22.34	0.27	0.90	7.01
22.74	22.34	0.40	0.70	6.53
22.78	21.99	0.79	0.40	5.29
22.70	21.99	0.71	0.40	5.04
22.83	22.03	0.80	0.24	3.10
⋮	⋮	⋮	⋮	⋮

1. M-X 曲线的计算与绘制

根据公式 $Q = MBE\sqrt{Z}$ 、$M = \dfrac{Q}{BE\sqrt{Z}}$ 、$X = E/Z$ 及 $Z = H_{上} - H_{下}$ 列表计算(见表 5-2)。

表 5-2 $M-X$ 曲线计算

上下游水位差 Z/m	流量 Q/(m^3/s)	$B\times E$	M	X
0.19	11.30	5.95	4.36	8.95
0.11	9.86	6.65	4.47	17.27
0.10	9.71	6.65	4.62	19.00
0.09	9.69	6.72	4.81	21.33
0.34	8.81	3.50	4.32	2.94
0.48	8.25	2.80	4.25	1.67
0.27	7.01	3.15	4.28	3.33
0.27	7.01	3.15	4.28	3.33
0.40	6.53	2.45	4.21	1.75
0.79	5.29	1.40	4.25	0.51
0.71	5.04	1.40	4.27	0.56
0.80	3.10	0.84	4.13	0.30
⋮	⋮	⋮	⋮	⋮

根据表 5-2 中的数据在方格纸(或者在 AutoCAD 绘图区内)点绘 $M-X$ 曲线。

2. 流量系数的率定

根据上述公式在 $M-X$ 曲线上选 3 点,解出 M 值与 X 值,并计算相应的不同方幂值(见表 5-3)。

表 5-3 计算相应的不同方幂值

X	0	4	15	19
M	4.2	4.3	4.4	4.6
$M-M_0$	0	0.125	0.225	0.425
X^2		16	225	361
X^3		64	3 375	6 859

将表 5-3 中的数值代入上述公式得联立方程组如下:

$$\begin{cases}64A + 16B + 4C = 0.125\\3\,375A + 225B + 15C = 0.225\\6\,859A + 361B + 19C = 0.425\end{cases}$$

解该方程组得待定系数:

$$\begin{cases}A = 2.212\,919 \times 10^{-4}\\B = -5.681\,818 \times 10^{-3}\\C = 0.050\,436\,6\end{cases}$$

所求流量系数 M 的代数表达式为

$$M = 2.212\,919 \times 10^{-4}\left(\frac{E}{Z}\right)^{3} - 5.681\,818 \times 10^{-3}\left(\frac{E}{Z}\right)^{2} + 0.050\,436\,6\left(\frac{E}{Z}\right) = 4.175$$

解联立方程组由计算机完成，根据计算机打印出来的不同水位差及闸门各种开度，来计算渠道流量。

5.1.1.3　灌区水闸量水计算分析方法应用

采用以上方法对江西省赣抚平原灌区的一干、二干、三干、四干、六干渠进行水闸量水分析计算。通过流速仪对各闸的过闸流量进行多次实测，并根据实测数据用高次多项式函数在计算机上率定过闸流量系数。然后，由计算机计算打印出各闸的水位-流量表，结合信息化技术指导灌溉配水工作。

1. 一干渠

赣抚平原灌区一干渠进水闸设计流量 8.42 m^3/s，有 1 孔闸门，闸孔净宽 3 m，闸底板高程 24.00 m。

在灌区取水灌溉的 6—10 月，采用流速仪对一干渠实际流量测验 28 次，其中有闸控制自由孔流 12 次，有闸控制淹没孔流 14 次，流量计算公式为 $Q = MBE\sqrt{Z}$；闸门全开堰流 2 次，流量计算公式为 $Q = aH^n$。

1）自由孔流流量系数

$$M = -11.794\left(\frac{E}{Z}\right)^{5} + 39.472\left(\frac{E}{Z}\right)^{4} - 43.075\left(\frac{E}{Z}\right)^{3} + 16.491\left(\frac{E}{Z}\right)^{2} - 1.231\,4\left(\frac{E}{Z}\right) + 4.03$$

2）淹没孔流流量系数

$$M = 2.590\,1\left(\frac{E}{Z}\right)^{5} - 34.625\left(\frac{E}{Z}\right)^{4} + 179.48\left(\frac{E}{Z}\right)^{3} - 450.51\left(\frac{E}{Z}\right)^{2} + 547.62\left(\frac{E}{Z}\right) - 254.17$$

3）堰流流量系数

$$a = 2.162 \qquad n = 1.50$$

在一干渠有闸控制自由孔流状态下的 12 次实际流量测量中，由率定的自由孔流流量系数根据流量计算公式所计算的流量与实测流量相比较，最大相对误差为 2.80%。

在一干渠有闸控制淹没孔流状态下的 14 次实际流量测量中，由率定的淹没孔流流量系数根据流量计算公式所计算的流量与实测流量相比较，最大相对误差为 4.80%。

在一干渠闸门全开堰流状态下的 2 次实际流量测量中，由率定的流量计算公式所计算的流量与实测流量相比较，最大相对误差为 4.35%。

2. 二干渠

赣抚平原灌区二干渠进水闸设计流量为 17.28 m^3/s，有 1 孔闸门，闸孔净宽 4.2 m，闸底板高程 24.64 m。

在灌区取水灌溉的 6—10 月，采用流速仪对二干渠实际流量测验 25 次，其中有闸控制自由孔流 17 次，流量计算公式为 $Q = MBE\sqrt{z}$；闸门全开堰流 8 次，流量计算公式为 $Q = aH^n$。

1）自由孔流流量系数

$$M = -5.389\,5\left(\frac{E}{Z}\right)^5 + 26.067\left(\frac{E}{Z}\right)4 - 43.889\left(\frac{E}{Z}\right)^3 + 30.403\left(\frac{E}{Z}\right)^2 - 7.381\left(\frac{E}{Z}\right) + 4.425\,2$$

2）闸门全开堰流流量系数

$$a = 9.914 \qquad n = 1.04$$

在二干渠有闸控制自由孔流状态下的17次实际流量测量中，由率定的自由孔流流量系数按流量公式所计算的流量与实测流量相比较，最大相对误差为4.53%。

在二干渠闸门全开堰流状态下的8次实际流量测量中，由率定的流量计算公式所计算的流量与实测流量相比较，最大相对误差为3.58%。

3. 三干渠

赣抚平原灌区三干渠进水闸设计流量为15.07 m^3/s，有1孔闸门，闸孔净宽3.0 m，闸底板高程23.12 m。

在灌区取水灌溉的6—10月，采用流速仪对三干渠实际流量测验35次，全是有闸控制自由孔流，流量计算公式为 $Q = MBE\sqrt{Z}$ 。

三干渠有闸控制闸自由孔流流量系数：

$$M = 8.724\,6\left(\frac{E}{Z}\right)^6 - 37.679\left(\frac{E}{Z}\right)^5 + 53.396\left(\frac{E}{Z}\right)^4 - 18.934\left(\frac{E}{Z}\right)^3 - 16.194\left(\frac{E}{Z}\right)^2 + 2.153\left(\frac{E}{Z}\right) + 1.98$$

在有闸控制自由孔流状态下的35次实际流量测量中，由率定的自由孔流流量系数按流量公式所计算的流量与实测流量相比较，最大相对误差为4.54%。

4. 四干渠

赣抚平原灌区四干渠进水闸设计流量为23.10 m^3/s，有1孔闸门，闸孔净宽3.5 m，闸底板高程19.88 m。

在灌区取水灌溉的6—10月，采用流速仪对四干渠实际流量测验29次，其中，有闸控制淹没孔流16次，有闸控制自由孔流7次，流量计算公式为 $Q = MBE\sqrt{Z}$ ；闸门全开堰流出流3次，流量计算公式为 $Q = aH^n$ 。

1）四干渠淹没孔流流量系数

$$M = -0.008\,1\left(\frac{E}{Z}\right)^5 - 0.184\,7\left(\frac{E}{Z}\right)^4 - 1.524\,9\left(\frac{E}{Z}\right)^3 + 5.592\,5\left(\frac{E}{Z}\right)^2 - 9.090\,8\left(\frac{E}{Z}\right) + 9.43$$

2) 四干渠自由孔流流量系数

$$M = -54.075\left(\frac{E}{Z}\right)^5 + 139.92\left(\frac{E}{Z}\right)^4 - 139.32\left(\frac{E}{Z}\right)^3 + 66.526\left(\frac{E}{Z}\right)^2 - 14.838\left(\frac{E}{Z}\right) + 5.4$$

3) 四干堰流流量系数

$$a = 2.205 \quad n = 1.50$$

在四干渠有闸控制淹没孔流状态下的 16 次实际流量测量中,由率定的淹没孔流流量系数按流量公式所计算的流量与实测流量相比较,最大相对误差为 4.19%。

在四干渠有闸控制自由孔流状态下的 7 次实际流量测量中,由率定的自由孔流流量系数按流量公式所计算的流量与实测流量相比较,最大相对误差为 4.63%。

在四干渠闸门全开堰流状态下的 3 次实际流量测量中,由率定的流量计算公式所计算的流量与实测流量相比较,最大相对误差为 0.37%。

5. 六干渠

赣抚平原灌区六干渠进水闸设计流量为 10.0 m^3/s,有 1 孔闸门,闸孔净宽 3.5 m,闸底板高程 20.18 m。

在灌区取水灌溉的 6—10 月,采用流速仪对六干渠实际流量测验 28 次,其中有闸控制淹没出流 19 次,流量计算公式为 $Q = MBE\sqrt{Z}$;闸门全开淹没出流 9 次,流量计算公式为 $Q = aH^3 + bH^2 + cH + d$。

1) 六干淹没孔流流量系数

$$M = -0.0115\left(\frac{E}{Z}\right)^5 + 0.1417\left(\frac{E}{Z}\right)^4 - 0.5868\left(\frac{E}{Z}\right)^3 + 0.9646\left(\frac{E}{Z}\right)^2 - 0.676\left(\frac{E}{Z}\right) + 2.57$$

2) 六干堰流

$$Q = -4.6537H^3 + 26.887H^2 - 42.867H + 14.998$$

式中　H——堰前水头;

　　Q——流量。

在六干渠有闸控制淹没孔流状态下的 19 次实际流量测量中,由率定的自由孔流流量系数按流量公式所计算的流量与实测流量相比较,最大相对误差为 4.43%。

在六干渠闸门全开堰流状态下的 9 次实际流量测量中,由率定的流量计算公式所计算的流量与实测流量相比较,最大相对误差为 4.04%。

综上所述,通过利用水闸量水流量计算公式 $Q = MBE\sqrt{Z}$、$Q = aH^n$ 分别对一干渠、二干渠、三干渠、四干渠和六干渠过闸流量进行验证,根据统计计算,利用水闸量水公式计算结果与实际流量测验结果分析比较,其最大相对误差均不超过 5%(见表 5-4)。

表 5-4　水闸量水流量计算公式及流量系数率定成果对比分析

渠道名称	出流状态	最大相对误差/%
一干渠	自由孔流	2.80
	淹没孔流	4.80
	闸门全开堰流	4.35
二干渠	自由孔流	4.53
	闸门全开堰流	3.58
三干渠	自由孔流	4.54
四干渠	淹没孔流	4.19
	自由孔流	4.63
	闸门全开堰流	0.37
六干渠	淹没孔流	4.43
	闸门全开堰流	4.04

5.1.2　水闸量水水位流量监测软件研究

5.1.2.1　水情自动测报系统功能

1. 实时监测

实时监测选项包括实时数据表、监测地图。其中,实时数据表显示所有测站最新数据信息。监测地图展示各测站分布在灌区图中相对地理位置。如果点击相应测站标注,显示该测站的水雨数据及测站信息。

2. 水位数据

水位数据选项包括最新水位数据、时段水位查询、日均水位查询、水位日报表、水位月报表、水位过程线、水位历史数据查询。

最新水位数据可以查询所有水位站的最新水位数据。

时段水位查询可以查询所有水位站或者所选水位站在一定日期范围内的数据。

日均水位查询可以查询所有水位站或者所选水位站在一定日期范围内每日的日均水位数据。

水位日报表可以查询所有水位站或者所选水位站在某日的水位日报数据。

水位月报表可以查询所有水位站或者所选水位站在某月的每日数据。

水位过程线可以查询某一水位站在选定时间内,该站的水位变化过程曲线。

水位历史数据查询可以查询所有水位站或者所选水位站在一定时间范围内的水位数据,包含整点报、加报、加测的数据,此报表中包含通信信道,可以方便地查看测站在某一时间段内的通信道通信状况。

3. 闸坝数据

闸坝数据选项包括最新闸位数据、闸位数据查询。

最新闸位数据可以查询所有闸位站的最新闸位数据。

闸位数据查询可以查询所有闸位站或者所选闸位站在一定时间范围内的数据。

4. 电压数据

电压数据选项包括最新电压数据、电压数据查询、电压曲线。

最新电压数据可以查询所有测站最新电压数据。

电压数据查询可以查询所有测站或者所选测站在一定时间范围内的电压数据。

电压曲线可以查询某一测站在选定时间内,该站的电压变化过程曲线。

5.1.2.2　水位流量监测软件开发

1. 软件技术方案

软件平台分为如下三层机构(见图 5-4)。

第一层:基础架构设计。平台将水情自动测报系统数据库作为平台基础,通过数据引擎进行数据交换和共享。

第二层:系统接口设计。对各项数据的读、写、校验都进行封装设计,开发人员调用封装好的接口函数和 DLL 动态库进行业务功能设计。

第三层:数据挖掘设计。根据业务需求,通过系统接口对基础数据信息进行数据深度挖掘,实现软件平台的业务系统的设计。

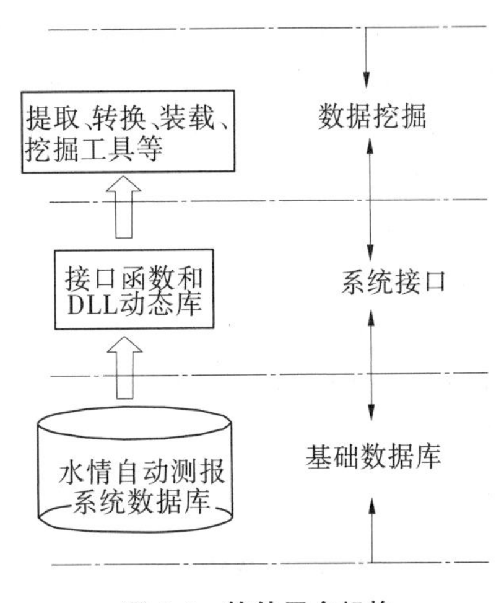

图 5-4　软件平台机构

2. 数据库设计

在水情自动测报系统数据库基础之上,将水情自动测报系统数据库中与计算流量相关的数据表作为本系统数据库。同时,在保证不修改水情自动测报系统数据库的前提下,增加流量监测表,用于读取水位、闸位、站点基本信息,将相关数据写入流量监测表中,对相关数据进行校验、封装。

3. 接口设计

在保证水情自动测报系统完整性的前提下,设计符合本系统的接口函数和 DLL 动态库,该接口满足以下要求:

(1)实现对流量监测系统安全可靠的接入,即使在水情自动测报系统高并发的情况下,也为流量监测系统提供安全可靠的接入。

(2)为水情自动测报系统提供完善的信息安全机制,以实现对信息的全面保护,保证水情自动测报系统的正常运行,以防止流量监测系统大量访问,以及大量占用资源的情况发生,保证水情自动测报系统和流量监测系统的信息安全性。

(3)提供有效的可监控机制,使得接口的运行情况可监控,便于及时发现错误及排除故障。

(4)保证在充分利用水情自动测报系统资源的前提下,实现水情自动测报系统平滑的移植和扩展,同时在水情自动测报系统并发增加时提供水情自动测报系统的动态扩展,以保证水情自动测报系统的稳定性。

(5)保证水情自动测报系统进行数据扩容、数据更新时,应能提供流量监测系统数据实时、方便、准确的实现方式,使得两系统之间兼容性好。

4. 数据部署

数据库采用集中式。流量系统、数据库系统应用同一个数据库——水情自动测报系统数据库,部署在单位的数据库服务器中,该系统通过网络存储、读取和应用数据库中的数据,同时进行数据交互。

数据库系统软件采用微软的 SQL SERVER,数据库服务器的操作系统采用微软的 Windows。

5. 数据读入

由于流量监测系统已经由水情自动测报系统录入到基础数据库中,所以本模块是从基础数据库的相应数据表中读取原始的量测数据。由于读取原始量测数据无法被本系统直接使用;因此本模块负责对原始量测数据进行整理处理。

6. 流量计算

接收数据读入模块传入的数据(可能是水位,可能是闸位),根据监测点的类型,从数据库中检索所需水位闸位数据,按照不同的量测水计算公式得到流量,并存储在数据中。

7. 流量监测系统功能

根据用户指定的站点名和时间范围,从基础数据库中选择出该时间范围内的水情采集数据。经过流量计算模块将水情信息转换成流量值,显示出来。显示信息包括时间、上游水位、下游水位、闸门开度、流量(见图 5-5)。

选择站点名: 柴埠口　选定时间范围: 开始时间 2011-10-2 0:08:00 结束时间 2011-10-19 23:00:00 查询

时间	上游水位	下游水位	闸门开度	流量
2011-10-2 1:00:00	28.72	27.39	0.6	53.91
2011-10-2 2:00:00	28.72	27.4	0.6	53.71
2011-10-2 3:00:00	28.73	27.38	0.6	54.31
2011-10-2 4:00:00	28.74	27.38	0.6	54.51
2011-10-2 5:00:00	28.74	27.4	0.6	54.11
2011-10-2 6:00:00	28.74	27.35	0.6	55.11
2011-10-2 7:00:00	28.74	27.37	0.6	54.71
2011-10-2 8:00:00	28.74	27.34	0.6	55.31
2011-10-2 9:00:00	28.74	27.34	0.6	55.31
2011-10-2 10:00:00	28.74	27.38	0.6	54.51
2011-10-2 11:00:00	28.75	27.4	0.6	54.31

图 5-5　水情采集数据及流量监测系统

8. 数据输出

根据用户指定的查询条件,选择结果数据集,并且能够将结果集显示为数据表格、导出为 Execl 表格,支持将这些表格、报表等送到打印机打印。

5.1.3　小结

本研究按不同流态分别建立了水闸量水流量计算公式,并根据江西赣抚平原灌区各干渠实测数据按流态分类分别进行了流量系数率定;开发了水闸量水水位流量监测软件,通过借助计算机处理系统,仅用少量的流速仪实测流量数据并进行测验率定,实现了灌区量水自动化。通过实际流量测验,利用水闸量水技术进行的流量测定误差均不超过±5%,达到了灌区量水精度要求。

5.2　稻田节水灌溉信息化管理系统研究

本研究计划构建一个能够实时监测田间水层深度和土壤含水率,并对水分信息进行管理,针对实时气象数据与当前天气预报对灌水时间进行调控,使灌溉水利用更为高效的信息化管理系统,结合当前正在推行的农田高效节水工程建设,总结出一套适合稻田节水灌溉信息化的管理技术。

5.2.1　稻田节水灌溉信息化管理系统模块研究

5.2.1.1　系统结构组成及其功能

稻田节水灌溉信息化管理系统由田间设备部分和软件部分组成。其中,田间设备包括 PLC 控制器、水位传感器和土壤水分传感器及其配套太阳能电源。软件部分由以 PHP 为核心的 LAMP(Linux + Apache + MySQL + PHP)架构云服务器站点组成,具备与硬件设施保持通信、向用户提供友好交互界面的功能,运行稳定。

管理系统采用模块化的设计方法,使各模块相互独立,互不影响,分工明确而覆盖完全,采用对功能菜单分类的方法分别设计相应的界面。管理系统的功能模块分为设备管理模块、策略模块、数据管理模块,通过一系列功能的配合完成对土壤、作物水分参数的精确管理,实现“高效灌溉”的目标。图 5-6、图 5-7 为稻田节水信息化管理系统的功能模块和结构示意图。

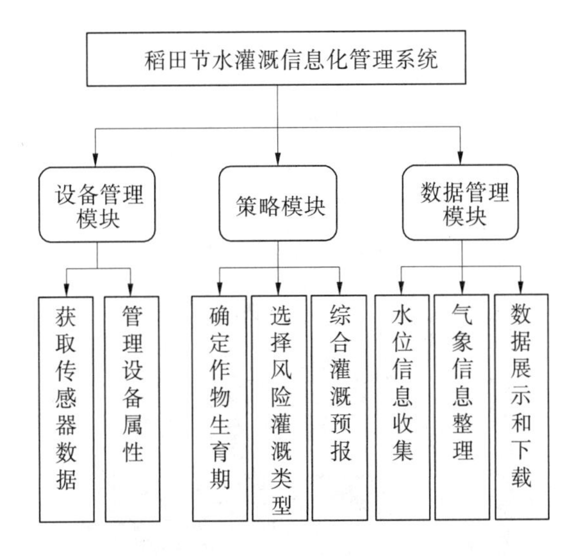

图 5-6　管理系统功能模块示意

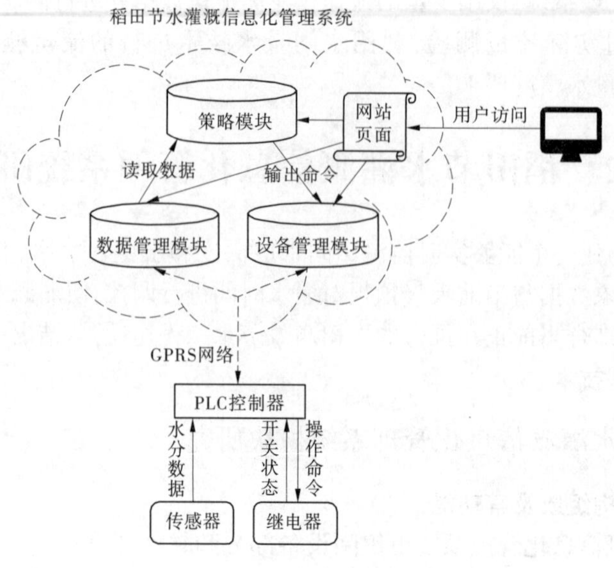

图 5-7　管理系统结构示意

通过网址可从多类型终端访问系统，可实现在线查询、实时管理。

5.2.1.2　**设备控制模块**

设备控制模块通过服务器端向田间控制器发送命令，可实时获取水位传感器和土壤水分传感器数据，并向对应的水阀开关发送开启和关闭信号。通过简洁的用户界面完成交互，利用 GPRS 网络远程实现基本控制功能，实时获取设备状态、土壤水分数据，并可接管渠道量水控制一体化系统控制权，实现阀门启、停和自动、手动控制，满足调度中心的调度级控制要求。服务端通过 PHP、MySQL、Redis、Python 等语言或工具编写，使用户可通过网页完成操作，简单易用。

系统采用的 PLC 设备为海创科技 HC5000 控制器（见图 5-8），支持 GPRS 网络对设备进行控制，并将传感器传出的模拟信号转换为数字信号，通过网络将数据实时传输给服务器，在电源满足要求时能保证稳定的通信、实时获取数据。

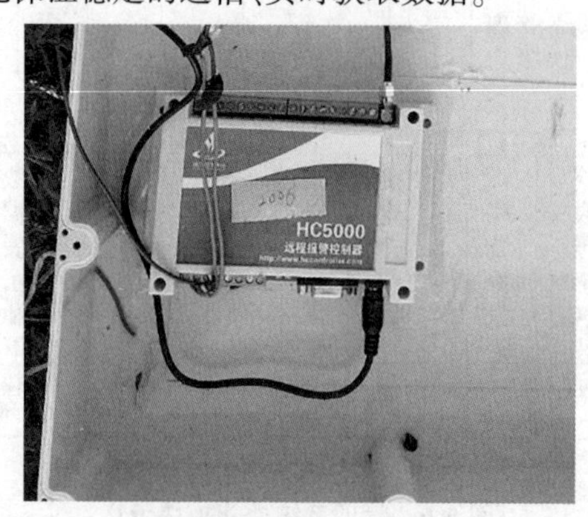

图 5-8　HC5000 控制器

在系统"控制台"（见图 5-9）页实时观测设备对应田块水分数据，查看传感器数据，并可添加配置好的设备模块，观察设备在线状态，也可通过开关手动控制阀门、电磁阀开关。

稻田信息化管理系统
Crop field info-system
控制台 | 历史数据 | 灌溉预报 |

控制中心
◎在此处可对阀门开关及水泵进行一键操作
◎并可实时观察水分状况，实现联动控制。
✔添加设备

名称	水分状态	更新时间	开关状态	网络	历史数据
田块中	0 mm	2016-11-02 14:31:27	关闭	超时断线	历史数据
	20 mm				历史数据
田块西	18.33 mm	2016-10-24 18:41:21	关闭	超时断线	历史数据
	20 mm				历史数据
控制器test	0 mm	2017-03-13 22:01:16	关闭	超时断线	历史数据

图 5-9　稻田信息化管理系统控制台示意

5.2.1.3　数据管理模块

数据管理模块通过服务器、数据库和爬虫脚本等技术对各项数据信息进行整理，并在接收到网页客户端请求后可查询、读取指定时间段内的关键水分数据，实现数据的有序分类、有序读取、有序管理。

在“历史数据”页面中用户可通过 Echarts 生成的图表申请读取自身所属设备的历史水分数据和当地历史气象数据，并可调节显示区间、选择时间段及自行以表格形式下载数据。稻田信息化管理系统历史数据管理示意图见图 5-10。

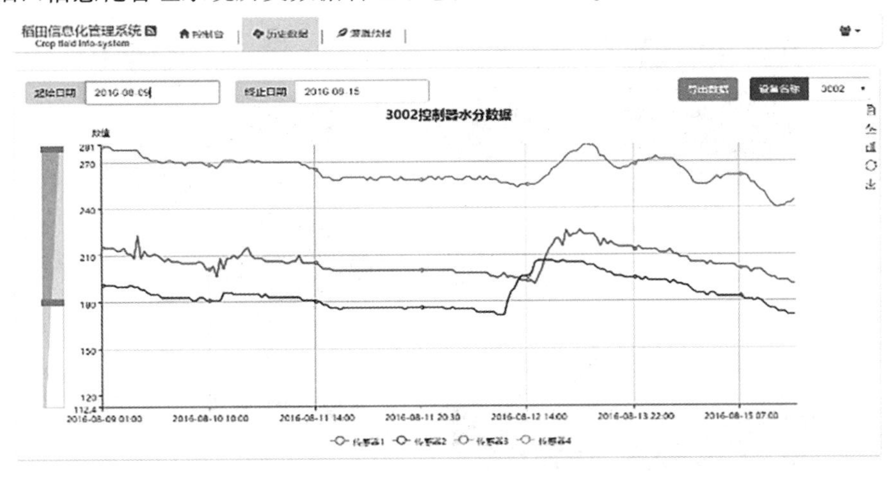

图 5-10　稻田信息化管理系统历史数据管理示意

5.2.1.4　策略模块

策略模块将从数据管理模块中获取的数据进行分析，并结合灌溉风险策略、气象预报等自动得出未来灌溉预报，并实现对管理系统的定时操作，可由用户选择按灌溉策略执行自动灌溉或手动实现操作，灵活性较高。稻田信息化管理系统灌溉预报页面示意图见图 5-11。

管理系统实行的风险决策程序示意图见图 5-12。通过水位传感器及土壤水分传感器得到的农田墒情数据，判断土壤水分或水层深度是否达到所设定的下限。根据本地天气

稻田信息化管理系统
Crop field Info-system
控制台 | 历史数据 | 灌溉预报

灌溉预报　此处显示设备所处地区未来降雨情况，并提供参考意见。

灌溉预报详情

设备名称	所属地区	未来降水情况	灌溉参考意见
田块中	南昌	7天后将有可利用降雨	仅需灌溉二分之一计划灌溉量
田块西	南昌	7天后将有可利用降雨	仅需灌溉二分之一计划灌溉量
控制器test	武汉	未来一周内无可利用降雨	需灌溉全额计划灌溉量

设备所在城市天气情况

所选城市	未来1日天气	未来2日天气	未来3日天气	未来4日天气	未来5日天气	未来6日天气	未来7日天气
南昌	小雨	多云	小雨	阴转多云	小雨	小雨转阴	小雨转大雨
武汉	小雨转多云	晴转阴	小雨转阴	多云	小雨转多云	多云	小雨

图 5-11　稻田信息化管理系统灌溉预报页面示意

预报信息，对每个控制器所属开关作出判断和自动控制，从而根据预设条件启闭阀门，完成一次灌溉。决策程序由 PHP 脚本和 python 通信程序等组成，通过 Linux 定时执行任务功能实现每日定时执行决策。

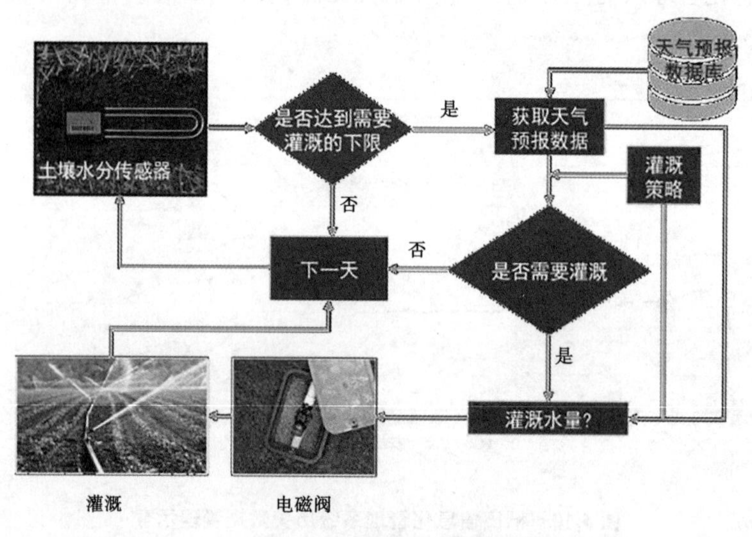

图 5-12　风险决策程序示意

不同于以往的自动控制系统“到下限自动灌溉”不加以思考的模式，程序会根据智慧灌溉策略，结合未来的天气信息决定是否进行灌溉，充分利用降雨，做到节水灌溉，高效用水。

在管理系统的“灌溉预报”页面中用户可以获取灌溉预报、灌溉建议等信息，用户可参考系统的判断来对是否灌溉作出决定，或者授权给系统，由系统对设备实施操作。

5.2.2 小结

本研究结合水稻各生育期适宜的水层控制标准及天气预报数据,从稻田水分监测、稻田耗水规律及灌溉预测等方面开展研究,建立了一套稻田水分状况一体化监测系统和稻田智慧灌溉系统。稻田智慧灌溉系统基于稻田实时水分状况监测数据和从互联网抓取得到的未来 1~7 d 天气预报数据,并考虑灌后遇雨造成灌水浪费及不灌等雨造成的受旱减产两方面的风险,可最大限度利用降水,节约灌溉用水,提高灌溉决策智能化水平。

5.3 灌区渠道量水控制一体化系统研究

针对当前灌区渠道用水管理粗放、取水灌水长流水现象比较普遍等问题,为构建一套精确测量、方便管理的渠道量水控制一体化系统,与稻田节水灌溉信息化管理技术协同工作,缩短灌水周期,适时适量灌水,对水资源合理优化配置起到指导性作用,从而实现灌区取水、灌水一体化、自动化、智能化。

5.3.1 渠道量水控制一体化系统模块功能原理

5.3.1.1 系统组成

渠道量水控制一体化系统包括渠道量水模块和阀门控制模块(见图 5-13)。其中,渠道量水系统采用闸门量水,配备水位计在线监测设备,以实现对渠道用水的有效管控。闸门控制系统采用太阳能电源和电动装置,配用无线通信接收系统,可在平板电脑遥控下启闭和测量;结合稻田节水信息化管理系统的操作功能,可实现对田间需水和渠道用水的联动管理,做到结合实际需求高效用水。

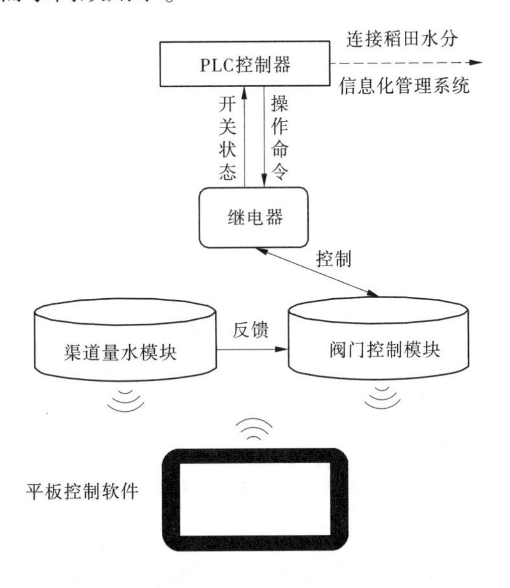

图 5-13　渠道量水控制一体化系统结构示意

5.3.1.2 渠道量水模块

渠道量水模块主要由闸门和水位计组成。量水模块由太阳能板供电，利用水位计量测水位，根据闸门尺寸将水位换算成瞬时流量，通过插值和换算，可通过运算得到闸门开启后用水量，并显示在平板电脑终端，还可配合闸门控制模块完成对渠道用水的管控。

5.3.1.3 闸门控制模块

闸门控制模块同样由太阳能供电，开启时通过继电器开关控制电动马达正向转动，达到最大开度后自动停转；关闭时控制电动马达反转，完全关闭后马达停止转动。闸门控制模块可接入稻田节水信息化管理系统，通过 PLC 控制器完成自动开关，根据流量控制启闭和时长自动启闭等功能，实现对渠道用水的有效管控。

5.3.2 渠道量水控制一体化系统功能

为了使渠道量水一体化控制系统符合实际应用需求，更好地与当地实际情况相结合，对其功能进行划分和确定，并基于此对系统进行深入研究，以达到预期目标。

5.3.2.1 管理功能

系统应具有基本的管理功能，拥有身份验证、密码找回、控制设备位置信息登记、控制设备类型记录等基本功能。控制系统网页示意图(设备基本信息设置)见图 5-14，控制系统网页示意图(用户身份验证)见图 5-15。

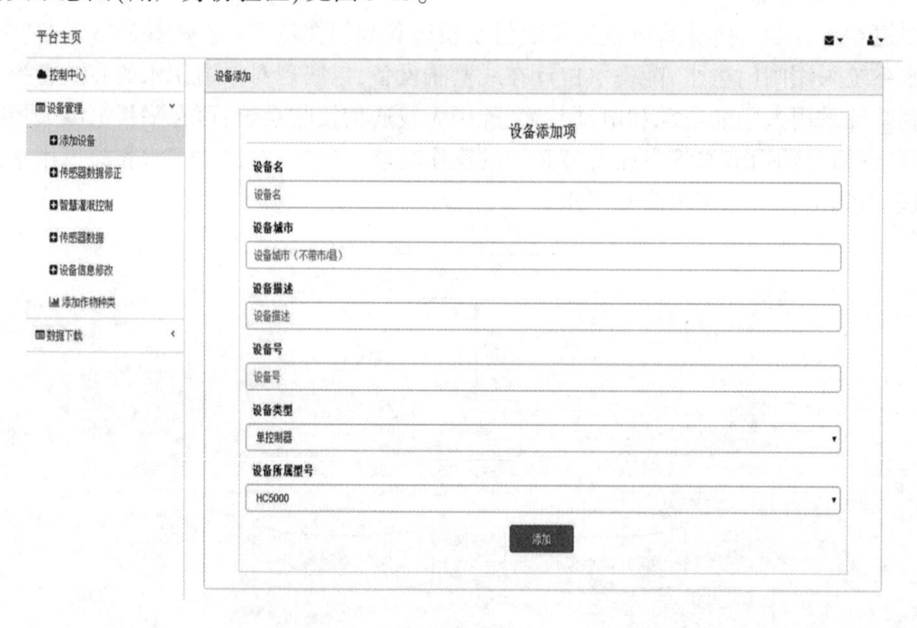

图 5-14 控制系统网页示意(设备基本信息设置)

5.3.2.2 操作功能

用户可在登陆账户后，通过操作平台，经由控制终端对量水系统进行控制，可以在平台上查看水位、水量数据，并对闸门启闭进行实时启闭。控制系统网页示意图(控制中心界面)见图 5-16。

平台主页

控制中心

设备管理

数据下载

请登录

用户名

密码

登录

Copyright © 2011-2016 知润水利

图 5-15　控制系统网页示意(用户身份验证)

图 5-16　控制系统网页示意(控制中心界面)

5.3.2.3　数据管理功能

系统将存储收集到的水位、开关时间信息等存入数据库,并通过域名接口或网址点击下载按日期、按设备整理好的 csv 格式数据,方便对水位、水量信息进行分析、统计等运算。

5.3.3　小结

本研究形成的水稻灌区渠道量水控制一体化系统主要包括渠道量水子系统和渠道灌溉用水控制子系统。渠道量水子系统采用闸门量水和超声波水位计相结合的方法,实现对渠道灌溉取水量的实时监测,并最大限度地降低水头损失。渠道灌溉用水控制子系统根据田间水层精测雷达测得数据,向用水户管理人员发送灌溉指令,并通过移动平板电脑远程操控向水闸传输灌溉指令,当田间水层深度达到灌溉水量的预设数值时,采用平板电脑关闭田间和渠道进水闸。渠道量水控制一体化系统具有测量精确、流量恒定、管理方便等特点,可为实现灌区输水、灌水一体化和稻田节水灌溉信息化管理提供有力的技术支撑。

第 6 章　结论与展望

6.1　结　论

针对当前水资源短缺、水污染严重、水生态环境恶化等问题，以及受极端气候影响，江西省频繁遭遇洪涝灾害和季节性干旱，给水安全、粮食安全和生态安全造成严重威胁等状况，开展农田节水灌溉及水资源优化配置等环节的节水理论与技术研究，提出适宜的节水灌溉技术和灌溉制度，构建农业水资源优化配置模型，研发水资源优化配置技术体系，为实现农业的可持续发展和水资源的可持续利用，确保区域水安全、粮食安全和生态安全等提供有力的科技支撑。具体取得如下研究结论：

(1)研究形成了农田节水灌溉理论体系，并提出了系列节水灌溉技术和应用模式。

①调查分析了江西省主要水稻土类型及其分布，表明江西省水稻土以潴育型水稻土为主，占水稻土总面积的 86.08%；而潴育型水稻土又以潮沙泥田为多，占全省水稻土的 26.30%，其次是鳝泥田和黄泥田，分别占全省水稻土的 21.07%和 16.35%；淹育型水稻土、潴育型水稻土、潜育型水稻土等 3 类水稻土的水分特性差异较大；测定分析提出了江西省主要水稻土即潴育型麻沙泥田、潴育型鳝泥田、潴育型红沙泥田、潴育型黄泥田、潴育型潮沙泥田等的土壤水分特征曲线，表明沙泥田的有效水含量高于泥田，尤其是麻沙泥田和潮沙泥田，有效水含量明显高于黄泥田。

②选取了江西省典型水稻土黄泥田和潮沙泥田，开展不同灌溉方式土壤水分运移规律研究，表明在滴灌方式下，随着灌水量的增加，不同深度土壤含水率呈现出不同的变化规律，其中，土壤深度 40 cm 处的变化幅度最大，其次是 20 cm 深度。在灌水量较小时，潮沙泥田不同土壤深度含水率较黄泥田波动大，随着灌水量的增加，达到 10 L 时，两者波动差异逐渐变小，都趋于稳定。在喷灌方式下，随着灌水时间的延长，不同深度土壤含水率呈现出相似变化规律，均呈稳定增长趋势，其间的波动较小。随着灌水时间的延长，潮沙泥田较黄泥田土壤含水率增长较快。

③系统分析了江西省灌溉试验中心站 1982—2012 年期间的早、晚稻在浅水灌溉和间歇灌溉等不同灌溉方式下的作物需水规律、作物系数、灌溉定额；分析确定了 50%、75%、80%、90%等 4 个不同频率年作物需水量、作物系数和灌溉定额，探明了不同时空尺度需水量的主要影响因素；其中，在时间尺度上，作物需水量日变化、季节变化和年变化呈明显的变化特征；作物需水量日变化一般呈单峰曲线(倒 U 形)，辐射是其最主要的控制因子，各因子对早稻和晚稻需水量影响大小为 $R_n>VPD>t>v$，夜间平均 v 是稻田生态系统夜间 ET 的主要控制因子；在月尺度上，稻田生态系统的主控因子发生改变，t 成为主控因子，其次是 R_n 和 VPD；季节变化一年内表现为双峰或多峰变化趋势，温度是其最主要控制因子。在空间尺度上，作物需水量随空间尺度的增大而逐渐减小；在日尺度上，辐射仍然是 ET

为最主要的控制因子，测坑尺度 ET_L 和农田尺度 ET_{ec} 随各气象因子变化趋势一致，净辐射与两尺度 ET 相关性最好，ET_L 对净辐射、温度和水汽压差的响应更加敏感。

④开展了早、中、晚稻浅水灌溉、间歇灌溉、“间歇+中蓄”、“间歇+普蓄”、“间歇+深蓄”等蓄雨灌溉方式研究，探明了早、中、晚稻不同蓄雨灌溉方式作物系数 K_c 值、耗水量、降雨有效利用率、灌水量、排水量、产量及其结构指标的影响规律。综合分析不同影响因子的影响效应，得出早、中、晚稻适宜的灌溉方式，即早稻宜采用间歇+普蓄灌溉模式，中稻宜采用间歇+普蓄灌溉方式，晚稻宜采用间歇+中蓄灌溉方式。

⑤开展了水稻干旱胁迫需水规律和受旱减产规律研究；表明水稻日平均腾发量黄泥田小于潮沙田；土壤墒情衰减程度在 8 月最大，同时间段中稻土壤墒情衰减程度大于晚稻；中、晚稻拔节孕穗期和抽穗开花期严重受旱对产量的影响非常大，但不同受旱历时对晚稻造成的减产率低于中稻；水稻分蘖期、乳熟期以及黄熟期连续断水天数宜控制在 10 d 左右，拔节孕穗期和抽穗开花期宜控制在 5 d 左右。

⑥根据江西省近 31 年气象资料，选取参考作物蒸发蒸腾量、气象站点所处经度、纬度及海拔高度作为分区要素，对全省各个县(市、区)进行灌溉分区，将全省分成鄱阳湖区、赣东北区、赣西北区、赣中区和赣南区等 5 个灌溉分区，并绘制了江西省灌溉分区图。

⑦通过采用网格无关法，利用 Surfer 8.0 绘制等值线图软件，进行全省水稻灌溉定额等值线图绘制，并进行空间差异性分析。分析结果表明，水稻灌溉定额在全省不同区域具有一定的差异性，不同灌溉方式间存在微小的差异。

(2)探明了不同时空尺度灌溉水运移过程，揭示了灌溉水回归利用机理及灌溉定额空间尺度效应、灌溉用水有效利用系数逐年变化规律及其影响机制。

①通过选取典型田块开展田块尺度水量平衡试验，试验结果表明，上部田块的田间垂向消耗量与侧向渗流基本一致；在中稻全生育期内，稻田侧向渗流量占稻田渗漏总量比例较大，达 42.8%；典型田块灌水量和渗漏量明显小于试验测坑，减少比率分别达 20.30% 和 33.75%；但典型田块蒸发蒸腾量与试验测坑基本持平。

②通过在水稻灌区选取典型区域，并在区域内选取典型田块和灌溉试验站作物需水量测坑，进行区域尺度、田块尺度和测坑尺度等不同大小尺度灌溉定额研究，结果表明，水稻灌区灌溉定额存在空间尺度效应，从试验测坑到典型田块，再到区域尺度，总体表现为尺度越大，灌溉定额越小，灌区存在回归水的重复利用；区域尺度的综合灌溉定额较原位田块尺度的灌溉定额减少 13.38%，较测坑的灌溉定额减少 30.96%。

③通过选取“首尾测算分析法”，对不同规模、不同类型、不同工程状况和管理水平的典型代表灌区进行农田灌溉用水有效利用系数测算分析，并对其变化规律及其影响因素进行分析。结果表明，2011—2020 年，江西省农田灌溉用水有效利用系数呈逐年增长趋势，但后期增速缓慢；农田灌溉用水有效利用系数呈小型灌区>中型灌区>大型灌区、提水灌区>自流引水灌区的变化趋势，并且与土壤渗透强度呈负相关关系；灌区渠道防渗在一定程度上能提高农田灌溉用水有效利用系数，但总体提高幅度不是很大；灌区管理机构比较完善，农民用水户参与灌溉管理，管理资金和农业水费落实到位，有助于提高灌区农田灌溉用水有效利用系数。

(3)研究构建了水稻水分生产函数和水资源优化配置模型，提出了水稻最优灌溉制度和水资源优化配置方案。

①基于水稻水分生产函数试验，比较分析了几种常用的水分生产函数对早、中、晚稻的适应性，结果表明，对于鄱阳湖流域灌区早、中、晚稻，Jensen模型均为适应的水分生产函数模型，其中，早稻敏感指数顺序为3、2、4、1，中稻敏感指数顺序为2、3、4、1，晚稻敏感指数顺序为2、1、3、4(1、2、3、4分别代表分蘖期、拔节孕穗期、抽水开花期和乳熟期)；并建立了早、中、晚稻非充分灌溉条件下求解优化灌溉制度的动态规划模型，模拟分析了早、中、晚稻不同可供水量下的优化灌溉制度；优化后的灌溉制度可以显著节水，其中，早稻节水40.0%~60.8%、中稻节水10.9%~35.0%、晚稻节水11.8%~15.8%。

②研究建立了DP-DP模型和DP-PSO模型。针对有限水量但不考虑时段供水约束，采用DP-DP模型在现有种植结构和优化种植结构条件下，进行非充分灌溉条件下典型灌区早、中、晚稻多种作物间及作物生育期的最优水量分配；表明在灌水量相同情况下，优化种植结构后的经济效益高于现有种植结构。针对既考虑灌溉用水总量约束又考虑时段可供水量约束等多重约束，采用粒子群算法对典型灌区进行农业水资源优化配置，表明DP-PSO模型适用于有约束条件下的农业水资源优化配置；考虑典型灌区普遍存在降雨和水源可供水量不同步现象，提出了90%、75%和50%等3种降雨频率与不同年可供水组合情况的农业水资源优化配置方案，分析了有无时段供水约束下作物种植结构及水资源配置方案，结果表明有时段供水约束下的优化结果更符合引水灌区实际情况。

③研究构建了基于改进PSO算法的灌区水资源优化配置模型，采用层次分析法，确定了不同目标函数的权重，计算了典型灌区现状年和不同规划年下水资源优化配置结果；提出了现状年和规划年缺水程度，以及由此造成的经济损失，并提出了农田适宜复种指数、配水峰值所处时段。

(4)研究提出了经济实用灌区量水技术，研发了稻田节水灌溉信息化管理系统和灌区渠道量水控制一体化系统。

①研究总结了适合灌区的水闸量水技术，建立了流量系数计算公式，根据实测成果对渠道进水闸按流态分类分别进行了流量系数率定，开发了水闸量水水位流量监测软件，达到了流量测定误差不超过±5%的效果。

②结合水稻各生育期适宜的水层控制标准及天气预报数据，从稻田水分监测、稻田耗水规律及灌溉预测等方面研究建立了稻田水分状况一体化监测系统和稻田智慧灌溉系统，实现了稻田实时水分状况监测和灌溉预报功能，提高了灌溉决策智能化水平。

③研究建立了包括渠道量水子系统和灌溉用水控制子系统的渠道量水控制一体化系统，具有测量精确、流量恒定、管理方便等特点，实现了对渠道灌溉供水的实时监测和远程调度操控功能。

6.2 展　望

水稻节水灌溉方式应用，更多的是田间管理问题。要得到大面积推广应用，需要进行示范和培训，着力提高农民灌溉管理知识水平，以可看得见的效益引导农民自觉采用。要确保水稻节水灌溉技术的大面积推广应用，还须配套完善的灌排系统，缓解农田灌溉用水之急,减少农民灌溉用水时间和要水却无水可灌的囧境。水稻节水灌溉的推广,还需得到灌区管理部门的通力合作。灌区管理部门需要制订科学合理的灌溉计划,考虑灌区回归水的利用问题和输水效率问题,合理配水,做到灌溉配水及时有效,同时又要避免长流水问题,切实控制灌区取用水总量,达到节水的目的。要大力推进农田水利节水减排工程建设、高效节水灌溉工程建设、灌区续建配套节水改造工程建设,把本研究成果纳入规划设计建设当中,从而有效推进工程节水,为灌区输配水奠定良好的基础。

随着农业种植结构的调整和农村多元经济的发展,农村用水呈现多目标用水态势。农田灌溉用水也由原来水稻灌溉为主,变为经济作物、养殖用水等多目标用水,并且呈逐年加大趋势。同时,随着经济社会发展水平的提高,人们更加注重饮食的营养健康和多样化。以往,作物灌溉更多注重产量水平的提高,而很少关注通过灌溉来提高产品品质的问题。随着人们对农产品的品质要求越来越高,市场因产品品质不同也呈现不同价格波动,种植户逐渐将提高产品品质转向科学灌溉方面,使得节水灌溉赢得了更大需求。因此,节水灌溉技术的推广应用,要更加注重从满足作物灌溉用水需求和科学合理灌溉角度来推进。

随着经济社会的发展,江西省的工业、城镇公共事业、居民生活、生态环境和林牧渔畜用水量未来势必增加,减少农田灌溉用水量,是江西省达到用水总量控制指标的最有效途径。因此,农业节水更加紧迫,提高农业灌溉用水效率显得十分必要。

然而,缺少节水灌溉理论和相关技术支撑,灌区配水将无法实现实时适量调配,灌区自身管理水平也难以得到提高。稻田信息化建设最大优势就是大大增强信息的时效性和准确性,进行手工无法完成的大量信息后处理,制订出科学的灌溉调度方案,从而提高灌区的灌溉用水效率和效益。灌区渠道量水控制一体化系统的应用可以大大提高行业管理数据的全面性、准确性和适时性,为科学管理和决策提供可靠依据,为实现农村水利行业管理现代化提供科技支撑。同时,通过稻田节水灌溉信息化管理技术的应用,可以大幅度提高农田灌溉管理水平,提高灌区为用水户服务的质量和水平,为用水户提供适时、适量、安全供水,更加有效地管理工程,合理调配水资源,促使灌区效益最大化。

参考文献

[1] 陈皓锐,黄介生,伍靖伟,等. 井渠结合灌区用水效率指标尺度效应研究框架[J]. 农业工程学报,2009,25(8):1-7.

[2] 陈辉. 基于 ZigBee 与 GPRS 的温室番茄远程智能灌溉系统的研究与实现[D]. 杭州:浙江大学, 2013.

[3] 陈冀孙,胡斌. 气浮净水技术的研究与应用[M]. 上海:上海科学出版社,1985:1-9.

[4] 陈金水,丁强. 灌区现代化的发展思路和顶层设计[J]. 水利信息化,2013(6):11-14,38.

[5] 陈进,黄薇. 实施水资源三条红线管理有关问题的探讨[J]. 中国水利,2011(6):118-120.

[6] 陈新红,徐国伟,孙华山. 结实期土壤水分与氮素营养对水稻产量与品质的影响[J]. 扬州大学学报:农业与生命科学版,2003,24(3):37-41.

[7] 陈亚新,康绍忠. 非充分灌溉原理[M]. 北京:水利电力出版社,1995.

[8] 陈亚新,于健. 考虑缺水滞后效应的作物-水模型研究[J]. 水利学报,1998(4):70-74.

[9] 陈亚新. 作物-水模型及其敏感指标的确认[J]. 灌溉排水学报,1995(4):1-6.

[10] 陈洋波,陈俊合,李长兴,等. 基于 DPSIR 模型的深圳市水资源承载能力评价指标体系[J]. 水利学报,2004(7):98-103.

[11] 丛振涛,周智伟,雷志栋. Jensen 模型水分敏感指数的新定义及其解法[J]. 水科学进展,2002,13(6):730-735.

[12] 崔远来,董斌,李远华,等. 农业灌溉节水评价指标与尺度问题[J]. 农业工程学报,2007(7):1-7.

[13] 崔远来. 非充分灌溉优化配水技术研究综述[J]. 灌溉排水,2000(19):66-70.

[14] 崔远来,李远华. 作物缺水条件下灌溉供水量最优分配[J]. 水利学报,1997(3):37-42.

[15] 崔远来,李远华. 非充分灌溉条件下稻田优化灌溉制度的研究[J]. 水利学报,1995(10):29-34.

[16] 崔远来,李远华,张明炷,等. 中稻水分生产函数及应用研究[J]. 灌溉排水学,1995,14(2):4-7.

[17] 崔远来,茆智,李远华. 水稻水分生产函数时空变异规律研究[J]. 水科学进展,2002,13(4):484-491.

[18] 崔远来,袁宏源,李远华. 考虑随机降雨时稻田高效节水灌溉制度[J]. 水利学报, 1999 (7):41-46.

[19] 崔远来. 作物水分敏感指标空间变异规律及其等值线图研究[J]. 中国农村水利水电,1999(11):16-17.

[20] 崔远来. 非充分灌溉优化配水技术研究综述[J]. 灌溉排水学报,2000,19(1):66-70.

[21] 董斌,崔远来,李远华. 水稻灌区节水灌溉的尺度效应[J]. 水利学进展,2005(6):833-839.

[22] 冯耀龙,韩文秀,王宏江,等. 区域水资源承载力研究[J]. 水科学进展, 2003, 14(1):109-113.

[23] 冯玉莲. 我国水资源开发利用的探讨[J]. 轻工设计,2011(5):241.

[24] 傅春,吴久安. 我国未来发展需水量预测[J]. 农业系统科学与综合研究, 2000, 16(4):251-255.

[25] 付强,王立坤,门宝辉,等. 推求水稻非充分灌溉下优化灌溉制度的新方法——基于实码加速遗传算法的多维动态规划法[J]. 水利学报,2003(1):123-128.

[26] 高吉寅,胡宗海,路漳. 水稻等品种苗期抗旱生理指标的探讨[J]. 中国农业科学,1984,17(4):41-45.

[27] 高玉芳,张展羽. 混沌人工鱼群算法及其在灌区优化配水中的应用[J]. 农业工程学报, 2007(6):7-11.

[28] 顾世祥,崔远来. 水资源系统规划模拟与优化配置[M]. 北京:科学出版社,2013:90-137.

[29] 郭宗楼. 旱作物节水灌溉制度优化方法[J]. 灌溉排水学报,1992(4):35-37.
[30] 郭宗楼. 灌溉水资源最优分配的 DP-DP 法[J]. 水科学进展,1994(4):303-308.
[31] 郭振飞,黎用朝. 不同耐旱性水稻幼苗对氧化胁迫的反应[J]. 植物学报,1997,39(8):748-752.
[32] 郝树荣,任瑞英,郝树刚. 灌区量水技术的发展与展望[J]. 人民黄河,2003(11):41-43.
[33] 郝晶晶,马孝义,王波雷,等. 灌区量水设备的研究应用现状与发展趋势[J]. 中国农村水利水电,2008(4):39-41.
[34] 何顺之. 灌溉对生态环境的影响[J]. 农田水利与小水电,1993(10):13-16.
[35] 胡继超,姜东,曹卫星,等. 短期干旱对水稻时水势、光合作用及干物质分配的影响[J]. 应用生态学报,2004,15(1):63-67.
[36] 金千瑜,欧阳由男,禹盛苗,等. 土壤干旱胁迫对不同水稻品神叶片卷曲的影响[J]. 中国水稻科学,2003,17(4):349-354.
[37] 李长明,刘保国,任昌福,等. 水稻抗旱机理研究[J]. 西南农业大学学报,1993,15(5):409-413.
[38] 李会昌,沈荣开,张瑜芳. 作物水分生产函数动态产量模型——Feddes 模型初探[J]. 灌溉排水学报,1997(4):1-5.
[39] 李洁. 非充分灌溉的发展与现状[J]. 节水灌溉,1998(5):21-23.
[40] 李小龙,邱勇, 苗正伟,等. 闸堰测控一体化系统在扬水灌区的应用研究[J]. 人民黄河,2016(12):144-148.
[41] 李远华. 节水灌溉理论与技术[M]. 武汉:武汉水利水电大学出版社,1999:57-58.
[42] 李智,郑晓. 粒子群算法在农业工程优化设计中的应用[J]. 农业工程学报, 2004(3): 15-18.
[43] 刘保国,李长明,任昌福. 水稻旱种的生理基础研究[J]. 西南农业大学学报,1993,15(6):477-482.
[44] 刘方平. 江西省灌溉用水有效利用系数与节水潜力研究[D]. 武汉:武汉大学,2012.
[45] 刘建华. 粒子群算法的基本理论及其改进研究[D]. 长沙:中南大学, 2009.
[46] 刘锦涛,黄万勇,杨士红,等. 加气灌溉模式下稻田土壤水溶解氧的变化规律[J]. 江苏农业科学,2015(2):389-392.
[47] 刘路广,崔远来,吴瑕. 考虑回归水重复利用的灌区用水评价指标[J]. 水科学进展,2013(4):522-528.
[48] 鞠茂森. 关于灌溉现代化的思考[J]. 水利发展研究,2013(3):10-14.
[49] 卢从明,张其德,匡廷云. 水分胁迫抑制水稻光合作用的机理[J]. 作物学报,1994,20(5):601-606.
[50] 陆遥. 传感器技术的研究现状与发展前景[J]. 科技信息,2009(19):31-32.
[51] 马孝义,建波,康银红. 重力式地下滴灌土壤水分运动规律的模拟研究[J]. 灌溉排水学报,2006(6):5-10.
[52] 茆智. 节水潜力分析要考虑尺度效应[J]. 中国水利,2005(15):14-15.
[53] 茆智. 水稻节水灌溉[J]. 中国农村水利水电,1997(4):45-47.
[54] 茆智,崔远来,李远华. 水稻水分生产函数及其时空变异理论与应用[M]. 北京:科学出版社,2003:57-84.
[55] 茆智,崔远来,李新建. 我国南方水稻水分生产函数试验研究[J]. 水利学报,1994(9):21-31.
[56] 孟雷,李磊鑫,陈温福,等. 水分胁迫对水稻叶片气孔密度、大小及净光合速率的影响[J]. 沈阳农业大学学报,1999,30(5):477-480.
[57] 裴鹏刚,张均华,朱练峰,等. 根际氧浓度调控水稻根系形态和生理特性研究进展[J]. 中国稻米,2013,19(2):6-8.
[58] 彭少兵,黄见良,钟旭华,等. 提高我国稻田氮肥利用率的研究策略[J]. 中国农业科学,2002,35(9):1095-1103.

[59] 彭永康. 陆稻和水稻苗期根系的比较研究[J]. 植物学通报,1989,6(1):33-36.

[60] 沈振荣,汪林,于福亮,等. 节水新概念——真实节水的研究与应用[M]. 北京:中国水利电力出版社, 2000.

[61] 史峰,王辉,郁磊,等. matlab 智能遗传算法[M]. 北京:北京航空航天大学出版社,2011:1-16.

[62] 时训柳,洪林,袁宏源. 漳河灌区水稻节水灌溉对农业投入产出的影响分析[J]. 中国农村水利水电,2001(9):15-17,23.

[63] 宋朝红,崔远来,罗强. 基于遗传算法的非充分灌溉下最优灌溉制度设计[J]. 2005(24):45-48.

[64] 王成瑷,赵磊,王伯伦,等. 干旱处理对水稻生育性状与生理指标的影响[J]. 农学学报,2014,4(1):4-14.

[65] 王志琴,杨建昌,朱庆森,等. 水分胁迫下外源多胺对水稻叶片光合速率与籽粒充实的影响[J]. 中国水稻科学,1998,12(3):185-188.

[66] 王秀珍,李红云. 旱稻与水稻苗期的淀粉酶同工酶及其活性的研究[J]. 北京农业大学学报,1985,11(2):135-140.

[67] 王秀珍,李红云,凌祖铭. 水、陆稻苗期淀粉酶活性与抗旱性的关系[J]. 北京农业大学学报,1991,17(2):37-41.

[68] 魏钰洁,左其亭,窦明. 基于"三条红线"的海水入侵区地下水保护体系[J]. 南水北调与水利科技,2012,10(2):137-141.

[69] 谢先红,崔远来. 灌溉水利用效率随尺度变化规律分布式模拟[J]. 水科学进展,2010,21(5):681-689.

[70] 徐彬,郑之奇,张珂. 微纳米气泡改善太湖入湖河道水质的工程实例研究——以苏州南北华翔河水质改善工程为例[J]. 环境监控与预警,2013(1):15-16.

[71] 许正中,李欢. 我国微电子技术及产业发展战略研究[J]. 中国科学基金,2010(3):155-160.

[72] 徐富贤,熊洪,谢戎,等. 水稻氮素利用效率的研究进展及其动向[J]. 植物营养与肥料学报,2009,15(5):1215-1225.

[73] 杨建昌,乔纳圣·威尔斯,朱庆森,等. 水分胁迫对水稻叶片气孔频度、气孔导度及脱落酸含量的影响[J]. 作物学报,1995,21(5):532-539.

[74] 杨建昌,王志琴,朱庆森. 水稻品种的抗旱性及其生理特性的研究[J]. 中国农业科学,1995,28(5):65-72.

[75] 杨建昌,朱庆森,王志琴. 土壤水分对水稻产量与生理特性的影响[J]. 作物学报,1995,21(1):110-145.

[76] 张从鹏,罗学科,李功一,等. 面向灌区调水工程的远程自动计量闸门研究[J]. 农业机械学报,2014,45(8):172-177.

[77] 张红宇,张海阳,李伟毅,等. 我国特色农业现代化:目标定位与改革创新[J]. 中国农村经济,2015(1):4-13.

[78] 张明炷,李远华,崔远来. 非充分灌溉条件下水稻生长发育及生理机制研究[J]. 灌溉排水,1994,13(4):6-10.

[79] 张展羽,李寿声,何俊生. 非充分灌溉制度设计优化模型[J]. 水科学进展. 1993(3):207-214.

[80] 张燕之,周毓珩,曾祥宽,等. 不同类型稻抗旱性鉴定指标研究[J]. 沈阳农业大学学报,2002,33(2):90-93.

[81] 赵锋,张卫建,章秀福,等. 稻田增氧模式对水稻籽粒灌浆的影响[J]. 中国水稻科学,2011,25(6):605-612.

[82] 赵锋,王丹英,徐春梅,等. 根际增氧模式的水稻形态生理及产量响应特征[J]. 作物学报,2010,36

(2):303-312.

[83] 赵霞,徐春梅,王丹英,等. 根际溶氧量在水稻氮素利用中的作用机制研究[J]. 中国水稻科学,2013,27(6):647-652.

[84] 朱维琴,吴良欢,陶勤南. 干旱逆境下不同品种水稻叶片有机渗透调节物质变化研究[J]. 土壤通报,2003,34(1):25-28.

[85] 朱杭申,黄丕生. 土壤水分胁迫与水稻活性氧代谢[J]. 南京农业大学学报,1994,17(2):7-11.

[86] 郑伟. 高溶气量新型气浮系统的开发及其应用研究[D]. 开封:河南大学,2013.

[87] 周祖昊,袁宏源. 有限供水条件下灌区优化配水[J]. 中国农村水利水电, 2002 (5):5-7.

[88] 邹金秋,周清波,杨鹏,等. 无线传感网获取的农田数据管理系统集成与实例分析[J]. 农业工程学报,2012(2):142-147.

[89] Acevedo E,Hsiao T C. Immediate and subsequent growth response of maize leave to changes in water stress[J]. Plant Physiol,1971(48):631-636.

[90] Adam B,Franz G,Muthupandian A. Effeet of Power and Frequency on Bubble Size Distributions in Aeoustic Cavitation[J]. Physical Review Letiers,2009,102:084302-084306.

[91] Ali M H,Hoque M R,Hassan A A. Effects of deficit irrigation on yield,water productivity,and economic returns of wheat [J]. Agricultural Water Management,2007,92:151-161.

[92] Alizadeh F. Interior point methods in semidefinite programming with applications to combinatorial optimization[J]. Siam Journal on Optimization,1993,5(1):13-51.

[93] Bates L M,Hall A E. Stomatal closure with soil depletion not associated with changes in bulk leaf water status[J]. Oecologia,1981(50):62-65.

[94] Blackman P D,Davies W J. Root to shoot communication in maize plants of the effects of soil drying[J]. Journal of Experimental Botany,1985(36):39-48.

[95] Boyer J S. Advance in drought tolerance in plants[J]. Advances in Agronomy,1996(56):187-218.

[96] Burt C M,Styles S W,Fidell M,et al. Irrigation district modernization for the western U. S[C]. Proceedings of the 1997 27th Congress of the international Association of Hydraulic Research,Iahr Part C. August,1997.

[97] Childs S. Comparative performance of different corn growth under moisture stress[J]. Transactions of the Asabe,1977(5):52-67.

[98] Committee to ierevw of the florida keys carrying capacity study,national research council . Interim review of the florida keys carrying capacity study [Z]. Washington DC:National Academy Press. 2001.

[99] Cordoba S,iniguez M,Mejia E,et al. Modernization of the Begona irrigation district operation. Proceedings of the 1st International Conference on Water Resources Part 1(of 2)[R]. August,1995 .

[100] Costanza D,Arge G. The value of the world′s ecosystem services and natural capital[J]. Nature(London)(United Kingdom),1997,387(6630):253-260.

[101] Davenport C D,Hagan M R. Agricultural water conservation in california,with emphasis on the San Joaquin Valley[R]. Dept. of Land,Air and Water Resources,University of California,1982:219.

[102] Dordas C. Dry matter,nitrogen and phosphorus accumulation,partitioning and remobilization as affected by N and P fertilization and source-sink relations [J]. European Journal of Agronomy, 2009, 30: 129-139.

[103] Dr. Masayoshi takahashi,Fantastic Properties of Microbubbles[R]. AIST,2008.

[104] Dudley N J,Howell D T,Musgrave W F. Irrigation Planning 1:Choosing optimal acreages within a season[J]. Water Resources Research,1971,7(5):1051-1063.

[105] Dudley N J. Irrigation planning:3. the best size irrigation area for a reservoir[J]. Water Resources Research, 1972,8(1):7-17.

[106] Dudley N J. Irrigation planning:4. optimal interseasonal water allocation[J]. Water Resources Research,1972,8(3):586-594.

[107] Edzwald J K. Principles and applications of dissolved air flotation[J]. Water Science and Technology, 1995,31:1-23.

[108] Fadi K,Rafic L,Randa M. Evapotranspiration,seed yield and water use efficiency of drip irrigated sunflower under full and deficit irrigation conditions [J]. Agricultural Water Management, 2007, 90: 213-223.

[109] Feddes R A,Kowalik P J,Zaradny H. Simulation of field water use and crop yield[J]. Simulation of Plant Growth & Crop Production,1978,189:63-69.

[110] Flinn J C,Musgrave W F. Development and analysis of input-output relations for irrigation water[J]. Australion Journal of Agricultural Economic,1967,11(1):1-19.

[111] Fu Y J,He J S,Zhang X D. Analysis of water resources carrying capacity in liao river basin[J]. Applied Mechanics & Materials,2012,212-213:423-429.

[112] Gensler D,Oad R,Kinzli K-D. Irrigation system modernization:Case study of the middle Rio Grande valley [J].Journal of Irrigation and Drainage Engineering,2009,135(2):169-176.

[113] Ghahraman B R,Sepaskhah A. Use of a water deficit sensitivity index for partial irrigation scheduling of wheat and barley[J]. Irrigation Science,1997,18(1):11-16.

[114] Giusti E,Marsili-Libelli S. A fuzzy decision support system for irrigation and water conservation in agriculture[J]. Environmental Modelling & Software,2015,63:73-86.

[115] Guerra L C,Bhuiyan S I,Tuong T P,et al. Producing more rice with less water. Swim Paper 5[R]. International Water Management Institute,Colombo,Sri Lanka. 1998:29.

[116] Hall W A,Butcher W S. Optimal timing of irrigation[J]. Journal of irrigation and Drain. Division, ASCE. 1968,94:267-275.

[117] Hamblin A,Tennan T D,Perry M W. the cost of stress:dry matter partitioning changes with seasonal supply of water and nitrogen to dry land wheat [J]. Plant and Soil,1990,122:47-58.

[118] Hanks R J. Model for predicting plant yield as influenced by water use[J]. Agron Journal,1974(66): 660-665.

[119] Harris J M,Kennedy S. Carrying capacity in agriculture:global and regional issues[J]. Ecological Economics, 1999,29(3):443-461.

[120] Hiler E A,Clark R N. Stress day index to characterize effects of water stress on crop yields[J]. Transactions of the Asabe,1971(4):757-761.

[121] Huang H C,Liu C W,Chen S K,et al. Analysis of percolation and seepage through paddy bunds[J]. Journal of Hydrology,2003,284(1):13-25.

[122] Janssen M,Lennartz B. Water losses through paddy bunds:methods,experimental data,and simulation studies[J]. Journal of Hydrology,2009,369(1):142-153.

[123] Joardar S D. Carrying capacities and standards as bases towards urban infrastructure planning in india : A case of urban water supply and sanitation[J]. Habitat International,1998,22(3):327-337.

[124] Juan J A D,Tarjuelo J M,Valiente M,et al. Model for optimal cropping patterns within the farm based on crop water production functions and irrigation uniformity I:Development of a decision model[J]. Agricultural Water Management,1996,31(29):115-143.

[125] Kiran K, Khanif J K, Amminuddin Y M, et al. Effects of controlled release urea on the yield and nitrogen nutrition of flooded rice [J]. Communications in Soil Science and Plant Analysis, 2010, 41: 811-819.

[126] Kumar R, khepar S D. Decision model for optimal cropping patterns in irrigation based on crop water production function[J]. Agricultural Water Manage, 1980(3): 65-76.

[127] Lawrie A, Brisken A F, Francis S E, et al. Microbubble-enhaneed ultrasound for vascular gene Delivery [J]. Gene Therapy, 2000, 7: 2023-2028.

[128] Lee E S, Raju K S, Biere A W. Dynamic irrigation scheduling with stochastic rainfall[J]. Agricultural Water Management, 1991, 19(3): 253-270.

[129] Liang J, Zhang J, Devies M H. Stomatal conductance in relation to xylem sap ABA concentrations in two tropical trees[J]. Plant Cell and Environment, 1996(19): 93-100.

[130] Lilley J M, Ludiow M M. Expression of osmotic adjustment and dehydration tolerance in diverse rice lines[J]. Field Crops Res. 1996(48): 185-197.

[131] Mahajan G, Chauhan B S, timsina J, et al. Crop performance and water-and nitrogen-use efficiencies in dry-seeded rice in response to irrigation and fertilizer amounts in northwest india [J]. Field Crops Research, 2012, 134: 59-70.

[132] Maheswari J, Margatham N, Martin G J, et al. Relatively simple irrigation scheduling and N application enhances the productivity of aerobic rice(Oryza sativa L.) [J]. American Journal of Plant Physiology, 2007(2): 261-268.

[133] Morch K A. Reflections on cavitation nuclei in water[J]. Physics of Fluids, 2007, 19: 072104-72111.

[134] Morgan T H, Biere A W, Kanemasu et. A dynamic model of corn yield response to water[J]. Water Resources Research, 1980, 16(1): 59-64.

[135] Ning P, Li S, Yu P, et al. Post-silking accumulation and partitioning of dry matter, nitrogen, phosphorus and potassium in maize varieties differing in leaf longevity [J]. Field Crops Research, 2013, 144: 19-27.

[136] NSiincorporated, " Mirco/NanoBubble" [OL]. 2008, http://www. nanol. co. jp/en/nanol/bubbles. html.

[137] Manzano V J P, Mizoguchi M, Mitsuishi S, et al. It field monitoring in a Japanese system of rice intensification(J-SRI) [J]. Paddy and Water Environment, 2011, 9(2): 249-255.

[138] Navarro-Hellin H, Martinez-del-Rincon J, Domingo-Miguel R, et al. A decision support system for managing irrigation in agriculture[J]. Computers and Electronics in Agriculture, 2016, 124: 121-131.

[139] Playán E, Mateos L. Modernization and optimization of irrigation systems to increase water productivity [J]. Agricultural Water Management, 2006, 80(1): 100-116.

[140] Samson B, Ketema T. Regulated deficit irrigation scheduling of onion in a semiarid region of ethiopia [J]. Agricultural Water Management, 2007, 89: 148-152.

[141] Solomon K H, Davidoff B. Relating unit and subunit irrigation performance[J]. Transactions of the ASAE, 1999, 421: 115-122.

[142] Tardieu F, Davies W J. Integration of hydraulic and chemical signalling in the control of stomatal conductance and water status of droughted plants[J]. Plant Cell and Environment, 1993, (16): 341-349.

[143] Teridge D B, Malcolm T J, Trevor L. Acoustic emissions from chemieal Reactions[J]. Analytical Chemistry, 1981, 53: 1064-1073.

[144] Thkahashi M. Effect of shrinking microbubble on gas hydrate formation[J]. Journal of Physical Chemistry B, 2003, 107: 2171-2173.

[145] Tiago P S,Carlos M L,Luci'lia M R. Effects of deficit irrigation strategies on cluster microclimate for improving fruit composition of Moscatel field-grown grapevines [J]. Scientia Horticulturae,2007,112: 321-330.

[146] Tuong T P,Bhuiyan S I. Increasing water use efficiency in rice production:farm lever perspectives [J]. Agricultural Water Management,1999,40(1):117-122.

[147] Turner N C,Schulze E D. The response of stomata and leaf exchange to vapour pressure deficit and soil water content, Ⅰ, in the mesophyllie herbaccons species Heliamthus anrnus[J]. Oecologia, 1985, (65):348-355.

[148] Van der Hoek W,Sakthivadicel R,Renshaw M,et al. Alternate wet and dry irrigation in rice cultivation: Saving water and controlling malaria and Japanese encephalitis/ IWMI Research Report 47[R]. Colombo Sri Lanka,internation Water Managerment institute(IWMI). 2000:1-39.

[149] Vartapetian B B. Plant anaerobic stress as a novel trend in eco-logical physiology,biochemistry and molecular biology 2:Further development of the problem[J]. Russian J Plant Physiol. 2007,53(6): 711-738.

[150] Vellidis G,tucker M,Perry C,et al. A real-time wireless smart sensor array for scheduling irrigation [J]. Computers and Electronics in Agriculture,2008,61(1):44-50.

[151] Yang L X,Huang H Y,Yang H J,et al. Seasonal changes in the effects of free-air CO_2 enrichment (Face)on nitrogen(N)uptake and utilization of rice at three levels of N fertilization [J]. Field Crops Research,2007,100:189-199.

[152] Ye Y S,Liang X Q,Chen Y X,et al. Alternate wetting and drying irrigation and controlled-release nitrogen fertilizer in late-season rice. Effects on dry matter accumulation,yield,water and nitrogen use [J]. Field Crops Research,2013,144:212-224.

[153] Zhang J,Devies W J. Abscisic acid produced in dehydration roots may enable the plant to measure the water status of the soil[J]. Plant cell and Environment,1989,(12):73-81.

[154] Zhang J,Devies W J. Control of stomatal behaviour by abscisic acid which apparently originates in roots [J]. Journal of Experimental Botany,1987,(38):1174-1181.